中国科学院年鉴

（2020）

中国科学院科学传播局　编

科学出版社

北　京

内 容 简 介

《中国科学院年鉴(2020)》全面、系统反映了中国科学院 2019 年各方面工作，分综合情况、学部与院士工作和院直属单位情况三部分。综合情况主要记录中国科学院领导、机构变更、规划与战略、科研管理、重大科技成果、队伍建设与人才培养、基础设施与支撑条件、科技成果转移转化与对外合作、国际合作、基本建设、党建工作与创新文化、科学传播、2019 年大事记等内容；学部与院士工作主要记录学部领导机构、院士名单、院士增选、咨询评议工作、科学道德建设、学术与出版工作、科学普及与教育工作、陈嘉庚科学奖基金会工作等内容；院直属单位情况全面介绍分院机构、科研机构、学校及公共支撑单位、其他机构以及院直接投资的全资及控股企业情况等。

本年鉴各种资料的截止时间为 2019 年 12 月 31 日。

图书在版编目（CIP）数据

中国科学院年鉴 . 2020 / 中国科学院科学传播局编 . —北京：科学出版社，2021.6

ISBN 978-7-03-067502-6

Ⅰ. ①中…　Ⅱ. ①中…　Ⅲ. ①中国科学院 – 2020 – 年鉴　Ⅳ. ① G322.21-54

中国版本图书馆 CIP 数据核字（2020）第 255897 号

责任编辑：王海光　王　好 / 责任校对：郑金红
责任印制：肖　兴 / 封面设计：刘新新

科 学 出 版 社 出版
北京东黄城根北街 16 号
邮政编码：100717
http://www.sciencep.com

中国科学院印刷厂 印刷

科学出版社发行　各地新华书店经销
*
2021 年 6 月第　一　版　开本：787×1092　1/16
2021 年 6 月第一次印刷　印张：27 1/4
字数：711 000

定价：258.00 元

（如有印装质量问题，我社负责调换）

中国科学院年鉴（2020）编辑委员会

目　录

综合情况

中国科学院领导集体……（3）
中国科学院院设委员会……（4）
中国科学院院部机关机构……（5）
中国科学院院属机构变更……（9）
综述……（10）
规划与战略……（20）
科研管理……（26）
重大科技成果……（41）
队伍建设与人才培养……（66）
基础设施与支撑条件……（71）
科技成果转移转化与对外合作……（90）
国际合作……（97）
基本建设……（99）
党建工作与创新文化……（100）
科学传播……（104）
中国科学院2019年大事记……（107）

学部与院士工作

中国科学院学部领导机构……（135）
2019年中国科学院院士名单……（138）
2019年中国科学院外籍院士名单……（144）
2019年逝世的中国科学院院士名单……（148）
2019年逝世的中国科学院外籍院士名单……（149）
院士增选和外籍院士选举工作……（150）
咨询评议工作……（151）
科学道德建设……（152）
学术与出版工作……（153）
科学普及与教育工作……（154）
陈嘉庚科学奖基金会工作……（155）

院直属单位情况

分院机构……（159）
中国科学院科技创新发展中心（北京分院）……（159）
沈阳分院……（161）
长春分院……（163）
上海分院……（165）
南京分院……（168）
武汉分院……（169）
广州分院……（171）
成都分院……（173）
昆明分院……（175）
西安分院……（177）
兰州分院……（179）
新疆分院……（181）
科研机构……（183）
数学与系统科学研究院……（183）
物理研究所……（185）
理论物理研究所……（187）
高能物理研究所……（189）
力学研究所……（191）
声学研究所……（192）
理化技术研究所……（194）
化学研究所……（196）
国家纳米科学中心……（198）
生态环境研究中心……（200）
过程工程研究所……（202）
地理科学与资源研究所……（204）
国家天文台……（206）
空天信息创新研究院……（209）
地质与地球物理研究所……（211）
青藏高原研究所……（212）
古脊椎动物与古人类研究所……（214）
大气物理研究所……（216）
植物研究所……（217）
动物研究所……（219）
心理研究所……（221）
微生物研究所……（223）

生物物理研究所 ……（224）
遗传与发育生物学研究所 ……（226）
北京基因组研究所（国家生物信息中心）……（228）
计算技术研究所 ……（230）
软件研究所 ……（232）
半导体研究所 ……（234）
微电子研究所 ……（236）
自动化研究所 ……（238）
电工研究所 ……（240）
工程热物理研究所 ……（242）
国家空间科学中心 ……（243）
自然科学史研究所 ……（245）
科技战略咨询研究院 ……（247）
信息工程创新研究院 ……（248）
空间应用工程与技术中心 ……（250）
北京综合研究中心 ……（252）
天津工业生物技术研究所 ……（253）
山西煤炭化学研究所 ……（255）
大连化学物理研究所 ……（257）
金属研究所 ……（258）
沈阳应用生态研究所 ……（260）
沈阳自动化研究所 ……（261）
海洋研究所 ……（263）
青岛生物能源与过程研究所 ……（265）
烟台海岸带研究所 ……（266）
长春光学精密机械与物理研究所 ……（268）
长春应用化学研究所 ……（270）
东北地理与农业生态研究所 ……（272）
上海微系统与信息技术研究所 ……（274）
上海技术物理研究所 ……（275）
上海光学精密机械研究所 ……（276）
上海硅酸盐研究所 ……（278）
上海有机化学研究所 ……（280）
上海应用物理研究所 ……（282）
上海天文台 ……（283）
分子细胞科学卓越创新中心 ……（285）
分子植物科学卓越创新中心 ……（286）
脑科学与智能技术卓越创新中心 ……（288）

上海营养与健康研究所 ……（290）
上海药物研究所 ……（292）
上海巴斯德研究所 ……（293）
上海高等研究院 ……（295）
微小卫星创新研究院 ……（297）
海西研究院（福建物质结构研究所）……（299）
宁波材料技术与工程研究所 ……（302）
城市环境研究所 ……（304）
南京地质古生物研究所 ……（305）
南京土壤研究所 ……（307）
南京地理与湖泊研究所 ……（309）
紫金山天文台 ……（310）
苏州纳米技术与纳米仿生研究所 ……（313）
苏州生物医学工程技术研究所 ……（314）
合肥物质科学研究院 ……（315）
武汉岩土力学研究所 ……（318）
精密测量科学与技术创新研究院 ……（319）
武汉病毒研究所 ……（321）
水生生物研究所 ……（323）
武汉植物园 ……（325）
南海海洋研究所 ……（327）
华南植物园 ……（329）
广州能源研究所 ……（331）
广州地球化学研究所 ……（333）
广州生物医药与健康研究院 ……（334）
深圳先进技术研究院 ……（336）
亚热带农业生态研究所 ……（339）
深海科学与工程研究所 ……（340）
成都生物研究所 ……（341）
成都山地灾害与环境研究所 ……（344）
光电技术研究所 ……（345）
重庆绿色智能技术研究院 ……（347）
昆明动物研究所 ……（349）
昆明植物研究所 ……（350）
西双版纳热带植物园 ……（352）
地球化学研究所 ……（353）
西安光学精密机械研究所 ……（355）
国家授时中心 ……（357）

地球环境研究所 ……（359）
近代物理研究所 ……（360）
兰州化学物理研究所 ……（362）
西北生态环境资源研究院 ……（363）
新疆理化技术研究所 ……（366）
新疆生态与地理研究所 ……（367）
学校及公共支撑单位 ……（370）
中国科学院大学 ……（370）
中国科学技术大学 ……（372）
计算机网络信息中心 ……（374）
文献情报中心 ……（376）
中国科学报社 ……（378）
其他机构 ……（380）
行政管理局 ……（380）
青岛疗养院 ……（381）
庐山疗养院 ……（383）
院直接投资的全资及控股企业 ……（384）
中国科学院控股有限公司 ……（384）
联想控股股份有限公司 ……（388）
中科实业集团（控股）有限公司 ……（389）
东方科仪控股集团有限公司 ……（391）
中国科技出版传媒集团有限公司 ……（393）
中国科技产业投资管理有限公司 ……（395）
北京中科科仪股份有限公司 ……（396）
北京中科院软件中心有限公司 ……（398）
中科院建筑设计研究院有限公司 ……（400）
北京中科资源有限公司 ……（401）
中国科学院沈阳计算技术研究所有限公司 ……（403）
中国科学院沈阳科学仪器股份有限公司 ……（404）
中科院广州化学有限公司 ……（405）
中科院广州电子技术有限公司 ……（407）
中国科学院成都有机化学有限公司 ……（408）
中科院成都信息技术股份有限公司 ……（409）
中科院科技服务有限公司 ……（410）
上海碧科清洁能源技术有限公司 ……（411）
国科健康生物科技有限公司 ……（412）
中科院创新孵化投资有限责任公司 ……（413）
喀斯玛控股有限公司 ……（415）

成都中科唯实仪器有限责任公司 …………（416）
北京中科印刷有限公司 …………（417）
中科院新材料技术有限公司 …………（418）
北京中科创嘉人力资源咨询有限公司 …………（418）
截至 2019 年底院级非法人单元列表 …………（421）

综 合 情 况

中国科学院领导集体

（2019 年）

院　　长　白春礼

副 院 长　丁仲礼　侯建国　张亚平　相里斌　张　涛　李树深

党组书记　白春礼

党组副书记　侯建国

中央纪委国家监委驻院纪检监察组组长　孙也刚

党组成员　张亚平　相里斌　张　涛　孙也刚　李树深　何　岩[①]　邓麦村　周　琪[②]

秘 书 长　邓麦村

副秘书长　何　岩[③]　周　琪[④]　汪克强　高鸿钧　李和风[⑤]

---

① 何岩 2019 年 12 月免职。

② 周琪 2019 年 12 月任职。

③ 何岩 2019 年 9 月免职。

④ 周琪 2019 年 9 月任职。

⑤ 李和风 2019 年 1 月任职。

中国科学院院设委员会

科技智库理事会

教育委员会

学术委员会

发展咨询委员会

中国科学院院部机关机构

办公厅（党组办）

主　任　乔均录

副主任　黄从利[①]　王树志　张学成

处　室：综合处、政策研究室（重点工作督查室）、秘书处（院总值班室）、文书处、科技安全处、保密处、财务处、机关事务管理处、网络安全与信息化工作处

学部工作局

局　长　李　婷

副局长　苏荣辉

处　室：综合处（陈嘉庚科学奖基金会办公室）、咨询与科普教育处、学术与文化处、数理化学办公室、生命地学办公室、技术信息办公室

前沿科学与教育局

局　长　徐　涛

副局长　王　颖　张永清　黄　敏

处　室：综合处（香山科学会议办公室）、教育处、数理化学处、生命科学处、地球科学处、技术科学处、重点实验室处

重大科技任务局

局　长　于英杰

副局长　黄铁青　齐　涛　孙德刚[②]

处　室：综合处、综合技术处、光电空天处、信息海洋处、材料能源处、资环生物处

---

① 黄从利 2019 年 4 月免职。

② 孙德刚 2019 年 7 月任职。

科技促进发展局

局　长　严　庆

副局长　赵千钧　陈文开　孙　命

处　室：综合处、农业科技办公室、生物技术处、资源环境处、高技术处、科技合作处（科技副职办公室）、知识产权管理处

发展规划局

局　长　谢鹏云

副局长　黄晨光[①]

处　室：综合处、规划管理处、综合改革处、评估奖励处（奖励办）、战略研究处

条件保障与财务局

局　长　郑晓年

副局长　曹　凝　林明炯　高　军　杨为进[②]

处　室：综合处、基建工程管理处[③]、重大设施处、预算制度处、资产财务处、投资处、科技条件处、后勤保障处

人事局

局　长　孙晓明

副局长　唐裕华　李猛力

处　室：综合处、领导干部处、人才处、机构与岗位管理处、薪酬与社会保障处、继续教育与干部监督处、机关人事处、人才项目办公室

直属机关党委

书　记　侯建国（兼）

常务副书记　李和风

① 黄晨光 2019 年 10 月免职。

② 杨为进 2019 年 4 月任职。

③ 2019 年 2 月，基建办公室更名为基建工程管理处。

副书记 房自正 刘京红 杨卫平（兼） 孙晓明（兼）

处 室：办公室、组织部、宣传部、统战部、群众工作部、纪检工作部（纪委办公室）、机关工作部

直属机关纪委

纪委书记 刘红辉

国际合作局

局 长 曹京华① 李 寅②

副局长 李 寅 王振宇③

处 室：综合处、国际组织处（TWAS 中国中心、人与生物圈秘书处）、亚非合作处、美大合作处、欧洲合作处、港澳台办公室

科学传播局

局 长 周德进

副局长 刘 剑④

处 室：综合处、新闻联络处、政务信息处、科普与出版处

监督与审计局

局 长 杨卫平

副局长 袁 东 周传忠⑤

处 室：综合处、审计室、巡视室

离退休干部工作局

局 长 黄向阳

副局长 李 杰 曹以玉

---

① 曹京华 2019 年 4 月免职。

② 李寅 2019 年 4 月任职。

③ 王振宇 2019 年 4 月任职。

④ 刘剑 2019 年 12 月免职（正局长级）。

⑤ 周传忠 2019 年 1 月任职。

处　室：综合处（局值班室）、组织调研处、宣教活动处、机关离休干部处、机关退休干部处

中央纪委国家监委驻院纪检监察组

组　长　孙也刚
副组长　王大同　孙中和　张秋霞

中国科学院院属机构变更

截至2019年12月31日，中国科学院直属事业单位124个，包括：科学研究机构104个（含3个植物园）；学校及公共支撑机构5个（其中学校2个、公共支撑机构2个、新闻出版机构1个）；院机关及派出机构12个；其他机构3个。中国科学院直属事业单位的下属法人单位25个。中国科学院直接投资的全资及控股企业25个。另外，院级非法人单元129个。

综　述

2019 年，中国科学院广大干部职工深入学习贯彻习近平新时代中国特色社会主义思想，党中央、国务院重大决策部署，坚持“三个面向”，开拓奋进、真抓实干，产出一大批重大创新成果，改革发展工作成效显著，全院各项事业进入加速发展的新阶段，呈现出崭新风貌。

一、规 划 战 略

（一）推进中长期发展规划与“率先行动”计划总体评估

推进《中国科学院中长期发展规划纲要（2021—2035 年）》编制工作并经中国科学院冬季党组扩大会审议通过。为国家中长期科技发展规划编制和“十四五”规划编制建言献策。强化研究所“一三五”规划管理。编制印发 2020 年基本实现“率先行动”计划台账，为计划总体评估提供基础、依据。围绕区域发展重大战略进一步优化科研布局。

（二）推进落实“率先行动”计划

引导全院广大党员干部深入学习贯彻习近平新时代中国特色社会主义思想和党中央、国务院重要指示批示精神；深入贯彻全面从严治党要求，全面推进党建各项工作；扎实做好重大科技任务组织实施；围绕区域发展重大战略优化科研布局；积极探索科研事业单位改革；加强院党组对学部工作的领导、科技智库与人才队伍建设，不断深化国际合作。

（三）推进研究所分类改革

进一步强化四类机构建设与国家实验室、科创中心建设的有机衔接，加大体制机制实质性整合力度，进一步提升中国科学院科研布局的功能性和可塑性。空天信息创新研究院等 7 个法人单位获中央机构编制委员会办公室（简称中央编办）批复同意。卓越创新中心在汇聚科技人才、创新体制机制、推动重大突破、提升学术地位方面取得良好成效，“生物互作卓越创新中心”正式获批筹建。大科学研究中心各项工作稳步推进，海洋大科学中心在学科布局、体制机制、项目策划、平台建设、资源配置等方面取得实质成效；生物安全大科学中心在设施运行维护、生物安全科技布局、重点攻关项目谋划等方面取得重要进展。进一步强化创新研究院建设与国家重大科技任务部署和中国科学院重点科研布局的有效衔接，围绕国家重大需求，部署轻型动力创新研究院，累计布局建设创新研究院 22 个，其中，8 个正式运行的创新研究院运行机制顺畅，创新能力和承担国家重大科技任务的竞争力显著提升。生态草牧业特色研究所、核心植物园特色研究所、营养与健康特色研究所 3 个特色研究所获批筹建；南京土壤研究所等 14 个特色研究所巩固和发展特色优势，在解决区域经济社会可持续发展的重大问题中发挥重要作用，顺利通过验收。

（四）参与科创中心、综合性国家科学中心、雄安新区规划建设

在参与北京市科技创新中心建设方面，怀柔科学城由中国科学院承建的4个项目、中国科学院“十三五”科教基础设施怀柔包11个项目全部启动建设；院市共建第一批平台5个项目土建工程全部完工，第二批平台4个项目年底启动建设；院市共同主办中关村论坛、共同举办第三届国际综合性国家科学中心研讨会、共同发起成立国家科学中心国际合作联盟，“一带一路”国际科学组织联盟（ANSO）落户怀柔科学城。

在参与上海市科技创新中心建设方面，参与集成电路、人工智能、生物医药三大领域“上海方案”制定；中国科学院“十三五”科教基础设施上海包（除规划调整项目外）全部开工；国家级实验室布局培育稳步推进。

在参与粤港澳大湾区国际科技创新中心建设方面，成立中国科学院粤港澳大湾区国际科技创新中心建设工作专项办公室；形成围绕“科技走廊”骨干节点的创新资源集聚态势；以存量资源为基础全面支撑广东省科技创新水平和效能整体提升；与广州市共建广州南沙科学城；通过院地共建香港创新研究院（深圳）等新型研发机构和中国科学院深圳理工大学等高校，推动创新要素柔性汇聚。

在参与合肥综合性国家科学中心建设方面，加速构建国际化前沿科学研究和技术研发机构群、世界一流重大科技基础设施集群，加紧实施一批重大科研项目并取得一批重要理论研究成果，开展关键核心技术攻坚，部署推进基于空间平台的多个战略性先导科技专项立项，国际热核聚变实验堆ITER计划首个大型超导磁体线圈竣工交付。

在参与雄安新区规划建设方面，按照院党组统一部署正式启动雄安创新研究院筹建工作，与河北省签订建设框架协议并编制建设实施方案。

（五）院设委员会工作进展

中国科学院发展咨询委员会新聘任李静海等多位专家担任委员；组织召开委员会第五次会议，报告中国科学院近期工作进展、下一步工作考虑并进行深入研讨。中国科学院科技智库理事会审议通过《中国科学院科技智库理事会工作条例》；向全院印发《中国科学院关于设立中国科学院学部专业研究支撑中心的通知》，并确定院内首批5家专业研究支撑中心。在中国科学院发展规划局等的组织下，中国科学院学术委员会专家对2019年中国科学院18个候选战略性先导科技专项开展实施方案咨询论证和概预算评审，对9个进入实施中期的B类先导专项开展中期检查，对实施期满的4个先导专项开展结题验收。

二、科 研 工 作

（一）承担和设立重大科技任务

2019年，全国批准国家杰出青年科学基金项目296项，其中中国科学院获批84项，占全国项目的28.4%；批准重大项目46项，总经费88 596.36万元，其中中国科学院获

批 11 项，总经费 21 781.5 万元；批准创新研究群体 45 项，直接经费 44 580 万元，其中中国科学院获批 15 项，占全国总项目的 33.3%。

2019 年，中国科学院进一步加强重大专项组织管理，扎实抓好全院承担的国家科技重大专项任务，一些关键技术取得突破性进展，一批科研成果得到落地应用；提出国家科技重大专项梯次接续研究建议；统筹调动全院研究力量争取“科技创新 2030—重大项目”；面向国家战略需求提出我国重大科技创新方向选题建议。

2019 年，中国科学院完成 67 个国家重点研发专项各批次专项项目的组织推荐工作。大科学装置前沿研究专项经费占比 65%；蛋白质专项经费占比 49.3%。推进中的引力波专项实施方案已通过部长联席会议和专家咨评会。组织完成京区院属单位 137 个项目的视频答辩。在 2019 年底启动国家重点研发计划“十四五”重大研发需求征集相关工作。

2019 年，中国科学院加强国家重大科研仪器设备研制项目过程管理，组织国家重大仪器研制项目验收 11 项，其中科技部 8 项、国家自然科学基金委 3 项；积极组织国家自然科学基金委国家重大科研仪器研制项目推荐工作，共推荐 17 项，其中中国科学院近代物理研究所牵头的“低温高密核物质测量谱仪的研制”项目获立项支持。

2019 年，中国科学院组织申报的国家科技基础资源调查专项 8 个重点项目获批立项（占全国 32%）；配合科技部完成 30 个重点项目的综合绩效评价；推动第二次青藏高原综合科学考察研究在国家立项，将在未来 5 年开展西风-季风协同作用及其影响、亚洲水塔动态变化与影响等 10 个方面考察研究工作，财政部核定 5 年总概算 27.89 亿元。

（二）加强专项组织管理

在研 A 类先导专项按预期目标有序推进。推进 12 个候选 B 类先导专项立项，完成第三批 9 个 B 类先导专项中期评估。编制发布 C 类先导专项管理实施细则，部署新一批 C 类先导专项。

（三）科研工作取得重要进展

1. 前沿科学领域重大科技成果

建立“拓扑电子材料数据库”；LAMOST 发现最大恒星级黑洞；实验证实百年前经典相变成核理论预言；发现马约拉纳零能模中近量子化的电导平台；发现一种新的高通量有机合成方法；首次观察到宇称时间对称性破缺；实验首次发现正负电子对撞中存在兰布达超子极化；在千禧问题 BSD 猜想研究中取得突破；肿瘤液体活检取得重要进展；非洲猪瘟病毒颗粒精细三维结构助力新型疫苗开发；发现单碱基基因编辑造成大量脱靶效应及其优化解决方法；发现并解析植物抗病小体；构建小鼠早期胚胎发育全胚层谱系发生的时空转录组图谱；揭示环形非编码 RNA 在天然免疫过程中的重要功能；发现卵子表观遗传特征的保障机制及其对育性和衰老的影响；发现 B 族肠道病毒通用受体并解析病毒入侵机制；新化石揭示寒武纪大爆发前夕动物重要演化事件；发现青藏高原迄今最早古人类——丹尼索瓦古老型智人；发现地幔混合对流的重要证据；发现侏罗纪具膜质翅膀恐龙；揭示亚洲水塔失衡的影响和应对；琥珀菊石解密 1 亿年前热带海滨生态环境；用材料基因工程方法发现高温非晶合金；完成可调控物性和构造新器件的“石墨烯折纸

术”；发现并命名庞压卡效应；实现单原子催化剂配位环境调控；揭示狮子鱼适应超深渊环境的机制；开辟无机柔性热电材料研究新方向。

2. 重大任务领域重大科技成果

“太极一号”成功发射并圆满完成在轨测试实验；北斗全球导航双星成功发射；系留浮空器“极目一号”驻空高度超过 7000 米；天基主动对地测绘技术取得重要突破；量子通信与量子计算研究取得重要进展；智能制造核心技术与装备促进多领域转型升级；成功研制世界最大全海深载人潜水器钛合金载人舱；谱系化海洋机器人取得新进展；煤经合成气直接制低碳烯烃技术完成工业中试试验；合成气制高碳醇技术开辟煤炭利用新路线；ZK2000 系列工业燃气轮机广泛应用于应急救灾和分布式能源系统；ADS 超导直线加速器实现毫安级连续束百小时稳定运行；百吨级无焊缝整体不锈钢环形锻件研制成功；‘中科发’系列水稻新品种选育成功获大面积示范应用；植物根系微生物组的调控研究获重要进展；阿尔茨海默病新药“九期一”获有条件批准上市；食蟹猴胚胎体外长时程培养至原肠运动早期阶段；功能生物材料治疗多种重大疾病取得突破；多项资源绿色转化与循环利用关键技术获突破并实现规模化应用；推靠式旋转导向系统首次实井钻探试验成功。

3. 科技促进领域重大科技成果

生态草牧业科技示范成效辐射推广；黄河三角洲农业高新技术产业示范区研发平台建设稳步推进；国产碳离子治疗系统获批上市；生物质天然气产业化示范工程实现高效运营；主动健康服务系统在全国广泛推广应用；绿色生物制造及产业化助力企业扩大市场份额；地球大数据原型系统建设取得新进展；地球大数据云服务基础平台投入运行；《地球大数据支撑可持续发展目标报告（2019）》在联合国大会发布；“丝路环境”先导专项列入第二届“一带一路”国际合作高峰论坛成果清单；长江模拟器原型研发完成；系列化激光极端精细“智造”装备产业化成效显著；硅基二氧化硅阵列波导光栅（AWG）芯片向英特尔公司批量供货；新能源汽车电子核心部件及开放平台实现规模化应用；低铂直接醇燃料电池便携式电源技术产业化成效显著；大尺度高质量单晶金刚石实现批量生产；红土镍矿制备镍基新材料技术工程化取得突破。

4. 获 2019 年度国家科学技术奖励情况

中国科学院共获 2019 年度国家科学技术奖励 28 项（人）。中国科学院作为第一完成单位或主要完成单位获自然科学奖 11 项、技术发明奖 6 项（含专用项目 3 项）、科学技术进步奖 9 项（含专用项目 2 项），提名的挪威奥斯陆大学教授尼尔斯・克里斯蒂安・斯坦塞斯获国际科学技术合作奖；10 个集体和个人获 2019 年度中国科学院杰出科技成就奖。

三、人力资源管理

（一）人力资源管理研究

开展支持关键核心技术攻坚人才政策研究，加强西部地区人才队伍建设的政策研究，以及中国科学院科技人员思想教育培训研究、中国科学院优秀年轻干部培训体系研究等相关方向的课题研究，为有针对性地开展人才工作提供政策建议。

（二）领导班子与干部队伍建设

成立中国科学院干部教育培训领导小组，制订印发《2018—2022年中国科学院干部教育培训规划》。组织开展针对全院所局级领导、后备干部、年轻干部、管理骨干的重点培训班次。

集中开展全院年轻干部和班子建设调研工作，加强领导班子政治建设，配合中央巡视组开展中国科学院党组选人、用人专项检查。组建新班子8个，开展30个院属单位行政班子换届考核，25个单位党委换届工作；对67个单位（部门）领导班子进行个别调整；新提任所局级领导人员111人，平级转任重要岗位7人，交流任职33人；选派援疆援藏、博士服务团6人。

进一步贯彻落实“四项监督”制度，重点聚焦党政正职和关键岗位干部的监督，突出对干部遵守政治纪律、政治规矩及贯彻执行党中央决策部署情况的监督。开展22个院属单位的“一报告两评议”工作，以及24个院属单位领导班子的离任检查工作。规范领导干部个人有关事项报告工作流程，完善报告委托查询相关工作，全年重点抽查583人，随机抽查370人。

（三）机制编制

中央机构编制委员会办公室批复同意整合组建中国科学院空天信息创新研究院、中国科学院精密测量科学与技术创新研究院、中国科学院西北生态环境资源研究院；设立中国科学院分子细胞科学卓越创新中心等4个事业单位法人单元；中国科学院上海生命科学研究院更名为中国科学院上海营养与健康研究所；中国科学院北京基因组研究所加挂国家生物信息中心牌子。

成立中国科学院庐山植物园、中国科学院肿瘤与基础医学研究所、中国科学院科学传播研究中心3个院级非法人单元，以及中国载人航天工程运行与管理支持中心；撤销中国科学院上海超导中心等14个院级非法人单位。完成中国科学院高超声速科技中心更名，以及中国科学院知识产权运营管理中心依托单位变更、中国科学院量子技术与应用研究中心主管部门变更。

（四）薪酬与福利管理

推动实施岗位绩效工资改革，印发《中国科学院关于工作人员岗位绩效工资的实施意见》、《中国科学院直属事业单位党政主要负责人薪酬管理办法》，建立起与承担科技任务和发展水平相适应、体现激励与约束的收入分配制度。印发《中国科学院人事局关于做好院士延迟退休有关工作的通知》，推进院士退休工作，截至2019年底共为231位院士办理离退休手续，其中2019年度新增办理院士退休84人，办理院士延迟退休3人。

养老保险改革进展顺利，院属京区47个事业单位已在人社部央保中心参保，京外92个事业单位按属地政策在25个省（自治区、直辖市）参保，其中126个单位的在职职工实现当期缴费，退休人员养老金转由所在地社保机构统筹发放。积极落实外籍人才参加机关事业单位养老保险工作。

（五）科技创新人才培养与引进

坚持“按需引进、确保质量”原则，全年通过人才计划引进 321 人。70 人入选“创新人才推进计划”中青年科技创新领军人才，12 个团队入选重点领域创新团队，3 个单位入选创新人才培养示范基地；35 人获批百千万人才工程国家级人选。

中国科学院青年创新促进会新增会员 458 人（优秀会员 88 人），增加对会员的人才专项经费支持；举办第二期“青促会讲堂”；对获得中国科学院青年科学家奖的 10 位青年科技工作者进行表彰奖励。

继续推进人才智力共享机制建设，遴选支持 15 个“王宽诚率先人才计划”卢嘉锡国际团队和 20 个创新交叉团队，聘请 35 名海外知名科学家担任中国科学院海外评审专家，鼓励院内学术领军人才及中青年骨干与海内外优秀学者开展跨系统、跨地域、跨学科学术交流与科研合作，拓宽人才柔性引进渠道。

加强对西部人才、工程技术和产研人才的培养支持，遴选“西部引进人才”7 人、“西部青年学者”251 人、“一带一路”团队项目 6 个、“西部之光”交叉团队 20 个，接收“西部之光”访问学者 28 人。遴选关键技术人才 46 人。支持“王宽诚率先人才计划”产研人才扶持项目 10 个。

（六）继续教育与培训

举办 4125 个培训班，培训 37.4 多万人次，培训班实施率 95.3%，全院职工 100 学时完成率为 75.4%，骨干人才完训率为 93.3%。持续优化“中国科学院继续教育网”，2019 年共制作 160 个课件资源，积累 300 名培训师信息，人均在线学习 21.6 小时。进一步强化继续教育基地对中国科学院重点培训项目的组织实施。

印发《中国科学院公派出国留学研修管理办法》，进一步明确政策导向，细化公派留学项目设置，强调针对性和有效性，重点鼓励引导中国科学院优秀人才前往世界著名大学 / 科研机构进行交流学习，持续提升派出人员培训质量。2019 年度国家公派留学人员遴选推荐 290 人，录取 251 人，录取人数位居全国各单位首位，录取率为 86.5%，为近年来新高。2019 年度院公派留学项目进一步加强对中国科学院发展战略方向、重要领域和地域的支持，录取全院 86 个单位（部门）238 人，其中，前往世界排名前 100 名大学和前 200 名大学访问学习的录取人员比例分别达到 69% 和 82%。进一步优化中国科学院因公出国（境）培训项目设置，在以往的领军人才研修项目和关键技术专项培训项目基础上，新增优秀青年人才培养项目和重点领域专项计划，进一步提高项目针对性、实效性和专业性。2019 年度共有 60 个项目 234 人获国家外国专家局批准，获资助人数和金额均为近年来最高。

四、对外交流与合作

（一）院地合作与交流

2019 年，中国科学院通过科技成果转移转化使社会企业当年新增销售收入 4610.16

亿元，新增利税 512.50 亿元。与地方政府共建科技成果转移转化平台 39 个，年度转化项目 1110 个，使企业创造经济效益超过 83.26 亿元，孵化企业 219 个，为社会培训各类人才 36 204 人次。继续通过全国科学院联盟建设加强与地方科学院的联合合作。验收第一批中国科学院科技服务网络计划（STS 计划）区域重点项目。组织与吉林、山东、海南、四川、广西签署新一轮战略合作协议，与江苏、山东、江西等签署专项协议，组织举行中国科学院与相关省（自治区、直辖市）高层领导会商会议 30 余次。

2019 年，中国科学院科技扶贫工作取得新突破：向 4 个定点扶贫县投入帮扶资金 1842 万元，引进帮扶资金 4683 万元；培训基层干部 3174 名，培训技术人员 3451 名；直接购买贫困地区农产品 1267 万元，帮助销售贫困地区农产品 4023 万元；直接帮扶脱贫户超过 2000 户 7000 余人。2019 年 5 月，在国务院扶贫办组织的 2018 年度脱贫攻坚成效考核中，中国科学院获得第一等次“好”。

（二）国际化推进战略

2019 年，中国科学院在国际形势复杂多变的环境下，加强与发达国家科研机构开展合作，推动中国科学院全球创新合作网络建设。与德国国家科学院联合发布倡议加强基础研究的《北京宣言》；联合中国科协与美国物理学会共同召开中美地球物理学家高层研讨会；推动与美国国家科学院、美国国家地理学会、波音公司、阿拉斯加大学等的实质合作，持续深入推动与澳大利亚科工组织合作，与俄罗斯科学院签署科技合作路线图，加强深海、超强激光技术等方面的合作，加强对英国、法国、日本、以色列、土耳其等特色创新国家的科技合作，拓展拉美合作布局，推动阿根廷 40 米射电望远镜建设，加强极地环境研究。

2019 年，中国科学院按照“需求牵引、兴趣驱动、影响优先”的原则，推动海外科教合作中心的建设和运行。推动中国 - 巴基斯坦地球科学研究中心启动建设，中-非中心谋划在马赛马拉大学建设药用植物园科教设施，南美天文中心研讨 12 米望远镜建设方案等。成立中国科学院-亥姆霍兹联合会自由电子激光联合实验室、中葡星海联合研究实验室，启动海外科教合作中心 2.0 版本建设。系统梳理全院外籍人才情况，2019 年全院外籍人才总量达 1600 人，占 2.9%。持续加强中国科学院在领英上的雇主品牌建设，使其成为关注度亚洲第一的科研机构。对中国科学院国际人才计划（PIFI）进行调整，进一步明确定位，加强与人才计划衔接。

2019 年，全院因公出访 23 340 人次，交流与合作涉及 146 个国家和地区；实行院机关因公护照统一管理；将安全风险等内容引入外事管理培训，强化保密责任意识、风险意识和底线意识。

（三）港澳台工作

2019 年，中国科学院扎实推动香港创新研究院筹建工作，加强港澳台事务办公室队伍建设，并与粤港澳大湾区国际科创中心建设形成有机衔接。香港创新院已在港完成注册，下设的“再生医学与健康创新中心”和“人工智能与机器人创新中心”获得香港创新科技署 5 年近 9 亿元港币支持。启动粤港澳大湾区院士联盟建设相关工作。

制定、发布《中国科学院与香港地区联合实验室建设与运行管理办法》，全年对优秀和良好类联合实验室给予1280万元稳定运行经费支持。继续通过“中科院港澳台科技合作专项”择优支持合作项目7项。通过培训参访等方式，增进港澳地区青少年对内地科技发展的认识，策划组织和接待“第四届澳门青年科技工作者研修培训班”、“第二届中科院香港青年实习计划”、“第五届中国航天之旅2019北京-西安航天科技考察团”等活动，取得积极成效。全年派出赴台人员570余人，支持举办系列性两岸学术交流活动12项，通过“台湾青年人才计划”支持12名优秀台湾青年学者赴中国科学院开展科研工作。继续实施“中科院-工研院两院合作计划”，支持两院研究所共同开展合作项目8项。

（四）院、所投资企业

2019年，中国科学院纳入统计范围的643家院所投资企业实现营业收入4920亿元，同比增长7.7%；利润总额182亿元，同比增长16.7%；资产总额8777亿元，同比增长14.3%。中国科学院经营性国有资产权益458亿元，同比增长11.2%。截至2019年底，院所投资企业共有30家上市公司，新三板挂牌15家。中国科学院直接或间接持有股份市值约747.85亿元（按2019年12月31日收盘价计，不含新三板）。

五、学 部 工 作

2019年1月1日，中国科学院院士增选工作正式启动。经过推荐、通信评审、公示、会议评审及全体院士终选投票等程序，2019年共产生中国科学院院士64名，平均年龄55.7岁；进一步加强对外籍院士选举工作的组织和引导，增加外籍院士正式候选人名额，共产生中国科学院外籍院士20名。

2019年，中国科学院积极响应党和国家决策需求，加强重大咨询项目的策划、组织、实施，逐步完善重大项目立项流程，全年部署新项目26项；着力抓好基础能力建设、完善咨询工作机制，遴选成立首批5家学部专业研究支撑中心，建立对咨询项目立项申请的题目审查机制和近似项目协调机制；进一步提升咨询报告质量和公开性，全年上报咨询报告27份，通过《中国科学院专报信息》报送院士建议15份；组织开展多场院士行活动，为地方政府决策提供智力支持。

2019年，中国科学院积极贯彻落实党中央关于作风学风建设要求，重点关注和强调院士增选纪律，持续组织开展院士群体科学精神宣传，常态化部署科技伦理研究和研讨；以院士建议形式促进相关技术规范有序发展；推动落实中央关于规范院士工作站相关工作，印发《关于严格执行院士受聘院士工作站相关规定的通知》和《关于报送受聘院士工作站相关情况的通知》，完成院士工作站摸底工作。

2019年，中国科学院加强科学前沿研判，国家自然科学基金委-中国科学院学科发展战略研究工作联合领导小组批准部署39个项目作为“中国学科及前沿领域发展战略研究（2021—2035）”项目；召开以“现代免疫学前沿与人类健康”为主题的2019年度雁栖湖会议，面向全球公开发布免疫学前沿与人类健康领域12个重大科学问题；组织召开15场科学与技术前沿论坛，参加论坛的院士专家近300人（含110位院士），现场听众近4000人，论坛成果在《中国科学》和《科学通报》发布。

2019 年，中国科学院依托“科学与中国”院士专家巡讲平台，继续组织百余位专家开展“生态文明建设”和“创新驱动发展”主题巡讲等多项专题活动，全年举办报告活动近 200 场，直接听众约 3 万人，“科学与中国”网站总浏览量达 106 万人次；与国家开放大学合作完成院士专家视频讲座 5 个专题课程的录制，全年共录制 23 场；院士文库建设稳步推进，丰富 1980 年及以前当选院士（472 人）的学术成就数据、著作目录等，并建设全新移动平台；出版的《百名院士专家讲科普》（第二辑）、《和者达道——非传统安全与和谐发展》入选国家出版基金 2019 年度资助项目；拓展科普资源传播合作网络，在网易、今日头条等新媒体发布短视频 80 余个，传播量近 300 万次；组织开展科学教育、人才培养相关咨询研究工作；举办以“科学教育与创新型科技人才培养”为主题的第四届科学教育论坛；开展“科学人生・百年”主题宣传活动，为吴文俊等 26 位院士设计主题宣传网站，组织吴文俊学术思想座谈会等实体宣传活动；支持《中国科学》、《科学通报》建设，推进其国内外学术影响力提升；出版《空间科学》、《润滑材料》等 8 部学科发展战略研究专著。

2019 年，陈嘉庚科学奖基金会遵守国家各项规章制度，完成 2020 年度陈嘉庚科学奖、陈嘉庚青年科学奖的推荐和评审，顺利评选出 5 项科学奖获奖项目和 6 位青年奖获奖人；对《陈嘉庚科学奖基金会章程》和《陈嘉庚科学奖和陈嘉庚青年科学奖奖励条例实施细则》进行必要的修订；在《科学世界》设“陈嘉庚科学奖 / 陈嘉庚青年科学奖”专栏；举办 4 场陈嘉庚科学奖报告会；加强自身建设，在 2019 年民政部评估工作中取得 3A 的良好成绩，在 2018 年度民政部年检工作中被评为“合格”。

六、科技基础设施建设

截至 2019 年底，中国科学院已投入运行和正在建设的国家重大科技基础设施共 32 项，其中投入运行设施 20 个，在建设施 12 个。高能同步辐射光源验证装置通过国家验收，成为首个通过国家验收的“十二五”国家重大科技基础设施项目。空间环境地基综合监测网等一批设施开工建设。

2019 年，中国科学院完成 2020 年修缮购置专项资金的申报及争取工作、2018 年度修购专项的执行情况绩效评价（综合绩效级别为“优”）；落实财政部仪器设备类修购专项 246 个项目，经费 10.9 亿元；完成国家重大科技基础设施项目初步设计方案和投资概算审批 4 项，总建筑面积 13.74 万平方米；总投资 102.23 亿元，其中中央预算内投资 71.84 亿元。

截至 2019 年底，由中国科学院主管的国家重点实验室共 78 个，国家发展改革委已在中国科学院建设国家工程实验室 17 个、国家工程研究中心 11 个，科技部已在中国科学院建设国家工程技术研究中心 20 个。

2019 年，中国科学院信息化支撑和保障能力明显提升：“中国科技云”2.0 上线运行，“新一代 ARP”所级系统全院部署上线，中国科学院科学数据中心体系初步建立，科研信息化稳步推进，网络安全保障体系不断完善。

2019 年，中国科学院一期部署 11 个野外站项目陆续完成，两个设施验收；野外站专项投入近 2 亿元，在 17 个野外站建设山地灾害模拟等重点科技基础设施。中国生态系统研究网络开展 30 周年系列纪念活动。野外站联盟专项首批启动的新疆农垦生态成效等评估项目通过验收。在新一轮国家站遴选中，中国科学院推荐 24 个站，通过省 / 部推荐 10 个站。启动野外站发展改革工作，提出野外站“机制体制改革、运行补助调整、能力建设、联网研究部署”等实施方案。战略生物资源计划继续开展生物资源的收集保藏和发掘利用，植物园体系共实现 94 157 个引种号的迁地保育；生物标本馆（博物馆）馆藏标本 2212.5 万号；生物遗传资源库保存资源 28 112 种、754 650 份；中国生物多样性监测与研究网络两栖爬行动物专项网共收集保藏两栖爬行动物 840 种、114 222 号；信息中心建立全球微生物菌株目录、模式微生物基因组、微生物元基因组等数据平台。战略生物资源计划牵头建设的 9 个国家生物种质与实验材料资源库、1 个国家微生物科学数据中心获批，核心植物园特色研究所正式启动建设。召开中国植物园联盟第二次成员代表大会，启动中国科学院战略生物资源计划能力建设项目。战略生物资源计划各平台积极支撑重大科研产出与国家、部门需求。

2019 年，中国科学院持续夯实与优化全院商业知识资源保障体系，保障外文电子期刊 2.1 万余种、外文图书 16.7 万卷（册）、中文期刊 1.7 万种，全文内容资源保障总量较上一年增长 10%，电子资源使用量较上一年增加 7%，其中全文数据库使用量达 6500 余万次。长期保存的中文期刊数量达 14 000 种，外文电子期刊 3641 种，外文电子图书 74 622 种，事实型数据产品 462 万条，预印本论文 162.38 万篇。

规划与战略

2019 年，中国科学院广大干部职工深入学习贯彻习近平新时代中国特色社会主义思想，党中央、国务院重大决策部署，以科技发展规划编制、“一三五”规划管理、“率先行动”计划落实、四类机构改革、参与科创中心与雄安新区建设为重点，推进中国科学院综合性重大改革发展，各项重点任务进展顺利、成效显著。

一、不断完善规划体系

推进《中国科学院中长期发展规划纲要（2021—2035 年）》编制工作并形成初稿；为国家中长期科技发展规划编制和“十四五”规划编制建言献策；强化研究所“一三五”规划管理，组织研究所在“一三五”规划中期自评估的基础上开展中期调整；编制印发 2020 年基本实现“率先行动”计划台账。

二、推进落实“率先行动”计划

深入学习贯彻习近平新时代中国特色社会主义思想，进一步把思想和行动统一到党中央的要求上来。分级分类举办专题学习会、培训班等，引导全院广大党员干部进一步强化理论武装，自觉以习近平新时代中国特色社会主义思想为指导，切实增强“四个意识”，坚定“四个自信”，做到“两个维护”；扎实做好“不忘初心、牢记使命”主题教育，以钉钉子精神扎实推进各项任务整改落实；积极支持配合中央巡视组做好巡视工作。

以党的政治建设为统领，深入贯彻全面从严治党要求，全面推进党建各项工作。强化院党组对全院工作的领导，切实做好领导班子考核和干部选任工作，进一步加强年轻干部工作；抓好模范机关创建活动，落实党的组织和党的工作“全覆盖”；强化意识形态工作责任落实，加强学生思想政治工作；认真落实“两个责任”，层层压实党风廉政建设责任，在全院开展纪律教育和警示教育，认真开展监督执纪问责，做好领导干部经济责任审计和专项审计。

扎实做好重大科技任务组织实施。主动承担一批关键核心技术攻关任务，新承担一批国防科技创新、科技创新 2030—重大项目、重点研发计划等重大任务，4 个重大科技基础设施开工建设；新部署处理器芯片与基础软件、仿生合成橡胶、高端轴承等 5 个 C 类先导专项，实施种子精准设计、激光聚变点火等先导专项，启动一批“从 0 到 1”原始创新项目和战略高技术创新项目；加快促进科技成果转移转化；科技扶贫脱贫工作成效显著。

围绕区域发展重大战略优化科研布局。主动参与首批国家实验室筹建工作；全面落实怀柔、张江、合肥综合性国家科学中心建设任务，积极推进雄安创新研究院建设，积极部署粤港澳大湾区科创中心建设任务，香港创新研究院在港注册；与地方、部门、企业续签一批战略合作协议，与江西省共建稀土研究院，与有关部门共建师昌绪先进材料创新中心和人工智能创新院。

积极探索科研事业单位改革。贯彻落实中央领导批示精神，研究制定进一步深化改革方案。按照结构性调整、内涵式发展要求，启动生态环境领域学科评估；开展科研管理改革试点，扩大经费使用自主权，简化经费预算编制；推动科研经费包干制改革落地；优化完善以岗位绩效工资制为主体的收入分配体系，规范党政主要负责人薪酬管理。

继续推进人才队伍建设。吴文俊、南仁东获“人民科学家”国家荣誉称号，曾庆存获国家最高科学技术奖；通过人才计划引进和支持9000余人；深入推进科教融合，全年共授予学士学位2341个、硕士学位7995个、博士学位7018个。

推进院士工作和科技智库建设。进一步加强院党组对学部工作的领导，深入推进增选制度改革，稳步推进院士退休工作；完善增选工作机制，强化纪律，加强监督，顺利完成增选工作，新增选中国科学院院士64名、外籍院士20名；积极向党中央、国务院报送咨询建议和专报信息；经过三年试点建设，以优异成绩通过国家高端智库综合评估。

国际合作不断深化。“一带一路”国际科学组织联盟ANSO秘书处落户怀柔科学城；积极推动与美国国家科学院、美国物理学会等机构合作，加强与俄罗斯在深海、超强激光技术和强场物理学等领域合作。

三、推进四类机构改革

认真贯彻落实中央领导批示精神，积极研究制定进一步深化改革方案。进一步强化四类机构建设与国家实验室、科创中心建设的有机衔接，加大体制机制实质性整合力度，空天信息创新研究院等7个法人单位获中央编办批复同意。提升科研布局的功能性和可塑性，促进各类优势力量、创新要素集聚整合，形成面向国家重大科技部署的快速响应机制。按照“结构性调整、内涵式发展”要求，启动资源生态环境领域学科评估及深化改革工作。

（一）卓越中心2019年进展情况

按照四类机构部署的新要求、新步骤，组织推进“生物互作卓越创新中心”筹建，并于2019年正式获批筹建。开展系统深入调研，了解卓越中心在汇聚科技人才、创新体制机制、推动重大突破、提升学术地位方面取得的成效及面临的人员激励经费不足等问题，研究加强B类先导专项和卓越中心衔接、推动卓越中心国际化进程等建设路径。

（二）大科学研究中心2019年进展情况

召开海洋大科学研究中心理事会，听取并审议其2018年建设工作进展和2019年重点工作计划的报告。召开生物安全大科学中心理事会，听取并审议通过关于中心筹建期建设方案及2019—2020年工作计划报告，审议通过中心理事会章程和中心章程。

（三）创新研究院2019年进展情况

对标国家实验室建设要求，结合国家科技创新中心和综合性国家科学中心建设，充分发挥理事会对创新研究院建设发展的作用，深入推进创新研究院体制机制改革，进一步强化与国家重大科技任务部署和中国科学院重点科研布局的有效衔接，将创新研究院建设与A类、C类先导专项组织实施有机结合、相互促进。部署轻型动力创新研究院，累计布局建设创新研究院22个。8个正式运行的创新研究院运行机制顺畅，创新能力和承担国家重大科技任务的竞争力显著提升。其中，量子信息与量子科技创新研究院、空天信息工程创新研究院、药物创新研究院等积极联合有关部门、军队、地方政府，共同推动国家实验室建设；空间科学研究院统筹全院空间科学发展规划与有关任务，积极推进与北京市共建空间科学实验室，牵头完成我国首颗空间引力波探测技术实验卫星“太极一号”；微小卫星创新研究院以重大科技任务攻关为主线，积极参与上海科创中心建设，圆满完成北斗导航和遥感三十号等多个重大任务；空天信息创新研究院和精密测量科学与技术创新研究院中央事业单位法人证书获批；洁净能源创新研究院和海西创新研究院均实现一套行政领导班子配置；南海生态环境工程创新研究院、深海技术创新研究院、干细胞与再生医学创新研究院等联合地方政府共建实验室，获充分认可与强力支持。

（四）特色研究所2019年进展情况

印发《中国科学院关于批准筹建生态草牧业等3个特色研究所的通知》，新批准筹建生态草牧业特色研究所、核心植物园特色研究所和营养与健康特色研究所，3个特色研究所整体工作推进顺利。2018年通过验收的南京土壤研究所等14个特色研究所通过院内外科教融合、与地方政府和行业部门共建等方式，巩固和发展特色优势，在解决区域经济社会可持续发展的重大问题中发挥重要作用。

四、参与科创中心、综合性国家科学中心、雄安新区建设

成立中国科学院科创中心建设领导小组，完善组织推进机制，加强统筹部署。主动谋划和参与国家实验室建设，积极争取首批国家实验室筹建工作。全面落实北京怀柔、上海张江和安徽合肥综合性国家科学中心建设各项任务，积极谋划部署粤港澳大湾区科创中心建设任务，启动广州南沙明珠科学园建设，签署共建雄安新区创新研究院框架协议。

（一）参与北京市科技创新中心建设情况

一是怀柔科学城由中国科学院承建的项目全部开工。高能同步辐射光源、子午工程二期按期启动，至此中国科学院承建的4个国家重大科技基础设施项目全部启动建设，总投资约77亿元；中国科学院“十三五”科教基础设施怀柔包11个项目于2019年12月28日全部启动建设，总投资约27亿元。二是院市共建项目持续推进。院市共建第一批平台5个项目土建工程全部完工，第二批平台4个项目年底已启动建设。院市签署共建北京干细胞与再生医学研究院合作协议，院市共建的北京怀柔综合性国家科学中心空间科学实验室揭牌正式启动运行。三是院市合力，不断提升国际影响力。与北京市、科技部、中国科协共同主办中关村论坛，国家主席习近平致贺信。院市共同举办第三届国际综合性国家科学中心研讨会，院市共同发起的国家科学中心国际合作联盟正式成立。

“一带一路”国际科学组织联盟（ANSO）落户怀柔科学城，促进怀柔科学城构建国际化学术生态。

（二）参与上海市科技创新中心建设情况

一是参与构建关键领域新型举国体制。积极参与集成电路、人工智能、生物医药三大领域“上海方案”的制定，支持在沪研究所和控股企业承接相关任务。二是稳步推进重大项目建设。硬X射线超导加速器模组等样机研制取得重大进展，着手实施关键技术设备自主研制“B计划”。转化医学设施、光源二期部分线站、超强超短激光实验装置稳步推进。高效低碳燃气轮机项目上海部分2019年10月开工建设，中国科学院“十三五”科教基础设施上海包（除规划调整项目外）全部开工。三是持续推进国家实验室培育工作。继续推进张江实验室人才队伍和基地建设，光子科学大装置集群建设取得突破。张江药物实验室进一步整合力量完善实验室建设方案，原创治疗阿尔茨海默病新药GV-971获准上市。脑科学与类脑研究中心开工，稳步推进量子信息等领域国家级实验室布局培育。

（三）参与粤港澳大湾区国际科技创新中心建设情况

一是成立中国科学院粤港澳大湾区国际科技创新中心建设工作专项办公室，制定“聚焦莞深、挺进南沙、布局珠澳”工作方针。二是以国家战略为指引，形成围绕“科技走廊”骨干节点的创新资源集聚态势。引导冷泉生态模拟装置等重大项目集聚广州明珠科学园；推动合成生物装置等集聚深圳巍峨岭科学园；引导中国科学院香港创新研究院（深圳）落地深港科技合作区深方园区；统筹散裂中子源二期落地东莞松山湖科学城；支持横琴智能超算平台落地珠海横琴等。三是以存量资源为基础，全面支撑广东省科技创新水平和效能整体提升。中国散裂中子源提前实现80千瓦束流功率运行，江门中微子实验站实现关键设备批量化生产，新型地球物理综合科学考察船、强流重离子加速器装置和加速器驱动嬗变研究装置等重大科技基础设施建设稳步推进；与广州市共建南沙科学城和明珠科学园，引导中国科学院在穗院所集聚发展。四是以机制创新为突破，聚焦创新资源柔性汇聚，打造高水平科教融合园区。与广东省、广州市、深圳市和东莞市深入合作，通过共建香港创新研究院（深圳）、松山湖材料实验室、深圳先行创新中心等新型研发机构和中国科学院深圳理工大学、中国科学院大学广州学院等高校，推动创新要素柔性汇聚，服务科技体制改革全面深化。

（四）参与合肥综合性国家科学中心建设情况

一是加速构建国际化前沿科学研究和技术研发机构群。量子信息与量子科技创新研究院基于“墨子号”量子科学实验卫星取得系列具有国际影响力的研究成果。合肥综合性国家科学中心能源研究院、人工智能研究院正式启动运行。我国首家临床研究医院——中国科学院临床研究医院（合肥）揭牌成立。二是加快建设世界一流重大科技基础设施集群。聚变堆主机关键系统综合研究设施正式开工建设。全超导托卡马克核聚变实验装置、稳态强磁场实验装置、合肥光源稳定运行。合肥先进光源预研选址工作基本完成，启动物理方案设计、关键技术样机研制等相关工作。三是加紧实施一批重大科研项目。

积极承接“量子调控与量子信息”、“纳米科技”等一批国家重点研发计划，取得一批重要理论研究成果。开展关键核心技术攻坚，部署推进“基于空间平台的广域超高精密量子光频标”、“衰老的生物学基础和干预策略”等B类先导专项和“高精度电磁测量技术”、“多语种语音语言”等C类先导专项立项。国际热核聚变实验堆ITER计划首个大型超导磁体线圈竣工交付，项目圆满完成。

（五）参与雄安新区规划建设情况

2019年，中国科学院参与雄安新区规划建设发展领导小组办公室按照2018年第13次院长办公会议关于筹建雄安创新研究院的要求，以及《中国科学院关于支持雄安新区规划建设发展的指导意见》相关精神，主要围绕谋划推进雄安创新研究院建设，统筹推进中国科学院支持和参与雄安新区规划建设发展有关工作，取得重要阶段性进展。一是按照院党组统一部署，正式启动雄安创新研究院筹建工作。二是与河北省密切沟通对接，达成雄安创新研究院建设框架协议主要共识，并于2019年12月29日正式签约。三是深入研究和编制雄安创新研究院建设实施方案。

五、院设委员会工作进展情况

（一）发展咨询委员会工作进展

2019年，中国科学院发展咨询委员会新聘任李静海等多位专家担任委员；组织召开委员会第五次会议，中国科学院院长、党组书记、发展咨询委员会主任白春礼主持会议并做报告，各位委员围绕中国科学院学科领域布局与区域布局、重大任务组织实施、四类机构改革、创新人才队伍、科技智库建设、国际科技合作、作风与学风建设等重点工作提出意见建议。

（二）科技智库理事会工作进展

2019年5月，中国科学院科技智库理事会审议通过《中国科学院科技智库理事会工作条例》，明确中国科学院科技智库建设基本原则和思路，研究部署“新时期国家创新体系建设研究”等重大咨询项目，针对下一步建立重大项目部署机制、规范专业研究支撑中心管理与运行、建立科技智库成果报送和发布统筹协调机制、智库工作奖励机制，以及加强和完善科技智库特聘研究员制度等提出明确要求。2019年11月，印发《中国科学院关于设立中国科学院学部专业研究支撑中心的通知》，明确专业研究支撑中心的定位、任务、设立条件、运行管理模式，确定中国科学院首批5家专业研究支撑中心。

（三）学术委员会工作进展

2019年，中国科学院学术委员会对中国科学院战略性先导科技专项18个候选专项开展实施方案的咨询论证和概预算评审，对9个进入实施中期的B类先导专项开展中期检查，对实施期满的“分子模块设计育种创新体系”等4个先导专项开展结题验收。与《中国科学院院刊》编辑部共同组织完成“中国科技70年道路与经验”战略与决策高层论坛，中国科学院、科技部、中国科协、中国工程院、国家自然科学基金委等相关科技部门领导及王志珍、赵忠贤、李国杰、于渌等院士参加公开论坛并做报告。邀请中国科学院专家召开闭门圆桌会议，围绕“中国科学院面向未来三十年的重大战略和举措”议题开展研讨。

科 研 管 理

一、国家重大科技任务

（一）国家自然科学基金项目

2019年，全国批准国家杰出青年科学基金项目296项，其中中国科学院获批84项，占全国项目的28.4%；重大项目46项，总经费88 596.36万元，其中中国科学院获批11项，总经费21 781.5万元；创新研究群体45项，直接经费44 580万元，其中中国科学院获批15项。

（二）国家重大科技专项

2019年，中国科学院进一步加强重大专项组织管理，扎实抓好全院承担的国家科技重大专项任务，一些关键技术取得突破性进展，一批科研成果得到落地应用；提出国家科技重大专项梯次接续研究建议和我国重大科技创新方向选题建议；统筹调动全院研究力量争取"科技创新2030—重大项目"，一批科技专家在项目实施方案编制中发挥关键作用。

核心电子器件、高端通用芯片及基础软件产品专项 中国科学院国产桌面操作系统基础版V4.0于2019年11月对外公开发布，采用与兆芯CPU软硬件深度融合的技术路径，实现更加强化的自主可控。国产操作系统厂商基于基础版定制的商业发行版已在全国各省市党政部门和关键行业应用部署十余万套，建设了国产软硬件系统技术支持与服务体系。

极大规模集成电路制造装备与成套工艺专项 集成电路先导工艺方面，5-1纳米技术代新结构器件、新工艺及新材料等前沿研究和关键技术研发达到国内领先、国际一流水平。其中，成功研制拥有自主知识产权的垂直沟道GAA器件，实现原始创新；负电容FinFET器件技术指标达国际先进水平；联合存储器龙头企业长江存储公司成功研发第三代128层三维闪存技术并工艺固化，实现我国存储器技术的创新跨越。集成电路封装方面，晶圆级扇出型封装（FOWLP）技术实现量产突破，应用于5G芯片产品封装，有力保障了本土芯片企业供应链安全。集成电路装备方面，成功研制高端晶圆测试设备和20-14纳米无图形晶圆缺陷光学检测设备，获得国内主要制造企业订单，填补国内空白。集成电路材料方面，成功研制300毫米硅片并形成量产，累计98个规格样品进入客户验证，27个规格样品验证通过，完成产能建设15万片/月。

新一代宽带无线移动通信网专项 开创性地提出5G与信息中心网络（ICN）融合的网络架构——SEANET，突破现场增强解析、先进数据平面可编程、现场自治的组播与移动性、节点自治的多宿主、支持网内缓存的弹性传输等关键技术，将具有现场服务

（on-site）、弹性交付（elastic）、自治架构（autonomous）特性的服务能力赋能5G边缘网络，为5G系统实现大规模分布式服务提供可行方案；向ITU、IETF、3GPP提交国际标准提案12项，其中在ITU SG13形成覆盖名字解析、路由、传输、边缘计算、数据开放及概念验证等方面的标准布局。

高档数控机床与基础制造装备专项 成功研制面向七轴车铣复合加工中心基于国产CPU的“蓝天数控”产品；开展“蓝天数控”智能化技术在精密加工的五轴加工中心配套应用，支撑国产高档数控系统的智能化升级；将“蓝天数控”与航空制造领域工艺技术融合，实现双通道14轴磨削数控系统在航空发动机叶片型面砂带磨削加工中的应用，以及双通道11轴激光加工数控系统在叶片类微孔超快加工中的应用；制定《数控系统功能测试规范》系列化行业标准，为国产高档数控系统升级提供标准化引领；继续推进“蓝天数控”及数字化车间在航空航天领域应用，“航空制造领域数字化车间智能制造解决方案及实施案例”在2019世界智能制造大会上入选2019中国智能制造十大实施案例。

大型油气田及煤层气开发专项 建立干酪根-油相互作用与轻质油、气生成模式，为深层油-气-源对比提供重要指标；揭示碎屑岩输导层结构非均质性的形成机制与演化过程，建立盆地深层新的成藏模式，为油气勘探提供新方法；突破地震检波的传感器技术瓶颈，完成拥有自主知识产权的6英寸MEMS工艺线建设，形成每年30万颗MEMS检波器芯片的产能，为实现自主量产十万至百万道级全数字地震探测装备奠定技术基础。

水体污染控制与治理专项 突破湖泊蓝藻水华防控瓶颈，率先提出全生命周期全空间防控技术体系，构建“控制外藻输入—河道原位控藻—河网水系调活—河口生境优化—湖泊生态修复”完整技术体系；建立以蠡湖为核心60平方千米综合河网示范区；新一代“太湖蓝藻水华及湖泛监测预警平台”在千岛湖推广应用，保障饮用水安全；巢湖水质目标管理平台支撑“数字巢湖”建设。

转基因生物新品种培育专项 揭示MYC2调控茉莉酸信号激发虫害响应后“开-关”作用机制，可用于减少植物应对生物胁迫时的自身能量消耗，在抗虫分子设计育种方面具有潜在应用前景；建立茎尖细胞特异基因表达图谱，为研究植物生长发育及环境响应提供重要参数。

重大新药创制专项 人源甲状旁腺激素受体结构与功能研究取得重要突破，首次报道全长激活状态1型人源甲状旁腺激素受体的立体结构和首个处于长时激活状态下的GPCR三维结构，为创制治疗骨质疏松症、甲状旁腺功能减退症和恶病质等疾病的新药奠定基础；新靶点小分子药物研发取得系列进展，合成40个DNA编码化合库，设计合成强效抑制P300/CBP活性的化合物。

艾滋病和病毒性肝炎等重大传染病防治专项 破解基孔肯雅热（CHIKF）入侵分子机制，为抗病毒药物开发及新型疫苗设计提供新靶点，相关研究成果于2019年在*Cell*上发表；发现B族肠道病毒通用受体并解析病毒利用“双受体系统”入侵的作用机制，相关研究成果于2019年在*Cell*上发表。

高分辨率对地观测系统专项 高分五号和高分六号两颗卫星正式投入使用，可见短波红外高光谱相机、大气痕量气体差分吸收光谱仪、大气主要温室气体监测仪和大气气溶胶多角度偏振探测仪，高分六号卫星宽幅相机（16米分辨率）和高分相机（2米/8米分辨率）稳定在轨运行。高分七号卫星发射成功，激光测高仪作为我国首个自主研发的对地激光测绘载荷，其核心组部件实现自主可控。航空系统三线阵相机完成试样研制，影像质量与国外产品相当并满足 1∶1000 成图比例尺要求，在同等分辨率条件下，幅宽为国外 ADS100 相机的 2 倍。北极站通过验收并正式投入运行，2019 年度共接收高分卫星数据 67 370 轨，成功率达 99.68%。

载人航天与探月工程专项　中国载人航天工程运行与管理支持中心挂牌启动。天宫二号空间实验室在轨飞行及拓展试验任务圆满完成。空间站建造期应用任务研制通过系统级及整舱测试试验验证，三舱、光学舱任务转入初样阶段，核心舱应用任务转入正样阶段；空间站运营期、载人月球探测等任务实施方案论证全面启动。

嫦娥四号探测器成功着陆于月球背面艾特肯盆地的冯·卡门撞击坑，首次实现人类航天器在月球背面软着陆和巡视探测。重构嫦娥四号月球背面下降轨迹；识别着陆巡视区的形貌、构造、成分等基本地质信息，发现个别探测点成分（月壤 / 岩石）以橄榄石和低钙辉石等矿物组分为主，进而初步判断可能来源于月球深部乃至月幔源区；获得月球背面地下浅层的首张雷达图像，揭示着陆区域地下 40 米深度内的地质分层结构和溅射物内部地层序列。系列成果对揭示月球南极埃肯盆地的地质演化乃至月壳早期演化历史、月球深部物质结构及形成机理等科学问题具有重要科学价值。嫦娥五号任务有效载荷按计划完成贮存和定期自检，状态完好，继续完善月球样品实验室建设。嫦娥六号有效载荷完成研制并交付。首次火星探测任务完成正样载荷交付。探月工程四期和深空探测重大任务进一步深化。中国科学院承担的各型号地面应用系统、有效载荷分系统、VLBI 测轨分系统等工程任务，月球和深空探测后续任务科学目标和有效载荷等论证，探月工程科学应用研究等各项任务进展顺利。

（三）国家重点研发计划

2019 年，中国科学院完成国家重点研发计划 67 个专项各批次专项项目的组织推荐工作。国家重点研发计划基础科学领域 9 个专项中，中国科学院大科学装置前沿研究专项经费占国家该专项经费 65%；蛋白质专项经费占国家该专项经费 49.3%。推进中的引力波专项实施方案通过部长联席会议和专家咨评会评审。京区院属单位 137 个国家重点研发计划项目完成视频答辩。启动国家重点研发计划“十四五”重大研发需求征集相关工作。

（四）国家重大科研仪器设备研制专项

2019 年，中国科学院组织国家重大仪器研制项目验收 11 项，其中科技部 8 项，国家自然科学基金委 3 项。

中国科学院合肥物质科学研究院承担的科技部国家重大科学仪器设备开发专项项目“大气细粒子与臭氧时空探测激光雷达系统研发与应用示范”通过综合验收。项目组成功研发具有自主知识产权的大气细粒子和臭氧时空分布的快速在线监测系统，突破多项共性关键技术，编制企业技术规范和行业应用指南，为我国大气环境实时监测能力建设和数据分析提供了可靠的技术手段，为激光雷达的业务规范化运行提供了科学支撑。

中国科学院西安光学精密机械研究所承担的科技部国家重大科学仪器设备开发专项项目“用于新型航空发动机性能提升研究的飞秒激光设备研发”通过综合验收。项目团队利用超快激光极端制造技术解决了新型超高温单晶材料和高精度复杂微结构制造难题，并在国内率先实现航空发动机高压涡轮叶片气膜孔及卫星电推进器流量控制板等关重件极端加工技术的突破，为我国航空发动机性能、寿命提升与发展的提供了技术支撑。

中国科学院高能物理研究所承担的科技部国家重大科学仪器设备开发专项项目“分布式动态放射性探测成像系统”通过综合验收。项目组研发具有高灵敏度射线成像、全方向射线自动定位、放射性核素鉴别等功能的射线探测装置，突破核辐射成像探测的核心关键技术。项目成果成功应用于核工业、环保、医疗卫生、科研、安保等多领域，为辐射安全管理提供了新的检测方法与技术手段。

中国科学院物理研究所承担的科技部国家重大科学仪器设备开发专项项目“纳米图形化和超宽频磁电特性测量系统”通过综合验收。项目组研发出纳米图形化和超宽频磁电特性测量系统，通过扫描电子显微镜电子束成像束流和测试测长或电场的分时工作，解决了电子束与磁场或电场之间的干扰问题。

中国科学院过程工程研究所承担的科技部国家重大科学仪器设备开发专项项目“微型流化床等温微分流（气）固相反应分析仪研发与应用示范”通过综合验收。项目组突破了集成快速加热和颗粒试样在线快速供给等关键技术，实现反应的等温微分化，成功研制出微型流化床等温微分流（气）固相反应分析仪，填补了流固相反应测试与分析在等温微分方法方面的空白。

中国科学院长春光学精密机械与物理研究所承担的科技部国家重大科学仪器设备开发专项项目“高端全息光栅研发”通过综合验收。项目组解决了高端全息光栅制造工艺技术及装备的共性基础问题，成功研发高精度、高指标、大尺寸的高端全息光栅和 11 种高端全息光栅母版，形成集光栅设计、制造及检验于一体的开发平台，为我国光栅制造能力的提升提供了技术支撑。

中国科学院光电技术研究所承担的科技部国家重大科学仪器设备开发专项项目“自适应光学高分辨率活体成像仪及其应用”通过综合验收。项目突破波前传感器与波前校正器等核心关键部件，形成自适应光学高分辨率活体成像技术。项目成果成功应用于多家医院，为获取相关疾病早期信息提供了重要手段。

北京中科科仪股份有限公司承担的科技部国家重大科学仪器设备开发专项项目“纳场发射枪扫描电子显微镜开发和应用”通过综合验收。项目突破高分辨电子光学成像系统设计、场发射枪工程化设计制造、电子束加速镜筒设计制造等多项关键技术，成功开发出具有自主知识产权的肖特基场发射枪扫描电子显微镜，分辨率等相关指标达到国际一流水平。项目成果对于推动我国电子光学仪器产业发展有积极意义。

中国科学院国家授时中心承担的国家自然科学基金委国家重大科研仪器研制项目“新一代时间频率系统”通过验收。项目组面向国家重大基础研究和工程应用需求，围绕信号产生、传递和测量进行系统深入的理论与方法研究，自主可控地突破系列关键技术，成功研制铯原子喷泉钟装置、锶原子光钟装置、光纤时间频率传递设备、时间频率测量设备等主要设备，构成新一代时间频率系统。

中国科学技术大学承担的国家自然科学基金委国家重大科研仪器研制项目“多功能固态量子存储器”通过验收。项目组利用稀土掺杂晶体成功研制出多功能固态量子存储器，突破宽带量子存储、高保真量子存储及长寿命量子存储等关键技术，并依托该仪器完成系列有国际影响力的量子领域实验研究。多功能固态量子存储器的成功研制为可扩展大尺度量子网络建设提供了有力支撑。

中国科学院上海光学精密机械研究所承担的国家自然科学基金委国家重大科研仪器研制项目“新一代超强超短激光综合实验装置”通过验收。项目组成功研制出新一代超强超短激光综合实验装置，依托装置首次观察到基于激光加速的自由电子激光辐射非线性放大效应，并在激光尾波场电子加速、中红外新波段超强超短激光、激光驱动高次谐波产生等研究中取得新成果。

2019 年，中国科学院积极组织国家自然科学基金委国家重大科研仪器研制项目推荐工作，共推荐 17 项，经国家自然科学基金委学部初评、综合评审，中国科学院近代物理研究所牵头的“低温高密核物质测量谱仪的研制”项目得到立项支持。

（五）其他重大项目

国家科技基础资源调查专项 2019 年，中国科学院组织申报的 8 个重点项目获批立项，占全国数目的 32%；配合科技部完成 30 个重点项目的综合绩效评价。

第二次青藏高原综合科学考察研究 2019 年，中国科学院推动其在国家立项。该项目将在未来五年开展西风-季风协同作用及其影响、亚洲水塔动态变化与影响、生态系统与生态安全、生态安全屏障功能与优化体系、生物多样性保护与可持续利用、人类活动与生存环境安全、高原生长与演化、资源能源现状与远景评估、地质环境与灾害、区域绿色发展途径 10 个方面考察研究工作。财政部核定第二次青藏科考项目 5 年总概算 27.89 亿元。

二、战略性先导科技专项

（一）A 类先导专项

2019 年，中国科学院继续坚持 A 类先导专项“目标清、可考核、用得上、有影响”的十二字要求，继续坚持工程项目管理理念，进一步强化承担单位的主体责任意识和先导专项的过程管理与目标管理，持续凝练聚焦，加强协作，确保在研 A 类先导专项按预期目标有序推进。

钍基熔盐堆专项 完成世界首座熔盐缩比仿真堆的集成安装，启动系统联调及实验工作。取得钍基熔盐实验堆安全级设备设计及制造特许，完成主容器等长周期关键设备施工图设计并进入加工制造阶段；完成实验堆建造许可申请相关的初步安全分析报告及环评报告技术审评，取得生态环境部《关于 2 MWt 液态燃料钍基熔盐实验堆（TMSR-LF1）环境影响报告书（建造阶段）的批复》；“十三五”科教基础设施建设项目钍基熔盐堆核能系统实验平台完成可行性研究报告、初步设计方案及投资概算的审批，实验堆相关建（构）筑物于 2019 年 10 月开工建设。

江门中微子专项 地下实验大厅完成水池面以上部分建设。探测器部件按年度计划推进：完成有机玻璃板材 40% 的批量生产；完成不锈钢主体结构 60% 的批量生产；完成光电倍增管模块生产前评审，以及 80% 的批量生产和测试，并开始防水封装；完成反符合探测器顶部支撑桥最终设计评审并完成招标；完成液闪地面建筑及纯化、混制系统招标。

药物专项 我国原创治疗阿尔茨海默病（AD）新药 GV-971 有条件获准上市，这是中国原创、国际首个兼具病程改变与症状改善双重特性的、多靶点治疗 AD 的创新药物。围绕 27 个候选新药开展临床研究、25 个候选新药开展系列研究：揭示 GV-971 独特的靶向脑肠轴的作用机制，发现 GV-971 系列生物标志物；发现丁二酸复瑞替尼的疗效监控标志物；明确德立替尼治疗的敏感群体和疗效监控标志物。个性化药物新靶标、新机制研究取得重大突破，揭示肝癌发生发展机制，提出个性化诊治新策略。

南海专项 构建“南科 1 井”年代框架，为岛礁标准地层剖面的建立及礁体稳定性评估提供时间标尺和关键约束；初步确定南沙地块的裂离历史，为解答南沙地块起源提供科学依据；在南海完成立体环境观测集成演示和国内最大规模的水下机器人协同组网观测示范，开启区域快速适应性观测新模式；构建多维岛礁生态系统修复技术体系，提出陆域植被构建系统解决方案；“智能资源循环舱”上岛应用，实现厨余无害化处理及生态资源化利用，高效保障岛礁生态文明建设。

智能导钻专项 成功研发深层地质导向随钻电磁波、声波、电成像等 6 套样机，初步构建“定得准”的随钻测井装备序列。推靠式旋转导向系统首次胜利油田实钻井作业测试结果达到预期，为专项实现“打得准”目标奠定了基础。初步建成基于过程约束的沉积—成岩—成藏一体化正演模拟软件平台；智能导钻测试总装中心（衡水）于 2019 年 11 月 16 日投入运行，有望建成国际一流的能源开发装备测试平台；怀柔科学城深部资源探测技术装备研发平台建设方案获批。

空间科学专项 二期科学卫星工程全面推进，我国首颗空间引力波探测技术实验卫星“太极一号”成功发射入轨，完成在轨测试；引力波暴高能电磁对应体全天监测器卫星（GECAM）完成初样阶段研制总结并开展正样研制工作；先进天基太阳天文台（ASO-S）、爱因斯坦探针卫星（EP）、太阳风-磁层相互作用全景成像卫星（SMILE）转入初样研制工作；专项支持的背景型号项目、预先研究项目等进展顺利。一期科学卫星持续产出重大科学成果。暗物质卫星“悟空”精确测量了 40GeV[①]—100TeV[②] 宇宙射线质子能谱，量子卫星“墨子号”在国际上率先在太空开展引力诱导量子纠缠退相干实验检验并入选 2019 年度中国科学十大进展，硬 X 射线调制望远镜卫星“慧眼”成功开展 X 射线脉冲星导航实验并首次观测到中子星 X 射线双星在流强位于特定值吸积盘状态的突然变化，相关成果发表在 *Science*、*Astrophysical* 等国际顶级期刊，“实践十号”相关微重力与空间生命科学成果在斯普林格出版 2 部英文专著。

器官重建专项 在器官原位再生方面，发现调控脑、心脏、造血、皮肤、骨骼肌等

① 1GeV 为十亿电子伏特。
② 1TeV 为万亿电子伏特。

10个组织器官原位再生的关键靶标，开发5种器官原位再生的干预手段。在器官体外制造方面，突破自组装胆管化肝脏类器官、功能性神经-肌肉接头、脑模块构建、3D打印和管道维持等关键技术，初步实现复杂结构构建；体外培养系统支持食蟹猴囊胚的持续发育至受精后20天，重现非人灵长类动物胚胎原肠发生。在器官异体再造方面，在世界上首次获得新生猪-猴嵌合体，成功获得人-鼠异种嵌合小鼠胚胎。相关成果在国内外产生重要影响。

临近空间专项 开展14次临近空间科学探测实验和平台新技术试验，初步构建临近空间科学实验系统。完成临近空间浮空器长久驻空技术验证（平飞50小时54分），突破24小时跨昼夜飞行和不同高度受控飞行等关键技术，实现区域准定点驻留、双球伴飞及大范围往返飞行；成功实施球载无人机投放，验证了低过载动态发放技术。科学研究方面，国际首次利用原位传感器探测到临近空间中子能谱，对修正全球平均预测模型实现小时空尺度精准预测具有重要意义；国内首次开展20千米以上临基GNSS大气遥测试验；完成20种共计824个生物样品的临近空间生物暴露实验，取得大量有效数据并有初步重要成果。

洁净能源专项 在百万吨煤炭高值转化方面，世界首套万吨级合成气制高碳醇工业示范在陕西榆林开车成功；煤经合成气直接制低碳烯烃技术完成千吨级工业试验；新一代甲醇制低碳烯烃（DMTO）催化剂助力行业甲醇单耗进入2.8时代，处国际领先水平；煤炭温和加氢热解（液化）技术在万吨级工业中试装置上完成72小时连续运行考核。在百万吨煤炭清洁燃烧方面，兖矿兴隆庄75吨/时煤泥循环流化床锅炉通过168小时性能考核，并投入商业运行。在百兆瓦大规模储能示范方面，兆瓦级全钒液流电池示范项目成功集成出200千瓦/300千瓦时与125千瓦/500千瓦时集装箱式全国产化材料液流电池系统；百兆瓦级先进压缩空气储能系统示范项目完成组合式压缩机、轴流透平膨胀机、蓄热换热器等部件加工。在百分之百可再生集成示范方面，针对张家口黄帝城小镇100%可再生能源示范建设，确定了100%供电、供热、供气的覆盖范围，完成电、热、气三个供能子系统的控制软件开发；跨季节区域供热储热水体工程已开工建设。在低碳化多能融合方面，全球首套千吨级规模太阳燃料合成示范项目在兰州新区绿色化工园区试车成功；氢燃料电池电堆产品在安徽明天氢能科技股份有限公司六安工厂成功下线，并在六安市首批氢燃料电池公交301路正式上线运行。

深海/深渊专项 完成深海特种材料与新型能源、智能感知与决策、深海通信与导航定位部分关键技术攻关、实验测试平台建设及原理样机研制；完成42天TS12载人深潜航次，搭载“深海勇士”号完成“相控阵二维成像声呐”和“深海激光光谱甲烷原位分析仪”等设备海试；完成深海站/深渊站/深海底作业系统三大智能平台总体方案设计；万米载人潜水器支持保障母船完成上建总段吊装，完成单光子雷达、全海深多波束等大型船载设备方案设计。

地球大数据科学工程 聚焦“五球、一星、一设施、六SDG”核心任务开展工作，获得系列重要成果。广目地球科学卫星工程已进入初样研制阶段；大数据云服务基础平台基本建成；地球大数据共享服务平台正式对外发布5PB数据，截至2019年12月14日，已有118个国家的近6万用户访问平台，系统在线总浏览量约400万次，在线下载量近

18 万次;《地球大数据支撑可持续发展目标报告》成为我国政府在联合国发布的重要文件;地球大数据工程原型系统投入运行，被列为中国科学院 70 周年创新成果展的重要组成部分。在数字丝路科学型、北极放大现象的物理机制、生物遗传资源大数据平台、数字地球展示与分析系统、植被图现实性更新版、面向全球变化的海洋数据产品研制及应用、大数据资源库管理与服务系统（V1.0）、“三生”空间统筹优化决策支持系统等方面取得系列原始性创新或应用成果。

泛第三极环境变化与绿色丝绸之路建设 专项产出系列成果如下。①亚洲水塔变化重大国际前沿研究成果融合于国家水资源与水安全战略。“极目一号”浮空艇驻空高度超过 7000 米，首次取得这一高度西风-季风过程的科学数据，实现前沿科学问题和重大技术交叉融合的新突破；建立冰崩灾害监测预警体系，完成《关于我国冰川变化影响及对策的报告》，服务国家水资源和水安全战略；提出亚洲水塔观测—模拟—预警一体化集成方案，成为世界气象组织的经典案例。②人类与生物适应高原环境国际前沿重大成果融合于人与生态协调发展战略需求。提出史前人类进入高原的时间和机制，成果入选 2019 年 *Science* 十大科学突破和中国科学十大进展。提出第三极国家公园群建设建议，为全球生态环境保护提供范式。③“丝路环境专项”纳入第二届“一带一路”国际合作高峰论坛成果清单。咸海流域生态治理应用示范等境外示范基地建设初具规模。④成功推动第二次青藏科考国家立项。

美丽中国生态文明建设科技工程 2019 年初正式启动专项，通过推动与国家发展改革委、生态环境部等部门，以及与福建省、浙江省、贵州省、重庆市等地方合作，取得较好进展。通过专项实施，在宁波建成场地 3000 余平方米、年产能 3 万套的柴油车改造催化剂中试生产线；初步研发成功长江模拟器原型 V1.0；初步建成福建省国土空间规划信息平台，已部署在福建省政务信息网和数字福建云计算中心应用；受住建部委托，制定美丽城市建设评估指标体系并开展评估工作，编制完成《贵州省耕地草地河湖休养生息规划》并得到贵州省印发实施；与国家发展改革委等部委共同推进启动美丽中国建设进程第三方评估工作，根据前期工作基础制定《美丽中国建设评估指标体系及实施方案》。

（二）B 类先导专项

2019 年，中国科学院围绕重大突破和重点培育方向，加强学科交叉融合，持续推进“从 0 到 1”的原始创新，促进重大原创成果产出。面向国际科技前沿，积极推进“新一代超导与拓扑物理学”等 12 个候选 B 类先导专项的立项；完成“超强激光与聚变物理前沿研究”等第三批 9 个 B 类先导专项中期评估;按程序组织“功能 pi-体系的分子工程”等相关专项的结题验收准备工作。

海斗深渊前沿科技问题研究与攻关 通过“天涯”号和“海角”号深渊着陆器获得深海狮子鱼样本，与多家单位合作开展多方面的深入研究，在分类学上厘清其系统地位，首次在形态上发现其适应深渊的变化，解析超深渊狮子鱼的基因组，在多组学大数据分析的基础上揭示其适应超深渊极端环境的遗传基础，研究成果发表于 *Nature* 子刊 *Nature Ecology & Evolution*。专项于 2019 年 9 月完成全部科技目标和科研管理分项验收、财务分项验收和档案分项验收，所产出研究成果获得专家组一致肯定。

拓扑与超导新物态调控　专项顺利完成自验收和分项验收工作。完成已知非磁性材料的拓扑分类并建立在线数据库，提供近8000种候选拓扑材料，推动了拓扑材料实际应用，促进了拓扑物态相关交叉学科发展，该成果入选2019年度中国十大科技进展新闻。实验观测到新型手性费米子，为探索手性费米子相关的物理现象提供更多的途径。首次制备出新型CuAs基超导体系，该体系所展现的各相之间共存和竞争、结构临界点和穹顶（dome）形状的T_c等新现象，为理解过渡族金属砷化物超导体的微观机理提供了新视角。

作物病虫害的导向性防控　在国际上首次发现植物抗病小体并阐释其形成和全新的作用机制，以两篇背靠背长文形式发表在*Science*，被国际同行评述为植物免疫研究的里程碑事件，并入选2019年度中国生命科学十大进展；聚焦种群调节与成灾机制前沿科学问题，揭示飞蝗种群的体色变化和群体防御的遗传和表观遗传机制，相关研究成果发表于*eLife*、*Science Advances*，开发出具有自主知识产权的绿色真菌杀虫剂；在根系微生物组与植物的互作调控研究中获得重要突破，发现三萜类化合物调控植物根系微生物组，并发现水稻协同根系微生物组利用土壤氮元素，为应用有益微生物、减少氮肥的施用奠定了理论基础，相关研究成果发表于*Science*、*Nature Biotechnology*；发现昆虫病原真菌利用小RNA跨界抑制蚊虫免疫反应的新机制，开辟一个新的研究方向，为发展高效蚊虫生防制剂提供了新思路，相关研究成果发表于*Nature Communications*；首次构建最为完整的全球第三次鼠疫流行期间的人间鼠疫病例数据库及基于基因型的时空传播模型，发现全球鼠疫扩散规律，对于指导当前全球变化加剧下鼠疫发生的预警与防控具有重要的借鉴意义，相关研究成果发表于*PNAS*；此外，在棉花抗黄萎病机制、松材线虫防控、病毒-昆虫-植物三者互作机制、水稻胞外免疫机制等领域均取得系列重大发现，对实现作物病虫害绿色防控具有重大意义。

功能pi-体系的分子工程　顺利完成自验收和分项验收工作。合成新型共轭材料体系——介观聚合物，展现完美的规整结构及优异的电荷传输性能；设计合成新型非富勒烯受体，制备的太阳能电池达到26.1%的室内能量转换效率；制备了能量转化效率达14.2%的有机叠层太阳能电池，经美国能源部国家可再生能源实验室认证为该类器件的最高纪录；利用可控制备的石墨炔基原子催化剂首次实现在不同电位下高效率、高选择性制氢和制氨，利用基于石墨炔的无金属催化剂在酸、碱条件下水裂解制氢和制氧，提出传统化学工艺路线的变革性解决方案。

动物复杂性状的进化解析与调控　全年在五年间影响因子大于9的期刊上发表论文26篇。其中，在反刍动物基因组研究中获得系列重大进展，6月在*Science*同期发表3篇研究长文，并以“反刍动物基因组”为专栏登上杂志封面；在染色体三维结构出现全基因组水平重编程上发现重大研究成果，被*Nature*接收；在DNA甲基化研究中取得重大进展，于2019年5月发表在*National Science Review*上；开发并完成针对生物进化和多组学综合分析的、具有自主知识产权的免费软件eGPS 1.0，于2019年6月在*National Science Review*发表。完成自验收工作。

典型污染物的环境暴露与健康危害机制　发现巯基化合物2-巯基吡啶介导H_2O_2产生·OH的分子机制，揭示异烟肼类化合物被Mn（III）催化氧化的氮自由基反应机制，评估其对生物分子蛋白酶和细胞体系的损伤与影响；在探索DNA和RNA甲基化表观转录组学环境暴露表观遗传学新的调控机制、DNA损伤修复及基因变异新机制取得研究进展，包括：发现阿霉素等蒽环类药物诱导DNA修饰5hmC水平升高，发现抑制剂entacapone通过调控FTO-FOXO1通路治疗代谢综合征，发现$PM_{2.5}$引起肺纤维化鼠的表观转录组m5C图谱动态变化等；利用计算机辅助设计预测模型探讨$PM_{2.5}$对呼吸系统产生干扰作用的分子机制，明确二噁英类污染物暴露对肠道固有免疫系统发育、干细胞心肌分化进程的影响；建立典型污染物大气细颗粒物界面转化研究的计算模型和方法。

土壤-微生物系统功能及其调控 发现土壤中固氮微生物的β多样性变化比细菌更剧烈；解析树木种属的系统发育关系、非生物因素的环境选择和地理空间的阻隔对森林根基土土壤真菌空间分布的相对贡献；证明水稻土pH及粒径是影响厌氧铁还原氨氧化过程的重要因素；阐明不同类型土壤中微生物组对氮肥和秸秆还田的响应特征；首次发现水稻根际亚硝化细菌的存在能促进1,9-癸二醇分泌，表明1,9-癸二醇有望开发为调控酸性土壤硝化古菌的新型抑制剂；揭示生物炭负激发效应的微生物关键物种竞争作用机制。优化基于流式细胞分选和微液滴阵列系统的单细胞测序及应用流程；基于13C-DNA / RNA的土壤宏基因组和宏转录组结合的集成平台，证明通过水平基因转移获得能量产生相关的ATPase操纵子支撑了酸性土壤中氨氧化古菌的生存。

超强激光与聚变物理前沿研究 在超强超短涡旋激光物理、飞秒微加工非线性器件、激光研究方面取得重要进展。提出一种利用飞秒超强涡旋激光实现了新型光镊——相对论“涡旋刀”，产生空间周期性分布的电子团簇的方法；在飞秒加工的高品质铌酸锂微腔中，实现宽谱、自然准相位匹配的二次谐波、级联三次谐波产生；基于自主发展的重复频率泵浦源，在重复频率下获得408焦耳的钛宝石宽带放大输出并实现小于24飞秒压缩脉宽，再次打破世界纪录。重复频率10赫兹下输出能量达到20焦耳；深入研究反射膜激光损伤阈值面临损伤和缺陷密度抑制难题，在SPIE第51届基频反射膜激光损伤阈值国际竞赛中取得最佳结果。在国际上首次结合长籽晶点晶技术（籽晶长度260毫米），获得大尺寸KDP晶体，验证该技术制备430毫米口径无锥柱交界面DKDP晶体的可行性。在二硒化铂（$PtSe_2$）超快载流子动力学及其半导体向半金属转变的层数依赖特性研究中取得重要进展。

能源化学转化的本质与调控 使用大连相干光源，结合先进的分子反应动力学实验站，在低温$F+H_2$反应机理、水分子光化学、中性水分子团簇振动光谱、重要基元反应及量子动力学理论方法等研究取得重要进展；实现单原子配位环境调控及单原子实用化；实现光催化转化生物质制液体燃料和氢，一锅法直接纤维素制乙醇；阐述氧化物上H_2异裂活化规律，利用配位数描述符表征CO活化的活性；构建催化膜反应器，一步实现水汽变换反应和碳捕获；在国际上首次解析硅藻捕光天线蛋白高分辨率精细结构，解析光系统-捕光天线超级复合体的原子水平三维结构；构筑系列高效人工光合体系，实现光催化二氧化碳还原及有机氧化反应的耦联；匡廷云院士获国际光合作用及氢能研究可持续发展大会杰出成就奖。

地球内部运行机制与表层响应 发现一种天然高压新矿物——毛河光矿，为下地幔的重要组成矿物；在黑龙江省发现我国第二个陨石撞击构造——依兰陨石坑，为地球深部物质研究提供了天然实验室；利用地震波揭示地幔间断面成因并佐证了地幔对流模式；在太平洋大低剪切波省东部发现超低速区，揭示其为核幔边界物质部分熔融产物；揭示东亚大地幔楔不均一性及其与地幔过渡带中滞留板块的成因联系，建立了流体助融大地幔楔形成板内火山岩的新机制；应用岩浆岩化学成分的大数据分析，揭示了两次全球性氧化事件的发生，并提出持续性的板块俯冲开始于21亿年前；通过早白垩世化石精细研究，揭示了哺乳动物中耳演化新模式。发表 *Nature*、*Science*、*PNAS* 等第一标注NI论文48篇。

细胞命运可塑性的分子基础与调控专项 顺利通过中国科学院组织的中期检查，并完成任务团队调整。在表观遗传调控、非编码RNA功能与肿瘤细胞代谢等研究方向持续取得重大突破。揭示维生素C参与产生一种全新的DNA修饰，并揭示此类修饰在调节衣藻光合作用过程中的重要作用，这是在真核生物中发现的第8种DNA碱基修饰，丰富了研究人员对DNA修饰多样性的认识，相关研究成果发表于 *Nature*；首次阐述环形RNA在细胞受病毒感染时的降解机制，及其参与天然免疫应答调控的重要新功能，并为炎症性自身免疫病的发病机制及未来的干预治疗提出新的思路与潜在靶点，相关研究成果发表于 *Cell*；揭示糖醛酸代谢通路中的尿苷二磷酸葡萄糖（UDP-Glc）抑制肺癌转移的新功能及作用机制，为肺癌转移的监测和阻断提供新的靶点和生物标志物，相关研究成果发表于 *Nature*。

结构与功能导向的新物质创制 顺利完成中期评估。发现高位点选择性的烯丙位碳氢键攫氢反应并阐明其新机制，实现复杂烯烃分子的精准转化，引领和推动不对称自由基催化领域的发展。发展一种低成本、高通量、模块化的点击化合物库方法，可对分子在短时间内进行极高通量的改造，被 *Nature* 评为2019年度十大杰出论文之一。实现由三苯基膦和碘化钠介导的光催化脱羧烷基化反应，取得光催化领域的新突破。首次采用超四面体非线性光学功能基元的结构设计思路，获得系列兼备高激光损伤阈值和高非线性光学效应的红外非线性光学晶体，突破两者难于兼得的瓶颈。二氧化碳在温和条件下高效高选择性获得甲酰胺类化合物的基础研究成果，在产业化应用中取得重大突破，形成世界首套 CO_2 资源化利用合成DMF成套技术、工艺和装备。

基于原子的精密测量物理 顺利完成中期评估。取得系列突出进展：钙离子光频标50万秒稳定度达到7E–18，频率不确定度为2E–17；提出分子“阿秒钟”方案并精确测出氢分子强场电离中阿秒量级的电子隧穿时间；冷原子干涉仪检验弱等效原理精度达到5E–10量级，保持国际领先；镱原子EDM测量进入E–25 e-cm；光腔洛伦兹不变性检验精度部分进入E–17；实现西安—武汉间830千米实地光纤光频传递，稳定度达到5E–15/s。

超常环境下系统力学问题研究与验证 发展火箭动力的高超声速巡航飞行优化设计方法，形成闭环的总体技术方案和飞行试验验证方案，实现有效载荷质量比和巡航飞行时间等关键指标。完成列车减阻降噪设计，发展列车刚柔耦合系统动力学分析方法、列车疲劳寿命及分量载荷谱预测方法、弓网耦合仿真和试验模型，研制列车材料及构件疲劳分析软件。自主研制采出液处理系统，并实现工业化应用，构建物理刺激响应型破乳剂，解决了海底原位快速破乳难题，研制多相流量计实现高精度实时在线计量，获得了海底管道地基极限承载能力的理论解，被挪威船级社海底管道设计规范采纳。在生物微环境演化及其力学机制、极端条件流体物理与结构响应、微纳流动、多级耦合吸声机制、多级结构构筑及强韧化等方面取得突出进展。

多波段引力波宇宙研究 顺利完成中期评估。在原初引力波、黑洞及引力理论等方面开展系列原创性研究。成功发现十多颗毫秒脉冲星候选体，初步建成国内脉冲星测时阵列数据分析软件平台；初步实现低频阵列的数字波束合成观测。阿里原初引力波观测仓基本建成，阿里一号望远镜各子系统研制、数据处理及分析系统均按计划稳步推进，为后续运行观测奠定基础。空间太极计划的科学目标系统论证基本完成，确定“单星、双星、三星”、“三步走”的发展路线图，系列关键技术在成功发射的“太极一号”上得到充分验证。对引力波电磁对应体开展全方位的搜寻证认和多波段后随观测，理论上研究了致密天体并合过程中的引力波和电磁波产生的物理模型，提出独特见解。

大规模光子集成芯片 颠覆传统神经网络模型，提出以激活为中心的光子神经元计算模型，实现神经元的单光子器件表示，并制备具有4万个光神经元的集成光子神经网络计算芯片，是目前世界上规模最大的智能光子计算芯片；突破多材料体系光子集成的兼容性难题，打通异质材料单片集成技术工艺路线，首次实现高性能无源介质波导材料与硅锗平台的工艺体系融合，为硅基光电子集成技术发展开辟新的路径；基于自主研制集成微腔芯片，国际首次实现三级四组分超纠缠簇态，具有更高的噪声容忍度，并首次揭示多组分簇态的纠缠特性，为光量子计算与复杂量子信息处理研究提供核心资源并开辟新的技术手段；推动科研成果成功转化，首次将光交换技术应用在实际E级超算原型系统中，可有效缓解热点通信压力、减少网络拥塞、降低通信延迟。

脑认知与类脑前沿研究 在脑认知神经环路机制、脑疾病机理与非人灵长类模型、基因编辑等新技术、类脑模型与器件芯片方面取得系列重要进展：揭示后顶叶皮层在分类抉择中因果关系的作用机制，相关研究成果发表于 *Nature Neuroscience*；建立迄今最详尽的小鼠内侧前额叶特定类型神经元长程输入全脑图谱，相关研究成果发表于 *Nature Neuroscience*；揭示人类海马体在胚胎发育过程中的细胞类型、谱系发育关系、干细胞的分子特征和细胞命运调控网络，相关研究成果发表于 *Nature*；揭示天使综合征的致病机制，相关研究成果发表于 *PNAS*；创建世界首批节律紊乱体细胞克隆猴，为节律紊乱基础研究、药物研发等提供新型高效的动物模型，相关研究成果发表于 *National Science Review*；建立基因编辑新一代脱靶检测技术GOTI，相关研究成果发表于 *Science*；开发出三种更高精度的单碱基编辑工具，相关研究成果发表于 *Nature*，并入选2019年度中国生命科学十大进展；首次实现哺乳动物裸眼红外光感知和红外图像视觉，相关研究成果发表于 *Cell*；开发出系列高质量荧光RNA及其成像技术，相关研究成果发表于 *Nature Biotechnology*；提出新型神经网络学习算法OWM和类人脑的情境信息处理模块CDP，相关研究成果发表于 *Nature Machine Intelligence*；量化神经处理芯片Watt实现流片，并推出车载辅助驾驶ADAS系统、自主目标跟踪系统、AI功能加速器Qengine、骨骼姿态识别系统等系列应用组件等。

关键地史时期生物与环境演变过程及其机制 开展西藏、新疆、贵州等野外考察，完成地质样品各类测试上万件，开展新化石材料、地球系统碳循环、亚洲季风系统、东亚古人类多样性等方面的研究。在距今5.5亿年的地层中发现新的动物化石，为探索该时期众多遗迹化石的造迹者提供了重要证据，揭示寒武纪大爆发前夕动物的重要演化事件。对出露于青藏高原不同地块碰撞后未分异岩浆岩时空分布特征进行系统分析，建立岩浆活动的时空框架，加深对青藏高原形成过程的理解，对恢复古老造山带的动力学演化机制提供了重要启示。在安徽华龙洞等地发现重要古人类化石及古人类生存活动证据，提供了论证东亚古人类演化的新证据，标志着我国学者在人类演化研究领域取得又一项突破性成果。

拓扑物态与量子计算研究　在 Fe（Te, Se）超导体中发现磁通涡旋束缚态的半整数能级嬗移，并在 Fe（Te, Se）单晶中发现马约拉纳零能模的近量子化电导平台，揭示了马约拉纳零能模的拓扑本质；在 60K 以上的二维高温超导体薄膜中观测到马约拉纳零能束缚态证据；发现 3/2 偶数分母分数量子霍尔平台，并理论提出 e/6 分数电荷新激发，展现出非阿贝尔编织特性；发现由玻色准粒子主导的反常金属态；在高质量双层 InAs/GaSb 量子阱中观察到能隙内的磁电导振荡；利用超导量子器件实现 20 量子比特薛定谔猫态制备和 18 量子比特 GHZ 态制备，刷新固态系统量子纠缠比特数世界纪录；理论提出超导 Dirac 半金属可以是马约拉纳束缚态的新平台；提出量子纠缠模拟器，为研究复杂量子多体系统的热力学提供了更加简明有效的途径。

下一代高场超导磁体关键科学与技术　实验实现铜氧化物二维极限下的高温超导电性，实验证实铌钛合金是目前已知超导体中最耐压的；高性能高温铁基和铜基超导线材制备突破若干核心关键技术，中国科学院电工研究所研究员马衍伟荣获 2019 年国际应用超导杰出贡献奖（系中国科学家首次获奖）并当选 2019 中国科学年度新闻人物；双孔径高场二极试验磁体 LPF1-S 中心场强 4.2K 下达到 10.71T，铁基超导线圈 10T 背景场下载流性能达到零场的 87%，铌三锡镀膜超导试验腔 4.2K 下最大加速梯度达到 8MV/m。完成第一根 CORC 超导电缆 4.2K 低温测试，6T 背景场下临界电流达到 6.8kA；针对 14T MRI 磁体和系统需求，定制卢瑟福电缆绞缆设备，绞制出样品；开发浸渍树脂，性能优于进口产品；实现 12 倍加速的全脑成像，避免带状伪影产生。

大尺度生物多样性格局与生命策略　召开各项目实施方案调整研讨会，进一步凝练科学目标、聚焦重大科技成果产出；组织预算审核、经费管理培训会和档案管理培训交流会。通过追踪亚热带森林幼苗动态，丰富病原菌驱动的经典物种共存理论，为建立亚热带森林生态系统修复理论提供重要科学基础，也为全球木本植物生物多样性分布格局提供了新思路，相关研究成果发表于 *Science*；通过对我国 11 类大中型哺乳动物种群 3000 年来时空动态数据的重建，定量显示人为干扰和气候变化对哺乳动物种群衰退及局地灭绝的影响，相关研究成果发表于 *PNAS*；对中国湖泊硅藻数据库的研究表明，群落结构参数能够定量、有效地评估人类活动胁迫下湖泊生物群落的弹性损失，相关研究成果发表于 *Global Change Biology*；在 *Nature Plants*、*Nature Communications* 等相关学科重要学术期刊发表重要学术成果百余篇。

病原体宿主适应与免疫干预　在结核、肝炎等慢性传染病感染的免疫逃逸机制及感染导致的肿瘤等领域研究立于国际前沿，建立新型疫苗、抗体及细胞治疗的传染病及肿瘤医学转化平台。7 项科研成果发表在 *Nature*、*Science*、*Cell*，包括 PD-1 新调控机制、宿主抑制 HIV 的新机制、基孔肯雅病毒入侵机制、B 族肠道病毒入侵机制、流感病毒抗原的呼吸和隐匿、非洲猪瘟全病毒结构解析、细菌空间定植策略。一批产品转化得到实质性推进，包括 MERS 疫苗、治疗性 PD-1 抗体、诺如病毒广谱疫苗、新型狂犬病疫苗等实现技术转化或获临床申请受理，结核耐药检测技术的首台“临床单细胞拉曼耐药性快检仪”等获得体外诊断注册证或实现样机并实地示范，多种基于 NK 细胞的细胞治疗手段已开展临床试验。专项科学家队伍获美国国家科学院外籍院士、第十一届谈家桢生命科学成就奖、全国三八红旗手标兵、国家杰出青年科学基金和优秀青年科学基金等荣誉与经费资助。首席专家高福院士领导的流感等重要病原致病机制与防控团队获求是杰出科技成就集体奖。

植物特化性状形成的分子基础及定向发育调控 围绕植物特化性状形成的分子基础及定向发育调控方向，在破解水稻杂种优势基因，植物再生性和全能性、植物基因编辑、植物固氮、植物天然活性产物高效合成、植物抗逆等方面取得重要突破，在包括 *Nature Genetics*、*Cell Research*、*Molecular Cell* 等国际学术期刊上发表专项资助文章 90 余篇。继 2017 年在 *Science* 上发表持久广谱抗稻瘟病基因 *Pigm* 成果，揭示水稻广谱抗病与产量平衡的表观调控新机制后，再次发现新的转录因子家族 RRM 可与抗病受体 PigmR 等互作使水稻产生广谱抗病性，相关研究成果发表于 *Molecular Cell*；发现水稻转座子受驯化选择和在抗病抗逆中的调节功能，相关研究成果发表于 *Molecular Plant*；相继揭示植物开花受环境因素调控的分子与表观遗传调控机理，相关研究成果发表于 *Molecular Plant*；揭示玉米胚乳发育的新机制，相关研究成果发表于 *Plant Cell*。

功能导向的原子制造前沿科学问题 在国际上首次实现对石墨烯纳米结构的原子级精准可控折叠，构筑出一种新型的准三维石墨烯纳米结构，该原子级精准的“折纸术”还可用于构筑其他新型二维原子晶体材料的折叠纳米结构，对构筑量子材料、量子器件及量子机器的应用具有重要意义。用材料基因工程方法发现高温非晶合金，用多靶磁控溅射共沉积技术制备出同时含有上千种合金成分的组合样品，提出用以判断非晶形成能力的高通量电阻测量方法，在 Ir-Ni-Ta-(B) 合金体系中确定最佳的非晶形成成分范围，获得具有优异综合性能的高温非晶合金。开发一种获得高温超导体 $Bi_2Sr_2CaCu_2O_8+\delta$ 的本征单层晶体的制造工艺，大幅提高了单层超导材料的转变温度，使其可与最佳掺杂体相材料的温度相当。专项完成预期目标。

（三）C 类先导专项

2019 年，中国科学院继续坚持 C 类先导专项“实战导向、会战攻坚、能战必胜”指导方针，编制发布 C 类先导专项管理实施细则，进一步强化承担单位的主体责任意识，严格监理意见反馈，推动专项重大科技成果产出，集中主要资源，部署一批 C 类先导专项，重点突破关键核心技术。

计算系统专项 面向国家高性能计算的重大战略需求，中国科学院院属企业联合中国科学院多个研究所协同攻关，基于国产高性能处理芯片研制超级计算系统。该系统采用原创的浸没式液体相变冷却技术、金属表面微纳强化沸腾结构和计算机废热回收等系列国际领先技术，展现了整机系统在应用软件兼容性方面取得的重要进展，为改变我国超级计算系统测试性能高而应用性能低的现状提供了现实的解决方案。充分发挥计算机科学与技术、天文、物理、化学等学科齐全优势，部署系列基于超级计算系统的应用研究，满足科学计算、大数据处理、人工智能、云计算等迫切需求。

三、中国科学院重点部署项目

（一）前沿科学方面

为落实国家关于加强“从0到1”基础研究工作任务，根据2018年第13次院长办公会要求，中国科学院2019年在“前沿科学重点研究计划”的基础上，组织实施“从0到1”原始创新项目。该项目鼓励科学家围绕重要方向和前沿科学问题开展长期研究工作，支持科学家敢于啃硬骨头，勇于挑战风险性强的最前沿问题，在独创独有上下功夫，努力开辟新领域、提出新理论、设计新方法、发现新现象、发展新技术。组织完成“前沿科学重点研究计划”2017年度后支持项目评估工作，对相关项目给予后续支持。汇集中国科学院优势力量，瞄准基础科学问题，针对非洲猪瘟、草地贪夜蛾等疫情部署应急项目，为疫情防控提供关键理论支撑和技术支持。

（二）重大任务方面

根据《中国科学院“十三五”重大科技任务发展规划》，围绕重大科技任务，按照“顶层设计、统一规划、自上而下”方式组织实施中国科学院重点部署项目，重点支持跨所、跨学科组织的科技活动，重点解决相关领域或学科的基础性、战略性和前瞻性重大科技问题，为建议和承担关键核心技术攻关任务、国家重大科技任务，策划部署新的A类、C类先导专项提供研究基础。2019年共部署启动重点部署项目23项，总经费2.3亿元。

（三）科技促进发展方面

2019年，聚焦相关重点领域部署实施中国科学院重点部署项目22个，总经费5210万元。其中，支撑服务川藏铁路规划建设，部署实施中国科学院支撑服务川藏铁路规划建设项目10个；支撑服务民航高质量发展，推进民航强国战略实施，部署实施与民航单位合作项目9个；在农业领域部署实施“黄河三角洲主要经济作物提质增效技术集成研究与示范”项目；在生命与健康领域部署实施“人类衰老风险与调控因子发掘与评估”和“重离子精准放射治疗技术研发”项目。

重大科技成果

一、2019年度获国家科技奖

中国科学院共获2019年度国家科学技术奖励28项（人）：中国科学院院士曾庆存获国家最高科学技术奖；中国科学院作为第一完成单位获自然科学奖二等奖11项；技术发明奖一等奖1项，二等奖5项，其中中国科学院上海技术物理研究所牵头完成的项目获技术发明奖一等奖（专用项目）；科学技术进步奖一等奖2项，二等奖7项，其中中国科学院半导体研究所研究员李晋闽牵头完成的“高光效长寿命半导体照明关键技术与产业化”获科学技术进步奖一等奖，中国科学院电子学研究所牵头完成的项目获科学技术进步奖一等奖（专用项目）。中国科学院提名的挪威奥斯陆大学教授尼尔斯·克里斯蒂安·斯坦塞斯获中华人民共和国国际科学技术合作奖。

（一）国家最高科学技术奖（1人）

曾庆存，男，1935年5月出生于广东省阳江市。1956年毕业于北京大学物理系，1961年在苏联科学院应用地球物理研究所获副博士学位。先后在中国科学院地球物理研究所（现中国科学院地质与地球物理研究所）和大气物理研究所工作，曾任大气物理研究所所长，中国气象学会、中国工业与应用数学学会理事长。1980年当选中国科学院学部委员（院士）。

曾庆存院士是国际著名大气科学家，国际数值天气预报奠基人之一，为现代大气科学和气象事业的两大标志——数值天气预报和气象卫星遥感做出了开创性贡献。他的理论和方法至今仍被国内外广泛应用，其卓越成就获高度评价，先后获全国科学大会奖3项、国家自然科学奖二等奖2项和中国科学院杰出成就奖，2014年被美国气象学会授予其最高荣誉——荣誉会员，2016年被世界气象组织授予其最高奖——国际气象组织奖。他的工作推动了大气科学、地球流体力学和应用数学的交叉融合，在应用数学界获得高度赞誉，两次应邀在国际工业与应用数学大会上作特邀报告。他还为国家培养了大批大气科学、地球流体力学和气象业务的高层次人才。近年来，曾庆存院士继续致力于集卫星遥感、数值预测和超级计算为一体的气象灾害防控研究，并领导和建立我国首个“地球系统模式”，这对我国气候变化和可持续发展问题的研究将起到关键推动作用。

（二）国家自然科学奖二等奖（11项）

项目名称：石墨烯的可控生长及其性能调控

主要完成人：刘云圻（中国科学院化学研究所）

于　贵（中国科学院化学研究所）

武　斌（中国科学院化学研究所）

魏大程（中国科学院化学研究所）
陈建毅（中国科学院化学研究所）

提名单位：北京市

该项目属于碳化学和纳米化学的前沿研究领域，取得如下原创性成果：突破传统固态金属催化剂生长石墨烯的研究思路，开辟化学气相沉积法合成石墨烯的液态金属催化体系；首次获得 n-型氮掺杂石墨烯；提出氧辅助和接近平衡状态条件下绝缘衬底上生长高质量石墨烯的新策略；发明石墨烯电学器件制备的新技术。该项目为石墨烯在电学器件中大规模应用奠定基础。

项目名称：氧化氟烷基化反应

主要完成人：卿凤翎（中国科学院上海有机化学研究所）
储玲玲（中国科学院上海有机化学研究所）
陈　超（中国科学院上海有机化学研究所）
蒋信义（中国科学院上海有机化学研究所）
吴欣悦（中国科学院上海有机化学研究所）

提名单位：上海市

项目属有机化学学科。含氟有机化合物在药物创制等领域起到独特作用，发展高效和高选择性向有机化合物引入氟烷基的合成方法具有重要意义。本项目围绕氟烷基高效引入这一挑战性课题，提出“氧化三氟甲基化反应”的新概念，发展系列氧化三氟甲基化、氧化三氟甲硫基和二氟亚甲基化以及烯烃三氟甲基双官能团化等反应，为氟烷基化合物的合成开辟了新方向。本项目研究成果极大地推动了有机化学和药物化学的研究与发展。

项目名称：燃烧废气中氮氧化物催化净化基础研究

主要完成人：贺　泓（中国科学院生态环境研究中心）
余运波（中国科学院生态环境研究中心）
单文坡（中国科学院生态环境研究中心）
刘福东（中国科学院生态环境研究中心）
徐文青（中国科学院生态环境研究中心）

提名专家：曲久辉　陶　澍　朱利中

大气中氮氧化物（NO_x）是造成灰霾、光化学烟雾的重要原因。该项目针对移动源和固定源燃烧废气 NO_x 排放控制开展系统研究，发现氨选择性催化还原 NO_x(NH_3-SCR) 催化剂双位点紧密耦合的普适性规律，创制高效 NH_3-SCR 催化剂新体系；发现 HC-SCR 关键反应中间体与普适机理，提出实现柴油 -SCR 的新途径；发现电子 / 结构助剂调变 N_2O 分解规律，确立 N_2O 分解催化剂设计新原则。项目 8 篇代表性论文被 SCI 他引 1703 次，项目成果跻身本领域国际先进行列，为我国 NO_x 减排做出实质性贡献。

项目名称：地表水热关键参数热红外遥感反演理论与方法

主要完成人：李召良（中国科学院地理科学与资源研究所）

唐伯惠（中国科学院地理科学与资源研究所）
唐荣林（中国科学院地理科学与资源研究所）
周成虎（中国科学院地理科学与资源研究所）
吴 骅（中国科学院地理科学与资源研究所）

提名单位：农业农村部

项目属于地球科学领域——地图学。项目创建了地表温度遥感反演的“通用分裂窗法”，实现反演精度优于 1 度的业界长期奋斗目标；首创仅以遥感可反演的地表参数为输入的“两段分离法”，形成蒸散发遥感反演的“梯形特征空间”理论与方法，实现蒸发与蒸腾的有效分离。项目 8 篇代表性论文总他引 2499 次，其中 4 篇是基本科学指标（ESI）数据库高被引论文。成果居国际领先水平，引领了热红外遥感研究的发展方向，推动了遥感科学的发展。

项目名称：复杂地质过程的激光微区同位素研究

主要完成人：杨进辉（中国科学院地质与地球物理研究所）
杨岳衡（中国科学院地质与地球物理研究所）
谢烈文（中国科学院地质与地球物理研究所）
吴福元（中国科学院地质与地球物理研究所）

提名单位：中国科学院

项目属于地球科学同位素地球化学领域，以“科学引领、技术先行”为研究思路，针对如何认知复杂地质过程这一关键科学问题，研发激光微区同位素分析技术和同时测定年龄、同位素、微量元素的联机分析技术，并利用这些技术揭示岩浆岩成因与克拉通破坏等复杂地质过程，为从微观角度认知复杂地质过程提供新的技术手段和研究思路。项目 8 篇代表性论文 SCI 他引 2310 次，提升了我国地球科学家自主创新研究的能力和国际学术地位。

项目名称：大熊猫适应性演化与濒危机制研究

主要完成人：魏辅文（中国科学院动物研究所）
聂永刚（中国科学院动物研究所）
胡义波（中国科学院动物研究所）
吴 琦（中国科学院动物研究所）
詹祥江（中国科学院动物研究所）

提名专家：周 琪 桂建芳 陈晔光

围绕大熊猫演化和保护生物学核心科学问题，项目组创建了大熊猫非损伤性遗传分析技术体系，已被用于濒危物种研究与监测；率先将种群基因组学等新技术用于大熊猫研究，阐明其种群历史、演化机制和潜力，已成为适应性演化领域的重要范例；揭示了大熊猫的濒危机制，提出“实施放归和栖息地廊道建设工程以恢复孤立小种群”的建议，得到国家主管部门采纳。推动了我国在濒危物种演化和保护生物学领域的发展，为生态文明建设做出基础性和应用性贡献。

项目名称：组蛋白甲基化和小 RNA 调控植物生长发育和转座子活性的机制研究

主要完成人：曹晓风（中国科学院遗传与发育生物学研究所）
刘春艳（中国科学院遗传与发育生物学研究所）
宋显伟（中国科学院遗传与发育生物学研究所）
陆发隆（中国科学院遗传与发育生物学研究所）
刘　斌（中国科学院遗传与发育生物学研究所）

提名专家：李家洋　韩　斌　林鸿宣

项目属于生物学领域。主要针对表观遗传调控转座子活性和植物发育进行了系统的研究，率先开展了植物组蛋白去甲基化研究，鉴定了首个植物 H3K27 去甲基化酶；首次发现植物组蛋白甲基化调控转座子沉默的新机制；系统阐明了水稻小 RNA 合成途径及对生长发育的调控机制，首次在基因组水平上证实了转座子是调控元件。该项目在植物表观遗传调控方面取得的系统性原创成果具有重要科学意义和国际影响力，引领和推动了植物表观遗传学学科的发展。

项目名称：多细胞生物细胞自噬分子机制及与神经退行性疾病的关系

主要完成人：张　宏（中国科学院生物物理研究所）
赵　燕（中国科学院生物物理研究所）
田　烨（北京生命科学研究所）
赵红玉（北京生命科学研究所）
李思慧（中国科学院生物物理研究所）

提名单位：中国科学院

项目组致力于细胞自噬领域的研究，并取得了开拓性和里程碑意义的成果。自噬是细胞组分降解与再利用的过程，但人们对多细胞生物的自噬过程知之甚少。该项目组创立了线虫为研究多细胞生物自噬的模型，鉴定了系列多细胞生物特有的自噬新基因，揭示其在自噬通路中的机制；并建立自噬基因敲除小鼠模型，揭示自噬新基因的功能缺失与神经退行性疾病的关系。项目组的研究突破了先前基于酵母的对自噬机制的认识，开拓了多细胞生物自噬过程的新领域，对阐明相关疾病具有重要意义。

项目名称：炎症巨噬细胞的活化、调控及效应机制

主要完成人：周荣斌（中国科学技术大学）
江　维（中国科学技术大学）
彭　慧（中国科学技术大学）
王夏琼（中国科学技术大学）
田志刚（中国科学技术大学）

提名专家：张学敏

项目属于免疫学领域，围绕巨噬细胞在炎症性疾病中的作用和功能，取得系统性、原创性研究成果：揭示巨噬细胞在炎症性疾病中的关键识别和活化机制；发现机体调控巨噬细胞活化并维持免疫稳态的重要负调通路；揭示巨噬细胞活化后促进炎症和炎症性

疾病的新型效应机制。项目 8 篇代表性论文发表于 *Cell* 等，被 *Nature* 等他引 900 余次，其中三篇入选 ESI 高引论文。研究成果被 *Nat Rev Immunol* 等作为亮点论文推荐 9 次。

项目名称：互联网视频流的高通量计算理论与方法

主要完成人：张勇东（中国科学院计算技术研究所）
颜成钢（中国科学院计算技术研究所）
谢洪涛（中国科学院计算技术研究所）
唐金辉（南京理工大学）
唐　胜（中国科学院计算技术研究所）

提名单位：中国电子学会

项目属于信息科学领域，建立了高吞吐、强实时的互联网视频流的高通量计算新理论。项目 8 篇代表论文 SCI 他引 805 次，单篇最高 SCI 他引 263 次，3 篇 ESI 高被引论文（含 1 篇热点论文），得到 19 位院士和百余位 ACM/IEEE Fellow 正面评价。项目成果为保卫网络空间内容安全提供重要理论支撑，基于项目理论成果，所研制系统在国家网络空间内容安全领域取得大规模应用。

项目名称：动力学新模式的发现及在塑性非晶合金材料研发中的应用

主要完成人：白海洋（中国科学院物理研究所）
闻　平（中国科学院物理研究所）
孙保安（中国科学院物理研究所）
柳延辉（中国科学院物理研究所）
汪卫华（中国科学院物理研究所）

提名单位：中国科学院

项目属于材料科学领域。课题组历经十余年研究，发现非晶合金材料动力学的一个重要动力学弛豫模式即 β 弛豫模式；提出该弛豫的微观结构起源和机理，进而建立了该动力学弛豫模式与非晶合金力学行为的关联；根据动力学和力学性能的关联，探索出系列具有室温大塑性、室温附近拉伸塑性的非晶合金材料。该成果不仅有助于实现非晶合金材料宏观力学性能的调控和设计，而且为发展高性能非晶合金材料提供了理论依据和新思路。

（三）国家技术发明奖一等奖（1 项，为专用项目）

（四）国家技术发明奖二等奖（5 项，2 项为专用项目）

项目名称：近海赤潮灾害应急处置关键技术与方法

主要完成人：俞志明（中国科学院海洋研究所）
于志刚（中国海洋大学）
宋秀贤（中国科学院海洋研究所）
高亚辉（厦门大学）

曹西华（中国科学院海洋研究所）
甄　毓（中国海洋大学）

提名专家：张　偲　秦大河　包振民

项目属于海洋环境保护技术，首创了改性黏土治理赤潮的技术与方法，解决了国际上赤潮治理长期存在二次污染、效率低、用量大、不能大规模应用的技术难题，引领了国内外赤潮治理技术的创新与进步。相关成果在我国近海大规模应用，产生了显著的社会和经济效益。相关技术出口美国、智利等国家，被誉为中国制造的“赤潮灭火器”，研究团队被国际同行誉为“国际赤潮治理的引领者”。

项目名称：粘性粉体流态化过程强化与放大技术

主要完成人：朱庆山（中国科学院过程工程研究所）
李洪钟（中国科学院过程工程研究所）
谢朝晖（中国科学院过程工程研究所）
赵庆宇（中信钛业股份有限公司）
唐建国（中信钛业股份有限公司）
李　军（中国科学院过程工程研究所）

提名单位：中国科学院

项目针对过程工业领域粘性粉体流态化面临的易失流、效率低、放大应用难等问题，发明了粘性粉体流态化过程强化、气动加排料和流化床放大技术，获多项中国及国际授权发明专利。在云南江南锰业、中信钛业和中铝山东等单位实现工业应用。近三年成果应用累计新增产值 7.62 亿元、新增利润 1.54 亿元。获中国石化联合会科技进步奖一等奖和中国颗粒学会技术发明奖一等奖。

项目名称：移动高清视频编码适配关键技术

主要完成人：吴　枫（中国科学技术大学）
李厚强（中国科学技术大学）
刘　东（中国科学技术大学）
杨海涛（华为技术有限公司）
李　礼（中国科学技术大学）
李　斌（中国科学技术大学）

提名单位：中国科学院

项目属于计算机图像处理领域，发明了动态场景与仿射运动紧致表达的预测编码技术、率失真最优的 R-λ 码率精准控制技术、压缩适配协同的自适应容错编码技术，构建了移动高清、超高清视频编码适配技术标准体系，部分技术达到国际领先水平。授权发明专利 74 项，35 项技术被国际标准采纳。成果应用到华为、海康威视等著名企业产品中，近三年累计新增销售额 12.57 亿元。多位院士 / 会士评价项目成果“可以获得更大的增益”、“灵敏简洁有效”。

（五）国家科学技术进步奖一等奖（2 项，1 项为专用项目）

项目名称：高光效长寿命半导体照明关键技术与产业化

主要完成人:李晋闽、林科闯、王军喜、伊晓燕、刘志强、范玉钵、林洺锋、朱晓东、李国平、袁毅凯、阮军、梁毅、吴晞敏、蔡文必、刘乃鑫

主要完成单位：中国科学院半导体研究所、三安光电股份有限公司、厦门华联电子股份有限公司、深圳市洲明科技股份有限公司、河北立德电子有限公司、北京良业环境技术股份有限公司、鸿利智汇集团股份有限公司、佛山市国星光电股份有限公司、北京半导体照明科技促进中心、厦门光莆电子股份有限公司

提名单位：中国科学院

项目属于第三代半导体技术领域，面向半导体照明产业化急需突破的光效低、寿命短、无标准三大核心瓶颈，通过基础研究、技术突破、规模应用和产业推动，形成自主可控的高光效长寿命半导体照明成套技术，关键指标达国际领先水平。成果实现大规模产业化推广与核心器件国产化，LED 芯片市场全球第一。直接销售收入 451.1 亿元，推动应用市场 3700 亿元。成果应用于多项国家重大工程，节能减排效果显著。实现中国照明产业的转型升级和照明产品的更新换代，支撑我国成为全球最大的半导体照明生产、消费和出口国。

（六）国家科学技术进步奖二等奖（7 项，1 项为专用项目）

项目名称：东北东部山区森林保育与林下资源高效利用技术

主要完成人：朱教君、于立忠、何兴元、闫巧玲、杨凯、王政权、李秀芬、刘常富、高添、佟立君

主要完成单位：中国科学院沈阳应用生态研究所、中国科学院东北地理与农业生态研究所、东北林业大学、中国林业科学研究院森林生态环境与保护研究所、沈阳农业大学、黑龙江省林业科学院

提名单位：中国科学院

项目属于森林培育学领域，创建了量化林分垂直结构 / 林窗立体结构新方法及其参数体系，为结构调控提供基准参数与技术；阐明了森林干扰过程及形成林窗对更新的影响机制，构建了主要树种更新关键技术；揭示了次生林生态系统功能衰退的凋落物机制，构建了森林生产力提高和生态功能维持 / 提升的关键技术；集成创建林下资源高效利用技术，形成森林保育与林下资源可持续利用发展范式。有效促进了森林培育学和林业领域的科技进步。

项目名称：低摩擦固体润滑碳薄膜关键技术及产业化应用

主要完成人:张俊彦、张克金、张斌、米新艳、龙美彪、高凯雄、黄民备、彭龙、王丹、强力

主要完成单位：中国科学院兰州化学物理研究所、一汽解放汽车有限公司、南岳电控（衡阳）工业技术股份有限公司

提名单位：甘肃省

项目属于无机非金属基复合材料应用技术领域，历经10年产学研用联合攻关，开展了基础理论、工艺方法、装备集成等系统创新研究，开发了具有原创性和工程应用价值的超低摩擦薄膜技术，实现具有自主知识产权的镀膜装备和低摩擦技术的工程化应用，达到国际先进水平。项目授权专利29件，制定企业标准5项，相关成果在13家单位获得应用，近三年新增产值122.64亿元。该技术对推动相关领域技术革新和科技进步具有深远的意义。

项目名称：工业园区有毒有害气体光学监测技术及应用

主要完成人：刘建国、刘诚、张玉钧、李相贤、谢品华、徐亮、何莹、敖小强、吴华峰、付强

主要完成单位：中国科学院合肥物质科学研究院、中国科学技术大学、合肥学院、中国环境监测总站、北京雪迪龙科技股份有限公司、合肥金星机电科技发展有限公司、安徽蓝盾光电子股份有限公司

提名单位：安徽省

项目属于大气污染治理领域，创建了工业园区有毒有害气体高温光谱数据库和排放通量解析算法，创新发展了系列恶劣工业环境下光谱分析应用技术，突破了工业园区有毒有害气体卫星遥感反演技术，构建了工业园区有毒有害气体点—线—面—区域全方位光学监测整体解决方案，并进行了设备的工程化和产业化，总体性能指标达到国际先进水平。项目成果促进了我国环境监测仪器产业发展，为国家工业园区环境风险预警体系建设提供了技术支撑。

项目名称：废弃物焚烧与钢铁冶炼二噁英污染控制技术与对策

主要完成人：郑明辉、李咸伟、刘文彬、孙阳昭、姜鸿安、俞勇梅、任志远、刘国瑞、苏贵金、何晓蕾

主要完成单位：中国科学院生态环境研究中心、宝山钢铁股份有限公司、环境保护部环境保护对外合作中心、中科实业集团（控股）有限公司

提名单位：中国科学院

项目发展了具有我国工业行业特点的二噁英清单调查方法学，提出的二噁英排放清单被收录进国务院批准的《国家履行斯德哥尔摩公约实施计划》。发明生活垃圾焚烧过程中二噁英阻滞剂技术，在垃圾焚烧厂开展工程应用。开发铁矿石烧结原料分选、烧结过程阻滞、废气循环以及末端吸附脱除二噁英集成技术体系，开展烧结床二噁英减排技术应用，减排效果显著。项目成果在国家二噁英污染控制决策制定及履行国际公约方面发挥了重要的技术支撑作用。

项目名称：空间高性能紫外/真空紫外光谱探测技术及应用

主要完成人：王淑荣、宋克非、林冠宇、黄煜、薛庆生、马庆军、汪龙祺、杨小虎、李占峰、李博

主要完成单位：中国科学院长春光学精密机械与物理研究所

提名单位：吉林省

项目属于大气探测技术与大气仪器仪表交叉领域。开展了紫外 / 真空紫外光谱辐射计量、空间光谱和成像光谱遥感技术研究，突破多项关键技术，实现了高精度、高灵敏度、高动态范围及高可靠的紫外 / 真空紫外光谱空间探测技术，填补了我国空间紫外 / 真空紫外太阳 / 大气光谱及大气臭氧垂直探测等多项空白，核心技术已应用于风云三号系列气象卫星任务，具有显著的科学意义和社会效益。

项目名称：深部资源电磁探测理论技术突破与应用

主要完成人：底青云、薛国强、方广有、张一鸣、王中兴、罗小南、高菊生、朱万华、安志国、付长民

主要完成单位：中国科学院地质与地球物理研究所、中国科学院电子学研究所、北京工业大学、河南省有色金属地质矿产局、西北有色地质矿业集团有限公司

提名单位：中国科学院

项目属于勘探地球物理领域，围绕深部资源探测的新方法与核心装备关键环节，开展了集“理论创新、技术研发、应用推广”三位一体的创新性研究。项目揭示了地-电离层电磁波传播特征，自主研发了高性能地面电磁探测系统，在深层油气、金属矿及重大工程等 50 多个地区成功应用。创新技术使主动源电磁探测深度从几百米拓展到几千米，可在全国尺度实现大深度、高精度、低成本探测，为我国地球物理探测技术的发展做出了重要贡献。

（七）国际科学技术合作奖

尼尔斯・克里斯蒂安・斯坦塞斯，男，1949 年 7 月生。挪威奥斯陆大学教授，挪威科学院院士、欧洲科学院院士、美国科学院外籍院士、法国科学院外籍院士、芬兰科学院外籍院士、俄罗斯科学院外籍院士、发展中国家科学院院士。曾任挪威科学院院长、国际生物科学联合会主席。

提名单位：中国科学院

二、2019 年度重大科技成果

（一）前沿科学方面重大科技成果

1. 数理化学领域

建立“拓扑电子材料数据库” 预言具体材料的拓扑性质往往需要由计算物理专家进行大量专门计算。方辰、翁红明研究团队发展出一套自动计算材料拓扑性质的新方法，原则上只需要计算晶体材料的能带中高对称点能带的对称性，即可获得关于体系的拓扑不变量的部分甚至全部信息，大大简化计算过程。研究团队利用该方法在近 4 万种材料中发现 8000 余种拓扑材料，十几倍于过去十几年间找到的拓扑材料总和，并基于该方法建立拓扑电子材料在线数据库，为实验上的新拓扑材料发现和物性研究提供了理论依据

和线索。研究成果于 2019 年 2 月发表于 *Nature*。

LAMOST 发现最大恒星级黑洞 迄今为止，天文学家发现的约 20 个恒星级黑洞都是通过黑洞吸积伴星气体所发出的 X 射线来识别的，质量均为 3 至 20 个太阳质量。中国科学院国家天文台科研人员领导国际研究团队，借助 LAMOST 高光谱获取率的优势，利用径向速度监测发现了 LB-1（LAMOST 黑洞 1 号），一颗 X 射线微弱的“平静态”黑洞。这是黑洞探测的新方法，其广泛应用将发现更多黑洞。目前恒星演化理论预言在太阳金属丰度下只能形成最大为 25 倍太阳质量的黑洞，而 LB-1 质量远超此理论上限，是银河系迄今最大的恒星级黑洞。LB-1 的发现，颠覆了人们对恒星级黑洞形成的认知，势将推动恒星演化和黑洞形成理论的革新。相关研究成果于 2019 年 11 月发表于 *Nature*，并入选两院院士评选的 2019 年度中国十大科技进展新闻。

实验证实百年前经典相变成核理论预言 100 多年前，吉布斯等人提出的“经典成核理论”认为，只有当形成的冰核超过临界尺寸时，水变冰相变才可能发生。由于随机产生的临界冰核是过渡态并且尺寸小（纳秒、纳米级），百年来没有得到实验证实，严重阻碍了人们对自然界中相变成核这一重要物理现象的理解，甚至导致了对经典成核理论的质疑。中国科学院化学研究所王健君团队与中国科学院大学周昕等合作，创造性地利用窄分布纳米颗粒探测临界冰核，首次在实验上证实了临界冰核的存在，并给出了临界冰核尺寸和过冷温度的关系。该研究结果为防覆冰涂层和细胞、组织低温冻存材料的设计提供了新思路。相关成果于 2019 年 12 月发表于 *Nature*。

发现马约拉纳零能模中近量子化的电导平台 中国科学院物理研究所 / 中国科学院大学高鸿钧团队与丁洪团队合作，利用极低温强磁场扫描隧道显微镜 / 谱联合系统，在铁基超导体 $FeTe_{0.55}Se_{0.45}$ 表面观测到马约拉纳零能模并研究其拓扑本质的基础上，通过连续可控改变隧穿耦合强度，观测到马约拉纳零能模的近量子化电导平台特征。大量实验观测表明，该特征是受马约拉纳本征电子 / 空穴对称性保护的马约拉纳零能模所特有，统计分析结果表明了平台电导值近量子化的分布规律，证明了平台电导特征在马约拉纳零能模中普遍存在。该实验给出了铁基超导体中存在马约拉纳零能模的关键性实验证据，为研究马约拉纳零能模和推动未来拓扑量子计算起到了重要作用。相关研究结果于 2019 年 12 月在线发表于 *Science*。

发现一种新的高通量有机合成方法 中国科学院上海有机化学研究所董佳家课题组在寻找新的 SuFEx（六价硫氟交换）反应砌块过程中，发现一种安全高效、从大量可得的一级胺化合物出发直接合成叠氮化合物库的方法。该化合物库不需分离纯化可以和任意给定端炔化合物进一步在 96 孔板内进行环加成反应，进而直接进行功能筛选。在同时实现了砌块的极大多样性和链接的高度可预测性的前提下，建立了一种高度可预测的高通量有机合成模式。基于这种模块化的合成方式，短时间内对于给定药物小分子或者大分子砌块进行万次以上的改造是可行的，合成效率的提高对于药物先导分子的发现将起到直接的作用。该成果于 2019 年 10 月发表于 *Nature*。

首次观察到宇称时间对称性破缺 中国科学技术大学杜江峰院士团队建立了在量子系统中实现基于非厄米哈密顿量的量子调控普适理论，并通过对金刚石量子比特的高精度量子操控，首次在单自旋体系中观测到宇称时间对称性破缺。该研究提出的观测方法及其过程突破了传统量子体系中对量子系统的调控方法，适用于在各种量子体系实现任意非厄米哈密顿量，如在非厄米哈密顿量下研究新拓扑不变量、量子热力学以及开放系统中的退相干和耗散等提供实现途径。另外，基于相变点可以提高量子测量的灵敏度，有望在基于金刚石色心的量子精密测量领域得到重要应用。研究成果于 2019 年 5 月发表于 *Science*。

实验首次发现正负电子对撞中存在兰布达超子极化 北京正负电子对撞机上的北京谱仪 III 国际合作组（BES III 合作组）首次实验发现正负电子对撞中兰布达超子（Λ 超子）存在高达 25% 的横向极化。利用这一发现作为新的实验手段，BES III 合作组对兰布达超子衰变非对称参数进行了高灵敏度测量，纠正了 40 多年来该参数被低估 17% 的错误，将引发《粒子数据表》中众多其他超子和粲重子非对称参数的更新。BES III 合作组同时实现了以重子衰变方式探测物质、反物质不对称性来源（CP 破坏）的国际最高灵敏度测量，这也进一步拓展了正负电子对撞机的研究领域。相关研究结果于 2019 年 5 月发表于 *Nature Physics*。

在千禧问题 BSD 猜想研究中取得突破 BSD 猜想是 Clay 数学研究所设定的七大千禧年难题之一。对于 BSD 公式，在正规情形，Kato 和 Skinner-Urban 证明了对应的 Iwasawa 主猜想从而推出了 r 为 0 时的 BSD 公式，张伟证明了 r 为 1 时的 BSD 公式。中国科学院数学与系统科学研究院团队将自守形式的研究和欧拉系以及局部表示论的方法结合起来，证明了任意情形当 r 为 0 和 1 时的 BSD 公式，并证明了椭圆曲线的 Iwasawa 主猜想，建立了相关情形下的 Perrin-Riou Heegner 点主猜想，被国际同行评价为：是 BSD 猜想“集数十年发展方法之大成的皇冠性成果”,“也是近年来关于 GZK 逆定理、BSD 猜想、模形式、Iwasawa 理论等一系列重要突破的基础”。中国科学院数学与系统科学研究院团队目前是国际上 BSD 猜想研究最好结果保持者与领头团队之一。相关成果发表于 2019 年度数学顶级期刊 *Invent. math.*。

肿瘤液体活检取得重要进展 中国科学院国家纳米科学中心孙佳姝研究团队开发了一种基于外泌体的液体活检癌症筛查方法。该方法利用微流控热泳富集及核酸适体识别技术，只需极少量的血清样本（1 μL），即可在 3 小时内实现 7 种外泌体膜蛋白的高灵敏、定量、快速、低成本检测。结合机器学习算法，进一步将膜蛋白组学信息用于 6 种癌症的早期筛查、区分不同的癌症类型、并监控前列腺癌复发。相关研究成果于 2019 年 1 月发表于 *Nature Biomedical Engineering*。

2. 生命科学领域

非洲猪瘟病毒颗粒精细三维结构助力新型疫苗开发 非洲猪瘟病毒可引起所有品种和年龄猪的感染，发病率和死亡率可高达 100%，给全世界造成了巨大经济损失。中国科学院生物物理研究所饶子和团队、王祥喜团队和中国农业科学院团队采用单颗粒三维重构的方法首次解析了非洲猪瘟病毒全颗粒的三维结构，阐明了该病毒独有的 5 层（外膜、衣壳、双层内膜、核心壳层和基因组）结构特征。病毒包含 3 万余个蛋白亚基，组装成直径约为 260 纳米的球形颗粒，是目前解析近原子分辨率结构的最大病毒。该研究鉴定出非洲猪瘟病毒多种结构蛋白，揭示了非洲猪瘟病毒多种潜在的保护性抗原和关键抗原表位信息，阐述了结构蛋白复杂的排列方式和相互作用模式，提出了非洲猪瘟病毒可能的组装机制，为揭示非洲猪瘟病毒入侵宿主细胞，以及逃避和对抗宿主抗病毒免疫机制提供了重要线索，为开发效果佳、安全性高的新型疫苗奠定了坚实基础。相关研究结果发表于 2019 年 11 月发表于 *Science*，并入选 2019 年度中国科学十大进展。

单碱基基因编辑造成大量脱靶效应及其优化解决方法 CRISPR/Cas9 及其衍生工具单碱基编辑器已广泛应用于生命科学和医学研究，然而基因编辑造成的脱靶风险阻碍着该类技术应用于临床。中国科学院脑科学与智能技术卓越创新中心 / 神经科学研究所杨辉团队与合作者，建立了新一代基因编辑工具脱靶检测技术—— GOTI（genome-wide off-target analysis by two-cell embryo injection），并使用该技术发现之前普遍认为安全的单碱基基因编辑技术存在严重的、无法预测的 DNA 脱靶问题，且有些位于癌基因上。团队进一步将脱靶检测范围扩大至 RNA 水平，首次证明常用的两种单碱基编辑技术均存在大量的 RNA 脱靶，通过对单碱基编辑工具进行改造，筛选到既保留高效的单碱基编辑活性又不会造成额外脱靶的新一代高保真单碱基编辑工具，为单碱基编辑应用于临床治疗提供了重要的基础。相关研究结果于 2019 年先后发表于 *Science*、*Nature*，并入选 2019 年度中国生命科学十大进展。

植物抗病小体的发现和解析 作物病虫害是农业生产的重大威胁，防控中施用的大量化学农药，对食品安全和环境带来巨大压力。植物抗病基因是植物保护自身免受有害生物侵害最重要的武器，也是实现农作物病虫害绿色防控的关键所在。自 20 世纪 90 年代植物抗病基因首次被分离鉴定以来，抗病基因如何使得植物抗病这一重大问题一直未能得到解答。中国科学院遗传与发育生物学研究所周俭民团队与清华大学团队经过长期合作，在前期提出抗病蛋白的诱饵模型并分离鉴定到抗病蛋白复合物完整组分的基础上，解析了抗病蛋白复合物三维结构，阐明了植物细胞中的抗病蛋白在发现病原细菌信号后，如何从静息状态迅速转变为激活状态的机制；在国际上率先发现了植物抗病小体这一蛋白质机器，并揭示了抗病蛋白作为一个分子开关，在细胞膜上控制植物防卫系统的机制，这一发现突破了人们 20 多年来对植物抗病理论的认识。相关研究结果以两篇背靠背长文形式于 2019 年 4 月发表于 *Science*，并入选 2019 年度中国生命科学十大进展。

小鼠早期胚胎发育全胚层谱系发生的时空转录组图谱 哺乳动物早期胚胎发育通过多个层次的细胞命运决定，形成了器官发生、形态建成的整个发育蓝图，是生命体最重要的分子事件之一。中国科学院分子细胞科学卓越创新中心 / 生物化学与细胞生物学研究所景乃禾团队和中国科学院上海营养与健康研究所韩敬东团队通过独创的空间转录组分析方法，首次构建了小鼠早期胚胎着床后时期的高分辨率时空转录组图谱，揭示了小鼠早期胚胎三胚层分化的细胞谱系和多能性在时间和空间上的动态变化及其调控网络；首次从分子层面揭示了内胚层谱系发生的新来源，提出了外胚层和中胚层具有共同前体的新观点，建立了小鼠早期胚胎三胚层细胞谱系分化的新理论。这项工作为理解胚层谱系建立及多能干细胞的命运调控机制，提供了翔实的数据和崭新的思路，是对经典发育生物学层级谱系理论的重大修正和补充，将极大推动早期胚胎发育和干细胞再生医学相关领域的发展。相关研究结果于 2019 年 8 月发表于 *Nature*，并入选 2019 年度中国生命科学十大进展。

揭示环形非编码 RNA 在天然免疫过程中的重要功能 人类基因组序列中仅 1%—2% 为蛋白编码序列，而 98% 为非编码序列，被称为基因组的“暗物质”。近年来研究表明人基因组“暗物质”可表达产生大量非编码 RNA，其中环形 RNA 就是一类广泛表达但功能不详的新型非编码 RNA 分子家族。中国科学院分子细胞科学卓越创新中心 / 生物化学与细胞生物学研究所陈玲玲团队、中国科学院上海营养与健康研究所杨力团队与上海交通大学团队合作，首次揭示环形 RNA 的二级结构、降解机制并发现该分子家族在天然免疫调控中扮演重要角色。该研究发现环形 RNA 形成分子内双链结构结合天然免疫因子 PKR 并抑制其激活；在细胞受病毒感染时环形 RNA 被大规模降解从而释放 PKR 参与抗病毒免疫，并揭示环形 RNA 低表达与自身免疫病——系统性红斑狼疮（SLE）密切相关，为自身免疫病的临床诊断和治疗提供了新思路。相关研究结果于 2019 年 5 月发表于 *Cell*。

卵子表观遗传特征的保障机制及其对育性和衰老的影响 生殖细胞有着特殊的表观遗传谱，其精准形成机制是生命科学的关键问题之一。卵子的 DNA 甲基化水平仅相当于精子和绝大部分体细胞的一半，这一独有的表观遗传特征的建立机制及其对生育能力的影响尚未得以揭示。中国科学院生物物理所朱冰团队及其合作伙伴在国际上首次发现 Stella 蛋白是卵子这一独有的表观遗传特征得以正确建立的保障因子，Stella 蛋白缺损的卵子 DNA 甲基化谱严重失调，在受精后不能正常激活关键母源基因，从而导致不育。这一表观遗传调控新机制为提高体细胞克隆效率提供了新的技术路线，为揭示年龄增长导致的卵子表观遗传质量和生育能力的下降提供了新的启示。此外，该研究改写了教科书中关于 DNA 甲基化酶 1 只能维持原有甲基化状态的论述，首次提供了 DNA 甲基化酶 1 在体内可以负责新的甲基化模式建立的确凿证据，为探索 DNA 甲基化在卵子和其他机体组织衰老过程中的作用开启了新方向。相关研究结果于 2018 年 12 月发表于 *Nature*。

发现 B 族肠道病毒通用受体并解析病毒入侵机制 B 族肠道病毒是导致许多人类传染性疾病，特别是儿童脑炎、脑膜炎等疾病的病原，严重威胁人类健康和公共卫生安全。由于埃可等 B 族肠道病毒的受体未知，入侵机制尚未阐明，导致特异性药物和疫苗研发困难，也没有用于药物研发和评价的动物模型。中国科学院微生物研究所高福团队通过 CRISPR 膜蛋白基因组筛选，发现并证明人类新生儿 Fc 受体是埃可等 B 族肠道病毒的通用脱衣壳受体。并通过 7 个高分辨率冷冻电镜结构的解析，阐明了病毒和受体的结合机制和病毒通过“双受体系统”入侵的机制。该研究为 B 族肠道病毒的致病机理的研究和药物、疫苗的研发奠定了基础，为药物设计提供了靶点。相关研究成果于 2019 年 5 月发表于 *Cell*。

3. 地球科学领域

新化石揭示寒武纪大爆发前夕动物重要演化事件 中国科学院南京地质古生物研究所袁训来科研团队在中国湖北三峡地区大约 5.5 亿年前的地层中发现一类特殊保存的新的动物化石，该动物的遗体和它最后行进的拖痕同时保留在一块岩石上。科研人员用近 5 年时间对新发现的化石进行详细研究，并将其命名为“夷陵虫”。夷陵虫身体长条形，两侧对称，呈三叶形，具有明显的身体分节，也具有了前后和背腹的区别。这一新的化石证据表明在“寒武纪大爆发”之前的埃迪卡拉纪就已经出现了具有运动能力且身体分节的两侧对称动物。同时也表明以底栖动物为主体的生态系统在这一时期已开始建立，并逐渐取代了前寒武纪统治地球数十亿年的微生物席基底，对地球表面系统造成了深远的环境和生态影响。相关研究结果于 2019 年 9 月发表于 *Nature*。

发现青藏高原迄今最早古人类——丹尼索瓦古老型智人　青藏高原史前人类活动历史和环境适应是国际研究的热点问题。中国科学院青藏高原地球科学卓越创新中心/中国科学院青藏高原研究所陈发虎院士研究团队分析了甘肃夏河县新发现的古人类下颌骨化石，确定其为距今至少 16 万年前生活在青藏高原的丹尼索瓦人，这是该团队多年来在青藏高原开展过去人类活动和环境适应研究获得的又一突破性进展。该化石目前是除阿尔泰山地区丹尼索瓦洞以外发现的首例丹尼索瓦人化石，也是青藏高原发现的最早人类活动证据。该研究揭示可能携带了适应高寒缺氧环境基因（*EPAS1*）的古老型智人——丹尼索瓦人，已先于现代智人来到青藏高原，且在第四纪最大冰期（倒数第二次冰期）时已成功生活在这一寒冷缺氧的高海拔区域，为进一步揭示现代藏族人群的 *EPAS1* 基因来源提供了新线索。该研究为深入探讨丹尼索瓦人的体质形态特征及其在东亚地区的分布、青藏高原早期人类活动历史及其对高海拔环境适应等问题提供了关键证据，不仅再次刷新了对青藏高原最早人类活动时间和史前人类高海拔环境适应等问题的认识，且为神秘的丹尼索瓦人的深入研究开启了更广阔的研究空间，为深入理解东亚直立人、古老型智人和现代智人的演化及其相互关系提供了新的视角。相关研究结果于 2019 年 5 月发表于 *Nature*。

发现地幔混合对流的重要证据　长期以来，地幔对流模式的研究一直存在争议，分歧主要集中于全地幔对流和上下地幔分层对流两个模式。近年来，还有一些学者提出了地幔混合对流模式猜想，即一些区域地幔分层对流、其他区域上下地幔整体对流。中国科学院测量与地球物理研究所倪四道团队首次发现非对称路径 660 千米间断面散射波震相，并揭示地幔 410 千米及 660 千米间断面的小尺度起伏特征，为地幔对流模式研究提供了关键证据。相关研究结果于 2019 年 2 月发表于 *Science*。

发现侏罗纪具膜质翅膀恐龙　中国科学院古脊椎动物与古人类研究所王敏、邹晶梅、徐星和周忠和研究团队在中国晚侏罗世地层发现一新的擅攀鸟龙类恐龙，揭示膜质翅膀在恐龙中的演化，显示在恐龙-鸟类演化中出现意想不到的适应飞行的尝试，与之对应演化出差异显著的骨骼——表皮衍生物组合。新化石命名为长臂浑元龙（*Ambopteryx longibrachium*），是目前已知最完整的擅攀鸟龙类个体，为复原该类群形态和生态特征提供重要依据。相关研究结果以封面文章发表在 2019 年 5 月的 *Nature*。

亚洲水塔失衡的影响和应对　青藏高原是除南极和北极以外冰雪储量最大的地区，是亚洲十多条大江大河的发源地，被称为“亚洲水塔”。中国科学院青藏高原研究所姚檀栋研究团队在第二次青藏科考国家专项实施过程中，从地球系统科学的视角综合研究发现，亚洲水塔正在以全球 2 倍的升温速率变暖，并引起亚洲水塔失衡。亚洲水塔失衡的主要特征是冰川加速退缩、湖泊显著扩张、冰川径流增加、冰崩等新型灾害出现。冰崩新型灾害不但威胁亚洲水塔，而且严重影响下游地区的社会经济发展。亚洲水塔失衡也将引起亚洲季风的改变，从而影响我国和亚洲地区环境。相关研究成果于 2019 年先后发表于 *Nature*、*BAMS*、*Science Advances* 等期刊。

琥珀菊石解密1亿年前热带海滨生态环境 琥珀是远古植物的树脂经过长久的地质作用形成的化石。琥珀常常含有保存很好的陆地生物，如花、微生物、昆虫甚至蜥蜴和鸟类。由于产生条件和保存环境的限制，琥珀很少保存水生生物，海洋生物更是凤毛麟角，而水生生物化石常常能提供关键的生态环境信息。这些远古的生态环境信息为我们了解未来陆地生态系统的变化提供了重要参考。中国科学院南京地质古生物研究所现代陆地生态系统起源与早期演化研究团队王博研究员等人报道了保存在一枚缅甸琥珀中的菊石、螺类、节肢动物等化石集群。综合化石生物群和埋藏学分析结果，表明该琥珀森林位于热带海滨地区，环境类似于当今的一些热带海岸森林。该研究为缅甸琥珀年龄提供了直接证据，并为琥珀埋藏学和白垩纪森林生态环境分析提供了新见解。相关研究结果于2019年5月发表于*PNAS*。

4. 技术科学领域

用材料基因工程方法发现高温非晶合金 非晶合金（又称金属玻璃）是一类新型的多组元合金，它们有独特的无序原子结构、优异的力学和物理化学特性，吸引了材料科学和凝聚态物理等多个领域的关注。然而，非晶合金的元素多样性所带来的成分复杂程度也严重阻碍了高性能新材料的设计和有效开发。60年来，全世界近百个研究组仅获得十多个可以大规模应用的非晶合金成分。材料基因工程是近年来以加速材料研究和材料探索为主要目标的新理念，其中的高通量实验是在海量样品中直接优选新材料、获取实验大数据的基本手段。中国科学院物理研究所研究团队与合作者采用材料基因工程理念开发了独特的高通量实验方法，在高性能非晶合金的成分设计和探索中取得突破。研究团队设计了一个全新的、有可能具有强的非晶形成能力的Ir-Ni-Ta-(B)材料体系，采用高通量实验方法，实现了非晶合金的快速筛选，研制出高温高强块体非晶合金材料新体系。高通量实验方法在非晶合金领域创造性的应用，有望突破成分多样性和复杂性造成的非晶合金材料探索所遇到的瓶颈，解决非晶合金的形成能力问题和性能综合调控问题，实现非晶合金新材料的高效探索，获得更多高性能非晶合金材料，拓宽非晶合金在高技术领域的应用范围。

可调控物性和构造新器件的“石墨烯折纸术” 探索新型低维碳纳米材料及其新奇物性一直是当今科技领域的前沿科学问题之一。二维的石墨烯晶格结构被认为是其他众多的碳纳米结构的母体材料。石墨烯在未来纳米学器件的应用，需要构筑具有三维形貌与精确复杂的新型功能化石墨烯纳米结构。目前在单原子层次上精准构筑和调控基于石墨烯的低维碳纳米结构仍存在巨大挑战。中国科学院物理研究所研究团队在国际上首次实现了原子级精准控制的石墨烯纳米结构折叠，这是目前世界上最小尺寸的“石墨烯折纸”。该石墨烯纳米结构的折叠技术还可用于构筑其他新型二维原子晶体材料的折叠纳米结构及其异质结量子器件；构筑多种二维原子晶体材料的复杂折叠结构及其异质结量子器件；原位干净地研究所折叠结构的物理特性，如魔角旋转堆垛二维原子晶体的超导、拓扑与磁性、异质结的输运性质及其应用等。该研究对构筑新型量子材料与量子器件（机器）及其应用具有重要科学意义。

发现并命名庞压卡效应 制冷技术在当今社会工农业生产、日常生活等多个领域均起到了至关重要的作用。目前制冷应用主要依赖传统的气体压缩制冷技术，普遍使用具有强烈温室效应的制冷剂，直接碳排放量占社会总量的 7.8%；联合国统计数据表明，全球每年 25%—30% 的电力被用于制冷应用，能耗巨大。中国科学院金属研究所研究人员在塑晶材料里首次发现固体庞压卡效应，基于该物理效应有望发展出高效、环保、无碳排放的固态制冷新技术。代表性塑晶材料的等温熵变（描述制冷材料的关键物理量）已接近甚至超过目前商业使用的液体制冷剂，且所需驱动压力极低，材料价格低廉，具有十分诱人的应用前景。

实现单原子催化剂配位环境调控 单原子催化剂由于其特殊的电子和几何结构，在能源存储与转化、化学品绿色制造等重要领域表现出巨大的应用潜力。但单原子催化仍然有很多基础科学问题亟待阐明，其中之一就是单原子催化性能与其局部配位环境的关系。中国科学院大连化学物理研究所研究团队通过创新催化剂制备方法，发展了一种乙二胺络合-惰性气氛快速热处理制备单原子催化剂的方法，不仅获得了较高负载量单原子 Pt_1/Fe_2O_3-T（T：500—600℃）催化剂，而且通过调节快速热处理温度可以在不改变 Pt 单原子分散的前提下，精细调控单原子 Pt 中心的配位环境：第一壳层 Pt-O 的配位数越低，Pt 的平均氧化态越低，催化剂的加氢活性则越高。这一活性金属中心配位环境的可调性使单原子催化剂成为连接均相催化和多相催化之间的桥梁，为设计兼具高活性与高选择性的加氢催化剂开辟了新途径。

狮子鱼适应超深渊环境的机制 狮子鱼是一种真骨鱼类，它生活在 6000 米以下的超深渊环境中，最深可达 8000 多米。在该深渊环境中，除低温、低氧、黑暗以外还有高达 600—800 个大气压的压力。长久以来狮子鱼深渊适应机理一直没有科学定论。研究团队对捕获于马里亚纳海沟水深 7450 米狮子鱼的表型和基因组两个层面进行深入解析。研究发现狮子鱼与其浅海近缘种不同的是，超深渊狮子鱼皮肤透明、骨骼薄而柔软、胃部膨大、头骨呈开放状态。基于基因组数据的系统发育分析表明，深渊狮子鱼与其浅海近缘种分化时间约为 2000 万年，并具有较高的遗传多样性。通过比较基因组分析发现：骨钙基因 *bglap* 在深渊狮子鱼中发生了突变导致基因假基因化，使得其骨骼钙化不完全从而不存在封闭的空腔；通过基因家族扩张和序列特异改变，深渊狮子鱼的细胞膜上有较多的跨膜蛋白并且主要由不饱和脂肪酸组成，从而增加了细胞膜的流动性和通透性；与蛋白稳定性相关的 TMAO 合成酶和 *hsp90* 基因家族也发生了适应性改变。这些研究结果将启发人们对超深渊环境的脊椎动物的形态、生理和分子进化的理解。

开辟无机柔性热电材料研究新方向 柔性热电能量转换技术可将环境中无处不在的温差转化为电能输出，在柔性电子等领域具有广阔的应用前景。然而，目前的高性能无机热电材料均为脆性材料，不具备柔性功能，将其微型化并集成于柔性基板可获得一定程度的弯曲性能，但在大弯曲或大变形下极易发生断裂；而有机热电材料虽然具有良好的柔性和弯曲性能，但载流子迁移率远低于无机材料，难以实现高效的能量转换与电能输出。中国科学院上海硅酸盐研究所研究团队和美国克莱姆森大学合作，开发出基于 Ag_2S 柔性半导体的新型高性能无机柔性热电材料和器件。该团队通过改性掺杂使 Ag_2S 的热电优值的峰值往低温方向移动，在室温时热电优值最高为 0.44，经历 1000 次反复弯曲后，电导率和塞贝克系数几乎未发生变化，可满足柔性可穿戴供电的要求。该研究开辟了无机柔性热电材料研究新方向，为基于高性能无机材料的全柔性热电转换新技术的开发解决了最起始也是最关键的一个难点。

三、中国科学院杰出科技成就奖

1. 获奖集体：广域量子通信研究集体（中国科学技术大学）

研究集体主要科技贡献：

该研究集体完全自主地研制了世界上首颗空间量子科学实验卫星，建成了世界上首条国家量子保密通信“京沪干线”，创新性地突破了天地双向高精度光跟瞄、空间高亮度量子纠缠源、抗强度涨落诱骗态量子光源、高速高效率单光子探测及空间长寿命低噪声单光子探测等关键技术。在国际上率先实现千公里级星地双向量子纠缠分发，从卫星到地面的量子密钥分发和从地面到卫星的量子隐形传态，洲际量子密钥分发等系列成果。建设完成的天地一体化的量子通信网络雏形使得我国在量子通信领域的研究水平全面处于国际领先地位，为我国在未来继续引领世界量子通信技术发展和空间尺度量子物理基本问题检验前沿研究奠定了坚实的科学与技术基础。

研究集体突出贡献者及主要科技贡献：

潘建伟（中国科学技术大学）

主要科技贡献：制定科学目标和总体技术目标，提出系统总体实验方案，把关重要科学问题和系统关键指标，组织完成科学实验。

王建宇（中国科学院上海技术物理研究所）

主要科技贡献：领导卫星平台和有效载荷的研制，负责工程任务的日常组织、管理和指挥，指导卫星系统和科学应用系统的研制。

彭承志（中国科学技术大学）

主要科技贡献：带领团队完成关键技术攻关、有效载荷和科学应用系统的研制，共同设计并组织完成科学实验，推动任务实施。

研究集体主要完成者：

陈宇翱、朱振才、舒嵘、张强、周依林、印娟、任继刚、廖胜凯、张亮、姜晓军、黄永梅、陈腾云、陈凯、刘乃乐、朱长飞、龚海梅、龚建村

2. 获奖个人：马大为（中国科学院上海有机化学研究所）

主要科技贡献：

马大为研究员在合成方法学和生物活性分子的高效创制方面做出系统性和原创性的贡献。针对铜催化的碳-杂原子键偶联反应，发展了氨基酸和草酰二胺两代配体，突破了反应条件苛刻和普适性差的局限，得到上千次应用，包括两个药物的工业化生产，被国际同行评价为“现代药物发现最常用的方法之一”和“每天都要用的反应”。发展了以曲贝替定为代表的多个药物和活性天然产物的高效合成路线，其中曲贝替定的合成路线已经进入工业化生产，为这个被认为是“最难制备的两个抗肿瘤药物之一”提供了更加简洁、经济的方法。发现了一些药物先导化合物，其中有两个候选药物分别在欧洲和中国进入一期临床试验。为我国合成化学的发展做出了基础性贡献。

3. 获奖集体：大天区面积多目标光纤光谱天文望远镜（LAMOST）工程研究集体（中国科学院国家天文台南京天文光学技术研究所）

研究集体主要科技贡献：

该工程研究集体建成中国自主创新的、世界上最大口径的大视场望远镜和光谱获取率最高的望远镜 LAMOST，使我国大视场多目标光纤光谱的观测处于国际领先地位。在世界上首创并实现主动光学控制镜面曲面连续变化的光学系统，突破了望远镜大视场不能兼备大口径的瓶颈；在世界上首创并成功地发展了一块镜面上同时应用薄变形镜面和拼接镜面主动光学的技术；在世界上首次在一个光学系统中同时应用两块大拼接镜面；在世界上首创并成功实现分区并行可控的双回转臂光纤定位技术，将多目标光纤光谱观测提升到每次 4000 个天体。其研制成功，开辟了国际上大规模光谱巡天的先河，将我国望远镜研制技术推进到国际前沿。

研究集体突出贡献者及主要科技贡献：

苏定强（中国科学院国家天文台南京天文光学技术研究所）

主要科技贡献：LAMOST 方案核心创新思想的提出者，提出面形连续变化的光学系统，突破望远镜大视场不能兼备大口径的瓶颈。

崔向群（中国科学院国家天文台南京天文光学技术研究所）

主要科技贡献：LAMOST 总工程师，负责方案论证和设计研制、关键创新技术攻关、解决系列重大技术难题，领导项目研制成功。

赵永恒（中国科学院国家天文台）

主要科技贡献：LAMOST 项目总经理，全面负责项目建设、调试、望远镜试运行、巡天观测和数据处理，保证项目研制和巡天顺利进行。

研究集体主要完成者：

褚家如、褚耀泉、顾伯忠、李国平、李颀、李新南、罗阿理、施建荣、王钢、王绶琯、王亚男、邢晓正、姚正秋、张昊彤、张勇、张振超、朱永田

4. 获奖集体：纳米生物效应与安全性研究集体（国家纳米科学中心）

研究集体主要科技贡献：

该研究集体 2001 年率先提出纳米生物效应与安全性研究，2004 年成为全球普遍共识。开辟了我国纳米毒理学这个新的研究领域，突破了纳米尺度物质生物学效应体内定量检测的方法学瓶颈，解决了纳米物质体内行为的复杂化学生物学机制难题，并率先发展到智能纳米药物的研究领域；在国内，创建了纳米毒理学与纳米药物两个专业委员会，推动了这两个新兴前沿交叉研究领域在我国的起步、发展与形成；在国际上，率先提出纳米毒理学知识体系框架。

研究集体突出贡献者及主要科技贡献：

赵宇亮（国家纳米科学中心）

主要科技贡献：提出纳米生物效应与安全性研究的学术思想，建立纳米毒理学的知识框架，开辟纳米毒理学研究领域。

陈春英（国家纳米科学中心）

主要科技贡献：提出并创建纳米材料生物体内代谢转化的检测方案，发现纳米蛋白

冠的化学机制，揭示纳米效应与毒理学性质的关系。

柴之芳（中国科学院高能物理研究所）

主要科技贡献：提供创新方法学的指导，将核技术、同位素标记等方法发展到纳米生物效应的研究中。

研究集体主要完成者：

邢更妹、谷战军、张智勇、丰伟悦、孙宝云、聂广军、吴晓春、丁宝全、刘颖、王黎明、何潇、赵峰、汪冰、董金泉、常雪灵、袁慧、白茹

5. 获奖集体：“海翼”水下滑翔机研究集体（中国科学院沈阳自动化研究所）

研究集体主要科技贡献：

“海翼”水下滑翔机研究集体十多年来，坚持自主创新、自我超越，逐步将“海翼”水下滑翔机的续航范围从数百公里提升到数千公里，最大下潜深度从数百米提升到数千米，成功研制出拥有自主知识产权、不同工作深度的“海翼”系列水下滑翔机。“海翼”水下滑翔机已累计完成观测 5000 多天，累计航程 120 000 多千米，获得了 37 000 多个不同深度的剖面观测数据。实际观测应用海域遍布东海、南海、太平洋、印度洋和白令海等。大规模、高强度的海上应用，充分验证了“海翼”系列水下滑翔机的可靠性和稳定性。2018 年，“海翼 7000”深海滑翔机成功下潜 7076 米，成为目前国际上唯一一款连续工作深度超过 7000 米的深海滑翔机。2019 年 4 月，“海翼 1000”水下滑翔机海上无故障连续工作时间到达 211 天，创造了我国水下滑翔机海上连续工作时间最长、观测剖面数最多的新纪录。

研究集体突出贡献者及主要科技贡献：

俞建成（中国科学院沈阳自动化研究所）

主要科技贡献：作为总设计师，组织实施了 10 项与水下滑翔机相关的国家级科研项目，提出了“海翼”系列水下滑翔机总体技术方案。

李硕（中国科学院沈阳自动化研究所）

主要科技贡献：作为总指挥，负责“海翼”系列水下滑翔机研制过程组织、协调工作，确保研制工作和大规模海上应用顺利实施。

金文明（中国科学院沈阳自动化研究所）

主要科技贡献：结构副总设计师，负责“海翼”系列水下滑翔机结构技术方案与设计实施。

研究集体主要完成者：

黄琰、罗业腾、王旭、谭智铎、王瑾、乔佳楠、王启家、陈质二、田宇、赵文涛、刘世杰、谢宗伯

6. 获奖集体：西北干旱区水循环与生态水文研究集体（中国科学院新疆生态与地理研究所）

研究集体主要科技贡献：

该研究集体长期在西北干旱区科研一线工作，针对水循环过程独特、产汇流机理复杂，以及在全球变化背景下冰雪水资源变化剧烈，水风险加剧等重大科学问题，从高山区冰雪积累-消融过程、中山带降水-径流过程、到绿洲区农田-水文过程和荒漠区生

态-水文过程，系统解析了西北干旱区山地-绿洲-荒漠三大生态系统的水循环机理，研发出有物理机制的山地-绿洲-荒漠耦合的分布式区域水循环模型，发展了干旱区水循环与生态水文学的理论与方法，极大提升了我国在干旱区研究的国际影响力。研究成果对推动干旱区水循环和生态水文学理论的发展与创新做出了重要科学贡献，为国家在西北干旱区水资源利用与生态系统可持续管理的重大政策制定提供了重要科学依据。

研究集体突出贡献者及主要科技贡献：

陈亚宁（中国科学院新疆生态与地理研究所）

主要科技贡献：构建了山区-气候水文过程、绿洲-农田水文过程、荒漠区-生态水文过程的干旱区内陆河流域生态水文模式。

沈彦俊（中国科学院遗传与发育生物学研究所农业资源研究中心）

主要科技贡献：研究解析了变化环境下干旱区水循环演变过程，揭示了全球干旱区水循环过程和水资源的时空分布发生变化规律。

李忠勤（中国科学院西北生态环境资源研究院）

主要科技贡献：发展了山地冰川模拟预测模型，揭示了冰川变化机理，阐述了新疆冰川水资源未来变化时空格局及影响。

研究集体主要完成者：

雷加强、田长彦、王飞腾、李卫红、苏布达、郭英、李慧林、陈亚鹏、郝兴明、朱成刚、张玉翠、王璞玉、叶朝霞、杨玉海、付爱红、沈彦军、徐春海

7. 获奖集体：深度学习处理器体系结构研究集体（中国科学院计算技术研究所）

研究集体主要科技贡献：

深度学习等智能技术正在逐渐改变人们的生活。但传统芯片难以满足深度学习不断增长的速度和能效需求。该研究集体在国际上率先开创深度学习处理器体系结构研究，突破了深度学习处理器体系结构面临的规模、适配和能效三大挑战，研制了国际首个深度学习处理器芯片寒武纪 1 号，其能效显著超过 CPU 和 GPU 等传统芯片。他们的论文受哈佛大学、斯坦福大学、谷歌等上百机构跟踪，被图灵奖得主、多位中美院士、数十位 IEEE 会士引用。因此，该研究集体被 *Science* 评价为智能芯片的“先驱”和“引领者”。基于上述基础研究成果，该研究集体进一步研制了国际首个深度学习处理器产品寒武纪 1A。目前，寒武纪深度学习处理器已应用于华为、曙光、阿里等企业的近亿台手机和服务器中。

研究集体突出贡献者及主要科技贡献：

陈云霁（中国科学院计算技术研究所）

主要科技贡献：研究集体负责人。与合作者一起开创深度学习处理器研究方向，领导研制了国际首个深度学习处理器芯片。

陈天石（中国科学院计算技术研究所）

主要科技贡献：研究集体产业化负责人。与合作者一起开创深度学习处理器研究方向，领导研制了国际首个深度学习处理器产品。

郭崎（中国科学院计算技术研究所）

主要科技贡献：研究集体软件系统负责人。构建了寒武纪深度学习处理器的软件体

系，推动了寒武纪的大规模应用。

研究集体主要完成者：

刘少礼、刘道福、梁军、孙凝晖、徐志伟、喻歆、张尧、陈帅、王在、孟小甫、罗韬、刘毅、张士锦、杜子东、李玲、张曦珊、钱诚

8. 获奖集体：高结构刚度复杂曲面碳化硅光学反射镜先进制造技术研究集体（中国科学院长春光学精密机械与物理研究所）

研究集体主要科技贡献：

该集体在国内率先突破了大口径高结构刚度碳化硅反射镜坯制备技术、大口径复杂光学曲面面形误差表征理论及组合检测技术、大口径碳化硅复杂光学曲面高精度加工及表面改性工艺技术、大口径碳化硅复杂光学曲面全链路集成制造系统等多项关键技术，研制了直径4.03米国际上公开报道尺寸最大的碳化硅非球面反射镜，面形RMS值达到15.2纳米，研究成果整体达到国际领先水平。核心关键技术、原材料、软件和设备完全自主可控，打破了欧美发达国家的技术封锁，有力保障了我国国防安全、国民经济建设的需求。研制的1—4米口径50余块碳化硅反射镜已成功应用于空间和地基23个型号任务，获得了用户单位的高度评价，并促进了空间光学、材料科学、机械制造等相关领域的快速发展。

研究集体突出贡献者及主要科技贡献：

张学军（中国科学院长春光学精密机械与物理研究所）

主要科技贡献：提出大口径复杂光学曲面面形误差表征、组合检测和高精度加工等技术，建立具有自主知识产权的集成制造系统。

赵文兴（中国科学院长春光学精密机械与物理研究所）

主要科技贡献：发明了大口径高结构刚度碳化硅反射镜坯制备技术，完成了1—4米量级系列大口径碳化硅反射镜的制备。

高劲松（中国科学院长春光学精密机械与物理研究所）

主要科技贡献：突破了大口径碳化硅光学复杂曲面高致密低缺陷表面改性工艺，完成了系列大口径碳化硅非球面的改性与镀膜。

研究集体主要完成者：

郑立功、张舸、王笑夷、薛栋林、赵汝成、刘震、罗霄、李锐钢、包建勋、刘振宇、王彤彤、张峰、崔聪聪、李英杰、李龙响、董斌超、申振峰

9. 获奖集体：短脉冲高功率高光束质量激光技术研究集体（中国科学院空天信息创新研究院）

研究集体主要科技贡献：

该研究集体面向短脉冲高功率激光技术领域国际发展前沿和国家重大需求，建设并高效运行国家半导体泵浦激光工程技术研究中心和国家激光器件质量监督检验中心，为强场物理、卫星远程测距和等离子体诊断等国家战略高技术领域提供了不可或缺的高品质核心光源。技术成果应用到我国重大工程和重大科研装备建设，打破了国外限运，并推动我国低重频高能量钕玻璃激光放大器、千赫兹高峰值功率皮秒激光器、高功率高光束质量纳秒激光器等几类激光器的技术和工程化水平走在世界前列。

研究集体突出贡献者及主要科技贡献：

樊仲维（中国科学院空天信息创新研究院）

主要科技贡献：解决了制约激光器高功率和高光束质量的瓶颈问题，实现若干种短脉冲激光器工程化，获得批量推广应用。

邱基斯（中国科学院空天信息创新研究院）

主要科技贡献：提出了高功率纳秒激光光束质量的系统控制方法，发明了空间光调制器 Gamma 曲线线性化技术，实现了工程化。

赵天卓（中国科学院空天信息创新研究院）

主要科技贡献：发明了变泵浦边际线补偿技术，解决了使用国产晶体放大时因掺杂浓度动态范围大引起的损伤问题，研制出大口径侧面泵浦模块。

研究集体主要完成者：

麻云凤、康治军、林蔚然、白振岙、连富强、肖红、陈艳中、葛文琦、聂树真、刘昊、郭广妍、刘学松、王昊成、张鸿博、孙辉、张晓世、李捷

10. 获奖集体：*南海珊瑚礁生态修复研究集体（中国科学院南海海洋研究所）*

研究集体主要科技贡献：

该研究集体瞄准南海珊瑚礁生态修复的重大科技问题开展集成攻关，取得了多项创新性突破。首次系统地揭示了南海珊瑚礁生态系统的稳定维持机制及其应对人为活动的动态变化，为珊瑚礁生态修复与可持续发展提供了关键科学支撑；针对南海珊瑚礁生态系统与环境现状，创建了基于生态系统与关键功能恢复的多维生态修复新模式，开辟了珊瑚礁生态系统修复的新方向；开展“基底修复 / 再造、功能种群恢复、群落构建、系统养护”等多维生态修复成套技术系统攻关，并集成应用示范，多项技术国际领先；建成国际上最大的珊瑚礁生态系统修复示范区，确立了我国在珊瑚礁生态修复领域的引领地位，为国家海洋强国建设和海洋生态文明建设做出了突出贡献。

研究集体突出贡献者及主要科技贡献：

龙丽娟（中国科学院南海海洋研究所）

主要科技贡献：创建基于生态系统与关键功能恢复的多维生态修复新模式并付诸实践，开辟了珊瑚礁生态系统修复的新方向。

林强（中国科学院南海海洋研究所）

主要科技贡献：甄选了珊瑚礁关键功能生物类群并阐明其生态适应性，揭示其在退化珊瑚礁中的群体结构及生态功能的动态变化特征，为创建多维珊瑚礁生态系统修复策略提供理论基础。

黄晖（中国科学院南海海洋研究所）

主要科技贡献：突破了造礁石珊瑚幼体和中继苗圃培育技术，建立珊瑚礁生态系统人工修复和系统重构复合技术体系，并成功进行了大规模工程化示范。

研究集体主要完成者：

赵焕庭、张乔民、杨红强、喻子牛、刘胜、张黎、袁涛、殷建平、孙龙涛、张跃环、杨芳芳、杨跃忠、董俊德、胡超群、何毛贤、黄思军、江志坚

四、科技论文与著作

（一）科技论文

2019 年，中国科学院科技论文发表质量不断提升。利用国际三大检索工具，于 2019 年对 2018 年度科技论文进行检索，中国科学院科技人员作为第一作者被国际三大检索系统收录的论文 45 439 篇，其中，被 SCI（扩展版）收录论文 26 406 篇，比 2017 年增加 2467 篇；被 EI 收录论文 16 000 篇，比 2017 年增长 6.6%，被 CPCI-S 收录论文 3033 篇。SCI（网络版）被引论文 204 788 篇，被引次数达 3 932 139 次（2008—2017 年 SCI 收录全院论文截至 2018 年的被引用情况），比 2017 年增长 20.3%。被引用论文平均被引证次数为 19.2 次，比 2017 年增长 13.1%。2018 年，科技人员被 987 种国内科技期刊收录论文 9593 篇，比上年减少 730 篇。

（二）专著情况

2019 年，中国科学院科研机构出版科技专著 427 种，达 19 022 万字。其中译成外文 74 种，达 1203 万字。大专院校教科书 4 种，达 87 万字。科普著作 36 种，达 593 万字。

五、重大科技专利

2019 年，中国科学院积极响应国家知识产权强国战略，充分发挥科技创新在全面创新中的引领作用，认真落实党中央、国务院关于促进科技成果转移转化工作的系列重要部署，不断完善以知识产权为核心的科技成果管理体系。进一步强化知识产权管理，提高知识产权的创造质量和运用效益；贯彻落实有利于推进科技成果转化的政策，鼓励院属单位通过转化运用知识产权为全社会创造更多经济、社会效益；知识产权人才队伍不断壮大，知识产权管理和运营水平不断提高。

2019 年，中国科学院申请专利 19 300 件，较上年增长 9.1%。其中，申请国内专利 18 014 件，较上年增长 7.6%，申请国内发明专利 16 032 件，较上年增长 8.9%。申请国际专利 1286 件，较上年增长 37.1%。

2019 年，中国科学院授权专利 10 853 件，较上年增长 12.8%。其中，授权国内专利 10 467 件，较上年增长 13.3%，授权国内发明专利 8562 件，较上年增长 19.0%。国际专利授权 386 件，较上年增长 0.5%。

2019 年，中国科学院获批软件著作权 1842 件，较上年降低 3.8%，集成电路布图设计登记 26 件；获授权植物新品种 23 件；注册商标 164 件。

2019 年，中国科学院院属单位新签订知识产权转移转化合同 516 项，合同金额 50.96 亿元，其中，转让 18.32 亿元，许可 13.29 亿元，作价入股 19.35 亿元。全院院属单位知识产权转化运用到账经费共计 13.18 亿元，较上年增长 16%。

2019 年，中国科学院知识产权转移转化总计 1648 件。其中，转让 736 件，占转移转化总数的 44.6%；许可 336 件，占转移转化总数的 20.4%；作价入股 576 件，占转移转化总数的 35.0%。

2019 年，中国科学院院属研究单位共获得中国专利银奖 2 项、优秀奖 14 项（表 1），研究所孵化企业首次获得中国专利金奖 1 项，这也是中国科学院研究所孵化企业首次获得金奖。

表 1 第二十一届中国专利奖中国科学院获奖情况

序号	专利号	专利名称	专利权人	奖项
1	ZL201310004147.3	一种水性聚氨酯弹性分散体及其制备方法	中国科学院过程工程研究所，优美特（北京）环境材料科技股份公司	银奖
2	ZL201510604994.2	3D 打印方法	中国科学院深圳先进技术研究院	银奖
3	ZL200610048298.9	一种甲醇一步法制取烃类产品的工艺	中国科学院山西煤炭化学研究所，赛鼎工程有限公司，云南煤化工集团有限公司	优秀奖
4	ZL200710190996.7	梯次循环接种温控堆肥的方法	中国科学院南京土壤研究所	优秀奖
5	ZL201110141137.5	一种噪声功率谱估计与语音活动性检测方法	中国科学院声学研究所，北京中科信利技术有限公司	优秀奖
6	ZL201110273781.8	一种解决改机问题的限定分配调度方法	中国科学院沈阳自动化研究所	优秀奖
7	ZL201210418613.8	一类氟取代的环状胺类化合物及其制备方法、药物组合物和用途	中国科学院上海药物研究所	优秀奖
8	ZL201210512025.0	一种同步交联改性聚偏氟乙烯微孔膜的制备方法	中国科学院宁波材料技术与工程研究所	优秀奖
9	ZL201210586070.0	一种不锈钢板的激光拼焊方法及固定装置	中国科学院半导体研究所	优秀奖
10	ZL201280000857.2	一种基于毛细管电泳的依诺肝素钠精细结构测定方法	杭州九源基因工程有限公司，中国科学院上海有机化学研究所	优秀奖
11	ZL201410315874.6	一种多功能综合集成高精度智能微震监测系统	中国科学院武汉岩土力学研究所，武汉海震科技有限公司	优秀奖
12	ZL201510079182.0	一种超高速飞行器的热防护与减阻系统	中国科学院宁波材料技术与工程研究所，北京卫星环境工程研究所	优秀奖
13	ZL201510407906.X	米级大口径偏振片全频段面形加工方法	中国科学院上海光学精密机械研究所	优秀奖
14	ZL201610011210.X	一种利用沉水植被草皮恢复沉水植物群落的方法	中国科学院南京地理与湖泊研究所	优秀奖

续表

序号	专利号	专利名称	专利权人	奖项
15	ZL201610782485.3	一种基于过渡区域的蒙特卡罗与确定论耦合粒子输运方法	中国科学院合肥物质科学研究院	优秀奖
16	ZL201710888808.1	一种用于碳化硅素坯连接的粘结剂及其制备方法	中国科学院长春光学精密机械与物理研究所	优秀奖

队伍建设与人才培养

2019年，中国科学院深入学习贯彻习近平新时代中国特色社会主义思想和党的十九大和十九届二中、三中、四中全会精神，深入贯彻中央干部人事政策，持续推进各项人事人才改革，各项工作取得新成效。

一、人才队伍建设

（一）人力资源管理研究

开展支持关键核心技术攻坚人才政策研究。在文献调研、座谈访谈基础上，对关键核心技术攻坚的特点、国内外支持关键核心技术攻坚人才的政策举措和经验做法进行梳理，并通过对中国科学院相关领域1000多位科技骨干的问卷调查，分析影响关键核心技术攻坚的主要问题，提出政策建议和举措。

开展加强西部地区人才队伍建设的政策研究。调研中国科学院西部研究所人才引进、培养、稳定和激励等情况，分析人才发展遇到问题的主要原因，并通过调查问卷征求意见建议，从项目平台牵引、发展通道、服务保障等方面，认识和把握人才发展的规律，为中国科学院有针对性地开展西部人才工作提供政策建议。

落实全国干部教育培训规划要求，开展“中国科学院科技人员思想教育培训研究”和“中国科学院优秀年轻干部培训体系研究”等相关方向课题研究。采用文献查阅、问卷调研、重点访谈等方法，从优化创新培训方法、建立优质资源共享机制、加强统筹协调、加强组织领导和顶层设计等方面提出具体建议，以促进提升全院继续教育与培训工作成效、完善培训内容、优化分类分级培训体系、落实主体责任制。

（二）领导班子与干部队伍建设

为贯彻落实中央关于干部教育培训的精神要求，成立中国科学院干部教育培训领导小组，制定印发《2018—2022年中国科学院干部教育培训规划》，坚持把学习贯彻习近平新时代中国特色社会主义思想摆在全院干部教育培训最突出的位置，突出政治训练、政治历练，培养造就忠诚干净担当的高素质专业化干部队伍和高水平专业技术人才队伍。围绕干部队伍建设目标，以加强理想信念、提高政治觉悟、提升能力水平为主要内容，组织开展针对全院所局级领导、后备干部、年轻干部、管理骨干等院各重点班次，共选调84名所级、处级干部参加中组部调训，选调25名所局级领导干部参加中央和国家机关司局级干部专题研修班，选调67名所局级和处级干部参加赴德国、美国、英国境外培训班，组织举办中国科学院党校第一期年轻干部特训班，来自院属各单位的50名优秀年轻干部参加学习。

深入贯彻《关于适应新时代要求大力发现培养选拔优秀年轻干部的意见》，集中开展全院年轻干部和班子建设调研工作，中国科学院党组层面掌握一批优秀年轻干部名单，全面了解了全院年轻干部队伍及各研究所年轻干部工作的情况。以“不忘初心、牢记使命”主题教育为契机，加强领导班子政治建设。积极配合中央巡视组开展中国科学院党组选人用人专项检查。全年共组建新班子 8 个，开展 30 个院属单位行政班子换届考核，25 个单位党委换届工作；对 67 个单位（部门）领导班子进行个别调整；新提任所局级领导人员 111 人，平级转任重要岗位 7 人，交流任职 33 人；选派援疆、援藏博士服务团 6 人。

进一步贯彻落实“四项监督”制度，推动从严管理监督干部常态化，在监督内容上，突出对干部遵守政治纪律、政治规矩以及贯彻执行党中央决策部署情况的监督；在监督对象上，重点聚焦党政正职和关键岗位干部的监督。开展 22 个院属单位的“一报告两评议”工作及 24 个院属单位领导班子的离任检查工作。规范领导干部个人有关事项报告工作流程，完善报告委托查询相关工作，全年重点抽查 583 人，随机抽查 370 人。

（三）机构编制与岗位管理

1. 事业单位法人调整

中央机构编制委员会办公室批复同意：将中国科学院电子学研究所、中国科学院遥感与数字地球研究所和中国科学院光电研究院整合组建中国科学院空天信息创新研究院；将中国科学院武汉物理与数学研究所、中国科学院测量与地球物理研究所整合组建中国科学院精密测量科学与技术创新研究院；将中国科学院寒区旱区环境与工程研究所、中国科学院地质与地球物理研究所兰州油气资源研究中心、中国科学院兰州文献情报中心整合组建中国科学院西北生态环境资源研究院。设立中国科学院分子细胞科学卓越创新中心、中国科学院脑科学与智能技术卓越创新中心、中国科学院分子植物科学卓越创新中心、中国科学院科技创新发展中心。中国科学院上海生命科学研究院更名为中国科学院上海营养与健康研究所。中国科学院北京基因组研究所加挂国家生物信息中心牌子。

2. 院级非法人单元

成立中国科学院庐山植物园、中国科学院肿瘤与基础医学研究所、中国科学院科学传播研究中心 3 个院级非法人单元。

成立中国载人航天工程运行与管理支持中心，与中国科学院空间科学与应用总体部按“一套人马、两块牌子”的方式运行。

撤销中国科学院上海超导中心、中国科学院加速器驱动次临界嬗变系统研究中心、中国科学院低阶煤利用先导专项管理中心、中国科学院微小卫星工程中心、中国科学院新一代信息技术先导研究中心、中国科学院上海产业技术创新与育成中心、中国科学院广州生物医药产业技术创新与育成中心、中国科学院兰州技术转移中心、中国科学院地理信息与文化科技产业基地、中国科学院苏州生物医学工程与生物医药产业化基地、中国科学院唐山高新技术研究与转化中心、中国科学院清洁能源技术发展中心、中国科学院深圳现代产业技术创新和育成中心、中国科学院西北生物农业中心 14 个院级非法人单元。

中国科学院高超声速科技中心更名为中国科学院空天飞行科技中心。中国科学院知识产权运营管理中心依托单位由计算技术研究所变更为文献情报中心。中国科学院量子技术与应用研究中心主管部门由前沿科学与教育局变更为重大科技任务局。

（四）薪酬与福利管理

大力推进中国科学院收入分配制度改革工作。积极推动实施岗位绩效工资改革，印发《中国科学院关于工作人员岗位绩效工资的实施意见》和《中国科学院直属事业单位党政主要负责人薪酬管理办法》，核定下达院属单位绩效工资总量，明确分配导向、规范分配程序、强化纪律约束，建立起与承担科技任务和发展水平相适应、体现激励与约束的收入分配制度。按照中央和国家关于做好院士退休工作的政策和工作要求，印发《中国科学院人事局关于做好院士延迟退休有关工作的通知》，积极稳妥推进院士退休工作。截至2019年底，共为231位院士办理离退休手续，其中2019年度新增办理院士退休84人，办理院士延迟退休 3 人；按要求完成 2019 年院士退休及延迟退休工作。

养老保险改革完成攻坚阶段。按照改革政策口径，中国科学院京区 47 个事业单位已在人社部央保中心参保；京外 92 个事业单位按属地政策在 25 个省（自治区、直辖市）参保，其中 126 个单位的在职职工实现当期缴费，退休人员养老金转由所在地社保机构统筹发放。上海、新疆、江苏、四川等地区的 32 个单位已完成准备期基本养老保险和职业年金的清算工作，北京地区全部完成职业年金准备期清算工作。同时，积极落实外籍人才参加机关事业单位养老保险工作。

（五）科技创新人才培养与引进

推进人才发展体制机制改革，加快创新人才高地建设。坚持“按需引进、确保质量”原则，加大引才力度，2019 年通过人才计划引进 321 人。70 人入选“创新人才推进计划”中青年科技创新领军人才，12 个团队入选重点领域创新团队，3 个单位入选创新人才培养示范基地；35 人获批百千万人才工程国家级人选。

以中国科学院青年创新促进会为主导，加强青年人才培养。新增青年创新促进会会员 458 人、优秀会员 88 人，增加对会员的人才专项经费支持；策划举办以“创新驱动梦想、梦想照亮现实”为主题的第二期“青促会讲堂”；对获得中国科学院青年科学家奖的 10 位青年科技工作者进行表彰奖励。

强化团队建设，完善人才智力共享机制。充分发挥平台和科研环境优势，继续推进人才智力共享机制建设，加强团队协同合作。共遴选支持 15 个“王宽诚率先人才计划”卢嘉锡国际团队和 20 个创新交叉团队，聘请 35 名海外知名科学家担任中国科学院海外评审专家，积极鼓励院内学术领军人才及中青年骨干与海内外优秀学者开展跨系统、跨地域、跨学科学术交流与科研合作，拓宽人才柔性引进渠道。

加强对西部人才、工程技术和产研人才的培养支持。通过“西部之光”人才培养引进计划遴选“西部引进人才”7 人、“西部青年学者”251 人、“一带一路”团队项目 6 个、“西部之光”交叉团队 20 个，接收“西部之光”访问学者 28 人。遴选关键技术人才 46 人。支持“王宽诚率先人才计划”产研人才扶持项目 10 个。

（六）继续教育与培训

进一步加强优质继续教育与培训资源的建设和共享，积极扩大对精品培训项目的支持力度和数量，持续打造品牌培训项目。2019 年全院共举办 4125 个培训班，培训 37.4 万余人次，培训班实施率为 95.3%，全院职工 100 学时完成率为 75.4%，骨干人才完训率为 93.3%，培训规模和质量得到显著提升。持续优化“中国科学院继续教育网”，深入开展在线培训直播工作，逐步完善微信端和移动 APP 端学习功能。2019 年，“中国科学院继续教育网”共制作 160 个课件资源，结合科研类课程特点，逐步在细分领域方面形成系列主题课程，满足各领域专业知识需求。积累 300 名培训师信息，有效支持全院干部教育培训工作。在线学习人均 21.6 小时。进一步强化继续教育基地对中国科学院重点培训项目的组织实施，调整经费资助方式，进一步明确不同继续教育基地在培训方面的定位和特色。

围绕建设人才高地核心目标，深入推进人才国际化培养。2019 年 3 月修订印发《中国科学院公派出国留学研修管理办法》，进一步明确政策导向，细化公派留学项目设置，强调针对性和有效性，重点鼓励引导中国科学院优秀人才前往世界著名大学 / 科研机构进行交流学习，持续提升派出人员培训质量。2019 年度国家公派留学人员遴选推荐 290 人，录取 251 人，录取人数位居全国各单位之首，录取率为 86.5%。2019 年度中国科学院公派留学项目进一步加强对本院发展战略方向、重要领域和地域的支持，录取全院 86 个单位（部门）238 人，其中，前往世界排名前 100 名大学和前 200 名大学访问学习的录取人员比例分别达 69% 和 82%。进一步优化中国科学院因公出国（境）培训项目设置，在以往领军人才研修项目和关键技术专项培训项目基础上，新增优秀青年人才培养项目和重点领域专项计划，进一步提高项目针对性、实效性和专业性。2019 年度共 60 个项目 234 人获国家外国专家局批准，获资助人数和金额均为近年来最高。

二、人才教育培养

2019 年，中国科学院录取本科生 2226 人、硕士生 14 280 人、博士生 9001 人，在学本科生 9051 人、硕士生 37 926 人、博士生 33 356 人，授予学士学位 2064 人、硕士学位 7846 人、博士学位 6751 人。

（一）推进教育内涵式发展、提升人才培养质量

落实中央领导批示精神，积极组建中国科学院哲学研究所。积极推进中国科学院深圳理工大学筹建工作，成立中国科学院深圳理工大学办学领导小组和筹备组，完善初步办学方案，召开中国科学院深圳理工大学筹建联合领导小组第一次会议。继续推进中国科学院大学科教融合学院建设工作，重庆学院、杭州高等研究院奠基，组织召开海洋学院、成都学院建设区域型学院研讨会，中国科学院大学、太原市人民政府、中国科学院山西煤炭化学研究所与中北大学签署共建中国科学院大学太原能源材料学院协议。召开中国科学院教育管理骨干学习研讨班，111 家单位近 160 位代表参加，交流产学研协同培养研究生模式经验。评选出 100 篇中国科学院优秀博士学位论文、80 名院长特别奖、

400 名院长优秀奖、172 名院优秀导师奖，激励研究生奋发向上和创新进取。

（二）开展教育调查研究、提高教育管理水平

根据中国科学院中长期发展规划工作部署，组织召开中国科学院教育规划研讨会，研讨中国科学院教育发展重点工作，完成中国科学院教育中长期发展规划纲要。为发挥高等学校、科研机构、行业企业在培养研究生方面的综合优势，提升研究生教育服务经济社会发展能力，受教育部委托，组织开展《产学研协同培养研究生》专题调研和文件起草工作。选取北京、上海、深圳、苏州、杭州等产学研基础较好的地区，遴选具有代表性的 20 家企业、16 所高校和 12 所研究机构，深入调研分析产学研的现状、经验、问题和对策。通过调研形成总报告《“推进产学研协同培养研究生”专题调研报告》及 6 个分报告，起草《关于推进产学研协同培养研究生的若干意见》（征求意见稿）文件，拟纳入国家研究生教育制度改革文件。开展中国科学院科教融合发展战略与激励机制研究、科教融合培养高质量科技创新型人才模式与政策研究，研究进展发表在《中国科学院院刊》和《科研管理》。

（三）建言献策，服务我国教育事业发展

完成中央教育工作领导小组、国务院学位委员会、教育部等发来的 20 余份文件的征求意见与建议反馈。中国科学院院长白春礼与教育部副部长翁铁慧就研究生教育与培养工作、成立学科发展战略专家咨询委员会事项、科教融合培养高层次创新人才、学科发展战略研究等内容进行深入交流。推荐国务院学位委员会第八届学科评议组成员和专业学位研究生教育指导委员会新一届委员人选名单。完成 11 套课标、教材审读评阅工作。组织完成院属高校申报“长江学者奖励计划”，推荐 2019 年度候选人 128 人；推荐两校 183 名专家作为长江学者函评评审专家，积极争取高层次人才计划资助。

（四）开展对外合作交流，助力我国人才培养

组织召开中国学位与研究生教育学会科研机构研究生教育工作委员会第一届委员会第二次委员会会议和第二次会员大会，为全国科研机构之间深入交流提供重要平台。进一步加强与院外系统合作。2019 年，中国科学院共有 68 个研究所与 73 所高校开设 190 个菁英班，受资助学生累计 2 万余人；举办 100 余个各类科学夏令营，来自全国 380 余所高校的 1.4 万名大学生参加；资助来自近 300 所高校的 2000 余名大学生在 100 余个研究所开展超过半年的科技创新实践；34 家京区研究所参加北京市教委组织的实培计划，有效提高生源质量。中国科学院入选国家中小学生研学实践教育基地的 12 家单位积极开展工作，提高中小学生科学素养。设立 11 项研究生科普项目，提高研究生综合素质和中国科学院科普工作影响力。中国科学院沈阳分院、驻辽 4 个研究所与辽宁省教育厅、在辽 13 所高校签署 27 项科教融合战略合作协议。中国科学院前沿科学与教育局和中国人民大学附属中学签署战略合作协议，推动院校双方在拔尖创新人才早期培养的合作，为国家培养青少年科学素养和科学精神提供道路探索。作为组委会成员单位，参与组织第五届中国“互联网 +”大学生创新创业大赛，着力增强学生的创新精神、创业意识和创新创业能力。

基础设施与支撑条件

一、重点实验室、工程实验室及工程中心建设与管理

（一）重点实验室建设与管理

1. 重点实验室建设

组织完成材料和工程领域 5 个国家重点实验室科研仪器设备更新改造申请工作，平均每个实验室获得财政部专项经费支持 6000 余万元，比上一轮增加 800 万元。

新建空间光学系统在轨制造与集成、脑联结解析与调控等 2 个前沿交叉类的院级重点实验室，进一步完善中国科学院重点实验室学科布局。

2. 中国科学院重点实验室评估

2019 年是中国科学院数理和地学领域重点实验室的评估年，84 个中国科学院重点实验室参加评估。其中，数理领域评出 A 类实验室 7 个、B 类实验室 21 个、C 类实验室 5 个、D 类实验室 2 个、摘牌实验室 1 个（表 2）；地学领域评出 A 类实验室 8 个、B 类实验室 29 个、C 类实验室 7 个、D 类实验室 4 个（表 3）。

表 2　2019 年数理领域院重点实验室评估结果

序号	实验室名称	依托单位	评估结果
1	理论物理前沿	理论物理研究所	A
2	粒子天体物理	高能物理研究所	A
3	真空物理	中国科学院大学	A
4	系统控制	数学与系统科学研究院	A
5	暗物质与空间天文	紫金山天文台	A
6	微观磁共振	中国科学技术大学	A
7	华罗庚数学	数学与系统科学研究院	A
8	射电天文	紫金山天文台，上海天文台，国家天文台	B
9	流固耦合系统力学	力学研究所	B
10	中子输运理论与辐射安全	合肥物质科学研究院	B
11	极端条件物理	物理研究所	B
12	凝聚态理论与计算	物理研究所	B
13	光物理	物理研究所	B
14	材料物理	合肥物质科学研究院	B

续表

序号	实验室名称	依托单位	评估结果
15	强耦合量子材料物理	中国科学技术大学	B
16	材料力学行为和设计	中国科学技术大学	B
17	清洁能源前沿研究	物理研究所	B
18	量子光学	上海光学精密机械研究所	B
19	吴文俊数学	中国科学技术大学	B
20	微观界面物理与探测	上海应用物理研究所	B
21	光学天文	国家天文台	B
22	粒子加速物理与技术	高能物理研究所	B
23	时间频率基准	国家授时中心	B
24	重离子束辐射生物医学	近代物理研究所	B
25	高精度核谱学	近代物理研究所	B
26	太阳活动	国家天文台	B
27	天体结构与演化	国家天文台	B
28	数学机械化	数学与系统科学研究院	B
29	星系宇宙学	上海天文台，中国科学技术大学	C
30	微重力	力学研究所	C
31	行星科学	上海天文台，紫金山天文台	C
32	管理、决策与信息系统	数学与系统科学研究院	C
33	随机复杂结构与数据科学	数学与系统科学研究院	C
34	天文光学技术	国家天文台	D
35	计算天体物理	国家天文台	D
36	软物质物理	物理研究所	摘牌

表 3　2019 年地学领域院重点实验室评估结果

序号	实验室名称	依托单位	评估结果
1	新生代地质与环境	地质与地球物理研究所	A
2	脊椎动物演化与人类起源	古脊椎动物与古人类研究所	A
3	热带海洋生物资源与生态	南海海洋研究所	A
4	大陆碰撞与高原隆升	青藏高原研究所	A
5	近地空间环境	中国科学技术大学	A
6	饮用水科学与技术	生态环境研究中心	A
7	地球与行星物理	地质与地球物理研究所	A
8	青藏高原环境变化与地表过程	青藏高原研究所	A

续表

序号	实验室名称	依托单位	评估结果
9	城市污染物转化	城市环境研究所，中国科学技术大学	B
10	生态系统网络观测与模拟	地理科学与资源研究所	B
11	沙漠与沙漠化	西北生态环境资源研究院	B
12	壳幔物质与环境	中国科学技术大学	B
13	城市环境与健康	城市环境研究所	B
14	区域可持续发展分析与模拟	地理科学与资源研究所	B
15	边缘海与大洋地质	南海海洋研究所，广州地球化学研究所	B
16	中层大气和环境探测	大气物理研究所	B
17	矿物学与成矿学	广州地球化学研究所	B
18	海洋环流与波动	海洋研究所	B
19	页岩气与地质工程	地质与地球物理研究所	B
20	海洋地质与环境	海洋研究所	B
21	东亚区域气候-环境	大气物理研究所	B
22	气溶胶化学与物理	地球环境研究所	B
23	计算地球动力学	中国科学院大学	B
24	寒旱区陆面过程与气候变化	西北生态环境资源研究院	B
25	海洋生态与环境科学	海洋研究所	B
26	陆地水循环及地表过程	地理科学与资源研究所	B
27	高寒生态	青藏高原研究所	B
28	土壤环境与污染修复	南京土壤研究所	B
29	森林生态与管理	沈阳应用生态研究所	B
30	湿地生态与环境	东北地理与农业生态研究所	B
31	亚热带农业生态过程	亚热带农业生态研究所	B
32	海岸带环境过程与生态修复	烟台海岸带研究所	B
33	山地灾害与地表过程	成都山地灾害与环境研究所	B
34	陆地表层格局与模拟	地理科学与资源研究所	B
35	内陆河流域生态水文	西北生态环境资源研究院	B
36	黑土区农业生态	东北地理与农业生态研究所	B
37	环境生物技术	生态环境研究中心	B
38	资源地层学与古地理学	南京地质古生物研究所	C
39	干旱区生物地理与生物资源	新疆生态与地理研究所	C
40	矿产资源研究	地质与地球物理研究所	C

续表

序号	实验室名称	依托单位	评估结果
41	油气资源研究	地质与地球物理研究所	C
42	污染生态与环境工程	沈阳应用生态研究所	C
43	云降水物理与强风暴	大气物理研究所	C
44	海洋环境腐蚀与生物污损	海洋研究所	C
45	山地表生过程与生态调控	成都山地灾害与环境研究所	D
46	流域地理学	南京地理与湖泊研究所	D
47	水库水环境	重庆绿色智能技术研究院	D
48	地球内部物质高温高压	地球化学研究所	D

2019 年，组织完成太赫兹固态技术等 3 个中国科学院重点实验室评估后的整改验收工作；完成中国科学院重点实验室专项经费绩效评价工作，整体绩效显著。

3. 重点实验室合作交流

2019 年 9 月在新疆乌鲁木齐组织召开“西部之光”交叉团队—重点实验室合作研究专项项目专家评审会，首次遴选出 20 个项目，按照 200 万元 /3 年的方式给予支持。获得支持的 123 位团队成员中，有 49 位成员来自非西部地区的高校和科研院所，占比约 40%。10 月在贵阳组织召开重点实验室管理工作交流研讨会，来自 108 个国家重点实验室和中国科学院重点实验室参加会议。11 月在武汉组织召开前沿交叉学术研讨会，涉及数学及交叉、行星科学、大科学装置与生命交叉、精密测量和先进探测技术、计算与地球科学 5 个主题，促进不同学科领域之间的交流与合作。

（二）工程实验室及工程中心建设与管理

1. 国家工程实验室建设

目前，国家发展改革委已在中国科学院建设 17 个国家工程实验室（表 4）。

表 4　中国科学院国家工程实验室名单

序号	工程实验室名称	项目法人单位名称	批准时间
1	甲醇制烯烃	大连化学物理研究所	2008 年 6 月 6 日
2	中药标准化技术	上海药物研究所	2008 年 6 月 13 日
3	工业酶	天津工业生物技术研究所	2008 年 6 月 13 日
4	煤炭间接液化	山西煤炭化学研究所	2008 年 7 月 4 日
5	湿法冶金清洁生产技术	过程工程研究所	2008 年 11 月 28 日
6	遥感卫星应用	遥感应用研究所	2008 年 11 月 28 日
7	信息内容安全技术	信息工程研究所	2008 年 11 月 28 日
8	真空技术装备	沈阳科学仪器研制中心有限公司	2008 年 11 月 29 日

续表

序号	工程实验室名称	项目法人单位名称	批准时间
9	碳纤维制备技术	山西煤炭化学研究所	2009年2月26日
10	土壤养分管理	南京土壤研究所	2011年8月17日
11	农田土壤污染防控与修复技术	南京土壤研究所	2016年10月21日
12	畜禽养殖污染控制与资源化技术	亚热带农业生态研究所	2016年10月21日
13	高浓度难降解有机废水处理技术	生态环境研究中心	2016年10月21日
14	挥发性有机物污染控制材料与技术	中国科学院大学	2016年10月21日
15	大气环境监测先进技术与装备	合肥物质科学研究院	2016年10月21日
16	大数据分析系统	计算技术研究所	2017年12月11日
17	类脑智能技术及应用	中国科学技术大学	2017年12月11日

2. 国家工程中心建设

目前，国家发展改革委已在中国科学院建设11个国家工程研究中心，科技部已在中国科学院建设20个国家工程技术研究中心（表5）。

表5 中国科学院国家工程中心名单

序号	工程中心名称	依托单位	批准部门
1	机器人技术国家工程研究中心	沈阳自动化研究所	国家发展改革委
2	高档数控国家工程研究中心	沈阳计算技术研究所	国家发展改革委
3	精细石油化工中间体国家工程研究中心	兰州化学物理研究所	国家发展改革委
4	膜技术国家工程研究中心	大连化学物理研究所	国家发展改革委
5	工程塑料国家工程研究中心	理化技术研究所	国家发展改革委
6	基础软件国家工程研究中心	软件研究所	国家发展改革委
7	信息安全共性技术国家工程研究中心	软件研究所	国家发展改革委
8	光电子器件国家工程研究中心	半导体研究所	国家发展改革委
9	高性能均质合金国家工程研究中心	金属研究所	国家发展改革委
10	手性药物国家工程研究中心	成都有机化学有限公司	国家发展改革委
11	燃料电池及氢源技术国家工程研究中心	大连化学物理研究所	国家发展改革委
12	国家网络新媒体工程技术研究中心	声学研究所	科技部
13	国家生化工程技术研究中心	过程工程研究所	科技部
14	国家遥感应用工程技术研究中心	遥感应用研究所	科技部
15	国家并行机工程技术研究中心	计算技术研究所	科技部
16	国家高性能计算机工程技术研究中心	计算技术研究所	科技部
17	国家专用集成电路设计工程技术研究中心	自动化研究所	科技部

续表

序号	工程中心名称	依托单位	批准部门
18	中国岩土工程研究中心	武汉岩土力学研究所	科技部
19	国家卫星定位系统工程技术研究中心	测量与地球物理研究所	科技部
20	国家淡水渔业工程技术研究中心	水生生物研究所	科技部
21	国家金属腐蚀控制工程技术研究中心	金属研究所	科技部
22	国家真空仪器装置工程技术研究中心	沈阳科学仪器中心	科技部
23	国家催化工程技术研究中心	大连化学物理研究所	科技部
24	国家光栅制造与应用工程技术研究中心	长春光学精密机械与物理研究所	科技部
25	国家节水灌溉工程技术研究中心	水土保持与生态环境研究中心	科技部
26	国家天然药物工程技术研究中心	成都生物研究所	科技部
27	国家光电子晶体材料工程研究中心	福建物质结构研究所	科技部
28	国家环境光学监测仪器中心	合肥物质院安光所	科技部
29	国家荒漠-绿洲生态建设工程技术研究中心	新疆生态与地理研究所	科技部
30	国家半导体泵浦激光工程技术研究中心	北京国科世纪激光技术有限公司、光电研究院	科技部
31	国家海洋腐蚀防护工程技术研究中心	海洋研究所	科技部

3. 中国科学院工程实验室

发布《中国科学院工程实验室管理办法》，这是时隔23年后根据新形势新要求系统性制定的中国科学院工程化平台建设的指导性文件。截至2019年底已成立23个中国科学院工程实验室（表6）。

表6　中国科学院工程实验室名单

序号	工程实验室名称	依托单位	执行期
1	中国科学院石墨烯工程实验室	宁波材料技术与工程研究所	2018年7月至2021年6月
2	中国科学院黄三角现代农业工程实验室	地理科学与资源研究所	2018年7月至2021年6月
3	中国科学院生态草牧业工程实验室	植物研究所	2019年1月至2021年12月
4	中国科学院猕猴桃产业技术工程实验室	武汉植物园	2019年7月至2022年6月
5	中国科学院智能农业机械装备工程实验室	计算技术研究所	2019年7月至2022年6月
6	中国科学院绿色肥料工程实验室	沈阳应用生态研究所	2019年7月至2022年6月

续表

序号	工程实验室名称	依托单位	执行期
7	中国科学院辽河源水源地生态农业工程实验室	东北地理与农业生态研究所	2019 年 7 月至 2022 年 6 月
8	中国科学院医学成像技术与装备工程实验室	深圳先进技术研究院	2019 年 7 月至 2022 年 6 月
9	中国科学院纳米酶工程实验室	生物物理研究所	2019 年 7 月至 2022 年 6 月
10	中国科学院海岛及海岸带生态修复工程实验室	华南植物园	2019 年 7 月至 2022 年 6 月
11	中国科学院腐蚀控制工程实验室	金属研究所	2019 年 7 月至 2022 年 6 月
12	中国科学院农业微生物先进技术工程实验室	微生物研究所	2020 年 1 月至 2022 年 12 月
13	中国科学院盐碱地资源高效利用工程实验室	遗传与发育生物学研究所	2020 年 1 月至 2022 年 12 月
14	中国科学院海洋牧场工程实验室	海洋研究所	2020 年 1 月至 2022 年 12 月
15	中国科学院营养工程实验室	上海营养与健康研究所	2020 年 1 月至 2022 年 12 月
16	中国科学院离子加速器及质量检验检测工程实验室	近代物理研究所	2020 年 1 月至 2022 年 12 月
17	中国科学院湖泊环境治理与生态修复工程实验室	南京地理与湖泊研究所	2020 年 1 月至 2022 年 12 月
18	中国科学院地下工程灾变与防护工程实验室	武汉岩土力学研究所	2020 年 1 月至 2022 年 12 月
19	中国科学院盐湖盐矿绿色开发工程实验室	西北生态环境资源研究院	2020 年 1 月至 2022 年 12 月
20	中国科学院新型特种精细化学品工程实验室	广州化学有限公司	2020 年 1 月至 2022 年 12 月
21	中国科学院智能物流装备系统工程实验室	微电子研究所	2020 年 1 月至 2022 年 12 月
22	中国科学院城市固体废弃物资源化技术工程实验室	海西创新研究院（筹）	2020 年 1 月至 2022 年 12 月
23	中国科学院电化学储能技术工程实验室	大连化学物理研究所	2020 年 1 月至 2022 年 12 月

二、重大科技基础设施建设与管理

（一）中国科学院国家重大科技基础设施基本情况

国家重大科技基础设施由国家发展改革委统筹布局。中国科学院一直是我国重大科技基础设施建设和运行的主要力量，已投入运行和正在建设的重大科技基础设施共32项，包括用于高能物理、重离子物理、等离子体物理、天文望远镜等专用研究设施，也有同步辐射、强磁场等为多学科领域基础研究、应用基础研究和应用研究服务的公共实验平台，以及遥感卫星地面站、长短波授时台、遥感飞机等公益基础设施。截至2019年底，投入运行设施20个，在建设施12个（表7）。

表7　中国科学院重大科技基础设施建设情况一览表

运行设施	1	北京正负电子对撞机	运行设施	17	稳态强磁场实验装置
	2	兰州重离子研究装置		18	武汉国家生物安全实验室
	3	郭守敬望远镜		19	散裂中子源
	4	合肥同步辐射装置		20	大连相干光源
	5	超导托卡马克核聚变实验装置EAST	在建设施	1	500米口径球面射电望远镜
	6	遥感飞机		2	航空遥感系统
	7	中国遥感卫星地面站		3	X射线自由电子激光试验装置
	8	长短波授时系统		4	上海光源线站工程
	9	神光高功率激光实验装置		5	综合极端条件实验装置
	10	中国西南野生生物种质资源库		6	高海拔宇宙线观测站
	11	上海光源		7	强流重离子加速器
	12	“实验1”科学考察船		8	地球系统数值模拟装置
	13	东半球空间环境地基综合监测子午链		9	高能同步辐射光源
	14	大亚湾反应堆中微子实验		10	模式动物表型与遗传研究设施
	15	海洋科学综合考察船		11	聚变堆主机关键系统综合研究设施
	16	蛋白质科学研究（上海）设施		12	空间环境地基综合监测网

（二）一批设施开工建设

2019年，高能同步辐射光源、空间环境地基综合监测网、聚变堆主机关键系统综合研究设施等开工建设。

1. 高能同步辐射光源

2019年6月开工建设，项目法人单位为中国科学院高能物理研究所，建设地点为北京，建设周期6.5年。该项目将建设一台高能同步辐射光源，其储存环能量达6GeV，发射度小于0.06nm-rad，高性能光束线站容量不少于90个，提供能量达到300keV的X射线，具备纳米量级空间分辨、皮秒量级时间分辨、毫电子伏量级能量分辨能力，总体技术指标达国际领先水平，成为基础科学和高技术研发的重要实验平台，为国家安全、工业核心创新能力相关的研究领域提供强大支撑。

2. 空间环境地基综合监测网（子午工程二期）

2019年7月在北京开工建设，项目法人单位为中国科学院国家空间科学中心，建设周期4年。该项目将建成覆盖全国“两纵两横”和4个重点区域的国际先进、覆盖区域最广的综合性空间环境地基监测网，建成后将成为开展空间天气研究、保障国家空间活动和空间安全的重要设施。

3. 聚变堆主机关键系统综合研究设施

2019 年 9 月开工建设，是合肥综合性国家科学中心的重要组成部分，项目法人单位为中国科学院合肥物质科学研究院，建设周期为 5 年 8 个月，建设地点为合肥。项目将建成参数高、功能完备的综合性研究设施，为我国开展聚变堆设计及核心部件研发、热与粒子排除关键问题研究、大规模低温和超导技术研究、强流粒子束与基础等离子体研究等提供技术支撑。

4. 模式动物表型与遗传研究设施

2019 年 10 月开工建设，中国科学院昆明动物研究所和中国农业大学为共同项目法人单位，分别在云南昆明建设灵长类设施、在河北涿州建设猪设施，建设周期 5 年。灵长类设施将建立世界上首个对灵长类动物表型与遗传进行全尺度研究的国际一流大型综合研究设施。

（三）设施建设取得重要突破

1. 高能同步辐射光源验证装置通过国家验收

2019 年 1 月通过国家验收，成为首个通过国家验收的“十二五”国家重大科技基础设施项目。项目法人单位为中国科学院高能物理研究所。围绕建设高能同步辐射光源及其用户潜在需求，开展高能加速器、光束线和实验站关键技术攻关和关键样机预制研究。该项目攻克了建设高能同步辐射光源所需要的加速器和光束线站的关键技术，显著提升了我国在磁铁、电源、探测器及电子学等领域相关产业技术水平和自主创新能力，为建设先进高能同步辐射光源奠定了坚实基础。

2. 500 米口径球面射电望远镜（FAST）完成专业组验收

2019 年通过工艺测试及工艺组、建安组、财务组、设备组、档案组等专业组验收，中国科学院联合贵州省政府向国家发展改革委提交了国家验收申请。FAST 望远镜是“十一五”国家重大科技基础设施建设项目，以中国科学院国家天文台为项目法人单位，建设地点在贵州黔南。FAST 试运行以来，设施运行稳定可靠，其灵敏度为全球第二大单口径射电望远镜的 2.5 倍以上。截至 2019 年底，探测到 146 颗优质的脉冲星候选体，其中 102 颗已得到认证。

3. 航空遥感系统第二架新舟 60 遥感飞机验收交付

2019 年 11 月交付验收。航空遥感系统是“十一五”国家重大科技基础设施建设项目，法人单位为中国科学院电子学研究所，项目建成后将成为提高和发展我国遥感信息科学与技术的实验平台。飞行平台是航空遥感系统的核心和关键，飞行平台交付是航空遥感系统非常重要的工作节点，标志着新舟 60 遥感机平台全面完成研制工作，为航空遥感系统完成大科学工程建设任务提供了有力保障。

（四）设施建设运行产生一批重大成果

国家重大科技基础设施的建设及运行取得系列成绩，为解决世界前沿科学问题、保障国家重大战略安全、促进国民经济发展做出了贡献。

1. 硅藻特有捕光天线蛋白复合体结构研究

科研用户利用上海光源解析了硅藻捕光天线蛋白——岩藻黄素-叶绿素a/c蛋白（FCP）复合体晶体结构，首次描绘了叶绿素c和岩藻黄素在光合膜蛋白中的结合细节，阐明了叶绿素和岩藻黄素在FCP复合体中的空间排布，揭示了叶绿素c和岩藻黄素捕获蓝绿光并高效传递能量的结构基础，对几十年来硅藻主要捕光天线蛋白聚合状态研究提供了首个明确的实验证据。该研究工作为揭示光合作用光反应拓展捕光截面和高效捕获传递光能机理，以及硅藻超强的光保护机制提供了坚实的结构基础。相关成果入选2019年度中国科学十大进展和中国十大科技进展新闻。

2. LAMOST发现迄今为止质量最大的恒星级黑洞

依托郭守敬望远镜（LAMOST），研究团队发现了一颗迄今为止质量最大的恒星级黑洞，并提供了一种利用LAMOST巡天优势寻找黑洞的新方法。这颗70倍太阳质量的黑洞远超理论预言的质量上限，颠覆了人们对恒星级黑洞形成的认知，有望推动恒星演化和黑洞形成理论的革新。相关成果入选2019年度中国十大科技进展新闻。

3. 铅卤钙钛矿太阳能电池工作稳定性研究

上海光源用户利用BL14B线站的掠入射广角X射线散射证实，Eu^{3+}/Eu^{2+}离子对在钙钛矿多晶膜内部的氧化还原穿梭不仅可以有效减少多晶膜的本征缺陷，而且也未引起明显的晶面择优取向的变化，很好地保持了薄膜原始的高度有序结晶度。优化后的器件最高效率达到21.52%，且没有明显的迟滞现象；同时，引入Eu^{3+}/Eu^{2+}离子对的器件表现出优异的热稳定性和光稳定性。该方法解决了铅卤钙钛矿太阳能电池中限制其稳定性的一个重要的本质因素。相关成果入选2019年中国科学十大进展。

4. 揭示抗结核新药的靶点和作用机制及潜在新药的发现

国家蛋白质科学研究（上海）设施用户利用规模化蛋白质制备系统，解析了分枝杆菌膜蛋白3（MmpL3）的晶体结构及4个潜在药物的复合物晶体结构。MmpL3结构的解析，对促进MmpL3的抑制剂的筛选以及抗结核病药物的研究具有极其重要的意义。相关研究入选2019年度中国高等学校十大科技进展及中国生命科学十大进展。

5. 海上数据高速远程传输技术应用研究

海上数据高速远程传输对保障国家海洋安全、维护国家海洋权益具有重要意义。“实验1”科考船搭载科学研究团队在南海、东海等海域开展多次海上数据传输实验，进行了海上和岸上的视频电话、图像及文件传输，接收了由岸上发送的大量气象预报彩色图片数据，有力保障了国家重大专项调查任务的顺利完成；同时，科研人员利月“实验1”船还进行了船与船、船与水声微波通信浮标之间的高速远程通信验证，实现了两船之间的视频会议、语音、图像等传输以及船与浮标间水声数据的高速远程直接传输。相关成果获2019年度国家技术发明奖二等奖。

三、科技基础设施

（一）信息化建设

2019年，中国科学院扎实推进“十三五”信息化专项建设，五大工程项目建设取得重大成果："中国科技云"上线运行、"新一代 ARP"所级系统全院部署上线、中国科学院科学数据中心体系初步建立、科研信息化稳步推进、首次开展网络安全渗透测试，全院信息化支撑和保障能力得到明显提升。

1."中国科技云"2.0 上线运行

2019 年 12 月，"中国科技云"2.0 上线发布，已基本实现高速科研网络、海量数据存储、大规模计算分析、科学数据与信息资源、科研软件资源等的全面整合集成与云化，围绕科技创新全过程提供网络服务、存储服务、计算服务、数据信息服务、科学软件服务及科研社区服务等 9 大类典型云服务，为国内外广大科技工作者提供便捷易用的云服务。

2019 年，"中国科技云"汇聚了 315PF 计算资源、150PB 存储资源及数十 PB 的科学数据资源，集成部署了综合服务平台 52 个、各类科研软件 409 款；中国科技云通行证注册账号 100 万个，接入应用 700 个；中国科技网核心交换带宽达到 100Gbps，国际出口带宽升至 113Gbps，国内互联带宽 121Gbps，建设 2 个北美 POP 点和 1 个中国香港 POP 点，与美国 Internet2 和欧洲 GEANT 等国际学术网络高速互连，北京、上海、广州国家交换中心实现万兆互连。

"中国科技云"重点设施 IPv6 部署项目，实现"中国科技云"基础设施 IPv6 升级，核心网实现 100Gbps 带宽 Ipv6 服务能力，支持全院 IPv6 科研应用和数据传输，实现了与国外众多网络运营机构的 IPv6 互联互通；部署专用的 IPv6 网络运行管理系统，实现网络监控平台 IPv6 流量监测和统计。

2."智慧中科院"工程进入新阶段

"智慧中科院"工程致力于通过信息化手段建成智慧化应用环境，支撑科研院所科研业务活动流程贯通与深度融合。工程包含新一代 ARP、智慧中科院门户、科研教育态势感知服务、新媒体环境下科学传播平台、智慧教育平台等 9 个课题。

2019 年，"新一代 ARP"系统在中国科学院 134 家单位部署上线，切换率为 100%。新系统在原有 4 大功能模块（人事薪酬、综合财务、科研项目、科研条件）基础上，新增国际合作与网上办公功能模块，代码超过 327 万行。"智慧中科院"门户基于 ARP 等核心业务系统构建形成面向院内用户服务的基础用户库和用户权限管理，实现基于科技云通行证的登录验证和相关应用系统单点登录跳转。态势感知平台构建态势感知指标体系，完成知识图谱系统功能设计和框架搭建，基本实现对全院科研与教育态势的定量分析和实时感知。新媒体环境下的传播平台正常服务率大于 99.9%，年均页面浏览量（PV）超过 32 亿，院网站日均最高浏览量 3000 万；新版院中文主站及 13 个领导子站和新版院英文主站上线运行，发送电子杂志 46 期、手机报 136 期；网络科普平台联动科学创作与传播力量，在各大自媒体平台上，累计浏览量超过 9 亿。智慧终身学习平台发布 619 个课件，发布实施 4603 个培训项目，在线学习数据约 515 524 小时 58 分，已入库课程与讲座 1000 门，TED 讲座 2054 个。

3."科学大数据"中心建设不断提升

"科学大数据"工程持续推进建设科学大数据管理与分析平台，科学大数据资源体系和公共服务云平台，发展大数据驱动科研创新的应用示范，推动中国科学院科学大数据支撑服务水平、科学数据资源共享开放水平、科学大数据应用水平不断提升。

2019 年，“科学大数据”工程建成具有 PB 级数据管理能力的大数据管理平台，支持 4 类主流大数据管理系统的集成部署和管理。实现在线的“数据库即服务”功能，支持 74 个数据库实例的在线创建和同时在线服务。科学大数据公共服务云平台，具备支撑亿级数据对象关联管理能力，出版数据集 252 个；依托公开遴选确定的 7 个重点数据库、20 个特色数据库与 4 个大数据驱动的创新示范平台，科学大数据工程继续完善科学数据资源体系，累计积累数据资源总量超过 3.8PB。

2019 年，中国科学院研究印发《中国科学院科学数据管理与开放共享办法（试行）》。财政部、科技部正式公布首批 20 个国家科学数据中心，中国科学院承建的国家基础科学、空间科学、天文科学、基因组科学、微生物科学、对地观测科学、高能物理、地球系统、青藏高原、寒区旱区、生态系统观测 11 家科学数据中心获批，在国家科学数据中心体系中占据主体地位。同时，为持续推动中国科学院科学数据中心体系规划实施工作，面向全院，遴选 8 个优秀所级科学数据中心。

4.“科研信息化”领域应用不断深入

“科研信息化”应用工程通过推进信息化技术与学科深入融合，着力提升中国科学院科研信息化应用水平。

2019 年，“科研信息化”应用工程完成近 30 个服务于重大科研活动的信息系统与软件，其中产出各类软件 26 款、平台 20 个，涵盖科研应用、科学计算和数据服务；支持产出各类数据库 16 种，支持包括院先导科技专项和国家重点研发计划等在内的项目 40 余个。搭建一套基于 SDN 架构的虚拟专用网络，支持高能物理实验数据的高效传输。建设微生物科技领域云，实现云环境下的数据大平台可访问、基于 Docker 模块超过 50 种数据分析软件程序的安装和工作流建设、22 个微生物信息学数据整合，以及 4 类镜像数据仓库的实现。平台注册用户超过 800 人，覆盖超过 20 个国家或地区。同时，工程领域云相关成果在经济社会领域推广应用，如中国核安全“科技领域云”的建设与应用课题成果在国际热核实验堆 ITER、华龙一号、中国铅基反应堆等重大核工程获初步应用；面向区域高精度大气污染模拟与预测的科研信息化应用课题成果在国家空气质量预报预警系统中业务化应用，使 $PM_{2.5}$ 预报精度提高 20% 以上。

5. 网络安全保障体系不断优化

“网络安全保障体系”建设工程持续推进安全基础设施建设，为全院网络安全保障提供安全服务支撑，为“中国科技云”、“智慧中科院”及院网站群等重要应用系统提供网络安全保障。

2019 年，“网络安全保障体系”项目进一步提升全院网站发现技术能力、邮件系统安全防护能力、统一身份认证能力和态势感知能力。通过网络服务探测、科技网出口流量分析、全互联网关键字检索技术发现中国科学院网站系统，已统计网址数量 4.23 万条；建立安全应急小组双人 7×24 安全保障监控制度；处理安全通报 248 起，发布全院安全预警 10 个；完成主机风险评估 14.2 万余台次，网站风险评估 1.8 万余个。组织专业技术人员对院属各单位、院机关各部门的网站和信息系统共 13 个演练目标进行渗透测试，发现安全隐患 32 个，其中包括 12 个高危漏洞、13 个中危漏洞、6 个低危漏洞和 1 个不确定问题，并及时对上述问题和隐患进行修复和整改。

编辑出版《中国科研信息化蓝皮书》（英文版）、《数据计算发展前沿》和《中国科学院信息化年度报告2018》。组织对院属各单位信息化建设情况进行综合评估，编制《中国科学院信息化评估报告》。面向不同层面举办所局级网信工作培训班和网信工作主管干部培训班；主办系列国内外网信领域会议，如世界互联网大会开源芯片论坛、CODATA2019学术会议、第五届中国科研信息化研讨会、第六届中国科学数据大会等。

（二）野外台站网络

1. 野外站重点科技基础设施建设

为改善野外站科技装备水平相对落后、设施相对简陋、缺少符合野外站学科特点的标志性科技装置的局面，中国科学院野外站专项投入近2亿元在17个野外站建设山地灾害模拟、大型浅水湖泊环境模拟、农田地下水动态变化模拟、喀斯特关键带、森林监测塔群、冰川监测塔群、沙漠蒸渗仪群等重点科技基础设施。一期部署11个项目陆续完成，两个设施验收。沙坡头站建成我国首个规模最大的中国北方沙区水量平衡自动模拟监测系统——Lysimeter群，设施为36台大型称重式蒸渗仪，集成移动大棚、智能降水模拟和地下水控制系统等，开发了Lysimeter群数据管理信息系统，从我国北方4个不同沙区采集风沙土和地带性土壤及典型固沙灌木填移至大型蒸渗仪内，模拟不同气候带降水和地下水位变化下沙地演变过程，实现北方沙区水量平衡的模拟、监测及状态自动控制和数据实时传输，提升了我国沙区生态水文、逆境植物生理生态及生物地球化循环等研究和融合；清原站建成了由3座高50米观测铁塔组成，搭载激光雷达、闭路涡动相关、廓线、痕量气体监测等仪器的次生林生态系统结构塔群LiDAR监测平台，是国内首个独立集水区内观测塔群和多级水文站综合监测平台，可高频度、高精度获取森林生态系统的全息三维结构、通量监测数据与生态水文动态数据，开发了自主知识产权的大型控制程序，为森林生态系统野外站监测平台建设提供范例。

2. 中国生态系统研究网络（CERN）30周年活动

开展系列活动，促进CERN开拓创新和对外开放，助推我国生态系统观测研究的创新发展。开展学术研讨：发布《生态系统过程与变化》和《生态系统监测指标与技术规范》丛书。召开CERN工作会议；召开首届全国生态系统观测研究科学大会；举办CERN成立30周年座谈；推动中国生态系统长期观测研究数据共享发布：发布统一观测指标、仪器和方法的近20年的全国森林、草地荒漠、水体、农田生态系统的水土气生连续观测数据，是目前我国生态系统唯一系统开放共享的长期定位观测数据集。

3. 野外站联盟专项生态成效评估

针对国家重大需求，2016年启动野外站联盟专项，目标是联合中国科学院内、外相关领域野外站，利用野外站长期观测和科研积累，对我国敏感地区、重点工程生态成效（变化）进行科学评估，回应政府和社会关切的问题，为国家重大生态工程建设与生态成效评估提供咨询和建议。首批启动的新疆农垦生态成效、中国自然保护区成效、中国水土保持成效、东北生态变化成效、三峡工程对库区及长江中下游湿地生态系统影响等评估项目通过验收。通过分析研讨，探讨生态工程建设成效，完成相关评估报告和咨询建议，出版系列科学评估报告，有针对性地回应政府和社会关切的问题，引起重视并被采纳。根据目前国家关注的重大问题，持续推动联盟专项，服务于国家相关管理与政策制定。

4. 国家站梳理与遴选

科技部从2017年开始启动国家野外科学观测研究站建设发展方案、优化整合“国家科技资源共享服务平台”、梳理总结国家野外科学观测研究站建设运行情况等工作。通过梳理、优化调整，将原有105个国家站调整为97个，其中中国科学院45个（17个优秀站，占全国优秀站的70.8%；23个良好站，占全国良好站的41.1%；5个一般站，占全国一般站的31.2%）。资源环境领域野外站是中国科学院野外站主体，在国家野外站体系中具有明显优势，本次优化调整中全部保留，优良站40个，仅4个为一般站，整体发展态势良好；材料腐蚀领域国家野外站相对较差，全国原有28个国家站优化调整为20个，中国科学院原有4个材料腐蚀国家站，原2个沈阳站整合为1个，其余2个站取消。在新一轮国家站遴选中，经中国科学院野外站体系专家咨询委员会审议、管委会批准上报科技部，中国科学院推荐24个站，通过省/部推荐10个站。

5. 野外站改革发展工作

成立野外站体系专家咨询委员会指导发展改革工作；成立野外观测研究网络改革工作小组，梳理中国科学院野外站体系改革发展工作的基本思路，厘清中国科学院野外站发展中急需解决的问题，明确改革发展的总体思路，提出野外站“机制体制改革、运行补助调整、能力建设、联网研究部署”等实施方案，组织编写《中国科学院野外站网络体系改革发展报告》，已通过专家咨询委员会评议、管委会审议，拟提交院长办公会审议，待批准后实施。

（三）植物园、标本馆

中国科学院战略生物资源计划（BRP-CAS）集成中国科学院植物园、标本馆、生物遗传资源库、实验动物平台、中国生物多样性监测网等相关资源，构建整体化资源体系，在坚持长期收集保藏的基础上，实现资源的分析、评价和利用，推动资源的数字化与信息化建设，为重大科研任务提供资源、人才和技术支撑。2019年，BRP-CAS在前期基础上继续开展生物资源的收集保藏和发掘利用，有力推动了经济和社会发展。在财政部、中国科学院及相关部委支持下，成为国内最大和最完备的生物资源收集保藏机构。

1. 生物资源收集保藏能力不断提升

2019年，植物园体系共实现94 157个引种号的迁地保育，包括30 356个分类单位，其中本土植物11 091种。植物园联盟继续开展本土植物保护及迁地保护植物数据平台等建设，通过“本土植物全覆盖保护计划”继续对15个代表性区域（359万平方千米）开展本土植物评估、清查与保护等工作，确定地区灭绝等级64种/次、极危等级1298种/次、濒危等级2267种/次、易危等级3994种/次，受威胁严重的物种数占到评估总数的11.9%。汇交迁地保护植物档案数据60 000条、定植数据400 000条、影像数据

200 000 张、保育状态数据 32 850 条、迁地保护植物 DNA 数据 1666 条、资源植物数据 2674 条、国外植物园保存的中国植物数据 51 180 条。

生物标本馆（博物馆）作为亚洲最大的生物标本馆体系，馆藏标本共计 2212.5 万号，占全国 60% 以上，数字化标本 999 万号，定名标本 1163.6 万号。2019 年组织国内考察采集活动 338 余次，采集标本 55 万余号，新增模式标本 2699 种 5819 号；境外考察 80 余人次，采集各类生物标本 15 万余号。向信息中心汇交生物标本数据 656.49 万条，占总资源量的 91.9%，涉及 66 658 种生物。

生物遗传资源库保存资源 28 112 多种 754 650 份，其中 2019 年新增各类生物资源 44 800 株份。中国普通微生物菌种保藏管理中心保藏微生物 68 016 株，占全国 50%，物种覆盖度 80%。中国西南野生生物种质资源库保藏 19 160 种 166 713 份种质资源。

实验动物平台有超过 15 万笼位资源，保藏动物数量超过 76 万只，涉及 5586 种品系，其中小鼠品系数量 4927，占总数量的 89%。

中国生物多样性监测与研究网络两栖爬行动物专项网共计收集保藏两栖爬行动物 840 种 114 222 号，2019 年新增 133 种 808 号；淡水鱼类专项网收集保藏淡水鱼类资源 5000 尾以上，2019 年新增超过 500 尾；昆虫专项网收集保藏鳞翅目幼虫 10 992 号、独栖蜂 6662 号、蜘蛛 5720 号，2019 年新增鳞翅目幼虫 2983 号、独栖蜂 3440 号、蜘蛛 1706 号；草原荒漠植物标本库保藏相关资源 60 000 份，2019 年新增 20 000 份。

信息中心建立了全球微生物菌株目录，模式微生物基因组、微生物元基因组等数据平台，以统一数据门户的形式，对全球科技界和产业界提供服务。目前已有来自美国、法国、德国等 46 个国家和地区的 127 个机构汇交数据，其中 91.55% 的数据来自国外。制定了《中国科学院战略生物资源服务计划数据管理及标准规范》，正式发布年度版《中国科学院生物资源目录》。

2. 加强平台建设与能力提升

国家资源库和数据中心获批 2019 年 6 月，科技部、财政部下发《关于发布国家科技资源共享服务平台优化调整名单的通知》（国科发基〔2019〕194 号），中国科学院战略生物资源计划牵头建设的 9 个国家生物种质与实验材料资源库和 1 个国家微生物科学数据中心获批，占 30 个国家生物种质与实验材料资源库的 1/3。在优化调整前中国科学院仅有 2 个，占全国的 1/6。

核心植物园特色研究所启动建设 2019 年，中国科学院核心植物园特色研究所正式启动建设。核心植物园整合西双版纳热带植物园、华南植物园、武汉植物园三园优势，面向国家可持续发展科技需求，设置了三大功能领域和特色学科。

中国植物园联盟建设 召开“中国植物园联盟第二次成员代表大会”，对章程和组织架构进行调整，推选中国科学院副院长张亚平担任理事长、中国科学院核心植物园主任出任常务副理事长。联合 112 家植物园，共同发布《关于建设国家植物园体系的倡议》，正式出版《中国植物园标准体系：界定标准、技术规范、绩效评价与认证体系》，为后续推进国家植物园标准体系建设奠定基础。

青年人才能力提升 为解决 BRP 技术支撑青年人才发展痛点问题，支持 BRP 各平台从事资源库（馆）基础性工作人员的能力提升。2019 年，BRP 启动中国科学院战略生物资源计划能力建设项目，40 位青年人才获得支持。

3. 推动新技术创新

中国科学院昆明植物研究所标本馆自主研发“Biotracks”，在国内率先实现野外与室内工作的全程信息化，实现“一部手机搞科考”。“Kingdonia”是国内首个第三代数字标本馆系统，提高了标本数字化效率和管理水平。中国科学院植物研究所标本馆研发的“花伴侣”可识别 1.5 万种植物，涵盖中国植物大部分科属。“标本伴侣”实现 1 万种腊叶标本的图像识别和标本采集记录的智能管理。

4. 支撑重大科研产出与国家、部门需求

支撑重大科研产出 BRP 各平台为国家重大项目及中国科学院重大专项的实施提供重要支撑。标本馆体系、植物园体系及遗传资源库体系的众多人员参与到第二次青藏高原综合科考中，为生物多样性分布调查、物种鉴定、实体样品及其信息数据保存提供了保障，为野外物种采集、鉴定提供了软件工具。多个植物园、标本馆及生物多样性监测网参与了地球大数据、丝路环境、美丽中国、器官重建与制造、大尺度区域生物多样性格局与生命策略等先导专项。以实验动物资源为依托，开发出系列新型实验动物疾病模型，为科研活动提供重要支持。

支撑国家需求和科普宣传 BRP 也是中国科学院参与《生物多样性公约》履约工作的主体，以植物园、标本馆等为代表的平台在生物多样性领域做出的众多成果，为我国完成履约任务发挥了重要作用。以中国生物多样性大数据平台网络为基础集成数据资源，建成中国生物多样性信息产品，服务生态环境部、自然资源部、国家林业和草原局等部委。BRP 各平台还是中国科学院及地方进行科普宣传的重要平台，2019 年接待科普参观人数 700 多万人次，开展讲座宣传 300 余次。

（四）文献情报

1. 持续夯实与优化全院商业知识资源保障体系

全院资源建设保障工作与所级文献情报机构深度协同，为全院提供稳定全面的文献资源保障。全院科技资源保障体系持续夯实，数字资源保障能力稳步提升。全院保障外文电子期刊 2.1 万余种、外文图书工具书 16.7 万卷（册）、中文期刊 1.7 万种，全文内容资源保障总量较 2018 年增长 10%。全院电子资源使用量较 2018 年增加 7%，其中全文数据库使用量达 6500 余万次。长期保存的中文期刊数量达 14 000 种、外文电子期刊 3641 种、外文电子图书 74 622 种、事实型数据产品 462 万条、预印本论文 162.38 万篇。

2. 信息服务支撑能力显著提升

基于科技大数据计算基础支撑平台与慧系列知识服务架构，发布“慧科研”新一代科研知识服务产品，在中国科学院研究所、省科院落地应用。建成的中国科学院文献情报“数据湖”，数据体量达到 3.02 亿条，形成院所两级的双向流动数据服务机制，实现 24 个特色中心数据的汇聚融合与精准分发。深入实施中国科学院“十三五”信息化建设专项“面向干细胞领域知识发现的科研信息化应用”，积极推进“专业科技领域知识服务云平台”建设和维护工作。持续优化推广科技监测服务体系，建立起面向国家和地方的科技态势感知数据体系。

3. 构建“分工负责、长期积累、深度分析、支撑决策”的战略情报研究服务体系

全力支持国家和中国科学院科技发展中长期规划的环境扫描与形势判断、“8+2”重大领域的前瞻和预见、能源技术创新“十四五”规划、体制机制重大改革探索，承担第四次工业革命核心技术驱动力、典型国家重点研发类计划科技评估、主要发达国家技术出口管制政策制度与案例调研、国家重大科技基础设施战略发展研究、第六次国家技术预测前沿交叉领域调研、主要科技强国基础科学领域布局与体制机制研究、解决“卡脖子”技术与产品问题策略等重大科技战略情报研究与咨询服务，编制完成《国外战略动向简报》等20余期发展战略咨询简报，为党中央和国家有关部委、国家科创中心、中国科学院党组的战略决策提供有力支撑。

4. 提升区域 / 产业情报服务能力

区域服务不断深化与地方科技合作，积极融入地方创新驱动发展战略规划研究，为省科院、创新园区、重点产业企业等提供区域 / 产业情报服务，完成京津冀科技资源分布与协同发展分析、四川省基础研究发展白皮书和发展规划的研究制定、长江经济带绿色增长监测与评估体系构建——基于OECD绿色增长框架、江苏省化工园区发展报告、洪山区入园企业综合实力评估、晋江科技创新“十四五”规划咨询服务、中科院（四川）天然药物技术转移平台等，支撑区域 / 机构创新发展、产业升级。

5. 推进所级文献情报服务能力进一步提升

以“需求驱动、融入一线、支撑科研、服务创新”为理念，持续发挥服务科研创新的前沿阵地作用，深化院所协同服务，开展科研信息素质培训，有效发挥文献中心对中国科学院科研工作的重要支撑与保障作用。围绕科研发展热点，重点关注分院和研究机构的战略发展方向，提供具有前瞻性的知识服务报告。集中优势力量，协同战略情报、数据平台等团队，实现研究所知识服务的提质增效和转型升级，在支撑研究所科技决策、科研过程、人才高地建设、成果转化等方面取得良好成效。

6. 发挥引领示范作用，推动国家科技信息服务发展

作为核心力量参与国家科技文献资源建设与服务，在国家科技文献的建设规划、长期保存、开放获取等战略保障体系中发挥引领作用。

7. 科学文化传播工作取得长足进展

完成“科技报国七十载 创新支撑强国梦——中国科学院创新成果展”、“伟大历程 辉煌成就——庆祝中华人民共和国成立70周年大型成就展”等重要展览，惠及社会公众逾千万。

四、科研装备与技术支撑体系

（一）科研装备建设工作

1. 积极落实修缮购置专项

依据修缮购置专项2019—2021年规划，经院所两级共同努力，完成2020年修缮购置专项资金的申报及争取工作，落实财政部仪器设备类修购专项246个项目，经费10.9亿元。

进一步深化“放管服”改革，研究所2020年度申报项目在不突破2019—2021年规划总额的情况下可进行适当调整；严格执行财政部定期进度报告制度，督促研究所按计划逐步推进专项实施；加强修购专项绩效管理，组织完成2018年度修购专项的执行情况绩效评价，经第三方中介机构评估，综合绩效级别为“优”。

2. 深入推进技术支撑系统建设

继续推进大型仪器区域中心和所级公共技术服务中心平台建设工作。组织召开区域中心管委会主任会议、管理办公室主任会议和片区交流会；组织专家对新建所级公共技术服务中心进行评审，中国科学院心理研究所等4个所级中心纳入院择优支持范围；完成中国科学院电工研究所等12个工程能源领域所级中心评估，其中2个所级中心评估结果为优秀。目前，中国科学院共有大型仪器区域中心15个，择优支持的所级中心92个。组织完成2016—2018年大型仪器区域中心和所级中心专项资金绩效评价，经第三方中介机构评估，综合绩效级别为“优”。

为进一步促进中国科学院技术支撑工作发展，按照《中国科学院院所两级公共技术服务中心评优工作暂行规定》，表彰、奖励为院所两级公共技术服务中心建设发展做出突出贡献的集体和个人。评优工作按照院和区域中心两个层面进行组织，包括优秀集体和优秀个人两类，2019年度评选优秀集体5个、优秀个人11个。

仪器设备共享管理平台V3.0继续高效、稳定运行。应用规模涵盖15个大型仪器区域中心、114个研究所（院、中心），上线仪器设备达到10 000余台（套），价值超过160亿元，系统用户数达到5万余人，年实际处理业务90余万单。系统应用效果良好，有效促进中国科学院仪器设备利用、资源合理配置和管理能力的提升，是目前国内使用规模最大应用水平领先的在线仪器共享服务平台。

3. 积极推进科研装备自主研制

完善项目管理，继续推进院级科研仪器研制项目。严格项目评审，项目评审向核心关键技术攻关、解决“卡脖子”问题等科研工作需求及核心部件国产化率等倾斜，将其作为项目专家评审的重要指标；2019年共受理院级科研仪器设备研制项目申请253个，通过形式审查、书面评审和现场答辩，资助项目83个，资助经费2.2亿元。

进一步推进中国科学院仪器研制的关键核心技术攻关，加强仪器研制工作“自上而下”的组织策划。通过专家委员会组织策划、遴选推荐院级重大科研仪器研制项目、关键技术团队，部署院级重大仪器研制项目8个，遴选4个关键技术研发团队开展持续攻关。

通过《中国科学院院刊》正式出版《中国科学院自主研制科学仪器2019》专刊，进一步加强中国科学院自主研制科学仪器和核心关键部件的推广应用；借助中国科学院、国家与国际交流平台，大力推广具有自主知识产权的国产科学仪器。

（二）技术监督工作

中国科学院现有24个单一资质认定实验室，32个资质认定、实验室认可二合一实验室，3个国家质检中心。“国家计量认证中国科学院评审组”依据国家认证认可监督管理委员会的年度计划，对其中6个实验室完成资质认定监督检查，完成2个项目的实验室间比对。

目前，挂靠在中国科学院的国际标准化专业技术委员会 1 个，全国专业技术标准化技术委员会 9 个、分技术委员会 11 个。根据国家标准化管理委员会工作部署，中国科学院正开展服务国家发展战略的中国科学院标准化工作研究，并积极推进相关前沿科技标准化工作水平提升。

五、后勤支撑体系建设

2019 年，中国科学院深入推进“3H”工程建设，推动落实《中国科学院“3H”工程人才安居工程指导意见（试行）》，加大人才安居保障力度，部署和实施一批惠及广大科研人员的后勤支撑保障项目，持续推动完善全院后勤基础设施。

（一）Housing（安居）工程

引导院属单位利用好《中国科学院“3H”工程人才安居工程指导意见（试行）》有关政策，支持通过租赁社会住房形式拓展人才周转用房 568 套，全年支持购租建改各类人才公寓 1900 余套。

（二）Home（安家）工程

继续提升中国科学院自有教育资源保障能力，重点实施中关村北一街四号院改造项目，拓展中国科学院幼儿园办学空间，增加学位 300 余个；鼓励加大与地方的合作力度，支持北京、上海、广州、昆明等地区实施 7 个科教协同合作项目，为中国科学院科研人员子女入园入学争取优质教育资源。

2019 年解决京区科研人员子女“幼升小”244 人，“小升初”296 人，中国科学院幼儿园共招收京区院内子女 926 人。

（三）Health（安康）工程

统筹利用院内相关研究所生命科学领域的特色资源，与地方加强合作、拓展服务科研人员的医疗绿色通道。中国科学院行政管理局与海淀区卫生健康委员会、北京市中西医结合医院签订合作框架协议。推动中国科学院中关村医院与上海营养与健康所等院内科研机构加强合作，深入推进临床转化基地建设等。支持院属单位实施健身场地改造、完善健身设施类项目 33 项。进一步加大院属单位食堂的改造提升，实施完成 23 个食堂改造项目，改造面积 3.4 万平方米。积极推广后勤管理信息共享平台应用，探索后勤服务新模式，已有 20 个院属单位开通应用，涉及周转公寓管理、移动餐饮服务等 7 类模块，用户人数 1800 余人。

科技成果转移转化与对外合作

一、整 体 情 况

2019 年，中国科学院以习近平新时代中国特色社会主义思想为指导，深入学习贯彻党的十九大和十九届四中全会以及中央经济工作会议精神，认真落实党中央、国务院关于促进科技成果转移转化工作系列重要部署，以“率先行动”计划为统领，以“三重大”成果产出为目标，以深化改革为动力，面向国民经济主战场，推进“促进科技成果转移转化专项行动”，科技成果转移转化取得显著的经济社会效益。

（一）科技合作工作成效显著

中国科学院科技成果的转移转化和规模产业化坚持以需求为牵引，以市场为导向，加强组织领导，扎实推进工作，促进科技创新活动与国家经济社会发展需求紧密衔接，为不同领域和地域的经济发展与产业升级做出了贡献。据初步统计，2019 年，科技成果转移转化使社会企业当年新增销售收入 4610.16 亿元，新增利税 512.50 亿元。科技合作促进科技成果转移转化的作用日益显著。

（二）创新平台建设集聚各方资源

中国科学院联合地方政府、企业、大学和其他科研机构等国家创新体系各单元，以提升服务经济社会发展能力为核心，完善科技布局、承担科技任务、集聚优秀人才、创新体制机制、促进转移转化，扎实推进创新平台建设，服务经济发展的能力大幅提升。

据不完全统计，2019 年，以促进成果转移转化为核心，集聚中国科学院技术、成果、项目和人才等创新资源，不断优化体制、壮大队伍、规范管理，有效提升了服务区域经济社会发展的能力。39 个中国科学院与地方政府共建的科技成果转移转化平台年度转化项目 1110 个，使企业创造经济效益超过 83.26 亿元，孵化企业 219 个，为社会培训各类人才 36 204 人次。

（三）创新联盟建设促进协同创新

全国科学院联盟建设有效推动了中国科学院与地方科学院的联合合作，在共同承担科学任务，开展合作研究，促进科技成果转化，培养创新创业人才，探索和实践科技与经济结合、协同创新的体制机制等方面取得积极进展。2019 年 10 月 29 日，全国科学院联盟理事会第八次全体会议在山东济南召开。会议审议通过山东产业技术研究院、江苏省产业技术研究院加入联盟的提议，决定联盟理事会第九次全体会议于 2020 年在黑龙江省召开，由中国科学院长春分院和黑龙江省科学院负责人担任 2020 年度联盟轮值执行秘书长。

（四）STS 计划区域重点项目助力区域创新发展

中国科学院启动并实施的科技服务网络计划（STS 计划）区域重点项目为分院开展科技合作工作提供了重要抓手，也为中国科学院相关科技成果对接区域产业需求、集聚企业资源提供了重要支撑。2019 年，中国科学院验收首批 STS 计划区域重点项目，取得系列成果，深受地方政府欢迎，被山东地方政府誉为“最接地气”项目。

（五）逐步建立以知识产权为核心的科技成果管理体系

进一步加强“中国科学院知识产权运营管理中心”建设，探索知识产权市场化运营。调整“中国科学院知识产权运营管理中心”的管理架构和依托单位，按照“核心 + 网络”、“行政 + 市场”、“服务 + 领域”的模式，加强指导和建设，新设立信息通讯、生物医药和能源化工 3 个领域分中心，进一步完善面向全院研究所的知识产权运营服务网络和以需求为导向的市场化机制。继续实施“挑战计划”、“普惠计划”、“专利拍卖”等活动，向社会推介中国科学院专利成果 900 余项，推广企业共享专利池，畅通专利许可转让途径，促进全院科技成果及知识产权运营转化。

推进 32 家院属研究单位开展《科研组织知识产权管理规范》贯标工作，截至 2019 年底，11 家院属单位通过知识产权管理体系认证。编撰《科研组织知识产权管理规范贯标手册》，出版发行《科研组织知识产权管理体系建设指南》。组织 8 期贯标内审员培训和 1 期《科研组织知识产权管理规范》实战班培训，培训人数超过 800 人。知识产权海外维权取得突破，中国科学院大连化学物理研究所一项技术的核心专利通过欧洲专利局异议复审，并以合理价格许可荷兰公司开展海外运营，估值超过 2500 万元。启动《中国科学院院属单位知识产权管理办法》修订工作，加强全院知识产权创造、运用、保护与管理，以重大项目为抓手，推行知识产权全过程管理模式。

（六）逐步完善全院科技成果转移转化工作体系

统筹协调全院科技资源，组织与吉林、山东、海南、四川、广西签署新一轮战略合作协议，与江苏、山东、江西等签署专项协议，组织举行中国科学院与相关省区市高层领导会商会议 30 余次，推进协议落实协议内容等相关工作。与江西省共建稀土研究院，与有关部门共建师昌绪先进材料创新中心、人工智能创新院等。推动院属机构与地方各类创新主体建立合作关系，有力支持区域创新体系建设和加快企业技术创新能力提升。设立“中科院-广西联合科技服务网络计划（STS 计划）专项”，启动首个广西甘蔗产业科技专项，为广西糖业实现“二次创业”提供科技支撑。继续拓展与行业部门、龙头企业建立合作关系，为中国科学院科技成果打通行业“准入门槛”提供保障，先后组织与国家发展改革委、中国民用航空局、农业农村部、应急管理部等部门签署合作协议 / 备忘录，持续推进与中国铁路总公司（中国国家铁路集团）、中国石油天然气集团公司、呼伦贝尔农垦集团、潍柴动力股份有限公司、正大制药集团、中国节能环保集团等大型企业的科技交流与合作。

（七）科技促进发展奖表彰先进团队

2019 年，中国科学院工程热物理研究所“循环流化床煤气化技术开发及产业化团队”等 9 个团队被授予 2019 年度中国科学院科技促进发展奖。

1. 团队名称：循环流化床煤气化技术开发及产业化团队

推荐单位：中国科学院工程热物理研究所

主要合作单位：中科合肥煤气化技术有限公司
济南黄台煤气炉有限公司
金昌兰石气化技术有限公司

主要完成人：吕清刚（中国科学院工程热物理研究所）
于旷世（中国科学院工程热物理研究所）
朱治平（中国科学院工程热物理研究所）
孟广军（中国科学院工程热物理研究所）
高　鸣（中国科学院工程热物理研究所）
王东宇（中国科学院工程热物理研究所）
张海霞（中国科学院工程热物理研究所）
那永洁（中国科学院工程热物理研究所）
王　坤（中国科学院工程热物理研究所）
董鹏飞（中国科学院工程热物理研究所）

2. 团队名称：新一代工业菌种的创制及应用团队

推荐单位：中国科学院天津工业生物技术研究所

主要合作单位：安徽华恒生物科技股份有限公司
山东寿光巨能金玉米开发有限公司
山东兰典生物科技股份有限公司
中粮生物化学（安徽）股份有限公司
天津市敬业精细化工有限公司

主要完成人：马延和（中国科学院天津工业生物技术研究所）
张学礼（中国科学院天津工业生物技术研究所）
孙际宾（中国科学院天津工业生物技术研究所）
刘萍萍（中国科学院天津工业生物技术研究所）
郑　平（中国科学院天津工业生物技术研究所）
刘　娇（中国科学院天津工业生物技术研究所）
徐洪涛（中国科学院天津工业生物技术研究所）
朱欣娜（中国科学院天津工业生物技术研究所）
李庆刚（中国科学院天津工业生物技术研究所）
唐金磊（中国科学院天津工业生物技术研究所）

3. 团队名称：海洋工程重腐蚀防护技术研究与应用团队

推荐单位：中国科学院金属研究所

主要合作单位：杭州湾大桥工程指挥部
中交二航局港珠澳大桥主体工程桥梁埋置承台足尺模型工艺试验研究项目经理部
浙江省舟山连岛工程建设指挥部
中铁大桥勘测设计院有限公司
中交公路规划设计院有限公司

主要完成人：魏英华（中国科学院金属研究所）
陆卫中（中国科学院金属研究所）
李　京（中国科学院金属研究所）
史杰智（中国科学院金属研究所）
李晓东（中国科学院金属研究所）
高　英（中国科学院金属研究所）
吕晨曦（中国科学院金属研究所）
赵洪涛（中国科学院金属研究所）
曹海娇（中国科学院金属研究所）

4. 团队名称：工业园区有毒有害气体现场监测技术系统及产业化团队

推荐单位：中国科学院合肥物质科学研究院

主要合作单位：北京雪迪龙科技股份有限公司
合肥金星机电科技发展有限公司
安徽蓝盾光电子股份有限公司
无锡中科光电技术有限公司

主要完成人：刘文清（中国科学院合肥物质科学研究院）
刘建国（中国科学院合肥物质科学研究院）
张玉钧（中国科学院合肥物质科学研究院）
高闽光（中国科学院合肥物质科学研究院）
谢品华（中国科学院合肥物质科学研究院）
李相贤（中国科学院合肥物质科学研究院）
赵南京（中国科学院合肥物质科学研究院）
徐　亮（中国科学院合肥物质科学研究院）
何　莹（中国科学院合肥物质科学研究院）
尤　坤（中国科学院合肥物质科学研究院）

5. 团队名称：超快激光微加工装备及应用团队

推荐单位：中国科学院西安光学精密机械研究所

主要合作单位：西安中科微精光子制造科技有限公司

主要完成人：赵　卫（中国科学院西安光学精密机械研究所）
杨小君（中国科学院西安光学精密机械研究所）

王屹山（中国科学院西安光学精密机械研究所）
赵华龙（中国科学院西安光学精密机械研究所）
杨　直（中国科学院西安光学精密机械研究所）
康　伟（中国科学院西安光学精密机械研究所）
朱文宇（中国科学院西安光学精密机械研究所）
贺　斌（中国科学院西安光学精密机械研究所）
李　峰（中国科学院西安光学精密机械研究所）
杨　洋（中国科学院西安光学精密机械研究所）

6. 团队名称：物流智能分拣装备系统研发及产业化应用团队

推荐单位：中国科学院微电子研究所

主要合作单位：中科微至智能制造科技江苏有限公司
中国科学院物联网研究发展中心
中通快递股份有限公司
顺丰速运有限公司
百世物流科技（中国）有限公司
苏宁易购集团股份有限公司
唯品会信息科技有限公司
申通快递有限公司

主要完成人：李功燕（中国科学院微电子研究所）
刘　宇（中国科学院微电子研究所）
许绍云（中国科学院微电子研究所）
鲁　璐（中国科学院微电子研究所）
屈彦伯（中国科学院微电子研究所）
王毅枫（中国科学院微电子研究所）
王　曦（中国科学院微电子研究所）
艾力江（中国科学院微电子研究所）
姚　益（中科微至智能制造科技江苏有限公司）
杜　萍（中国科学院物联网研究发展中心）

7. 团队名称：泥石流灾害预判与综合防控关键技术团队

推荐单位：中国科学院、水利部成都山地灾害与环境研究所

主要合作单位：四川省煤田地质工程勘察设计研究院
四川省华地建设工程有限责任公司
四川大学

主要完成人：陈宁生（中国科学院、水利部成都山地灾害与环境研究所）
胡桂胜（中国科学院、水利部成都山地灾害与环境研究所）
王　涛（中国科学院、水利部成都山地灾害与环境研究所）
邓明枫（中国科学院、水利部成都山地灾害与环境研究所）
丁海涛（中国科学院、水利部成都山地灾害与环境研究所）

李之利（四川省煤田地质工程勘察设计研究院）
赵松江（四川省华地建设工程有限责任公司）
第宝锋（四川大学）
田树峰（中国科学院、水利部成都山地灾害与环境研究所）
刘　美（中国科学院、水利部成都山地灾害与环境研究所）

8. 团队名称：马铃薯化肥农药增效技术研发、产业化与精准扶贫团队

推荐单位：中国科学院微生物研究所

主要合作单位：中国科学院合肥物质科学研究院
呼伦贝尔农垦薯业（集团）股份有限公司
宁夏大学
黑龙江省农业科学研究院
雪川农业发展股份有限公司

主要完成人：仲乃琴（中国科学院微生物研究所）
蔡冬清（中国科学院合肥物质科学研究院）
刘　宁（中国科学院微生物研究所）
赵　盼（中国科学院微生物研究所）
钞亚鹏（中国科学院微生物研究所）
吴正岩（中国科学院合肥物质科学研究院）
盛万民（黑龙江省农业科学研究院）
董彦旭（宁夏回族自治区农业综合开发办公室）
张国青（中国科学院微生物研究所）
宋双伟（中国科学院微生物研究所）

9. 团队名称：中国科学院南京分院科技合作处、科技服务与成果转化处团队

推荐单位：中国科学院南京分院

主要完成人：范晓松（中国科学院南京分院）
尹　睿（中国科学院南京分院）
阮孜炜（中国科学院南京分院）
陈方圆（中国科学院南京分院）
陈　笛（中国科学院南京分院）
沈琛骐（中国科学院南京分院）

二、经营性国有资产管理

2019年，中国科学院纳入统计范围的643家院所投资企业预计实现营业收入4920亿元，同比增长7.7%；利润总额182亿元，同比增长16.7%；资产总额8777亿元，同比增长14.3%。中国科学院经营性国有资产权益458亿元，同比增长11.2%。其中，中国科学院控股有限公司及持股企业实现营业收入4113亿元，同比增长8.9%；利润总额127亿元，同比增长25.7%；资产总额6846亿元，同比增长12.8%；中国科学院控股有限公司权益284亿元，同比增长6.0%。

截至2019年底，中国科学院院所投资企业共有30家上市公司，新三板挂牌15家，按2019年12月31日收盘价计（不含新三板），中国科学院直接或间接持有股份市值约747.85亿元。

三、港澳台工作

2019年，中国科学院扎实推动香港创新研究院筹建工作，加强港澳台事务办公室队伍建设，并与粤港澳大湾区国际科创中心建设形成有机衔接。香港创新研究院已在港完成注册，下设的“再生医学与健康创新中心”和“人工智能与机器人创新中心”获得香港创新科技署5年近9亿元港币支持。启动粤港澳大湾区院士联盟建设相关工作。

规范中国科学院与香港地区联合实验室建设与运行，全年对优秀和良好类联合实验室给予1280万元稳定运行经费支持。继续通过“中科院港澳台科技合作专项”择优支持合作项目7项，通过培训参访等方式增进港澳地区青少年对内地科技发展的认识，策划组织和接待“第四届澳门青年科技工作者研修培训班”、“第二届中科院香港青年实习计划”、“第五届中国航天之旅2019北京－西安航天科技考察团”等活动。全年派出赴台人员570余人，支持举办系列性两岸学术交流活动12项，通过“台湾青年人才计划”支持12名优秀台湾青年学者赴中国科学院开展科研工作。继续实施“中科院－工研院两院合作计划”，支持两院研究所共同开展合作项目8项。

国 际 合 作

2019年，中国科学院“全方位、深层次、多样化”的国际合作伙伴网络广度和深度进一步拓展强化；国际合作“促原创、补短板、强能力、扩影响”的重要作用进一步彰显；国际合作取得“出成果、出人才、出思想、出影响”的积极成效。

认真学习贯彻中央领导同志关于“加强国际合作”的明确要求，组织召开全院国际化发展工作会议，进一步明确未来一个时期国际科技合作的工作目标、发展战略和重要举措。

扎实推进“一带一路”国际科学组织联盟（ANSO）建设。ANSO秘书处正式落户怀柔科学城，新增11个国家的12家科研机构、大学和3家国际组织提交加入申请。贯彻落实十九届四中全会精神，加强多边科技治理能力建设，发起成立国家科学中心国际合作联盟，继续在二十国集团、金砖五国、国际科学院组织、发展中国家科学院等多边机制下发挥作用。

在国际形势复杂多变的环境下，加强与发达国家科研机构开展合作，与德国国家科学院联合发布倡议加强基础研究的《北京宣言》，在德国科研机构中产生广泛积极的影响；联合中国科协与美国物理学会共同召开中美物理学家高层研讨会；推动与美国国家科学院、美国国家地理学会、波音公司、阿拉斯加大学等的实质合作，持续深入推动与澳大利亚科工组织合作，与俄罗斯科学院签署科技合作路线图，加强深海、超强激光技术等方面的合作，加强对英、法、日、以、土等特色创新国家的科技合作，拓展拉美合作布局，扎实推动阿根廷40米射电望远镜建设，加强极地环境研究。

按照“需求牵引、兴趣驱动、影响优先”的原则，扎实推动海外科教合作中心建设和运行。推动中巴地球科学中心启动建设，中非中心谋划在马赛马拉大学建设药用植物园科教设施，中斯中心科教大楼建设即将落成，南美中心研讨12米望远镜建设方案等。10个海外科教合作中心建设成为建院70年来国际合作重大成果。成立中国科学院-亥姆霍兹联合会自由电子激光联合实验室、中葡星海实验室，启动海外科教合作中心2.0版本建设。

按照“促原创、补短板、强能力、扩影响”的原则，基本完成对近5年国际伙伴计划各类项目的中期评估和验收，发现新国际合作亮点成果。完成国际合作业务板块的整体绩效评估。

系统梳理全院外籍人才情况，2019年全院外籍人才总量达1600人，占2.9%。持续加强中国科学院在领英上的雇主品牌建设，成为关注度亚洲第一的科研机构。为更好配合国际合作与国际化发展，对中国科学院国际人才计划（PIFI）进行调整。

加强品牌建设和危机管理工作。中国科学院院庆70周年英文视频上线以来国内外访问量超过千万次。首次组织院属单位参加美国科学促进会年会。妥善处置斯里兰卡恐袭人员伤亡事件、*Nature* 社论事件及纽约时报关于人脸识别基因科技的相关报道。

根据中央有关加强外事管理的精神，持续加强管理和服务保障中国科学院外事活动，2019 年全院因公出国 23 340 人次，交流与合作涉及 146 个国家；实行院机关因公护照统一管理；将安全风险等内容引入外事管理培训，强化保密责任意识、风险意识和底线意识。

基 本 建 设

2019 年，中国科学院“十三五”科教基础设施 12 个项目（42 个建设内容）及 22 个自主部署项目可行性研究报告完成申报工作并获得批复，项目总投资约 86 亿元。完成“十三五”科教基础设施项目 7 个项目（30 个子项目）初步设计方案和投资概算批复，总建筑面积 70.04 万平方米；总投资 62.17 亿元，其中中央预算内投资 43.91 亿元。完成国家重大科技基础设施项目初步设计方案和投资概算审批 4 项，总建筑面积 13.74 万平方米；总投资 102.23 亿元，其中中央预算内投资 71.84 亿元，院配套资金 0.15 亿元，地方投资 30.24 亿元。批复项目建议书 9 项，新建建筑总面积 232 638 平方米，总投资 231 699 万元，全部由研究所多渠道筹措。批复项目可行性研究报告 6 项，新建建筑总面积 248 456 平方米，总投资 152 826 万元，全部由研究所多渠道筹措。推进落实基建领域“放管服”改革，全院备案院所投资项目 11 项，总建筑面积 53 104 平方米，其中新建 8051 平方米，改造 45 053 平方米；总投资 11 179 万元，全部由研究所多渠道筹措。推动研究所完善建设项目管理，系统梳理 2000 年以来批准立项的基本建设项目。截至 2019 年底，共撤销 31 个院所投资项目，停止执行 38 个院审批项目及其 49 个批复文件。

2019 年，中国科学院组织编报完成 2020 年修缮项目计划，110 个项目获得财政部修购专项资金支持，预算经费额度 5.94 亿元。

2019 年，中国科学院编制年度基本建设投资计划 4 批，涉及 39 个建设单位，42 个建设项目，共计安排资金 36.41 亿元。其中，中央预算内投资 27.14 亿元（包含“十三五”科教基础设施预算内投资 10 亿元，大科学工程预算内投资 12.84 亿元），自筹资金 9.27 亿元。2019 年，全院基本建设完成投资 42.35 亿元。其中，中央预算内投资 27.14 亿元，财政部修缮专项资金 5.94 亿元，自筹资金 9.27 亿元。

2019 年，中国科学院新开工项目 121 项，其中科研及辅助用房建设项目 11 项，园区基础设施改造建设项目 110 项。新开工项目总建筑面积 49.98 万平方米，其中科研及辅助用房建设和改造项目的新建面积 35.11 万平方米，基础设施改造面积 14.87 万平方米。新竣工项目 118 项，其中科研及辅助用房建设项目 27 项，园区基础设施改造建设项目 91 项。新竣工项目总建筑面积 61.35 万平方米，其中科研及辅助用房建设项目的新建面积 49.21 万平方米，改造面积 12.14 万平方米。

2019 年，中国科学院组织完成 27 项“十二五”科教基础设施项目验收工作，149 项财政部批复修缮项目和 21 项自筹项目的验收工作。验收项目完成总投资 37.52 亿元，其中完成中央预算内资金 26.12 亿元，验收总建筑面积 58.74 万平方米。

党建工作与创新文化

2019年是中华人民共和国成立70周年和中国科学院建院70周年，也是中国科学院决胜基本实现“四个率先”目标的关键之年。全院各级基层党组织和广大党员以习近平新时代中国特色社会主义思想为指导，坚持和加强党对科技创新工作的全面领导，全面贯彻新时代党的建设总要求，不断提高党的建设质量，切实增强“四个意识”，坚定“四个自信”，做到“两个维护”，进一步促进党建和科技创新深度融合，为中国科学院改革创新发展提供坚强保证。

一、突出抓好党的政治建设这个根本性建设

1. 认真贯彻落实习近平总书记重要指示批示精神

将习近平总书记关于科技创新重要论述及对中国科学院工作重要指示批示精神，特别是习近平总书记对中国科学院建院70周年贺信精神，作为中国科学院科技改革创新发展的根本遵循和推动各项工作的重中之重，通过及时传达学习、建立督办机制、专题协调推进、实行项目化闭环管理，确保各项重要指示批示精神在全院有效落实。开展关于习近平总书记重要指示批示精神贯彻落实情况“回头看”工作，不断健全完善相关机制。深入开展“对标要求、强化责任”活动，通过组织各级党组织和广大党员认真学习、对标对表、查找不足，切实强化建设社会主义现代化强国和世界科技强国的责任意识，增强将习近平总书记关于中国科学院的重要指示批示精神落到实处的自觉。

2. 深入学习贯彻落实中央和国家机关党的建设工作会议精神，开展模范机关创建活动

中国科学院党组理论学习中心组和机关党组织书记联席学习研讨会带头开展学习，对全院学习贯彻中央和国家机关党的建设工作会议精神进行部署并印发通知，对模范机关创建活动提出明确要求；突出抓好院部机关创建活动，制定具体实施方案，通过“四突出、十推进”，使创建工作“一年初见成效、两年全面见效”，切实将院部机关建设成为“让党中央放心、让人民群众满意”的模范机关。

3. 进一步加强党的政治建设

认真贯彻落实《中共中央关于加强党的政治建设的意见》等党内法规，切实将党的政治建设各项要求落实到位。结合中国科学院科技创新实际，制定印发《关于贯彻落实〈中国共产党重大事项请示报告条例〉的通知》，细化程序、明确要求，切实将重大事项请示报告制度落到实处。按照国家机关工委反馈的党的政治建设督查情况报告，建立整改台账，扎实推进各项整改任务落实落地，并以本次重点督查和整改工作为契机，进一步巩固和拓展整改成果，努力提升党建工作质量。

二、着力深化党的创新理论武装

1. 持续深入学习习近平新时代中国特色社会主义思想

始终把强化理论武装作为重要政治责任，深入开展学用新思想活动。一是示范引领学。中国科学院党组理论学习中心组组织 19 次学习，同时突出抓“关键少数”，建立院机关党组织书记联席学习研讨制度。二是与时俱进学。及时就学习宣传贯彻党的十九届四中全会精神、习近平总书记在中央和国家机关党的建设工作会议上重要讲话等作出部署。编印学习参考，加强对院属单位理论学习中心组学习的指导。三是分级分类学。突出党员领导干部、党务干部和年轻干部 3 个群体，积极推动建立上下联动、分级负责的“院—分院—研究所”三级党建培训体系。

2. 认真开展“不忘初心、牢记使命”主题教育

按照中央统一部署，中国科学院 150 余个企事业单位从 2019 年 6 月至 8 月集中开展第一批主题教育，两所院属高校从 9 月至 12 月开展第二批主题教育。主题教育期间，中国科学院党组率先垂范，带头组织集中学习研讨、开展调查研究、深入检视问题、认真整改落实，截至 2019 年底，按计划应于当年完成的各项任务基本完成。成立 21 个指导组对全院 150 多个单位进行巡回指导，扎实推进院属各单位主题教育工作。

3. 加强高校党建和学生思想政治工作

认真贯彻落实习近平总书记在学校思想政治理论课教师座谈会上重要讲话和部属高校党的建设和思想政治工作座谈会精神，召开全院党建工作推进会，就加强学生思想政治工作做出部署。建立健全全院学生思想政治工作体系，进一步明确机关相关部门、教育机构、研究所在高校党建和学生培养各阶段的主体责任，要求研究所党委指定专人分管、压实学生导师工作职责、加强对学生的日常联系教育和关心关爱;探索建立分级负责、无缝对接的学生思想政治工作体系，做好相关工作的校、所衔接过渡。

三、切实提升基层党组织的组织力

结合中国科学院实际，针对党建工作中存在的薄弱环节和突出问题，制定印发《关于以提升组织力为重点 加强和改进研究所党建工作的通知》，提出 17 项具体举措，对未来一段时间加强基层党组织建设，提升基层党组织组织力等党建工作做出部署。落实《中国共产党支部工作条例（试行）》（简称《条例（试行）》），要求全院各级党组织对照《条例（试行）》认真开展自查整改工作，重点查找制度执行不到位、工作落实不到位、制订措施不到位等问题，并针对存在的问题进行落实整改。稳步推进党建工作联动共管，推动落实党的组织和党的工作“全覆盖”，注重实现从“有形覆盖”到“有效覆盖”。加强对科技骨干的政治引领和政治吸纳，相比 2017 年、2018 年，发展党员工作在总体数量及党员质量上都有所提升，特别是发展具有正高级专业技术职务和骨干人才党员，均有新的突破。落实《中国共产党党员教育管理工作条例》，指导基层党组织加强对党员的日常管理与教育，及时做好京区处理失联党员及不合格党员等工作。

截至 2019 年 12 月 31 日，全院共有基层党组织 3581 个，其中党委 212 个（直属机

关党委 1 个，系统单位党委 7 个，分院机关党委 11 个，院属一级法人单位党委 109 个，院属二级法人单位党委 14 个，院属单位所属党委 46 个，院直接投资企业党委 24 个），党总支 236 个（院属单位党总支 4 个，院属单位所属党总支 232 个），党支部 3133 个。中国科学院党员总数为 95 728 名，其中在职党员 47 481 名，学生党员 26 733 名，离退休党员 19 268 名，其他党员（出国境工作学习、离职等情况，但仍将组织关系保留在原单位的党员）2246 名。全年共发展党员 1797 名。

四、持之以恒正风肃纪

1. 认真落实“基层减负年”相关要求，整治形式主义突出问题

在中国科学院机关开展“加强政治建设、促进作风转变”学习讨论活动，组织认真自查，提出整改建议，建立工作台账和督办机制，扎实推进整改落实。压缩发文数量、提高文件实效，严格控制会议数量和规模，充分利用视频会议系统召开会议。针对视频会议期间出现的会风问题，在全院部署开展会风会纪专项整治工作。

2. 集中开展警示教育，推进纪检体制机制改革

层层压实党风廉政建设责任，院领导带头，院机关和院属单位逐级、动态签订个性化党风廉政建设责任书，落实“一岗双责”。召开中国科学院集中警示教育大会，传达中央和国家机关所属企事业单位警示教育大会精神。推进纪检体制机制改革，探索整合优化纪检力量配备，在分院试点组建纪检核心团队，试行交叉办案，进一步强化分院纪检组的职能和作用。继续推动纪委书记聚焦主责主业，对新任纪委书记进行任职谈话，并签订聚焦主责主业承诺书。

3. 深化政治巡视

2019 年，中国科学院通过 2 轮对 32 家单位开展政治巡视，完成 30 家单位的巡视反馈，19 家单位的巡视整改。先后印发巡视工作领导小组、巡视工作办公室、巡视组、被巡视单位及所在分院工作规则，通报 2018 年巡视发现共性问题。

五、深化创新文化建设

1. 大力弘扬科学家精神，加强作风和学风建设相关工作

将贯彻落实习近平总书记有关重要指示精神和中共中央办公厅、国务院办公厅《关于进一步弘扬科学家精神，加强作风和学风建设的意见》作为一项长期的基础性工程和破解党建与科技创新工作“两张皮”问题的有效抓手，制定工作方案，召开全院视频会；联合国家自然科学基金委，邀请中青年科学家代表召开座谈会，签署《倡议书》，通过网络平台广泛开展联署；印发《关于进一步加强科研诚信建设的若干意见的实施办法（试行）》，构建起院、分院、研究所科研诚信三级管理机制和责任体系。

2. 深入推进党员主题教育基地建设和先进典型选树工作

截至 2019 年底，全院已建成 18 个党员主题教育基地，在党员教育管理中发挥了重要示范带动作用。深入开展“一所一人一事”先进事迹征集评选、中国科学院年度人物和年度团队评选等活动，让爱国奋斗精神成为时代风尚、价值追求。

3. 开展庆祝中华人民共和国成立 70 周年和建院 70 周年系列活动

举办文化艺术现场展示活动，开展“我和我的祖国”快闪、职工龙舟赛、国旗下的演讲、诗文书画摄影作品展示等系列活动，举办科技价值观系列报告会，编印《中国科学院科学家 70 年爱国奋斗事迹读本》、《中国科学院新时代科技报国先进典型事迹选——“一所一人一事”活动事迹精选集》。

六、加强对统战、群团工作的领导

1. 统战工作

加强院内党外代表人士的锻炼和培养，积极推荐各方面代表人士和候选人。支持各民主党派基层组织加强自身建设，有计划地做好新成员发展。搭建全院统战人才数据平台。继续组织院留学人员联谊会“一带一路”科技论坛、“海外行”等品牌活动。

2. 群团工作

院工、青、妇、体群团组织坚持引领、联系、服务广大职工，开展纪念五四运动 100 周年、“巾帼心向党，建功新时代”等丰富多彩、各具特色的品牌活动，大力选树先进典型，为支撑科技创新发展汇聚正能量。

科 学 传 播

2019 年，中国科学院继续推进“大宣传”工作体系建设，各项科学传播工作取得显著成效，科学传播工作水平和能力明显提升，为“率先行动”计划实施和改革创新发展提供了有力支撑。

一、庆祝建国建院 70 周年各项传播工作亮点纷呈

组织“科技报国七十载 创新支撑强国梦——中国科学院创新成果展”，集中展示、系统反映中国科学院建院以来特别是党的十八大以来取得的重大创新成果和改革发展成就，中共中央政治局委员、国务院副总理刘鹤视察成果展并给予高度评价。截至 2019 年 12 月底，成果展接待观众逾 5000 人次。

加强传播策划，2019 年 11 月 1 日，中央电视台等中央主流媒体集中发布相关报道或节目；新版院网站改版上线，推出庆祝建国建院 70 周年专题及短视频等，公众参与超过 2000 万人次。

推出科学文化精品产品和活动，出版“创新报国 70 年”系列报告文学 11 种，获 3 个国家级项目和奖励，实现 4 种语言版权输出；印制《中国科学院 70 年重大创新成果简本》；发行《科技创新（二）》纪念邮票、科技创新暨建院 70 周年首日封；举办中国科学院科学节，100 余家研究所组织 120 余场科普活动，接待社会公众 20 余万人次。

二、新闻宣传工作提质增效

持续加强新闻宣传规范管理，稳妥开展重要成果、活动宣传，如科技支撑“一带一路”建设成果情况新闻发布会、数十家外媒走进中国科学院活动、中东欧国家新闻发言人走进 FAST 活动、“科技工作者的七一”24 小时直播活动，首张黑洞照片公布、碳离子治疗、抗病小体、“太极一号”卫星等重大成果宣传取得良好效果。

科学家精神和典型人物宣传取得新进展。严东生、曾庆存、南仁东、王逸平、固体润滑国家重点实验室团队等重要典型人物获中央主流媒体广泛报道，其中，“时代楷模”南仁东相关创作歌曲《心远天高》获中宣部授予的“五个一工程”表彰；科技脊梁系列电影短片《郭永怀》上线“学习强国”平台；《旷野青春》科学人物纪实片影响广泛。《中国科学报》开设专栏挖掘宣传中国科学院老一辈科学家精神。

深化与主流媒体合作，产出传播精品。由中宣部重点立项、中国科学院科学传播局与国务院新闻办公室对外推广局联合出品的纪录片《本色中国》被列为献礼中华人民共和国成立 70 周年的国家影视外宣重点项目。与中央电视台合作打造《机智过人》第三季、国家级年度科技节目《科技盛典》，策划《大科学装置巡礼》主题系列报道等。

三、政务信息工作成效突出

围绕国家重大需求和中心工作，加强选题策划，提高上报政务信息质量。全年报送《中国科学院简报》11 期、《中国科学院工作月报》12 期，及时、全面反映中国科学院改革重要进展与科研重大成果；报送《中国科学院专报信息》337 期，面向国家重大需求发挥高端科技思想库作用，增强国家战略决策的科学性，获上级主管部门肯定。

围绕中国科学院中心重点工作，做好院内政务信息刊物工作。编发《要情》113 期,《领导参阅材料》43 期，《情况通报》42 期，《“率先行动”动态》25 期，共获院领导批示 32 期，有力服务、推动相关工作开展。

加强平台、机制建设，提升工作水平。通过调研、培训、稿费激励等举措，持续推动全院信息工作队伍建设，提升全院高质量信息报送能力；进一步调整优化 ARP 政务信息系统功能，提升工作效率和信息化水平。

四、网络宣传工作多头并进

继续优化中国科学院网络宣传平台体系，及时报道、集中宣传中国科学院改革创新发展重要进展成果。中国科学院中文网站全年策划发布 17 个专题、2 万余条信息，完成中国科学院政府网站、政务新媒体季度抽查、报告、整改。新媒体平台不断发展并多端拓展，“中科院之声”微博粉丝突破 421 万人，全年发布信息 4000 余条；微信累计被 27.5 万人关注，发布信息 600 余期；开通“中科院之声”短视频号；在抖音、快手平台发布视频 200 余个，获点击量近 2 亿人次。在 2019 年中国优秀政务平台推荐及综合影响力评估中，中国科学院中文网站获“2019 年度中国政务网站领先奖”;“中科院之声”微博微信入选“2019 年度中国优秀政务新媒体”。组织召开首次融媒体时代科学传播工作研讨会；开展院创新亮点成果和成果转化亮点的筛选工作。

五、信息公开、舆情应对规范发展

按照国家相关要求，完成全院 2018 年度信息公开工作情况统计、报送和报告起草、发布工作；对中国科学院预决算报告等信息进行主动公开。深入贯彻落实院《舆情应对管理办法》，进一步建立健全舆情应对工作体系；继续做好全院网络舆情系统监测、报告和重点舆情应对协调工作。印发《规范和加强中科院形象标识使用管理工作的通知》，加强中国科学院形象标识管理工作。

六、深入开展科普工作

科普工作社会影响力进一步增强。2019 年公众科学日向公众开放近 500 个实验室，举办 300 多场科普讲座，现场接待和服务近 50 万公众；参与组织并获全国科普讲解大赛和全国科学实验展演汇演大赛 2 个一等奖；举办第四届罗梭江科学教育论坛；举行北京青少年科技俱乐部 20 周年会议；举办科学教育主题的香山科学会议；“科学快车”正式启动，行驶里程约 2 万千米，受众 95 万人次。

科普对中心工作的支撑力度进一步加大。支撑建国 70 周年大型成就展，中国科学院逾 50 项历史及重大成果条目入选；中国科学院两项科技创新成果—— 500 米口径球面射电望远镜和“深海勇士”号载人潜水器参展第二届中国国际进口博览会；支撑全国科技周北京主场，共十余项前沿科技成果及科学快车集中亮相；为“学习强国”平台提供前期支撑、对接优质资源，并于年中开通“中国科学院学习强国平台”；进一步扩大香港青年实习计划规模，为 49 名香港学生提供实习岗位，促进香港青年深入了解祖国科技领域的前沿科学成果。

七、科技出版改革与发展持续推进

科技期刊影响力不断提升。2019 年，中国科学院 Q1 区期刊数量 27 种。跻身国际同学科排名前 10% 的期刊数量由 9 种增加至 14 种。《细胞研究》影响因子为 17.848，长期居于我国 SCI 收录期刊第 1 位。全院 SCI 收录期刊增至 82 种，占全国总量的 46%。

期刊改革发展取得新成效。第三批 1 个研究所 9 个期刊编辑部整合通过终期验收，“十三五”期间 14 个院属单位编辑部实现所级整合，按计划实现编辑部整合目标。学科期刊集群建设取得初步成效，建成高水平学科刊群平台（一期），汇聚三大学科 67 种期刊，其中 51 种期刊发布全文数据，汇聚了 8492 篇论文、142 000 个知识节点，以数字化平台托举刊群。科学出版社正式收购法国自然科学领域老牌学术出版机构 EDP Sciences，扩大了期刊集群规模，为我国科技期刊“走出去”探索了新模式。

持续争取外部资源，加强期刊审读。2019 年，中国科学院期刊获“中国科技期刊卓越行动计划”支持经费 8062.5 万元，占项目年度资金总额的 36.2%。引入学术道德及规范性审查，通过“人机协同”方式对论文作者疑似学术不端行为进行判定。

八、持续加强科学传播基础工作

“简化、强化、优化”中国科学院科学传播工作绩效指标，修订印发《中国科学院科学传播工作统计细则》（传播字〔2019〕3 号）；成立科学传播研究中心和科学传播工作研究会；持续推动全院传播资源整合。

中国科学院2019年大事记

一　月

1.4　中国科学院党组理论学习中心组召开学习会，学习贯彻庆祝改革开放四十周年大会精神、中央农村工作会议精神，学习讨论《党组讨论和决定党员处分事项工作程序规定（试行）》（简称《规定（试行）》），中国科学院院长、党组书记白春礼就全院贯彻落实中央精神和习近平总书记重要讲话精神以及《规定（试行）》提出要求。

1.8　中共中央、国务院在北京举行2018年度国家科学技术奖励大会，中国科学院共25项（人）获奖。其中，作为第一完成单位或主要完成单位获自然科学奖一等奖1项，二等奖9项；技术发明奖二等奖8项；科学技术进步奖一等奖1项，二等奖4项。其中，物理研究所作为主要完成单位参与的“量子反常霍尔效应的实验发现”获2018年度自然科学奖一等奖，长春光学精密机械与物理研究所牵头完成的项目获科技进步奖一等奖（专用项目）。中国科学院提名的美国布鲁克海文国家实验室教授朱溢眉和蒙特利湾海洋研究所教授彼得·乔治·布鲁尔获中华人民共和国国际科学技术合作奖。

1.9　中国科学院党组向中共中央、国务院报送2018年工作总结和2019年工作要点（科发党字〔2019〕2号）。

1.11　探月工程嫦娥四号着陆器、玉兔二号巡视器顺利完成互拍成像，任务取得圆满成功，实现探月工程“五战五捷”，中共中央、国务院、中央军委致电视贺。嫦娥四号任务地面应用系统由中国科学院国家天文台承担，有效载荷以中国科学院为主承研，探测器甚长基线干涉测量（VLBI）测轨任务由中国科学院上海天文台牵头承担；中国科学院多家研究所研发的20多种关键材料应用于运载火箭、嫦娥四号巡视器和着陆器关键部件。

1.16　印发《中共中国科学院党组关于李和风同志任职的通知》（科发党任字〔2019〕23号），李和风同志任中国科学院副秘书长。

1.16—17　中国科学院党组召开两次会议，分别在院党组成员和京区院属单位、院机关各部门党员主要负责人中传达学习中央政治局民主生活会精神，部署学习贯彻具体举措。

1.17—18　中国科学院召开 2019 年度工作会议。本次会议主题是：深入学习贯彻习近平新时代中国特色社会主义思想和党的十九大精神，深刻领会改革开放 40 周年的伟大历史和现实意义，全面贯彻落实党中央、国务院关于科技创新的重大决策部署，总结 2018 年工作，部署决胜基本实现“四个率先”目标的重大改革发展举措和 2019 年重点工作任务。中国科学院院长、党组书记白春礼作题为《改革开放再出发攻坚克难攀高峰奋力决胜基本实现“四个率先”目标》的会议报告。会上颁发了中国科学院 2018 年度杰出科技成就奖、国际科技合作奖、科技促进发展奖。

1.21　2018 年中国科学院年度人物及团队发布会在北京举办。中国科学院党组副书记、副院长侯建国出席并致辞，中国科学院副秘书长、直属机关党委常务副书记李和风宣读《中共中国科学院党组关于授予 2018 年中国科学院年度人物和年度团队的决定》。中国科学院数学与系统科学研究院研究员田野、计算技术研究所研究员陈云霁获 2018 年中国科学院年度创新人物，西北生态环境资源研究院研究员李新荣、亚热带农业生态研究所研究员曾馥平获 2018 年中国科学院年度先锋人物，青海盐湖研究所研究员王敏、南海海洋研究所研究员黄晖获 2018 年中国科学院年度感动人物，体细胞克隆猴团队、新疆分院驻村联合党支部获得 2018 年中国科学院年度团队荣誉。

1.24—25　中国科学院召开 2018 年度党建和纪检工作述职考评会。中国科学院院长、党组书记、院党建工作领导小组组长白春礼，党组副书记、副院长、院党建工作领导小组常务副组长侯建国，副秘书长、直属机关党委常务副书记、院党建工作领导小组副组长李和风出席会议。本次述职考评会是中国科学院首次组织党建和纪检工作现场述职考评，旨在贯彻落实党的十九大精神，加强中国科学院党建工作系统垂直管理，层层压实管党治党主体责任，促进各单位相互交流学习。

1.28　中国科学院党组召开 2018 年度民主生活会。中央督导组全体同志及中央纪委机关、中央组织部有关同志到会指导。中国科学院党组书记白春礼主持会议，党组副书记侯建国和党组成员相里斌、张涛、孙也刚、李树深、何岩、邓麦村参加会议，副院长丁仲礼和院机关有关部门主要负责同志、中央纪委国家监委驻中国科学院纪检监察组副组长列席会议。

1.31　中共中央政治局常委、中央书记处书记王沪宁代表习近平总书记和党中央看望文化界知名人士和科技专家，包括中国科学院院士、凝聚态物理专家赵忠贤，中国科学院院士、空间飞行器总体设计和信息处理专家叶培建。中共中央政治局委员、中组部部长陈希，中共中央政治局委员、中宣部部长黄坤明陪同看望。

1.31 中国科学院与中国核工业集团有限公司在北京签署全面战略合作框架协议。中国科学院院长、党组书记白春礼，中核集团党组书记、董事长余剑锋，中核集团党组成员、副总经理李清堂等出席签署仪式。中国科学院副院长、党组成员相里斌主持仪式。相里斌与李清堂代表双方签署战略合作框架协议；中国科学院高能物理研究所和中核（天津）机械有限公司互换关于稀有同位素氙-136 的项目合作协议。双方还就合作情况、下一步合作意向进行交流。

1.31 高能同步辐射光源验证装置通过国家验收，成为首个通过国家验收的“十二五”国家重大科技基础设施项目。

二　月

2.14 张江实验室管理委员会在上海召开第二次会议，中国科学院院长、党组书记、张江实验室管委会主任白春礼，上海市委副书记、市长、张江实验室管委会主任应勇出席并讲话。会议审议了张江实验室组织构架、人员选聘等议题，总结 2018 年工作并部署 2019 年任务。上海市副市长吴清主持会议，中国科学院副院长、党组成员相里斌，同济大学校长陈杰参加会议。

2.15 中国科学院战略性先导科技专项（A 类）“美丽中国生态文明建设科技工程”启动会在北京召开。该专项以关键技术集成和重大应用示范为主线，集成突破污染治理核心技术和设备研制，提升生态系统修复和保护关键技术体系，创新区域生态环境协同治理和绿色发展模式、生态文明建设状态检测和风险评估技术，多尺度模拟美丽中国“2035 年目标”和“2050 年愿景”，并在典型区域开展集成示范。

2.21 中国科学院与吉林省政府在长春召开科技合作座谈会，双方签署合作协议并启动“中科院院所进吉林”系列活动。中国科学院院长、党组书记白春礼，吉林省委书记巴音朝鲁出席启动会，吉林省省长景俊海主持会议。会上，中国科学院副院长张亚平、吉林省副省长安立佳分别代表院省双方签署《吉林省政府中国科学院关于推动吉林省打造新动能实现高质量发展的合作协议》。

2.28 中国科学院党组理论学习中心组召开学习会，深入学习《中国共产党重大事项请示报告条例》（简称《条例》），中国科学院院长、党组书记白春礼就全院学习贯彻《条例》精神提出要求。

三　月

3.1　印发《中国科学院2019年党的建设工作要点》（科发党字〔2020〕12号）。

3.1　中国科学院与江西省政府举行科技合作工作座谈会。中国科学院院长、党组书记白春礼，江西省委书记刘奇，江西省委副书记、省长易炼红，中国科学院副院长、党组成员张亚平，江西省副省长吴晓军出席座谈会。中国科学院党组成员、秘书长邓麦村主持会议。座谈会后，张亚平与吴晓军代表双方签署《省院共同推进建设中药大科学装置的框架协议》和《省院共建中国科学院庐山植物园协议书》；江西省赣江新区管委会与中国科学院大连化学物理研究所签署《中药国家大科学装置项目暨江西省中科院大连化物所中药科学中心科技合作协议书》。

3.2　中国科学院与江苏省政府举行科技合作座谈会，签署合作协议，共同推进国家空间信息应用平台建设。这是深入贯彻习近平总书记“努力建设航天强国和世界科技强国”的重要指示、贯彻落实习近平总书记和党的十九大提出的“数字中国”重大部署的具体举措。中国科学院院长、党组书记白春礼，副院长、党组成员张亚平，副院长、党组成员相里斌，江苏省委书记娄勤俭，江苏省省长吴政隆，副省长马秋林出席座谈会和签约仪式。张亚平主持会议。

3.6　中国科学院生物物理研究所研究员、中国科学院院士阎锡蕴获“全国三八红旗手标兵”荣誉称号；武汉病毒研究所研究员胡志红、中国科学技术大学物理学院彭新华教授获“全国三八红旗手”荣誉称号；心理研究所视觉与计算认知实验室、天津工业生物技术研究所产业合作部、上海技术物理研究所目标红外特性研究组、上海光学精密机械研究所激光玻璃和特种光纤研究组、中国科学技术大学附属第一医院急救门诊5个集体获“全国巾帼文明岗”荣誉称号；上海硅酸盐研究所课题组副组长、研究员于云、中国科学技术大学上海研究院（上海中科大量子工程卓越中心）教授印娟、东北地理与农业生态研究所正高级工程师李艳华、古脊椎动物与古人类研究所研究员、古DNA实验室主任付巧妹4人获“全国巾帼建功标兵”荣誉称号。

3.12　印发《关于成立中国科学院干部教育培训领导小组的通知》（科发函字〔2019〕85号）。

3.15　中国载人航天工程运行与管理支持中心工作启动会在京举行。中国科学院院长、党组书记白春礼，中国载人航天工程副总指挥、军委装备发展部副部长钱卫平，中国载人航天工程总设计师周建平出席启动会。中国科学院副院长、党组成员相里斌主持会议。根据有关部署安排，工程支持中心将为中国载人航天工程办公室在工程运行与管理方面提供支撑，承担载人航天工程总体技术工作、空间站运营管理规划计划协调拟制、载人航天预先研究管理等方面的支持工作。

3.19　印发《中共中国科学院党组关于进一步加强人才队伍建设的指导意见》（科发党字〔2019〕15 号）。

3.19　印发《中国科学院青年创新促进会管理办法》（科发人字〔2019〕25 号）。

3.19　印发《中国科学院率先行动“百人计划”管理办法》（科发人字〔2019〕26 号）。

3.21　中国科学院战略性先导科技专项（A/C 类）2019 年度工作会在京举行。中国科学院院长、党组书记白春礼出席会议并讲话，党组副书记、副院长侯建国，副院长、党组成员张亚平、相里斌、张涛，党组成员、秘书长邓麦村，副秘书长汪克强出席会议。会议听取了 15 个 A 类先导专项 2018 年工作进展及 2019 年工作计划报告，以及院机关有关部门和项目监理部关于专项组织管理、宏观管理、财务管理及监理工作的报告。张亚平、相里斌分别与分管专项依托单位法人代表签订任务实施责任书。

3.24　中国科学院与海南省政府举行科技合作座谈会并签署合作协议。中国科学院院长、党组书记白春礼，海南省委副书记、省长沈晓明出席。中国科学院副院长、党组成员张亚平和海南省副省长王路签署《中国科学院海南省人民政府科技合作协议书》，中国科学院遗传与发育生物学研究所、海南省农业农村厅、三亚市政府三方签署《共建种子创新研究院合作协议》，中国科学院南海海洋研究所与三亚市政府签署战略合作框架协议。白春礼与沈晓明一同为中国科学院深海技术创新研究院揭牌。

3.27　中国科学院院长白春礼到访塞尔维亚，塞总统武契奇在贝尔格莱德会见白春礼一行。武契奇对中方代表团的到访表示欢迎，指出此访将对塞中在科技创新、医学及其他自然科学领域的合作发挥重要影响。塞财政部门将给科学研究提供更多的经费，希望加强与中国尤其是与中国科学院在人才培养交流和科技方面的合作。白春礼表示，作为中国最大的科研机构，中国科学院愿意在两国合作中贡献自己的力量；建议双边在“一带一路”倡议下继续深化合作，在天然产物与新药研发、农业可持续发展、信息技术等领域开展务实合作。

四　月

4.1　中央机构编制委员会办公室批复（中央编办复字〔2019〕17 号），同意将中国科学院电子学研究所、中国科学院遥感与数字地球研究所和中国科学院光电研究院整合组建中国科学院空天信息创新研究院；将中国科学院武汉物理与数学研究所、中国科学院测量与地球物理研究所整合组建中国科学院精密测量科学与技术创新研究院；将中国科学院寒区旱区环境与工程研究所、中国科学院地质与地球物理研究所兰州油气资源研究中心、中国科学院兰州文献情报中心整合组建中国科学院西北生态环境资源研究院；设立中国科学院分子细胞科学卓越创新中心、中国科学院脑科学与智能技术卓越创新中心、中国科学院分子植物科学卓越创新中心、中国科学院科技创新发展中心 4 个事业单位；中国科学院上海生命科学研究院更名为中国科学院上海营养与健康研究所。

4.2　印发《关于规范各分院纪检组成员管理的通知》（科发直党字〔2019〕10 号）。

4.8　中国科学院与山东省政府举行科技合作座谈会并签署合作协议。中国科学院院长、党组书记白春礼，山东省委书记、省人大常委会主任刘家义出席座谈会和签约仪式。中国科学院副院长、党组成员张亚平主持会议，并与山东省副省长于杰分别代表院省双方签署《山东省人民政府中国科学院推进山东新旧动能转换重大工程合作协议》。

4.8　印发《中国科学院率先行动“百人计划”管理实施细则》（科发人字〔2019〕27 号）。

4.11　合肥综合性国家科学中心理事会第二次会议在合肥召开。中国科学院院长、党组书记，合肥科学中心理事会理事长白春礼，安徽省委书记、合肥科学中心理事会理事长李锦斌，科技部副部长、合肥科学中心理事会理事长李萌出席会议并讲话。会议由安徽省省长李国英主持。白春礼和李锦斌为合肥综合性国家科学中心能源研究院、人工智能研究院揭牌。中国科学院副院长、党组成员相里斌与安徽省委常委、常务副省长邓向阳签署共建合肥综合性国家科学中心能源研究院、人工智能研究院协议。

4.11　中国科学院量子信息与量子科技创新研究院理事会第二次会议在合肥

召开。中国科学院院长、党组书记白春礼，安徽省委书记李锦斌出席并讲话，安徽省省长李国英主持会议。安徽省委常委、常务副省长邓向阳，省委常委、合肥市委书记宋国权，中国科学院副院长、党组成员相里斌，中国科学技术大学校长包信和等出席。中国科学技术大学常务副校长、量子创新研究院院长潘建伟汇报了量子创新研究院 2018 年工作进展及 2019 年工作计划。

4.15 中国科学院在北京召开 2019 年度网络安全和信息化领导小组会议。中国科学院院长、党组书记、院网信领导小组组长白春礼出席会议并讲话，副院长、党组成员、院网信领导小组副组长李树深主持会议，党组成员、秘书长、院网信领导小组副组长邓麦村出席会议。会议传达学习了中央领导同志关于网信工作的重要讲话精神，白春礼就做好中国科学院网信工作提出明确要求。

4.19 在第二届“一带一路”国际合作高峰论坛召开前夕，国务院新闻办公室举行新闻发布会，中国科学院院长白春礼介绍了中国科学院科技支撑“一带一路”建设的成果情况。

4.21 斯里兰卡发生连续爆炸事件，致使中国科学院南海海洋研究所 2 人不幸遇难、3 人受伤。中国科学院积极应对，稳妥高效落实人员搜救、科考船撤离、遇难人员善后及其家属安抚等工作，确保事件得到平稳有序的处置。

4.24 中国科学院党组理论学习中心组召开学习会，深入学习贯彻习近平总书记关于意识形态工作的重要论述、习近平总书记在学校思想政治理论课教师座谈会上的重要讲话精神和习近平总书记为第五批全国干部学习培训教材所做《序言》精神；深入学习贯彻落实《中共中央关于加强党的政治建设的意见》、《关于加强和改进中央和国家机关党的建设的意见》。中国科学院院长、党组书记白春礼就全院贯彻落实相关精神提出要求。

4.25—27 第二届“一带一路”国际合作高峰论坛在北京举行，会后发布《第二届“一带一路”国际合作高峰论坛成果清单》。中国科学院 3 项代表性工作被纳入其中，分别为：中国科学院宣布实施“一带一路”硕士生奖学金计划（作为中方的举措或发起的合作倡议之一）；中国科学院与联合国教科文组织、俄罗斯科学院、哈萨克斯坦科学院、巴基斯坦科学院、泰国科技发展署、尼泊尔特里布文大学、肯尼亚乔莫肯雅塔农业科技大学等 37 家共建“一带一路”国家的科研机构和国际组织共同发起成立“一带一路”国际科学组织联盟（作为在高峰论坛框架下建立的多边合作平台之一）；中国科学院启动实施“丝路环境专项”，与沿线各国科学家携手研究绿色丝绸之路建设路径和方案（作为在高峰论坛框架下建立的多边合作平台之一）。

4.26 中国科学院与中国航空发动机集团有限公司在北京举行科技合作座谈并签署全面战略合作协议。中国科学院院长、党组书记白春礼，中国航发党组书记、董事长曹建国，中国航发党组副书记、总经理李方勇出席会议。中国科学院副院长、党组成员相里斌主持会议。相里斌与李方勇代表双方签署战略合作协议，中国科学院工程热物理研究所和中国航空发动机研究院、中国科学院金属研究所和中国航发航空材料研究院分别签署了科技合作协议。

4.28 国务院总理李克强与奥地利总理库尔茨在人民大会堂举行会谈期间，共同见证中国科学院与奥地利科研促进署续签新一轮合作协议。中国科学院院长白春礼与奥地利驻华大使石迪福代表双方签字。根据新签署的《中国科学院与奥地利科研促进署2020—2025年合作研究协议》，双方将继续推动与科学应用研究及开发相关的双边合作，加强中科院科学家与奥地利相关技术研发团队及企业的联系与合作。

4.28 印发《中国科学院关于成立中国科学院国家科创中心建设领导小组及其工作小组的通知》（科发函字〔2019〕142号）。

4.29 印发《中央纪委国家监委驻中科院纪检监察组与中科院工作协调联系办法》（科发党字〔2019〕20号）。

五　月

5.6 中国科学院与广州市政府在北京举行共建广州南沙科学城、中国科学院明珠科学园会谈暨签约仪式。中国科学院院长、党组书记白春礼，广东省委常委、广州市委书记张硕辅出席会议，中国科学院副院长、党组成员相里斌主持会议。中国科学院副院长、党组成员张涛分别与广州市委常委、常务副市长陈志英签署共建广州南沙科学城合作协议，与广州市副市长王东签署共建中国科学院明珠科学园合作协议，将聚焦深海、深空、深地领域，致力于打造具有全球影响力的前沿科学研究和技术创新高地。

5.6 第八届中国科学院学部主席团第十四次会议在京召开，听取特推小组关于2019年院士增选特别推荐评审工作情况、各学部常委会关于2019年院士增选工作进展情况的汇报，审议确定2019年中国科学院院士增选有效候选人名单和外籍院士有效候选人名单；听取咨委会关于2019年度咨询项目选题指南的汇报，以及中国科学院学部2018年经费使用情况及 2019 年经费预算情况的汇报。

5.7 中国科学院战略性先导科技专项（B 类）2019 年度工作会议在京召开。中国科学院院长、党组书记白春礼出席会议并讲话，党组副书记、副院长侯建国，副院长、党组成员张亚平、李树深，党组成员、秘书长邓麦村，副秘书长汪克强、高鸿钧出席会议。会议听取了 26 个 B 类先导专项 2018 年工作进展、亮点成果及 2019—2020 年工作计划报告，以及院机关相关局关于 B 类先导专项组织管理、财务管理、过程管理、成果宣传及档案管理的报告。白春礼就下一步工作提出要求。

5.8 中国科学院与浙江省在杭州举行医学战略合作框架协议签约仪式。中国科学院院长、党组书记白春礼与浙江省委副书记、省长袁家军签署合作协议，并共同为中国科学院肿瘤与基础医学研究所授牌，这是中国科学院首个以肿瘤医学为主要研究方向的专业研究机构。

5.11—12 “一带一路”防灾减灾与可持续发展国际学术大会在北京举行。大会由中国科学院、中国科学技术协会、联合国环境署、联合国减少灾害风险办公室、“一带一路”国际科学组织联盟共同主办，中国科学院、水利部成都山地灾害与环境研究所牵头承办。中国科学院院长、“一带一路”国际科学组织联盟主席、大会组委会主席白春礼，生态环境部副部长黄润秋，联合国环境署、减灾办，国际地理联合会代表和相关负责人等出席开幕式并致辞。

5.13 中国科学院科技智库理事会第一次会议在北京召开。中国科学院院长、党组书记、科技智库理事会理事长白春礼主持会议，副院长、科技智库理事会副理事长丁仲礼在会上宣读理事会成立文件。20 名理事参加会议。会议听取了关于中国科学院高水平科技智库建设情况的汇报，审议通过《中国科学院科技智库理事会工作条例》，并就开展“新时代国家创新体系建设研究”提出意见建议。

5.14 印发中国科学院党组关于贯彻落实《中国共产党重大事项请示报告条例》的通知（科发党字〔2019〕24 号）。

5.14 中国科学院与中国民用航空局举行战略合作座谈会，中国科学院院长、党组书记白春礼，民航局局长、党组书记冯正霖出席会议并代表双方签署《中国民用航空局中国科学院战略合作协议》。中国科学院副院长、党组成员张亚平参加会议。白春礼表示，协议的签署是中国科学院、民航局深入贯彻习近平新时代中国特色社会主义思想和党的十九大精神，全面实施创新驱动发展战略，共同推进民航强国建设的重要举措，对促进我国科技创新与民航行业发展紧密融合具有重大意义。希望双方统筹谋划战略合作，发挥各自优势，夯实合作基础；梳理重大需求，促进重大产出；加强精准对接，加快成果转化；面向行业需求，注重人才培养，为科技强国、民航强国建设做出贡献。

5.18—19 中国科学院第十五届公众科学日在全国120多个院属机构举办。本届公众科学日的主题为“科技强国 科普惠民”。期间，中国科学院组织科学快车等近40个展项参与全国科技周北京主会场活动，中共中央政治局委员、北京市委书记蔡奇在中国科学院党组副书记、副院长侯建国的陪同下，参观并体验了地球系统数值模拟装置、波浪能发电装置、“神光II”综合实验激光装置、高能同步辐射光源等展项。

5.21 印发《中国科学院党的建设工作领导小组关于以提升组织力为重点加强和改进研究所党建工作的通知》（科发党字〔2019〕25号）。

5.23 由中国科学院空天信息研究院自主研发的系留浮空器“极目一号”驻空高度超过7000米，创造迄今已知同类型同量级浮空器的世界纪录并首次取得这一高度西风-季风过程的科学数据，实现前沿科学问题和重大技术跨界交叉融合的重大突破，创新性地支撑第二次青藏科考国家任务。

5.24 中共中央政治局委员、国务院副总理胡春华一行到中国科学院南皮生态农业试验站考察调研农业节水科技工作。河北省委书记王东峰、农业农村部副部长韩俊、水利部部长鄂竟平、中国科学院副院长李树深、河北省副省长时清霜及沧州市委、南皮县委负责同志等陪同调研。中国科学院遗传与发育生物学研究所农业资源研究中心副主任、南皮站站长刘小京研究员向胡春华一行介绍了南皮站、渤海粮仓进展、渤海粮仓升级版、农田多水源高效利用技术、盐碱地生态治理技术等。胡春华详细询问了微咸水灌溉、咸水结冰灌溉、耐盐牧草及生态草牧业情况，并对旱碱地作物品质、咸水结冰灌溉改良盐碱地等表现出浓厚兴趣。李树深等向胡春华介绍了中国科学院在农业科技方面重点布局和主要进展。胡春华称赞中国科学院平时工作积累好，为国家做出了贡献。

5.24 印发《中国科学院公派出国留学研修管理办法》（科发人字〔2019〕39号）。

5.24 中国科学院召开2019年党建工作推进会。中国科学院党组副书记、副院长侯建国参加会议并讲话，副院长、党组成员李树深作书面讲话，副秘书长、直属机关党委常务副书记李和风主持会议。

5.26 中国科学院发展咨询委员会第五次会议在北京召开。中国科学院院长、党组书记、发展咨询委员会主任白春礼主持会议，并报告了中国科学院近期工作进展和下一步工作考虑。中国科协党组书记、常务副主席怀进鹏；国家发展改革委党组成员、副主任林念修；工业和信息化部党组成员、副部长陈肇雄；工业和信息化部党组成员、副部长，国防科工局党组书记、局长张克俭；国家卫健委副主任、党组成员曾益新；中国工程院党组成员、副院长钟志华；科技部党组成员、国家自然科学基金委主任李静海；北京市副市长隋振江；广东省委常委、统战部部长黄宁生；中国科学院院士陈宜瑜、许智宏、秦大河等委员出席会议。

5.30 中国科学院党组理论学习中心组召开学习会，深入学习领会习近平总书记关于脱贫攻坚的重要论述，深刻研究中国科学院科技支撑打赢脱贫攻坚战可采取的有效举措。中国科学院院长、党组书记白春礼主持会议，就全院做好科技支撑脱贫攻坚工作提出明确要求。

5.30—8.29 中国科学院党组集中组织、深入开展“不忘初心、牢记使命”主题教育。在学习教育方面，在个人自学的基础上，以领学、集中研讨等多种形式组织集中学习研讨及学习活动；在调查研究方面，通过实地走访、组织座谈会、单独访谈等方式，针对 29 个专题，深入院属单位和基层一线开展 46 次调查研究工作，院党组成员讲授 17 次党课；在检视问题方面，以个别访谈、召开座谈会、设立意见邮箱、发放征求意见表、新媒体留言等方式听取基层党员群众、工作服务对象的意见建议，形成含有 247 项待整改内容的问题清单。

六　月

6.3 中国科学院党组理论学习中心组召开学习会，深入学习贯彻习近平总书记在“不忘初心、牢记使命”主题教育工作会议上的重要讲话和王沪宁同志总结讲话精神，部署开展中国科学院主题教育工作。中国科学院院长、党组书记白春礼主持学习会，对全院学习贯彻习近平总书记重要讲话和王沪宁同志总结讲话精神做出明确要求。

6.10 印发《中国科学院科技智库理事会工作条例（试行）》（科发学部字〔2019〕52 号）。

6.11 中国科学院召开“不忘初心、牢记使命”主题教育动员部署会，认真学习贯彻习近平总书记重要讲话和“不忘初心、牢记使命”主题教育工作会议精神，全面落实党中央关于主题教育的目标要求，对全院开展主题教育进行动员部署。中国科学院院长、党组书记白春礼做动员讲话，中央第 22 指导组组长范小建出席并讲话。中国科学院党组副书记、副院长侯建国主持会议。

6.13 印发《中共中国科学院党组关于开展“不忘初心、牢记使命”主题教育的实施方案》（科发党字〔2019〕29 号）。

6.13 中国科学院党组理论学习中心组召开学习会，深入学习领会习近平总书记关于“不忘初心、牢记使命”的重要论述，中国科学院院长、党组书记白春礼，党组副书记、副院长侯建国分别作会议发言。

6.13 印发《2018—2022 中国科学院干部教育培训规划》（科发党字〔2019〕30 号）。

6.14 中国科学院与上海市政府在沪签署合作共建上海量子科学研究中心协议。中国科学院院长、党组书记白春礼，上海市委副书记、市长应勇共同为上海量子科学研究中心揭牌。中心将聚焦国家重大科技创新战略，结合上海科创中心建设部署，发挥双方优势，按照“多方投入、共建共享、融合发展”的原则，以中国科学技术大学上海研究院为基础，联合在沪相关量子科研力量，推进重大基础前沿科学研究、关键核心技术突破和系统集成创新，培育和发展量子信息新兴产业，支撑量子信息领域发展。

6.14 印发《中国科学院关于工作人员岗位绩效工资的实施意见》（科发人字〔2019〕55 号）。

6.14 印发《中国科学院直属事业单位党政主要负责人薪酬管理办法》（科发党字〔2019〕31 号）。

6.17—19 中国科学院所局级党政正职专题培训班开班。本次培训班的主要目的是：进一步深入学习贯彻习近平新时代中国特色社会主义思想和党的十九大精神，促进院属单位党政正职领导干部提升政治理论素养和大局意识，增强对国内外形势和我国科技政策的理解把握，增强工作的责任感和使命感。中国科学院党组副书记、副院长侯建国作开班报告，中央纪委国家监委驻院纪检监察组组长、院党组成员孙也刚作专题报告，院长、党组书记白春礼出席结业仪式、颁发结业证书并作总结讲话。来自全院 68 名所局级党政正职领导干部参加培训。

6.21 中共中央政治局委员、国务院副总理刘鹤到中国科学院调研指导工作，听取中国科学院党组工作汇报。科技部部长王志刚、国务院副秘书长陆俊华、中国工程院副院长何华武等陪同调研。中国科学院院长、党组书记白春礼代表院党组汇报近期改革创新发展重要工作进展与取得的部分重大成果，中国科学院积极践行国家战略科技力量“创新科技、报国为民”的初心和使命，以及认真组织开展“不忘初心、牢记使命”主题教育的情况。刘鹤指出，中国科学院从基础研究到应用研究很多领域都为国家做出了重大贡献，在国际竞争中逐步获得了一些领先地位，成绩值得充分肯定；应进一步发挥综合优势，加强关键核心技术攻关，深化体制机制改革，强化学风建设，加强与发达国家的国际科技合作。刘鹤强调，科技领域要全面加强党的领导，树牢“四个意识”、坚定“四个自信”、坚决做到“两个维护”，认真开展“不忘初心、牢记使命”主题教育，深刻理解初心、积极践行使命。同时，要把扎实开展主题教育和扎实做好科学研究紧密结合起来，反对形式主义、官僚主义，发扬优良传统和科学精神，坚持问题导向，倡导扎实、专注、低调的工作作风，努力产出标志性成果，取得关键领域技术突破。当天下午，中国科学院党组理论学习中心组召开学习会，深入学习领会刘鹤调研时的重要讲话精神及对中国科学院开展“不忘初心、牢记使命”主题教育的具体要求。

6.29 中国科学院、北京市和国家发展改革委联合调研怀柔科学城，察看高能同步辐射光源、多模态跨尺度医学成像设施等国家重大科技基础设施项目建设进展。中共中央政治局委员、北京市委书记蔡奇，中国科学院院长、党组书记白春礼，北京市委副书记、市长陈吉宁，国家发展改革委副主任林念修等联合调研怀柔科学城。中国科学院副院长、党组成员相里斌，副院长、党组成员张涛，以及北京市和北京大学有关同志林克庆、魏小东、崔述强、隋振江、邱水平、郝平、靳伟等参加调研。

6.29 国家重大科技基础设施高能同步辐射光源项目开工建设。

七 月

7.2 印发《中共中国科学院党组工作规则》（科发党字〔2019〕34号）。

7.2 印发《中国科学院工程实验室管理办法（试行）》（科发促字〔2019〕57号）。

7.8 中国科学院党组理论学习中心组召开学习会，传达学习习近平总书记在中央政治局第十五次集体学习会时的重要讲话精神以及习近平总书记对张富清、黄文秀同志先进事迹做出的重要指示精神，中国科学院院长、党组书记白春礼传达有关精神并提出贯彻落实要求。

7.8—10 中国科学院党组理论学习中心组先后召开学习会，分专题学习《习近平关于“不忘初心、牢记使命”重要论述选编》、《习近平新时代中国特色社会主义思想学习纲要》、《中国共产党章程》；传达学习习近平总书记在中央和国家机关党的建设工作会议上的重要讲话和丁薛祥同志的总结讲话精神；传达学习《关于中央部委、中央国家机关部门党组（党委）开展巡视工作的指导意见（试行）》。中国科学院院长、党组书记白春礼就贯彻落实相关精神提出要求。

7.11 中国科学院与广西壮族自治区举行科技合作座谈会，双方就推进科技协同创新与区域经济社会高质量发展，总结合作经验，共商合作大计。中国科学院党组副书记、副院长侯建国，广西壮族自治区主席陈武出席座谈会及签约仪式。中国科学院副院长、党组成员张亚平与广西壮族自治区副主席费志荣分别代表双方签署《中国科学院广西壮族自治区人民政府战略合作协议》。院区有关单位还签署了《共同设立“中科院-广西联合科技服务网络计划（STS）专项”合作协议》、《关于共建地球大数据东盟区域平台及服务合作框架协议》等5份合作协议。

7.18 中共中央政治局委员、上海市委书记李强等一行视察调研中国科学院上海微系统与信息技术研究所的协同创新单元上海新昇半导体科技有限公司。

7.19 中国科学院院长白春礼到访俄罗斯，俄罗斯副总理戈利科娃在莫斯科会见白春礼一行。戈利科娃表示，俄方重视中国科学院提出的有关加强双边科技合作的建议，将从政府层面给予支持；希望俄中两院抓住历史机遇，扩大合作领域，拓展合作潜能，从而更好地造福两国人民。白春礼表示，中俄两国具有相似的“国家化科技体制”，两院可以互学互鉴，取长补短，走联合研发、成果共享、协同发展、联手共强之路；建议将中俄两院的合作提升到“新时代战略科技合作伙伴”的新高度。

7.22 中宣部向全社会发布2019年“最美支边人物”先进事迹，中国科学院大连化学物理研究所李世英、新疆生态与地理研究所刘铭庭入选。

7.23 印发《中国科学院关于成立中国科学院粤港澳大湾区国际科技创新中心建设工作专项办公室的通知》（科发函字〔2019〕266号）。

7.25 中国科学院党组理论学习中心组召开学习会，学习研讨习近平总书记关于科技创新论述摘编及对中国科学院工作重要讲话指示批示；传达学习中央“不忘初心、牢记使命”主题教育领导小组《关于在“不忘初心、牢记使命”主题教育中对照党章党规找差距的工作方案》的通知精神，中国科学院院长、党组书记白春礼提出贯彻落实要求。

7.26、7.29—7.31 中国科学院党组召开“不忘初心、牢记使命”主题教育检视问题、整改落实专题会议暨2019年夏季扩大会议。会议主要任务是深入学习贯彻习近平新时代中国特色社会主义思想，按照“不忘初心、牢记使命”主题教育关于检视问题、整改落实的要求，检视剖析中国科学院在全面从严治党、人才队伍建设和学科领域、区域、机构布局等方面存在的突出问题，明确下一步改革发展的工作思路和重大举措，确保完成“率先行动”计划第一阶段目标任务，加快实现“六个根本转变”，为谋划中长期发展提供重要指导。

7.29　国家重大科技基础设施空间环境地基综合监测网开工建设。

八　月

8.10　中宣部、中国科协、科技部、中国科学院、中国工程院、国防科工局在北京向全社会公开发布 2019 年“最美科技工作者”先进事迹，中国科学院计算技术研究所研究员陈云霁入选。

8.15　中国科学院在北京召开“不忘初心、牢记使命”主题教育工作暨“对标要求、强化责任”活动座谈会，对主题教育开展以来全院各级党组织的特色做法进行交流总结，并对下一阶段工作进行部署。中国科学院党组副书记、副院长、主题教育领导小组常务副组长侯建国出席并讲话，副秘书长、主题教育领导小组副组长李和风主持会议并作工作部署。

8.16　中国科学院党组举行“不忘初心、牢记使命”主题教育集中学习研讨暨对照党章党规找差距专题会议。中国科学院院长、党组书记白春礼主持会议。中央第 22 指导组组长范小建、指导组成员伍修琼到会指导。

8.19　中宣部在北京举行第十五届精神文明建设“五个一工程”表彰座谈会，由贵州省委宣传部和中国科学院科学传播局以“时代楷模”南仁东和中国天眼为背景联合创作的歌曲《心远天高》获“五个一工程”优秀作品奖。

8.19　印发《中国科学院章程》（科发规字〔2019〕74 号）、《中国科学院研究所综合管理条例》（科发规字〔2019〕75 号）。

8.22　中国科学院在北京召开集中警示教育大会，传达学习中央和国家机关所属企事业单位警示教育大会精神，通报党的十九大以来查处的党员干部违反中央八项规定精神典型案例，对全院结合“不忘初心、牢记使命”主题教育深入开展警示教育、进一步加强党风廉政建设和反腐败工作做出部署。中国科学院党组书记、院长、院主题教育领导小组组长白春礼对警示教育做出批示、提出要求，党组副书记、副院长、院主题教育领导小组常务副组长侯建国出席会议并讲话，副秘书长、院主题教育领导小组副组长李和风主持会议。

8.22　中共中央政治局委员、国务院副总理胡春华出席东北黑土地保护高端论坛期间，赴辽宁省铁岭市铁岭县考察中国科学院保护性耕作技术创新基地。中国科学院沈阳应用生态研究所张旭东研究员向胡春华一行汇报东北黑土退化的问题、利用现状，以及黑土地保护的科研理论基础和技术模式。胡春华指出，确保重要农产品特别是粮食有效供给，是农业农村工作的首要任务。要全面落实“藏粮于地、藏粮于技”战略，积极推行保护性耕作等绿色生产方式，夯实农业基础。

8.23　中国科学院党组召开专题民主生活会，全体党组成员参加会议，中央第22指导组全体成员到会指导。会上，中国科学院党组书记白春礼介绍会议准备情况，第22指导组组长范小建同志就开好会议提出要求。白春礼代表院党组做对照检查。每位党组成员运用主题教育的成果、对照会议要求，开展批评和自我批评。

8.26　第二届中国国际智能产业博览会在重庆召开。中国科学院副院长张亚平参加博览会。中国科学院组织了包括微电子研究所、上海微系统与信息技术研究所、长春光学精密机械与物理研究所、沈阳自动化研究所、西安光学精密机械与物理研究所、重庆绿色智能技术研究院等近30家单位携80余个项目集中亮相智博会中国科学院展区。展览期间，新松智能机器人、无人机、盾山智能车、经食管超声模拟教学及临床技能培训系统等展品反响热烈。本届智博会由重庆市政府、科技部、工业和信息化部、中国科学院、中国工程院、中国科协共同主办，共有来自49个国家和地区、388位嘉宾参会，843家企业参展。

8.28—30　中国科学院2019年度科技骨干国情院情培训班暨“走进中国科学院·海外学者行”活动在北京举行。中国科学院党组副书记、副院长侯建国出席开班仪式并讲话。140余位新近回国工作的科技骨干以及来自不同国家和地区的近160位海外青年学者等参加活动。

8.29　中国科学院召开院党组“不忘初心、牢记使命”主题教育检视问题、整改落实专题会议暨2019年夏季扩大会议精神传达会。中国科学院院长、党组书记白春礼传达会议精神，党组副书记、副院长侯建国主持会议。

8.29　中国科学院召开“不忘初心、牢记使命”主题教育总结会。中国科学院院长、党组书记、院主题教育领导小组组长白春礼代表中国科学院党组作中国科学院“不忘初心、牢记使命”主题教育总结报告。中央第22指导组组长范小建出席并讲话，中国科学院党组副书记、副院长、院主题教育领导小组常务副组长侯建国主持会议。

8.29—31 以“智联世界无限可能”为主题的 2019 世界人工智能大会在上海世博中心举办。本次大会由中国科学院、国家发展改革委、科技部、工业和信息化部、国家互联网信息办公室、中国工程院和上海市政府共同主办。中国科学院上海分院作为中国科学院的派出机构，参与大会主论坛和部分分论坛组织工作。大会期间主办了 AI 科技沙龙，参与承办了科学前沿高峰主论坛和上海职工科创中心建设立功竞赛推进会等系列活动，促进了人工智能领域的研究与合作交流。

8.31 “中国科学院-新疆科技合作洽谈会”在新疆维吾尔自治区昌吉市落幕。本届“科洽会”有来自新疆、上海、广东、河北等 14 个省（自治区、直辖市）的 1000 余名代表参会。中国科学院系统 11 个分院、70 余个研究所参会，参展科技成果 300 项。本届“科洽会”上，“中国科学院科技创新年度巡展 2019”首次来到新疆。“一带一路”建设与发展、区域创新与成果转化、科技支撑新疆农业发展等 6 场科技论坛相继举行。

九　月

9.2 中国科学院与非洲科学院在内罗毕举行会议，就促进“一带一路”沿线国家科技创新及能力建设合作、中非科技合作达成系列共识，双方签署合作谅解备忘录。中国科学院院长白春礼与非洲科学院院长菲利克斯·达克拉举行会谈。

9.9 由中国科学院与德国国家科学院联合举办的第一届双边研讨会在中国科学院大学雁栖湖校区开幕。中国科学院院长白春礼、德国国家科学院院长 Jorg Hacker 出席开幕式并致辞。诺贝尔奖得主杨振宁和 Klaus von Klitzing 围绕“科学与未来”主题分别作主旨报告。开幕式上，白春礼和 Jorg Hacker 代表两国科学院共同签署并发布《北京宣言》，共同倡议加强基础研究并更加重视青年人才培养。

9.10 中国科学院召开弘扬科学家精神、加强作风和学风建设视频会。中国科学院院长、党组书记白春礼出席并讲话，党组副书记、副院长侯建国主持会议，副院长、党组成员张涛传达中央文件精神并介绍有关情况。会上还发布了中国科学院机关贯彻落实《关于进一步弘扬科学家精神加强作风和学风建设的意见》精神工作方案。

9.10 第八届中国科学院学部主席团第十五次会议在京召开。会议研讨了《中国科学院院士章程》修订工作进展情况，研究确定 2019 年中国科学院外籍院士正式候选人名额并投票产生中国科学院外籍院士正式候选人；听取关于 2019 年中国科学院院士增选工作进展情况、2019 年中国科学院院士增选评审暨选举会议筹备工作有关情况的汇报，并通报关于加强作风和学风建设有关工作的情况。

9.11　印发《中共中国科学院党组关于周琪、何岩同志职务任免的通知》（科发党任字〔2019〕136号），周琪同志任中国科学院副秘书长，免去何岩同志中国科学院副秘书长职务。

9.11—11.25　中央第十五巡视组对中国科学院党组进行常规巡视。巡视期间，院党组成员认真学习领会习近平总书记关于巡视工作的重要讲话精神，增强“四个意识”，坚定“四个自信”，做到“两个维护”，切实增强配合做好巡视工作的责任感和使命感，自觉接受巡视监督，确保巡视工作顺利开展、取得实效。

9.12　中共中央政治局委员、国务院副总理胡春华在上海自贸试验区临港新片区考察工作期间，视察中国科学院上海微系统与信息技术研究所的协同创新单元上海新昇半导体科技有限公司。

9.16　中宣部新命名一批全国爱国主义教育示范基地，北京正负电子对撞机国家实验室和国家天文台FAST观测基地成为中国科学院首批入选的两家单位。

9.17—21　第二十一届中国国际工业博览会在国家会展中心（上海）举办。中国科学院展区总面积约1300平方米，围绕“区域创新，协同发展”的参展主题，征集到37家院属单位的113项创新成果项目，其中实物参展96项，占比85%，参展代表人数达250人，沪外展商数占比61%。展区围绕主题设置高端科学仪器设备、重大科技工程（嫦娥四号关键载荷技术与设备）、中国科学院科技服务网络（STS）区域成果、创新技术产品及创新平台四大主题专区。

9.17　中国科学院、国家自然科学基金委联合召开“弘扬科学家精神、树立良好作风学风”座谈会。中国科学院党组副书记、副院长侯建国，国家自然科学基金委党组成员、副主任王承文出席会议并讲话。中国科学院副秘书长、直属机关党委常务副书记李和风主持会议。

9.20　国家重大科技基础设施聚变堆主机关键系统综合研究设施主体工程开工建设。

9.25　“最美奋斗者”表彰大会在北京举行。张富清等278名个人、西安交通大学“西迁人”爱国奋斗先进群体等22个集体被授予“最美奋斗者”称号。中国科学院8名个人及中国科学院参与组成并在其中做出重要贡献的6个集体荣获“最美奋斗者”称号。

9.26　广州南沙粤港澳全面合作示范区重点项目建设动员大会在广州市举行，

中国科学院明珠科学园项目正式启动。中国科学院党组副书记、副院长侯建国代表中国科学院致辞。中共中央政治局委员、广东省委书记李希，香港特别行政区行政长官林郑月娥，中央人民政府驻香港联络办公室主任王志民，广东省省长马兴瑞，全国人大教科文卫委员会副主任委员杜玉波出席活动，并听取明珠科学园项目情况汇报。率先启动的中国科学院沈阳自动化研究所广东智能无人系统研究院、中国科学院力学研究所广东空天科技研究院、中国科学院南海海洋研究所、中国科学院广州分院、中国科学院大学广州学院 5 个具备条件的重点项目，对中国科学院集聚创新资源、推动在穗研究机构创新发展、参与粤港澳大湾区国际科技创新中心建设具有重要战略意义。

9.27　全国民族团结进步表彰大会在北京举行，表彰 665 个全国民族团结进步模范集体和 812 名全国民族团结进步模范个人。中国科学院新疆分院驻村联合党支部获得全国民族团结进步模范集体称号。

9.27　中国科学院学部主席团和中国工程院主席团向全体院士发出《关于弘扬新时代科学家精神 做作风和学风建设表率的倡议书》，深入贯彻落实《关于进一步弘扬科学家精神加强作风和学风建设的意见》，号召中国科学院院士、中国工程院院士弘扬新时代科学家精神，加强作风和学风建设，营造良好科研生态。

十　月

10.14　中国科学院和北京市联合调研怀柔科学城，察看子午工程二期等国家重大科技基础设施项目建设进展，了解院市共建的材料基因组平台设备安装调试情况。中共中央政治局委员、北京市委书记蔡奇，中国科学院院长、党组书记白春礼出席。蔡奇对怀柔科学城建设工作表示高度肯定，并要求进一步在求“突破”上下功夫，抓好项目建设，积极推进大科学装置和科技科研平台落地，抓紧谋划储备“十四五”重大项目，加强投入和运行管理，坚持院市共建模式，建好基础设施平台，用好专项债。

10.17—18　由中国科学院与北京市、科技部、中国科协共同主办的 2019 中关村论坛在北京举行。本次论坛主题为“前沿科技与未来产业”，共邀请国内外业界嘉宾约 1200 人。国家主席习近平向大会致贺信。习近平指出，中关村正努力打造世界领先科技园区和创新高地。举办中关村论坛，共议前沿科技和未来产业发展趋势，共商全球创新规则和创新治理，促进各国共享全球创新思想和发展理念，具有重要意义。中共中央政治局委员、北京市委书记蔡奇，科技部部长王志刚，中国科学院院长、党组书记白春礼，中国科协党组书记、常务副主席、书记处第一书记怀进鹏致辞，北京市人大常委会主任李伟出席。在2019中关村论坛重大成果发布会上，中国科学院副秘书长周琪代表中国科学院与北京市政府签署《共建北京干细胞与再生医学研究院框架协议》，研究院将依托中国科学院干细胞与再生医学创新研究院建设。

10.17—18　由中国科学院和北京市政府联合主办的第三届国际综合性科学中心研讨会在北京怀柔召开。本届研讨会主题为“科学中心助推共同体建设”，来自中国、德国、英国、瑞士等9个国家的科学中心代表分享了科学中心建设的经验。中国科学院副院长、党组成员相里斌，北京市副市长隋振江出席。在研讨会上，由北京市政府和中国科学院共同倡导的国家科学中心国际合作联盟正式宣布成立。来自国内外的17个国家科学中心和实验室共同批准联盟章程，成为国际科学中心联盟的创始成员。中国科学院院士、北京怀柔综合性国家科学中心专家委员会主任王恩哥当选第一届联盟主席。

10.18　在中国科学院院长、党组书记白春礼，江西省委书记刘奇，省委副书记、省长易炼红等共同见证下，中国科学院副院长、党组成员相里斌和江西省委常委、副省长吴晓军在南昌签署双方共建中国科学院稀土研究院战略合作协议。此次院省合作是对习近平总书记2019年5月视察江西时关于稀土科技创新重要指示精神的贯彻落实。

10.21—11.20　中国科学院党校第一期优秀年轻干部特训班在北京举办，本次培训的主要目的是：落实中央“大力发现培养对党忠诚、堪当重任、作风优良的优秀年轻干部”的要求，进一步提高中国科学院优秀年轻干部的政治觉悟和理论修养。中国科学院党组副书记、副院长、中国科学院党校校长侯建国出席结业仪式、为学员颁发结业证书，并作总结讲话。来自全院50名优秀年轻干部参加培训。

10.22　以“新农业、新农村、新农民”为主题的第26届中国杨凌农业高新科技成果博览会开幕。中国科学院参展主题为“科技扶贫、振兴乡村”，设有中国科学院整体扶贫成效、各分院扶贫成效、科技扶贫成果及设施、科普教育展示区，西安分院特设陕西省科学院“一所一品”展示区和全国科学院联盟产业化项目展示区，展区面积200余平方米，参展项目290项。中国科学院展团获展会优秀组织奖和优秀展示奖。

10.24　中国科学院召开党建工作领导小组暨“不忘初心、牢记使命”主题教育领导小组会议，审议贯彻落实部属高校党的建设和思想政治工作座谈会精神、加强院级非法人单元及院属单位分支机构党的建设的工作建议，听取中国科学院大学主题教育进展情况汇报。中国科学院党组书记、院长、院党建工作领导小组、院主题教育领导小组组长白春礼出席并讲话，党组副书记、副院长、院党建工作领导小组、院主题教育领导小组常务副组长侯建国主持并总结，副院长、党组成员李树深参加会议。院副秘书长、直属机关党委常务副书记李和风传达中央和国家机关推进新时代机关党建高质量发展研讨班精神。

10.27 国家重大科技基础设施模式动物表型与遗传研究设施（灵长类）开工建设。

10.28—11.3 举行以“科技报国七十载 创新支撑强国梦”为主题的中国科学院第二届科学节，推出 100 余场科普活动，接待社会公众 20 余万人次，网上受众突破 3000 万人。

十一月

11.1 在中国科学院建院 70 周年之际，习近平总书记发来贺信，李克强总理做出批示，刘鹤副总理在中国科学院建院 70 周年庆祝大会上讲话。中国科学院党组随后召开党组理论学习中心组学习会，学习贯彻习近平总书记贺信和李克强总理重要批示、刘鹤副总理讲话精神，中国科学院院长、党组书记白春礼主持会议，就全院学习贯彻落实有关精神提出明确要求。当天还召开了党组会议，传达学习贯彻十九届四中全会精神。中国科学院院长、党组书记白春礼主持会议，党组副书记侯建国，党组成员张亚平、相里斌、孙也刚、李树深、何岩、邓麦村出席会议，副院长丁仲礼列席会议。

11.1 中共中央政治局委员、国务院副总理刘鹤参观“科技报国七十载 创新支撑强国梦——中国科学院创新成果展”，对展览给予高度评价。

11.6 在国家主席习近平和法国总统马克龙的共同见证下，中国科学院院长白春礼与法国原子能和替代能源委员会主席弗朗索瓦·雅克在北京人民大会堂共同签订《中国科学院与法国原子能和替代能源委员会基础研究和应用研究合作框架协议》。

11.7 第八届中国科学院学部主席团第十六次会议在京召开，传达学习党的十九届四中全会精神、习近平总书记近期关于科技创新工作的 9 项重要指示，以及习近平总书记为中国科学院建院 70 周年发来的贺信、李克强总理重要批示以及刘鹤副总理重要讲话精神。听取各学部常委会关于 2019 年院士增选选举结果及相关情况的报告，审议确定终选候选人名单，以及全体院士终选投票的总监票人和监票人建议人选。

11.7 中国科学院前沿科学国际战略研讨会（International Conference on Frontier Sciences of Chinese Academy of Sciences）在北京怀柔中国科学院大学雁栖湖校区召开。中国科学院院长、党组书记白春礼出席开幕式并致辞。本次会议的主题是“前沿科学与美好生活”，鲜明展示了科学发展及其对生活方式影响的联系。

11.7 “一带一路”国际科学组织联盟（ANSO）落户怀柔科学城揭牌仪式在京举行。来自亚洲、欧洲相关单位与国际组织代表参加揭牌仪式。中国科学院院长、党组书记白春礼，北京市政府副秘书长刘印春等出席仪式并致辞。

11.8 第八届中国科学院学部主席团第十七次会议在京召开，审议了《中国科学院关于报送2019年中国科学院院士增选和外籍院士选举结果的报告（审议稿）》。

11.9 2019中国（浙江）全球科技精准合作交流会暨“一带一路”国际科学组织联盟青年科学家研讨会在杭州钱塘新区举行。本次活动由中国科学院与浙江省政府共同主办，来自全球30多个国家和地区的逾500名代表参会，中国科学院院长白春礼、浙江省省长袁家军、诺贝尔化学奖得主巴瑞·夏普利斯、巴基斯坦科学院前秘书长扎布塔·辛瓦利等出席会议并发表演讲。

11.13 第二十一届中国国际高新技术成果交易会在深圳会展中心成功举办。中国科学院展区以“科技服务湾区，携手创新发展”为主题，在全院范围内征集参展项目150余项，涵盖先进制造、新材料、数字经济、生命健康、农业、能源、环保等技术领域。全国人大常委会副委员长丁仲礼出席开幕式并宣布高交会开幕。中国科学院副院长张亚平代表中国科学院展团出席开幕式。本届高交会共吸引来自108个国家和地区的57.6万人次观众参观。

11.13 中央机构编制委员会办公室批复（中央编办复字〔2019〕167号），同意中国科学院北京基因组研究所加挂国家生物信息中心牌子。

11.14 中国科学院召开“不忘初心、牢记使命”主题教育领导小组办公室会议部署主题教育整改落实“回头看”工作。中国科学院党组副书记、副院长、院主题教育领导小组常务副组长侯建国出席会议并讲话，副秘书长、院主题教育领导小组副组长李和风主持会议。会议传达了中央主题教育领导小组印发的《关于对第一批主题教育单位整改落实情况进行“回头看”的通知》精神，通过全院主题教育“回头看”实施方案，对全院开展主题教育“回头看”工作进行全面部署。

11.18 何梁何利基金2019年度颁奖大会在北京钓鱼台国宾馆举行，中国科学院 8 人获奖。

11.18—20　由国际数字地球学会和中国科学院主办的首届中国数字地球大会在北京成功召开。本届大会以“地球大数据促进可持续发展”为主题，旨在聚焦数字地球应用和技术，为科学家与决策者搭建地球大数据背景下的交流新平台，探讨如何基于数字地球技术服务国家战略及人类社会可持续发展。中国科学院院长、党组书记白春礼出席 18 日上午的大会开幕式并致辞。他指出，我国的数字地球科学研究和技术应用取得了丰硕成果，在诸多领域发挥着引领作用，为国家应对气候变化、防灾减灾、城市管理、遗产保护、可持续发展等领域发展提供了重要支撑，希望各界携手合作，致力深化和提升数字地球理论研究和技术应用，共同开创我国数字地球领域的美好明天。

11.19　在纪念中国老科学技术工作者协会成立 30 周年座谈会上，中国科学院老科学技术工作者协会获“中国老科学技术工作者协会 30 周年先进集体”称号，2 人获“中国老科协 30 周年优秀共产党员”称号，4 人获“中国老科学技术工作者协会 30 周年先进个人”称号，1 人获 2019 年度中国老科学技术工作者协会突出贡献奖，1 人获中国老科学技术工作者协会奖。中国科学院老科学技术工作者协会顾问、“科普论坛”创始人张志林作为优秀共产党员代表在会上发言并受到中共中央政治局委员、国务院副总理孙春兰接见。

11.19　中国科学院 2019 年度国际化发展工作会议在京召开。中国科学院院长、党组书记白春礼出席并讲话，副院长、党组成员张亚平作主题为“统筹内外大局、紧抓历史机遇，谱写国际合作与国际化发展新篇章”的大会主报告。

11.22　2019 年新当选中国科学院院士座谈会在北京召开。中国科学院党组书记、院长、学部主席团执行主席白春礼为新当选院士颁发院士证书并讲话。2019 年共产生中国科学院院士 64 名，平均年龄 55.7 岁；共产生中国科学院外籍院士 20 名，来自 12 个国家。

11.22　中国科学院党组召开“不忘初心、牢记使命”主题教育整改落实情况“回头看”专题会议。中国科学院院长、党组书记白春礼主持会议，院领导班子成员出席会议。

11.25　中国科学院老科学技术工作者协会第九次会员代表大会暨九届一次理事会会议在北京召开。原国务委员、十一届全国人大常委会副委员长、中国老科学技术工作者协会会长陈至立，中国科学院院长、党组书记白春礼出席并致辞，中国科学院党组副书记、副院长侯建国主持会议并讲话。会上向全院老科技工作者发出《关于弘扬科学精神、强化使命担当，为实现中华民族伟大复兴的中国梦贡献智慧和力量的倡议书》。

11.26 由中国科学院科技战略咨询研究院、文献情报中心与科睿唯安联合举办的“2019 研究前沿发布暨研讨会”在北京举行。会上向全球发布《2019 研究前沿》报告和《2019 研究前沿热度指数》报告。中国科学院院长、党组书记白春礼，科睿唯安全球执行副总裁、亚太区董事总经理刘煜出席会议并致辞。

十二月

12.9 中国科学院办公厅被国家网络与信息安全通报中心授予 2019 年度国家网络与信息安全通报工作先进单位。

12.9 中国科学院党组理论学习中心组召开学习会，传达学习中央和国家机关工委印发的关于创建“让党中央放心、让人民群众满意的模范机关”的意见精神，集体学习《中国共产党问责条例》、《中国共产党党内法规制定条例》、《中国共产党党内法规和规范性文件备案审查规定》、《中国共产党党内法规执行责任制规定（试行）》、《党政领导干部选拔任用工作条例》。中国科学院院长、党组书记白春礼分别就贯彻落实意见和四部党内法规提出要求。

12.11 根据中共中央组织部《周琪、何岩同志职务任免》（组任字〔2019〕497 号），周琪同志任中国科学院党组成员，免去何岩同志的中国科学院党组成员职务。

12.11 国家发展改革委党组成员、副主任林念修调研北京怀柔综合性国家科学中心。北京市副市长隋振江，中国科学院党组成员、副秘书长周琪等参加调研。林念修考察了子午工程二期项目、高能同步辐射光源建设情况和煤基液体燃料合成工业化技术发展情况。调研后，林念修主持召开北京怀柔综合性国家科学中心工作推进会，听取了北京市、中国科学院和教育部的工作汇报。林念修充分肯定了怀柔综合性国家科学中心经过两年半的时间在重大项目、重大规划、重大成果和突破制度瓶颈等方面所取得的进展。

12.12 印发《中国科学院党的建设工作领导小组办公室关于创建“让党中央放心、让人民群众满意的模范机关”的通知》（科发直党字〔2019〕24 号）。

12.13 中国科学院党组召开专题会议，传达学习中央经济工作会议精神。中国科学院院长、党组书记白春礼主持会议，院领导班子成员和院机关各部门负责人参加会议。

12.16　印发《中国科学院关于公布 2019 年度青年科学家奖获奖者名单的通知》（科发函字〔2019〕445 号），方辰等 10 位青年学者获得 2019 年度中国科学院青年科学家奖。

12.16　在全国离退休干部先进集体和先进个人表彰大会上，中国科学院遗传发育生物学研究所老科协被中组部授予“全国离退休干部先进集体”称号，新疆生态与地理研究所退休干部刘铭庭研究员、上海有机化学研究所退休干部戴立信院士被授予“全国离退休干部先进个人”称号。

12.19　中国科学院与生态环境部在北京举行深化生态保护监管领域合作工作座谈会并签署深化生态保护监管领域合作备忘录。中国科学院院长、党组书记白春礼，生态环境部部长、党组书记李干杰出席会议并讲话。座谈会后，中国科学院副院长李树深与生态环境部副部长黄润秋代表院部双方签署《深化生态保护监管领域合作备忘录》。中国科学院科技促进发展局、生态环境部生态环境监测司签署《国家生态状况监测网络建设合作协议》。

12.19—21　中国科学院党组 2019 年冬季扩大会议在京召开。会议以习近平新时代中国特色社会主义思想为指导，深入学习贯彻习近平总书记重要指示批示精神，全面贯彻党的十九大，十九届二中、三中、四中全会和中央经济工作会议精神，认真贯彻建院 70 周年习近平总书记贺信和李克强总理批示精神，按照党中央、国务院关于科技创新的重大决策部署，总结各项重点工作进展，研究提出完成“率先行动”计划第一阶段目标任务的主要举措，深入研究进一步深化改革和中长期发展，明确了下一阶段工作思路和重点任务。中国科学院院长、党组书记白春礼主持会议。

12.29　中国科学院与河北省政府在石家庄召开共建中国科学院雄安创新研究院座谈会，并签署合作框架协议。中国科学院院长、党组书记白春礼，党组副书记、副院长侯建国，河北省委书记、省人大常委会主任王东峰，省委副书记、省长许勤出席。中国科学院副院长、党组成员张涛与河北省委常委、副省长、雄安新区党工委书记、管委会主任陈刚代表双方签署《中国科学院 河北省人民政府共建中国科学院雄安创新研究院框架协议》。

12.30　中国科学院院长、党组书记白春礼出席应急管理部国家自然灾害防治研究院挂牌仪式，仪式上院部签署《应急管理部中国科学院战略合作协议》、《应急管理部中国科学院联合共建国家自然灾害防治研究院协议》。白春礼在致辞中表示，中国科学院将充分发挥国家战略科技力量优势，推动中国科学院科技创新工作与应急管理部防灾减灾救灾及应急管理工作紧密、深度融合，全力支持与配合应急管理部，共建国家自然灾害防治研究院，有力支撑国家自然灾害防治、生产安全和应急管理能力的全面提升。

12.31 中国科学院与安徽省在合肥市举行院省合作建设领导小组会议暨合肥综合性国家科学中心能源研究院、人工智能研究院启动运行活动。中国科学院院长、党组书记白春礼，安徽省委书记李锦斌出席并讲话。安徽省委副书记、省长李国英主持会议。中国科学院副院长、党组成员相里斌，安徽省委常委、常务副省长邓向阳等出席会议。会议听取了院省合作工作推进情况和2020年重点工作安排，合肥综合性国家科学中心能源研究院、人工智能研究院组建筹备情况。白春礼、李锦斌、李国英、相里斌分别为能源研究院、人工智能研究院院长和执行院长颁发聘书。

学部与院士工作

中国科学院学部领导机构

第八届中国科学院学部主席团

名誉主席　周光召　路甬祥

第八届中国科学院学部主席团

执行主席　白春礼

成　　员　（以姓氏笔画为序，下同）

丁仲礼（自 2018 年 4 月起）　王恩哥　朱道本　刘国治
安芷生　许智宏　李树深　杨　卫　杨玉良　沈文庆
张　涛（至 2018 年 1 月止）　陈　颙　陈宜瑜　欧阳钟灿
周其凤　胡海岩　侯建国　饶子和　秦大河　顾秉林
傅伯杰　詹文龙　褚君浩　裴　钢

第八届中国科学院学部主席团执行委员会

执行主席　白春礼

成　　员

丁仲礼（自 2018 年 4 月起）　王恩哥　朱道本　李树深
杨　卫　杨玉良　沈文庆　张　涛（至 2018 年 1 月止）
陈宜瑜　秦大河　傅伯杰　裴　钢

秘 书 长　汪克强

第八届中国科学院学部主席团顾问

万　钢　王伟光　王志刚　宁吉喆　刘国治　李　伟
杨　卫　肖　捷　吴艳华　陈宝生　林念修　周　济
黄守宏

中国科学院学部第六届咨询评议工作委员会

主　　任　沈文庆

副 主 任　吴国雄　饶子和　钟志华

委　　员　王光谦　申长雨　邢定钰　杨元喜　杨学军　张　希
张学敏　陈凯先　陈晓亚　郑晓静　郝　跃　段　雪
徐宗本　郭华东　雒建斌

中国科学院学部第六届咨询评议工作委员会顾问

马　援　王延觉　王春法　吕　薇　朱道本　任志武
邬贺铨　刘应杰　吴国凯　何鸣鸿　余　健　汪文斌
赵　路　赵忠贤　姜静波　潘云鹤

中国科学院学部第六届科学道德建设委员会

主　　任　裴　钢
副 主 任　欧阳钟灿　翟明国
委　　员　丁　汉　马志明　王　曦　冯守华　江桂斌　李启虎
怀进鹏　陈木法　林国强　周　琪　周卫健　周成虎
贺福初　郭　雷　翟婉明

中国科学院学部第四届学术与出版工作委员会

主　　任　秦大河
副 主 任　郑兰荪　梅　宏
委　　员　于起峰　包信和　朱作言　许宁生　李　林　武维华
高　松　高　福　高鸿钧　郭正堂　龚旗煌　崔向群
彭实戈　程时杰　焦念志　魏炳波

中国科学院学部第二届科学普及与教育工作委员会

主　　任　杨玉良
副 主 任　石耀霖　吴一戎
委　　员　叶培建　朱　荻　朱邦芬　李　灿　何积丰　张　杰
张启发　陈小明　武向平　金之钧　周忠和　南策文
侯凡凡　郭光灿　康　乐

中国科学院数学物理学部第十六届常务委员会

主　　任　王恩哥
副 主 任　马志明　张　杰　郑晓静　崔向群
委　　员　邢定钰　孙昌璞　吴岳良　张伟平　陈木法　陈仙辉
武向平　罗　俊　赵政国　袁亚湘　高鸿钧　潘建伟

中国科学院化学部第十六届常务委员会

主　　任　朱道本
副 主 任　包信和　江桂斌　张　希　陈小明
委　　员　丁奎岭　田　禾　田中群　白春礼　刘忠范　安立佳
严纯华　李静海　张　涛　周其林　程津培　谢　毅

中国科学院生命科学和医学学部第十六届常务委员会

主　　任　陈宜瑜
副 主 任　武维华　侯凡凡　饶子和　贺福初
委　　员　方精云　李　林　李家洋　张亚平　张学敏　孟安明
　　　　　赵国屏　桂建芳　高　福　康　乐　舒红兵　曾益新

中国科学院地学部第十六届常务委员会

主　　任　傅伯杰
副 主 任　杨元喜　周成虎　周忠和　郭正堂　焦念志
委　　员　王成善　王会军　朱日祥　刘丛强　吴立新　陈　骏
　　　　　金之钧　郑永飞　郝　芳　郭华东　龚健雅　崔　鹏
　　　　　穆　穆

中国科学院信息技术科学部第十六届常务委员会

主　　任　李树深
副 主 任　吴一戎　郭　雷　徐宗本　梅　宏
委　　员　王立军　尹　浩　包为民　杨学军　怀进鹏　郑建华
　　　　　郝　跃　黄　维　龚旗煌　谭铁牛

中国科学院技术科学部第十六届常务委员会

主　　任　杨　卫
副 主 任　王　曦　王光谦　朱　荻　沈保根　程时杰
委　　员　丁　汉　于起峰　申长雨　李应红　金红光　高德利
　　　　　赖远明　雒建斌　翟婉明　薛其坤　魏炳波

中国科学院学部国际合作和外籍院士工作小组

组　　长　丁仲礼
成　　员　丁奎岭　刘　明　李家洋　吴立新　何满潮　汪卫华
　　　　　张培震　武向平　林惠民　欧阳钟灿　饶子和　费维扬
　　　　　郭正堂　龚旗煌　韩布兴　曾益新　谢心澄　薛其坤

2019年中国科学院院士名单

（2019年12月31日统计，830人）

数学物理学部（157人）

于 渌	万哲先	马志明	马余刚	王乃彦	王小云（女）
王广厚	王 元	王世绩	王 迅	王诗宬	王贻芳
王恩哥	王梓坤	王绶琯	王鼎盛	文 兰	方 成
方守贤	方 忠	方复全	邓小刚	甘子钊	艾国祥
石钟慈	龙以明	叶向东	叶叔华（女）	叶朝辉	田 刚
白以龙	邝宇平	冯 端	邢定钰	曲钦岳	吕 敏
朱邦芬	朱诗尧	向 涛	江 松	汤 涛	汤 超
孙义燧	孙昌璞	孙斌勇	孙 鑫	严加安	苏定强
苏肇冰	杜江峰	李大潜	李方华（女）	李邦河	李安民
李家明	李家春	李惕碚	李德平	李儒新	杨 乐
杨应昌	杨国桢	杨振宁	杨福家	励建书	吴岳良
何国威	何祚庥	邹广田	汪承灏	汪景琇	沈文庆
沈学础	张仁和	张平文	张伟平	张 杰	张宗烨（女）
张恭庆	张继平	张焕乔	张淑仪（女）	张涵信	张维岩
张裕恒	张殿琳	张肇西	陆夕云	陈十一	陈木法
陈仙辉	陈永川	陈式刚	陈志明	陈和生	陈佳洱
陈建生	陈恕行	陈难先	陈 彪	武向平	范海福
林海青	林 群	欧阳钟灿	欧阳颀	罗民兴	罗 俊
周又元	周光召	周向宇	周 恒	周毓麟	郑厚植
郑晓静（女）	赵光达	赵红卫	赵忠贤	赵政国	胡仁宇
胡和生（女）	姜伯驹	洪家兴	贺贤土	袁亚湘	莫毅明
夏道行	徐至展	徐红星	徐叙瑢	高原宁	高鸿钧
郭尚平	郭柏灵	席南华	唐孝威	陶瑞宝	龚昌德

龚新高　　常　进　　常　凯　　鄂维南　　崔向群（女）　　彭实戈
葛墨林　　韩占文　　景益鹏　　童秉纲　　谢心澄　　詹文龙
解思深　　蔡荣根　　熊大闰　　潘建伟　　霍裕平　　戴元本
魏宝文

化学部（133 人）

丁奎岭　　于吉红（女）　　万立骏　　万惠霖　　马大为　　王方定
王佛松　　王　夔　　支志明　　方维海　　计亮年　　田中群
田　禾　　田昭武　　白春礼　　包信和　　冯小明　　冯守华
朱起鹤　　朱清时　　朱道本　　任詠华（女）　　刘元方　　刘云圻
刘若庄　　刘忠范　　江　龙　　江　明　　江桂斌　　江　雷
安立佳　　孙世刚　　麦松威　　严纯华　　李玉良　　李永舫
李亚栋　　李　灿　　李洪钟　　李景虹　　李静海　　杨万泰
杨玉良　　杨秀荣（女）　　杨金龙　　杨学明　　吴云东　　吴　奇
吴养洁　　吴骊珠（女）　　吴新涛　　何国钟　　何鸣元　　佟振合
余国琮　　汪尔康　　沙国河　　沈之荃（女）　　沈家骢　　宋礼成
张玉奎　　张东辉　　张礼和　　张存浩　　张　希　　张俐娜（女）
张洪杰　　张　涛　　张乾二　　张锁江　　张　锦　　陆熙炎
陈小明　　陈庆云　　陈　军　　陈凯先　　陈学思　　陈俊武
陈洪渊　　陈新滋　　陈　懿　　林国强　　岳建民　　周同惠
周其凤　　周其林　　郑兰荪　　赵玉芬（女）　　赵东元　　赵宇亮
赵进才　　胡　英　　段　雪　　侯建国　　俞书宏　　俞汝勤
施剑林　　洪茂椿　　费维扬　　姚守拙　　姚建年　　袁　权
柴之芳　　钱逸泰　　倪嘉缵　　徐如人　　徐春明　　高　松
郭子建　　郭景坤　　席振峰　　唐本忠　　唐有祺　　唐　勇
涂永强　　黄乃正　　黄本立　　黄春辉（女）　　曹　镛　　麻生明
彭孝军　　韩布兴　　程津培　　程镕时　　谢在库　　谢作伟
谢毓元　　谢　毅（女）　　谭蔚泓　　樊春海　　黎乐民　　颜德岳
戴立信

生命科学和医学学部（153 人）

马　兰（女）　王大成　王文采　王正敏　王志珍（女）　王志新
王松灵　王恩多（女）　王福生　毛江森　卞修武　方荣祥
方精云　尹文英（女）　邓子新　石元春　叶玉如（女）　仝小林
印象初　匡廷云（女）　朱玉贤　朱兆良　朱作言　庄文颖（女）
庄巧生　刘以训　刘允怡　刘新垣　刘耀光　许智宏
孙大业　孙汉董　孙曼霁　孙儒泳　苏国辉　李　林
李季伦　李振声　李家洋　李　蓬（女）　杨焕明　杨雄里
杨福愉　吴孟超　吴祖泽　吴常信　汪忠镐　沈允钢
沈　岩　沈善炯　宋尔卫　宋微波　张友尚　张永莲（女）
张亚平　张　旭　张启发　张明杰　张学敏　张春霆
张新时　陆　林　陈义汉　陈子元　陈子江（女）　陈化兰（女）
陈文新（女）　陈可冀　陈孝平　陈国强　陈　竺　陈宜张
陈宜瑜　陈晓亚　陈晔光　陈润生　陈　霖　邵　峰
武维华　林其谁　林鸿宣　尚永丰　季维智　金　力
周　俊　周　琪　郑光美　郑守仪（女）　郑儒永（女）　孟安明
赵玉沛　赵进东　赵国屏　赵继宗　郝小江　种　康
段树民　侯凡凡（女）　饶子和　施一公　施蕴渝（女）　洪国藩
洪德元　姚开泰　贺　林　贺福初　骆清铭　桂建芳
顾东风　钱　前　徐国良　徐　涛　高　福　郭爱克
唐守正　唐崇惕（女）　黄荷凤（女）　黄路生　曹文宣　曹晓风（女）
戚正武　常文瑞　康　乐　阎锡蕴（女）　梁栋材　梁智仁
隋森芳　葛均波　董　晨　蒋有绪　蒋华良　韩启德
韩济生　韩家淮　韩　斌　程和平　舒红兵　童坦君
曾益新　曾　毅　谢华安　谢联辉　谢道昕　强伯勤
蒲慕明　赫　捷　裴　钢　翟中和　樊　嘉　鞠　躬
魏于全　魏江春　魏辅文

地学部（138 人）

丁仲礼　丁　林　丁国瑜　于贵瑞　万卫星　马宗晋
王　水　王成善　王会军　王　赤　王铁冠　王焰新

王　颖（女）	王德滋	文圣常	丑纪范	石广玉	石耀霖
叶大年	叶嘉安	冯士筰	戎嘉余	成秋明	吕达仁
朱日祥	朱永官	伍荣生	任纪舜	刘丛强	刘昌明
刘宝珺	刘嘉麒	安芷生	许志琴（女）	许厚泽	孙和平
孙鸿烈	苏纪兰	李吉均	李廷栋	李崇银	李献华
李德仁	李德生	李曙光	杨元喜	杨文采	杨经绥
杨树锋	肖文交	肖序常	吴立新	吴国雄	吴新智
吴福元	邱占祥	邹才能	汪品先	汪集旸	沈其韩
沈树忠	张人禾	张宏福	张国伟	张弥曼（女）	张　经
张培震	陆大道	陈大可	陈发虎	陈　旭	陈运泰
陈俊勇	陈晓非	陈　骏	陈　颙	邵明安	林学钰（女）
欧阳自远	金之钧	金振民	周卫健（女）	周成虎	周志炎
周秀骥	周忠和	於崇文	郑永飞	郑　度	赵其国
赵国春	赵柏林	赵鹏大	郝　芳	胡敦欣	钟大赉
侯增谦	姚振兴	姚檀栋	秦大河	袁道先	莫宣学
贾承造	夏　军	徐义刚	徐冠华	殷鸿福	高　俊
高　锐	郭正堂	郭华东	涂传诒	陶　澍	黄荣辉
龚健雅	常印佛	崔　鹏	符淙斌	巢纪平	彭平安
彭建兵	程国栋	傅伯杰	焦念志	舒德干	童庆禧
曾庆存	窦贤康	翟明国	翟裕生	滕吉文	潘永信
薛禹群	穆　穆	戴永久	戴民汉	戴金星	魏奉思

信息技术科学部（99 人）

干福熹	王之江	王占国	王立军	王永良	王　圩
王阳元	王怀民	王启明	王金龙	王育竹	王建宇
王家骐	王　越	王　巍	毛军发	尹　浩	包为民
冯登国	匡定波	吕　建	朱中梁	刘永坦	刘国治
刘　明（女）	刘颂豪	刘盛纲	江风益	许宁生	李　未
李启虎	李树深	李衍达	杨芙清（女）	杨学军	杨德仁
吴一戎	吴宏鑫	吴培亨	吴朝晖	吴德馨（女）	何积丰
沈绪榜	怀进鹏	宋　健	张　钹	张景中	陆元九

陆汝钤 陆建华 陈国良 陈定昌 陈星旦 陈俊亮
陈桂林 陈翰馥 林惠民 金亚秋 周兴铭 周志鑫
周炳琨 周巢尘 郑有炓 郑志明 郑建华 郑耀宗
房建成 郝　跃 相里斌 段广仁 保　铮 侯　洵
侯朝焕 姜　杰（女） 姚建铨 姚期智 秦国刚 夏建白
顾　瑛（女） 徐宗本 郭光灿 郭　雷 黄民强 黄　如（女）
黄宏嘉 黄　维 黄　琳 梅　宏 龚旗煌 崔铁军
彭堃墀 董韫美 雷啸霖 简水生 褚君浩 管晓宏
谭铁牛 薛永祺 戴汝为

技术科学部（150人）

丁　汉 于起峰 王大中 王立鼎 王光谦 王自强
王希季 王秋良 王崇愚 王淀佐 王锡凡 王　曦
毛　明 方岱宁 卢　柯 卢　强 叶志镇 叶恒强
叶培建 申长雨 田永君 邢球痕 过增元 成会明
朱位秋 朱美芳（女） 朱　荻 朱森元 朱　静（女） 伍小平（女）
任露泉 庄逢辰 刘广均 刘竹生 刘昌胜 刘宝镛
刘维民 齐　康 闫楚良 孙　钧 孙家栋 芮筱亭
严陆光 李东旭（女） 李应红 李述汤 李依依（女） 杨　卫
杨　伟 杨叔子 杨孟飞 杨　槱 吴良镛 吴宜灿
吴承康 吴硕贤 邱大洪 邱　勇 何雅玲（女） 何满潮
余梦伦 邹世昌 邹志刚 闵桂荣 汪卫华 汪　耕
沈志云 沈保根 宋振骐 宋家树 张兴钤 张佑启
张　泽 张统一 张　跃 张清杰 张楚汉 陈云敏
陈祖煜 陈维江 范守善 林　皋 欧阳予 欧阳明高
金红光 金展鹏 周　远 周孝信 周国治 郑　平
郑时龄 郑泉水 郑哲敏 赵天寿 赵阳升 赵淳生
胡文瑞 胡聿贤 胡海岩 南策文 柳百新 钟万勰
段文晖 段　进 俞大鹏 俞鸿儒 闻邦椿 姜中宏
宣益民 祝世宁 祝学军（女） 姚　熹 都有为 贾振元
顾秉林 顾诵芬 顾逸东 倪晋仁 徐性初 徐建中

高镇同	高德利	郭万林	郭烈锦	唐叔贤	陶文铨
黄克智	曹春晓	曹楚南	常　青	彭一刚	彭练矛
葛昌纯	韩杰才	韩祯祥	程时杰	程耿东	温诗铸
蒙大桥	赖远明	路甬祥	蔡其巩	雒建斌	翟婉明
熊有伦	滕锦光	潘际銮	薛其坤	魏炳波	魏悦广

2019 年中国科学院外籍院士名单

（2019 年 12 月 31 日统计，107 人）

姓名	英文姓名	当选年份	国籍
李政道	Tsung-Dao Lee	1994	美国
雷　文	Peter H. Raven	1994	美国
丁肇中	Samuel C. C. Ting	1994	美国
丘成桐	Shing-Tung Yau	1994	美国
卓以和	Alfred Y. Cho	1996	美国
朱经武	Ching-Wu Chu	1996	美国
简悦威	Yuet Wai Kan	1996	美国
毛河光	Ho-kwang David Mao	1996	美国
沈元壤	Yuen-Ron Shen	1996	澳大利亚
威　利	Peter J. Wyllie	1996	英国
伯奇费尔	Burrell Clark Burchfiel	1998	美国
朱棣文	Steven Chu	1998	美国
黎念之	Norman N. Li	1998	美国
马库斯	Rudolph A. Marcus	1998	美国
莫里茨	Helmut Moritz	1998	奥地利
何毓琦	Yu-Chi Ho	2000	美国
霍克弗尔特	Tomas Hökfelt	2000	瑞典
米歇尔	Hartmut Michel	2000	德国
萨支唐	Chihtang Sah	2000	美国
崔　琦	Daniel Chee Tsui	2000	美国
傅睿思（女）	Else Marie Friis	2002	丹麦
霍西金斯	Brian John Hoskins	2002	英国
黄煦涛	Thomas S. Huang	2002	美国
库　什	Gurdev S. Khush	2002	印度
吴耀祖	Theodore Yao-Tsu WU	2002	美国

续表

姓名	英文姓名	当选年份	国籍
杰马里・莱恩	Jean-Marie Lehn	2004	法国
肖荫堂	Yum-Tong Siu	2004	美国
托斯登・威塞尔	Torsten N. Wiesel	2004	美国
理查德・杰尔	Richard N. Zare	2004	美国
钱煦	Shu Chien	2006	美国
蔡南海	Nam-Hai Chua	2006	新加坡
罗伯特・迪金森	Robert E. Dickinson	2006	美国
克劳斯・冯・克利钦	Klaus Von Klitzing	2006	德国
彼得・史唐	Peter J. Stang	2006	美国
万森・库尔提欧	Vincent Courtillot	2007	法国
艾伦・黑格	Alan J. Heeger	2007	美国
胡正明	Chenming Calvin Hu	2007	美国
弗里德・穆拉德	Ferid Murad	2007	美国
菲立普・希阿雷	Philippe G. Ciarlet	2009	法国
马佐平	Tso-Ping Ma	2009	美国
郎尼・汤姆森	Lonnie Thompson	2009	美国
徐立之	Lap-Chee Tsui	2009	加拿大
王中林	Zhong Lin Wang	2009	美国
戴维・格罗斯	David Gross	2011	美国
阿夫拉姆・赫什科	Avram Hershko	2011	以色列
饭岛澄男	Sumio Iijima	2011	日本
刘必治	Bede Liu	2011	美国
弗朗斯瓦・马蒂	Francois Mathey	2011	法国
野依良治	Ryoji Noyori	2011	日本
罗格・欧文	D. Roger J. Owen	2011	英国
罗伯塔・鲁德尼克（女）	Roberta L. Rudnick	2011	美国
克里斯汀・阿芒托	Christian Amatore	2013	法国
弗莱明・贝森巴赫	Flemming Besenbacher	2013	丹麦
阿龙・切哈诺沃	Aaron Ciechanover	2013	以色列
雅各布・帕里斯	Jacob Palis	2013	巴西
拉　奥	C. N. R. Rao	2013	印度
苏布拉・苏雷什	Subra Suresh	2013	美国
王晓东	Xiaodong Wang	2013	美国

续表

姓名	英文姓名	当选年份	国籍
迈克·沃特曼	Michael S. Waterman	2013	美国
艾思本	Richard Lawrence Edwards	2015	美国
高华健	Huajian Gao	2015	美国
马丁·格勒切尔	Martin Groetschel	2015	德国
罗伯特·格拉布斯	Robert Howard Grubbs	2015	美国
马库·库马拉	Markku Tapio Kulmala	2015	芬兰
查尔斯·李波	Charles M. Lieber	2015	美国
安德森·林奎斯特	Anders Lindquist	2015	瑞典
保罗·纳斯	Paul Nurse	2015	英国
阿塔·拉曼	Atta-ur Rahman	2015	巴基斯坦
西蒙·怀特	Simon D.M. White	2015	英国
张　翔	Xiang Zhang	2015	美国
庄小威（女）	Xiaowei Zhuang	2015	美国
瓦列里·邦杜	Valery Bondur	2017	俄罗斯
陈德亮	Deliang Chen	2017	瑞典
耶日·杜辛斯基	Jerzy Duszynski	2017	波兰
福田敏男	Toshio Fukuda	2017	日本
安德烈·盖姆	Andre K. Geim	2017	荷兰、英国
约翰·霍普克罗夫特	John Edward Hopcroft	2017	美国
黄永刚	Yonggang Huang	2017	美国
廖国男	Kuo-Nan Liou	2017	美国
查德·米尔金	Chad A. Mirkin	2017	美国
文森特·珀尔	H. Vincent Poor	2017	美国
肖开提·萨利霍夫	Shavkat Salikhov	2017	乌兹别克斯坦
沈志勋	Zhixun Shen	2017	美国
詹姆斯·弗雷泽·司徒塔特	James Fraser Stoddart	2017	英国
王小凡	Xiao-Fan Wang	2017	美国
谢晓亮	Xiaoliang Xie	2017	美国
叶　军	Jun Ye	2017	美国
戴宏杰	Hongjie Dai	2019	美国
默罕默德·贾马·迪恩	Mohamed Jamal Deen	2019	加拿大
樊文飞	Wenfei Fan	2019	美国
伯纳德·L·费林加	Bernard Lucas Feringa	2019	荷兰

续表

姓名	英文姓名	当选年份	国籍
莱诺・伊・胡德	Leroy E. Hood	2019	美国
阿尼尔・库马尔・贾恩	Anil Kumar Jain	2019	美国
阿瑟夫・汉	Muhammad Asif Khan	2019	巴基斯坦
勒让德・路易	Louis Legendre	2019	法国
逯高清	Gaoqing (Max) Lu	2019	澳大利亚
玛西娅・麦克纳特（女）	Marcia Kemper McNutt	2019	美国
杰哈・莫罗	Gérard Albert Mourou	2019	法国、美国
亚历山大・谢尔盖耶夫	Alexander Mikhailovich Sergeev	2019	俄罗斯
卡尔・巴里・夏普利斯	Karl Barry Sharpless	2019	美国
约瑟夫・希发基思	Joseph Sifakis	2019	法国
保罗・斯潘诺斯	Pol D. Spanos	2019	美国
约翰・罗杰・斯彼克曼	John Roger Speakman	2019	英国
孙立成	Licheng Sun	2019	瑞典
托萨蒂・埃瑞奥	Erio Tosatti	2019	意大利
安东・塞林格	Anton Zeilinger	2019	奥地利
穆拉特・茹林诺夫	Murat Zhurinovich Zhurinov	2019	哈萨克斯坦

2019年逝世的中国科学院院士名单

（共19人）

姓名	学部	去世时间
于　敏	数学物理学部	2019年1月16日
梁敬魁	化学部	2019年1月19日
金国章	生命科学和医学学部	2019年1月29日
王业宁	数学物理学部	2019年2月22日
沈自尹	生命科学和医学学部	2019年3月7日
汤定元	数学物理学部	2019年6月3日
孔祥复	生命科学和医学学部	2019年6月17日
李济生	技术科学部	2019年7月28日
查全性	化学部	2019年8月1日
卓仁禧	化学部	2019年8月6日
卢永根	生命科学和医学学部	2019年8月12日
陈家镛	化学部	2019年8月26日
章　综	数学物理学部	2019年8月27日
王补宣	技术科学部	2019年8月31日
张嗣瀛	信息技术科学部	2019年10月4日
曾融生	地学部	2019年10月22日
陈星弼	信息技术科学部	2019年12月4日
陆士新	生命科学和医学学部	2019年12月6日
田　波	生命科学和医学学部	2019年12月15日

2019年逝世的中国科学院外籍院士名单

（共2人）

中文姓名	英文姓名	国籍	去世时间
若列斯·阿尔费罗夫	Zhores I. Alferov	俄罗斯	2019年3月2日
冯元桢	Yuan Cheng Fung	美国	2019年12月15日

院士增选和外籍院士选举工作

2019年中国科学院院士增选工作于2019年1月1日正式启动。经过推荐、通信评审、公示、会议评审以及全体院士终选投票等程序，2019年共产生中国科学院院士64名。其中，数学物理学部11人，化学部10人，生命科学和医学学部10人，地学部11人，信息技术科学部7人，技术科学部15人。新当选院士中，女性6名；平均年龄55.7岁，最小年龄42岁，最大年龄67岁，60岁（含）以下的占87.5%。在本次增选工作中，中国科学院加强院党组对增选工作的领导，进一步规范院士候选人组织审核把关、投诉信调查处理等工作。同时，通过新兴和交叉学科特别推荐机制和特别推荐小组推荐机制，专门设置新兴和交叉学科名额及特别名额，继续加强对新兴和交叉学科及国防和国家安全领域的支持。有多名与新兴和交叉学科研究相关的候选人当选，其中有4名候选人通过新兴和交叉学科推荐评审机制当选，有5位候选人通过特别推荐小组推荐机制当选。

2019年，中国科学院进一步加强对外籍院士选举工作的组织和引导，增加外籍院士正式候选人名额，重点关注“一带一路”沿线国家和科技实力较强的中小国家的候选人。经过全体院士投票选举，2019年共产生中国科学院外籍院士20名。新当选外籍院士来自12个国家，其中美国8人，法国3人，澳大利亚、奥地利、巴基斯坦、俄罗斯、哈萨克斯坦、荷兰、加拿大、瑞典、意大利、英国各1人；哈萨克斯坦、意大利首次有科学家当选；有3位诺贝尔奖获得者和5位来自“一带一路”沿线国家的候选人当选。

咨询评议工作

2019年，中国科学院学部主席团围绕党中央国务院重大决策需求，聚焦推动高质量发展全局性重大问题，积极部署咨询课题和推进咨询研究。加强重大咨询项目的策划组织，积极响应党和国家决策需求，探索组织实施重大项目，逐步完善重大项目立项流程，协同院科技智库理事会推进重大咨询项目部署及产出；着力抓好基础能力建设，依托咨询项目研究团队布局完善学部研究支撑体系，在院内遴选成立首批5家学部专业研究支撑中心，初步形成与学部综合研究支撑中心优势互补的新格局；着力完善咨询工作机制，进一步提高管理规范性，对申请项目预算实施财务专家审核把关机制，建立对咨询项目立项申请的题目审查机制和近似项目协调机制；着力建好学部咨询品牌，进一步提升咨询报告质量和公开性，通过官方网页逐步向全社会公开咨询报告。全年共部署新项目26项，上报咨询报告27份，以《中国科学院专报信息》方式报送院士建议15份，受到党中央国务院高度重视，为国家宏观决策提供了重要科学依据。此外，还结合实际工作和地方决策需求，在南京、重庆等地组织开展多场院士行活动，为地方政府决策提供智力支持和咨询建议。

科学道德建设

2019年，中国科学院积极贯彻落实中央关于作风学风建设要求，重点关注和强调院士增选纪律，持续组织开展院士群体科学精神宣传，前瞻部署科技伦理研究和研讨，在科学道德建设方面取得系列进展和成效。

积极贯彻落实中央《关于进一步弘扬科学家精神加强作风和学风建设的意见》的要求。联合中国工程院共同向“两院”院士发出《关于弘扬新时代科学家精神 做作风和学风建设表率的倡议书》；推动落实中央关于规范院士工作站的相关工作，向全体中国科学院院士印发《关于严格执行院士受聘院士工作站相关规定的通知》和《关于报送受聘院士工作站相关情况的通知》，顺利完成院士工作站摸底工作，为规范管理院士工作站提供依据。

持续开展“科学人生・百年”主题宣传活动，宣传老一辈科学家的科学精神和家国情怀。为吴文俊等26位院士设计主题宣传网站；采访院士生前的学生或同事，获得第一手珍贵资料；在北京、山东、江西、黑龙江、新疆等20余地组织“科学人生・百年”院士风采展览，结合开幕展组织《硅芯筑梦：中国半导体工业的奠基者——纪念王守武院士百年诞辰》主题报告；加强在中小学生群体中的科学精神宣传；加大与院士所在单位的联系，组织吴文俊学术思想座谈会等实体宣传活动。

常态化部署科技伦理问题研究和研讨。2019年4月在浙江组织“国际背景下中国科技伦理问题的挑战与应对”为主题的科技伦理研讨会，部署《新生物技术的前沿发展与可能的伦理挑战及应对策略研究》伦理研究项目；以院士建议形式向中央报送科技伦理相关咨询建议，为促进相关技术规范有序发展建言献策。

严肃院士增选纪律，营造风清气正的增选环境。重点关注2019年院士增选工作中可能出现的问题，向各位院士和有效候选人发出《关于严肃院士增选纪律的提醒》和《对2019年院士增选有效候选人的严肃提醒》；通过网站发布《致2019年中国科学院院士增选初步候选人的公开信》，多次重申和强调增选纪律；组织参加增选工作的院士、有效候选人签署诚信承诺书。

学术与出版工作

2019 年，中国科学院持续发挥广大院士的学术引领作用，在组织学术研究、学术交流和学术传播等方面开展卓有成效的工作。

加强科学前沿研判，准确把握世界科技革命和产业革命大势。国家自然科学基金委-中国科学院学科发展战略研究工作联合领导小组批准部署“数学发展战略研究：2021—2035”等 18 个学科系列项目，“人工智能的基础研究发展战略研究（2021—2035）”等 20 个前沿领域项目，以及 1 个总论项目，共计 39 项作为“中国学科及前沿领域发展战略研究（2021—2035）”项目立项；继续组织双方联合项目的立项启动会及中期交流会，为提升成果质量起到积极作用。

召开以“现代免疫学前沿与人类健康”为主题的 2019 年度雁栖湖会议，面向全球公开发布免疫学前沿与人类健康领域 12 个重大科学问题，扩大会议国际影响，进一步巩固了雁栖湖会议品牌学术活动“高端、精品、国际化”的定位。组织召开 15 场科学与技术前沿论坛，参加论坛做报告和讨论的院士专家人数近 300 人（含 110 位院士），现场听众近 4000 人，论坛成果在《中国科学》、《科学通报》以专题或专栏的形式发布。

加大各学部常委会对《中国科学》、《科学通报》各辑编委会的学术指导，对编委们所提意见采取措施予以落实，研究期刊投入产出情况并提出发展建议，《中国科学》、《科学通报》在国内外的学术影响力不断提升，阶段性目标按计划完成。

出版《空间科学》、《润滑材料》、《太阳电池科学技术》、《发育生物学》、《软凝聚态物理学》（上、中、下）和《“后摩尔时代”微纳电子学》8 部学科发展战略研究专著。

科学普及与教育工作

2019 年，中国科学院科普教育工作持续加强顶层设计和统筹协调，各项工作取得新进展。依托“科学与中国”院士专家巡讲平台，继续组织百余位专家开展“生态文明建设”和“创新驱动发展”主题巡讲、科学思维与决策课程讲座、院士专家视频公开课、院士专家进高校系列讲座、“科学道德与学风建设”宣讲等多项专题活动，全年共举办报告活动近 200 场，直接听众约 3 万人，“科学与中国”网站总浏览量达 106 万人次。进一步加强科普专题的系统性策划，与国家开放大学合作完成院士专家视频讲座 5 个专题课程的录制，全年共录制 23 场。积极推进科学文化建设与出版工作，院士文库建设稳步推进，丰富 1980 年及以前当选院士（472 人）的学术成就数据、著作目录等，并建设全新移动平台，实现移动端自适应访问。开展特色科学文化传播，完成多篇院士图片及口述故事，支撑 20 余场“科学人生 · 百年”院士风采展。汇总出版《智慧之书：482 条令人终身受益的院士箴言》，《空间技术护航“一带一路”》正式出版，《百名院士专家讲科普》（第二辑）和《和者达道——非传统安全与和谐发展》入选国家出版基金 2019 年度资助项目。继续拓展科普资源传播合作网络，存量视频剪辑加工面向网易、今日头条等新媒体二次传播，2019 年共发布短视频 80 余个，传播量近 300 万次。积极组织开展与科学教育和人才培养相关的咨询研究工作。举办以“科学教育与创新型科技人才培养”为主题的第四届科学教育论坛。

陈嘉庚科学奖基金会工作

2019 年，陈嘉庚科学奖基金会（以下简称“基金会”）在理事会的领导下，接受中国科学院的业务指导和民政部的监督管理，遵守国家各项规章制度，认真贯彻落实国家相关政策法规要求，圆满完成 2020 年度陈嘉庚科学奖和陈嘉庚青年科学奖的推荐和评审工作，多种形式扩大陈嘉庚科学奖的社会影响，不断加强自身建设，各项工作取得重要进展。

一是稳妥有序、顺利完成 2020 年度陈嘉庚科学奖和陈嘉庚青年奖的评审工作。理事会加强顶层设计，进一步强调奖项定位与标准，各评奖委员会坚持奖项的定位和标准，严格遵守工作程序和评审要求，基金会办公室强化组织协调工作，顺利评选出 5 项科学奖获奖项目和 6 位青年奖获奖人。

二是根据民政部《关于在社会组织章程增加党的建设和社会主义核心价值观有关内容的通知》以及基金会实际工作情况，对《陈嘉庚科学奖基金会章程》和《陈嘉庚科学奖和陈嘉庚青年科学奖奖励条例实施细则》进行必要的修订。

三是加强宣传，扩大陈嘉庚科学奖影响力。在《科学世界》上设“陈嘉庚科学奖 / 陈嘉庚青年科学奖”专栏，以访谈或者获奖人撰写文章等多种形式，刊登获奖科学家科普文章，深度解读获奖工作的科学意义和基本原理，分享获奖科学家在科研工作中的经验和收获，2019 年共刊登 9 位获奖科学家的科普文章。经过近 10 年努力，陈嘉庚科学奖报告会已成为重要的品牌活动，报告会对象从大学扩展到研究院所、军队、地方单位、扶贫区县等范围，2019 年共举办 4 场陈嘉庚科学奖报告会。

四是基金会办公室加强自身建设，对标国家有关部门管理要求和评估指标，结合近年来的评奖实践，系统梳理内部相关业务，逐条检查并整改各项工作，在 2019 年民政部评估工作中取得 3A 的良好成绩，并在 2018 年度民政部年检工作中被评为“合格”。

院直属单位情况

分 院 机 构

中国科学院科技创新发展中心（北京分院）

主　　任（院长）：周　琪（兼）
地　　址：北京市海淀区中关村南四街18号紫金数码园1号楼
邮政编码：100190
电　　话：010-62661266
传　　真：010-62661245
电子信箱：bjbxcc@cashq.ac.cn
网　　址：http://www.bjb.cas.cn

中国科学院北京分院（以下简称“北京分院”）是中国科学院院机关的派出机构，于2005年3月成立。2019年5月，在北京分院的基础上，设立中国科学院科技创新发展中心（以下简称“科技创新发展中心”）。科技创新发展中心与北京分院采用“一个机构、两块牌子”的形式一体办公。

截至2019年底，北京分院系统在北京、天津、山西的40个研究机构，2个公共支撑单位和2个其他单位，共有在职职工2.4万余人。其中专业技术人员2.1万余人，包括高级专业技术人员10 755人，中国科学院院士117人，中国工程院院士11人。

一、领导班子和后备干部队伍建设

抓好分院系统单位领导班子建设。完成7个研究所的领导班子任期考核、6个单位领导人员内部推选工作；完成33人的提任考察和转正考核。部署35个单位、1176位领导人员参加年度考核，评选2个单位（高能物理研究所和微电子研究所）为“北京分院2019年度优秀领导集体”。

加强后备领导人员的推荐和培养。以“启明星”计划为抓手，选拔培养和储备28位“启明星”人才；派出4个组近50人到上海分院、广州分院、新疆分院等院属机构进行调研；遴选330名优秀年轻干部和80余名可关注干部；开展10个研究所届中调研。抓好后备干部和所长助理队伍建设，推荐中层干部参加各类党校培训44人次，推荐北京市委组织部挂职2人；上报所级领导和中层领导共1073份个人有关事项年度报告；完成255人次的“重点核查”和“随机抽查”；加强领导干部因私出国（境）审批备案工作；加强中层干部选拔任用过程监督。

做好人事调配管理工作。高质高效做好人才队伍服务工作，拓宽政策通道，完善工作流程，办理留学人员接收、应届毕业生落户、境外调干、解决夫妻分居、军队转业干部安置、干部医疗办理等工作1000余人。

二、党建、党群与创新文化建设工作

扎实开展“不忘初心、牢记使命”主题教育。周密部署，从严从实抓好分院机关主题教育。成立主题教育工作组，分专题举行10次集中学习研讨会，23人做主题发言。深入基层开展20余次调查研究，形成6个专题调研报告。认真检视剖析问题，归纳形成问题清单26条，制定专项整治方案和突出问题整改方案。组织各支部召开组织生活会，开好领导班子专题民主生活会，召开“回头看”专题会议，认真开展自查，确保主题教育取得实实在在的成效。统筹联动，督导基层单位开展好主题教育。抽调分院机关8名同志加入院指导组，召开3次协调会。制定《“回头看”专项督查工作方案》，推动各单位做好自查和归档工作，形成《整改工作情况报告》，择优上报23项典型成果。

强化政治建设和思想建设。抓好中心组学习，全年召开15次中心组学习扩大会，对分院各单位年度中心组学习做出统筹安排，加强指导和巡听。组织开展北京分院系统年轻干部

深入学习习近平新时代中国特色社会主义思想培训班和北京分院“创新论坛”，北京分院系统180多名处级以上领导干部参加。召开学习十九届四中全会学习座谈会，部署开展“五个一”活动。成立北京分院党建政研会和人力资源管理研究会。举办“提升组织力、协力促率先”党支部工作经验交流会，推动党建工作与科研工作互相融合，引导党组织聚焦中心任务、党员群众聚力科技创新；完善分院基层工作平台专用模块开发，推动党建资源共享；指导6家单位规范完成党委换届，完成2018年党建考核工作。印发《基层党支部工作手册》和《发展党员工作操作指南》。严格落实“三会一课”制度，分院领导班子成员、支部书记带头讲党课，依托分院机关青年研学小组，举办2期“青年学习论坛”，开展“讲述院史院风、牢记初心使命”主题党日活动，组织参观中华人民共和国成立70周年大型成就展。制定机关党委工作规划，调整支部设置，实现党的组织和党的工作全覆盖。

推进群团工作和创新文化建设。完善分院“大群团”格局，坚持以党建带群建，扎实做好工青妇各项工作。举办北京分院首届职工田径运动会，近5000人参加。围绕国庆、院庆70周年，举办“率先行动故事汇”微视频展示、“唱响主旋律 讴歌新时代”文艺汇演、“决胜率先行动在我”演讲比赛，组织纪念五四运动100周年主题活动，承办“到人民中去”专场音乐会，开展“扶贫扶智扶志”活动，做实做强慰问帮扶、疗休养等服务职工工作，指导研究所加强职代会制度建设，为科技创新贡献群团力量和群众智慧。

三、院地合作

积极推进共建北京科创中心工作。做好2019“中关村论坛”支撑工作，院市共建干细胞与再生医学研究院签约；统筹组织好院“全国双创周”北京会场主题展，高质量展示院双创成效。推动10余家研究所纳入中关村服务平台和技术经理人协会支持。推动中科海淀智汇工场建设，探索首个概念验证中心建设，打造面向国民经济主战场成果展示厅。围绕院市共建怀柔综合性国家科学中心和中关村科学城开展调研，召开专题座谈会，形成专题调研报告，为院党组相关工作提供有力支撑。

搭建平台，责任区域内科技合作开展卓有成效。支撑好中国科学院参与河北雄安新区建设发展领导小组办公室相关工作。院省签署共建雄安创新研究院合作框架协议。在责任区内开展科技合作工作。与衡水市签署战略合作协议，共建（衡水）中科智汇工场，与河北工信厅协同推进河北省万企转型升级行动计划。河北省授予北京分院2019年度河北科技合作奖。推动天津科技成果转化中心平台建设，促进科技成果在津转化落地。遴选稀土、草业、信息等重点领域，与内蒙古联合布局科研项目，推动稀土中心、草业中心等机构建设取得新成效。通过项目落地、分支机构建设等，支撑山西能源革命试点相关工作。与沈阳分院、成都分院加强合作，强化指导与管理，提升区域科技合作规范化水平。科技服务网络计划（STS计划）项目工作、科技副职工作等都取得积极进展和成效。

着力推进科技创新重点工作，扶贫任务基本实现。加强顶层设计，制定推动研究所“一三五”规划工作方案。开展北京分院发展态势研究，形成《北京分院发展态势调研报告》，为推动分院改革发展提供决策支持。以联合研究、智库建设、平台建设、人才培养为抓手，做好科学院联盟工作。积极落实科技扶贫工作，通过领导小组工作推进会，推动各项任务抓实抓细，库伦旗扶贫已实现全面脱贫。

四、纪检、监察和审计

召开巡视工作培训会、动员会，配合中国科学院党组巡视组完成17家单位巡视工作，督促被巡视单位立查立改问题。多名纪检组成员作为检查组组长带队开展问题线索处置工作；成立由16名基层纪委书记和骨干人员组成的纪检核心团队开展问题线索处置工作。围绕干部选拔任用、党委纪委换届等工作，出具廉政鉴定352人次。指导各单位有效运用“四种形态”，强化监督执纪问责。严格日常监督，全年累计开展各类提醒682人次。按程序处理信访举报191件，完成7个单位经济责任审计工作、7个单位材料采购专项和2个单位扶贫项目审计工作，累计审计金额逾500亿元，提出审计建议112条。开展内审质量评估工作，成立北京分院科研道德建设督导委员会，在分院机关设置专职岗位，举办科研诚信建设专题培训班。

五、公共事务管理与协调

着力推进法人建设。2019年5月，在北京分院的基础上，设立中国科学院科技创新发展中心，10月确立新的领导班子集体。积极推进法人登记、ARP3.0建设、账户开立、资产清核、资源配置、新办公场所建设和建章立制等工作。加强部门职能和队伍能力建设。调整优化分院机关职能部门为“三办五处”，明确部门职责。进一步丰富人员结构，通过职工培训落实“对标要求，强化责任”。通过分院院务会研讨、中心组学习等形式，培养职工大局意识和格局。

创新科研安全工作管理模式。构建科研安全标准化体系建设，加强对分院各单位的安全工作流程和考核标准，从制度、监督机制、保障手段、专家队伍等方面加强对研究所网络安全工作的管理，与研究所负责人签订《安全责任书》。推进后勤支撑保障。专项整治奥运园区“停车难”问题，编制《“3H”工程建设项目竣工验收管理办法》，组织专家对52个“3H”工程项目进行预审，验收11个项目，完成46项修缮项目现场验收和2020年预审工作。创新做实重要人防项目防护工作，推动“食堂一卡通”试点。做好科学传播，推进继续教育工作。围绕国庆、院庆70周年，立体传播中国科学院改革创新发展成果，聚焦重大科研进展，宣传一线科技工作者和创新团队。举办14期科学人讲坛，9期科普讲座，开展“科学传播月”、“科普手拉手进校园”和“科普展教品DIY大赛”等特色科普活动。依托继续教育基地开展公需类和定制化培训，全年培训约800人次。

（撰稿：袁　念　韩　博　审稿：李　静）

沈 阳 分 院

院　　长：韩恩厚
地　　址：辽宁省沈阳市和平区三好街24号
邮政编码：110004
电　　话：024-23983356
传　　真：024-23983343
电子信箱：syb@mail.syb.ac.cn
网　　址：http://www.syb.cas.cn

中国科学院沈阳分院（以下简称“沈阳分院”）前身是1952年成立的中国科学院东北分院，负责管理中国科学院驻东北的工业化学研究所等8个科研单位。1954年8月东北分院撤销，所属研究所归中国科学院直接领导。1958年12月成立中国科学院辽宁分院，负责管理中国科学院在辽宁地区和地方的科研机构。1961年8月辽宁分院撤销，所属科研机构划归辽宁省科委领导。1962年10月恢复中国科学院东北分院，负责管理中国科学院在东北的科研单位。1970年8月东北分院撤销，所属单位归地方领导。1978年5月中央批准恢复成立中国科学院沈阳分院。

沈阳分院是中国科学院的派出机构，负责联络和协调中国科学院驻辽宁的大连化学物理研究所、金属研究所、沈阳应用生态研究所、沈阳自动化研究所，在山东省的海洋研究所、青岛生物能源与过程研究所、烟台海岸带研究所。此外，还负责联系中国科学院国有资产经营有限责任公司所属的沈阳计算技术研究所有限公司和沈阳科学仪器股份有限公司。

在推动“率先行动”计划及“一三五”规划落实方面，沈阳分院紧密结合国家创新驱动发展战略，围绕辽鲁两省重大科技需求，积极谋划部署院省合作重大事项，推进中国科学院“率先行动”计划与地方科技创新体系建设紧密结合。持续推进研究所“一三五”规划的组织实施，聚焦重大成果产出，大力推进系统单位“率先行动”计划任务的落实。积极促成中国科学院院长白春礼与山东省委书记刘家义会商院省合作，推动中国科学院与山东省共建山东能源研究院并启动建设，与山东省、青岛市共建中国科学院海洋大科学研究中心协议，携手打造青岛海洋科技创新高地。同时积极推进系统单位与辽宁省、市政府沟通，大力促进洁净能源国家实验室建设、沈阳材料科学国家研究中心建设；机器人与智能制造创新研究院、洁净能源创新研究院、中国科学院大学海洋学院、能源学院、机器人与智能制造学院和大连先进光源等中国科学院驻辽重要创新平台加快建设，为辽宁可持续高质量发展奠定了坚实创新基础。

截至2019年底，沈阳分院系统共有在职职工5279人。其中高级研究人员2741人，包括中国科学院院士14人，中国工程院院士7人。

一、领导班子和后备干部队伍建设

组织完成所级领导提任考察、试用期考核、任前谈话和宣布工作。完成沈阳分院领导班子换届考核相关工作。组织完成研究所领导班子和领导人员2018年度考核。重新修订《沈阳分院系统研究所局级领导人员因私出国（境）管理规定》。认真做好重大事项申报、干部提任考核和信息核查等工作。

推动完成沈阳应用生态研究所后备干部的推荐工作；落实中国科学院党组关于优秀年轻干部调研的工作要求，确认系统单位优秀年轻干部，组织完成3家研究所40岁以下后备干部的推荐工作。通过组织中青年干部培训班，加强对后备干部的思想政治培训工作。

组织开展第33期所级领导干部培训班，与研究所所长、党委书共计15人进行年度廉政谈心谈话。

二、党建、党群与创新文化建设

认真履行中国科学院党组赋予的职责，自觉加强分党组自身建设，结合实际制定《分党组2019年工作要点》、《分党组中心组学习计划》，全年召开分党组会14次，分党组理论中心组学习15次。注重加强分党组成员作风建设，定期到系统单位开展调研，并认真落实分党组成员在支部讲党课要求。

扎实开展“不忘初心、牢记使命”主题教育。累计组织召开10次主题教育学习研讨会、报告会，邀请兄弟分院领导交流主题教育经验、省委党校教授做专题报告。梳理形成主题教育问题清单，召开主题教育对照党章党规找差距专题会议，对需要重点查摆的18个问题进行一一对照检查，形成专项整治情况报告，向全体党员通报主题教育阶段性工作及专项整治情况。认真组织召开专题民主生活会，开展主题教育“回头看”工作。深入自查分析研判，建立长效机制。

大力推动系统单位基层党支部规范化建设，全面落实党的组织生活制度。组织完成年度党建工作述职评议考核；组织召开系统单位党委书记学习日活动；举办中国科学院党建思政会第四片区交流研讨会。深入开展“传承雷锋精神、服务全面振兴”、向张富清同志学习等主题活动。

为庆祝中华人民共和国成立70周年和中国科学院建院70周年，弘扬科学精神，沈阳分院组织系列活动。积极向省委宣传部推报李依依院士先进事迹，分院机关录制“我和我的祖国”快闪视频，组成合唱团参加文艺汇演活动。组织《我和我的祖国》红色观影，组织系统单位离退休老同志开展文艺汇演等系列庆祝活动。

积极开展统战群团工作。与辽宁省侨联签署战略合作协议，共同推动科技创新、人才培养、国际交流和成果转化。举办分院足球友谊赛，第四届职工乒乓球赛，并获院首届职工龙舟赛、分院间乒乓球邀请赛季军。

驻村扶贫工作再创佳绩。通过提出“转思路、重产业、抓项目、优环境、活创业”扶贫新战略，创新性地开展“五帮扶”活动，帮扶对象荒地村全年实现经济收入3507万元。分院获得全省扶贫先进单位五连冠。

三、院地合作

引领辽鲁区域创新体系建设。在辽宁，“航空遥感系统”机库、中国科学院兰州化学物理研究所“基于环烷基基础油的高端润滑油品研发”等项目落地。在山东，中国科学院、山东省、青岛市三方共建中国科学院海洋大科学研究中心和山东能源研究院两个重大创新平台。山东中科先进技术研究院、空天信息创新研究院齐鲁研究院、潍坊现代农业与生态环境研究院等创新平台先后落户济南、潍坊等地。加强对研究所驻青岛分支机构的协调与服务，并以中国科学院科技服务网络计划（STS计划）山东区域重点项目为牵引，集成相关分支机构共同策划重大项目并给予倾斜支持4项。不断深化与山东省科学院、山东科技大学等机构的合作。

布局辽鲁转移转化工作体系。依托沈阳国家技术转移中心和山东综合技术转化中心新建4个分中心。截至2019年底，辽鲁两省已建立29个分中心。继续完善沈阳分院科技成果转化网建设，整理、遴选科技成果1486项，专家团队116个，科技政策80条，上线3年半，访问量突破150万次。

院地共建成果转化平台。加强沈阳国家技术转移中心成果转化基地建设，截至2019年底累计引进11个产业化项目，储备项目5项，孵化出10家高技术企业，入驻项目申请专利84件，授权10件，实现合同额7879万元。转化基地2019年成功获批辽宁省首批新型研发机构，据不完全统计，2019年丹东育成中心项目实现销售收入8409.8万元，5年累计实现销售收入3.12亿元；积极推动院属单位与地方政府、企业共建各类成果转化平台7个。

推动重大科技成果落地转化。沈阳分院继续围绕辽宁山东两省企业转型升级、新旧动能转换的契机，加大中国科学院科技服务网络计划（STS计划）项目支持力度，项目数达到21个，争取经费3250万元。积极推动超过60家院属单位在辽鲁开展合作，其中，沈阳应用生态研究所的保护性耕作成套技术在铁岭成功示范，中共中央政治局委员、国务院副总理胡春华现场考察应用。积极实施“中国科学院 - 威高集团研究发展计划”。举办科技对接活动近900次，签署重要合作协议17个，共建创新平台113个，新落实合作项目216项。精心拍摄中国科学院与辽宁省、山东省院地合作宣传片，彰显中国科学院与辽鲁合作成效。

四、纪检、监察和审计工作

严明规矩意识，教育监督多措并举，强化纪律建设。坚持廉政责任制检查考核制度，落实领导班子廉政建设责任。开展专项审计，加强内控建设。建立健全科研诚信机构的组织体系，成立沈阳分院科研道德建设督导委员会。2019年，分院纪检组共受理和处理上级转交信访办举报25件。积极推荐系统单位巡视干部参加巡视工作，强化政治监督，沈阳分院被院巡视工作办公室评为2019年度巡视干部“优秀选派单位”。

五、院士联系工作

沈阳院士联络处建立院士服务网络体系，做好院士服务与联络工作。完成院士2019年新春慰问、生日慰问。协助部分院士办理退休相关事宜，帮助院士联系解决就医问题。发挥院士专家高端智库作用。结合地方需求，积极邀请院士参与科普教育工作，为社会公众宣传科学精神和科学思想。

六、公共事务管理和协调

大力推动驻辽研究所与高校的研究生合作培养工作。沈阳分院与辽宁省教育厅，驻辽4个研究所与驻辽14所高校共签署31份合作协议，研究所导师实现了独立招生且推免生比例得到提高，解决了所内矛盾和需求。

积极主动协调驻辽5家单位2019年参加省级养老保险。按时顺利完成驻沈单位退休人员的个人账户退付工作，总退付金额约1800万元。

组织系统单位公众科学日活动，共接待受众3万余人次。加强科普常态化，共组织科普报告100余场。

（撰稿：王绍辰　杨　宏　审稿：郭秀银）

长春分院

院　　长：甘建国
地　　址：吉林省长春市人民大街7520号
邮政编码：130022
电　　话：0431-85380224
传　　真：0431-85384068
电子信箱：ccb@ms.ccb.ac.cn
网　　址：http://www.ccb.ac.cn

中国科学院长春分院（以下简称“长春分院”）是中国科学院的派出机构，恢复成立于1978年5月。长春分院的定位与任务是：配合中国科学院有关部门做好所在地区院属单位的领导班子建设和后备干部队伍建设；推动、督促和检查所在地区院属单位的科技创新及事业发展重点工作；组织开展中国科学院与吉黑两省的院地合作，推动科技成果转化；指导和推动所在地区院属单位的党建、创新文化建设、纪检、监察审计等工作，并指导和监督财务管理工作；联系和服务所在地区的中国科学院院士；加强与地方政府部门的联系，为相关单位提供必要的公共服务。长春分院系统现有4个院属研究机构：长春光学精密机械与物理研究所、长春应用化学研究所、东北地理与农业生态研究所及国家天文台长春人造卫星观测站。

截至2019年底，长春分院系统共有在职职工3371人，其中科技人员2560人，包括中国科学院院士10人，中国工程院院士1人，发展中国家科学院院士4人。设有博士点21个，硕士点26个，共有在学研究生1873人。

2019年，长春分院按照中国科学院“率先行动”计划、“一三五”规划、研究所分类改革要求，提前谋划和布局，积极组织系统研究所围绕“十四五”规划开展前期探讨，并形成“十三五”总结总体思路，为系统研究所落实“率先行动”计划、“一三五”规划和未来区域院地合作形成有效的支持。积极推动长春光学精密机械与物理研究所形成“精密仪器与装备创新研究院”方案，并通过中国科学院深改小组审议；推动长春应用化学研究所召开促进改革“研究所跨越发展研讨会”，为其深化改革提供支持；推动东北地理与农业生态研究所“国家湿地研究中心”签约挂牌和建设，沟通推动湿地生态国家重点实验室等相关工作，保持长春分院系统研究所在中国科学院机构改革和区域创新发展方面持续竞争力。

一、领导班子和后备干部队伍建设

开展领导班子年度考核、领导干部个人事项报告、述职述廉、任前档案核定、兼职审批、因私出国（境）审批办理等工作。组织召开领导班子民主生活会。开展干部监督、管理、教育工作。

协助完成长春光学精密机械与物理研究所近期可关注干部推荐、增补领导班子成员、试用期满考核工作和长春应用化学研究所领导班子任期考核后续相关工作。协助完成东北地理与农业生态研究所增补领导班子成员、试用期满考核工作和国家天文台长春人造卫星观测站领导班子任期考核工作。

二、党建、党群与创新文化建设

组织召开理论中心组学习、党建工作会议、党建工作推进会等，认真学习贯彻落实《中共中央关于加强党的政治建设的意见》，进一步强化政治意识和责任意识，坚决做到“两个维护”。

认真组织开展“不忘初心、牢记使命”主题教育。分院领导班子成员强化理论学习，开展专项调研。召开领导班子专题民主生活会。制定专项整治实施方案，召开整改阶段督导会议。

扎实开展基层党组织星级达标创建活动。认真落实“三会一课”、组织生活会、谈心谈话、民主评议党员、主题党日等制度。举办党支部书记轮训班、“不忘初心、牢记使命，做新时代好干部”专题培训班。指导长春应用化学研究所、国家天文台长春人造卫星观测站。进行党委、纪委换届。发展预备党员50人。

组织开展文艺汇演等庆祝活动28场。组织参评吉林省各种荣誉称号人选推荐工作。完成中国科学院无党派人士重点人选和省市民主党派人选推荐及民主党派和无党派人士统计工作。加强离退休管理与服务。

三、院地合作

中国科学院院长白春礼与吉林省委书记巴音朝鲁会商，院省签署《吉林省政府中国科学院关于推动吉林省打造新动能实现高质量发展的合作协议》。

中国科学院长春技术转移中心平台新孵化科技型企业19家，累计孵化成立科技型企业87家。哈尔滨育成中心平台新增企业7家，累计孵化企业48家；大庆分中心新增企业3家，累计孵化企业7家。长春中俄科技园设立代表处或技术市场5个，组建中外联合实验室8个。长春中白科技园积极引进白俄罗斯国立技术大学院士团队，共同建立中白精准医疗器械研究院。为吉林省璀璨产业园推荐“小间距LED显示产品”等10个可产业化项目。东辽生态农业研究与示范基地共种植示范作物品种500多个，推进辽河源基地作物生长监控系统和环境监测信息系统投入使用。

组织所企合作，推动高寒地区超高功率密度启动电源开发等项目开展技术交流与合作。组织沈阳自动化研究所、长春应用化学研究所、金属研究所等与中车长客开展技术交流。推动化学研究所与长春大成集团完成异山梨醇型聚酯千吨级试运行。推动吉林亚泰医药集团有限公司、吉林大学第一医院等单位签署《合作框架协议》，实现“国产医用重离子治理装置”项目落地吉林。

吉林省参照中国科学院科技服务网络计划（STS 计划）区域中心管理启动项目 6 项，黑龙江省启动项目 2 项。吉林省省院合作资金共征集中国科学院 30 多家研究所项目 121 项。黑龙江省省院合作资金支持与中国科学院合作项目 8 个。

开展中国科学院第十五届公众科学日（长春）活动。举办中国科学院长春分院“启明星”校园科学节。开展科普报告 28 场、科学课 64 个学时，受众超 9000 人。

四、纪检、监察和审计

召开分院党政班子联席会，部署党风廉政建设和反腐败建设。召开党风廉政建设教育大会，组织各所站党政领导班子成员签订党风廉政建设责任书。开展个人事项重点核查和随机抽查。严格落实中央八项规定及其实施细则精神。制定并落实《长春分院领导班子行为守则》、《长春分院机关工作人员“十不准”》。

组织实施审计项目 2 项，审计金额 2.55 亿元，发现问题 15 个，提出整改意见 12 条。及时、规范处理信访案件。成立长春分院科研道德建设督导委员会，开展科研诚信建设。

五、院士联系工作

加强院士服务，开展“院士龙江行”系列活动，联合举办“家国情怀·科学精神——长春院士展”暨《家国情怀·科学精神》新书发布仪式，支持《院士在吉林》一书顺利出版。协助组织院士康养活动。

六、公共事务管理和协调

发挥分院机关职能，加强与研究所沟通和交流，对分院各所站“率先行动”计划实施等重点工作进行推动和督促。积极推介研究所科技成果。

完善制度体系建设，及时修订相关制度。深化安全风险分析与防范和应急处置体系建设，签订 2019 年度安全包保责任书。开展研究所基建项目督导。开展分院系统保密教育培训。加强信息宣传。承担中国科学院档案馆二期档案进馆指导员工作。

加强预算管理。做好新旧制度转换和衔接。规范对外投资与固定资产管理，提升资产使用效率。推动工作信息化，提高网络安全保障能力和防护水平。

（撰稿：赵　军　李佰慧　审稿：马七军）

上海分院

院　　长：王建宇
地　　址：上海市徐汇区岳阳路 319 号
邮政编码：200031
电　　话：021-64312363
传　　真：021-64374915
电子信箱：huangcs@shb.ac.cn
网　　址：http://www.shb.ac.cn

中国科学院上海分院（以下简称“上海分院”）是中国科学院的派出机构，负责联系和管理中国科学院在上海、浙江、福建地区的研究院所工作。上海分院始于 1950 年 3 月经政务院批准成立的中国科学院华东办事处，接管并改造了“中央研究院”和北平研究院在上海、南京的研究机构，1958 年 11 月成立上海分院，1961 年改为华东分院，1970 年中国科学院撤销分院体制，1977 年 11 月恢复成立中国科学院上海分院。

上海分院现有 18 个法人研究机构：上海微系统与信息技术研究所、上海硅酸盐研究所、上海光学精密机械研究所、上海应用物理研究所、上海技术物理研究所、上海有机化学研究所、上海营养与健康研究所、分子细胞科学卓越创新中心、脑科学与智能技术卓越创新中心、分子植物科学卓越创新中心、上海天文台、上海药物研究所、上海巴斯德研究所、福建物质结构研究所、宁波材料技术与工程研究所、城市环境研究所、上海高等研究院、微小卫星创新研究院。

上海分院聚焦“率先行动”计划和上海科创中心建设，率先取得法人资格的四类机构在上海分院形成集聚；作为主力军支持上海科创中心建设攻坚突破、初成规模；全年重大成果不断涌现。

面向国家重大战略需求，为嫦娥四号、北斗导航项目开展科研攻关；多项光学有效载荷成功应用，覆盖气象、资源、海洋、环境减灾及科学探索等领域；我国首颗空间引力波探测实验卫星“太极一号”发射成功；首款在轨可重构“新微芯”通信安全芯片上星成功运用。

瞄准世界科技前沿，首次揭示了金属调控氮自由基攫氢反应选择性的新机制；首次成功构建了国际上首批遗传背景一致的基因敲除的生物节律紊乱猕猴模型。在2019年公布的自然指数中，上海分院6家科研机构进入中国科学院系统前20。

聚焦国民经济主战场，进一步发挥科技支撑服务作用，一大批科技成果实现转移转化。抗阿尔茨海默病新药“九期一”有条件批准上市；上海瀚讯创业板上市；尚飞光电“新三板”挂牌；浙江摩贝在美国纽约纳斯达克交易所上市；世界首例诺如病毒四价疫苗获批进入临床研究等。

截至2019年底，上海分院（含各研究所）共有在职职工12 331名。

一、领导班子和后备干部队伍建设

注重分析研判、通盘考虑，选优配强领导班子。高效完成2018年系统领导班子年度考核工作，并面对面反馈考核结果；完成3个研究所任期考核、4个研究所班子组建和4个研究所两委换届工作。适时开展系统所长、党委书记、党建专题研修班等系列培训；认真做好并全程参与系统领导干部民主生活会。

开展系统中青年骨干等系列培训工作，完成18家单位300余名干部的档案检查工作。组建调研组赴北京对34家研究所开展调研，完成中国科学院优秀年轻干部及班子建设调研专项任务。

二、党建、党群与创新文化建设

深入开展“不忘初心、牢记使命”主题教育。统筹协调，策划部署。设计“十个一”工作项目、形成18项重点任务分解表；制定系统主题教育24项重点任务清单。围绕中心，推进牵引。围绕“十个一”工作项目，就改革发展问题进行集中研讨。组织“身边榜样”事迹报告会、党员教育基地现场学习会、党务干部革命传统教育、中美贸易摩擦形势任务教育等，为研究所开展工作提供牵引示范。注重成效，整改督导。召开4次专题座谈会听取系统和机关代表意见，凝练18项问题清单；组织分党组领导牵头5个调研课题，召开4次整改研讨会，形成工作方案和机制；听取中国科学院指导组意见建议，总结共性问题；牵头督导“回头看”，对15家单位开展现场督导，巩固主题教育成果。

基层党建。完成2个党员教育基地建设，累计参观学习超过1700人次；首次召开上海分院研究生党建和思想政治工作会议。

群团工作。开展建国建院70周年主题活动；举行首届“身边优秀榜样”先进集体和先进工作者评选表彰；举办“探索创新70载，勇攀高峰新时代”主题晚会和“辉煌70载　助力中国梦”第三届职工运动会等活动；创设科苑梧桐大讲坛、青咖沙龙等，营造凝心聚力氛围。

三、院地合作

发挥主力军作用，共建上海科创中心。聚焦集成电路、量子信息、生物医药三大领域，着力建设国家实验室。探索符合张江实验室当前发展阶段的创新型管理机制，完善《张江国家实验室建设方案》。成立上海量子科学研究中心；稳步推进张江药物实验室建设；开工建设上海脑科学与类脑研究中心。

助力重大科技基础设施建设。上海光源线站工程（二期）、超强超短激光实验装置、硬X射线自由电子激光装置、活细胞结构与功能成像线站工程等顺利推进建设；软X射线自由电子激光用户装置交付使用；生物医学大数据基础设施、多功能小型模块化钍基熔盐堆研究设施、药物靶标发现与确证交叉科学设施等“十四五”重大科技基础设施项目加快推进。

发起大科学计划。启动全脑介观神经联接图谱及克隆猴模型计划市级科技重大专项、病毒性疾病全球研究计划、全基因组蛋白标签计划、中国SKA区域中心建设等多项科技合作专项，推动上海科技创新联合发展中心建设。牵头推进“十三五”科教基础设施项目，实现年内批复、年内开工，提升研究所融入上海科创中心建设能力。积极参与上海科创中心承载区建设。与嘉定、松江、临港等承载区共同推进人工晶体研发与转化功能型平台、集成电路材料技术创新中心、G60脑智科创基地、光技术工业研究院、临港化合物半导体创新研究院等，取得实质性进展。

推动区域经济发展。聚焦浙闽发展，推动区域创新体系建设。在浙江，协助肿瘤与基础医学研究所筹建；推动中国科学院大学杭州高等研究院建设，完成5个二级学院团队组建及建设方案评审。在福建，组织举办技术对接、创新项目成果交易会等近20场活动；推动海西研究院与华峰集团、声学所东海站等合作。搭建成果展示平台，增强科技创新影响力。组织参加2019世界人工智能大会，主办AI科技沙龙；组织参展2019全国双创周和工博会，2项创新成果获工博会大奖。

助力长三角一体化高质量发展。致力建设长三角区域科技创新共同体。与上海科学院开展合作共建；协办长三角一体化创新发展高峰论坛；参与长三角区域全面创新改革座谈会。

四、纪检、监察和审计

召开沪区纪委会、党风廉政建设大会，提升全体党员廉政意识。成立科研道德建设督导委员会，组织专题报告会，开展“送学上门”活动。

抓实党委主体责任，通过走访约谈、主题学习、纪委书记座谈会、述职述廉考评、签订责任书等形式，督促研究所领导落实党风廉政建设责任制。

做好信访检控工作，全年受理处置信访举报28件。完成4家单位任期经济责任审计工作和1项公司年报审计；开展内部审计工作调研等。

五、院士和战略智库工作

举办2019中德前沿探索圆桌会议、“浦江创新论坛”分论坛、香山科学会议、上海院士专家峰会、工博会院士圆桌会议、“海上院士讲坛”等一系列高水平学术会议；与浦东院士中心合作开展《国家实验室人才发展体制机制创新研究》课题研究，贡献创新策源力量。

六、公共事务管理和协调

安全保卫保密。加强危化品管理等各类安全专项检查，督促系统研究所完善应急预案。组织系统研究所做好国庆70周年庆典和第二届进博会等重大活动期间网络安全保障工作。全年未发生重大安全责任事故。

基建工作。组织研究所“十四五”科教基础设施建设项目研讨及申报；组织完成11#楼、25#楼修缮项目施工，并通过验收。

财务与审计监督。完成对5家研究所经济责任审计，发现问题54个、涉及金额1346.76万元；完成对上海营养与健康研究所材料采购及关联业务内部控制专项审计，针对发现的问题，提出建议12条；开展对本单位、辖区内各研究所内审质量评估、北京分院及高能所审计质量评估。

人事人才。新增3名中国科学院院士，2名中国工程院院士。牵头组织系统4家单位争取上海市人才高峰工程支持，实现上海市首批高峰人才团队全部落户上海分院，争取总经费约7.3亿元。

科学传播。以建国建院70周年、科创中心五周年为契机，开展重大成果及重要活动系列宣传。联合南京分院组织“长三角一体化媒体记者江苏行”活动、组织“媒体记者走进海西院”活动，宣传展现科技国家队在长三角和福建省院地合作的创新成果。2019年各大媒体上发布报道560余次，网站发布信息1800余篇，微信公众号全年访问量万余次。组织参加院“公众科学日”、“科学节”等活动，网上直播点击率近20万人次。

国际合作。与俄罗斯科学院远东分院、俄罗斯圣彼得堡理工大学、白俄罗斯国家科学院签署合作协议；牵头承办“一带一路”科技创新联盟国际研讨会，拓宽国际合作平台。

七、研究生教育基地建设

以师德培训为重点组织导师培训班，参训导师达220人；协助中国科学院大学建设并启动“心理咨询室（岳阳路）”；协同组织第四期中国科学院研究生创新创业班。

（撰稿：黄初霜　何　静　审稿：王建宇）

南京分院

院　　长：杨桂山
地　　址：江苏省南京市北京东路 39 号
邮政编码：210008
电　　话：025-83367159
传　　真：025-83362239
电子信箱：xmgao@njbas.ac.cn
网　　址：http://www.njb.cas.cn

中国科学院南京分院（以下简称“南京分院”）的前身是中国科学院华东办事处。1950 年，中国科学院接管“中央研究院”在南京的科研单位，成立中国科学院华东办事处，1969 年，华东办事处撤销，1978 年 11 月，经国务院批准恢复成立中国科学院南京分院。

南京分院负责联络和协调中国科学院在江苏地区的研究所工作，以及江苏省和江西省的院地合作工作。分院系统现有 9 个法人研究机构，包括紫金山天文台、南京地质古生物研究所、南京土壤研究所、南京地理与湖泊研究所、南京天文仪器有限公司、南京天文光学技术研究所、苏州纳米技术与纳米仿生研究所、苏州生物医学工程技术研究所和江苏省中国科学院植物研究所（双重领导）。

2019 年，南京分院全面落实中国科学院党组各项决策部署，聚焦服务“率先行动”计划深入实施，系统谋划和推进研究所改革创新发展，提升区域科技创新支撑能力。聚焦江苏重大战略需求，以分院麒麟新园区和中国科学院大学南京学院的建设为契机，推动院省市共同将麒麟科技城打造成南京综合性科学中心的核心区和中国科学院服务地方国民经济主战场的区域创新高地。面向江西省重大需求，协助院机关和有关单位协调推进中国科学院与江西省签约共建中药大科学装置、庐山植物园与稀土研究院，推动中国科学院与江西省合作开启新篇章。

2019 年，紫金山天文台常进研究员当选中国科学院院士、南京土壤研究所张佳宝研究员当选中国工程院院士。截至 2019 年底，南京分院共有在职职工 2568 人，其中科技人员 1873 人，包括“两院”院士 10 人，研究员及正高级工程技术人员 399 人，副研究员及高级工程技术人员 609 人。

一、领导班子和后备干部队伍建设

优化领导班子组织结构，先后完成南京地理与湖泊研究所领导班子组建，苏州生物医学工程技术研究所党委书记提任考核考察及党委副书记兼纪委书记推荐，紫金山天文台、南京地理与湖泊研究所党委纪委换届选举，南京天文光学技术研究所、苏州纳米技术与纳米仿生研究所领导班子换届前期调研工作。

加强开展后备干部推荐工作，结合年龄优势、专业结构、性别结构、管理型与专业型干部搭配合理等要素，完成南京地质古生物研究所、南京土壤研究所后备干部推荐。联合沈阳分院开展青年干部工作调研，全面摸排系统单位青年人才数据，建立青年干部人才库，指导研究所对年轻后备干部安排实岗锻炼。

二、党建、党群与创新文化建设

扎实开展“不忘初心、牢记使命”主题教育。制定主题教育实施方案，开展“纪念建党 98 周年暨‘不忘初心、牢记使命’主题教育党日活动”，与合肥物质科学研究院联合举办所局级领导“不忘初心、牢记使命”主题教育学习研讨会。分党组成员赴基层调研 5 人次，完成调研报告 5 篇，切实将调研成果转化为指导实践、解决问题的工作思路。

强化党务干部培训，与江苏省 G12 党建共建单位联合举办党员领导、党务干部培训班 5 期；联合 G12 党建共建单位举办庆祝建国 70 周年歌咏大会；邀请江苏省委宣讲团成员面向 G12 单位党员作十九届四中全会精神专题辅导报告会。南京分院申报的课题《科研院所有效运用监督执纪“四种形态”中的第一种形态的研究》被评为全国党建研究会科研院所专委会 2018 年度优秀课题成果奖一等奖。

三、院地合作

向江苏省、南京市主要领导报送《关于“十四五”江苏科技创新发展的若干建议》、《关于加快推进南京创新名城建设的若干建议》以及《南京构建全国一流创新生态系统对策研究》

等，推动麒麟新园区和中国科学院大学南京学院所在的麒麟科技城上升为南京综合性科学中心核心区，高起点谋划麒麟区域创新高地建设。与南京市政府共同引进中国科学院软件研究所、过程工程研究所、工程热物理研究所、微电子研究所在麒麟科技城建设高端软件、绿色智能制造、未来能源和类脑人工智能创新研究院。组织属地三家天文领域研究机构联合相关高校，建设空间天文探测装置测试、运控、建造和数据平台，建设国内领先、国际一流的“空间天文研究中心”；谋划属地三家资环领域研究所，联合相关高校和部属科研院所，建设以土壤污染修复和河湖水环境治理为核心的“水土环境研究中心”；面向苏州市的重大需求，向苏州市委市政府提出院市“十四五”合作重点，推动打造中国科学院苏州区域创新高地。

围绕江西重大战略需求，配合院机关协调各方推进江西省大科学装置前期培育和重大创新平台载体建设，推动中国科学院与江西省共建中药大科学装置、中国科学院庐山植物园、中国科学院稀土研究（筹）和江西省稀土研究院。推动召开江西中心第一届理事会第一次会议，南京分院与江西省科学院签署了《关于江西中心运行管理合作备忘录》。

积极探索科技成果转化的市场化规范化模式。推进科技服务网络计划（STS 计划）江苏中心实体化市场化运作，采取政府采购科技服务的方式，以南京中科麒智科技有限公司为运营平台，分别在江苏省昆山经开区、连云港高新区和南京麒麟高新区建立 3 个分中心，开局取得良好实效。强化依托南京分院运行的院级非法人中心规范管理，鼓励中心改革提升自我造血功能。强化 STS 计划区域重点项目规范管理，2019 年在研 STS 计划江苏区域重点项目共获中国科学院投入经费 8400 万元，获地方企业配套经费 1.57 亿元。南京分院科技合作与成果转化团队获 2019 年度中国科学院科技促进发展奖。

四、纪检、检查和审计工作

完善纪检规章制度，成立南京分院机关纪委，调整设立党建监督审计处。加强内部审计监督，出台《南京分院内部审计工作规定（试行）》，对内审工作予以规范。深入落实党风廉政建设责任，组织关键岗位人员层层签订责任书，形成责任传导机制。接受中国科学院党组政治巡视和中央巡视组延伸巡视，对 5 年来的工作进行政治体检。配合中国科学院党组巡视组对系统 2 家单位开展巡视工作，督促研究所对巡视问题予以整改清退；对相关责任人，深入践行“四种形态”进行诫勉谈话。

五、院士联络工作

积极发挥院士联络处作用，组织在苏中国科学院院士咨委会承担省重点软课题，调研广东科创中心建设，召开高层论坛等。组织院士咨委会向江苏省委省政府提交长三角地区大气污染咨询报告，得到江苏省分管领导多次批示。组织开展近 10 场院士行活动，深度服务地方创新发展，助力院士专家与企业科技对接。

六、公共事务管理和协调

分院麒麟新园区建设进展顺利，26 万平方米建筑已全面开工。南京土壤研究所、南京地理与湖泊研究所地块还建部分全部完成封顶并主体验收通过，南京土壤研究所进入内装设计阶段；南京天文光学技术研究所科研楼和分院配套设施已进入地上主体建设阶段。中国科学院大学南京学院基础教学园区正式开工建设，双创楼完成主体架构建设。推动南京市政府出台《支持中国科学院高端创新资源落户麒麟科技城的政策措施》，从安居、人才保障、轨道交通、项目、资金等 7 个方面制定支持中国科学院机构与人才落地特殊政策。

围绕中国科学院在“长三角一体化”国家战略中的行动和成效，联合上海分院组织开展媒体记者江苏行活动。科普工作聚焦区域性科普平台建设，打造“科学课程—科普讲座—科学营—科学探究计划—科普旅游”立体科普体系，惠及社会公众 140 万人。

（撰稿：范晓松　高晓敏　审稿：杨桂山）

武 汉 分 院

院　　长：袁志明

地　　址：湖北省武汉市武昌区小洪山

邮政编码：430071
电　　话：027-87197170
传　　真：027-87199480
电子信箱：whb@ms.whb.ac.cn
网　　址：http://www.whb.ac.cn

中国科学院武汉分院（以下简称“武汉分院”）于1956年开始筹建，1958年7月正式成立。1961年与广州分院合并成立中国科学院中南分院，武汉分院调整为中国科学院中南分院武汉办事处。1969年中南分院撤销，1970年中南分院武汉办事处撤销。1978年经国务院批准恢复中国科学院武汉分院建制。

武汉分院是中国科学院机关的派出机构，负责联络和协调中国科学院在武汉地区的武汉岩土力学研究所、精密测量科学与技术创新研究院、武汉病毒研究所、水生生物研究所、武汉植物园和武汉文献情报中心。

2019年，武汉分院认真落实中国科学院党组各项决策部署，全面加强党的领导，深入推动落实“率先行动”计划，主动谋划融入区域创新高地建设，支撑服务保障研究所创新发展，各项工作迈上新台阶，为武汉分院系统基本实现“四个率先”打下坚实基础。

截至2019年底，武汉分院系统共有在职职工1849人。

一、领导班子和后备干部队伍建设

根据研究所领导班子及可近期关注干部情况，做好预案，严格程序，把优秀干部选拔进领导班子。优化领导班子组织结构，协助完成精密测量科学与技术创新研究院班子组建工作，开展武汉岩土力学研究所、武汉植物园领导班子和领导人员任期届满考核，完成武汉分院、武汉病毒研究所、水生生物研究所领导人员试用期满考核。完成武汉病毒研究所可近期关注干部集中调整。对调研形成的分院系统各单位青年干部名单进行综合研判，推动研究所重视和加强青年干部培养。

抓好领导班子换届结果、年度考核结果反馈，对存在的问题及时提醒，形成严格约束。认真做好拟任干部“四必核查”工作，全年共核查领导人员信息27人次。规范领导人员因私出国管理。

二、党建、党群与创新文化建设

全方位深化理论武装。扎实开展“不忘初心、牢记使命”主题教育，深入一线调研交流，形成专题调研报告、检视剖析材料，制定整改方案，分党组13个问题已整改到位，需要长期落实的11个问题已初步整改、初见成效。深入学习研讨习近平总书记系列重要讲话精神，党的十九大和十九届二中、三中、四中全会精神，召开分党组理论中心组学习会11次，开展经常性党员教育活动。大力弘扬科学家精神，办好建国建院70周年各项庆祝活动，以情景剧形式将科学家故事搬上舞台，积极选树钟彩虹、陈卫忠等优秀科学家典型，营造良好创新文化氛围。

认真贯彻落实党建工作各项任务。提升分院系统党建工作质量。推动各单位党委压实主体责任，将党建工作考核和党委班子考核相结合，注重考核结果运用。开展政治巡视自查，加强政策宣讲，推动自查整改。提升基层党支部组织力。形成党建共性工作任务协作机制，推广支部主题党日活动“三共享”机制。开展“红旗党支部”创建活动，武汉病毒研究所郑店实验室支部、测地所学科三支部获省直机关“红旗党支部”称号。

三、院地合作

主动谋划推进院省新一轮战略合作。加强院省高层会商，协调推动省院领导就尽快推进院省新一轮科技合作协议签订达成共识。着力谋划东湖科学中心建设，编制《中国科学院东湖科学中心规划建设方案》，力争使中心成为武汉综合性国家科学中心核心承载区。着力谋划重大科技基础设施落地，支持在汉布局建设国家作物表型组学研究设施（“神农设施”），省市先期支持预研经费1500万元。着力推动科技创新平台建设，支持武汉岩土力学研究所与武汉市共建武汉中科固废资源工业技术研究院。支持武汉植物园作为依托单位，建设院级非法人单元中国科学院庐山植物园，建设作物表型组学联合研究中心、猕猴桃产业技术工程实验室、特色资源植物工程技术研究中心。支持水生生物研究所建设国家级水生生物种质资源库。支持武汉文献情报中心牵头建设科技大数据湖北省实验室。

推动合肥物质科学研究院与嘉必优生物技术公司深入合作，助力嘉必优科创板成功上市。推动微电子研究所在汉实施“先进三维 NAND 型闪存存储器器件研究及其产业化”，为 32 层 3D NAND 产品量产提供保障。7 个项目获中国科学院科技服务网络计划（STS 计划）区域重点项目立项。

科技成果转化工作成效显著。全年鄂湘两省成果转化项目超 700 项，为企业新增销售收入约 260 亿元。举办大型科技成果对接与签约活动 11 场，促成 134 个合作项目现场签约、金额超 80 亿元。实施中国科学院与湖北省科技合作专项，81 项成果落地，8 个优秀项目获专项支持。完成技术合同登记 179 项。

科技扶贫进入新阶段。驻点村恩施市龙凤镇龙马村基本实现脱贫，贫困户人均纯收入达 6500 元，村集体经济收入 13.5 万元。

四、纪检、监察和审计

以纪监审工作例会为载体开展专题学习。严格规范信访件办理，建立常态化廉政提醒机制。持之以恒落实中央八项规定精神和中国科学院党组实施办法要求，完成研究所经济责任审计及材料采购、扶贫工作等专项审计。成立分院科研道德建设督导委员会，规范科研诚信投诉信件调查。

五、院士联络工作

当好在汉院士与中国科学院学部工作局、省市领导沟通的桥梁，保持院士信息通畅、及时做好院士服务。落实省委主要领导联系慰问院士制度，协助做好省市领导看望院士的衔接工作。配合学部工作局做好 2019 年院士增选候选人公示实地抽查工作。

六、公共事务管理和协调

全面优化打造小洪山科教园区。推动小洪山园区旧城改建，建成后将大幅改善职工居住条件。高质量完成在建基建项目建设。“十二五”高层次人才培养教育设施和幼儿园重建项目已竣工验收，即将投入使用。同时完成小洪山园区修缮项目。

举办全国科普日、省科技周等大型科普活动。全年组织“院士专家进校园”、“科学探究课程”等科普报告会 124 场，惠及近 10 万人次。打造优质科普产品，出版“听科学家讲身边的科技”系列丛书 8 部。

统筹协调公共管理。协调系统各单位完善后勤支撑服务体系，理顺园区管委会决策和协调机制，基本解决园区停车难问题，显著提升了园区物业服务水平。用心用情做好离退休干部工作。帮助解决骨干人才后顾之忧。指导各单位完成档案二期进馆，区域科学传播整体水平显著提升，全年无安全事故和失泄密事件发生。

七、研究生教育基地建设

武汉教育基地加强科学道德和学风建设，推动思政课教学改革，以第二课堂助推素质教育，改善研究生居住环境，继续做好公共服务。顺利完成中国科学院大学 2019 年在湖北的本科招生任务，基本达到预定目标。

（撰稿：韩　轶　王以豪　审稿：袁志明）

广 州 分 院

院　　长：吴创之
地　　址：广东省广州市先烈中路 100 号
邮政编码：510070
电　　话：020-37656554
传　　真：020-87685791
电子信箱：zwxx@gzb.ac.cn
网　　址：http://www.gzb.cas.cn

中国科学院广州分院（以下简称“广州分院”）成立于 1958 年 12 月。1961 年广州分院与中国科学院武汉分院合并成立中南分院。1969 年中南分院撤销。1978 年 5 月恢复成立广州分院，并与当年 1 月成立的广东省科学院机关合署办公，实行“两块牌子，一套机构”的管理模式。2015 年 6 月 28 日起，广州分院和广东省科学院分设。

广州分院作为中国科学院机关的派出机构，负责联系中国科学院在广东省的南海海洋研究所、华南植物园、广州能源研究所、广州地球化学研究所、广州生物医药与健康研究院、深圳先进技术研究院，在湖南省的亚热带农业生态研究所和在海南省的深海科学与工程研究所等10个单位。负责协调、联络中国科学院与广东省、海南省和广西壮族自治区的科技合作，开展科技成果转移转化，统筹协调、推动院属单位参与粤港澳大湾区国际科创中心建设，并抓住机遇推进广州分院集中园区建设。

截至2019年底，广州分院共有在职职工4910人。其中，从事科技活动3526人，具有正高专业技术职称570人、副高专业技术职称799人，具有博士学位2270人、硕士学位1225人。

一、领导班子和后备干部队伍建设

加强系统单位领导班子考核监督管理工作。积极配合中国科学院有关部门完成研究所领导班子换届和调整，加强后备干部队伍建设和培养，进一步优化干部队伍结构。2019年完成4个单位行政班子、党委换届和6名所局级领导任职试用期满考核工作。截至2019年底，广州分院系统8个事业类研究所共有在岗所局级领导39人，其中女性3人、具有正高级专业技术职务29人，平均年龄为51.9岁，均具有较好的专业背景和管理能力。

积极做好年轻干部队伍建设。就年轻干部和班子建设展开专门调研，及时了解和掌握分院年轻干部的现状与特点，发现一批优秀年轻干部，确定初步推荐人选88人。年内遴选3人参加第一期优秀年轻干部特训班。

二、党建、党群与创新文化建设

深入学习贯彻落实习近平新时代中国特色社会主义思想，扎实开展“不忘初心、牢记使命”主题教育。分院班子成员以“参与粤港澳大湾区科创中心建设”为调研主题深入基层调研，梳理出重点问题35个。其中，当下解决的2个，年底前解决的12个，明确时段解决的21个。指导系统单位开展专项整治（共141项，2019年整改完成80项）和突出问题整改（共79项，2019年整改完成27项）。

坚持抓好基层党建工作，着力提高党建工作质量。做好2019年“一所一人一事”先进事迹推报。推动中国科学院党员主题教育基地建设。承办中国科学院建院70周年“创新科技 服务国家 造福人民”科技价值观首场报告会，主办《广州分院“礼赞新中国 奋进新时代”歌咏大赛暨主题诗歌朗诵会》。组织分院系统单位群团干部和党办主任、党务专干分赴遵义、上海开展党性教育培训和党建工作交流。围绕提升科研院所基层党组织的组织力、新时代青年思想政治工作、在科技骨干中发展党员等主题开展党建交流研讨，完成交流论文14篇。

三、院地合作

加强与地方沟通，推动中国科学院总体布局与地方发展规划有机衔接。协调联系地方副省级以上领导到中国科学院及系统研究所调研31人次，达成合作意向20多项。围绕建设粤港澳大湾区国际科创中心，密切联系地方，不断完善区域科技力量布局。稳步推进重大科技基础设施集群建设，散裂中子源正争取启动二期建设；强流重离子加速器等4个装置正式开工建设；南方先进光源等4个装置已启动预研。签约共建前沿基础研究平台10家，其中7家获批省高水平研究院；院属单位作为核心骨干参与共建6家省实验室。

做好中国科学院科技服务网络计划（STS计划）项目管理，完善科技服务网络。完成2020年度STS计划区域重点项目评审，立项支持12项，合计经费1900万元。启动广西STS计划专项4000万元。加快谋划在南沙区建设“中国科学院广东产业协同创新研究院”。

完成年度扶贫任务。驻村扶贫工作队（1人）获广东省2016—2018年脱贫攻坚工作突出贡献集体；1名第一书记期满受到表彰。

圆满完成深圳高交会、创交会组展工作。全院合计参展项目400余项，高交会上获奖项目45项。

四、纪检、监察和审计

全年共计开展任职廉政谈话110人次，集体约谈10人次，批评教育59人次，提醒谈话47人次，诫勉谈话8人次；印发纪检监察建议函 2 份。配合中国科学院党组巡视组对 2 个单位开展政治巡视，完成巡视移交问题线索核查处理 3 件。对巡视发现的问题进行汇总分析，提出八大类 26 个共性和突出问题并印发通报。开展审计项目 31 项，发现问题 98 条，提出意见建议 79 条，推动制定（修订）制度 5 项。内部控制审计发现问题 7 个，提出整改意见建议 10 条，推动制定（修订）制度 5 项。配合中国科学院监察与审计局对扶贫项目资金专项审计。

五、院士联系工作

加强与广东省委组织部、广东院士联络中心等部门以及院士所在单位的日常联系，做好对院士的走访慰问工作。积极协调院士参加广东省、广州市举办的咨询会，落实广东省的院士工作经费和生活补贴。与广东省委党校合作举办两场“科学思维与决策”中国科学院院士专家团专题讲座。作为主席团单位与其他 21 家单位共同发起成立粤港澳院士专家创新创业联盟，分党组书记陈广浩当选联盟（广东地区）副主席。

六、公共事务管理和协调

全力推动集中园区建设。与广州市签署共建“南沙科学城”和“中国科学院明珠科学园”合作协议。召开共建领导小组会议，明确园区建设的总体目标和基本原则，确定第一批建设项目和第一批动工项目；举行建设动员会，开始进行土地平整和相关设计工作，按照“成熟一项，启动一项”的原则，逐步开工建设。

统筹协调推进各项公共事务。组织召开分院系统 2019 年度工作会议。分院系统 6 个单位二期档案进馆完成阶段性任务。组织开展第二届中国科学院科学节等重要科普活动。完成新一代 ARP 推广应用和公务用车改革。完成机关幼儿园复建。

七、研究生教育基地建设

按照中国科学院大学办学理念，不断提升教学质量、完善心理咨询服务、促进学术交流、加强导师上岗培训、推动研究生会组织建设。推进中国科学院大学广州学院建设，对广州学院的院系、校舍、基础配套设施、师资及学生进行初步测算，提出建设方案并通过中国科学院大学校长办公会议审议。推荐分院系统专家担任省学位委员会成员及专业领域评审委员。

（撰稿：孙金龙　审稿：吴创之）

成 都 分 院

院　　长：张雨东

地　　址：四川省成都市人民南路四段 9 号

邮政编码：610041

电　　话：028-85223696

传　　真：028-85223719

电子信箱：bgs@cdb.ac.cn

网　　址：http://www.cdb.cas.cn

中国科学院成都分院（以下简称“成都分院”）前身是 1958 年 3 月成立的中国科学院四川分院，1962 年机构调整更名为西南分院，1970 年隶属四川省管理，1978 年 1 月恢复重建后使用现名。

成都分院负责组织协调的院属单位有：光电技术研究所、成都生物研究所、成都山地灾害与环境研究所、重庆绿色智能技术研究院、中国科学院成都有机化学有限公司、中国科学院成都信息技术有限公司、成都中科唯实仪器有限责任公司、中国科学院成都文献情报中心。

成都分院坚持以习近平新时代中国特色社会主义思想为指导，主动对标党中央路线方针政策，落实中国科学院党组重大部署，围绕中心、服务大局，新园区实现“一园三区”连片规划，在“不忘初心、牢记使命”主题教育、科教融合战略谋划、区域中心建设等方面取得积极进展。

截至 2019 年底，成都分院系统共有在职职工 3200 余人。其中科技人员 2300 余人，包括中国科学院院士 2 人、中国工程院院士 2 人，研究员 270 余人、副研究员近 730 人。

一、领导班子和后备干部队伍建设

完成分院班子成员个别调整；完成成都山地灾害与环境研究所领导班子任期考核和重庆绿色智能技术研究院领导班子考核换届；完成光电技术研究所、重庆绿色智能技术研究院个别领导人员提任考察、试用期满考核；开展分院和成都生物研究所后备干部选拔。光电技术研究所所长罗先刚研究员当选中国工程院院士。完成个人事项申报98人，新提任干部核查和反馈16人，抽查10人。派出40人次人事特派员开展现场监督。专项调研昆明分院系统单位优秀年轻干部工作。

二、党建、党群与创新文化建设

扎实开展“不忘初心、牢记使命”主题教育。成立分院主题教育领导小组，统筹推进系统单位主题教育，召开分党组中心组和系统单位党委学习会，举办系统单位所局级领导和党务干部主题教育培训研讨班，开展“重温入党志愿书、不忘入党初心”等活动。成立督导组，对系统单位主题教育整改落实情况开展集中督查和“回头看”，巩固和深化主题教育成果。分党组成员围绕党的十九大、十九届四中全会精神和习近平总书记重要讲话精神等讲专题党课4次；开展调研活动20余次，形成3份调研报告；共检视出7项专项整治项目、3项突出问题，3项已整改完成，7项已建立长效机制。

稳步提高基层党组织凝聚力战斗力。修订分党组工作规则和“三重一大”事项决策实施细则。完成成都有机化学有限公司和成都信息技术有限公司党委换届。组织系统单位成立青年理论学习小组22个。举办以“科学情　强国梦”为主题的文化艺术现场展演庆祝建国70周年和建院70周年。成都有机化学有限公司1102课题组获“全国五一巾帼标兵岗”、光电技术研究所嫦娥四号地形地貌相机团队获四川省“工人先锋号”、成都山地灾害与环境研究所朱波团队获四川省劳模创新工作室。

三、院地合作

推动系统单位创新创业，服务国家战略。光电技术研究所1.8米太阳望远镜建成并实现首光；完成大视场高NA深紫外光学成像关键技术研究；首次实现月背形貌高清全景彩色成像；获国家技术发明奖二等奖两项。成都生物研究所牵头的中国-克罗地亚生物多样性和生态系统服务“一带一路”联合实验室获科技部首批认定。成都山地灾害与环境研究所的泥石流灾害预判与综合防控成果获四川省科技进步奖一等奖，在我国及“一带一路”国家推广应用，产生经济效益超百亿元；西藏生态安全屏障监测与评估成果获西藏科技进步奖一等奖。重庆绿色智能技术研究院研制国际首台BODQ测定仪样机并开始量产。成都有机化学有限公司研发的非光气法制备碳酸二苯酯技术用于四川省年产60万吨聚碳酸酯一期工程。成都信息技术有限公司开发三大系列11种数字化会议软硬件产品，年度订单超7000万元。成都中科唯实仪器有限责任公司与上海硅酸盐研究所合作研制出大型磁控溅射卷绕镀膜设备。

加快重大项目在川实施，服务区域创新。积极组织重大科技基础设施和重大项目在川落地。高海拔宇宙线观测站、圆环阵太阳风射电望远镜项目在稻城集聚建设；高海拔宇宙线观测站完成1/2阵列建设、首批探测器正式启动科学观测已取得初步观测结果。柔性基底微纳结构成像系统研究装置平台、成都超算中心、天府新区联想叠云创新科技园、宇宙线物理研究与探测技术研究平台、光电所科学城园区、中国科学院大学成都学院等8个项目被列入2020年四川省重点建设项目。

科技成果转化取得显著成效。上海微系统与信息技术研究所“超高效率硅异质结太阳电池技术”落地成都双流，一期建设规模200MW，投资2.5亿元；金属研究所“GH984G低成本管材合金技术”成功用于我国首台700℃超超临界机组关键部件验证平台；美丽中国先导专项在重庆广阳岛建设长江经济带绿色发展示范区；计算技术研究所在重庆建设西部高等技术研究院。

脱贫攻坚支持区域持续发展。定点帮扶龙池村通过脱贫摘帽考核。对口帮扶贫困村实现年新增经济效益超1000万元、人均收入7900元，均增长15%。成都分院在四川省脱贫攻坚考核中综合评价为优秀，连续三年获省委省政府表彰。

科学普及助力公众素养提升。承办中国科学院第二届科学节，设12个主（分、专）场，历时20余天，参与人数超4000人，撰写情况通报在全院交流。全年组织科普活动服务公众约2.3万人次。成都分院全国科普日活动获中科协表彰。

四、纪检、监察和审计

主动探索基地型分院党建纪检审计工作机制。统筹党建纪检审计力量，确定分院纪检组成员，试点分院系统单位纪委书记轮岗交流，建立联合查办案件机制。

对党员领导干部开展经常性提醒教育；把抓党风廉政建设和反腐倡廉工作情况作为年度党建纪检述职考评重要内容，强化责任意识；开展对党委书记、纪委书记党风廉政建设集体约谈，督促党员领导人员落实“一岗双责”。

成立分院科研道德建设督导委员会，督促系统单位充分发挥好科研诚信建设的责任主体职责；成立分院审计组，完成成都山地灾害与环境研究所、重庆绿色智能技术研究院任期经济责任审计，分院系统科技扶贫项目、扶贫资金专项审计及成都生物所关联交易专项审计；建立巡视人员信息库，分院被评为巡视干部优秀选派单位。

五、院士联系工作

以“科学与中国”为抓手，邀请武向平、李永舫、侯凡凡院士等作10场主题报告。中国科学院四川转化医学研究医院召开第二届第一次理事会。成都分院、成都生物研究所、成都山地灾害与环境研究、成都文献情报中心建设的智库提交20余篇咨询报告。

六、公共事务管理和协调

探索新旧园区共建共管模式。完成新一代ARP切换和政府会计制度切换。依托新园区实施的“智慧园区建设及应用”获批立项。全面完成分院机关及系统单位二期档案进馆。全年安全供水约46万吨，供电约640万度，绿化养护约4.24万平方米，道路及公共区域等保洁约5.36万平方米。全年无重大安全责任事故、失泄密事件发生。

七、研究生教育基地建设

谋划“十四五”院省（市）科技合作战略，推进中国科学院大学成都学院选址调整，见证中国科学院大学重庆学院开工。中国科学院大学批准设立成都学院。成都市委编办批复由成都市政府与成都分院共同举办中国科学院大学成都学院。

成都科教融合区域中心形成分院科学城园区、光电技术研究所科学城园区、中国科学院大学成都学院园区“一园三区”集中连片格局，占地约3000亩[①]，其中建设用地约1800亩。分院、学院、系统各单位及域外院属单位初步实现聚集发展，不断探索科教创产新模式。成都教育基地积极探索基地型分院研究生培养管理机制。2019年度33人获国家奖学金，7人获院长奖学金，1人获中国科学院优秀博士论文。2019年中国科学院大学在川招收本科生34人。

（撰稿：江晓波　彭　丽　审稿：王嘉图）

昆 明 分 院

院　　长：周　杰
地　　址：云南省昆明市茨坝青松路19号
邮政编码：650204
电　　话：0871-65223106
传　　真：0871-65223217
电子信箱：office@mail.kmb.ac.cn
网　　址：http://www.kmb.cas.cn

中国科学院昆明分院（以下简称“昆明分院”）的前身是1957年成立的中国科学院昆明办事处，1958年扩建为中国科学院云南分院。1962年，中国科学院云南分院与四川分院、贵州分院合并，共同在成都成立中国科学院西南分院。1978年10月，经国务院批准，西南分院撤销，成立中国科学院昆明分院。

昆明分院是中国科学院机关派出机构，负责联络和协调中国科学院驻滇黔的科研机构，包括昆明植物研究所、昆明动物研究所、西双版纳热带植物园、地球化学研究所和云南天文台共5个单位。

截至2019年底，昆明分院系统共有在职职工2108人，其中科技人员1523人，包括中国科学院院士8人，第三世界科学院院士2人，研究员290人，副研究员383人。

2019年，昆明分院以习近平新时代中国特色社会主义思想为指导，认真贯彻落实党的十九大及三中、四中全会精神，深入开展

① 1亩≈666.7平方米。

“不忘初心、牢记使命”主题教育，积极推动“一三五”规划实施，全面推进院地合作、领导班子建设、党建和党风廉政建设、干部和人才队伍建设等工作，圆满完成既定任务目标。

一、领导班子和后备干部队伍建设

通过对分院系统领导班子现状和未来发展进行前瞻性分析研判，结合各单位实际制定班子换届考核方案并精心组织实施，使班子结构更加合理，干部队伍更加年轻化。

开展优秀年轻干部交叉调研工作，确定近期可关注干部和青年干部人选，加强对年轻干部教育引导，筑牢思想基石。着力培养和历练有潜力和发展前途的年轻干部，选派他们承担脱贫攻坚等急难险重任务，切实提高其思想境界和工作能力。

鼓励青年人才扎根西部、服务西部。推荐“西部之光”人才培养引进项目 52 个，预期获得 1725 万元支持。其中，“西部引进人才”人选 2 名，“一带一路”团队 1 个。

通过与云南省委组织部共同实施《中国科学院昆明分院人才智力服务云南行动计划》，落实各项人才政策，获地方各类人才项目 79 项，经费约 5600 万元，为共同打造西部地区人才高地奠定坚实基础。

二、党建、党群与创新文化建设

分党组全面扛起主体责任，加强顶层设计，召开专题会议研究制定贯彻落实措施。采用各类方式教育培训系统党员 1200 余人次，确保学习教育全覆盖。聚焦“卡脖子”问题，开展专题调研并召开调研成果交流会推动调研成果转化。开展“回头看”，制订《昆明分院主题教育问题整改任务分解表》，建立长效机制，持续推进整改落实。

举办庆祝建国 70 周年和建院 70 周年系列主题活动和党务骨干培训班，开展“建功立业时代先锋”选树活动和弘扬新时代科学家精神系列活动。实现党的组织和党的工作分支机构全覆盖。

三、院地合作

积极开展院省高层对接，推动达成多项合作，与云南省达成第一批重点合作事项 7 项；编制院省（滇黔）《“十四五”科技合作与区域创新发展战略研究报告》，明确未来区域合作的重点方向和重点任务。

全力谋划推进哀牢山-无量山国家公园建设；全力推进世界级锂产业基地建设，有望形成新的“千亿级”产业；全力推进云南省政府与中国科学院 1∶1 投资建设景东 120 米全可动脉冲星射电望远镜；积极推进协调美丽中国水污染防治专项在云南实施。

谋划推进组建云南省综合性科学中心，建设具有区域性国际影响力的高层次人才集聚平台；积极推进组建云南热带病联合研究院，以阻断传染病跨境传播为核心将其建设成为国家级的传染病研究中心；筹划院省共建贵州省喀斯特实验室，构建全球最有影响力的喀斯特科技创新平台；谋划调整贵州中心，推动重大科技成果在贵州转移转化；全力配合支撑《生物多样性公约》第十五次缔约方大会和省市院三方共建中国国家植物博物馆，向世界展示中国生态文明建设成就。

始终将脱贫攻坚作为第一政治任务，承担水城、六枝定点扶贫任务的协调单位职责，澜沧定点扶贫任务的责任单位职责和石屏、勐腊、宁蒗、孟连定点扶贫任务的区域指导职责。扶贫团队多人受到党中央、中国科学院、（滇黔）省委省政府多项表彰。

四、纪检、监察和审计

全面夯实管党治党责任，突出审计重点人、重点事和重点领域。完成 4 个研究所所长任期经济责任审计；加强科研经费、扶贫资金和党费管理等专项审计，通报存在 68 个问题；运用监督执纪“四种形态”，处置和核实问题线索 9 项；以问题为导向，清查购买“名贵特产和特殊资源”；以学风建设为抓手，成立“昆明分院科研道德建设督导委员会”，统筹研究所有效处置 2 件科研不端事项。

五、院士联系工作

做好院士服务与协调工作；做好云南省、昆明市相关领导春节期间看望慰问院士的联系协调工作；有效结合院士联络处和中国科学院大学本科招生工作，充分发挥院士作用，传播科学知识，弘扬科学精神。

六、公共事务管理和协调

组织协调系统各单位提前谋划国家发展改革委“十四五”科教基础设施项目和财政部2020年度修缮项目。积极争取多方资源，夯实各单位基础建设工作。针对各单位“3H”工程存在的突出矛盾，补短板、抓落实、求实效，努力推进绿色就医通道建设，解决科研人员就医难问题；多渠道与地方优质教育机构深度合作，解决人才子女入学难的问题。在分院层面首次构建安全检查全面覆盖“大安全体系”的有益尝试，对系统各单位存在的个性化安全问题进行专项督导；切实推进非涉密单位的保密工作建设。新一代ARP在分院机关试点的基础上，各单位标准版全面顺利上线；科技云昆明区域中心为科研信息化提供有力支撑。积极推进中国科学院科技服务网络计划（STS计划）区域重点项目；圆满完成中国科学院大学本科招生、学位与研究生教育工作；知识产权、国际合作等工作取得实效；积极推动重大成果宣传、科学普及持续发力、舆情应对处理得当；精心组织“云台杯”乒乓球赛、“昆植杯”气排球赛等体育活动；代表中国科学院派队参加全国科教文卫系统“当好主人翁、建功新时代”气排球赛。

（撰稿：高　峰　审稿：甘烦远）

西 安 分 院

院　　长：赵　卫
地　　址：陕西省西安市咸宁中路125号
邮政编码：710043
电　　话：029-83282621
传　　真：029-83282611
电子信箱：xab@xab.ac.cn
网　　址：http://www.xab.cas.cn

中国科学院西安分院（以下简称“西安分院”）成立于1954年7月，前身是中国科学院西北分院，现与陕西省科学院合署办公。负责联络和协调西安光学精密机械研究所、国家授时中心、地球环境研究所和水土保持与生态环境研究中心及共建机构，负责管理陕西省科学院4个研究所。

截至2019底，西安分院系统共有在职人员1565人。

2019年，西安分院以习近平新时代中国特色社会主义思想为指导，全面贯彻党的十九大精神，按照中国科学院党组和陕西省委省政府的部署要求，全力推进科技创新，各项工作取得明显成效。

一、领导班子和后备干部队伍建设

配合院完成西安分院班子换届和西安光学精密机械研究所新任干部试用期转正工作；确定了西安光学精密机械研究所后备干部和国家授时中心、地球环境研究所后备干部的补充。

二、党建、党群与创新文化建设

按照“不忘初心、牢记使命”主题教育具体要求，与中国科学院指导组共同督导各单位主题教育活动，分党组成员分别参加研究所的专题民主生活会，制定“回头看”工作方案，通过多种方式，对系统各单位的专项整治和突出问题整改情况进行检查，圆满完成主题教育的各项任务。

重点学习《习近平关于科技创新论述摘编》、《习近平关于科技创新论述摘编及对中国科学院工作重要讲话指示批示选编》，以及习近平在庆祝中华人民共和国成立70周年大会和中国科学院建院70周年贺信等内容。分党组成员分头到研究所开展“共学共研互查”式调研，开展理论学习，听讲党课，情况交流和检视问题座谈研讨。

对标对表，查根溯源，共征集到各方面问题建议54条。对存在的问题追根溯源，逐一剖析，形成问题清单11项，完成整改5项。

整改落实、完善党委工作规则、推进党支部工作标准化规范化建设、加强党务干部队伍建设等，促进党建工作上台阶。

围绕“纪念五四运动100周年”、“庆祝中华人民共和国成立70周年和中国科学院建院70周年”和“分省院全民健身活动”等开展丰富多彩的文体活动，营造积极向上的创新文化氛围，激发广大职工爱党爱国、爱院爱所情怀。

三、院地合作

加快推动中国科学院西安科学园建设。2019年10月14日，中国科学院西安科学园正式动工建设，地球环境研究所新园区、国家授时中心新园区、中国科学院大学西安学院附属小学3个项目集中开工。中国科学院大学西安学院、配套住宅项目正全力推进，计划2020年开工建设。

全面服务地方经济社会发展。中国科学院40余家研究所共开展科技合作项目265项，服务企业168家，实现新增销售收入达到152亿元。

着力统筹助推重大科技活动。2019年12月9日，中国科学院院长白春礼与陕西省委书记胡和平签署战略合作协议，积极推动陕西省与中国科学院共创榆林国家级能源革命创新示范区。

积极支持西安市“2019西安全球硬科技创新大会”。组织全院300余项成果参加杨凌农高会。中国科学院展团连续18次获“优秀组织奖”和“优秀展示奖”。

组织40余项科技成果参加中阿博览会。微生物研究所与宁夏伊品合作的生物基戊二胺及尼龙5X产业化关键生产技术项目，获得大会“十项主推重要技术成果”奖项。

推动重点项目实施。组织30余家研究所申报中国科学院科技服务网络计划（STS计划）区域重点项目、宁夏“科技支宁”东西部合作项目、全国科学院联盟项目等，强化跟踪和服务，推动项目顺利实施。

在STS计划区域重点项目方面，智能超快激光微加工装备研发及产业建成了1条年产20台（套）超快激光微加工设备生产能力的中试生产线，实现销售收入1.12亿元；尼龙5X盐关键生产技术及产业化建立3700吨/年尼龙56的中试线，建立规模生产线，新增工作岗位1200多个，新增产值8亿元。Novolen工艺上氢调法高流动聚丙烯成套工艺开发项目在神华宁煤开发6个牌号新型聚丙烯，申请宁夏科技重大专项1500万元；高功率密度锌镍单液流电池关键技术的研究成功设计集成了10kW级锌镍单液流电池示范系统。

在宁夏重大项目方面，促成18个项目签约，项目总经费14.9亿元，其中地方政府投入4780万元。

在科学院联盟项目方面，部署5项，总经费463万元，带动和促进省院科技创新能力提升。与陕西省林业局、榆林市政府等共建“陕西省科学院毛乌素生态试验站”，开展植被恢复与持续利用、土壤改良、沙产业培育、生态循环农业与粮食安全等方面研究与示范推广。

大力推动创新平台建设，促成李灿院士“液态阳光”项目与宁夏宝丰能源合作；促成化学研究所与宝丰集团、宁东创投公司共同出资建设“宁夏工程塑料技术中心”。西安分院宁夏现代农业中心深度聚焦自治区农业农村“1+5+X”行动，在盐碱地治理、优质食用菌种植、林麝养殖等方面开展技术集成与示范。

发挥两院合一优势，带动省科学院发展。推行“一所一品”产业化专项工程，带动陕西省科学院发展。与生物物理研究所合作，首次发现NO或抑制NO代谢酶，通过筛选微生物天然产物药物新靶点，为铜绿假单胞菌治疗提供新策略。获中国、美国专利授权各1项。D-阿洛酮糖合成工艺形成系统的工艺流程和技术参数，技术水平与成熟度较高。在秦巴山区建立“一核心＋三分支”的示范基地体系，相继开展了羊肚菌乌天麻、杂交天麻、灵芝等示范栽培，贫困户年增收1100元/人。紫果猕猴桃新品种‘秦紫光1号’、‘秦紫1号’获中国农业农村部新品种授权。

四、纪检、监察和审计

针对“三大攻坚战”、“形式主义官僚主义”等重点，加强扶贫及相关部门的履职监督，确保落实重大决策部署。制定党组及成员党风廉政建设主体责任清单，对班子成员应履行的主体责任细化为5类20余项。党风廉政建设责任书延伸至课题负责人并实现管理岗位全覆盖。利用网络媒体做好节假日及重要节点的廉政提醒。坚持“一案一警示”，提升震慑力。按照“一月一主题”，收集编发《分省院党风廉政建设和反腐倡廉典型案例警示教育简报》8期。组建科研诚信建设督导机构，制定《西安分院科研诚信建设工作实施细则》，明确责任主体及职责；编制《科研诚信宣教手册》，以系统不端案例为例，加强科研诚信方面的教育。

五、院士联系工作

对 2019 年西北工业大学、西安交通大学等中国科学院院士候选人的公示情况进行实地检查，保证公示情况符合规范。积极组织“科学与中国”系列报告进校园活动，中国科学院院士张宏福一行走进革命红色老区——山阳县为中小学师生们作了 6 场次科普励志报告。

六、公共事务管理和协调

持续加强机关自身建设，规范管理流程，提高工作效率，强化服务意识、树立创新意识、增强担当意识，构建反应迅速、务实高效的工作机制。

积极发挥区域信息化建设协调作用，推进信息化建设，顺利完成新一代 ARP 系统上线实施；强化安全保卫保密体系建设，逐级签订责任书，切实落实各项措施，保障科研生产环境安全稳定，未发生重大安全事故和失窃密案件。

（撰稿：孙　凯　刘　铮　审稿：杨青春）

兰州分院

院　　长：王　涛
地　　址：甘肃省兰州市城关区天水中路 6 号
邮政编码：730000
电　　话：0931-2198855
传　　真：0931-8279855
电子信箱：lzb@lzb.ac.cn
网　　址：http://www.lzb.cas.cn

中国科学院兰州分院（以下简称“兰州分院”）的前身是 1954 年经政务院批准成立的中国科学院西北分院筹委会，1958 年经中国科学院决定撤销，成立中国科学院兰州分院。1962 年，中共中央西北局与中国科学院议定撤销陕、甘、宁、青四省（区）分院，成立中国科学院西北分院。1970 年，中国科学院西北分院撤销。1978 年恢复成立中国科学院兰州分院。

兰州分院作为中国科学院机关派出机构，负责联络和协调中国科学院所属驻甘肃、青海两省的研究机构，包括近代物理研究所、兰州化学物理研究所、西北生态环境资源研究院（筹，以下简称“西北研究院”）。兰州分院的主要职能：配合院机关有关部门，做好所在地区院属单位的领导班子和领导人员队伍建设；推动、督促和检查所在地区院属单位的科技创新及事业发展重点工作；组织开展院地合作，推动科技成果转化；指导和推动所在地区院属单位基层党建工作和创新文化建设；协调组织开展监察审计工作；公共事务管理工作；联系和服务所在地区的中国科学院院士；加强与地方政府部门的联系，为所在地区院属单位提供联络协调和服务；研究生教育基地的管理等主要职能。

2019 年，兰州分院认真学习贯彻落实习近平总书记视察甘肃重要讲话精神和刘鹤副总理在兰州分院座谈会上的重要指示，以“率先行动”计划为统领，结合学科特点和区域特色，着力抓好重大创新成果产出，深入推进院所改革发展。

截至 2019 年底，兰州分院系统共有在职职工 2813 人。

一、领导班子和后备干部队伍建设

完成西北生态环境资源研究院、西北高原研究所、青海盐湖研究所领导班子成员个别调整；完成近代物理研究所所长 1 人、兰州化学物理研究所副所长 2 人试用期满考察；完成近代物理研究所学术副所长 1 人招聘及考察。在干部调研方面，成立考察组完成对武汉分院系统单位优秀年轻干部与班子建设调研；梳理完善分院系统优秀年轻干部与近期关注干部人选名单，认定优秀年轻干部 31 人、近期关注干部 21 人。

二、党建、党群与创新文化建设

开展“不忘初心、牢记使命”主题教育。聚焦要求，围绕目标，结合职能，扎实开展、一体推进学习教育、调查研究、检视问题、整改落实，确保主题教育成为分院的头等大事，成为全体党员干部落实从严治党要求、更好为党履职尽责的直接体现和重要推动。教育期间，认真落实“三会一课”制度，使党的建设工作落实落细落地；突出强调“改”字贯穿始终，注重破难题、解实困、出实招，为从严从实加强机关自身建设注入强大动力。

以弘扬科学家精神营造爱党爱国爱院情怀。以“建功立业新时代”为主题推出16篇人物通讯。组建采访团队走进科研一线开展“新时代·西部情”主题系列，对18名典型科研人物（团体）进行深度采访报道。

发挥科技扶贫优势助力脱贫攻坚。分党组成员以上率下，2019年至少入村工作两次，分院所帮扶的2个村产业发展取得重大进展，支持20多万元建成2个公办养蜂合作社，协助2村“两委”建成养牛、食用菌种植合作社各1个，均已投产取得效益。分院全程牵头协调支持100万元在院属甘青2省5个单位的7个帮扶点实施“科技助力甘肃青海脱贫攻坚应用技术推广及示范”项目，种植甜高粱饲草1200亩，杂交构树150亩。重视党建促扶贫，在教育扶贫、科技示范、医疗义诊和村民观念转变、支部标准化建设等方面做了大量工作。

三、院地合作

开展战略研究与前瞻谋划。对区域发展形势、地方重点需求、合作领域方向做出研判，形成《兰州分院“十四五”科技合作与区域创新发展战略研究分报告》。

紧盯重大项目做好协调服务。国产碳离子治疗系统探索出一条“基础研究→技术研发→产品示范→产业化应用”的全产业链自主创新之路。获批医疗器械注册标志着我国有了自主品牌的重离子治疗设备。钍基熔盐堆核能系统、敦煌高精度地基授时系统、中国科学院先进计算产业联盟甘肃先进计算中心、光电篱笆等院级层面在甘青两省部署的重点项目及科研基础设施做好跟踪服务，做好成果输入端管理和服务。推进创新驱动发展，两个项目获得2020年中国科学院科技服务网络计划（STS计划）区域重点项目支持；部署11个院地合作项目，总经费290万元。

服务研究所科技支撑区域创新发展。全力开拓与大型企业合作，协调组织与甘肃省国资委、省属国有企业签订多项战略合作协议、技术转移合同，其中兰州化学物理研究所与窑街煤电集团合作的“半焦高值利用关键技术及产品研发项目”成效显著。

四、纪检、监察和审计

落实主体责任。推动分院系统各单位重视运用监督执纪“四种形态”，注重抓早抓小，全年开展谈心谈话416人次，本年度逐级及时签订个性化党风廉政责任书197份，督促党员领导人员落实“一岗双责”。持续开展党建和党风廉政建设责任制考核、反馈机制、检查落实，形成有效的闭环管理。

聚焦主责主业。全年收到信访件19件，中国科学院巡视办移交线索3个，完成初核19件。重点关注和跟踪了高风险领域项目，全年共完成各类审计项目80个，审计专项检查1项，审计金额63 787.96万元，发现问题150个，提出意见建议114条。以审计质量评估推动审计质量提高，通过评估发现问题、完善制度、制定改进措施、增强审计实效。

深化巡视整改。为落实好巡视整改工作，组织建立会议、调度、报告、联络、督导检查、约谈问责6个方面15项制度；完成6个方面18个类别43条整改任务，形成会议纪要、工作简报和报告33篇，于2019年5月28日顺利完成巡视整改销账工作。同时，督促近代物理研究所顺利完成巡视整改、销账工作；配合中国科学院党组巡视办完成对西北生态环境资源研究院的政治巡视工作等。

五、院士联系工作

围绕承担地方发展规划编制工作积极建言献策。组织完成榆中生态创新城科技研发专项规划编制工作。围绕兰白科技改革创新试验区、兰州白银国家自主创新示范区建设和甘肃省科技创新软环境的提升，协助完成多项方案、制度、机制等材料的修订工作。

围绕地方产业发展和社会热点问题积极建言献策。向甘肃省报送的《我省垃圾分类工作存在的问题及对策建议》、《甘肃能源装备制造业发展》、《国际非洲猪瘟防控经验及对我省的建议》、《国内外垃圾分类典型经验》等报告，被《甘肃信息·决策参考》和《信息纵览》采纳，并多次得到党委、政府主要领导的批示与肯定。

六、公共事务管理和协调

举办老科协2019年“学术沙龙”活动；结合主题教育加强离退休党支部建设；认真落实好中办发3号、院党组发48号文件要求。重构分院财务资产管理体系；强化国有资产保值增值，确保重点事项的经费支持。完成分院机关和系统各单位公务用车改革方案上报与审核。完成新一代ARP系统切换并顺利上线运行；率先完成“新一代ARP银企互联”系统，赋能研究所“放管服”取得新成效。加强档案预立卷工作，建立兼职档案员管理制度。加强涉密计算机、办公网络、移动存储介质的使用管理，确保涉密载体、涉密信息传输等环节安全运行。认真实施“3H”工作。

七、研究生教育基地建设

各培养单位将研究生思想政治教育与新生入学教育、毕业生文明离校与感恩教育、学术诚信教育与学风建设、心理健康教育等有效结合，扎实推动研究生思想政治工作取得系列新进展新成效。

（撰稿：宋华龙　王　晶　审稿：陈改学）

新疆分院

院　　长：肖文交
地　　址：新疆乌鲁木齐市新市区科学一街341号
邮政编码：830011
电　　话：0991-3835430
传　　真：0991-3835229
电子信箱：wj-xiao@ms.xjb.ac.cn
网　　址：http://www.xjb.cas.cn

中国科学院新疆分院（以下简称“新疆分院”）成立于1957年7月30日，设水土生物土壤资源综合所、物理所、化学所、地质地理所、民族历史研究所。“文化大革命”期间下放地方，后与自治区科委、科协合署办公。1977年11月27日，经党中央、国务院批准恢复中国科学院新疆分院。作为中国科学院在少数民族地区设立的唯一一所分院，具有重要的战略意义。创立之初，新疆分院即定位为新疆的经济、社会、科技发展服务。改革开放以来，尤其是伴随着西部大开发的强劲东风，新疆分院顺利进入中国科学院国家知识创新工程序列。成为自治区重要的综合性科学研究基地和高级人才培养基地；成为新疆“生态文明”建设领域的一支主导力量；成为中国科学院服务新疆的“桥头堡”和高新技术创新、集成和转移基地；成为我国综合性天文研究机构之一。

新疆分院负责联络和协调中国科学院在新疆的研究机构，包括新疆生态与地理研究所、新疆理化技术研究所、新疆天文台。

围绕国家“十三五”规划，中国科学院“创新2020”、“一三五”规划和“率先行动”计划等重大部署，在深入研究分析新疆经济社会发展科技需求的基础上，不断凝练与提升科技创新目标，推进丝绸之路经济带创新驱动发展试验区、乌昌石国家自主创新示范区建设工作，集中优势技术力量在110米口径全向可动射电望远镜项目、量子通信技术应用与产业发展、乌鲁木齐云计算中心建设、新疆生物医药创新研究院、新疆旅游研究院、人才队伍建设、第三次新疆综合科学考察等方面积极推进，为新疆社会稳定长治久安和经济发展提供重要科技支撑。

截至2019年底，新疆分院系统共有在职职工958人，包括中国科学院院士1人。

一、领导班子和后备干部队伍建设

新疆分院领导班子成员围绕年度重点工作任务，紧盯难点问题和薄弱环节，带头深入基层单位、深入驻村工作队、深入矛盾集中地调查研究。进一步规范分院院长办公会、党组会等民主决策机制，推动工作落实；进一步修订完善各类各项管理制度，促进工作管理水平；进一步加强党风廉政和科研诚信建设，层层传导压力，与基层单位签订责任书，并完成相关内部控制专项审计和新疆天文台台长任期经济责任审计，营造风清气正的政治生态。

组织完成新疆生态与地理研究所、新疆理化技术研究所、新疆天文台的换届、选拔及干部推荐工作；组织完成中国科学院北京分院第四调研组年轻干部调研。2019年，新疆分院系统提拔、重用在“访惠聚”工作和深度贫困村脱贫攻坚中表现突出的干部。

二、党建、党群与创新文化建设

新疆分院分党组在中国科学院党组的统一部署下，坚持把党的政治建设摆在首位，按照“守初心、担使命，找差距、抓落实”的总体要求，扎实开展“不忘初心、牢记使命”主题教育。在分院形成持续、深入学习习近平新时代中国特色社会主义思想浓厚氛围，为“率先行动”提供思想保障。新疆分院驻村联合党支部获得2019年全国民族团结进步模范集体，新疆分院顺利通过自治区级文明单位创建验收，连续28年保持自治区区级文明单位荣誉称号。

加强理想信念教育，理清干事创业思路，夯实基层党组织建设。通过中心组集中学、领导干部讲党课、党校专家辅导、支部读书会等，原汁原味学确保学习效果；通过“学用新思想、建功新时代”、“聆听科学故事、感悟爱国情怀”、“参观红色教育基地、接受革命精神洗礼”等主题党日、知识竞赛、主题联学创新学习形式；通过庆祝建党98周年暨“七一”表彰；树立“最美奋斗者”彭加木、刘铭庭典型人物；中国科学院“大漠魂·边疆情”党员主题教育基地落成开放等，引导广大党员干部凝心聚力、担当尽责，推动各项工作创新发展。

狠抓工作落实，强化责任担当，扎实推进“访惠聚”驻村和“民族团结一家亲”工作。2019年，新疆分院投入1410万元，其中项目资金310万元，全部用于开办农民夜校、开展实用技术和劳动技能培训、为群众办实事好事、脱贫攻坚等。同时发挥中国科学院高端科技资源优势，引导村民自觉抵制宗教极端思想。

践行党的群众路线，整改落实贯穿始终，推进各项工作取得实效。紧盯突出问题、关键节点，聚焦重点问题，在政策和举措上下功夫，切实解决好广大干部职工群众关心的问题。组织完成离退休职工健身康乐中心修缮、新建幼儿园竣工并投入使用、积极推进老旧园区改造的实施、协调人才周转住房建设等事宜，组织专班解决历史遗留住宅楼产权办理问题，保障群众的合法权益不受侵害。

三、院地合作

新疆分院加强与自治区、兵团政府的沟通，推动高层会商，举办“第十届中国科学院-新疆科技合作洽谈会”，对60多年来中国科学院与新疆的科技合作成就进行集中展示，展出中国科学院系统近300项科技成果，签约金额近80亿元。积极与乌鲁木齐市、克拉玛依市、巴音郭楞蒙古自治州、第十二师一〇四团等地开展科技合作，根据地方重大需求，联合中国科学院大学、中国科学院大连化学物理研究所、中国科学院苏州纳米技术与纳米仿生研究所等院内单位，推动部署“中国科学院大学中亚学院”、“煤经60万吨乙醇制备35万吨聚乙烯”和“宽波段双折射晶体CB2的生长关键技术研发”等一批重点平台、项目。

四、纪检、监察和审计

配合中国科学院巡视组完成对新疆生态与地理研究所的巡视工作；配合中国科学院监察与审计局完成对分院领导班子换届经济责任审计工作；完成对长春分院审计质量进行交叉评估；完成对新疆天文台台长任期进行经济责任审计。

认真排查梳理问题线索，做好信访举报的会商、转办和督办工作。

五、公共事务管理和协调

新疆分院新建幼儿园教学楼项目于2019年1月竣工，5月投入使用，建筑面积3793.51平方米，共三层，开设9个教学班。分院离退休职工活动中心抗震加固和节能改造装修项目于2019年10月竣工，12月投入使用，建筑面积998平方米，共两层。

完成分院园区旧房改造的审批准备及棚改区852套产证核对确权工作。全力推进棚改工作，目前棚户区改造签约率达到96%。

（撰稿：陈　聪　审稿：张向军）

科 研 机 构

数学与系统科学研究院

院　　长：席南华
地　　址：北京市海淀区中关村东路 55 号
邮政编码：100190
电　　话：010-82541777
传　　真：010-82541972
电子信箱：contact@amss.ac.cn
网　　址：http://www.amss.cas.cn

中国科学院数学与系统科学研究院（以下简称“数学院”）成立于 1998 年 12 月 28 日，由中国科学院所属的数学研究所、应用数学研究所、系统科学研究所、计算数学与科学工程计算研究所整合而成。

数学院是综合性学术研究机构，覆盖了数学与系统科学的主要研究方向。数学院的办院方针是：在数学与系统科学领域，面向国际发展前沿，面向国家战略需求，做出原创性、突破性和关键性的重大理论成果与应用成果，造就具有国际重要影响的学术带头人和一批杰出人才。数学院的发展目标是：在数学与系统科学领域内，成为国际上有重要影响的研究中心、培养和造就高级研究人才的著名中心、国民经济和国防建设有关问题研究和咨询的重要中心。数学院的优势研究领域有：分析数学与数学物理，数论、代数、几何与拓扑，运筹与管理科学，系统与控制科学，概率统计，科学计算，计算机数学。新兴交叉学科有：金融数学，生物信息学，复杂系统科学，不确定性决策，复杂网络理论，计算材料科学，知识科学理论等。应用研究领域有：工程技术，经济金融，生命科学，生态与环境等。

数学院共有 4 个研究所。

数学研究所　成立于 1952 年 7 月，著名数学家华罗庚为首任所长。数学研究所以基础数学研究为主，兼顾应用数学、计算数学和数学物理的基础理论以及理论计算机科学等方面的研究。

应用数学研究所　成立于 1979 年 10 月，著名数学家华罗庚为首任所长。应用数学研究所以具有实际背景的应用数学基础理论研究为主，发展和创造在自然科学、高新技术、经济金融和管理决策等领域中有普遍意义的数学分支和方法，为国民经济建设服务。

系统科学研究所　成立于 1979 年 10 月，著名数学家、控制学家关肇直为首任所长。该所是以多学科交叉为特点的基础型研究所，面向航空航天、经济金融、生产制造等国家重大需求，发展系统与控制科学、管理科学与经济金融、数学机械化、统计学等，探索并解决系统科学和与之有关的数学及交叉学科领域的关键性、基础性、前瞻性科学问题，为实际生产、控制和管理问题提供理论和方法的支撑。

计算数学与科学工程计算研究所　成立于 1995 年 3 月，其前身是冯康院士于 1978 年创立的中国科学院计算中心。该所的主要任务和发展定位是面向科学与工程中的重大应用问题，着眼于代表国际水准的基础性和关键性计算方法的理论创新和技术创新；伴随计算机技术的进步，进行反映国际科学计算最新研究成果的高性能计算程序和软件的研究与开发；同时培养和造就大批适应当代需求的科学与工程计算的高素质人才。

此外，中国科学院数学科学科教融合卓越创新中心、中国科学院国家数学与交叉科学中心、晨兴数学中心、预测科学研究中心以数学院为依托单位；数学院还设有科学与工程计算国家重点实验室，中国科学院管理决策与信息系统重点实验室、系统控制重点实验室、数学机械化重点实验室、华罗庚数学重点实验室、随机复杂结构与数据科学重点实验室。数学院拥有全国馆藏最为丰富的数学专业图书馆，订有大量国外期刊，藏书逾21万册。数学院有先进的计算机及网络系统，包括1081TFlops① 超级计算高性能集群系统，并拥有多种大型数学软件包。

截至2019年底，数学院共有在职职工307人（在编人员307人，不在编项目聘用0人）。其中科研人员224人、管理支撑人员83人，研究员及正高级工程技术人员118人、副研究员及高级工程技术人员81人，包括中国科学院院士15人、中国工程院院士1人、发展中国家科学院院士7人。

数学院是1981年国务院学位委员会批准的首批具有博士学位授予权的单位之一，拥有数学、系统科学、统计学、计算机科学与技术、管理科学与工程5个一级学科的学位授予权，基础数学、计算数学、概率论与数理统计、应用数学、运筹学与控制论、系统理论、系统分析与集成、统计学、计算机软件与理论、计算机应用技术、管理科学与工程、管理运筹学、企业管理、数量经济学、应用统计、经济计算与模拟、应用经济学17个二级学科博士或硕士研究生培养点，并设有数学、系统科学、管理科学与工程、统计学4个一级学科博士后流动站。截至2019年底，共有在学研究生730人（其中硕士生305人、博士生425人）。

2019年，数学院共有在研项目412项（包括新增项目110项）。其中，主持国家自然科学基金基础科学中心项目1项，创新研究群体2项，重大项目课题1项，重点项目11项（新增1项），国家自然科学基金重大研究计划重点项目2项，集成项目2项，国家杰出青年科学基金项目4项，海外及港澳学者合作研究基金项目1项，优秀青年科学基金8项（新增3项），面上项目92项（新增26项），青年科学基金19项（新增8项）；主持国家重点基础研究发展计划（973计划）课题1项，主持国家重点研发计划3项（新增2项），课题8项（新增2项）；主持我国首个国防领域数学学科重大项目；主持中国科学院前沿科学重点研究项目15项；院地合作项目47项。

2019年，数学院继续部署多项重要举措，深入推进“一三五”规划，聚焦国际学术前沿和国家战略需求重大问题，加速促进重大成果产出，数学院取得若干重要突破：在千禧问题BSD猜想研究中取得突破，证明了一类Rankin-Selberg积的Iwasawa主猜想，是近年来本领域关于BSD猜想，模形式的Iwasawa理论和Gross-Zagier-Kolyvagin逆定理的证明的奠基性工作；在与Langlands纲领密切相关的代数簇研究中取得进展，证明了著名数学家Deligne关于邻近闭链的预言；在随机哈密尔顿偏微分方程研究中取得进展，证明了随机相流的辛性和方程具有随机多辛守恒律，提出随机辛算法和随机多辛算法的概念、构造方法与分析理论，提出能大幅度提高计算效率的时间并行随机算法。2019年度科研人员共发表论文830余篇，其中被SCI收录640余篇。

2019年，数学院以中国科学院国家数学与交叉科学中心为平台，从国家层面搭建了一个数学与经济、信息、生物、制造、材料等领域交叉融合的高水平研究平台，继续促进数学及交叉应用发展，为我国战略性新兴产业发展方式转变、提升我国科学技术水平做出基础性、战略性、前瞻性贡献。此外，数学院承担的国家首个数学领域的军工重大项目在2019年也取得重要进展。

数学院以数学科学卓越创新中心为平台，围绕基础数学中的若干世界级难题，应用数学关键共性方法以及数学与系统科学重大交叉前沿问题，凝聚了一支真正实现重大创新和挑战世界难题的研究队伍。基础数学重大难题卓越创新团队、应用数学关键共性方法卓越创新团队、数学与系统科学交叉前沿问题取得一系列的突出成果。

在面向国家重大需求方面，数学院研究团队在计算机辅助设计和制造研究、能源环境与经济学交叉领域以及计算蛋白质组学交叉研究领域等方面取得重大进展。在解决科技创新“卡脖子”问题方面，中心积极与华为技术有限公司、北京太一云科技有限公司等加强交流，围绕人工智能、未来网络、大数据与区块链中的数学问题等开展研究，逐步搭建制度化的合作平台。

① Flops，即每秒浮点运算次数，也称每秒峰值速度。1TFlops为每秒万亿次的浮点运算。

此外，中国科学院预测科学研究中心继续与国家发展改革委、中国人民银行、商务部、国家外汇管理局等政府决策部门建立长期战略合作关系，为中央和相关部门提供预测研究报告和政策建议。

2019年，数学院获得多项重要科研成果奖励，包括吴文俊先生获“人民科学家”国家荣誉称号；吴文俊、陈景润获“最美奋斗者”称号；杨翠红研究员获TWAS Siwei Cheng Prize of Economics；高小山研究员获吴文俊人工智能杰出贡献奖等。

2019年，数学院参与的多项国际合作项目研究工作进展顺利。共主办137场国内国际学术会议；出国（境）项目254项共303人次，来访项目222项共274人次。与国外科研机构和大学的合作稳步推进，在过去5年的合作基础上，与澳大利亚悉尼科技大学于2019年又续签国际合作协议，将中澳量子计算和量子信息联合研究中心的工作继续推向深入。

中国数学会（CMS）、中国运筹学会（ORSC）和中国系统工程学会（SESC）3个国家一级学会挂靠在数学院。数学院主办的学术刊物有18种：《数学学报》（中、英文版）、《应用数学学报》（中、英文版）、《系统科学与数学》、《系统科学与复杂性学报》（英）、《计算数学》（中、英文版）、《数学译林》、《代数集刊》（英）、《数学的实践与认识》、《数值计算与计算机应用》、《系统工程理论与实践》、《系统科学与信息学报》、《应用泛函分析学报》、《控制理论与应用》、《控制理论与技术》（英）、《系统与控制纵横》等，其中5种英文刊物被SCI收录。

（撰稿：王　玲　审稿：武　艰）

物理研究所

所　　长：方　忠
地　　址：北京市海淀区中关村南三街8号
邮政编码：100190
电　　话：010-82648112
传　　真：010-82649533
电子信箱：zhc@iphy.ac.cn
网　　址：http://www.iop.cas.cn

中国科学院物理研究所（以下简称“物理所”）成立于1950年8月15日，其前身是成立于1928年的中央研究院物理研究所和成立于1929年的北平研究院物理研究所，1950年在两所合并的基础上成立了中国科学院应用物理研究所，1958年9月30日启用现名。

物理所是以物理学基础研究与应用基础研究为主的多学科、综合性研究机构。研究方向以凝聚态物理为主，包括凝聚态物理、光学物理、原子分子物理、等离子体物理、软物质物理、凝聚态理论和计算物理等。作为科技创新国家队，物理所坚持以“三个面向”、“四个率先”为目标，系统谋划和推进研究所“一三五”规划。超导、拓扑、纳米、表面、极端条件等多个学科走在了世界科技最前沿；磁学、光学、先进材料、清洁能源等诸多领域为国民经济发展提供了有力的支撑。除了聚焦基础前沿问题，扎根中关村科研攻关外，物理所还积极参与北京科创中心怀柔科学城、粤港澳大湾区科创中心松山湖材料实验室和长三角物理研究中心建设，为科技强国建设做出重要贡献。

物理所现有超导、磁学、表面物理3个国家重点实验室，光物理、电子显微镜、纳米物理与器件、极端条件物理、清洁能源前沿研究、凝聚态理论与计算6个院重点实验室，软物质物理、固态量子信息与计算、微加工3个所级实验室，它们与国际量子结构中心、量子模拟科学中心、北京散裂中子源靶站谱仪工程中心、清洁能源中心、超导技术应用中心、功能晶体研究与应用中心、量子计算研究中心、应用物理中心8个研究中心共同构成物理所的研究体系。技术部及各实验室、各研究组的公共技术平台共同构成全所的技术支撑体系。此外，物理所还是北京物质科学与纳米技术大型仪器区域中心、中国科学院电镜技术联盟的牵头单位，北京量子信息科学研究院的共建单位。

2019年，物理所在大科学装置建设方面取得阶段性进展。综合极端条件实验装置北京部分，基本建设已完成95%，科研设备已累计完成支出60%以上。物理所作为项目法人单位的材料基因组研究平台和清洁能源材料测试诊断与研发平台项目也获得重要进展。基本建设均已完成99%，科研仪器设备均已累计完成支出

60% 以上。物理所与高能所共建中国散裂中子源（东莞）项目，相关团队全力投入靶站谱仪的开放运行工作，完成了大气中子辐照谱仪的物理设计优化与整体工程设计，持续开展磁性、锂离子电池材料的中子散射研究。

截至 2019 年底，物理所共有职工 825 人。其中科技人员 443 人、科技支撑人员 148 人，包括中国科学院院士 14 人、中国工程院院士 1 人、发展中国家科学院院士 8 人。

物理所是 1998 年国务院学位委员会批准的首批物理学博士、硕士学位授予单位之一，现设有物理学、材料科学与工程 2 个专业一级学科博士研究生培养点，电子信息、材料与化工 2 个专业学位硕士研究生培养点，并设有物理学、材料科学与工程 2 个专业一级学科博士后流动站。截至 2019 年底，共有在学研究生 982 人，其中硕士生 325 人、博士生 657 人（含留学生 8 人）；在站博士后 155 人。

2019 年，物理所继续发挥科研优势，共承担在研项目 675 项（包括新增项目 279 项）。其中，主持国家重点研发计划 23 项(新增 6 项)，主持 973 计划项目（含国家重大科学研究计划项目）3 项；主持国家自然科学基金重点项目 25 项（新增 5 项）、国家杰出青年科学基金项目 7 项（新增 1 项）、国家自然科学基金重大研究计划 7 项（新增 3 项）；主持中国科学院战略性先导科技专项 1 项、项目 4 项；主持院重点部署项目 1 项；主持重大仪器研制项目 12 项（包括新增项目 2 项）。

2019 年，物理所深耕各研究领域，取得多项有国际影响力的重要科研成果。在国际上首次实现原子级精准控制的石墨烯纳米结构折叠，为目前世界上最小尺寸的“石墨烯折纸”。在国际上首次观测到马约拉纳零能模近量子化的电导平台，给出铁基超导中存在马约拉纳零能模的关键性实验证据。采用材料基因工程理念开发了独特的高通量实验方法，实现了非晶合金的快速筛选，研制出高温高强块体非晶合金新材料，突破了现有非晶合金的使役温度极限。创建了一种高效且全自动的算法用于检测非磁性材料中的非平庸拓扑，不仅提高了探索新拓扑材料效率，也为高通量计算打下了基础。与合作者应用具有 12 个超导量子比特形成一维链结构的器件，实现了强关联量子行走的模拟。与合作者利用全联通的 20 超导量子比特器件，成功实现了 20 量子比特多组分薛定谔猫态制备。与合作者的冷冻电镜静态结构相结合，实现单分子动力学过程的精确测量，深度解析了染色质重塑因子调控 DNA 在核小体上滑移的分子机制。基于材料基因工程研制出高温块体金属玻璃入选 2019 年度中国科学十大进展；最新研究表明自然界中约 24% 的材料可能具有拓扑结构入选 2019 年中国十大科技进展新闻；首次完成强关联纠缠体系的量子行走实验和实现石墨烯纳米结构原子级精准的可控折叠入选中国科学院 2019 年度科技创新亮点成果。

物理所多个研究团队及科研人员获 2019 年度各类奖项及荣誉。白海洋团队研究成果“动力学新模式的发现及在塑性非晶合金材料研发中的应用”获 2019 年度国家自然科学奖二等奖；物理所与中国人民大学、理论物理研究所共同完成的研究成果“铁基超导电子结构与磁相互作用的理论研究”获 2019 年度国家自然科学奖二等奖；吴克辉团队研究成果“硅烯的发现与物性研究”获 2019 年度北京市自然科学奖一等奖。高鸿钧院士获第八届中国国际纳米科学技术会议“China Nano Award”；黄学杰研究员获新材料成果转化奖；魏志义研究员获中国激光杂志社成立十周年“高被引作者”称号；物理所获第八届中国科学院科技成果在京转化先进团队科研团队特等奖和工作组织奖一等奖。

根据中国科学技术信息研究所关于中国科技论文统计结果，2018 年度，物理所发表第一署名单位的 SCI 收录论文数 492 篇，名列全国科研机构第 9 位。物理所近 10 年来（2009—2018）的国际论文截至 2018 年 10 月累计被引用篇数 4410 篇，被引用次数 123 125 次，名列全国科研机构第 4 位。2019 年度提交专利申请 138 项，获得授权专利 78 项，其中国际专利授权 6 项。

物理所有控股、参股公司 13 家，其中科技型企业共 11 家，股权总市值约 8 亿元。技术转移与成果辐射的省、市（地区）集中在江苏、北京。2019 年，天科合达引入战略投资者，融资金额约 1.27 亿元，公司实现销售额 1.5 亿元，利润总额约 2500 万元；天目湖储能院 4 月正式揭牌运营，服务企业包括 CATL、中航锂电、威马汽车等，获批江苏省新型研发机构；溧阳天目先导完成A轮1.21亿融资，完成15 000平方米厂区建设，建成年产800吨单品产线；北京卫蓝获国家高新技术企业、项目获北京分院转移转化奖特等奖；中科海钠完成PreA融资3000万元，并推出全球首座100kW·h钠离子电池储能电站。

物理所积极参与国际合作，2019年在研国际合作项目37项，在研重点国际合作项目18项，创新国际团队1个。国际来访约为470人次（参加会议人员未完全统计在内），其中约200人次来所进行合作研究，占来访总人次的43%。全年科研人员及学生出国、参加国际会议、进行长短期合作研究及考察访问的人员总计达766人次，其中参加国际会议455人次，占出访量的59%，共有278人次应邀做了大会或分会报告。2019年主持召开国际学术会议10次。通过物理所国际合作研究中心邀请37人次来访，建立海外人才和物理所科研人员稳定的国际合作关系，并为青年人才日后回所工作打下基础。2019年分别与亚美尼亚科学院物理应用问题研究所、波兰科学院物理研究所签署合作谅解备忘录。

物理所是中国物理学会的挂靠单位；承办的科技期刊有《物理学报》、*Chinese Physics Letters*、*Chinese Physics B*和《物理》。

（撰稿：成 蒙 张 洁 审稿：魏红祥）

理论物理研究所

所　　长：蔡荣根
地　　址：北京市海淀区中关村东路55号
邮政编码：100190
电　　话：010-62554447
传　　真：010-62562587
电子信箱：office@itp.ac.cn
网　　址：http://www.itp.ac.cn

中国科学院理论物理研究所（以下简称“理论物理所”）成立于1978年6月9日，是在理论物理学领域各主要方向上从事基础研究的专业研究所。1985年，理论物理所成为中国科学院向国内外首批开放的研究所，1993年被第三世界科学院选为首批参加协联计划的优秀中心，1998年8月被列为中国科学院知识创新工程首批试点单位之一，2002年2月成立中国科学院交叉学科理论研究中心，2004年12月被批准为中国科学院与第三世界科学院奖学金学者培训基地，2006年成立中国科学院卡弗里理论物理研究所，2008年成立中国科学院理论物理前沿重点实验室，2011年成立理论物理前沿国家重点实验室，2016年恢复为院重点实验室；2016年成立彭桓武理论物理创新研究中心；2019年6月入选科技部创新人才培养示范基地；2019年与曙光公司联合成立“理论物理先进计算联合实验室”。

2019年，理论物理所深入学习贯彻习近平新时代中国特色社会主义思想和党的十九大精神，进一步加强党的领导，发挥支部战斗堡垒作用、党员先锋模范作用，扎实开展“不忘初心、牢记使命”主题教育，推进“一三五”规划落实。

2019年，理论物理所调整研究所“一三五”规划，进一步明确面向世界科技前沿，联合国内外理论物理学工作者，把理论物理研究所办成从事理论物理核心问题研究、为国家培养优秀人才、注重交叉学科发展、为国家大科学工程服务的“基础研究中心、人才培养基地、学术交流平台”，在我国理论物理学界起到引领作用，把理论物理所办成国际一流的国家理论物理中心的定位；重点部署物质结构和宇宙演化中的基本问题、生物和复杂系统中的统计物理前沿问题两个突破；明确量子场论和量子引力中的基本问题、量子物质理论的前沿问题两个重点培育方向。

2019年，理论物理前沿重点实验室在全院数理和地学领域的84个实验室（其中数理领域36个）的评估中取得优异成绩，成为数理领域7个A类院重点实验室之一。

2019年，理论物理所与曙光公司签约组建“理论物理先进计算联合实验室”，目的是以计算物理的若干专题为切入点，开展科学计算软件开发，培育自主超算硬件环境下的软件生态环境及专门人才。

截至2019年底，理论物理所共有在职职工66人。其中科研人员37人、科技支撑人员10人，包括中国科学院院士 2 人、发展中国家科学院院士 1 人，研究员 28 人、副研究员及高级工程技术人员 10 人。

理论物理所是国务院学位委员会批准的首批博士学位授予单位之一，现有理论物理专业硕士、博士研究生培养点，并设有理论物理专业博士后流动站。截至 2019 年底，共有在学研究生 151 人（其中硕士生 53 人、博士生 98 人）；在站博士后 26 人。

2019 年，1 位研究员当选国际广义相对论和引力学会会士，1 位研究员当选国际欧亚科学院院士，青年科研人员获得亚太物理学会联合会-亚太理论物理中心杨振宁奖、胡济民教育科学奖等。1 位研究生获得中国科学院院长特别奖，1 位研究生的论文入选中国科学院优秀博士学位论文，4 位研究生获得国家奖学金。1 位博士后入选“博士后国际交流计划”引进项目；2 位获得中国博士后科学基金面上资助；1 位获得中国博士后基金特别资助。

2019 年，理论物理所共主持承担包括国家重点研发计划、国家自然科学基金委重点基金项目、中国科学院战略性先导科技专项项目等国家级与省部委级项目或课题 77 项。其中，主持（参与）国家重点研发计划课题 4 项；主持国家自然科学基金科学部综合管理项目 1 项；主持创新群体项目 1 项，国家自然科学基金重大项目 1 项（含课题 2 项）；主持国家自然科学基金中德跨学科重大合作研究项目 1 项；主持国家自然科学基金重点项目 4 项，面上项目 18 项，国家杰出青年科学基金项目 2 项，优秀青年基金 1 项；主持国家自然科学基金国际（地区）合作与交流项目 3 项；主持理论物理专款博士后基金 4 项，其他基金项目 1 项；主持院重点部署项目 1 项（院重点实验室）；主持院前沿科学重点研究项目 14 项，参与战略性先导科技专项项目 6 项（含课题 / 子课题 8 项）；主持修购专项 1 项，中国科学院其他项目 2 项；承担中国工程物理研究院项目 1 项，其他项目 1 项。

2019 年，理论物理所新争取到国家自然科学基金委彭桓武理论物理创新研究中心 1 项，国家自然科学基金国家杰出青年科学基金项目 1 项、面上项目 6 项、专项项目 2 项，争取到中国科学院科研仪器设备研制项目 1 项、院前沿科学重点研究项目 3 项。共发表 SCI 论文 221 篇（数据来源：SCIE），其中在影响因子 IF>4 的 SCI 期刊发表论文 146 篇，在影响因子 IF>2 的 SCI 期刊发表论文 198 篇。其中在代表性学术刊物 *Nature*（IF=43.070）发表 1 篇，*Physical Review Letters*（IF = 9.227）发表 10 篇，*Chinese Physics C*（IF = 5.861）发表 8 篇，*Journal of High Energy Physics*（IF=5.833）发表 28 篇，*Astrophysical Journal*（IF=5.580）发表 7 篇，*Journal of Cosmology and Astroparticle Physics*（IF=5.524）发表 8 篇，*European Physical Journal C*（IF=4.843）发表 16 篇，*Physical Review D*（IF = 4.368）发表 45 篇，*Physics Letters B*（IF = 4.162）发表 15 篇。

2019 年，理论物理所举办前沿科学论坛报告会 3 次、Colloquium 报告会 16 次，午餐讨论会 5 次、专题学术报告 108 次。主办 34 次国内、国际学术会议。接待访问学者 272 名，办理出国（境）73 人次、赴台 9 人次。

2019 年，理论物理所加大信息化应用开发部署，为科研管理信息化提供支持，完成所新一代 ARP 系统升级，邮箱迁移至中国科学院系统，开发内网办公系统、云盘系统、云视频会议及直播系统、会议注册管理系统、代码托管系统等。完成八路高性能计算集群系统安装、调试，完成 GPU 高性能计算集群系统实施方案申报、公开招标、到货安装。完成图书期刊馆藏室的改造与搬迁；对研究所发表论文的提供印证检索；将建所以来中英文论文、会议论文、报纸等录入机构知识库。

2019 年，《理论物理通讯》英文期刊影响因子继续提升，达到 1.416，较上一年度提高 20.2%，创下本刊历史新高；期刊获中国科学院出版基金支持，并获中国科技期刊卓越行动计划梯队期刊项目基金支持。期刊继续获得“中国最具国际影响力学术期刊”的称号。

2019 年 5 月 15 日，理论物理所与北京应用物理与计算数学研究所联合举办“周光召院士从事科学事业 65 周年学术思想和科学精神研讨会”。

（撰稿：安慧敏　郭舒婷　审稿：蔡荣根）

高能物理研究所

所　　长：王贻芳
地　　址：北京市石景山区玉泉路 19 号乙院
邮政编码：100049
电　　话：010-88233092
传　　真：010-88233105
电子信箱：ihep@ihep.ac.cn
网　　址：http://www.ihep.cas.cn

高能物理研究所（以下简称“高能所”）成立于 1973 年，其前身是 1950 年成立的中国科学院近代物理研究所，1953 年改称物理所，1958 年改称原子能研究所。1973 年 2 月，根据周恩来总理的指示，在原子能研究所一部的基础上组建了高能所。

高能所是以基础研究和应用基础研究为主的多学科综合性研究所。主要学科方向是粒子物理研究、加速器物理及技术研究和射线技术及应用研究，并兼顾核分析技术及多学科交叉研究。

高能所建有北京正负电子对撞机国家实验室、核探测与核电子学国家重点实验室（与中国科学技术大学共建），国家高能物理科学数据中心，1 个国家级国际联合研究中心，8 个省部级重点实验室及研究中心，1 个非法人研究单位，1 个北京市国际科技合作基地。高能所下设 7 个研究单位，并在广东东莞设有分部；拥有北京正负电子对撞机、北京谱仪、北京同步辐射装置、西藏羊八井国际宇宙线观测站、硬 X 射线调制望远镜卫星、中国散裂中子源、大亚湾中微子实验装置、ADS 质子直线加速器（共建）、江门中微子实验装置（在建）、高海拔宇宙线观测站（在建）、阿里宇宙微波背景辐射实验（在建）、高能同步辐射光源（在建）、引力波暴高能电磁对应体全天监视器卫星（在建）等大型科研装置。

截至 2019 年底，高能所共有在职职工 1466 人。其中，专业技术人员 1293 人，包括正高级专业技术人员 204 人、副高级专业技术人员 582 人。共有中国科学院院士 5 人，中国工程院院士 2 人。

高能所是 1981 年国务院学位委员会批准的首批博士、硕士学位授予权单位之一，现设有理论物理、粒子物理与原子核物理、凝聚态物理、光学、无机化学、生物无机化学 6 个理学博士、硕士培养点，设有核技术及应用、计算机应用技术 2 个工学博士、硕士培养点，设有机械工程、电子与通信工程、计算机技术 3 个全日制工程硕士培养点。截至 2019 年底，在学研究生 665 人，其中博士生 396 人（外籍 9 人），硕士生 269 人（外籍 1 人）；在站博士后 102 人（其中外籍 27 人）。

2019 年，高能所共有在研项目（课题）915 项。其中，主持（或承担）国家重点基础研究发展计划（973 计划）1 项、承担（或参加）课题 4 项，主持（或承担）国家重点研发计划项目 15 项、承担（或参加）课题 59 项；主持（或承担）国家自然科学基金重大项目 2 项（新增 1 项）、重点项目 15 项（新增 4 项）、面上项目 174 项（新增 29 项），国家杰出青年科学基金项目 5 项（新增 2 项），国家自然科学基金联合基金 44 项（新增 12 项）；主持（或承担）中国科学院战略性先导科技专项项目（课题）38 项，主持（或承担）中国科学院重点部署项目（课题）6 项。

2019 年，高能所在前沿科学研究、大科学装置研发和建造及运行、技术成果转化、人才队伍建设、创新文化建设等方面取得丰硕成果。散裂中子源装置（CSNS）运行稳定高效，加速器打靶功率提升至 80kW，数据质量获得用户高度认可，围绕国际科技前沿和国家重大需求，取得多项成果。BEPC II 为投入运行以来最优运行年度，提前完成取数任务，同步辐射（BSRF）开放运行达到国际同步辐射光源装置最优行列。粲能区物理研究取得创新成果，BES III 获得高质量物理成果 61 篇（其中 PRL12 篇），为历年新高，BES III 物理白皮书正式发布。大亚湾实验稳定运行，取数效率 98%，其中高质量物理数据为 94%，中微子研究继续保持国际领先。粒子天体物理研究取得多项进展，西藏 ASγ 实验发现迄今最高能量的宇宙伽马射线，硬 X 射线调制望远镜卫星成功进行 X 射线脉冲星导航在轨实验并取得多项科学成果，伽马暴偏振探测仪给出国际上最大的高精度伽马暴偏振测量样本，国际上首次发现脉冲星自转变化导致星风云增亮等，“探索极端宇宙”国际大科学计划进展顺利。江门中微子实验各关键部件开始批量生产，20 英寸[①] 光电倍增管量子探测效率稳定提高并完成部分光电倍增管的防水封装。高能同步辐射光源验证装置（HEPS-TF）通过国家验收，高能同步辐射光源项目开工建设。高海拔宇宙线观测站启动科学观测，1/2 规模探测器阵列投入运行。阿里原初引力波探测实验站建设进展顺利。环形正负电子对撞机设计研究取得多项进展，一系列相关设备研制成功，性能达到国际先进水平。推动南方光源建设取得进展，南方光源研究测试平台项目正式动工。多学科研究取得可喜成果，国家标准《古陶瓷中子活化分析技术规范》公布实施。

2019 年，高能所在各类学术期刊及会议文集发表论文 1632 篇（作为第一机构发文 590 篇，占全部论文的 36.2%），全部论文中被科学引文索引（SCI）数据库收录 1207 篇，被 EI 数据库收录 668 篇，CPCI（原 ISTP）数据库收录 47 篇。SCI 数据库收录论文中约 81.7% 发表在期刊影响因子为 2 及以上的期刊上。有 709 篇论文在发表当年即被引用，占 SCI 数据库收录论文总量的 58.7%。根据基本科学指标数据库（ESI）统计，高能所进入全球论文影响力排名前 1% 的论文 82 篇，其中前 1‰的论文 20 篇，0.1‰的论文 2 篇。

2019 年，高能所申请专利 66 项，其中中国发明专利 62 项、实用新型专利 4 项；获得专利授权 104 项，包括中国发明专利 67 项，实用新型专利 36 项，外观设计 1 项；获得计算机软件著作权 4 项。共有中国科学院知识产权专员 8 人。2019 年，BEPC II 在中国科学院重大科技基础设施综合运行评比中获一等奖，大亚湾中微子实验与散裂中子源项目获三等奖，“伽马暴偏振探测仪”获中国载人航天工程突出贡献集体，王贻芳获未来科学大奖物质科学奖，陈和生获“2019 中国科学院年度先锋人物”称号，孙建超获“中国载人航天工程突出贡献者”称号。

2019 年，高能所继续推动成果转化工作，修订完善《高能所促进科技成果转化条例》和《高能所产品研制和技术服务管理条例》。高能所与济南新旧动能转换先行区管理委员会共建“济南中科核技术研究院”（高能所济南分部），以核技术应用中心为主要技术力量，计划建成以研究院为中心集工程化研发、成果孵化和投融资为一体的成果转化基地，带动高能所其他成果转化项目的开展；与山东枣庄山亭区签署“联合研发平台”合作协议，以知识产权作价入股建立高能瑞泰（山东）电子科技有限公司，开展硅基探测器技术研发和产业化。同时，纳米药物合作迎来新契机，组织完成尽职调查；BNCT 项目前期注资到位，完成首台加速器恢复和调试验证，启动第二台 BNCT 的研制（临床用），并提交增资方案与协议；完成北京中科网威股份转让，实现国有资产的保值；完成北京高能科迪公司增资备案。

2019 年，高能所共签署 15 项国际科技合作协议，包括意大利国家核物理研究院、俄罗斯杜布纳联合原子核研究所、塞尔维亚万卡核物理研究所、贝尔格莱德大学、克拉古耶瓦克大学、欧洲核子中心、白俄罗斯国立大学、莫斯科国立大学、瑞士保罗谢勒研究所、日本理化研究所、日本放射线医学综合研究所和英国钻石光源等。承办高能物理领域国际研讨会 31 次，接待国外（境外）来访学者 907 人次，组织所内科研人员出国（境）进行学术交流 1172 人次。参加欧洲核子研究中心的大型强子对撞机 LHC 上的 ATLAS 和 CMS 实验、丁肇中教授领导的 AMS 实验、国际直线对撞机（ILC）、BELLE & BELLE II、PANDA 等国际合作项目。

高能所是中国物理学会高能物理分会、粒子加速器分会，同步辐射专业委员会，核电子学与核探测技术分会，中国毒理学会纳米毒理学专业委员会，中国物理学会中子散射专业委员会的挂靠单位。主办的刊物有《中国物理 C》（月刊）、《现代物理知识》（科普双月刊）、*Radiation Detection Technology and Methods*（英文网络期刊）。

（撰稿：贾英华　审稿：王贻芳）

① 1 英寸=2.54 厘米。

力学研究所

所　　长：秦　伟
地　　址：北京市海淀区北四环西路 15 号
邮政编码：100190
电　　话：010-82543850
传　　真：010-62560914
电子信箱：imech@imech.ac.cn
网　　址：http://www.imech.cas.cn

中国科学院力学研究所（以下简称“力学所”）成立于 1956 年，是以工程科学思想建所的综合性国家级力学研究基地，在国际力学界享有盛誉。钱学森、钱伟长为第一任正、副所长；郭永怀副所长曾长期主持工作。

力学所始终坚持“工程科学思想”，聚焦国家重大需求中基础科学问题和关键核心技术，推动力学与多门学科前沿深度交叉，致力于高质量科技发展、高层次平台建设和高水平人才培养的有机结合，建设国际一流的科教融合工程科学创新研究基地。

力学所以基础前沿交叉领域为主战场，着力发展固体力学、流体力学、动力学与控制和交叉力学等传统优势学科，引领复杂系统力学和微重力科学等新兴学科发展，重点布局于空天飞行技术、先进轨道交通、固体材料特性、人类生命健康、新型海洋装备和油气资源开采。

2019 年，力学所获批国家自然科学基金委“非线性力学的多尺度问题研究基础科学中心”，是力学学科目前唯一一个基础科学中心。牵头筹建的中国科学院复杂系统力学卓越创新中心取得显著进展。集中全所优势力量，研制了世界上首座覆盖高超声速飞行全包线实验能力的空天飞行技术验证平台，实现了国际上首次微牛级射频离子电推进技术在轨验证，突破了京雄、国际互联互通等高速列车气动设计和动模型实验，提出了超常规服役环境下从材料到结构的计算力学方法和力学测试技术，建立了复现生理解剖结构与力学微环境的体外三维肝血窦模型，攻克了湍流时空关联和时间精准湍流模型的基本问题，解决了油气水混相流量准确计量的国际难题。力学所不断践行多元融合组织模式，开拓工程科学科技布局，为创新型国家建设和经济社会发展做出重要贡献。

力学所共有 5 个实验室和 1 个中心。非线性力学国家重点实验室（LNM）、高温气体动力学国家重点实验室（LHD）、中国科学院微重力重点实验室（NML）、中国科学院流固耦合系统力学重点实验室（LMFS）、先进制造工艺力学实验室（MAM）和空天飞行科技中心（筹）。

力学所图书馆创建于 1956 年，是国内力学类较为系统、完整的文献收藏部门之一，现有纸本藏书 30 万余册，电子书 2 万余册。

截至 2019 年底，力学所共有在职职工 544 人。其中科技人员 386 人、科技支撑人员 106 人、管理人员 52 人，包括中国科学院院士 7 人、中国工程院院士 1 人，正高级专业技术人员 78 人、副高级专业技术人员 177 人。

力学所是 1981 年国务院学位委员会批准的博士、硕士学位授予权单位之一，设有力学专业一级学科博士研究生培养点，力学和材料工程 2 个专业一级（或二级）学科硕士研究生培养点，并设有力学专业一级学科博士后流动站。截至 2019 年底，共有在学研究生 366 人（其中硕士生 152 人、博士生 214 人）；在站博士后 33 人。

2019 年，力学所共有在研项目 671 项（包括新增项目 229 项）。其中，主持（或承担）国家自然科学基金重点项目 8 项（新增 1 项）、主持（或承担）国家自然科学基金重大项目 5 项、主持（或承担）国家自然科学基金基础科学中心项目 1 项（新增 1 项）、国家自然科学基金重大研究计划重点项目 13 项（新增 1 项）、面上项目 102 项（新增 20 项）、青年科学基金项目 41 项（新增 11 项）、国家杰出青年科学基金项目 1 项、国家优秀青年科学基金项目 2 项；主持或承担国家重大科技专项 4 项（新增 1 项）；主持或承担国家重点研发计划项目 3 项，课题 9 项，子课题 25 项（新增 1 项）；主持（或承担）国家自然科学国家重大科研仪器研制项目 3 项（新增 1 项）、院重大科研装备研制项目 3 项；主持（或承担）中国科学院战略性先导科技专项课题 19 项（新增 3 项）；主持（或承担）院重点部署项目 2 项（新增 1 项）；承担院地合作项目 127 项（新增 118 项）。

2019 年，力学所国家微重力实验室获得由人力资源社会保障部、工业和信息化部、国家国防科技工业局等五部委联合授予的“中国载人航天工程突出贡献集体”荣誉称号，康琦研究员获得“中国载人航天工程突出贡献者”荣誉称号。杨国伟研究员获“中国科学院年度先锋人物”。力学所获北京分院“党建创新奖”。

2019 年，力学所共发表科技论文 587 篇，其中 SCI 收录 378 篇，EI 收录 398 篇，CPCI 收录的国际会议论文 13 篇；收录学位论文 73 篇，IMCAS 系列科技报告 19 篇；出版英文专著 3 部；申请专利 139 项，其中 23 项实用新型、116 项发明专利；授权专利 79 项，其中包括一件加拿大发明专利，这也是力学所第二件国际专利；软件登记 11 项。

2019 年，力学所积极融入国家创新驱动发展战略，在推动研究所重大科技成果转化，助力国家科创中心建设，促进区域新兴产业布局和传统产业升级等方面取得了显著成绩。横向合作全面发展，合同总额首次突破 1 亿元（达 11 238 万元），同比增长 30%，为 100 多家企事业单位解决技术难题，推动多地域科技创新和产业发展。积极投身粤港澳大湾区国际科创中心建设，与广州市政府、南沙区管委会共建省级事业法人力学所广东空天科技研究院，推动我国空天科技水平提升和地方产业结构升级。助力北京市科创中心发展，积极推进交叉研究平台项目建设，为国家战略需求提供关键支撑；大力推动科技成果在三城一区转化和产业化进程，被中关村科技园区管委会授予“中关村国家自主创新示范区技术转移服务平台”。积极参与海南科技创新和文昌国际航天城建设，超低轨卫星吸气式电推进动力系统研究项目获海南省科技厅重大科技计划支持。推进长三角、东三省战略新兴产业布局。力学所控股的安徽中科引力公司产品“混相不分离高精度油汽水多相计量移动测试撬”正式投入大庆油田应用，属国内领先；车用高温模具绿色渗镀一体化技术在一汽铸造公司获得应用，大幅降低成本，合作企业被列为 B 级供货商。

截至 2019 年底，力学所直接投资公司共 6 家，2019 年新增 2 家，所资产管理公司投资公司 1 家。

2019 年，力学所新增国际合作项目 5 项：院特别交流计划项目 1 项、国家自然科学基金委国际（地区）合作与交流项目 2 项及院国际人才计划项目 2 项。职工出访 176 人次，学生博士后出访 24 人次；来访 33 人，顺访 9 人。邀请美国佐治亚理工学院 Vigor Yang 教授来所访问并作钱学森工程科学讲座。

全国性一级学会中国力学学会挂靠在力学所。力学所主办 5 种学术期刊，其中英文刊 2 种：*Acta Mechanica Sinica*、*Theoretical & Applied Mechanics Letters*；中文刊 3 种：《力学学报》、《力学进展》和《力学与实践》。

（撰稿：朱国立　王　艺　审稿：秦　伟）

声学研究所

所　　长： 王小民
地　　址：北京市海淀区北四环西路 21 号
邮政编码：100190
电　　话：010-82547850
传　　真：010-82547890
电子信箱：zhangli@mail.ioa.ac.cn
网　　址：http://www.ioa.cas.cn

中国科学院声学研究所（以下简称“声学所”）成立于 1964 年，其前身是中国科学院电子学研究所的水声学研究室、空气声学研究室、超声学研究室和位于海南、上海、青岛的 3 个研究站，是从事声学和信息处理技术研究的综合性研究所，总部位于北京市海淀区中关村。2014 年以来，声学所作为中国科学院海洋信息技术创新研究院（以下简称“海洋创新院”）依托单位，扎实推进建设工作，海洋创新院于 2016 年底通过验收，进入正式运行阶段。

目前，声学所在北京设有声场声信息国家重点实验室、国家网络新媒体工程技术研究中心、中国科学院水声环境特性重点实验室、中国科学院先进水下信息技术重点实验室、中国科学院水下航行器信息技术重点实验室、中国科学院噪声与振动重点实验室、中国科学院语言声学与内容理解重点实验室、北京市海洋声学装备工程技术研究中心、北京市深部钻测工程技术研究中心 9 个研究单元；在海南建有南海研究站、在上海建有东海研究站、在青岛建有北海研究站，在嘉兴市与地方政府共建了声学技术转移中心。

声学所定位是：主要致力于声学和信息处理技术学科的应用基础和高技术发展研究，围绕未来5到10年我国在海洋、安全、能源、生命健康和信息网络等领域的战略急需，着力破解与声学和信息处理技术相关的前瞻性重大科技难题与系统集成瓶颈，着力提升自主创新与竞争能力，取得创新性重大成果，引领学科发展方向，保持特色鲜明和不可替代研究所的地位，把声学所打造成声学和信息处理技术领域国内外一流的专业研究机构。

声学所特色研究方向包括：水声物理与水声探测技术、环境声学与噪声控制技术、超声学与声学微机电技术、通信声学和语言语音信息处理技术、声学与数字系统集成技术、高性能网络与网络新媒体技术。

2019年12月11日，海洋创新院第一届理事会第四次会议在声学所举行。会议听取了海洋创新院建设情况汇报，肯定了海洋创新院近年来取得的显著成效，会议指出海洋创新院带动了院内外相关科研院所和企业，引领了国内海洋信息技术领域的发展。与会领导与代表围绕“十四五”重大突破与重点培育建议进行了研讨并对于海洋创新院下一步工作提出了要求。

截至2019年底，声学所共有在职职工857人。其中专业技术人员802人，包括正高级专业技术人员128人，副高级专业技术人员247人。

声学所是国务院学位委员会批准的首批博士、硕士学位授予单位，现设有物理学（声学）、信息与通信工程（信号与信息处理）、地质资源与地质工程（地球探测与信息技术）3个学科学术型博士、硕士研究生培养点和电子信息领域专业型硕士研究生培养点，并设有物理学、信息与通信工程等2个专业一级学科博士后流动站；截至2019年底，共有在学研究生560人，其中硕士生279人（含微电子学院学籍18人）、博士生281人，目前在站博士后23人，在所联合培养研究生21人。

2019年，声学所共有在研项目891项（包括新增项目580项）。其中，主持（或承担）国家自然科学基金重点项目104项（新增18项）；主持或承担国家重大科技专项1项；其他科技专项10项；主持或承担国家重点研发计划43项（新增6项）；主持（或承担）中国科学院战略性先导科技专项项目4项（新增4项），课题20项（新增18项）；主持（或承担）院重点部署项目7项（新增4项）、承担重点国际合作项目12项（新增6项）；承担院地合作项目105项（新增86项）。

在国家自然科学基金委国家重大科研仪器研制项目、院装备项目牵引下，声学所成功搭建了高灵敏度动态光弹超声成像设备，研究成果填补了固体内部超声传播和散射声场精确定量观测的空白，灵敏度和稳定性达到国际先进水平；研制成功三维超声衍射信号成像装备平台，为开展超声精确检测与成像研究提供了试验手段，并应用于核电、海洋工程等领域。

针对企业客服业务迅猛发展的需求，声学所自主研发了智能语音能力平台和智能语音客服系统，帮助中移在线和中国电信建设智能客服语音能力平台，支持中移在线23个省上线智能语音分析应用，已在广发银行、宁波银行、苏宁电商、平安、河北高速等60余家客户上线智能客服系统，产生直接经济效益超过9000万元。该系统显著改进了企业客服质量，大幅提升了用户满意度和体验，降低了企业客服人力成本，助力了企业运营和市场营销，打造了全新的客服模式，显著提升了我国客服领域的智能化水平，在全国语音技术评测中多次获得第一名，在2019年第五届国际音频场景分类比赛获得第一名。

2019年，声学所共发表论文532篇，其中期刊论文278篇，国际国内会议论文254篇，SCI收录92篇，EI收录193篇。出版著作1部，主持、参与国际标准2项，行业标准3项。申请专利167项，其中发明专利150项；通过PCT申请国际发明专利2项；专利授权231项，其中发明专利212项，国外专利8项；软件著作权登记29项，授权数较去年增加50%，专利申请注重从数量扩张向质量效益提升转变。

声学所持续深入推进科技成果转移转化工作，通过多种形式齐头并进促进成果产出并落地。2019年度促成2项海洋类科技成果作价1500万元（占股30%）与上海茂枫信息科技有限公司及宁波汇永昌顺投资合伙企业（有限合伙）合作成立了上海蓝声海洋工程有限公司；首次以软件著作权许可使用方式授权8项智能语音技术领域软件著作权给上汽集团下属公司使用，实现技术许可使用费共计2250万元。同时，积极推动技术转让、技术许可组织工作，在所网开设专利转化专栏，向社会提供可转化专利技术。共签订各类技术合作、技术许可、技术服务等项目360余项，合同总经费1.25亿元。

2019年，智能语音能力平台关键技术及其在智能客服行业应用获北京市科学技术进步奖二等奖；基于微色谱的快速准确高灵敏气体检测关键技术及应用获北京市科学技术进步奖二等奖；科技发展部获第九届中国科学院科技成果在北京转化先进团队技术转移工作组织奖二等奖。

声学所本部9个研究单元均为国家或省部级重点实验室。2019年4月12日，声场声信息国家重点实验室2019年学术委员会会议在北京召开；6月25日，中国科学院水下航行器信息技术重点实验室第一届学术委员会第四次会议在北京召开；9月8日，中国科学院水声环境特性重点实验室第三届学术委员会第三次会议在北京召开；10月31日，中国科学院先进水下信息技术重点实验室第一届学术委员会第二次会议暨学术交流会在北京召开；11月30日，中国科学院语言声学与内容理解重点实验室在北京召开年度学术委员会；12月11日，北京市海洋深部钻探测量工程技术研究中心第一届技术委员会第三次会议在青岛召开；12月27日，北京市海洋声学装备工程技术研究中心在北京召开第二届技术委员会第二次会议。

2019年，声学所与斯里兰卡海底沉船探测重点项目在科伦坡举行项目研讨会，详细讨论对发现沉船实施潜水探测的方案、设备、计划时间等，为潜水探测做好准备；与葡萄牙亚速尔大学的国际合作重点项目就海底特征和声学监测系统研究完成声场特性数值分析研究，并形成基于OBS的声源方位估计方法研究，2020拟在葡萄牙开展联合实验；主办Starblab国际学术交流，就中葡大西洋联合科学监测研究的设备研究及实验计划进行深入探讨；与俄罗斯科学院远东分院太平洋海洋研究所签署科技合作协议。

2019年，声学所出访65批391人次，其中参加国际会议和执行合作研究项目出访人次达到85%以上，涉及30余个国家和地区，主要参加第178届美国声学学会年会、ICA 2019、23rd International Congress on Acoustics国际会议、国际互联网工程任务组第106次标准会议、国际海洋会议等；接待来访外宾14批25人次。

声学所注重提升基础科研环境。2019年，科研综合楼建设项目完成结构封顶，项目建设稳步推进；临海实验基地项目通过竣工验收并投入使用；国家重大科技基础设施项目“海底科学观测网南海部分”初步设计、建设过程管理、全覆盖跟踪审计完成招标。

声学所是中国科学院大科学装置“实验1”号科学考察船的法人单位，该科考船在2019年度完成了5个科学考察航次任务，在航209天，安全航行2.5万余海里[①]。

截至2019年底，声学所共有18家公司，其中研究所本部直接投资公司10家，下属站点直接投资公司3家，声学所管理公司投资5家。

声学所是中国声学学会、全国声学标准化技术委员会、中国环境科学学会环境物理分会等学术机构的挂靠单位。主办的专业学术期刊有《声学学报》（中、英文版）、《应用声学》、《网络新媒体技术》、《声学技术》、《中国医学影像技术》和《中国介入影像与治疗学》等。

（审稿：张　莉　张　涵　审稿：李浩然）

理化技术研究所

所　　长：张丽萍
地　　址：北京市海淀区中关村东路29号
邮政编码：100190
电　　话：010-82543770
传　　真：010-62554670
电子信箱：zhc@mail.ipc.ac.cn
网　　址：http://www.ipc.cas.cn

中国科学院理化技术研究所（简称“理化

①1海里=1.852千米。

所”）组建于1999年6月，是以原中国科学院感光化学研究所、低温技术实验中心为主体，联合北京人工晶体研究发展中心和工程塑料国家工程研究中心整合而成。

理化所是以物理、化学和工程技术为学科背景，以高科技创新和成果转移转化研究为职责使命的研究机构。主要研究领域为光化学转换与功能材料、低温科学与工程、功能晶体与激光技术、仿生智能界面材料、特种功能材料与生物医用技术。

理化所现有工程塑料国家工程研究中心，航天低温推进剂国家重点实验室（联合），光化学转换与功能材料、功能晶体与激光技术、低温工程学、固体激光、仿生材料与界面科学、空间功热转换技术重点实验室6个中国科学院重点实验室，低温生物医学工程学、热力过程节能技术2个北京市重点实验室等科研机构。技术支撑机构有公共技术服务中心，包括国家低温计量站、抗菌检测中心以及结构分析、化学分析、光谱分析等多个公共测试平台。

截至2019年底，理化所共有在职职工512人。其中科技人员450人、科技支撑人员62人，包括中国科学院院士4人、中国工程院院士1人、发展中国家科学院院士1人、研究员及正高级工程技术人员93人、副研究员及高级工程技术人员161人。

理化所现设有物理学、化学、动力工程及工程热物理3个专业一级学科博士、硕士研究生培养点，化学工程与技术一级学科硕士研究生培养点，材料学二级学科博士、硕士研究生培养点，动力工程、化学工程、光学工程、材料工程4个专业学位硕士研究生培养点，并设有化学、物理学、动力工程及工程热物理3个专业一级学科博士后流动站；共有在学研究生665人（其中硕士生272人、博士生393人），在站博士后32人。

2019年，理化所共有在研项目453项（包括新增项目214项）。其中，主持（或承担）国家自然科学基金重大项目4项（新增3项），重点项目4项（新增2项），重大科学仪器项目3项，面上项目82项（新增23项），国家杰出青年科学基金项目3项（新增1项），优秀青年科学基金项目3项（新增3项），青年基金项目45项（新增9项）；主持（或承担）科技部重大专项2项（新增1项），科技支撑计划1项，重点研发计划项目及课题35项（新增10项），国际合作专项3项（新增1项）；承担中国科学院战略性先导科技专项课题10项（新增4项），院重点部署项目7项，国家重大科研装备研制项目1项，院科研装备研制项目10项（新增1项），STS计划项目8项（新增3项），院国际合作项目16项（新增2项）；主持北京市科委项目10项（新增10项）；承担院地合作项目100余项（新增60余项）。

2019年，理化所认真贯彻落实“率先行动”计划，大力推动“十三五”发展规划和“一三五”重点目标的实施，取得阶段性成果。重大突破“先进激光技术的创新与应用”完成相关系统的集成与初步调试，实现第一阶段工作目标。重大突破“液氮温区空间制冷技术创新及其应用”稳步推进，形成了年产小批量供货能力，应用范围不断扩展；4台脉冲管制冷机随长征五号遥三火箭顺利升空。重大突破“大型低温制冷系统技术研发及工程应用”突破国外技术限制，研制成功全国产化500W@2K冷压缩机样机，填补了我国冷压缩机及其技术的空白；出口韩国的200W@4.5K氦制冷机完成调试；2500W@4.5K制冷机与控制系统完成调试。重大突破“仿生智能超浸润界面材料体系构筑与调控”取得仿生制备一种内壁具有猪笼草结构的管道、提出仿生的超疏水Ni-Ti合金弓丝等一系列原创性成果，持续引领和带动全球仿生超浸润领域的崛起和快速发展，牵头承担的“仿生界面材料科学”基础科学中心项目成功获批。全力奋战万米载人深潜器浮力材料，组织完成40余立方浮力材料标准块的生产、测试和交付，完成百余件浮力材料构件设计、黏接、加工、测试和交付，确保了项目顺利推进和潜水器的总装进度。开发出实用化三基色LD激光光源模组，达到大尺寸、宽色域、高颜色数的BT2020超高清电视国际标准；开发出8万流明高亮度激光工程投影机产品，服务于人民大会堂国庆70周年文艺汇演舞美投影；激光显示相关产品在“一带一路”奥森公园激光水秀等国庆活动中应用。

2019年，理化所共发表科技论文729篇，其中被 SCI 核心刊物收录 522 篇，EI 收录 76 篇。新申请专利 424 项，其中发明专利 336 项（包括 PCT 13 项，美国 3 项，日本 1 项，欧盟 2 项），实用新型 88 项；获授权专利 256 项，其中发明专利 191 项（包括美国 1 项，欧盟 2 项），实用新型 65 项。

2019 年，理化所获得 2019 年度北京分院“党建创新奖”和工会工作先进单位。液态金属电子增材制造技术应用项目获北京分院技术转移工作成果奖特等奖，聚合物微针给药获技术项目奖二等奖，产业策划部获组织奖二等奖，大型低温制冷系统产业化项目获 2019 产学研合作创新成果奖优秀奖。结构分析平台获院所两级公共技术服务中心“2019 年度优秀集体”。吴骊珠当选中国科学院院士，佟振合院士获 2015—2018 年度中国化学会先进工作者，许祖彦院士获 CCTV 年度科技创新人物，张敬杰获 2019 年中国科学院年度人物，沈俊获 2018 年度中国科学院青年科学家奖，张铁锐获第三届中国感光学会青年科技奖，董学强获中国制冷学会科技青年奖，高波获第 19 届国际计量大会 The Oral Best Paper Award，陆文获 2019 年财务资产管理改革贡献奖。

2019 年，理化所继续探索新形势下科技成果转化和产业化的新思路和新模式，紧抓国家经济结构调整的机遇，持续推动若干重大原始创新成果的转化和产业化。中科富海公司启动国内首个工业副产氢液化示范装置，启动第二套天然气 BOG 中提取高纯氦装置项目，中山制造基地首期建设封顶，完成首轮融资。中科极光公司年内实现营业利润超过 1000 万元。持续推动降解塑料产业化，签署建立 10 万吨 PBAT/PBS 生产线合作框架协议。加强经营性资产管理，截至 2019 年底，所投资公司共计 33 家（其中上市公司两家），所有者权益超过 3 亿元。

2019 年，理化所积极推进国际合作与交流，新增国际合作项目 4 项。积极推进“一带一路”科技创新合作，中埃绿色生物制造联合实验室完成建设。中国科学院低温工程学重点实验室与斯洛文尼亚大学机械工程系签署战略合作协议。组织召开第一届低温温度计量科学国际研讨会，第一届亚洲冷链大会。全年学术交流出访 156 人次，接待来访 98 人次。

理化所是中国感光学会、中国化学会光化学专业委员会、中国制冷学会低温专业委员会和中国感光学会光催化专业委员会的挂靠单位。负责编辑出版《影像科学与光化学》学术期刊。

（撰稿：刘世雄　朱世慧　审稿：王越超）

化学研究所

所　　长：张德清

地　　址：北京市海淀区中关村北一街 2 号

邮政编码：100190

电　　话：010-62554626

传　　真：010-62569564

电子信箱：huaxs@iccas.ac.cn

网　　址：http://www.ic.cas.cn

中国科学院化学研究所（以下简称“化学所”）始建于 1956 年。多年来，中国科学院以化学所一些学科方向为主先后组建了青海盐湖研究所（1958 年）、感光化学研究所（1975 年）和生态环境研究中心（1975 年）；成都有机化学研究所成立时吸纳了化学所的十几位业务骨干；化学所有机氟工作于 1963 年并入上海有机化学研究所；1999 年工程塑料国家工程中心并入新成立的理化技术研究所。化学所 1994 年成为科技部和中国科学院基础性研究改革试点单位，1998 年首批进入中国科学院知识创新工程试点，1999 年成立中国科学院分子科学中心。2003 年科技部批准化学所与北京大学共同筹建北京分子科学国家实验室。2016 年成立中国科学院分子科学科教融合卓越创新中心。2017 年科技部批准北京大学和化学所共建的北京分子科学国家研究中心成立。

化学所是以基础研究为主，有重点地开展国家急需的、有重大战略目标的高新技术创新研究，并与高新技术应用和转化工作相协调发展的多学科、综合性研究所。主要学科方向为高分子科学、物理化学、有机化学、分析化学、无机化学。化学所坚持科学技术的原始创新，不断加强高技术创新和集成，重视化学与生命、材料、环境、能源等领域的交叉，在分子与纳米科学前沿、有机 / 高分子材料、能源与绿色化学领域以及化学与生命科学交叉等领域取得系列创新成果，并建设和逐步完善面向国家重大战略需求的先进高分子材料基地。

2019 是中华人民共和国成立 70 周年和中国科学院建院 70 周年，化学所全体师生按照院党组和北京分院分党组的部署，认真学习和贯彻落实习近平新时代中国特色社会主义思想和党的十九大和十九届二中、三中、四中全会精神，牢固树立“四个意识”，坚定“四个自信”，坚决做到“两个维护”，各项工作取得重要进展，发展态势良好。

化学所现有 1 国家研究中心（北京分子科学国家研究中心）、3 个国家重点实验室、9 个院重点实验室、1 个分析测试中心。国家重点实验室包括分子反应动力学国家重点实验室，分子动态与稳态结构国家重点实验室，高分子物理与化学国家重点实验室；院重点实验室包括有机固体院重点实验室，光化学院重点实验室，分子纳米结构与纳米技术院重点实验室，胶体、界面与化学热力学院重点实验室，工程塑料院重点实验室，分子识别与功能院重点实验室，活体分析化学院重点实验室，绿色印刷院重点实验室，高技术高分子材料院重点实验室。

截至 2019 年底，化学所共有在职职工 605 人，其中科技人员 437 人、支撑人员 100 人，包括中国科学院院士 11 人、发展中国家科学院院士 6 人、研究员 110 人、项目研究员 44 人、副研究员及高级工程技术人员 208 人；全所进入创新岗位 558 人。

化学所是 1996 年国务院学位委员会批准的博士、硕士学位授予权单位之一，现设有化学一级学科硕士、博士研究生培养点，材料学二级学科硕士、博士研究生培养点，材料与化工专业学位硕士研究生培养点，并设有化学、材料科学与工程 2 个博士后科研流动站；共有在学研究生 1052 人，其中博士生 724 人、硕士生 328 人，有在站博士后 117 人。

2019 年获得中国科学院院长特别奖 2 人，院长优秀奖 7 人，获得中国科学院优秀博士学位论文 3 篇。按照中国科学院的部署，化学所自 2015 年 1 月起牵头承办中国科学院大学化学与化工学院，2017 年 10 月，更名为化学科学学院。目前学院共有在学本科生 149 人，2019 年本科毕业生共 35 人，深造率达 83%。自 2017 年 9 月教育部公布中国科学院大学化学学科入选世界一流学科建设名单以来，化学所牵头，与 20 余家研究所共同积极推进一流学科建设的实施，2019 年顺利完成一流学科建设中期评估工作。

2019 年，化学所共承担各类科研项目、课题 700 余项（新增 409 项）。其中，承担国家重点研发计划项目 11 项（新增 2 项）、课题 18 项（新增 6 项），国家重大科技专项课题 1 项；主持国家自然科学基金 370 项：牵头重大项目 5 项承担课题 10 项、重点项目 26 项（新增 5 项）、面上项目 192 项（新增 29 项）、国家自然科学基金重大研究计划重点项目 3 项（新增 1 项）、国家杰出青年科学基金项目 13 项（新增 4 项）、创新研究群体 2 项、优秀青年科学基金项 12 项（新增 6 项）；主持或共同主持中国科学院战略性先导科技专项（B 类）2 项，参加战略性先导科技专项（A 类）2 项，主持先导预研项目 2 项（新增 2 项）、重点部署项目 1 项、前沿科学重点研究计划项目 14 项（新增 2 项）;主持科技部、国家自然科学基金委、财政部和中国科学院重大仪器研制项目 13 项（新增 1 项）;承担科技部、国家自然科学基金委、科学院重大国际合作项目 17 项（新增 13 项）；承担中国科学院科技服务网络计划（STS 计划）项目 10 项（新增 3 项），企业类院地合作项目 300 余项（新增 119 项）。

石墨烯的可控生长及其性能调控获 2019 年国家自然科学奖二等奖；扫描探针显微镜与光学系统联调技术在锂电池研究中的应用、颗粒质谱与成像两个项目获中国分析测试协会科学技术奖一等奖；长碳链聚酰胺树脂工业化制备与应用关键技术获中国石油和化学工业联合会科技进步奖一等奖；Gemini 型两亲聚合物降粘剂体系的研制及应用获中国产学研合作创新成果奖优秀奖。根据科技部信息中心发布的全国科研机构发表科技论文情况统计：化学所 2018 年发表的 SCI 收录论文数为 671 篇，居全国研究机构第 3 位；SCI 收录论文累计被引用篇数居全国研究机构第 2 位；2 篇论文入选“中国百篇最具影响国际学术论文”。2019 年，化学所共发表第一单位 SCI 收录论文 724 篇，非第一单位 SCI 收录论文 521 篇，其中，在有重要影响的学术期刊上发表论文 205 篇，在化学的各个分支学科，如高分子科学、物理化学、有机化学、分析化学和无机化学领域的高水平杂志（影响因子大于 3.0）上发表论文 628 篇；申请专利 334 项，获专利授权 279 项；科研成果转化办公室获 2019 年度“中国科学院科技成果在北京转化先进团队”技术转移工作组织奖三等奖。

按照自然出版集团创立的“加权分值计数法”指数（简称 WFC，自然指数）计算，2018 年 12 月 1 日至 2019 年 11 月 30 日，化学所发表文章的 FC 指数为 155，在中国科学院各研究所中排名第一；朱道本、万立骏、李永舫、刘云圻等 10 位学者入选 2019 年科睿唯安“全球高被引科学家”名单。

2019 年，化学所办理外事出访 312 人次，接待来访 287 人次；新增“国际访问学者”2 人、“国际博士后”2 人；举办分子科学论坛讲座报告 7 次、分子科学前沿讲座 7 次；主办重要国际国内会议 6 个。

由科技部、中国科学院、教育部共建的“北京质谱中心”设在化学所。化学所拥有 X 射线单晶和粉末衍射仪、小角 X 射线散射仪、X 射线光电子能谱仪、高分辨透射电镜、场发射扫描电镜、600 兆液体和 400 兆固体核磁共振波谱仪、傅立叶变换离子回旋共振质谱仪、轨道阱高分辨液质联用仪等高性能大型仪器。

化学所是中国化学会的依托单位，并与中国化学会共同主办《化学通报》、《高分子学报》、《高分子通报》、*Chinese Journal of Polymer Science* 等学术期刊。

（撰稿：李　丹　张建伟　审稿：张德清）

国家纳米科学中心

主　　任：赵宇亮

地　　址：北京市海淀区中关村北一条 11 号

邮政编码：100190

电　　话：010-82545605

传　　真：010-62656765

电子信箱：webmaster@nanoctr.cn

网　　址：http://www.nanoctr.cn

国家纳米科学中心（以下简称“国家纳米中心”）是由中国科学院和教育部共同建设，2003 年 12 月获中央机构编制委员会办公室批复成立的中国科学院直属事业单位。国家纳米中心实行理事会领导下的主任负责制，理事会由国家发展改革委、教育部、科技部、财政部、卫健委、中国科学院、中国工程院、国家自然科学基金委和北京市政府等单位选派代表组成。

国家纳米中心定位于纳米科学的基础和应用基础研究，目标是建设成为国家纳米科技创新未来引领的先锋、国家纳米科技创新成果转化的基地、国家纳米科技创新人才辈出的摇篮。在努力为中国纳米科技发展提供支撑的同时，国家纳米中心还致力于促进国家纳米科技产业的标准化和规范化发展，以期为中国纳米科技的健康、有序发展做出贡献。

国家纳米中心现有 3 个中国科学院重点实验室，分别是中国科学院纳米生物效应与安全性重点实验室、中国科学院纳米标准与检测重点实验室和中国科学院纳米系统与多级次制造重点实验室。国家纳米中心于 2018 年 12 月成立了理论室、纳米加工实验室。

国家纳米中心设立纳米技术发展部，致力于公共开放平台建设，为纳米科技研究提供支撑，主要从事纳米检测技术服务，开展相关培训和研发工作。

国家纳米中心设有办公室、科技处、人事处、财务处、教育处、科技发展与促进处、行政处、资产管理处 8 个管理部门。

截至 2019 年底，国家纳米中心共有在职职工 265 人。其中科技人员 189 人、科技支撑人员 46 人，包括中国科学院院士 1 人、研究员及正高级工程技术人员 66 人、副研究员及高级工程技术人员 93 人。

国家纳米中心是 2005 年国务院学位委员会批准的博士、硕士学位授予权单位之一，现设有化学、材料、物理 3 个专业学科的博士研究生培养点，化学、材料、物理、生物 4 个专业学科硕士研究生培养点，并设有博士后流动站；共有在学研究生 426 人（其中硕士生 187 人、博士生 239 人）、在站博士后 44 人，联合培养研究生 350 人。

2019 年，国家纳米中心共承担科研项目 473 项（包括新增项目 182 项）。主持国家重点研发计划项目 12 项（新增 4 项）、承担课题 25

项（新增 1 项）；承担军工项目 4 项（新增 1 项）；主持国家自然科学基金重点项目 7 项、面上项目 89 项（新增 29 项）、国家杰出青年科学基金项目 6 项（新增 1 项）、国家自然科学基金重大研究计划项目 4 项（新增 2 项）；承担院重点部署项目 12 项、院重大仪器研制项目 1 项；承担国际合作项目 30 项（新增 13 项）；承担院地合作项目 70 项（新增 31 项）；2019 年新签订横向技术合同 40 项（技术开发 24 项，技术服务 16 项）。

2019 年，国家纳米中心共发表论文 629 篇，其中第一单位论文 424 篇，参编专著 4 部。申请专利 117 项，授权专利 90 项。2019 年度获批国家标准 10 项。2019 年的自然指数（NI）数据表明，国家纳米中心在中国科学院院属研究机构中排名第四位，比 2018 年的排名上升了一位；依托于国家纳米中心的中国科学院纳米科学卓越创新中心在全球同类研究机构中排名前列，已成为国家纳米科技创新的中坚和引领力量。国家纳米中心牵头完成纳米 A 类先导专项在2019 年获财政部绩效评价科研项目类最高分，同时，积极做好 B 类先导专项“功能纳米系统的精准构筑原理与测量”的立项工作，目前项目已通过国际函评、专家立项咨询论证和概预算评审。

2019 年，国家纳米中心在多个研究领域取得重要进展。在纳米结构的系统生物效应领域，纳米生物效应与安全性研究集体获得 2019 年度中国科学院杰出科技成就奖，开辟了我国纳米毒理学研究的新领域，突破了纳米尺度物质生物学效应体内定量检测的方法学瓶颈，解决了纳米物质体内行为的复杂化学生物学机制难题，并率先发展到智能纳米药物的研究领域。在纳米结构的精准组装与功能化领域，纳米催化与高效分离、有机太阳能电池及器件、新型二维材料创制及其力学性能研究、新型抗癌纳米材料等方面均取得重要进展。其中承担的纳米复合特高压电网高绝缘防污闪材料等核心任务，成果入选建国 70 周年中国科学院创新成果展，并参展第三届中国国际复合材料产业创新成果技术展览会。在亚纳米尺度成像与多尺度体系表界面性质研究领域，在微流控精准组装及外消旋体手性测量、时空相干电子源领域、室温、连续光激发下钙钛矿纳米片双激子发射等几个方向均取得了新进展，为手性分子测量、“原子制造”、量子信息与技术等几个领域提供了新方法、新思路。主办国际标准化组织纳米技术委员会（ISO/TC229）第 22 届全体会议，展示了国家纳米中心在纳米科技标准化领域的重要作用。在纳米诊断和纳米治疗领域，国家纳米中心抗肿瘤 2.2 类新药“注射用盐酸伊立替康（纳米）胶束”获准开展临床试验。这是目前国内获得批准进入临床的第一个名称中含有“纳米”字样的治疗性新药。

2019 年，国家纳米中心主动融入粤港澳大湾区建设，与广州市黄埔区共同成立广东粤港澳大湾区国家纳米技术创新研究院。作为广东省新型研发机构，广东粤港澳大湾区国家纳米技术创新研究院将推动全国纳米科技基础研究成果的落地和转化。积极参与北京怀柔综合性国家科学中心建设，筹备建设纳米生物医药研发转化研究平台，同时申报智慧纳米医学研究平台作为“十四五”科教基础设施申报项目。成立中科纳创（北京）科技有限公司，为推进产业化进程提供支撑；因在产学研协同创新中的突出贡献，国家纳米中心获中国产学研合作促进奖。

2019 年，国家纳米中心进一步推进国际交流合作，持续提升学术声誉和国际影响力。成功举办第八届中国国际纳米科学技术会议（ChinaNANO 2019），吸引来自全球 40 多个国家和地区的 2500 余名专家学者和企业精英参加。会上发布《纳米科学与技术：现状与展望 2019》白皮书。全年接待国外来访团组 10 个，共 62 人次；邀请国外优秀科研人员举办 56 场学术讲座；办理中心人员出访团组 93 个，共计 115 人次。与以色列希伯来大学和巴伊兰大学签署合作备忘录及开展了人员互访和学术交流会议，与韩国汉阳大学共同举办学术研讨会。积极开展中日韩三方会谈会议，以促进亚洲及全球的纳米科技的快速发展。

国家纳米中心是全国纳米技术标准化技术委员会（SAC/TC279）、中国合格评定国家认可委员会（CNAS）实验室技术委员会纳米专业委员会、中国微米纳米技术学会纳米科学技术分会的挂靠单位。国家纳米中心与英国皇家化学会联合主办的英文期刊 *Nanoscale*、*Nanoscale Advances* 受到国内外学者的广泛关注。

（撰稿：马艳红　审稿：李利平）

生态环境研究中心

主　　任：欧阳志云
地　　址：北京市海淀区双清路 18 号
邮政编码：100085
电　　话：010-62923549
传　　真：010-62923549
电子信箱：zhb@rcees.ac.cn
网　　址：http://www.rcees.ac.cn

中国科学院生态环境研究中心（以下简称“生态中心”）始建于 1975 年，时为国务院批准成立的中国科学院环境化学研究所，1986 年与中国科学院生态学研究中心（筹）合并，改为现名。生态中心 1999 年首批进入中国科学院知识创新工程试点，2011 年首批列入中国科学院“创新 2020”和“一三五”发展规划择优支持研究所，2015 年获批建设“中国科学院生态环境科学科教融合卓越中心”。

生态中心以“国家生态环境安全与可持续发展”为战略主题，充分发挥环境科学、环境工程和生态学三大学科的综合优势，将国际环境科学与生态学研究前沿与国家环境保护与生态建设的重大需求紧密结合，不断突破关系到国家生态安全、环境健康和可持续发展的重大科学理论和关键技术，为我国生态文明建设、实现人与自然和谐共生做出基础性、战略性、前瞻性科技创新贡献，将生态中心建设成为我国生态环境科学应用基础研究和技术创新基地、高级专门人才培养基地，成为国内一流、国际上有重要影响的生态环境科学与技术综合性研究机构。

2019 年，生态中心继续坚持以党的十九大精神和习近平新时代中国特色社会主义思想为指导，按照院党组的部署和要求，贯彻落实中国科学院“三个面向”、“四个率先”新时期办院方针，对照“一三五”规划目标，在“三大攻坚战”、可持续发展战略、军民融合发展战略以及“一带一路”中发挥引领骨干作用，为“现代化强国”、“美丽中国”、“健康中国”、“长江大保护”、“京津冀协同发展”等提供更多的科学基础和技术支撑；深入贯彻落实习近平总书记提出的树立和践行绿水青山就是金山银山理念，在丽水市国家生态文明先行示范区建设中发挥重要作用，得到习近平总书记的高度评价；积极投身国家战略规划的编制，在《国家中长期科技发展规划（2021—2035）》环境专题中担任专家组成员；继续聚焦于环境污染的健康效应与危害机制、饮用水复合污染机理、生态系统服务形成机理和生态效益评估和大气污染成因与关键污染物控制技术 4 个重大突破及 6 个重点培育方向，工作取得了重要进展；整合实验室资源，加强大气环境学科建设，成立大气环境与污染控制实验室；获国家自然科学奖二等奖 1 项、科技进步奖二等奖 1 项；着力引进培育领军人才，曲久辉院士当选美国工程院外籍院士、傅伯杰院士当选美国人文与科学院外籍院士、吕永龙研究员当选欧洲科学院外籍院士，朱永官研究员当选中国科学院院士。

生态中心共有 11 个实验室，其中有环境化学与生态毒理学国家重点实验室、环境水质学国家重点实验室（环境模拟与污染控制国家重点联合实验室）、城市与区域生态国家重点实验室 3 个国家重点实验室，高浓度难降解有机废水处理技术国家工程实验室，中国科学院环境生物技术重点实验室、中国科学院饮用水科学与技术重点实验室 2 个中国科学院重点实验室；另有大气环境与污染控制实验室、环境纳米技术与健康效应重点实验室、水污染控制实验室、土壤环境科学与技术实验室、固体废弃物处理与资源化实验室 5 个所级实验室。设有文献信息中心、大型分析仪器实验室、二噁英实验室、水质分析实验室和北京城市生态系统研究站。组建有“持久性有毒污染物形态、环境过程与毒理效应”、“环境微界面过程与污染控制”、“土地利用与生态过程”、“持久性有毒污染物的环境过程与毒理效应”4 个国家基金委创新研究群体和“持久性有毒化学污染物”、“生态系统过程与服务”、“饮用水安全”3 个中国科学院创新研究团队。二噁英实验室为国家实验室认可和计量认证实验室、水质分析实验室为计量认证实验室；联合国环境规划署持久性有机污染物分析示范实验室落户生态中心、住房和城乡建设部农村污水处理技术北方研究中心依托生态中心。生态中心与南澳大利亚水务公司共建国际水科学技术中心、与挪威共建中挪环境综合研究中心、与横滨国立大学联合共建亚洲国际生态环境安全管理中国联合研究中心、与中国节能投资公司共建中环水务-生态中心联合研发基地、与盐城共建先进环保技术研究院等。生态中心是2002年农业部批准的农药登记残留试验认证单位之一。

截至2019年底，生态中心共有在职职工504人，包括中国科学院院士3人、中国工程院院士3人、发展中国家科学院院士4人，研究员及正高级工程技术人员114人、副研究员及高级工程技术人员126人。

生态中心是国务院学位委员会批准的硕士学位（1980年）、博士学位（1986年）授予单位，是中国科学院博士生重点培养基地。具有环境科学、环境工程、生态学、分析化学、有机化学、环境经济与环境管理6个专业博士学位点，环境科学、环境工程、生态学、分析化学、有机化学、环境经济与环境管理6个学术型硕士学位点，环境工程、生物工程2个专业型硕士学位点，设有环境科学与工程、生物学、生态学博士后流动站。1998年被评为中国科学院博士研究生教育重点培养基地。截至2019年底，共有在学研究生854人，其中硕士生341人、博士生513人；在站博士后217人。

2019年，生态中心共有在研项目（课题）609项（新增211项），主持国家重点基础研究发展计划（973计划）项目2项，承担课题3项，国家重大科技专项项目（课题）6项（新增2项）；承担国家重点研发计划项目19项（新增4项）、课题62项（新增10项）；承担国家自然科学基金重大项目及课题13项（新增课题2项），国家重大科研仪器研制项目4项（新增1项），重点项目38项(新增2项)，杰出青年项目24项(新增2项)，创新研究群体4项，重大研究计划17项(新增1项)，优秀青年科学基金项目24项(新增4项)，面上项目540项（新增49项）；承担中国科学院战略性先导科技专项（B类）1项，院战略性先导科技专项（A类）课题4项，中国科学院科技服务网络计划（STS计划）项目1项，院重点部署项目1项、院科研装备项目1项、院前沿科学重点研究项目8项、院原始创新项目3项（新增3项）。

2019年，生态中心牵头及合作获得17项重要奖励。“燃烧废气中氮氧化物催化净化基础研究”获得2019年度国家自然科学奖二等奖；“废弃物焚烧与钢铁冶炼二噁英污染控制技术与对策”获得2019年度国家科技进步奖二等奖；城市与区域生态国家重点实验室获生态环境部颁发的“中国生态文明奖先进集体”荣誉称号；中国科学院饮用水科学与技术重点实验室在院重点实验室评估中又一次获评A类实验室。

2019年，生态中心在环境与健康、水质安全、城市与区域生态、大气污染控制等方向取得一批原创性成果，在环境污染的健康效应、饮用水安全保障技术、机动车尾气控制与生态效益评估和生态安全格局构建等若干前沿科学问题和关键核心技术研究中取得重要突破。环境污染的健康效应与危害机制研究方面，首次基于同位素质谱仪测量了典型天然来源和人为来源二氧化硅的硅和氧同位素组成，发现他们之间存在显著的差异；发现DNA去甲基化中间产物5hmC、5fC可作为肝癌发展的标志，并预示治疗效果。饮用水复合污染机理研究方面，明确了厌氧氨氧化在全球陆地系统中的规律性分布，为地下水源氮污染治理提供了新思路；开发了饮用水紫外消毒低压汞灯的水温特性曲线测试方法。生态系统服务形成机理和生态效益评估研究方面，提出了地球关键带生态系统服务研究方法；在可持续发展方面取得重要进展，阐述了机构改革对我国自然保护地建设带来的机遇，提出了完善我国自然保护地体系的建议。大气污染成因与关键污染物控制技术研究方面，在氨选择性催化氧化研究方面取得重要进展，研究发现了$Ag/\gamma\text{-}Al_2O_3$催化剂上Ag的锚定新机制。2019年，生态中心继续为落实“绿水青山就是金山银山”理念、长江经济带建设、服务地方生态环境保护与生态文明建设提供科技支撑。

2019年，生态中心（第一作者单位）SCI论文645篇；申请专利118件，其中发明专利108件；获专利授权61件，其中发明专利50件；获软件著作权9件；出版专著15部。

2019年，生态中心积极构建国际合作网络，通过大力开展实质性国际合作项目、推动实施国际人才交流计划、组织召开高水平国际会议与培训、共建联合实验室及海外科教基地等形式，持续深化与发达国家的学术交流与科研合作、扎实推进在“一带一路”沿线国家的人才培养与科教援助。2019年，累计派出科研骨干前往60个国家（地区）参加国际交流活动514人次；接待外国专家学者326人次。在境内外主办、承办第十六届持久性有毒污染物国际研讨会（瑞士）、第九期发展中国家水卫生技术培训班（长期、短期）、第三期斯里兰卡肾科培训班、全球干旱生态系统国际大科学计划国际研讨会等自主品牌系列会议与专题培训近20场，参加中国第36次南极科学考察。依托中国科学院-发展中国家科学院水与环境卓越中心，紧扣“一带一路”沿线国家水与环境重大民生需求，持续深入推进与带路国家的务实科教合作。

2019年，由生态中心主持编写的各类规划、咨询报告、建议法规、政策、制度、标准、规范等被国家部委及省、市、县等政府部门广泛采纳，为国家及有关部委、地方政府的政策制订及决策，相关标准制订等提供了有力支撑，如《关于构建长三角区域一体化生态网络的建议》、《关于乌梁素海水环境保护与生态需水的建议》等。生态中心与石家庄循环化工园区管理委员会签署协议共建石家庄环保技术研究院；与深圳市宝安区人民政府、深圳市生态环境局签署协议共建深圳国际生态城市研究院；与安徽省霍山县政府签订战略合作框架协议；与河北省环科院共建河北省大气复合污染防治重点实验室，支撑京津冀环境污染治理；与郑州市御合源生物科技有限公司在生物活性物质及其应用领域开展合作，积极推动环保技术的研发及成果的示范推广和产业化工作，通过优势互补，共同推进国家的生态环境保护建设。

生态中心是中国生态学学会、国际环境问题科学委员会中国委员会的挂靠单位。负责编辑出版 *Journal of Environmental Sciences*（SCI和EI收录）、《生态学报》、《环境科学》、《环境科学学报》、《环境工程学报》、《环境化学》、《生态毒理学报》、*Ecosystem Health and Sustainability*（SCIE收录）8种自然科学学术期刊，国际刊物 *Environmental Science & Technology* 亚洲代表处、国际水协会IWA北京代表处、国际环境问题科学委员会SCOPE北京代表处设在生态中心。生态中心科学家分别担任国际景观生态学会副主席、太平洋科学协会主席、国际科联科学计划和评估委员会、全球气候变化适应网络亚太区域科学委员会委员等重要学术组织职务；担任 *Environmental Science & Technology*，*Science* 姐妹刊 *Science Advances* 副主编等。

（撰稿：陈劲憬　张秀丽　审稿：庄绪亮）

过程工程研究所

所　　长：张锁江
地　　址：北京市海淀区中关村北二街1号
邮政编码：100190
电　　话：010-62554241
传　　真：010-62551257
电子信箱：office@ipe.ac.cn
网　　址：http://www.ipe.cas.cn

中国科学院过程工程研究所（以下简称“过程工程所”）前身是成立于1958年10月1日的中国科学院化工冶金研究所，其以化工原理强化冶金过程，为冶金工业做出重要贡献。随时代发展，研究范围逐步扩展到能源化工、生化工程、材料化工、资源/环境工程等领域。2001年更为现名，实现了从“化工冶金创所”到“过程工程强所”的历史性跨越。近10年，过程工程所面向国家过程工业绿色化、智能化、高端化的重大战略需求，构建了从基础到应用的科教产深度融合新模式和一所多翼的新格局。

在国家“十三五”时期和中国科学院“创新2020”实施过程中，过程工程研究所进一步明确“引领过程工程科学前沿，支撑过程工业技术创新”的发展目标，瞄准国家战略需求和世界科技前沿，制定并实施“一三五”战略规划和科技布局。2019年，过程工程研究所围绕战略定位，三个重大突破及五个培育方向取得一批具有重大影响的科技成果；应对未来挑战，超前部署项目，推动中国科学院稀土研究院获批筹建；落实院“四类机构”改革，牵头创建绿色过程制造创新研究院，面向重大任务，在介科学与系统集成、绿色化学与生物转化、资源利用与生态循环领域自主部署多类项目。

过程工程所现有 4 个国家级研发平台：1 生化工程国家重点实验室、2 多相复杂系统国家重点实验室、3 湿法冶金清洁生产技术国家工程实验室、4 国家生化工程技术研究中心（北京），2 个中国科学院重点实验室，1 个国家能源局重点实验室，2 个省部级重点实验室。

截至 2019 年底，过程工程研究所共有在职职工 1070 人。其中科技人员 919 人、科技支撑人员 151 人，包括中国科学院院士 1 人、研究员及正高级工程技术人员 77 人、副研究员及高级工程技术人员 362 人。

过程工程所现设有化学工程与技术、环境科学与工程、材料科学与工程 3 个一级学科博士、硕士研究生培养点，并设有 2 个一级学科博士后流动站；共有在学研究生 598 人（其中硕士生 265 人、博士生 333 人），在站博士后 79 人，国际学生 48 人。

2019 年，过程工程研究所共有在研项目 1400 余项（包括新增项目 358 项）。其中，主持国家自然科学基金重大项目 4 项、创新群体 2 项（新增 1 项）、重大仪器研制项目 1 项、重点类项目 15 项（新增 5 项）、杰出青年基金 4 项（新增 1 项）、优秀青年基金 4 项（新增 3 项）、面上项目 149 项（新增 41 项）、青年基金 93 项（新增 19 项）、培育及其他项目 14 项（新增 1 项）；主持国家重点基础研究计划（973 计划）项目 1 项，主持课题 3 项，参与课题 3 项；主持国家重点研发计划项目 10 项（新增 3 项），主持课题 54 项（新增 5 项），参与 96 项（新增 5 项）；承担国家科技重大专项课题 1 项，参与 12 项（新增 2 项）；承担或参加其他部委项目 2 项；承担中国科学院战略性先导科技专项 8 项（新增 1 项）、参与专项 6 项（新增 1 项）；主持中国科学院科技服务网络计划（STS 计划）项目 13 项、院重点部署项目 5 项、前沿交叉重点研究计划项目 3 项、院工程实验室平台项目 1 项、前沿科学与教育局“从 0 到 1”项目优博类 3 项、院国际伙伴计划 6 项（新增 2 项）；主持北京市自然基金项目 34 项（新增 10 项）；承担院地合作项目 630 项（新增 210 项）。

2019 年，过程工程研究所立足国家需求，突破一批重大关键技术：基于气固两相流的介科学理论与 EMMS 计算范式，将气固中试装置的模拟速度达到 1/100 的实时比，实现了物理时间长达 8 小时的中试反应器中催化剂颗粒停留与积碳过程完整模拟，为优化分布器的结构，提高催化剂的选择性提供了数据；基于离子液体理论开发了乙烯合成 MMA 的新路线，实现千吨级工程试验；基于流态化过程强化技术建成 12 万吨 / 年氢氧化铝煅烧制备板状氧化铝生产线等。

2019 年，过程工程所科研成果获省部级以上奖励 18 项，成果鉴定 11 项，其中 9 项鉴定结果为国际领先水平。“粘性粉体流态化过程强化与放大技术”发明的粘性粉体流态化过程强化与放大技术已在云南江南锰业、中信钛业、中铝山东工程技术公司、攀钢集团公司等行业龙头企业实现了工业应用，近三年成果应用累计新增产值 7.62 亿元、新增利润 1.54 亿元，该成果获 2019 年国家技术发明奖二等奖。“工业黄磷生产电子级磷酸关键技术及工业化应用”成果在国内 5 家企业推广应用，建成 7 条生产线，近三年新增销售收入 22.12 亿元，新增利润 2.84 亿元，创汇 5450 万美元，获 2019 年国家科技进步奖二等奖（单位排名第二）。“钢铁行业多工序多污染物超低排放控制技术与应用”成果在河钢、鞍钢、宝钢等国内主要钢铁企业完成百余台套工程应用，节支增产创效 7.05 亿元，为污染物高效减排、改善生态环境、促进钢铁行业绿色发展等做出了重要贡献，获 2019 年环境保护科学技术奖一等奖。“青蒿素绿色规模化生产工艺”入选中国科学院 2019 年度科技成果转移转化亮点工作。

2019 年，过程工程所发表外文期刊论文 961 篇，中文期刊论文 203 篇，出版著作 4 部；布局专利 400 件，其中国际专利 23 件；实用新型专利 27 件，授权 235 件，其中国际专利 42 件，实用新型专利 14 件，软件著作权 11 件。

在科技促进发展方面，过程工程研究所 2019 年对内设立合同与法务办公室，加强风险防控；对外聚焦京津冀、长江经济带及省域经济发展需求。通过内外合力使成果转化工作既关注“国计”——国家大战略、大产出，又服务“民生”——惠及普通百姓，创造美好生活。

全年横向合作项目数同比增长29%，合同签署总经费3.85亿元，同比增长11.1%，到款1.75亿元，同比增长12.9%。2019年，过程工程所参控股公司共有25家，其中新设立公司4家。

2019年，过程工程所积极开展国际交流，出访274人次、来访400余人次，聘请10余名外籍专家学者来所进行合作研究；主办及承办第八届世界离子液体大会、第十四届国际气液和气液固反应器工程大会；有序推进国际介科学组织（IPM）建设工作；参与国际标准化组织微泡技术委员会工作并承办2019年年会；与澳大利亚阿德莱德大学、西挪威应用科技大学自然科学与工程学院等签订合作协议；依托CAS-TWAS绿色技术卓越中心，举办绿色技术研讨会及培训班，与蒙古国、尼日利亚、缅甸、埃及、伊朗等地高校及企业开展合作交流，推动绿色技术在“一带一路”沿线国家的技术转移转化合作。

过程工程研究所主办3个学术期刊：*Particuology*（《颗粒学报》）、*Green Energy & Environment*（《绿色能源与环境》）、《过程工程学报》，是一级学会中国颗粒学会的挂靠单位。

（撰稿：李翔宇　徐　杨　审稿：曹红梅）

地理科学与资源研究所

所　　长：葛全胜

地　　址：北京市朝阳区大屯路甲11号

邮政编码：100101

电　　话：010-64854841；010-64889276

传　　真：010-64854230

电子信箱：office@igsnrr.ac.cn

网　　址：http://www.igsnrr.ac.cn

中国科学院地理科学与资源研究所（以下简称“地理资源所”）于1999年9月经中国科学院批准，由中国科学院地理研究所（前身是1940年成立的中国地理研究所）和中国科学院自然资源综合考察委员会（1956年成立）整合而成。

地理资源所的定位是：以解决关系国家全局和制约长远发展的资源环境领域的重大公益性科技问题为着力点，以持续提升研究所自主创新能力和可持续发展能力为主线，建设成为服务、引领和支撑我国区域可持续发展的资源环境研究战略科技力量。发展目标是：成为在我国陆地表层过程、区域可持续发展、资源环境安全、生态系统及地理信息系统核心科学与技术研究中起引领作用的综合研究机构，成为国家区域发展、资源利用、环境整治和生态文明建设重要的思想库、人才库，成为国际地理科学、资源科学和生态建设领域的著名综合性研究机构。

2019年，在中国科学院党组的领导下，地理资源所领导班子团结一致，带领全所职工认真学习贯彻习近平新时代中国特色社会主义思想，党的十九大和十九届二中、三中、四中全会精神，贯彻落实全面从严治党要求和中国科学院新时期办院方针，不忘初心、牢记使命，开拓奋进、真抓实干，科技体制改革、重大任务争取、重大成果产出、高端智库建设、人才队伍和支撑能力建设、全面从严治党等各项事业进入加速发展的新阶段，研究所继续保持良好发展势头，综合实力在国内资源环境研究机构中继续保持领先地位。

地理资源所科研系统由7个实验室和3个台站组成（包括1个国家重点实验室、5个中国科学院重点实验室和1个所重点实验室），分别是资源与环境信息系统国家重点实验室、陆地表层格局与模拟院重点实验室、区域可持续发展分析与模拟院重点实验室、生态系统网络观测与模拟院重点实验室、陆地水循环及地表过程院重点实验室、资源利用与环境修复所重点实验室、黄河三角洲现代农业工程院实验室、禹城综合试验站、拉萨高原生态综合试验站、千烟洲生态试验站。

地理资源所设有1个理化分析中心和6个专业实验室构成的所级公共技术服务中心。拥有2个国家野外科学观测研究站（禹城综合试验站、拉萨高原生态试验站），3个中国科学院生态系统研究网络（CERN）野外站（禹城站、拉萨站、千烟洲红壤丘陵综合开发试验站）。建成中国物候观测网、中国陆地生态系统通量观测研究网络（ChinaFLUX）和水循环实验网络3个全国性观测研究网络，共同构成了研究所野外观测研究平台。建成完整的数据共享平台，拥有2个国家数据中心（国家地球系统科学数据中心和国家生态科学数据中心），以及1个院科学数据中心（中国科学院资源环境科学数据中心）。建有6个院非法人单元（中国科学院可持续发展中心、中国科学院农业政策中心、中国科学院资源环境科学数据中心、中国科学院水资源研究中心、中国科学院精准扶贫评估研究中心、中国科学院无人机应用与管控研究中心）。拥有面积为2200平方米、文献馆藏量93万件（册）的全国最大的地理资源专业研究型图书馆。

截至2019年底，地理资源所共有在编职工658人。其中科研人员468人、科技支撑人员121人，包括中国科学院院士4人、发展中国家科学院院士2人，欧洲科学院院士1人，研究员及正高级专业技术人员170人，副研究员及副高级专业技术人员265人。

地理资源所是国务院学位委员会批准的首批博士、硕士学位授予单位之一。现设有2个一级学科博士研究生培养点。地理学（含自然地理学、人文地理学、地图学与地理信息系统、自然资源学4个二级学科）、生态学；设有环境科学1个二级学科博士研究生培养点。设有自然地理学、人文地理学、地图学与地理信息系统、自然资源学、气象学、生态学、环境科学7个二级学科硕士研究生培养点；农业管理（农业硕士）、农业工程信息技术（农业硕士）、环境工程（专业学位）硕士培养点；设有地理学、生态学2个一级学科博士后科研流动站。共有在学研究生906人（博士生612人、硕士生294人，其中外国留学生31人），在站博士后245人。

2019年，地理资源所共有在研项目/课题1414项（包括新增项目/课题655项）。其中，主持国家重点研发计划项目26项（新增4项），课题85项（新增9项），国家科技重大专项课题1项，国家科技基础条件平台项目2项，国家科技基础性工作专项项目1项；承担国家自然科学基金重大项目1项、重大项目课题9项，基础科学中心任务2项，重点项目28项，创新研究群体项目1项，国家杰出青年科学基金项目7项，优秀青年科学基金项目6项，面上项目190项，青年科学基金项目96项，联合基金项目2项，国家重大科研仪器研制项目2项，应急管理项目4项，国际（地区）合作与交流项目20项；主持中国科学院战略性先导科技专项1项，承担中国科学院战略性先导科技专项项目6项、课题28项，院新疆特别专项项目2项；中国科学院重点部署项目5项，中国科学院科技服务网络计划（STS计划）项目2项；科学技术部国际合作项目2项，国家自然科学基金委员国际（地区）合作与交流研究项目15项（新增1项）；承担经费在100万元以上国家部委委托项目16项、与地方政府合作项目72项。

2019年，地理资源所获得省部级以上科技奖励17项。其中，作为第一完成单位获得国家自然科学奖二等奖1项，作为第二完成单位获得国家科技进步奖二等奖1项；作为第一完成单位获省部级一等奖3项，省部级二等奖1项；作为第二完成单位获省部级一等奖2项，二等奖4项，三等奖2项；作为第三完成单位获得省部级二等奖1项，作为第五完成单位获得省部级一等奖2项。地表水热关键参数热红外遥感反演理论与方法获国家自然科学奖二等奖，砒砂岩与沙复配成土造田关键技术及工程应用获国家科技进步奖二等奖；地理点过程的模式提取理论、方法与应用，黄土高原沟道土地综合整治技术研究与应用，青藏高原高寒草地对全球变化的响应机理、格局及其效应获省部级一等奖，土地利用/覆被变化及其生态与气候效应监测模拟关键技术获省部级二等奖。

2019年，地理资源所共发表论文2548篇，其中SCI和SSCI刊物收录论文1432篇，国内刊物978篇，EI、ISTP及其他国外刊物论文138篇。出版学术著作（地图集）40部，获得授权专利137项，获得计算机软件著作权246项，完成各类规划4项。

2019年，地理资源所新争取国际合作经费达到1233.1万元。与乌兹别克斯坦、伊朗、莫桑比克、柬埔寨、乌克兰、塔吉克斯坦等国的多所科研机构和高校，签署所级国际科技合作协议17项，新增与6个国家科研机构和大学的国际科技合作网络构建。共举办12个大型国际学术会议和国际研讨会，成功举办和参与4次国家级专业类国际培训班。获得中国科学院2019年度国际组织任职人员参加国际会议资助计划2项；获批中国科学院2020年度“国际人才计划”17项，合计资助金额531.3万元，其中，国际杰出学者项目3项，国际访问学者项目6项；国际博士后项目8项。继续实施研究所“国际人才计划”，共资助国际杰出学者1项，国际访问学者5项，国际博士后4项，资助金额达254万，其中包含研究所支付76.2万元；所“外籍职工计划”扎实推进落实，已招聘3名外籍职工到所工作，进一步提高了人才队伍的国际化水平。全球变化科学研究数据出版系统和世界数据系统——可再生资源与环境世界数据中心2个数据系统被美国地球物理学会认证为全球数据仓储中心。牵头启动“中国科学院极地科教联合研究中心”筹建工作。夏军院士当选国际大地测量与地球物理学联合会会士。

地理资源所是中国地理学会、中国自然资源学会和中国青藏高原研究会挂靠单位，全国科学院联盟地理资源分会理事长单位；设有国际地圈生物圈计划中国全国委员会秘书处、国际全球环境变化人文因素计划中国国家委员会秘书处、全球碳计划亚洲区域办公室和全球土地计划北京节点办公室、国际生态系统管理伙伴计划等13个国际组织或科学计划的相关分支机构。主办的刊物有《地理学报》(中、英文版)、《地理研究》、《地理科学进展》、《自然资源学报》、《资源科学》、《地球信息科学》、《资源与生态学报》(英文版)、《全球变化数据学报》(中、英文版)、《中国国家地理》、《中国生态旅游》等。

（撰稿：袁肖蕾　诸云强　审稿：葛全胜）

国家天文台

副 台 长：赵　刚（法人代表）
地　　址：北京市朝阳区大屯路甲20号
邮政编码：100101
电　　话：010-64888708
传　　真：010-64888708
电子信箱：goffice@nao.cas.cn
网　　址：http://www.nao.cas.cn

中国科学院国家天文台（以下简称“国家天文台”）成立于2001年4月，系由中国科学院天文领域原四台三站一中心撤并整合而成，包括总部及4个直属单位。总部设在北京，前身是1958年2月建立的中国科学院北京天文台，直属单位分别是云南天文台、南京天文光学技术研究所、新疆天文台和长春人造卫星观测站。紫金山天文台、上海天文台为国家天文台的组成单位。

国家天文台关注国际前沿与态势、国内布局与结构，注重突出自身优势、特色与核心竞争力，以有显示度的重大成果产出为突破目标。2019年，国家天文台“十三五”时期“一三五”规划中期动态调整获得中国科学院正式批复。全台全面深入推进实施“一三五”规划，在天文学观测与前沿研究、天文技术与方法创新及应用、重大观测装置建造与运行、月球与深空探测科学应用和空间碎片监测与应用等方面取得显著成绩和重大成果。

国家天文台为国家航天局空间碎片监测与应用中心、中国科学院天文大科学研究中心、中国科学院南美天文研究中心的依托单位，为中国科学院空间科学研究院的组建单位，以及中国科学院大学天文与空间科学学院的主承办单位。国家天文科学数据中心是2019年6月由科技部、财政部认定的20个国家科学数据中心之一，依托国家天文台建设。

国家天文台建有光学天文、太阳活动、月球与深空探测、空间天文与技术、计算天体物理、天文光学技术、天体结构与演化、FAST重点实验室8个院重点实验室，并与20余所大学、科研机构或高新技术企业建立了战略合作关系，成立联合研究中心或实验室。在河北兴隆，北京密云、怀柔，天津武青，昆明凤凰山，新疆南山、奇台、喀什，西藏阿里、羊八井，内蒙古明安图，贵州大窝凼，以及阿根廷SANJUAN SLR观测站等地建有观测台站。

国家天文台负责调试和运行国家重大科技基础设施“500米口径球面射电望远镜”(FAST)，运行和维护国家大科学装置“郭守敬望远镜”(大天区面积多目标光纤光谱望远镜，LAMOST)，拥有射电日像仪、天籁阵列、21CMA阵列、2.4米和2.16米光学望远镜、50米和40米射电望远镜等一批天文观测设备。

截至2019年底，国家天文台共有在职职工1407人。其中科技人员1400人、科技支撑人员365人，包括研究员及正高级工程技术人员

207 人、副研究员及高级工程技术人员 400 人。

国家天文台为天文学专业一级学科博士、硕士研究生培养点，设有天文学一级学科博士后流动站。截至 2019 年底，共有在学研究生 348 人（含外国留学生 4 人），在站博士后 34 人，联合培养研究生 26 人，在册研究指导教师 204 人，研究生辅导员 42 人。

2019 年，国家天文台共有在研项目 1418 项（包括新增项目 446 项）。其中，主持（或承担）国家重点基础研究发展计划 8 项（新增 2 项）、承担（或参加）课题 4 项（新增 1 项），主持（或承担）科技部国际合作项目 2 项（新增 2 项）；主持（或承担）国家自然科学基金基础科研研究中心 1 项（新增 1 项）、重大项目 1 项、重大项目课题 4 项、重点项目 21 项（新增 6 项）、国家杰出青年科学基金项目 6 项（新增 1 项）、国家优秀青年科学基金项目 2 项（新增 2 项）、面上项目 174 项（新增 31 项）；主持（或承担）国家自然科学重大仪器研制项目 3 项(新增 0 项)；主持（或承担）国家天文科学数据中心 1 项（新增 1 项）；主持（或承担）中国科学院战略性先导科技（B 类）专项 1 项、课题 1 项（新增 1 项），主持（或承担）中国科学院战略性先导科技专项（A 类）课题 15 项（新增 3 项），主持（或承担）院基础前沿科学研究项目 9 项（新增 3 项），其他重大项目 7 项。

截至 2019 年 3 月，国家天文台对外发布 LAMOST 巡天 7 年获取的 1125 万条光谱，成为世界上首个获取光谱数突破千万量级的光谱巡天项目。LAMOST 在银河系结构与演化、恒星物理研究、特殊天体搜寻等前沿领域取得系列有影响力的研究成果，如国家天文台科研人员利用 LAMOST 发现迄今为止质量最大的恒星级黑洞，该项成果发表在 *Nature* 上。国家天文台科研人员基于 LAMOST 巡天数据证实银河系内一颗重元素含量超高的恒星起源自被银河系瓦解的矮星系，为基于恒星化学成分识别来自附近矮星系的恒星提供了重要线索。该项成果发表于 *Nature Astronomy*。

2019 年，国家天文台启动 500 米口径球面射电望远镜（FAST）调试阶段观测申请，经过评审最终由 58 个项目获得观测时间，通过 FAST 近 700 个机时的观测和科学家的努力，产生相当可观的科学成果。例如，一颗奇异脉冲星的发现，对过去存在的诸多理论认知提出颠覆性挑战；发现一例快速射电暴重复暴，而此类天文学现象世界上仅有 10 例，FAST 将为这类天文学现象的认知和理解提供机遇。2019 年，*RAA* 杂志发表 FAST 科学展望迷你专刊，对 FAST 在基本物理常数、宇宙线、引力波、系外行星、星际介质相变、超脉泽等方面的重大科学潜力进行量化评估。国家天文台成立 FAST 运行和发展中心，成立科学委员会和时间分配委员会，充分发挥 FAST 科学效能。

国家天文台科研人员利用嫦娥四号就位光谱探测数据，证明了月球背面南极-艾特肯盆地（SPA）存在以橄榄石和低钙辉石为主的深部物质，为解答长期困扰国内外学者的有关月幔物质组成的问题提供了直接证据，该成果发表在 *Nature*；国家天文台科研人员精确定位了嫦娥四号着陆位置，并对嫦娥四号的落月过程进行重构，为将来航天器在太阳系内的自主着陆提供了依据，该成果发表在 *Nature Communications*。利用距离测量天体造父变星，首次勾画出银河系银盘直观的三维图，并发现银河系盘的“S”形翘曲，该成果发表在 *Nature Astronomy*。首次对本星系群外的矮星系的动力学展开统计研究，发现一类特殊矮星系，在标准宇宙学模型下没有任何理论或者数值模拟能够解释这类星系的形成，该成果发表在 *Nature Astronomy*。云南天文台科研人员完成的《太阳爆发过程中的电磁相互作用》获云南省自然科学奖特等奖。云南天文台研究团队加入“天琴计划”项目，为中山大学研制的激光测距系统通过项目外场验收，性能指标达到合同要求，为我国后续开展空间引力波探测项目奠定了坚实基础。新疆天文台利用澳大利亚 Parkes64 米射电望远镜观测数据，研究了脉冲星 PSR J1825-0935 辐射特性，指出其中间脉冲、主脉冲在强弱状态下的周期调制现象是源于磁层中辐射状态的周期性切换。通过甲醛和氢复合线观测研究 Aquila 分子云的物理性质和恒星形成，发现恒星形成发生在纤维结构的交汇点上。

2019 年，“嫦娥四号实现人类探测器首次月背软着陆”、“中国天文学家发现迄今最大恒星级黑洞”入选2019年度中国十大科技进展新闻；“探测到月幔物质出露的初步证据”入选2019年度中国科学十大进展。“‘大天区面积多目标光纤光谱天文望远镜’（LAMOST）工程研究集体”、“广域量子通信研究集体”（第十三完成人）获2019年度中国科学院杰出科学技术成就奖。“太阳爆发过程中的电磁相互作用”获2019年度云南省自然科学奖特等奖（第一完成单位）；“嫦娥四号工程”获2019年度国防科学技术进步奖特等奖（第八完成单位）；“LAMOST的核心创新和关键技术”获2019年度江苏省科学技术奖一等奖（第一完成单位）；“大天区面积多目标光纤光谱天文望远镜——焦面光纤定位装置”获2019年度安徽省科学技术进步奖一等奖（第二完成单位）；“FAST开挖系统关键技术应用研究及推广”获2019年度贵州省科学技术进步奖一等奖（第二完成单位）；“大跨径柔性吊装技术及应用”获2019年度中国机械工业科学技术奖科技进步奖一等奖（第三完成单位）；“中国虚拟天文台基础软件与系统”获2019年度天津市科学技术进步奖二等奖（第二完成单位）；“500米口径球面射电望远镜反射面吊装及维护技术创新与实践”获2019年度湖北省科技进步奖二等奖（第三完成单位）；“FAST工程主动反射面面板设计及制造安装技术”获2019年度河北省科学技术进步奖二等奖（第二完成单位）；“FAST用大芯数、超稳定、弯曲可动光缆”获第二十一届中国国际工业博览会新材料奖；500米口径球面射电望远镜（FAST）项目主体工程获2018—2019年中国建设工程鲁班奖。刘继峰研究员获2019年科学探索奖；南仁东研究员获“人民科学家”荣誉称号。“嫦娥四号任务地面应用系统运行管理分系统”和“新疆天文台探月工程团队”被6部委联合评为探月工程四号任务突出贡献单位；19位科研人员被评为探月工程四号任务突出贡献单者；“嫦娥四号任务团队”获英国皇家航空学会2019年度团队金奖。“太阳活动周的演化规律与机制研究”获2018年度云南省自然科学奖二等奖、“500米口径射电望远镜柔性并联索驱动系统技术及装备”获2018年辽宁省科学技术进步奖一等奖（第二完成单位）、“大型超宽频带射电频谱天线阵”获河北省科学技术进步奖二等奖（第二完成单位）均为2019年度授奖。

在转移转化工作方面，2019年，国家天文台通过中国科学院普惠计划成功拍卖专利1项，为国家天文台第一例拍卖专利。

2019年，中国科学院南美天文研究中心稳步发展，积极推进智利北部天文观测基地建设及中国科学院综合科技园区（智利）建设，开展大型光学红外望远镜落户智利调研工作。中阿合作40米天线（CART）项目获中国科学院、科技部支持继续推进，国家天文台成立项目指挥系统，天线基础建设在阿开工；中国科学院、阿根廷科委续签合作协议，成立中阿联合研究中心。30米望远镜（TMT）建设（包括子镜磨制等）按计划推进。我国政府正式签署SKA天文台公约，SKA第一阶段专项预计国家投入超30亿元；武向平院士主持完成《中国SKA科学报告》；《中国科学院国家天文台和南非射电天文台关于射电天文（SKA）研究交流项目合作谅解备忘录》签署家天文台积极推进东亚天文台（EAO）事务，合作运行的JCMT望远镜在拍摄首张黑洞照片中做出贡献。继续推进中国与西班牙加那利大望远镜GTC天文合作及仪器研发，派员参加金砖国家天文工作组工作会议、金砖国家研究基础设施共享与大科学项目合作会议并做报告。继续推进“一带一路”框架下的天文合作，利用改造完成的乌兹别克斯坦1米光学望远镜开展巡天观测。国家天文台北京—亚利桑那巡天项目第三版数据发布。“21厘米宇宙学的大数据处理与分析”项目获得中国、南非政府间国际科技创新合作重点专项支持。中法合作SVOM卫星、EP空间项目、中德引力波合作、空间碎片、SONG、GRAND等项目的国际合作稳步推进，参加eBOSS、DESI、SDSS-V等合作进展顺利，有偿使用国外望远镜计划TAP项目取得进展。

国家天文台创办了拥有自主知识产权的国际核心英文学术期刊*Research in Astronomy and Astrophysics*（RAA），还办有中文核心期刊《天文研究与技术》和现代科普刊物《中国国家天文》。新疆维吾尔自治区天文学会挂靠新疆天文台。

（撰稿：李　伟　黄京一　审稿：石　硕）

空天信息创新研究院

院　　长：吴一戎
地　　址：北京市海淀区邓庄南路 9 号
邮政编码：100094
电　　话：010-82178146
传　　真：010-82178009
电子信箱：office@aircas.ac.cn
网　　址：http://www.aircas.ac.cn

中国科学院空天信息研究院（以下简称“空天院”）在中国科学院电子学研究所、遥感与数字地球研究所、光电研究院的基础上整合组建，于 2017 年 7 月 29 日由中国科学院院长办公会议审议通过。其中，电子学研究所创建于 1956 年，为我国第一个综合型电子与信息科学研究所；遥感与数字地球研究所于 2012 年在原遥感应用研究所（1979 年）、对地观测中心（2007 年）基础上组建，为我国遥感科学与综合应用技术研究机构；光电研究院组建于 2003 年，是光电工程、航天航空和应用科技 3 个主要领域兼具总体管理与技术总体职能的高技术研究单位。空天院的成立是中国科学院党组顺应党中央对科技机构改革的总要求、深化四类机构改革的重要举措。

空天院战略定位为：在空天信息领域，承担国家基础性、战略性和系统性重大任务，提出并组织国家空天领域重大科技计划，建设和运行国家相关重大科技基础设施，解决国家重大科技问题，获得有国际影响力的研发成果。

2019 年，空天院围绕整合改革与创新发展，以构建国家空天信息领域战略科技力量为目标，进一步健全完善体制机制，在融合发展、机制体制实质性整合、资源统筹等改革建设工作上取得显著成效，为推进落实“率先行动”计划和分类改革发挥示范引领作用。拥有 20 个国家级 / 院级重点实验室、中心、非法人单位，基本形成空天信息领域高起点、大格局、全链条布局的研究方向，包括平台（临近空间 / 航空）、光学 / 微波载荷、关键核心器件、全球化卫星接收站网、新一代地面系统建设、遥感应用系统、数字地球、导航等科学技术，实现从平台到载荷、器件，再到数据接收、处理、应用的全链条创新体系。

截至 2019 年底，空天院共有在职职工 2629 人。其中科技人员 1724 人、科技支撑人员 157 人，包括中国科学院院士 4 人（新增 1 人）、发展中国家科学院院士 1 人、研究员及正高级工程技术人员 274 人、副研究员及高级工程技术人员 600 人。

空天院主办中国科学院大学电子电气与通信工程学院和光电学院两个科教融合学院。设有信息与通信工程、电子科学与技术、地理学、光学工程 4 个一级学科博士研究生培养点，航空宇航科学与技术一级学科硕士研究生培养点，计算机应用技术二级学科博士研究生培养点，通信与信息系统、信号与信息处理、物理电子学、微电子学与固体电子学、电磁场与微波技术、生物电子学、地图学与地理信息系统、光学工程、飞行器设计、计算机应用技术 10 个二级学科硕士研究生培养点，电子信息（含原电子与通信工程、集成电路工程、光学工程、计算机技术）、资源与环境（含原测绘工程等）2 个专业学位硕士研究生培养点，设有信息与通信工程、电子科学与技术、地理学、光学工程 4 个一级学科博士后流动站。现有在学研究生 1463 人（含国际学生 44 人），其中博士生 827 人、硕士生 636 人；在站博士后 52 人。

2019 年，空天院在重大科研任务和重大工程进展方面成果显著。共有在研项目 4501 项（包括新增项目 1182 项）。其中，主持或承担国家重大科技专项 / 课题 66 项（新增 9 项）；主持建设国家大科学工程项目 2 项；主持（或承担）国家自然科学基金项目 366 项（新增 79 项）；主持或承担国家重点研发计划 119 项（新增 46 项）；主持或承担基地和人才专项 6 项；主持（或承担）（科技部、国家自然科学基金委、财政部和院）重大仪器研制项目 4 项；主持中国科学院战略性先导科技专项 2 个；主持（或承担）院重点部署项目 20 项（新增 5 项）、承担国际合作项目 50 余项（新增 30 余项）；承担院地合作项目 2 项。包括：国家自然科学基金委“太赫兹科学技术前沿”获批立项；高分重大专项“高分共性产品真实性检验平台和产品定型分系统”立项；首颗地球科学观测卫星 CAS-Earth 小卫星论证通过；获批二代导航专项中转发式试验系统第三阶段任务；国家民用空间基础设施数据接收系统和共性应用平台成功立项。重大科研项目与重大工程建设取得进展，提供技术产品和服务支撑，满足载人航天、北斗导航、深空探测、国家安全、卫生健康等重大需求，支撑国民经济主战场发展。先导专项有序开展，其中“广目专项”产生了地球大数据原型系统、广目卫星桌面星、大数据云服务基础平台、地球大数据支撑可持续发展目标报告等成果；“鸿鹄专项”突破了7003米飞行高度、24小时跨昼夜飞行和不同高度受控飞行等关键技术。国家基础设施建设取得突破进展，我国第一个海外陆地卫星接收站——高分北极站通过验收；航空遥感系统完成两架飞机的交付，“飞机 + 载荷”全面进入持证运行状态。

2019年，空天院获得各类科技奖励20余项，其中以第一完成单位，获国家科技进步奖一等奖1项，国家技术发明奖二等奖1项；中国科学院杰出科技成就奖1项，军队科技进步奖一等奖1项；国防科技进步奖一等奖1项，国防技术发明奖一等奖1项，北京市自然科学奖二等奖1项，科技进步奖二等奖2项等。以第一单位发表论文共计1323篇，其中SCI论文592篇；EI论文296篇。授权国际发明专利7件，国家发明专利284件，受理国际发明专利3件、国家发明专利321件。获计算机软件著作权58项；出版著作26部。

2019年，空天院国际学术交流与合作持续深化。发起的“数字一带一路”国际科学计划的相关成果获*Science*系列报道、亚洲大洋洲区域综合地球观测计划（AOGEO）成为全球四大区域地球观测计划之一、全球农业监测计划成为地球观测组织（GEO）排名第一的旗舰计划，牵头发起的全球遥感定标计划、国际碳卫星观测数据分析计划等发挥重要国际引领作用。启动推动北斗系统在“一带一路”沿线国家的推广和应用。与50多个国家和国际组织建立稳定的合作伙伴关系，与联合国环境署（UNEP）、国际科学理事会（ISC）、欧盟联合研究中心（JRC）、美国国家航空航天局（NASA）、德国宇航局（DLR）及“一带一路”沿线国家等机构的合作进一步深化。聘请10余位外籍人员在院工作或来华开展合作研究。年度累计出访405团组，833人次；接待国（境）外来访91团组，187人次。40余位科研人员在国际组织任职，其中1人担任联合国技术促进机制10人组成员；组织完成《地球大数据支撑可持续发展目标报告》，由中国政府代表团提交联合国。国际组织运行平稳，影响力不断扩大。国际数字地球学会（ISDE）和联合国教科文组织国际自然与文化遗产空间技术中心（HIST）在中国科学院绩效评价中名列前茅；中国科学院-发展中国家科学院空间减灾中心获二期支持；灾害风险综合研究计划（IRDR）在国际科学理事会与联合国减灾战略署支持下将正式启动二期筹建工作。主办第十一届国际数字地球会议、第十二届亚大区域综合地球观测国际研讨会、第四届“数字丝路”国际会议及国际培训班等。

2019年，空天院院地合作区域拓展、科技成果转化等方面成果显著。积极争取地方支持，建设区域分支机构，延伸科研和产业布局，培育和建设新的增长点，拥有区域分支机构4个，与地方共建平台5个，其中2019年新建粤港澳大湾区研究院、齐鲁研究院。统一科技成果转化的管理流程、转化形式和分配机制，推进科技成果转化，对外投资和经营性国有资产良好。

空天院拥有中国遥感委员会、中国电子学会电子线路与系统分会、中国地理学会环境遥感分会、中国环境科学学会环境信息系统与遥感专业委员会、中国图像图形学学会遥感图像处理专委会等学术组织；建有导航学术交流中心、全国遥感技术标准化技术委员会、全国光电测量标准化技术委员会和国家激光器件质量监督检验中心等。组织和协调亚洲遥感会议、中国卫星导航年会、高分辨率对地观测学术年会等多项多层次国内外品牌学术活动。

主办《国际数字地球学报》（*International Journal of Digital Earth*）、《微系统与纳米工程》（*Microsystems & Nanoengineering*）、《地球大数据》（*Big Earth Data*）、《卫星导航》（*Satellite Navigation*）等英文期刊，其中《微系统与纳米工程》2018年影响因子5.616；《国际数字地球学报》2018年影响因子3.985。主办《电子与信息学报》、《雷达学报》、《遥感学报》、《中国图象图形学报》等国内外发行期刊。其中，《电子与信息学报》、《遥感学报》、《中国图像图形学报》

为“中国精品科技期刊”和“中国国际影响力优秀期刊”，覆盖全国各大科学文献数据库；《遥感学报》连续10年获“百杰期刊”。

（撰稿：陆 鸣 王小梅 审稿：蔡 榕）

地质与地球物理研究所

所　　长： 吴福元

地　　址： 北京市朝阳区北土城西路19号

邮政编码： 100029

电　　话： 010-82998001

传　　真： 010-62010846

电子信箱： suoban@mail.iggcas.ac.cn

网　　址： http://www.igg.cas.cn

中国科学院地质与地球物理研究所（以下简称“地质地球所”）于1999年6月由原中国科学院地质研究所和原中国科学院地球物理研究所整合而成。2004年，中国科学院武汉物理与数学研究所电离层研究室整体调整到本所。

地质地球所战略定位是面向世界科技前沿，面向国家重大需求和国民经济主战场，以固体地球科学为主攻方向，建设“理论创新＋技术研发＋成果转化＋科教融合”四位一体的新型国际化研究中心。力争在全球性地球科学问题研究上取得原创性突破，发展地球科学理论；聚焦国家资源、能源和环境领域重大科学问题，支撑国家战略需求和服务经济社会发展；努力成为深部资源勘探装备与开发前沿技术的引领者、资源新理论与创新技术产业化的示范者和实践者、世界领先的深部资源技术解决方案提供者和高端地学人才培养者。

地质地球所积极组织实施“一三五”规划和“创新2020”建设，在2019年取得如下重要成果：院B类先导专项项目完成验收，建立了世界一流的页岩气测试平台，钻探发现浅层页岩气资源；智能导钻专项完成实验样机研制和测试平台建设；临近空间科学实验系统先导专项完成飞行器及测试平台现场实验；完成线缆式海底地震观测系统开发；提出超微量锶-钕-铬同位素新分析方法；白云鄂博大规模综合地球物理勘探与多学科综合研究为关键金属成矿新理论提供重要证据；刻画了俯冲带壳幔相互作用的过程和机理；全新世和上新世温暖期东亚环境系统研究为评估气候变化及制定气候变化对策提供支撑等。

在落实“率先行动”计划和推进“四类机构”建设中，地质地球所与广州地球化学地质地球所和地球化学地质地球所共建“中国科学院地球科学研究院”，已正式运行。

地质地球所立足于三个面向，构建大科学研究单元模式，现有岩石圈演化国家重点实验室，地球与行星物理、新生代地质与环境、油气资源研究、矿产资源研究、页岩气与地质工程5个中国科学院重点实验室和深部资源探测先导技术与装备研发中心；与法国国家科学研究院联合建立中法季风、海洋与气候国际联合实验室和中法生物矿化与纳米结构联合实验室，与英国利兹大学联合建立中英地球-行星科学联合研究中心，与南大地科学院和地科院矿产所联合成立战略性关键矿产联合研究中心。

地质地球所已建成地球物质成分与性质分析、地质年代学测定、地球内部结构探测、空间环境观测野外台站、古环境数据分析、数据计算处理与数值模拟、深部资源勘探装备研发七大实验观测系统，为地球科学测试、观测和实验提供了必要条件。地质地球所布设有漠河、北京、武汉、三亚4个观测站及南极中山地磁观测站，是中国科学院“日地空间环境观测研究网络”和国家“子午工程”的骨干台站。地质地球所博物馆现收藏地质标本和文物11 000余件，其中岩石标本2000余件，矿物藏品8000多件，共计900多个矿物种；图书馆目前藏书约35 000余册，中外文学术期刊42 000余册，地质图2500幅，地形图50 000幅，全文和文摘数据库20余个，电子期刊及其他网络资源百余种。

截至2019年底，地质地球所共有在职职工553人。其中科技人员263人、科技支撑人员236人，包括中国科学院院士17人、中国工程院院士1人、发展中国家科学院院士4人、研究员及正高级工程技术人员136人、副研究员及高级工程技术人员190人；全所进入创新岗位548人。

地质地球所是1981年国务院学位委员会批准的博士、硕士学位授予权单位之一，现设有地质学、地球物理学、地质资源与地质工程3个专业一级学科和海洋地质学等1个专业二级学科博士、硕士研究生培养点，并设有地质学、地球物理学、地质资源与地质工程3个专业一级学科博士后流动站；共有在学研究生678人（其中硕士生211人、博士生467人），在站博士后162人。

2019年，地质地球所共有在研项目828项（包括新增项目235项）。其中，主持国家重大科技专项1项、课题4个；主持国家重点研发计划项目8项（新增1项）、课题23个（新增4个）；主持国家自然科学基金基础科学研究中心1项、创新研究群体2项、重大项目2项、重大项目课题10个、重点项目17项（新增3项）、重大研究计划重点项目8项（新增4项）、国家杰出青年科学基金项目8项；主持国家自然科学基金委重大科研仪器研制项目2项；主持中国科学院仪器研制项目2项；主持中国科学院战略性先导科技专项1项、项目7项、课题31个（新增2个）。

2019年，地质地球所以第一署名单位发表SCI论文464篇；出版专著3部；获得授权发明专利119项（其中国外专利授权20项），授权实用新型专利2项，登记软件著作权21项。地质地球所作为第一完成单位的“复杂地质过程的激光微区同位素研究”项目获国家自然科学奖二等奖，“深部资源电磁探测理论技术突破与应用”项目获国家科学技术进步奖二等奖；8人获地学领域重要个人奖项；3人获得优青资助；2人获国务院政府特殊津贴；2人入选中国科学院“关键技术人才”。科睿唯安根据ESI数据库（统计时间段为2009年1月1日至2019年8月31日）的统计分析数据显示，地质地球所是中国科学院唯一列入“地学”前1‰的研究机构。

2019年，地质地球所共实现3项职务科技成果转移转化；现有控（参）股公司6个，其中控股公司3个，其他均为参股公司。

2019年，地质地球所参加了53个国家或地区举办的国际会议、合作研究和交流培训活动共870人次；主办5个国际会议，来自27个国家和地区的95名境外代表参加会议；邀请186个团组342人次（含顺访）外国专家来华合作交流；共承担5个在研国际合作项目；获批5项中国科学院“国际人才计划”，并与希腊、澳大利亚和英国等国家地学相关机构签署了合作协议。

地质地球所主办的国家一级学术刊物有《地球物理学报》（SCI、EI收录）、《岩石学报》（SCI、EI收录）、《第四纪研究》、《地质科学》、《工程地质学报》、《地球物理学进展》和英文刊 *Earth and Planetary Physics*；是中国第四纪科学研究会、中国岩石力学与工程学会2个国家一级学会的挂靠单位；中国地球物理学会1个国家一级学会的支持单位。

（撰稿：叶　鹏　张欣欣　审稿：杨进辉）

青藏高原研究所

所　　长：陈发虎

地　　址：北京市朝阳区林萃路16号院3号楼

邮政编码：100101

电　　话：010-84097100

传　　真：010-84097079

电子信箱：itpcas@itpcas.ac.cn

网　　址：http://www.itpcas.ac.cn

中国科学院青藏高原研究所（以下简称“青藏高原所”）于2003年成立，是中国科学院党组根据国家经济社会发展重大战略需求和国际科学前沿发展趋势，在“知识创新”工程科技布局和组织结构调整中成立的研究所之一。研究所实行北京部、拉萨部和昆明部的“一所三部”运行模式。

新时期，青藏高原所以习近平新时代中国特色社会主义思想为指引，认真贯彻落实习近平总书记致第二次青藏科考队贺信精神，以“引领科学前沿、面向国家需求、服务地方发展”为宗旨，围绕深入实施“率先行动”计划，加强系统谋划和顶层设计，积极承担重大科技任务，加强科研平台建设，促进“三重大”成果产出。

青藏高原所现有环境变化与地表过程、大陆碰撞与高原隆升、高寒生态与人类适应和三极观测与大数据4个研究中心，研究中心按照学科布局下设10个科研团队，分别是圈层作用与环境变化、地气作用与气候变化、湖泊与环境变化、高寒环境质量与安全、碰撞隆升及影响、新生代环境、古生态与人类适应、生态系统功能与全球变化、生态系统格局与过程和三极观测与大数据团队。研究所还设有大科学计划中心，负责统筹推进第二次青藏科考国家专项、中国科学院“丝路环境”A类先导专项、“第三极环境（TPE）”国际计划等重大任务组织实施。

青藏高原所现有环境变化与地表过程、大陆碰撞与高原隆升和高寒生态3个院重点实验室，在青藏高原及周边地区建有7个野外台站（中心），分别是纳木错多圈层、珠穆朗玛大气与环境、藏东南高山环境、阿里荒漠环境、慕士塔格西风带、那曲高寒气候环境等综合观测研究站和墨脱地球景观与地球系统综合观测研究中心。2019年，国家青藏高原科学数据中心获得科技部批准成立。

青藏高原地球系统科学卓越创新中心依托青藏高原所建设并于2016年正式运行。卓越中心围绕领域方向布局，坚持体制机制创新，聚集相关优势研究力量，涵盖院内外23家单位，人才凝聚和成果产出效应不断显现。

青藏高原所同时还是“一带一路”国际科学组织联盟（ANSO）秘书处、中国青藏高原研究会的挂靠单位。

截至2019年底，青藏高原所共有在册职工317人（含劳务派遣人员）。其中科研人员187人、支撑人员40人，包括中国科学院院士3人、特聘中国科学院院士1人、特聘中国科学院外籍院士2人、研究员48人、副研究员52人。

青藏高原所有自然地理学、构造地质学、大气物理学与大气环境和生态学4个博士、硕士研究生培养点；共有在读研究生318人，其中留学生占21%。设有地理学和地质学2个博士后科研流动站，在站博士后61人。

2019年，青藏高原所认真组织实施第二次青藏科考国家专项，承担任务（项目）3项、专题（课题）10项；依托青藏高原所申报的国家基金委“青藏高原地球系统”基础科学中心项目获得批复。研究所在研项目200余项，其中主持（或承担）国家重点研发计划项目1项、课题8项（新增1项）；主持国家基金委国家杰出青年科学基金项目4项（新增1项）、优秀青年科学基金项目2项（新增2项）、重大项目1项、重点项目7项（新增1项）、重大研究计划重点支持项目4项、国际（地区）合作与交流项目10项（新增1项）、面上项目86项（新增17项）；主持中国科学院A类先导专项1项，包括项目6项、课题13项；获批中国科学院基础前沿科学研究计划“从0到1”原始创新项目2项。

青藏高原所古生态与人类适应团队的夏河丹尼索瓦人研究成果将青藏高原史前人类活动历史提前了10万年以上，相继入选科技部评选的2019年度中国科学十大进展、美国*Science*杂志评选的2019年十大科学突破、《科学新闻》评选的2019年度十大新闻及美国《考古学》杂志评选的2019年度世界十大考古发现。亚洲水塔研究成果揭示了亚洲水塔是全球最重要、最脆弱、风险最大的水塔，通过融合国家和区域水资源水安全应对战略，推动亚洲水塔观测—模拟—预警一体化集成模式成为世界气象组织等国际机构的经典案例。

截至2019年底，青藏高原所累计发表SCI论文2843篇，其中2019年新增355篇（第一单位标注论文167篇），以青藏高原所为第一单位或通讯作者的*Nature*、*Science*系列文章近20篇。获得专利24项（有效专利5项），其中2019年新增2项。

2019年，青藏高原所3个院重点实验室在院资源环境领域重点实验室评估中获得2个“优秀”和1个“良好”的佳绩。

“西藏生态安全屏障监测与评估关键技术与业务化应用”获2018年西藏自治区科学技术奖一等奖（排名第四）。

2019年，青藏高原所组织代表团参加美国地球物理协会（AGU）、欧洲地球科学联盟（EGU）、联合国环境规划署（UNEP）、联合国世界气象组织（WMO）和北极圈大会（Arctic Circle Assembly）5个国际学术会议及1个国际培训班，赴境外开展学术活动313人次，接待外国专家来/顺访263人次（较2018年增加49%）。“第三极环境（TPE）”国际计划以北京为总部，在尼泊尔、美国、瑞典等地建立多个研究中心的基础上，新成立TPE德国中心，构建“泛三极环境（Pan-TPE）”国际计划科学中心全球联盟。中国科学院加德满都科教中心完成基础设施建设并投入使用。此外，研究所还启动伊朗中心和塔吉克中心建设，联合院内多家单位建立中挪三极联合研究中心；积极支持ANSO秘书处工作，服务国家“一带一路”倡议。青藏高原所推荐申报的小池俊雄教授被授予2019年度中国政府友谊奖。

（撰稿：刘晓倩　樊　勇　审核：董伟锋）

古脊椎动物与古人类研究所

所　　长：邓　涛
地　　址：北京市西城区西直门外大街142号
邮政编码：100044
电　　话：010-68351363
传　　真：010-68337001
电子信箱：bgs@ivpp.ac.cn
网　　址：http://www.ivpp.ac.cn

中国科学院古脊椎动物与古人类研究所（以下简称“古脊椎所”）前身是1929年4月成立于北京的农矿部地质调查所新生代研究室，主要从事周口店北京猿人遗址的发掘及化石研究。1951年归入在南京创建的中国科学院古生物研究所，改称新生代与脊椎古生物研究组。1953年从古生物研究所分出，在北京建立中国科学院古脊椎动物研究室。1957年升格为古脊椎动物研究所。1960年改称为中国科学院古脊椎动物与古人类研究所至今。

古脊椎所以建设国家古脊椎动物与古人类学基础研究领域的“四个中心”（科研和学术思想中心、科技人才培养中心、化石标本和现代骨骼标本收藏中心以及科学普及中心）为发展定位，以建设成为中国地球科学和生命科学在国际学术界享有盛誉的科研机构为发展目标。

古脊椎所现设有4个研究室、1个研究中心和1个重点实验室，即古鱼类与爬行类研究室、古哺乳动物研究室、古人类与旧石器研究室、古环境演化研究室、周口店国际古人类研究中心和中国科学院脊椎动物演化与人类起源重点实验室。

古脊椎所拥有大型仪器设备60多台（套），包括高精度CT设备、古DNA分析设备、自动切磨片系统、激光光谱元素分析系统、扫描电镜、稳定同位素质谱仪、透射电子显微镜等；建有亚洲古脊椎动物收藏领域规模最大的标本馆，馆藏标本达24万余件；拥有一个对公众开放的中国古动物馆，每年接待国内外观众30余万人；拥有一个小型开架式专业图书馆，馆藏书刊近10万册。

截至2019年底，古脊椎所共有在职职工173人。其中科技人员74人、科技支撑人员88人，包括中国科学院院士1人、美国国家科学院外籍院士1人、发展中国家科学院院士1人、发展中国家科学院青年通讯院士1人、巴西科学院通讯院士2人、研究员及正高级工程技术人员41人、副研究员及高级工程技术人员71人。

古脊椎所设有古生物学与地层学、地球生物学、考古学、科学技术史专业的博士、硕士研究生培养点和博士后科研流动站；共有在学研究生110人（其中硕士生57人、博士生53人），在站博士后5人。

2019年，古脊椎所承担科研项目140项。其中承担国家自然科学基金基础科学中心项目1项（“克拉通破坏与陆地生物演化”项目）、重点项目4项、面上项目36项、国家杰出青年科学基金项目2项、优秀青年项目1项；社科基金重大项目1项；承担中国科学院战略性先导科技专项（B类）1项（关键地史时期生物与环境演变过程及其机制）、B类课题1项（地球内部运行机制与地表系统演变——华北克拉通破坏与热河-燕辽生物群演化）、A类课题2个（泛第三极环境变化与绿色丝绸之路建设——新生代生物环境协同演化；地球大数据科学工程——古生物与古环境综合数据库构建及其应用），院前沿科学重点研究项目4项，“从0到1”原始创新项目1项，创新交叉团队1项，百人计划项目4项，化石发掘和修理专项经费项目1项，修购专项项目2项，重点国际合作项目3项。

2019年，古脊椎所发表论文221篇（第一作者125篇），其中SCI/SSCI 158篇（第一作者79篇）。在*Science*、*Nature*发表5篇（第一作者3篇），在*PNAS*、*Current Biology*、*Nature Communications*、*National Science Review*等高影响因子重要刊物上发表论文29篇（其中第一作者或通讯作者17篇）。其中，*Nature*以封面

文章形式报道的侏罗纪善攀鸟龙类揭示膜质翅膀在恐龙中的演化，展示了在恐龙——鸟类演化历程中曾出现大量意想不到的适应飞行的尝试；公布了发现于辽宁凌源的早白垩世多瘤齿兽类新属种——盖氏热河俊兽（*Jeholbaatar kielanae*），提出一种新的哺乳动物中耳演化模式。*Science* 在线报道了早白垩世基干兽类李氏源掠兽（*Origolestes lii*）听觉和咀嚼结构两个模块在基干兽类中演化分离节点的表型特征；分离的听觉和咀嚼模块，增强了它们的可变异性或可演化能力，成为兽类哺乳动物辐射演化可能的内在驱动因素之一。*Science Advances* 发表了关于许家窑古老型人类幼年个体的牙齿生长发育研究结果，表明在形态特征上还比较原始的许家窑人在牙齿生长发育规律（被认为反映生活史）上已经步入现代人变异范围内；发表以生活于南美洲的基干阔鼻猴类卡拉斯科智利猴（*Chilecebus carrascoensis*）化石为“校正点”，重建了阔鼻猴类和狭鼻猴类类人猿祖先类型的脑的特征，分析了类人猿脑的增大过程，进而试图回答关于人脑演化的问题。*Nature Communications* 在线报道了全球首个腹腔内含有蛋壳的灭绝鸟类——反鸟类化石，为研究古鸟类的生殖繁育提供了新信息，进而为探知早期鸟类的演化历程提供了新证据。*PNAS* 发表三项重要成果：对华龙洞中更新世人类化石的研究为深入探讨东亚古人类演化提供了新的证据；对会鸟（*Sapeornis*）和中国猎龙（*Sinovenator*）头骨的研究，表明早期副鸟类腭区的形态可能赋予了其取食策略上的优势和可塑性，使得新腭类在和古腭类同时面对大灭绝后的空白生态位时脱颖而出；对热河生物群马氏燕鸟（*Yanornis martini*）的研究显示，前齿骨及齿骨之间可能通过关节软骨相连，并受下颌神经分支的控制，该关节增加了下颌的活动性，使鸟类在处理食物的时候具有高度灵巧性。*Current Biology* 在线报道了白垩纪早期热河生物群驰龙科新标本——赵氏小盗龙（*Microraptor zhaoianus*）的胃中，近乎完整地保存了一个还未被消化的蜥蜴个体，是迄今报道的第四件胃中保存食物的小盗龙标本。

在获得突出成果和奖励方面，古脊椎所“将人类生活在黄土高原的历史推前至距今212万年”成功入选中国科学十大进展（2018）；“具有过渡形态的重要基干龟类：始喙龟”、“距今3万—4万年前人类踏足高海拔青藏高原腹地”、“从组织化石研究鸟类的演化”，以及部分科研人员参与编写的《生物演化与环境》教科书分别入选2018年度中国古生物学十大进展；“旧石器时代人类生存与演化”方向获批准为第七批国家文物局重点科研基地。

在引领学科发展和社会公益方面，古脊椎所通过编撰志书、组织学术年会、专业培训、学术讲座、创作科普图书、开展科普活动、科研成果展览等形式，促进学科发展，提高全民科学素养。

为纪念北京猿人第一头盖骨发现90周年，交流中国及世界其他地区古人类学相关领域的最新成果，古脊椎所召开了国际古人类学术研讨会，来自20多个国家的专家参加了会议。

为推动学科深度交叉和融合，研讨国际科学前沿重大科学问题，“克拉通破坏与陆地生物演化”项目首席科学家周忠和与“中国陆相白垩纪科学钻探高分辨率古环境记录与古气候演化”项目首席科学家王成善共同组织了2019年度联合学术交流年会。

为庆祝古脊椎所成立90周年，举办系列学术活动：第七届恐龙蛋与恐龙幼体国际学术研讨会暨郧阳恐龙专题研讨会、第15届早期脊椎动物国际学术研讨会。在第八届“科学与中国”院士专家巡讲活动中，古脊椎所专家深入澳门和深圳的各中小学，为1000多名中小学生作16场科普报告。中国古动物馆上演科普剧《拉蒂迈鱼奇遇记》、举办《飞向蓝天的恐龙》展览及“我从海洋来——从鱼到人生命之旅”大型特展。

在国际合作方面，古脊椎所2019年研究人员出访达86人次，接待国际地层委员会主席、巴基斯坦真纳大学来访等外宾来访近100人次；与巴基斯坦真纳大学签订协议；申请科技部政府间国际科技创新合作项目；申请中国科学院国际合作重点项目、“一带一路”专项、国际合作重点项目、特别交流计划；周忠和院士当选为美国鸟类学会荣誉会员；邱铸鼎研究员获北美古脊椎动物学会荣誉会员（SVP Honorary Membership）；邹晶梅（Jingmai Kathleen O’Connor）研究员被授予查尔斯·舒克特奖（Charles Schuchert

Award）杰出青年古生物学家奖；付巧妹研究员获首届科学探索奖。

古脊椎所挂靠学会有中国古脊椎动物学分会、中国考古学会旧石器考古专业委员会、中国第四纪科学研究会生物演化与环境专业委员会。主办刊物有《中国古生物志》（丙、丁种）、《古脊椎动物学报》、《人类学学报》、《中国科学院古脊椎动物与古人类研究所集刊》等专业杂志和《化石》、《恐龙》科普杂志。

（撰稿：党丽媛　李利娜　审稿：邓　涛）

大气物理研究所

副 所 长：周天军（主持工作）
地　　址：北京市朝阳区德胜门外祁家豁子华严里 40 号楼
邮政编码：100029
电　　话：010-82995275
传　　真：010-62028604
电子信箱：iap@mail.iap.ac.cn
网　　址：http://www.iap.cas.cn

中国科学院大气物理研究所（以下简称“大气所”）的前身是 1928 年成立的中央研究院气象研究所。1950 年 1 月，中国科学院将气象、地磁和地震等部分科研机构合并组建成立中国科学院地球物理研究所。1966 年 1 月，根据我国气象事业发展的需要，中国科学院决定将气象研究室从地球物理研究所分出，正式成立中国科学院大气物理研究所。大气所是中国现代史上第一个研究气象科学的最高学术机构，目前已发展成为涵盖大气科学领域各分支学科的大气科学综合研究机构。

大气所定位为：研究和探索地球大气中和大气与周边环境相互作用中的物理、化学、生物、人文过程的新规律，提供天气、气候和环境监测、预测和调控的先进理论、方法和技术。主要研究领域及学科方向：地球系统模式发展与全球气候变化研究，大气化学、大气环境变化及其预测机理研究，东亚季风气候系统动力学研究与气候预测，中层大气过程与大气遥感研究，高影响天气的物理、动力及可预报性研究，以及全球及区域气候环境变化集成研究与有序适应等。

2019 年，大气所积极组织参与中国科学院“结构性调整、内涵式发展”改革工作，确定了地球系统模式研发与应用，季风动力学与天气气候预测，大气化学与环境及污染预报预警，关键大气物理过程的探测、理论分析和应用 4 个学科方向参加国际评估。

大气所设有 2 个国家重点实验室（大气科学和地球流体力学数值模拟国家重点实验室、大气边界层物理与大气化学国家重点实验室），4 个中国科学院重点实验室，4 个所级实验室和研究中心。中国科学院气候变化研究中心和中国科学院减灾中心挂靠在大气所。另外，还设有支撑部门所公共技术服务中心。在河北香河和兴隆、安徽淮南、吉林通榆、西藏羊八井、甘肃敦煌等地设有野外综合观测站。已形成以地球气候系统数值模拟平台、铁塔实验平台、专业探测平台、分析测试平台为主体的科技支撑体系。

截至 2019 年底，大气所共有在职职工 514 人。其中科技人员 391 人、科技支撑人员 52 人，研究员及正高级工程技术人员 117 人、副研究员及高级工程技术人员 237 人。

大气所是 1981 年国务院学位委员会批准的博士、硕士学位授予权单位之一，现设有大气科学、海洋科学、环境科学与工程 3 个一级学科博士研究生培养点，大气科学、海洋科学、环境科学与工程、资源与环境（专业型）4 个一级学科硕士研究生培养点，并设有大气科学、海洋科学 2 个一级学科博士后流动站；共有在学研究生 529 人（其中硕士生 163 人、博士生 366 人），在站博士后 114 人。

2019 年，大气所共有在研项目 600 余项（包括新增项目 197 项）。其中，主持（或承担）国家自然科学基金重点项目 17 项（新增 2 项）、面上项目 182 项（新增 29 项）、国家杰出青年科学基金项目 7 项（新增 2 项）、国家自然科学基金重大研究计划重点项目 10 项（新增 2 项）、国家优秀青年科学基金项目 6 项（新增 2 项）、国家自然科学基金重大项目及课题 8 项（新增 3 项）；主持国家自然科学基金重点国际合作项目 13 项（新增 2 项）、国家自然科学基金青年科学基金项目 69 项（新增 15 项）、主持国家自然科学基金创新研究群体项目2项、主持国家重大科研仪器研制项目2项;主持科技支撑课题1项，主持重点研发计划项目12项，其他重点研发计划项目课题70项（新增2项）；主持重点研发计划国际合作项目3项（新增1项）；主持第二次青藏高原综合性科学考察专题3项(新增3项);承担中国科学院战略性先导科技专项课题7项;主持中国科学院前沿科学重点研究项目7项（新增2项);主持中国科学院重点部署项目3项（新增2项）；主持院基础前沿科学研究计划“从0到1”原始创新项目2项（新增2项）；承担大气重污染成因与治理攻关（总理基金）项目课题2项、承担院地合作项目200余项（新增110项）。

2019年，大气所在国内外期刊上发表科技论文1048篇，其中SCI（E）论文873篇，CSCD论文274篇。出版专著3部。获发明专利授权7项。登记软件著作权44项。根据科睿唯安报告，有18所中国科学院属研究所发表超过100篇高被引论文，大气所以118篇高被引论文榜上有名。周天军、王跃思、孙业乐入选科睿唯安2019年全球“高被引科学家”。

2019年，大气所科研工作取得新进展，获多项科技成果奖。曾庆存院士获2019年度国家最高科学技术奖。“印度洋海盆模态对东亚夏季气候的影响机理”获中国气象学会大气科学基础研究成果奖一等奖（主持单位）;“印太暖池海气相互作用及其在低纬高原区的灾害效应”获云南省自然科学奖一等奖（第二完成单位）;“热带西太平洋暖池热盐结构与变异的关键过程及气候效应”获山东省自然科学奖一等奖（第二完成单位）;“农田温室气体监测体系创建与稳产减排技术应用”获神农中华农业科技奖（科学研究类）二等奖（第三完成单位）。

2019年，大气所积极推进基础平台建设。地球数值模拟器大科学装置建设以及“十三五”科教基础设施建设工作顺利推进。香河大气综合观测试验站成为中国科学院推荐的20个野外台站之一，竞逐国家级野外台站。公共技术服务中心在科技部大型仪器共享评估中获得优秀，全国340多家高校科研院所中排名第26名。

2019年，大气所深入开展科技合作和成果转化。深化与地方政府的合作，大气所大气边界层顶生态环境上黄观测站奠基；大力支持气象业务部门科技发展，大气所衢州暴雨和强对流观测与预报研究试验基地正式挂牌；科研成果在业务部门应用取得好成绩，气候预测组今年的中国汛期降水形势预测评分在常规参加中国气象局的会商单位中，位居第一。

2019年，大气所成功举办12个重要国际会议、培训班及海峡两岸研讨会。举办国际学术讲座等110余次，国际来访学者约300余人次，与泰国诗纳卡宁威洛大学、美国俄克拉荷马大学签署合作备忘录。CAS-TWAS优秀中心ICCES继续在“一带一路”科技交流中发挥作用。积极参与IPCC相关气候报告的撰写工作，最新研究成果被采用。

2019年，大气所国际合作项目在研共计42项。全年共执行226项出访任务，514次出访参加国际会议及合作研究访问。大气所科研国际交流活跃，目前共有43个国际组织任职，80个国际期刊任职。

大气所是中国科学探险协会、太平洋科学协会中国委员会、中国气象学会动力气象学委员会、大气环境学委员会、统计气象学委员会的挂靠单位;主办刊物有《大气科学》(中文版)、《大气科学进展》(英文版)(SCI收录)、《气候与环境研究》(中文版)、《大气和海洋科学快报》(英文版)。

（撰稿：周 权 任 丽 审稿：王生林）

植物研究所

所　　长：汪小全
地　　址：北京市海淀区香山南辛村20号
邮政编码：100093
电　　话：010-62836220
传　　真：010-62590835
电子信箱：suoban@ibcas.ac.cn
网　　址：http://www.ibcas.ac.cn

中国科学院植物研究所（以下简称“植物所”）是我国建立最早的植物基础科学综合性研究机构，前身为1928年创建的静生生物调查所和1929年成立的北平研究院植物学研究所，1950年合并为中国科学院植物分类研究所，

1953 年改名为中国科学院植物研究所。

“十三五”期间，植物所以建设“世界上有重要影响的一流研究机构”为发展目标，以“整合植物学”为学科定位，紧紧围绕植物学科发展以及国家对生态文明建设和农业转型发展的战略需求，重点布局植物系统进化、生态环境、分子生理与发育、光合作用、资源植物可持续利用 5 个重点学科领域，力争在植物多样性格局与形成机制的若干重大基础和前沿问题、作物种子优质高产的分子机理、现代生态草牧业理论体系与技术集成 3 个方面实现重大突破，引领和推动我国现代植物科学的持续发展。植物所获批“生态草牧业特色研究所”建设，积极推动研究所分类改革，在特色研究所科研组织模式改革和草牧业示范区建设等方面均取得了较好进展。

植物所拥有 7 个研究和支撑部门、8 个野外台站、1 个植物标本馆、1 个公共技术服务中心和中国生态系统研究网络（CERN）生物分中心、1 个中国科学院非法人研究单元——中国科学院内蒙古草业研究中心、1 个中国科学院生态草牧业工程实验室。研究和支撑部门包括系统与进化植物学国家重点实验室、植被与环境变化国家重点实验室、中国科学院植物分子生理学重点实验室、中国科学院光生物学重点实验室、中国科学院北方资源植物重点实验室、北京植物园（含华西亚高山植物园）、文献与信息管理中心；野外台站包括内蒙古锡林郭勒草原生态系统国家野外科学观测研究站、内蒙古鄂尔多斯草地生态系统国家野外科学观测研究站、湖北神农架森林生态系统国家野外科学观测研究站、中国科学院北京森林生态系统定位研究站、植物所多伦恢复生态学试验示范研究站、植物所浑善达克沙地生态研究站、植物所古田山森林生物多样性与气候变化研究站、植物所呼伦贝尔草牧业试验站。

截至 2019 年底，植物所植物标本馆共收藏标本 286 万份；数字植物标本馆收录在线标本 760 万份，其中有图片标本 500 余万份；植物图像库已收录图片总数 550 万幅。植物所拥有单价 10 万元以上在用仪器设备共 742 台（套），总价值 3.43 亿元，其中，单价 50 万元以上的仪器设备 152 台（套），如二维液相色谱-高分辨串联质谱仪、核磁共振波谱仪、纳升液相色谱-四极杆飞行时间串联质谱仪、冷冻型高分辨率扫描电镜、第三代单分子基因组测序仪、稳定同位素比率质谱仪、植物组织多光谱成像分析工作站、单分子基因组成像分析工作站等。

截至 2019 年底，植物所共有在职职工 570 人。其中科研人员 284 人、科技支撑人员 195 人，包括中国科学院院士 2 人、研究员及正高级工程技术人员 95 人、副研究员及高级工程技术人员 151 人。

植物所是首批国务院学位委员会批准的博士、硕士学位授予权单位之一，设有植物学、发育生物学、生态学、细胞生物学 4 个专业一级（或二级）学科博士研究生培养点，植物学、发育生物学、细胞生物学、生态学 4 个专业一级（或二级）学科硕士研究生培养点，设有生物工程专业硕士研究生培养点，并设有生物学、生态学 2 个专业一级学科博士后流动站；共有在学研究生 788 人（其中硕士生 351 人、博士生 437 人），在站博士后 80 人，留学生 25 人。

2019 年，植物所共有在研项目 965 项（包括新增项目 306 项）。其中，承担科技部国家重点研发计划项目 4 项、课题 25 项（新增 5 项），第二次青藏高原综合科学考察研究专题 1 项；承担国家自然科学基金项目 201 项(新增 58 项)、基础科学中心课题 2 项、重点项目（含重点国际合作）9 项、国家杰出青年基金项目 2 项（新增 1 项）、优秀青年基金 1 项、面上项目 144 项（新增 36 项）、青年科学基金 35 项（新增 15 项）；承担中国科学院战略性先导专项 A 类项目 3 项、院重点科技基础设施项目 2 项、STS 计划项目 2 项、院基础前沿科学研究项目从 0 到 1 原始创新项目 1 项。在研国际合作项目（课题）37 项（新增 10 项）。在研横向合同数量 258 项（新增合同数量 106 项）。

2019 年，植物所在植物系统进化、植被与环境变化、植物分子生理、光合作用和资源植物等领域取得重要进展。对亚热带群落物种多样性维持的关键调控机制、平行物种形成、蛋白质翻译后修饰调控植物免疫反应和叶片衰老的新机理、重要资源植物关键性状形成的分子机制等重要科学问题进行诠释，其中硅藻光合膜蛋白超分子结构和功能的研究对于理解光合生物捕光系统的结构和功能具有里程碑意义，成果发表在 *Science* 并入选中国生命科学十大进展和中国科学十大进展。全年发表论文 632 篇，其中 SCI 收录期刊发表论文 511 篇，有 345 篇发表在领域前 30% 的 SCI 收录刊物上；出版专著 15 部；申请专利 29 项，授权专利 37 项。

2019 年，植物所成果转移转化和所地合作工作成绩显著。全年新增横向合作合同经费 7139 余万元；与阜阳市政府启动芳香植物产业化开发集成技术研究与示范项目；与南山国家公园管理局签订合作协议、与钱江源国家公园管委会签署多个科技支撑项目；在广西等地开展的科技扶贫工作取得良好成效。同时，植物所加强企业合作，与深圳东华园林公司合作开展植物种质资源收集与应用、花卉新品种创制，共同推进植物志书编研工作；与福建三安集团共建的植物工厂积极在海内外布局基地，产品出口多个国家，获得龙头企业等荣誉；2 项集成技术模式取得工信部科技成果等级认证。

2019 年，植物所国际合作交流进展良好。人员出访 113 批 173 人次，来访专家学者 133 人次；举办国际会议 3 次；有 18 人在 28 个国际组织任职，53 人在 70 个国际期刊任职。

植物所是中国植物学会、北京生态学会、中国植物学会植物园分会、中国花卉协会蕨类植物分会和 *Journal of Plant Physiology* 中国编辑部挂靠单位；主办刊物有 *Journal of Integrative Plant Biology*、*Journal of Systematics and Evolution*、*Journal of Plant Ecology*、《植物生态学报》、《生物多样性》、《植物学报》、《生命世界》，其中前 3 个被 SCI 收录。

（撰稿：冷　静　李蕊梅　审稿：曹爱民）

动物研究所

所　　长：周　琪

地　　址：北京市朝阳区北辰西路 1 号院 5 号

邮政编码：100101

电　　话：010-64807098

传　　真：010-64807099

电子信箱：ioz@ioz.ac.cn

网　　址：http://www.ioz.ac.cn

中国科学院动物研究所（以下简称“动物所”）的前身是 1928 年成立的静生生物调查所、1929 年成立的中央研究院动物研究和 1929 年成立的北平研究院动物研究所。中华人民共和国成立后，中国科学院接收上述 3 个研究所和原徐家汇博物馆（创建于 1860 年，1930 年后改称震旦大学博物院）的部分资料、标本和设备，于 1950 年成立了中国科学院昆虫研究室和动物标本整理委员会。二者分别发展为昆虫研究所和动物研究所，1962 年两所合并为现在的动物所。

动物所是以动物科学基础研究为主的社会公益型国家级科研机构。定位于以野生动物和模式动物为研究对象，开展现代动物学研究。服务于人口健康、农业和生物多样性保护等国家重大需求，在细胞编程与重编程的机制、生殖与发育调控、生物灾害爆发机制与控制、物种濒危机制与保护等领域发挥引领作用，在动物分类与进化、农业虫鼠害防控和濒危动物保护中发挥不可替代的作用。动物所“一三五”规划、“创新 2020”及“率先行动”计划落实情况实施总体情况良好，综合创新能力达到国际先进水平。

动物所现有 3 个国家重点实验室、2 个院级重点实验室、2 个国家科技资源共享服务平台和 1 个国家动物博物馆，分别为农业虫害鼠害综合治理研究国家重点实验室、干细胞与生殖生物学国家重点实验室、膜生物学国家重点实验室、动物生态与保护生物学院重点实验室、动物进化与系统学院重点实验室、国家干细胞资源库、国家动物标本资源库和国家动物博物馆。其中，国家干细胞资源库和国家动物标本资源库于 2019 年 6 月 5 日获得科技部和财政部关于国家科技资源共享服务平台批准发布。

动物所拥有亚洲最大的动物标本馆，馆藏各类动物标本 846 万号；拥有总建筑面积 7300 平方米的国家动物博物馆展示馆，含 10 个展厅和 4D 动感电影院；拥有总藏书量 25 万余册及图书资料较为齐全的专业图书馆，形成了科学研究、科学传播与技术支持相结合的完整体系。

干细胞与再生医学创新研究院是中国科学院在生命健康领域的重要布局，成立于 2017 年 7 月，依托于动物所，整合中国科学院院内外的相关优势力量组建，同时承担了与北京、上海、广东共建干细胞与再生领域区域中心的使命。面向国家人口健康和人口安全的重大需求，建立防治重大疾病的新策略，突破临床和产业转化瓶颈，打造有重大国际影响力的干细胞与再生医学研究、应用与转化高地。

截至2019年底，动物所有在编职工429人。其中科技人员237人、科技支撑人员126人。科技人员中包括中国科学院院士3人、发展中国家科学院院士3人、研究员及正高级专业技术人员87人、副研究员及高级技术人员116人。

动物所是1981年国务院学位委员会批准的博士、硕士学位授予权单位之一，现设有生物学、生态学、基础医学一级学科和再生医学交叉学科的学术型博士、硕士研究生培养点，生物医学工程一级学科学术型硕士研究生培养点以及生物工程专业型硕士研究生培养点。2011年，动物学、细胞生物学、发育生物学、生态学4个专业被评为中国科学院重点学科。现有导师137人，其中博导85人、硕导52人；在学研究生711人，其中硕士生276人、博士生435人。此外，在生物学、生态学2个一级学科博士后流动站的在站博士后有106人。

2019年，动物所新增各类科研项目206项，总合同经费2.82亿元。其中，国家自然科学基金委资助项目72项，包括面上项目34项、青年项目18项、重点项目4项、优秀青年科学基金1项、杰出青年科学基金2项、创新研究群体1项、国际合作与交流项目6项、重大项目课题1项、重大研究计划项目4项、专项项目1项，获资助项目直接研究经费7135.5万元；争取国家重点研发项目（课题）9项，总经费1.5亿元；主持从0到1原始创新项目3项，中国科学院科技服务网络计划（STS计划）课题1项，其他项目2项，总合同额1471万元。新增院国际合作项目3项，项目经费150万元。新增横向课题53项，合同额3745万元。

2019年，动物所新增“国际人才计划”项目11项，项目金额246万元，其中“国际杰出学者”3项、“国际访问学者”5项、“国际博士后”3项。作为第一完成单位共发表SCI论文300余篇。

2019年，动物所科研工作取得系列进展。

在干细胞与再生医学研究领域，王红梅、李磊研究团队在体外重现了灵长类动物早期胚胎发育的重要生物学事件；李伟研究团队挖掘获得新的哺乳动物基因组编辑工具（基因编辑新技术Cas12a/Cpf1）；刘光慧研究团队通过靶向编辑单个长寿基因产生了世界上首例遗传增强的人类血管细胞；刘峰研究团队首次阐述了初级纤毛在造血发育中的作用，初级纤毛通过传导Notch信号调控造血干细胞发育，为将来能够体外成功诱导产生造血干细胞提供新的理论依据。

在生物灾害爆发机制与控制方面，康乐研究团队发现群居型和散居型飞蝗体色变化符合三原色调色规律，这种体色适应的进化机制可能在其他昆虫和动物中也存在；张知彬研究团队及合作者揭示了全球鼠疫扩散规律，对于指导当前全球变化加剧下鼠疫发生的预警与防控具有重要的借鉴意义。

在物种濒危机制与保护研究领域，孙悦华研究团队首次揭示认知进化与配偶选择的关系，证实了达尔文理论；魏辅文研究团队利用新理论模型，从进化生态学的角度探讨了关于大熊猫在演化过程中的非常独特的食性特化问题；李明研究团队首次在旧大陆猴中发现了异亲哺乳行为。

在物种进化研究方面，雷富民研究团队研究推测：和已灭绝物种之间发生“幽灵渐渗”的现象可能是自然界很常见但目前却被广泛忽略的一种现象；张勇研究团队通过整合进化基因组和功能基因组数据开发了人类新基因数据库。

统筹科技、临床、产业、资源等创新要素，协调监管伦理、标准、知识产权等因素，发布《人胚胎干细胞》团体标准，启动干细胞治疗视网膜色素变性、卵巢功能不全及中重度宫腔粘连三个干细胞临床研究项目，在临床研究、产业转化、标准规范等方面取得了重要的进展。

魏辅文院士领衔的团队完成的“大熊猫适应性演化与濒危机制研究”获2019年国家自然科学奖二等奖。周琪院士和李伟研究员团队合作项目成果“LincGET不对称表达引发小鼠2-细胞期胚胎细胞的命运选择”入选2019年度中国生命科学十大进展。《中国动物志》配合国家自然科学基金委参加“中华人民共和国成立七十周年展览”，展示几代动物所科学家在摸清我国动物资源家底、为动物资源保护利用奠定基础所做的突出贡献。大力推进国际科技合作工作。

2019 年，动物所申请专利 34 项、授权发明专利 13 项，实现科技成果转化合同总金额 22 724.44 万元，到账金额 5534.43 万元。

2019 年，动物所制定了《动物研究所科技成果转移转化管理办法》、《动物研究所对外投资管理办法》等管理制度，逐步完善促进科技成果转移转化的制度基础。进一步加强成果转化专职化、专业化队伍建设，推进所级成果转化和经营性资产管理平台建设，初步构建成果转移转化体系。积极打造成果转化示范案例，成功转化 M 类细胞制备及 2 个适应症药物开发相关技术，合同总金额 22 000 万元及超额销售额 5% 提成，实现到位金额 4000 万元。围绕“美丽中国，健康中国”战略，推进一批科技成果的应用开发和中试孵化，在研究所内逐步形成成果转化氛围。

2019 年，动物所大力推进国际科技合作工作。由张知彬研究组推荐的尼尔斯·克里斯蒂安·斯坦塞斯（Nils Christian Stenseth）获中华人民共和国国际科学技术合作奖及政府友谊奖，并应邀出席中华人民共和国成立 70 周年庆典。牵头发起“一带一路”动物标本资源与可持续利用联盟，帮助“一带一路”沿线国家建立动物标本资源库，提高有害生物防治水平，支撑外来生物入侵研究和防治，服务国门生物安全。

2019 年，动物所临时因公出国 253 人次，出访数量比 2018 年增加 12.4%。承办中国科学院-美国国家地理学会生物多样性科学国际研讨会。

2019 年，动物所共获批 8766 万元仪器设备类经费，批复立项和金额均名列前茅。完成 6 个修购项目验收（1302.8 万元，涉及 6 个平台，503 台（套）仪器设备），获批 1 项中国科学院装备研制项目（300 万元），为研究所“一三五”重大突破和重点培育方向提供重要的技术支撑。2019 年 1 月 8 日正式运行中国科学院网上采购平台，全年累计线上审核采购申请 958 单，金额 1.13 亿元；发布需求公告 263 单，金额 2989.3 万元；发布成交公告及废标公告 264 单，成交总额 2185.9 万元；线上合同审核 195 个，总金额 1609.9 万元，供应商资质审查 187 家。实现动物所日常仪器设备及试剂耗材采购的全流程信息化管理，从而为科技创新提供了良好的条件保障。

2019 年，北京怀柔生命与健康科学中心项目办公室在中国科学院怀柔科学城专项办和动物所所班子的领导下，牢牢把握建设具有全球影响力的生命与健康科学中心的使命任务，紧扣中心建设主题，积极推动相关工作实施。先后完成和推动第三批交叉研究平台“干细胞创新技术交叉研究平台”项目申报、院市共建“干细胞与再生医学新型研发机构”落地和怀柔生命与健康科学中心科普宣传等工作。

中国昆虫学会、中国动物学会、国际动物学会、中国动物志编辑委员会和中华人民共和国濒危物种科学委员会挂靠在动物所。动物所与学会共同主办 *Insect Science*（SCI 源期刊，英文版）、*Integrative Zoology*（SCI 源期刊，英文版）、*Current Zoology*（SCI 源期刊，英文版）、《昆虫学报》、《动物分类学报》、《动物学杂志》、《昆虫知识》7 种学术刊物。

（撰稿：李 明 吴敬文 审稿：杨俊成）

心理研究所

所 长：傅小兰
地 址：北京市朝阳区林萃路 16 号院
邮政编码：100101
电 话：010-64879520
传 真：010-64872070
电子信箱：webmaster@psych.ac.cn
网 址：http://www.psych.ac.cn

中国科学院心理研究所（以下简称“心理所”）成立于 1951 年，前身是 1929 年成立的中央研究院心理研究所。

心理所的战略定位是：探索人类心智本质，揭示心理和行为的生物学基础与环境影响机制，为促进国民心理健康和推动社会和谐发展提供重要知识基础和科技支撑，成为引领我国心理科学发展并有重要影响力的国际著名研究机构、服务国家科技创新与城镇化发展的心理学科技智库。

2019 年，心理所继续推进“一三五”规划实施和特色研究所建设。以健康中国和平安中国建设中的社会迫切需求和问题为导向，加强多学科交叉和跨领域整合，三个重大突破和五个重点培育方向均进展顺利，在 *PNAS* 等顶尖期刊发文量持续增长。

心理所是中国科学院心理健康重点实验室和中国科学院行为科学重点实验室的依托单位，设有健康与遗传心理学、认知与发展心理学、社会与工程心理学 3 个研究室，与香港中文大学共建生物社会心理学联合实验室。成为中国科学院首批设立的 5 个专业研究支撑中心之一“中国科学院学部心理健康与社会治理研究支撑中心”的依托单位，推进高水平智库建设。

在修购专项经费的支持下，心理所建设了神经环路功能记录及调控平台和无创性脑功能神经调控干预平台，两个支撑平台共购置 6 台设备，总价值 650 万元。两个新建平台有效支撑了“感觉信息整合及其脑机制”和“心理疾患的识别与干预”两个重点领域的科研工作。

心理所信息中心下设图书馆、网络办公室和综合档案室，管理心理所知识产品和档案资料，为满足科研人员文献情报信息需求及全所各项工作的信息化建设提供支撑服务。中国心理学预印本平台已在心理学界产生较大影响，为推动科研成果开放获取做出贡献。

截至 2019 年底，心理所共有在职职工 210 人。其中科技人员 151 人、科技支撑人员 27 人，包括发展中国家科学院院士 2 人、研究员及正高级工程技术人员 47 人、副研究员及高级工程技术人员 87 人。

心理所是 1981 年国务院学位委员会批准的博士、硕士学位授予权单位之一，现设有心理学一级学科博士研究生培养点，心理学一级学科硕士研究生培养点，并设有心理学一级学科博士后流动站；共有在学研究生 367 人（其中硕士生 204 人、博士生 163 人），在站博士后 46 人。

2019 年，心理所共有在研项目 389 项（新增项目 115 项）。其中，承担国家重点研发计划课题 10 项（新增 1 项），承担科技部重大项目 2030 课题 1 项（新增 1 项），承担国家重点基础研究发展计划（973 计划）课题 1 项；主持国家自然科学基金重点项目 2 项、联合基金重点项目 1 项（新增 1 项）、国际合作交流项目 2 项、优秀青年科学基金项目 2 项、面上项目 63 项（新增 9 项）、青年基金项目 20 项（新增 4 项）、国家杰出青年科学基金项目 1 项；主持国家社科基金重大项目 2 项（新增 1 项）、重点项目 2 项；承担中国科学院战略先导科技专项课题 2 项，主持院重点部署项目 3 项（新增 1 项），院科技服务网络计划（STS 计划）项目 1 项；承担院地合作项目 86 项（新增 38 项）。

2019 年，心理所科研工作再创佳绩。发现海马中间神经元在社交记忆中的重要角色，为精神疾病中常见的社交识别障碍提供可能的解释，研究成果发表于 *PNAS*；成立中国科学院心理所抑郁症大数据国际研究中心，并召开第一届抑郁症脑成像国际会议，会议期间发布抑郁症大数据联盟（REST-meta-MDD）共享数据，相关成果发表于 *PNAS*；发现高频 γ 振荡信号能可靠且特异地预测个体疼痛敏感性，研究成果发表于 *PNAS*。发布我国首部《心理健康蓝皮书》，受到国内主流媒体广泛报道、转载和解读，对提升国民心理健康素养、服务国家公共政策制定发挥重要作用。

2019 年，心理所共发表论文 397 篇，其中 SCI/SSCI 论文 270 篇；出版专著 / 译著 7 部；授权专利 13 项，登记软件著作权 14 项，登记作品 10 项。

2019 年，心理所加强基础科研成果产出和转化应用，建立以知识产权为核心的科技成果管理体系，形成知识产权委员会—知识产权办公室—知识产权联络员三级工作体系，知识产权总体质量、知识产权创造与保护意识有很大提升。

2019 年，心理所在成果转化领域，聚焦于与行业领头企业开展合作，将心理学科技成果与通信行业、互联网行业的现代技术结合，为客户提供全方位的心理健康技术服务或开展技术产品研发合作；识别技术合同中的知识产权价值部分，争取知识产权转化收益，技术许可、技术转让合同实现零的突破，以知识产权作价入股的方式参与三家公司的发起；对科普基地进行升级与改造，新增 20 余件心理学科普设施，扩大科普展览展示面积，与中国科技馆共同在全国 11 个省（市）举办心理学科普巡展，取得良好的社会效益。

2019 年，心理所国际合作和学术交流进展顺利。获批中国科学院对外合作重点项目（美国）1 项、国际人才计划国际访问学者项目 1 项、国际组织任职人员出国参加国际会议资助项目 6 项、中国科学院与伊朗科技副总统办公室双边学术研讨会项目 1 项、发展中国家培训班资助 1 项、中国科学院与日本学术振兴会合作研究项目 1 项、中国科学院在华召开会议资助 1 项（亚洲读写年会）。主办第一届北川国际心理论坛；第四届国际人脑发展会议；心理治疗的科研设计国际研讨会，第一届抑郁症脑成像国际会议，脑、健康与老化国际研讨会。接待国际来访 51 人次，组织出访 98 人次。韩布新当选亚洲心理协会候选主席；孙向红当选亚太心理学联盟执行委员。

2019 年，挂靠心理所的中国心理学会主办第二十二届全国心理学学术会议。心理所主办的《心理科学进展》以及与共建单位中国心理学会联合主办的《心理学报》入选 2019 中国最具国际影响力学术期刊。在心理学期刊的国内影响力排行中，《心理学报》排名第一，《心理科学进展》排名第二。心理所主办、与 Wiley 出版社联合出版的我国第一本国际发行、全英文的心理学专业期刊 *Psy Ch Journal*（SSCI）出版 4 期。

（撰稿：黄　端　赵明旭　审稿：陈雪峰）

微生物研究所

副 所 长：钱　韦（法人代表）

地　　址：北京市朝阳区北辰西路 1 号院 3 号

邮政编码：100101

电　　话：010-64807462

传　　真：010-64807468

电子信箱：office@im.ac.cn

网　　址：http://www.im.cas.cn

中国科学院微生物研究所（以下简称“微生物所”）成立于 1958 年 12 月 3 日，其前身是中国科学院应用真菌研究所和中国科学院北京微生物研究室，目前已发展成为一个具有雄厚基础、强大实力和广泛影响的综合性微生物学研究和微生物技术研发机构。

微生物所坚持“微生物、高科技、大产业”的战略定位，面向世界科技前沿，面向国家重大需求，面向国民经济主战场，围绕“生命与健康”和“资源生态环境”创新领域，以微生物资源、微生物技术、病原微生物与免疫为主要研究领域，在研究微生物生物多样性、基本生命特征和生态功能的基础上，努力创建从微生物资源开发、功能改造和利用、生物技术创新到成果转化的自主研发体系，以服务国民经济主战场，服务国家重大需求，创建世界一流的微生物学研究中心和微生物技术研发基地。

微生物所设有微生物资源前期开发国家重点实验室、真菌学国家重点实验室、中国科学院微生物生理与代谢工程重点实验室、植物基因组学国家重点实验室（与中国科学院遗传与发育生物学研究所共建）、中国科学院病原微生物与免疫学重点实验室 5 个重点实验室，另设有技术转移转化中心和微生物资源与大数据中心。同时有依托微生物所建设中国科学院-发展中国家科学院生物技术卓越中心、中国科学院-发展中国家科学院新发突发传染病研究与交流卓越中心和中国科学院流感研究与预警中心。微生物所拥有亚洲最大的馆藏 54 万余号标本的菌物标本馆、国内最大的保藏量 7 万余株菌的中国普通微生物菌种保藏管理中心、数据资源总量超过 300TB 的国家微生物科学数据中心，是我国微生物资源与数据的核心支撑力量。微生物所建有所级公共技术服务中心、生物安全三级实验室、SPF 动物房等技术支撑平台，拥有一个藏书（刊）5 万余册的专业性图书馆。

截至 2019 年底，微生物所共有在职职工 487 人。其中科技人员 335 人、科技支撑人员 97 人，研究员及正高级工程技术人员 77 人、副研究员及高级工程技术人员 152 人。

2019 年，微生物所新增各类国家及中国科学院科研任务 93 项，合同金额 2.06 亿元。其中，科技部项目及课题 12 项，合同总额 8808 万元，国家自然科学基金委项目 64 项，合同总额 5608 万元，中国科学院项目 17 项，合同总额 6205 万元。

承担的重大科研任务包括：科技部国家重点研发计划项目2项，科技资源调查专项2项，中国科学院战略性先导科技专项（A类）子课题1项，中国科学院-广西联合科技服务网络计划项目2项等。

2019年，微生物所通过积极引进新学科带头人，加强学科交叉和合作研究，促进重要成果产出等多措并举，及时完成国家重点实验室整改，整改报告在2019年底获科技部肯定，获得2020年国家重点实验室运行经费支持。

2019年，微生物所大力推进落实“一三五”规划，积极承担国家和中国科学院重大科技任务，促进重大成果产出，同时在积极推动创新研究院规划的落实。在H5N6、H7N9等流感病毒、埃博拉病毒、寨卡病毒、基孔肯雅热、B族肠道病毒、非洲猪瘟病毒、裂谷热病毒等多个方面获得了重要研究进展，成功研发流感病毒多价疫苗、中东呼吸综合征（MERS-CoV）广谱中和抗体、寨卡病毒疫苗，开发重组干扰素抗病毒生物制品。同时，对我国和世界禽流感防控提出专家建议并被采纳。在动、植物病毒入侵与寄主互作机制、效应性Treg细胞分化、生物光伏系统的创建、酿酒酵母进化与分化过程、聚酮类药物产量提升、羟基酪醇生物合成与厌氧菌中次级代谢产物的挖掘等领域做出了重要原创性成果。全年共发表SCI论文388篇，其中发表在*PNAS*、*Nature Communications*，*Nature Biotechnology*等期刊以上的论文共63篇，含*Cell*研究性论文2篇、*Cell*评述性论文1篇；申请专利90项（国内专利89项，PCT专利1项），授权97项(其中国内专利90项，国际专利7项)。

2019年，微生物所签订各项院地企项目170项，项目总额1.22亿元。横向经费到位5517.19万元。500万元以上的重大科技成果6项。获地方及中国科学院科技奖励2项。“青藏高原经济真菌资源研究与评价利用”获西藏自治区科学技术奖一等奖；“马铃薯化肥农业增效技术研发、产业化与精准扶贫团队”获2019年度中国科学院科技促进发展奖。创新生物法生产长链二元酸新技术通过宁夏新日恒力公司实施，建成全球最大的年产5万吨生产线，将于2020年试投产。攻克以赖氨酸为原料生产新型尼龙单体戊二胺的关键核心技术，建立千吨级戊二胺/尼龙56盐生产线并已量产。微生物菌剂技术于广西甘蔗产业示范推广取得良好成效，并设立甘蔗专项STS计划项目。

微生物所积极响应“一带一路”倡议，与乌兹别克斯坦科学院微生物研究所签署共建“微生物资源与生物技术联合实验室”合作备忘录，推进了“中泰微生物技术联合实验室”建设；申请加入中国科学院中亚药物研发中心理事单位；积极参与“一带一路”国际科学组织联盟（ANSO）建设；与东京大学医学研究所签署新一轮的合作备忘录，继续建设中日联合实验室并承办中日免疫学学术论坛。

微生物研究所是1981年国务院学位委员会批准的博士学位授予权单位之一，现设有生物学和基础医学2个一级学科，包括微生物学、遗传学、生物化学与分子生物学、病原生物学和免疫学5个二级学科专业博士、硕士学位研究生培养点，设有生物工程领域专业硕士学位研究生培养点，同时设有生物学和基础医学一级学科下微生物学、遗传学、生物化学与分子生物学、病原生物学和免疫学5个二级学科专业博士后流动站；共有在学研究生544人（其中硕士生230人、博士生314人），在站博士后65人。

目前挂靠微生物所的学术组织有中国微生物学会、中国菌物学会；中国生物工程学会3个国家级学会；微生物所与相关学会共同主持编辑出版的学术刊物有《微生物学报》、《微生物学通报》、《菌物学报》、《生物工程学报》及英文刊物*MYCOLOGY*。

（撰稿：刘黎琼　梁　勇　审稿：杨永峰）

生物物理研究所

所　　长：许瑞明
地　　址：北京市朝阳区大屯路15号
邮政编码：100101
电　　话：010-64889872
传　　真：010-64871293
电子信箱：office@ibp.ac.cn
网　　址：http://www.ibp.cas.cn

中国科学院生物物理研究所（以下简称“生

物物理所”）是国家生命科学基础研究所，创建于 1958 年，其前身是 1957 年建立的北京实验生物学研究所，著名生物学家贝时璋院士任第一任所长，现任所长为许瑞明研究员。

生物物理所 2001 年进入中国科学院“知识创新”工程试点，2005 年被评为中国科学院优秀研究所进入“知识创新”工程三期，2010 年被中国科学院批准首批整体择优进入“创新 2020”。中国科学院党组部署实施“率先行动计划”、启动研究所分类改革后，2015 年第 2 次院长办公会议决定依托生物物理所成立中国科学院生物大分子科教融合卓越创新中心（现为生物大分子卓越创新中心），中心 2018 年通过验收，进入正式运行阶段。

生物物理所的定位是：充分发挥多学科交叉的综合优势，在蛋白质科学、脑与认知科学、感染与免疫、核酸生物学等学科前沿领域实现基础性、前瞻性、战略性突破，加强生命科学领域关键装备的创新研制，实现关键技术和实验方法的重点突破，构建以生物制药和体外诊断为重点的转化型研究体系，在国家创新体系中发挥源头创新和骨干、引领作用。到 2020 年，持续产出重大引领性科研成果，争取进入生命与健康领域国际一流研究所行列。

生物物理所拥有生物大分子、脑与认知科学两个国家重点实验室，感染与免疫、核酸生物学两个中国科学院重点实验室，蛋白质与多肽药物和交叉科学两个研究所重点实验室；以及依托蛋白质与多肽药物实验室建设的北京市生物大分子药物转化工程技术中心和中国科学院纳米酶工程实验室，依托交叉科学实验室建设的北京市生物医学分子检测工程技术研究中心。生物物理所与国外科研机构和高校广泛深入开展协作，合作共建了中日结构病毒学与免疫学联合实验室、中澳脑科学与认知联合实验室等联合单元。

2019 年，生物物理所联合北京大学共建的“十三五”国家重大科技基础设施——多模态跨尺度生物医学成像设施于 6 月在怀柔科学城启动建设；牵头建设的北京市第二批交叉研究平台——脑认知机理与脑机融合交叉研究平台计划 2020 年开工；与中国科学院自动化研究所共建的中国科学院“十三五”科教基础设施——脑认知功能图谱与类脑智能交叉研究平台于 2019 年 12 月在怀柔科学城与北京怀柔综合性国家科学中心其他重点项目一起集中启动。

截至 2019 年底，生物物理所共有在职职工 549 人。其中科技人员 396 人、科技支撑人员 89 人，包括中国科学院院士 7 人、发展中国家科学院院士 4 人、研究员及正高级工程技术人员 89 人、副研究员及高级工程技术人员 144 人。

生物物理所是国务院学位委员会批准的博士、硕士学位授予权单位，现设有生物学、心理学、基础医学 3 个一级学科，生物化学与分子生物学、生物物理学、认知神经科学、神经生物学、细胞生物学、生物信息学、免疫学、再生医学专业 8 个二级学科硕士、博士培养点，生物与医药工程 1 个硕士培养点；共有在学研究生 646 人（其中硕士生 211 人、博士生 435 人）。设有生物学专业一级学科博士后流动站，在站博士后 66 人。

2019 年，生物物理研究所共有在研项目 410 项（包括新增项目 93 项）。基金委资助项目共计 278 项（新增 70 项）。其中，国家自然科学基金重点项目 24 项（新增 5 项）、面上项目 119 项（新增 22 项）、国家杰出青年科学基金项目 7 项（新增 2 项）、国家自然科学基金重大研究计划重点项目 19 项（新增 4 项）、重大课题 3 项（新增 3 项）、国家重大科研仪器研制项目 2 项（新增 1 项）、创新研究群体项目 2 项（新增 2 项）、重大项目新增 1 项、优秀青年科学基金项目 1 项（新增 2 项）、青年科学基金项目 80 项（新增 20 项）、国际合作与交流项目 8 项（新增 5 项）、专项项目 2 项（新增 3 项）、海外等合作研究基金 5 项、应急管理项目 4 项、联合基金项目 2 项。国家部委重大项目包括：973 计划（含国家重大科学研究计划项目）课题 7 项、国家重点研发计划课题 38 项（新增 8 项）。中国科学院项目共计 88 项（新增 15 项）。其中，中国科学院战略性先导科技专项子课题 26 项（新增 2 项）、院前沿科学重点研究计划项目 13 项、重点部署项目课题 6 项（新增 3 项）、院前沿科学研究计划 4 项（新增 4 项）、国家重大科研装备研制项目子项目 1 项、院科研装备研制项目及子项目 7 项（新增 4 项）、功能开发项目 10 项（新增 2 项）、国际合作交流课题 15 项、产业化项目 6 项。

2019 年，生物物理所培育产生了一批重要的原创成果。王艳丽研究组和章新政研究组合作解析了不同状态的 III-A 型 CRISPR-Cas 系统效应复合物 Csm 的结构，系统阐述了 III 型 CRISPR-Cas 系统抵御外源核酸的分子机制，相关研究成果发表于 *Cell*；高光侠研究组发现了宿主抑制病毒蛋白质合成重编码的新机制，为进一步深入研究程序性 -1 位移码的作用机理提供了有效的工具，相关研究成果发表于 *Cell*；饶子和 / 王祥喜研究团队解析了非洲猪瘟病毒颗粒精细三维结构，这既是基础研究领域的重大研究成果，更是基础研究面向国家重大战略需求的成功范例，相关研究成果发表于 *Science*；李国红研究组和朱明昭研究组合作揭示了组蛋白变体 H2A.Z 对 DNA 复制起始的调控机制，相关研究成果发表于 *Nature*。

2019 年，生物物理研究所共发表科学论文 419 篇，其中以第一完成单位或通讯作者单位发表科学论文 113 篇；新申请专利 31 项，其中中国发明专利 27 项、PCT 国际专利 4 项；授权专利 32 项，其中中国发明专利 28 项、实用新型专利 1 项、国外发明专利 3 项。

2019 年，张宏研究员作为第一完成人的项目“多细胞生物细胞自噬分子机制及与神经退行性疾病的关系”获 2019 年国家自然科学奖二等奖。

2019 年，生物物理所新增横向项目 58 项，合同经费 7450 万元，经费到账 4663 万元。生物物理所与苏州工业园区管理委员会共同组建了苏州中心，旨在突破我国生物大分子药物转化中上下游衔接的瓶颈，系统评估科学发现的新靶点及新技术，加速大分子药物的转化和孵化；将脑磁图项目成果作价 1200 万元，入股成立了中科知影（北京）科技有限公司；共计 5 项科研成果以技术转让、许可等形式向企业进行了技术转移；基于研究所“柚皮素和柚皮苷在肿瘤放射治疗中的应用”专利许可，与合作企业共同开发的 1 类创新药 Yps345 片于 4 月获得临床试验许可并获得伦理审批进入 I 期临床试验。

截至 2019 年底，生物物理所持有一级公司股权 6 家，全资资产管理公司北京普赛资产管理有限责任公司持有公司股权 3 家，共实现销售收入 174 471.36 万元，上缴税金 3966.58 万元。

2019 年，生物物理所作为中国生物物理学会的挂靠单位；举办了第一届 ASBMB-BSC 基因组稳定性与表观遗传调控国际会议、中国科学院前沿科学国际战略研讨会、第四届“蛋白质介导的膜塑形与重装”国际学术研讨会、第十七次中国暨国际生物物理大会等 20 个重要学术会议。2019 年，共有 191 人次因公出访，组织接待来访 152 人次。目前，共有 34 名科研人员在 63 个国际期刊中任主编、副主编、编委等职务；24 名科研人员在 23 个国际组织中任委员、理事等职务。

生物物理所是中国生物物理学会、中国认知科学学会的挂靠单位；主要出版物包括《生物物理学报》、《生物化学与生物物理进展》和 *Protein & Cell*，其中《生物化学与生物物理进展》和 *Protein & Cell* 是 SCI 收录期刊。

（撰稿：翟　琪　江欢欢　审稿：杨兴宪）

遗传与发育生物学研究所

所　　长：杨维才
地　　址：北京市朝阳区北辰西路 1 号院 2 号
邮政编码：100101
电　　话：010-64806501
传　　真：010-64806503
电子信箱：office@genetics.ac.cn
网　　址：http://www.genetics.cas.cn

中国科学院遗传与发育生物学研究所（以下简称“遗传发育所”）成立于 2001 年，由原中国科学院遗传研究所（成立于 1959 年）和中国科学院发育生物学研究所（成立于 1980 年）合并建成。2002 年，中国科学院石家庄农业现代化研究所（成立于 1978 年）并入遗传发育所。2003 年，原基因组研究中心整体分离组建为中国科学院北京基因组研究所。

遗传发育所面向我国农业和人口健康的重大战略需求和生命科学前沿，解决遗传与发育生物学领域重大科学和关键技术问题，力争在国家现代农业和人口健康科技创新体系中发挥骨干和引领作用，成为遗传与发育生物学原始创新研究基地、生物高新技术研发基地、优秀人才培养基地和国内外具有重要影响力与核心竞争力的著名研究所。2016 年，遗传发育所制定了“一三五”发展规划，进一步明确了研究所的定位，着力培育基因组结构与调控规律、细胞发育分化分子机理、重要农艺性状分子解析、农业生态可持续发展、前沿学科交叉 5 个重点方向，力争在分子设计育种、渤海粮仓示范工程、组织器官工程三个方面实现重大突破；制定“十三五”发展规划，进一步强化和延伸了以上目标。

遗传发育所下设基因组生物学、分子农业生物学、发育生物学、分子系统生物学和农业资源等 5 个研究中心。拥有现代化植物温室、实验动物中心、昌平生物技术育种基地以及河北栾城农田生态系统国家野外观测试验站、南皮生态试验站、太行山试验站等网络台站支撑系统，拥有植物基因组学国家重点实验室、植物细胞与染色体工程国家重点实验室、分子发育生物学国家重点实验室、中国科学院农业水资源重点实验室、河北省节水农业重点实验室和遗传发育所遗传网络生物学所级重点实验室，是国家植物基因研究中心（北京）的依托单位。遗传发育所联合上海生命科学研究院植物生理生态研究所与英国约翰英纳斯中心共同成立了中国科学院-英国约翰英纳斯中心植物和微生物科学研究中心。

截至 2019 年底，遗传发育所共有在职职工 535 人。其中科技人员 366 人、科技支撑人员 102 人，包括院士 5 人、研究员及正高级工程技术人员 87 人、副研究员及高级工程技术人员 158 人、国家杰出青年科学基金获得者 30 人。

遗传发育所进一步强化人才培养和引进，John Speakman 教授当选中国科学院外籍院士，“国家作物表型组学研究设施创新团队”创新团队入选创新人才推进计划重点领域创新团队，3 人获得国家自然科学基金委优秀青年科学基金资助。

遗传发育所是 1986 年国务院学位委员会批准的博士学位授予单位之一，现有 2 个一级学科生物学和一级学科农业资源与环境博士学位授权点，1 个一级学科作物学硕士学位授权点和 1 个专业学位硕士授权点，并设有一级学科生物学博士后流动站；共有在学研究生 811 人（其中硕士生 240 人、博士生 571 人），留学生 43 人。2019 年获得中国科学院优秀博士学位论文 1 项，中国科学院院长特别奖 2 人，中国科学院优秀导师奖 3 人。

2019 年，遗传发育所争取主持各类项目 / 课题 81 项，其中国家重点研发计划项目课题 6 项、转基因生物新品种重大专项重大课题 2 项、国家自然科学基金项目 62 项（含基金群体 2 项：大脑发育创新群体、小麦基因组互作的遗传与表观遗传学基础）。新增中国科学院项目 11 项，其中 A 类先导专项 1 项，重点部署项目 3 项、课题 1 项。新增合同总经费 26 943 万元。

2019 年，遗传发育所的各项科研工作进展显著。分子设计育种研究取得重大突破性进展，2019 年‘中科发 5 号’示范总面积超过 2 万亩。渤海粮仓科技示范工程项目破解盐碱地改良世界级难题，解决水土资源制约粮食增产核心问题。干细胞联合可注射胶原材料治疗缺血性心脏病临床研究完成一周年随访，是当前世界上第一个可注射材料联合干细胞治疗心脏病的临床研究。

2019 年，遗传发育所共发表 SCI 论文 428 篇，总影响因子 3091.61，平均影响因子超过 7.2，发表 CNS 论文 8 篇（第一 / 通讯作者论文 4 篇），在全国生命科学领域科研机构中名列前列，CNS 类论文 39 篇（第一 / 通讯作者论文 28 篇），在高影响力学术期刊发表第一及通讯作者文章 69 篇；授权专利 57 项，获得软件著作权 1 项；审定（登记）作物新品种 11 项，获得植物新品种权 3 项，当年品种推广面积 543.32 万亩。

2019 年，遗传发育所积极寻求与地方、企业合作，共同提升农业生物技术和重大疾病防治的研发水平，为实现农业工业化、重大疾病诊治做出贡献。内蒙古库伦旗的科技扶贫工作取得实效。中国湖羊产业研究院 / 遗传发育所盐城联合科技创新中心、中科东营分子设计育种研究中心开始运行。与宁夏农科院签约，共建黄河西部罐区水稻新品种示范基地。与天津食品集团签约，共同推进天津小站稻振兴计划。与深圳华大生命科学研究院签署战略合作框架协议，共建细胞与多维态组学联合研究中心。

2019 年，遗传发育所共接待美国、英国、德国等国家来访外宾 70 人次，先后派出科研人员 151 人次到境外参加国际会议、进行合作研究和考察访问。中国科学院-英国约翰英纳斯中心植物和微生物科学联合研究中心（CEPAMS）持续发展，第一个 5 年合作顺利完成，初步建设成一个具有国际化视野、目标卓越的实体化中英联合科研中心。遗传发育所与巴西农业研究公司 Embropa 签署合作备忘录，共同筹建中巴大豆中心，被纳入国家高访成果，并获得中国科学院“一带一路”合作专项支持。与西班牙植物生物技术和基因组中心签署合作协议，共建植物与环境互作研究中心。遗传发育所连续多年组织中日美国家学生交流会，今年继续派遣学生参加，组织开展多种形式的学术论坛，极大活跃了遗传发育所的学术交流氛围，促进了遗传发育所的研究水平和国际影响力的提升。

遗传发育所是中国遗传学会和河北省农业系统工程学会的挂靠单位；负责编辑出版 *Journal of Genetics and Genomics*、《遗传》和《中国生态农业学报》。

（撰稿：张　杨　张颖娇　审稿：申倚敏）

北京基因组研究所（国家生物信息中心）

所　　长：薛勇彪
地　　址：北京市朝阳区北辰西路 1 号院 104 号楼
邮政编码：100101
电　　话：010-84097710
传　　真：010-84097720
电子信箱：office@big.ac.cn
网　　址：http://www.big.cas.cn

中国科学院北京基因组研究所（以下简称“北京基因组所”）于 2003 年 11 月 28 日正式成立。

2019 年 11 月 13 日，中央机构编制委员会批复关于北京基因组所加挂“国家生物信息中心”牌子（中央编办复字〔2019〕167 号）。国家生物信息中心面向我国人口健康、社会可持续发展和信息安全的重大战略需求和科学前沿，承担国家生物信息大数据统一汇交、集中存储、安全管理与开放共享以及前沿交叉研究和转化应用等工作，研究所迈入新的历史发展阶段。发展定位为：面向我国人口健康和社会可持续发展的重大战略需求与生命科学前沿，重点研究基因组结构、变异、功能及其演化规律，加强基因组学与其他学科的交叉融合，发展基因组学的新理论、新方法和新技术，成为基因组学原始创新研究基地、创新人才培养基地和卓越科学中心，为保障人类社会的健康发展做出重大贡献。

截至 2019 年底，北京基因组所共有在职职工 183 人。其中科技人员 127 人、科技支撑人员 29 人，包括研究员及正高级工程技术人员 29 人、副研究员及高级工程技术人员 26 人。

北京基因组所现设有遗传学、基因组学、生物信息学、生物化学及分子生物学、精准医学 5 个专业二级学科学术型硕士研究生和博士研究生培养点，1 个生物工程专业学位硕士研究生培养点，并设有 1 个生物学一级学科博士后流动站；共有在学研究生 263 人（其中硕士生 116 人、博士生 147 人、留学生 5 人），在站博士后 5 人。

2019 年，北京基因组所共有在研项目 188 项（包括新增项目 36 项）。其中，主持（或承担）国家自然科学基金重点项目 2 项、面上项目 34 项、杰出青年科学基金项目 1 项、优秀青年科学基金 2 项，重大项目课题 1 项，重大研究计划培育和集成项目共 4 项；主持或承担国家重点研发计划项目 3 项，重点研发计划课题 12 项，子课题 31 项；承担国家重大科技专项子课题任务 5 项，国家发展改革委促进大数据发展重大工程 1 项；承担中国科学院战略性先导科技专项课题 5 项，子课题 8 项，B 类攻关任务 5 项；承担中国科学院重点部署项目 2 项，重点国际合作项目 1 项，“从 0 到 1”原始创新项目 1 项，前沿科学重点研究计划项目 4 项，卢嘉锡国际团队 2 项，信息化专项项目 1 项；北京市自然科学基金重点专题课题 2 项，北京市科技计划 1 项，青海省科技厅科技成果转化专项 1 项等。

2019 年，北京基因组所各项科研任务有序推进，部分科研目标取得重大突破与进展。人口健康相关的基础和应用研究取得重要进展。第一，揭示人类早期胚胎染色体三维构象建立的关键调节分子。与合作者在国际上首次揭示了人类精子及早期胚胎中染色体三维结构建立的关键调控分子的作用。该研究成果于2019年12月在*Nature*发表。第二，RNA m6A修饰调控树突状细胞抗肿瘤免疫功能的分子机制研究获得进展。与合作者揭示m6A在树突状细胞中的调控机制。该成果为抗肿瘤免疫治疗提供了新靶点，具有潜在临床应用前景。研究成果于2019年2月在*Nature*上发表。第三，生殖发育领域取得重大突破。与合作者在生殖发育领域取得系列重大突破，研发出将试管婴儿出生率翻倍的新技术。应用该技术筛查的78例临床结果显示，试管婴儿的怀孕率和出生率达到约70%，具有巨大的社会效益。第四，白血病低剂量化疗精准医学研究获得进展。与苏州大学附属儿童医院等国内外医院合作，开创性地使用“低剂量化疗新方案”治疗儿童急性髓系白血病。相关精准基因组医学成果在*National Science Review*上发表。启动大规模随机对照多中心临床试验。

2019年6月，科技部、财政部联合公布了依托北京基因组所建设“国家基因组科学数据中心”。汇交来自269个单位720个用户递交的超过1.4PB的组学数据，支持144种国内外期刊的237篇文章的发表。数据库体系已获得国际同行关注与认可。

2019年，北京基因组所共发表SCI论文140篇，篇均影响因子7.7，影响因子大于10的文章41篇，CNS系列文章10篇，其中*Nature*主刊发表研究论文4篇；发明专利授权14项；软件著作权登记17项。

北京基因组所鼓励支持多元素的产学研合作方式，包括技术开发、合作、转让、许可、咨询等多样方式;合作对象包括企业、科研院所、政府等多类型主体。推动基础研究向市场转化，协同创新提升新兴技术的社会效益，及时制定行之有效的转移转化政策，扎实落实奖励政策，推进研究所产学研创新发展。为发挥研究所优势，促进国家经济发展，帮扶地方政府调整产业结构，带动区域产业升级，北京基因组所与衢州市政府合作共建“浙皖闽赣精准基因组医学研究中心”，并于7月在衢州市政府举办的央地合作示范项目集中签约仪式上正式签署。为切实推进中心工作，把合作落到实处，2019年12月北京基因组所同衢州市人民医院签订“浙皖闽赣精准基因组医学研究中心”建设合作协议。为推进国家生物信息中心建设，研究所与华为多次接洽讨论后，达成了初步的合作意向。与公安部物证研究中心就我国物证鉴定面临的技术难点共同开展攻关，已在法医基因组学方向共同开发系列高效分析方法与算法，并在公共安全领域推进应用。

2019年，北京基因组所紧密围绕国家“一带一路”倡议，进一步加强国际交流与合作。全年因公临时出国（境）共计40个团组，出访人员56人次，来访外宾共计57人次。研究所积极承担2019年中国科协国际“一带一路”国际科技组织平台建设项目子课题任务，加入中国科学院中-非联合研究中心，与“一带一路”国际科学组织联盟（ANSO）开展合作，持续建设国际生物多样性与健康大数据联盟。与法国、尼泊尔、巴基斯坦科研机构签订合作备忘录，发展3个新的成员单位；举办中泰灵长类生物多样性与健康研讨会、第四届生命与健康大数据国际研讨会及生命与健康大数据中心国际科学顾问委员会三次国际会议，不断拓展和巩固联盟成员之间的交流合作；先后赴巴西、英国、挪威、肯尼亚开展生物信息与数据共享方面的学术交流，进一步推动和促进全球生物大数据共享，深入提升我国在国际生物大数据研究中的影响力。

《基因组蛋白质组与生物信息学报》(*Genomics，Proteomics & Bioinformatics*，GPB，ISSN 1672-0229，CN 11-4926/Q）于2003年创刊，是由中国科学院主管、北京基因组所/国家生物信息中心与中国遗传学会共同主办的英文学术期刊，由Elsevier金色开放获取出版。刊载来自世界范围内组学、生物信息学及相关领域的优质稿件。现为中国科学引文数据库（CSCD）和中国科技论文与引文数据库（CSTPCD）核心期刊，被SCIE、PubMed / MEDLINE、Scopus等数据库收录。2019年，JCR官方影响因子6.597，保持“基因遗传学”领域前10%；CiteScore期刊影响力榜单，中国科学院文献情报中心期刊分区均位于相应学科领域Q1区；是世界学术期刊学术影响力指数“遗传学与遗传性”领域大陆唯一的Q1期刊。期刊由科技部等7个部门联合实施的“中国科技期刊卓越行动计划”资助（2019—2023）。

（撰稿：潘立颖　周梦菱　审稿：王丽萍）

计算技术研究所

所　　长：孙凝晖
地　　址：北京市海淀区科学院南路 6 号
邮政编码：100190
电　　话：010-62601166
传　　真：010-62562786
电子信箱：zonghechu@ict.ac.cn
网　　址：http://www.ict.ac.cn

中国科学院计算技术研究所（以下简称“计算所”）创建于 1956 年，是中国第一个专门从事计算机科学技术综合性研究的学术机构。计算所研制成功我国第一台通用数字电子计算机，并形成我国高性能计算机的研发基地，我国首枚通用 CPU 芯片也诞生在这里。

计算所“十三五”定位为：建成引领创新型战略高技术研究所，保障国家信息安全，引领产业技术方向，成为中国计算机产业人才与技术的源头。在计算技术学科的计算机系统、网络、智能技术 3 个主要研究领域，开展以体系结构与算法为特色的人才培养、学术研究、技术创新、技术应用与技术转移，率先成为世界一流水平的研究所。

计算所本部从学科方向上布局计算机系统研究部、网络研究部和智能技术研究部 3 个跨领域的研究部。科研机构设有计算机体系结构国家重点实验室、智能信息处理重点实验室、网络数据科学与工程重点实验室、前瞻研究实验室，以及高性能计算机研究中心、微处理器研究中心、高通量计算机研究中心、先进计算机系统研究中心、数据存储技术研究中心、网络技术研究中心、无线通信技术研究中心、专项技术研究中心、计算机应用研究中心、泛在计算系统研究中心、智能处理器研究中心、智能计算机研究中心，共 15 个研究实体。拥有计算机体系结构国家重点实验室、大数据分析系统国家工程实验室、中国科学院智能信息处理重点实验室、中国科学院网络数据科学与技术重点实验室、北京市移动计算与新型终端重点实验室、国家并行计算机工程技术研究中心、计算所科研支撑中心等平台。

科学计算共享平台和云计算平台是服务计算所科研工作的大型计算环境，具有计算节点 207 台，总核数 6980 核，系统峰值浮点运算速度达到 53 万亿次 / 秒，节点之间有 40Gbps、56Gbps 、100Gbps Infiniband 高速网络，提供 1.07PB 的统一存储空间。云平台具有计算节点 40 台，总核数 2608 核，内存总数 6496GB，提供 200TB 的统一存储空间。云计算平台可提供约 1624 个虚拟计算节点。

计算所集成电路研究与设计所级专业实验室提供国内领先的千级洁净度、GJB 级防静电实验环境，具备协同验证、仿真加速、高速信号分析、片内定量分析等关键科研试验能力。实验室拥有 33 台（套）大型专业设备，包括 V93000 SOC 测试系统、示波器、逻辑分析仪、光谱分析仪、网络信号发生器、高性能计算系统、高性能存储系统等。计算所 EDA 公共设计平台是具备集群计算、并行存储、全流程软件的超大规模芯片设计平台，在国内 EDA 平台规模和应用模式上处于领先地位。

截至 2019 年底，计算所共有在职职工 577 人。其中科技人员 490 人、科技支撑人员 47 人，包括中国工程院院士 3 人、研究员及正高级工程技术人员 87 人、副研究员及高级工程技术人员 154 人。

计算所是 1981 年国务院学位委员会批准的首批博士、硕士学位授予权单位之一，现设有计算机科学与技术和网络空间安全 2 个一级学科的硕士、博士研究生培养点，以及电子信息类别工程硕士培养点，并设有全国首批计算机科学与技术一级学科博士后流动站。截至 2019 年底，共有在学研究生 1190 人，其中硕士生 644 人，博士生 546 人（含留学生 5 人），在站博士后 49 人。2019 年有 69 名研究生获得博士学位，174 名研究生获得硕士学位。

2019 年，计算所新增立项项目 312 项。包括科技部、工信部等国家部委项目 45 项，其中国家重点研发计划 37 项，包括项目主持 4 项，课题牵头 12 项，课题参与 21 项、科技部国家重点实验室仪器设备专项 1 项；主持或参与国家自然科学基金35项，其中重点项目1项、联合基金1项、面上项目15项、青年基金13项；科学院项目29项，其中主持或参与中国科学院战略性先导科技专项A类课题1项、C类课题4项、先导预研1项、中国科学院科技服务网络计划（STS计划）项目5项、院双创平台1项、院工程实验室1项、修购专项1项；地方政府项目18项；军工和安全方向项目78项；承担横向项目96项；所创新课题11项。

2019年，计算所在相关领域取得系列成果。芯片研发取得重要进展。①龙芯3A4000流片成功，主频综合性能比龙芯3A3000提高1倍；龙芯宇航级CPU应用到了北斗导航卫星。②寒武纪推出云端AI芯片中文品牌“思元”、第二代云端AI芯片思元270（MLU270）及板卡产品；发布边缘AI系列产品思元220（MLU220）芯片及M.2加速卡产品，实现寒武纪智能芯片在云、边、端全方位、立体式覆盖。③引领国内开源芯片生态发展，成功举办世界互联网大会开源芯片论坛，启动“一生一芯”计划，由中国科学院大学本科生为主设计的开源RISC-V核COOSCA 1.0已投片，搭建面向RISC-V生态的开源芯片敏捷设计与原型验证平台。④工业5G芯片样片成功投片，联合华为牵头成立工业5G技术产业联盟。⑤故障诊断EDA工具被华为采用，有效解决了华为7纳米芯片面临成品率低的困难。与商用工具相比，诊断分辨率提高6倍。⑥超导处理器方面，完成我国首个支持RISC核心指令的超导8-bit bit-serial CPU设计。⑦新型光神经网络芯片被选为集成硅光子中国科学院战略性先导科技专项（B类）的亮点成果。提出了非线性到非线性变化的算法模型，设计了创新的光神经元体系结构，实现了硅光子计算芯片的流片，完成了光子计算机原型系统的搭建。

2019年，计算所在系统研制方面取得重要进展。①曙光7000系统研制成功，实测性能世界领先。②专用智能计算机完成第一期研制，能效突破500TOPs/W，比当前的GPU节点提高10倍。③研制我国首台智能超级计算机，全部采用海光处理器和寒武纪处理器，使横琴智能超算中心的智能算力达到1.16EOPs，是国际同期智能处理能效的最高水平，是中国科学院面向人工智能领域的第一个大型基础科研装置。

2019年，计算所基于高通量计算技术打造的盐城高通量数据中心完成建设“中国信息高铁”第一站——盐城站。信息高铁综合试验场落地南京，将建成国内首个基于自主技术体系构建的体系完备、自主开放的信息基础设施综合试验场。新一代大数据智能分析系统栈研发成功，并成功应用到国家战略需求的多个重要领域，牵引和支撑了23个项目的申请、12个项目验收及交付，得到国家重要业务部门好评。自然语言理解团队解决了序列到序列模型训练和测试时数据分布不一致的科学问题。集成电路团队在国际上首次提出存算一体神经网络的对抗样本在线测试方法，故障检测速度提高10—1000倍。提出DRAM访存的天然噪声方法，实现多核处理器访存时序的轻量级安全防护。编译团队通过稀疏化的方法将现有Android应用分析方法的效率提高一个数量级以上。网络数据团队将图计算性能提升1—4个数量级。新一代交联质谱鉴定搜索引擎pLink 2的成果发表在*Nature Communications*。詹剑锋研究员发起成立了国际标准组织BenchCouncil并担任主席，该组织旨在推动计算机新型负载的定义。内构安全团队提出一种利用CPU硬件虚拟化部件的数据持续随机化技术，能将关键数据安全地隐藏起来，可同时对抗当前无法防御的3种攻击。编译团队针对节点崩溃恢复缺陷开发了CrashTuner，提出系统元信息分析方法来指导崩溃事件的注入测试，在开源Hadoop生态系统中检测到了21处此类严重缺陷。

2019年，计算所计算机视觉团队逐渐凝练，形成两项特色研究成果，即知识概念引导的视觉模型和弱小数据驱动的视觉模型。在“视觉读心术”、“食品计算”方面也形成特色。智能感知与人机交互团队突破了开放域下的用户感知与理解，构建了环境无关的轻量级隐式交互；提升了小样本数据集上的跨域识别精度，实现自适应多模融合感知；在神经退行性和认知障碍疾病的可解释量化理解上实现突破。人体运动仿真团队在三维模型的深度几何表示上，首次提出可表示高质量三维几何细节的深度生成模型SDM-NET。

2019年，计算所作为第一完成单位，互联网视频流的高通量计算理论与方法（张勇东等）获国家自然科学奖二等奖；深度学习处理器体系结构研究集体（陈云霁等）获中国科学院杰出科技成就奖；智能处理器团队获得了军队科学技术奖（前沿创新奖）一等奖；高性能虚拟化与云服务关键技术研发及产业化（赵晓芳等）获北京市科技进步奖二等奖。计算所作为参与单位，高效能异构并行调度关键技术及应用（张云泉）获国家科技进步奖二等奖；高安全低功耗嵌入式系统芯片技术及应用（章隆兵等）获北京市技术发明奖一等奖。

2019 年，计算所共发表科技论文 452 篇，出版专著 1 部。

2019 年，计算所注册创建了苏州、郑州、杭州、济南和厦门 5 个院地合作机构，经费超 7 亿元。与南京麒麟区新签署协议，按照“一所两地”建设占地 300 亩的计算所南京研究院，用于建设“信息高铁”大型综合试验场。分所经过十余年的发展，在产业引领、转型升级和人才聚集方面发挥着不可替代的作用，既是技术转移的平台，也承担计算所本部的科研任务，已形成分所与本部联动，共同发展的机制。

2019 年，计算所有 8 家参股公司进行融资，共计融资 22.29 亿元，销售超百亿元。龙芯中科公司销售收入预计超过 4.7 亿元，盈利预计 1.4 亿元，比 2018 年再翻一番，芯片销售超过 60 万片（含 20 万片桥片）。寒武纪公司目前注册资本 3.6 亿元，已完成 B+ 轮融资。天玑公司 2019 年合同额为 1.22 亿元。

在知识产权方面，计算所加强在人工智能、卫星通信、大数据分析等国家战略新兴产业涉及的技术方向的专利布局；同时，通过许可、转让、拍卖等多种途径，实现知识产权成果向实体企业的转移转化，提高知识产权转化额度，2019 年实现转化现金收入 455 万元，累计实现 3300 万元收入；积极进行海外专利布局，为产业化项目进入海外市场做好 IP 储备，2019 年获得美国专利授权 5 项，获得巴西专利授权 1 项，为转化做好高价值专利的储备工作。

计算所 2019 年度出访 340 人次。其中员工出访为 218 人次，占出访总人数的 64.12%；学生出访为 118 人次，占出访总人数的 34.71%；赴台 4 人次，占 1.17%。

计算所主办的科技期刊有《计算机研究与发展》、《计算机学报》、*Journal of Computer Science and Technology*，承办科技期刊有《计算机辅助设计与图形学学报》。其中，2019 年，《计算机学报》影响因子升至 2.582，在计算机科学技术类中文期刊中排名第一；入选中国科技期刊卓越行动计划；持续获得中国科学院出版基金科技期刊择优支持；参加“庆祝中华人民共和国成立 70 周年精品期刊展”评选并入选，刊物在 2019 北京国际图书博览会上展出；《计算机研究与发展》影响因子也持续上升。

（撰稿：霍志刚　祁　威　审稿：孙凝晖）

软件研究所

所　　长： 赵　琛
地　　址： 北京市海淀区中关村南四街 4 号
邮政编码： 100190
电　　话： 010-62661012
传　　真： 010-62562533
电子信箱： office@iscas.ac.cn
网　　址： http://www.iscas.ac.cn

中国科学院软件研究所（以下简称“软件所”）成立于 1985 年 3 月，前身是中国科学院计算技术研究所的软件研究室；1995 年中国科学院原计算中心计算机应用部分并入软件所；2003 年 1 月，中国科学院软件园区综合管理服务中心整建制划归软件所管理。

软件所定位于计算机科学理论和软件高新技术的研究与发展，为国家信息安全保障、软件产业发展、核心基础设施建设提供理论与关键技术支撑。把握人机物深度融合的信息技术发展趋势，结合以软件定义、云计算、大数据、物联网等为代表的新型计算环境，攻克软件的网络化、智能化、高可信和高性能的重大科学问题，为软件技术创新与可持续发展提供理论指导；突破新型计算环境下的基础软件、高可信软件理论和方法、天基综合信息系统技术等核心关键技术，支撑我国软件技术与产业发展及国防信息化建设；成为软件领域具有国际重要影响力的基础前沿和战略高技术综合创新基地。按照基础前沿研究、战略高技术研究和国防战略高技术研究三大科研创新体系，设有总体部、软件基础研究部、软件高技术研究部、软件应用研究部、软件发展研究部和协同创新中心。以国家级研究机构为龙头，设若干研究中心、实验室或创新小组，主要包括计算机科学国家重点实验室、基础软件国家工程研究中心、天基综合信息系统国家级重点实验室、卫星导航应用国家工程研究中心分中心等。软件所还有若干与国际和国内机构共建的各类联合研究单元。

截至2019年底，软件所共有在职职工705人，其中科技人员628人、管理支撑人员77人，包括中国科学院院士4人、第三世界科学院院士1名，正高级专业技术人员74人、副高级专业技术人员136人。此外，包括国家杰出青年科学基金获得者5人，国家优秀青年科学基金获得者1人。

软件所是国务院学位委员会批准的博士、硕士学位授予权单位之一，现设有计算机科学与技术、软件工程、网络空间安全3个一级学科博士研究生培养点和电子信息专业学位培养点，并设有计算机科学与技术、软件工程2个一级学科博士后科研工作流动站；共有在学研究生519人(其中硕士生290人、博士生229人)，在站博士后14人。

2019年，围绕“十三五”时期的“一三五”规划目标，软件所积极承担国家、院、地方或企业科技任务，建立以需求为牵引、以研究所学科布局为基石的科技创新体系和军民融合科技体系，三个重大突破和五个重点培育方向取得重要进展。

2019年，软件所共有在研项目1053项（包括新增项目266项）。其中，主持国家自然科学基金重点项目4项（新增1项)、面上项目32项（新增1项)、国家杰出青年科学基金项目1项、青年基金项目29项（新增5项)、国际（地区）合作与交流项目4项；主持国家重点研发计划项目5项（新增2项)、课题32项（新增12项)；主持中国科学院战略性先导科技专项课题6项（新增3项)、承担院重点国际合作项目2项（新增1项)、承担院前沿科学重点研究项目4项、承担院基础前沿科学研究计划“从0到1”原始创新项目2项（新增2项)。

2019年，软件所在量子程序设计的理论研究与工程实现取得重大突破，实现国内首个较为完整的量子程序设计平台isQ。该平台包括量子程序设计、编译、模拟、分析与验证等系列工具，其中定理证明器QHLProver实现研究团队提出的量子Hoare逻辑，是目前世界上唯一能够对量子程序是否正确进行验证的平台。2019年12月20日isQ正式发布，得到业界的高度评价和积极反响。软件所参与曙光系列超级计算机研制，完成HPL、HPCG的异构众核并行和优化，并开展整机测试。软件所通过天智一号卫星的系列实验验证了基于软件定义卫星技术的航天系统智能化途径的可行性。软件所深度参与欧拉操作系统社区建设，面向华为鲲鹏 / 昇腾处理器，开发基于欧拉操作系统的发行版EulixOS1.0；启动开源软件可靠供应链“点亮”计划。软件所在国际上率先开展面向RISC-V开源指令集的原生操作系统研发，实现内核、基础库和编译工具链等全栈式优化。此外，软件所响应国家“一带一路”倡议，牵头研制的“澜湄次区域虫媒传染病联防联控平台V1.0”取得应用成效。

2019年，软件所专利受理61件，获得专利授权47件；软件著作权受理78件，登记75件；发表论文465篇，其中SCI 132篇，EI 337篇。2019年度，软件所获得中国电子学会科学技术奖自然科学奖一等奖1项、党政密码科学技术进步奖一等奖1项（排名第3)、云南省科技进步奖一等奖1项（排名第4)、“牛顿奖”中国奖、国际计算机协会“ACM服务奖”和全国保密工作先进集体。

2019年，软件所进一步推动广州、贵阳、青岛等分部建设，不断加强院地合作，促进地方科技水平与经济发展。8月，软件所与南京市麒麟科技创新园开发建设管委会签署合作协议，成立“中国科学院软件研究所南京软件技术研究院”。9月，软件所控股企业中科软科技股份有限公司在上海证券交易所主板挂牌上市，股票代码603927。软件所拥有持股企业11家，2019年投资企业资产总额超过51亿元，营业收入约55亿元，净利润接近4亿元，从业人数逾万人。

2019年，软件所全年出访113人次，来访

81 人次，其中软件所设立的“国际交流学者计划”共资助了 9 名来访学者；成功举办网络空间安全会议——第 22 届网络攻防国际学术会议（RAID2019）；与英国布鲁内尔大学共同组建的“人工智能情感交互国际联合实验室”获得北京市科委 2019 年度国际科技合作专项立项支持；与英国诺森比亚大学联合主办中英青年研究人员双边研讨会。

软件所是中国中文信息学会、中国软件行业协会数学软件分会、中国密码学会密码技术专业委员会、中国电子学会软件定义推进委员会办事机构的挂靠单位；主办《软件学报》、《中文信息学报》、《计算机系统应用》和 *International Journal of Software and Informatics* 等期刊；图书馆藏书 2.1 万余册，期刊 470 余种、4.3 万余册。

（撰稿：杨　柳　殷效蕊　审稿：赵　琛）

半导体研究所

副 所 长：谭平恒（法定代表人）
地　　址：北京市海淀区清华东路甲 35 号
邮政编码：100083
电　　话：010-82304210
传　　真：010-82305052
电子信箱：semi@semi.ac.cn
网　　址：http://www.semi.ac.cn

中国科学院半导体研究所（以下简称“半导体所”）是 1956 年按照国家“十二年科学发展远景规划”中“四项紧急措施”开始筹建的研究所，直接服务于当时的国家重大目标，是集半导体物理、材料、器件研究及其系统集成应用于一体的国家级半导体科学技术综合性研究所，正式成立于 1960 年 9 月。

半导体所定位于半导体科学技术的基础和应用研究，面向世界科技前沿，围绕国际半导体科学前沿的关键科学与技术问题，为我国半导体功能材料、光电子器件及集成技术做出基础性、战略性和前瞻性贡献。主要研究领域包括半导体量子结构前沿物理研究、第三代半导体材料制备及应用技术、半导体光电子器件及集成技术、半导体人工神经网络和特种微电子技术等。

半导体所设有 2 个国家级研究中心，即国家光电子工艺中心、光电子器件国家工程研究中心；3 个国家重点实验室，即半导体超晶格国家重点实验室、集成光电子学国家重点联合实验室、表面物理国家重点实验室（半导体所区）；1 个国际研发基地，即半导体照明国际研发基地；3 个院级实验室（中心），即中国科学院半导体材料科学重点实验室、中国科学院半导体照明研发中心和中国科学院固态光电信息技术实验室。另外，还有半导体集成技术工程研究中心、光电子研究发展中心、高速电路与神经网络实验室、纳米光电子实验室、光电系统实验室、全固态光源实验室、半导体元器件检测中心和半导体能源研究发展中心等。

半导体所 2019 年底资产总额 193 877 万元，拥有全套先进的半导体物理、材料、器件及电路研究、分析测试和制备设备。

截至 2019 年底，半导体所共有在职职工 691 人。其中科技人员 462 人、科技支撑人员 167 人，包括中国科学院院士 7 人、中国工程院院士 2 人、发展中国家科学院院士 1 人、研究员及正高级工程技术人员 123 人、副研究员及高级工程技术人员 132 人。

半导体所是首批国务院学位委员会批准的博士、硕士学位授予权单位之一，现设有物理学、电子科学与技术、材料科学与工程、光学工程 4 个一级学科博士研究生培养点，材料与化工、电子信息 2 个工程硕士专业学位领域，设有物理学、电子科学与技术、材料科学与工程 3 个一级学科博士后流动站；现有在学研究生 731 人（其中硕士生 344 人、博士生 387 人），在站博士后 42 人。

2019 年，半导体所共有在研项目 736 项（包括新增各类纵向项目 121 项）。其中，主持（或承担）国家自然科学基金重点项目 17 项（新增 2 项）、面上项目 107 项（新增 17 项）、国家杰出青年科学基金项目 6 项（新增 3 项）、国家自然科学基金重大研究计划重点项目 7 项（新增 2 项）；主持或承担国家重点研发计划 21 项（新增 5 项），主持或承担国家重点研发计划课题 77 项（新增 11 项），参与国家重点研发计划课题 93 项（新增 10 项）；主持或承担仪器研制项目 11 项（新增 3 项）；主持（或承担）中国科学院战略性先导科技专项课题 18 项(新增 2 项)；主持(或承担)院重点部署项目 23 项(新增 6 项)；承担高技术任务 202 项(新增 60 项)。

2019 年，半导体所围绕研究所“十三五”期间“一三五”规划开展工作，有效调动科研资源，优化组织管理方式，取得系列创新成果。面向世界科技前沿方面：提出“莫尔声子”新概念，在范德瓦尔斯异质结中发现了跨维度电声子耦合效应，为实现二维异质结中的电-声子调控提供了新的可能；发现硅量子线中 Rashba 效应提高 2000 倍，解决了硅自旋电子学器件中 Rashba 效应太弱的关键科学问题；揭示隐藏 Rashba 效应的物理根源，发展了把传统 Rashba 效应和隐藏 Rashba 效应统一在同一个框架的理论，为探索其潜在应用提供了理论基础。面向国家重大需求方面：宇航级窄线宽激光器研制取得重大突破，正样产品获得小批量应用，国内主要总体应用单位均采用半导体所研制的窄线宽激光光源，有力支撑了相干体制的卫星激光通信应用；研制出双色 640×512 的红外探测器组件，噪声等效温差小于 35mK，技术获军方认可，投入约 1 亿元进行后续研发及平台建设。面向国民经济主战场方面：形成自主可控的高光效长寿命半导体照明成套技术，关键指标达国际领先水平，成果应用于“十城万盏”、APEC 峰会、索契冬奥会等重大工程，推动中国实现照明产业转型升级和照明产品的更新换代，“高光效长寿命半导体照明关键技术与产业化”成果获 2019 年度国家科技进步奖一等奖；开发出多项激光精密清洗飞机涂层技术，并在飞机蒙皮的精密清洗中获得应用，还将应用于炭纤维板的修复中；光纤地震计阵列在深圳地铁和京沪高铁监测中得到推广应用；2019 年 7 月搭载中国科学院沈阳自动化研究所水下自主无人航行器在中国南海获得海底微地形地貌及水母二维和三维图像。

2019 年，半导体所发表 SCI 收录文章 553 篇，EI 收录文章 648 篇，CPCI-S 收录文章 62 篇；出版编著 3 部；申请专利 300 项，获得专利授权 123 项。在国家科学技术奖方面，“高光效长寿命半导体照明关键技术与产业化”项目，获国家科学技术进步奖一等奖。该项目突破了半导体照明领域的光效低、寿命短、无标准三大核心瓶颈，形成自主可控的高光效长寿命半导体照明成套技术，实现成果大规模产业化与核心器件国产化，半导体照明芯片市场全球第一。作为参与单位获国家科学技术进步奖一等奖（专用项目）1 项、省部级奖励 1 项。

半导体所高度重视科技成果转移转化工作，通过成果宣传、合作交流、成果对接，联合共建等多种形式持续推进与地方政府和企业的合作，实现多项重大成果的转移转化。成立两家高技术公司：山东华科半导体研究院有限公司注册资本 1 亿元，半导体所获 4000 万元股权和 1000 万元现金；丽水中科先进半导体研究中心有限公司注册资本 1000 万元，半导体所共获 490 万元股权和 1000 万元现金。与地方共建 12 个联合实验室，通过共建的研发平台，实现半导体技术成果在当地的落地转化，促进国家和地区经济发展。签订技术开发合同 53 项；专利转让及许可 29 件；争取院地合作项目 10 项；签订技术服务及销售合同 557 项。全年横向合同经费共计 2.89 亿元，实际到位经费 1.87 亿元。

截至 2019 年底，半导体所共有对外投资公司 12 家，投资总额 8773.18 万元。研究所投资企业全年实现营收近 7 亿元，成为投资所在地创新发展的重要引擎。

2019 年度，半导体所与国际同行之间的科技合作与交流活跃，204 人次出国（境）参加国际学术会议并做报告及长、短期合作研究和访问考察等，56 人次外籍专家学者来所访问考察、学术交流和洽谈合作，邀请 20 位国际知名的半导体领域专家在“黄昆半导体科学技术论坛”上做报告。半导体所与多个国家和地区的科研机构和大学开展了优势互补的科研合作。多项科技部重大国际合作项目获得立项，总经费共计 3196 万元。通过国际人才计划和中国科学院特别交流计划的实施，引进俄罗斯、英国、波兰、巴基斯坦等国的知名外籍专家学者来所进行科研合作，并取得良好成果。

半导体所是中国电子学会半导体与集成技术分会、中国物理学会半导体物理专业委员会挂靠单位；主办有英文刊物 *Journal of Semiconductors*（《半导体学报》）。

（撰稿：慕　东　高　艳　审稿：樊志军）

微电子研究所

所　　长：叶甜春
地　　址：北京市朝阳区北土城西路 3 号
邮政编码：100029
电　　话：010-82995501
传　　真：010-62021601
电子信箱：imecas@ime.ac.cn
网　　址：http://www.ime.cas.cn

中国科学院微电子研究所（以下简称“微电子所”）的前身——原中国科学院 109 厂成立于 1958 年。1986 年，109 厂与中国科学院半导体研究所、计算技术研究所有关研制大规模集成电路部分合并为中国科学院微电子中心。2003 年 9 月，正式更名为中国科学院微电子研究所。

微电子所的战略定位是：中国微电子技术创新的引领者和产业发展的推动者。微电子所是国内微电子领域学科方向布局最完整的综合研究与开发机构，是中国科学院 EDA 中心、中国科学院物联网研究发展中心的依托单位，是国家科技重大专项集成电路装备及工艺前瞻性研发牵头组织单位中国科学院大学，是中国科学院大学微电子学院（国家示范性微电子学院）的依托单位，是中国科学院集成电路创新研究院的筹建依托单位。现拥有 2 个基础研究类中国科学院重点实验室（微电子器件与集成技术重点实验室、硅器件技术重点实验室），5 个行业服务类研发中心（中国科学院 EDA 中心、集成电路先导技术研发中心、系统封装与集成研发中心、中科新芯三维存储器研发中心、光刻总体部），7 个行业应用类研发中心（通信与信息工程研发中心、新能源汽车电子研发中心、健康电子研发中心、智能感知研发中心、智能制造电子研发中心、智能电子系统研发中心、电磁信息智能应用研究中心），4 个核心产品类研发中心（硅器件与集成研发中心、高频高压器件与集成研发中心、微电子仪器设备研发中心、光电研发中心）。

截至 2019 年底，微电子所共有在职职工 1120 人。其中科技人员 746 人、科技支撑人员 281 人，包括中国科学院院士 2 人、发展中国家科学院院士 1 人、国际欧亚科学院院士 1 人、研究员及正高级工程技术人员 135 人、副研究员及高级工程技术人员 319 人。

微电子所是国务院学位委员会批准的博士学位（1996 年 5 月获批）、硕士学位（1990 年 11 月获批）授予权单位之一，现设有电子科学与技术、光学工程 2 个一级学科，其中电子科学与技术下设微电子学与固体电子学（2011 年获批中国科学院重点学科）、电路与系统 2 个二级学科；设有硕士、博士研究生培养点和电子科学与技术一级学科博士后流动站，拥有集成电路工程、电子与通信工程、光学工程 3 个工程硕士培养点。截至 2019 年底，共有在学研究生 1071 名，其中微电子所 619 名（博士生 302 人、硕士生 317 人），微电子学院 452 名，此外在站博士后 28 人。

2019 年，微电子所共有在研项目 418 项（包括新增项目 166 项）。包括，主持（或承担）国家自然科学基金、杰出青年基金、国家重大科技专项、重点研发计划等项目；主持或承担中国科学院科技服务网络计划（STS 计划）项目、先导专项、弘光专项、重点部署项目等。

2019 年，获得省部级奖 4 项。其中，“高电流密度 SiC 电力电子器件关键技术及应用”获 2019 年度北京市科学技术奖二等奖、“物流智能分拣装备系统研发及产业化应用团队”获得 2019 年度中国科学院科技促进发展奖、“中国科学院微电子研究所集成电路核心技术创新团队”获得 2019 年度中国电子学会科学技术奖——中国电子信息科技创新团队、“InP 基毫米波、太赫兹固态电子器件与电路”获得 2019 年度前沿科技创新专项奖二等奖。2019 年共发表论文 422 篇，其中 SCI 论文 239 篇，EI 论文 110 篇，论文总影响因子 830.2697；申请专利 548 项，专利授权 328 项；出版专著 8 部，登记软件著作权 6 项，集成电路设计布图 3 项。

2019 年，微电子所在国际著名刊物上发表的达到国内外先进水平的重大成果或阶段性重大进展的项目及主要贡献如下。①针对 3 纳米及以下节点高性能 / 低功耗的技术挑战，在负电容 FinFET 器件等前沿技术研究上取得重要进展。②与长江存储科技有限责任公司联合技术攻关，研制出 128 层 3D NAND 初样产品芯片。

③研制出处理器与存储器的3D异质集成技术，为未来进行HBM/GPU/HPC等多芯片堆叠集成的产品应用提供技术储备和技术支持。④智能物流分拣系统突破系列核心技术，完成产品安装超250套，累计签订销售合同超15亿元，市场占有率国内领先，完成海外订单2000万美元。⑤基于新型铪基铁电材料、提出了超低功耗的电场可编程二极管，实现了二值神经网络应用；开发了铪基铁电负电容晶体管的紧凑模型，成功嵌入电路仿真软件。⑥与天河超级计算机、华大九天合作解决了EDA工具仿真精确度和计算复杂度问题。⑦研发L4级智能驾驶方案，取得重要进展。⑧研制出高精度脉搏波传感器、多通道脉搏波模拟前端芯片、数字预处理芯片等核心芯片，开发了中医脉诊仪系列样机和舌诊仪。

2019年，微电子所推进集成电路创新研究院建设，建立了运行机制和管理制度；完成了原光电研究院团队与微电子所团队的在项目、资产、知识产权等方面的融合；自主部署项目12项，组织策划了B类先导专项“存算一体基础器件与系统前沿科学”、C类先导专项“集成电路先进制造关键技术”等重大项目；在粤港澳大湾区设立了大湾区集成电路与系统研究院、香港研究院、澳门研究院，建立了中国科学院集成电路创新研究院青岛研发基地。

截至2019年底，微电子所（包括下属平台）以技术转移为主孵化培育企业168家，累计股权作价金额达18.38亿元，微电子所对外投资知识产权共计622项，吸引社会投资69.19亿元，实施股权奖励7980.8万元，企业资产规模达165.51亿元；共建各类联合实验室35个，分所2个，分部2个，院级平台2个，产业研究院3个，创新研究院分院4个，战略合作伙伴50余家，参与管理数支产业风险投资基金。

2019年，微电子所共接待来访34批111人次，因公出访115团组221人次。

2019年，中国科学院EDA中心在完成作为院级芯片设计共性技术服务平台支撑任务的同时，积极探索建立产学研深度融合的创新技术平台，实现从“共性技术服务平台”到“共性技术创新平台”的转变和提升。利用云计算平台开发云上研发的芯片设计功能及相关技术的探索，并与平头哥、紫光云、华为、华大九天等行业龙头企业开展合作，提供EDA云化的相关基础技术；中心发挥自身的技术和资源优势精准服务地方产业：支持鹏城实验室开展计算机技术领域的研发、支持青岛歌尔智能语音交互系统研发、组织召开2019中国集成电路设计大会、推广创新券支持服务京区小微企业。2019年，EDA中心依托高性能计算集群及自研软件管理系统，服务院内十几家会员单位开展从新技术、新器件、工艺到新架构AI芯片研发，支持重大科研项目研究，提供EDA软件License服务，服务主机总数达70台，服务用户数145人次左右，年使用时间296万小时，数据拷贝量>1T；完成服务芯片项目364个，共交付芯片41 500余颗；在为院内20多家用户单位提供各类工具培训、学术交流11场，参加学员300余人次。

2019年，中国科学院物联网研究发展中心在研各类纵向项目11项，发明专利新申请18项，软件著作权授权1项，授权发明专利12项。新增布局数字孪生实验室、核心体系协同创新中心、MEMS产品研发中心及物联网金融应用平台4个研发方向，与江苏省交通厅共同打造“云河工程”智慧航运项目。截至2019年12月，物联网中心累计孵化企业64家，投资金额4.7亿元，在投项目53家，退出11家，在投项目资产总额达38亿元，企业年产值超30亿元。2019年，中科物联组建中科爱思开智能制造基金、专项产业基金。牵头发起设立了注册资本21.1亿元的无锡锡产微芯半导体有限公司，并正式落户无锡高新区。中科微至智能制造公司已成为物流快递行业的高端装备领先者，年收入达8亿元；泽石科技推出国内首款采用64层3DTLC工业级宽温SSD产品，并成功进入小米等龙头用户的产品生态。

微电子所是集成电路产业技术创新联盟秘书处、集成电路测试仪器与装备产业技术创新联盟秘书处、示范性微电子学院产学融合发展联盟秘书处、全国半导体设备与材料标准化技术委员会微光刻分技术委员会秘书处、全国纳米技术标准化技术委员会微纳加工技术工作组秘书处、北京电子学会半导体专业技术委员会制版（光掩模制造）分技术委员会秘书处、全域科研院所科技成果转化联盟秘书处的挂靠单位。

（撰稿：蒋　洁　侯继强　审核：叶甜春）

自动化研究所

所　　长：徐　波
地　　址：北京市海淀区中关村东路 95 号
邮政编码：100190
电　　话：010-82544664
传　　真：010-82544664
电子信箱：casia@ia.ac.cn
网　　址：http://www.ia.cas.cn

中国科学院自动化研究所（以下简称“自动化所”）成立于 1956 年 10 月，是我国最早成立的自动化研究机构和最早开展类脑智能研究的研究机构。自动化所同时是中国科学院率先布局成立的“人工智能创新研究院”的总体牵头单位，“脑科学与智能技术卓越创新中心”的依托单位之一，也是国内首个“人工智能学院”牵头承办单位，具有从智能机理、智能芯片、智能算法到智能系统完整的学科分布和优势领域。

六十多年来，自动化所为我国国民经济建设、社会进步、科技发展和国家安全做出了重要的贡献。建国发展初期，自动化所开拓了我国的控制科学，为“两弹一星”做出了历史性的贡献；改革开放年代，自动化所开创了我国模式识别智能信息处理的新领域；20 世纪 90 年代，自动化所以控制科学为基础，率先布局了人工智能研究；2010 年起，自动化所率先布局类脑智能研究；2018 年，自动化所获批人工智能创新研究院，开启自主进化智能研究的新格局。

自动化所长期坚持“智能科学与技术”研究，在生物特征识别、机器学习、视觉计算、自然语言处理、智能机器人和智能芯片等领域形成了系统的理论方法和体系，并取得丰富的研究成果；形成从原始创新、核心关键技术研发到技术转移转化的智能技术生态，正在迈入国际上智能科学与技术领域具有重要影响的战略高技术研究机构。

自动化所设科研开发部门 14 个，包括模式识别国家重点实验室、复杂系统管理与控制国家重点实验室、国家专用集成电路设计工程技术研究中心、中国科学院分子影像重点实验室、脑网络组研究中心等科研部门。还有若干与国际和社会其他创新单元共建的各类联合实验室和工程中心。

2019 年，自动化所认真开展了“不忘初心、牢记使命”主题教育和巡视整改工作，通过精心组织建国建院 70 周年系列主题活动，弘扬爱国主义精神，培育家国情怀，树立永攀科技创新高峰的信念；推进人工智能创新研究院建设，召开第一次建设指导委员会，在管理架构、体制机制和科研活动组织模式等方面开展新探索并取得实质性进展；牵头的国家“十三五”科教基础设施项目“脑认知功能图谱与类脑智能交叉研究平台”正式启动，即将进入开工建设的新阶段；牵头承建的中国科学院香港人工智能与机器人研究中心获批在港成立为法团，正式启动了办公场地入住和团队组建工作；牵头中国科学院大学人工智能学院建设的智能科学与技术学科获得北京市高精尖学科建设项目支持。

2019 年，自动化所始终围绕“打造新时代智能科学与技术战略科技力量”的使命目标，确立了“自主进化智能”发展方向，形成了从感知、认知到决策智能的系统布局，并产出系列成果。在国家战略需求相关领域，自动化所突破了一批“卡脖子”核心关键技术：创新了低延时感算控一体化设计，研发实感计算架构，在超导量子计算系统中实现了对量子比特的高精度控制、量子态的读取及解析等关键任务，相关成果联合发表在 *Science* 上。在语音、大数据、嵌入式图像分析处理等领域逐渐形成软硬件一体的系统能力，有力支撑国家多个重大工程任务的顺利完成。立足研发软硬协同智能芯片与应用系统，已产出包括高效、低耗的边缘端推理芯片 QNPU、量化算子优化框架 QEngine 及诸葛·深知开放平台等一系列成果并实际应用。搭建透彻感知示范应用以及智能行为评估平台，在安防、司法及国防领域多个典型场所得到应用。开发大范围态势智能感知分析系统，应用于 2019 世园会园区安全运营。

2019 年，在以类脑为核心的基础研究方面成果显著。自动化所设计了新型神经网络学习规则，较好地解决了灾难性遗忘的难题，提出了新型网络架构，实现了灵活的情境化信息处理，相关成果发表在《自然·机器智能》。研发了植入式脑机接口SOC芯片，集信号采集、处理、传输和可控电刺激为一体，无线传输速率达到2Mbps；在此基础上构建了全新的植入式脑机接口系统组网和数据传输方式，未来可应用于神经系统疾病治疗、运动康复、脑科学研究等。研发的生物切片高通量电镜三维影像系统和智能重建分析系统，首次展现了小鼠运动皮层锥体神经元胞体和树突中数百个线粒体的三维形态，有力支撑线粒体解码神经元活动的研究，相关成果发表在*Nature Communications*上。提出一种新的图灵测试方法来测试和验证无人车对复杂交通场景的理解和行驶决策的能力，使其具有在人类专家指导下自动自我升级的认知机制，对构建和测试其他人工智能系统具有重要的启发意义，相关研究结果作为焦点论文发表在《科学·机器人学》上。

2019年，自动化所高端人才建设成效显著。本年度新引进英国伦敦大学国王学院（KCL）机器人领域长聘教职人员等顶尖人才。截至2019年底，自动化所共有在职职工932人。其中科技人员812人，包括中国科学院院士2人、发展中国家科学院院士1人、研究员及正高级工程技术人员114人、副研究员及高级工程技术人员236人；IEEE Fellow 11人（新增2人）。

自动化研究所是1981年国务院学位委员会批准的博士、硕士学位授予权单位之一，现设有控制科学与工程1个一级学科博士研究生培养点，计算机应用技术1个二级学科博士研究生培养点，并设有控制科学与工程1个一级学科博士后流动站；共有在学研究生1014人（其中硕士生497人、博士生517人），在站博士后69人。

2019年，自动化所共有在研项目1793项（新增项目560项），其中，承担973计划、863计划项目2项；承担科技部国家重点研发计划、重大项目（2030）共90项（新增37项）；承担国家、北京市自然科学基金项目444项（新增124项，其中国际（地区）合作与交流项目5项，联合基金项目9项，优秀青年基金项目3项，重大项目1项，重大研究计划3项，重点项目4项）；承担中国科学院项目144项（新增72项，其中院科研仪器设备研制项目2项，院重点部署项目9项，STS计划项目5项）；承担国防公共安全项目153项（新增61项）；承担其他纵向项目256项（新增68项）；承担横向委托项目704项（新增198项）。2019年，自动化所获国家科技进步奖二等奖1项（第三完成单位），共发表科技论文1238篇，被SCI核心期刊收录论文666篇、EI收录695篇。

2019年，按照筹建中国科学院人工智能创新研究院的总体要求和“三重大”的目标导向，自动化所持续优化院地合作与产业化制度体系，通过地方分支机构、联合实验室、离岗创业等创新模式深入推动科技成果转移转化，提高转化效率与示范效应。2019年全所申请专利等知识产权303件（其中PCT专利10件），授权169件（其中PCT专利8件），有效专利共计1428件。技术成果转化收入近2.4亿元，其中知识产权转化45项，合同额4818万元，技术开发合同额19 131万元。

2019年，自动化所按照国家创新战略和中国科学院创新规划要求，对地方共建分支机构进行全面盘整和规范管理，通过机构建设全流程监管进一步明确评价导向和机构产出，以科技创新助力地方经济转型发展，截至年底与地方政府共建区域性新型研发机构17家，协议资助金额超20亿元；其中以“粤港澳大湾区”国家战略为指导，重点布局建设自动化所广州人工智能与先进计算研究院，计划投资3.5亿，规划建成辐射粤港澳大湾区的新型研发机构。

2019年，自动化所联动企业创新发展需求，面向行业开展技术研发与应用落地，与行业龙头企业建立联合实验室，促进人工智能技术在专有行业深耕细作，截至年底共有与企业联合实验室30余个，与华为公司联合成立“华为技术创新中心”，华为3年内投资不少于6000万元用于项目研发、人才培养、创新生态建设等全面合作。同时自动化所持续深化“技术＋团队”离岗创业工作，补充和完善管理细则，为双创工作“疏赌点、补断点”，进一步激发科研人员创业热情。截至2019年底，共61人办理离岗创业手续，孵化26家创新企业，其中12家完成 Pre A 或 A 轮融资，涌现出中科闻歌、中科慧远、中科智加、银河水滴等人工智能细分领域明星企业。

2019 年，自动化所签订 4 个所级对外合作协议，包括与剑桥大学未来智能研究中心共建中英人工智能伦理与治理研究中心、与泰国国家电子和计算机技术中心、澳门大学和澳门科技大学分别签订合作备忘录。自动化所开发的翻译系统对于中国科学院与波音公司续签协议起到了推动作用。

自动化所是中国自动化学会和中国图像图形学学会的挂靠单位；重要出版物有《自动化学报》、《自动化学报》（英文版）（*IEEE/CAA Journal of Automatica Sinica*）、《国际自动化与计算杂志》（*International Journal of Automation and Computing*）。2019 年，《自动化学报》（英文版）入选 SCI。

（撰稿：鲁　宁　宋　琪　审稿：牟克雄）

电工研究所

所　　长：李耀华

地　　址：北京市海淀区中关村北二条 6 号

邮政编码：100190

电　　话：010-82547001

传　　真：010-82547000

电子信箱：office@mail.iee.ac.cn

网　　址：http://www.iee.ac.cn

中国科学院电工研究所（以下简称“电工所”）于 1958 年在中国科学院原长春机械电机研究所部分研究室的基础上筹建，1963 年在北京正式成立。

电工所是一个以发展电气科学与工程为主的国家科研机构，是中国科学院唯一以电气工程为主要学科方向的研究所，也是中国科学院能源领域唯一的特色研究所，在我国能源与电气工程科技领域占有重要地位。

电工所总体定位于电能生产、输配和高效利用与检测领域战略高新技术和电气科学前沿交叉研究，在促进我国能源转型及相关战略性新兴产业的发展等方面起骨干引领和核心支撑作用。主要研究方向为：可再生能源发电、电力设备新技术、电网技术、电力电子与电能变换、超导与新材料应用、生物电磁学与电磁探测等。2019 年，电工所重点协调推动“一三五”规划实施，新增 1 项重大突破，各重大突破和重点培育完成率达 90% 以上，各项工作进展顺利。

电工所设有 6 个实验室，下设 20 个研究部，1 个多学科交叉研究中心；建设有 2 个国家能源研究中心、3 个中国科学院重点实验室、2 个北京市重点实验室、1 个北京市工程实验室、1 个北京市工程技术中心、4 个检测中心（站）、1 个北京市国际科技合作基地。6 个实验室分别是：可再生能源发电技术实验室、电力设备新技术实验室、电力电子与电能变换技术实验室、超导与新材料应用研究实验室、生物电磁学与电磁探测技术实验室和电网技术实验室；2 个国家能源研究中心分别是：国家能源超导电力技术研发中心、国家能源电力电子技术研发中心；3 个中国科学院重点实验室包括：应用超导重点实验室、太阳能热利用及光伏系统重点实验室和电力电子与电气驱动重点实验室；2 个北京市重点实验室包括：太阳能发电技术重点实验室和生物电磁学重点实验室；1 个北京市工程实验室是电驱动系统大功率电力电子器件封装技术北京市工程实验室；1 个北京市工程技术中心是北京市太阳能热发电工程技术研究中心；4 个检测中心（站）包括：中国科学院太阳光伏发电系统和风力发电系统质量检测中心、中国科学院电工所避雷装置安全检测站、中国科学院电工所高频场控功率器件及装置产品质量检验中心和中国科学院电工所太阳能热发电设备检测中心；1 个北京市国际科技合作基地是等离子体科学和能源转化基地。

电工所与地方政府、企业合作共建中国科学院电工所天津先进电气技术研究院等 3 个所级分支机构、3 个联合实验室；与国际研究机构共同成立了 2 个国际联合实验室。

电工所主要控股和参股公司有北京中科电气高技术有限公司、北京科诺伟业科技股份有限公司、北京中科高斯科技有限公司、江苏中科时代电气制造股份有限公司、西藏新能源电力建设项目运营管理有限公司、北京集成电路制版中心、中科华士电气科技南京有限公司、天津中科合源电气技术有限公司。

截至2019年底，电工所共有在职职工467人。其中科技人员422人、科技支撑人员72人，包括中国科学院院士1人、研究员及正高级工程技术人员63人、副研究员及高级工程技术人员125人。

电工所是1981年国务院学位委员会批准的首批博士、硕士学位授予权单位之一，现设有电气工程一级学科博士（硕士）研究生培养点，设有电机与电器、电力系统及其自动化、高电压与绝缘技术、电力电子与电力传动、电工理论与新技术、生物电工、能源与电工的新材料及器件7个专业，设有生物医学工程学术型硕士培养点，还设有能源动力和生物与医药全日制专业学位工程硕士培养点，设有电气工程一级学科博士后流动站；共有在学研究生357人（其中博士生182人、硕士生175人），在站博士后15人。

2019年，电工所共有在研项目583项（新增140项）。其中，主持（或承担）国家自然科学基金项目122项（新增22项，其中国家杰出青年科学基金新增1项、重点项目新增2项）；主持（或承担）国家重点研发计划96项（新增21项，其中牵头项目3项）；主持（或承担）中国科学院战略性先导科技专项课题14项（新增6项）；主持（或承担）中国科学院“弘光专项”项目1项（新增1项）；主持（或承担）中国科学院重点部署项目2项（新增1项）、中国科学院科技服务网络计划（STS计划）项目7项（新增2项）；主持（或承担）国际合作项目17项（新增5项）；承担院地合作项目159项（新增47项）。

2019年，电工所获省部级以上奖励8项。参与完成的“长江三峡枢纽工程”获得国家科学技术进步奖特等奖；参与完成的“车用高性能制动系统关键技术及产业化”获得国家科学技术进步奖二等奖；采用了自主研发的高温内插磁体技术，研制成功中心磁场高达32.35特斯拉（T）的全超导磁体，打破了2017年12月由美国国家强磁场实验室创造的世界纪录（32.0T），该成果将为我国物质科学的基础研究和应用研究提供最先进的强磁场实验条件；历经近10年自主研制的飞轮发电机及控制器实现定型和批量生产，成功应用于某型新型特种车辆，参加2019年国庆70周年阅兵，出色完成保障任务并获得表彰；研制成功时速600千米高速磁浮交通用24MVA ANPC牵引变流器，该牵引变流器采用新型ANPC拓扑，大幅提升变流器功率密度及性能，相同型号功率器件下，变流器容量比既有变流器提升60%，整体技术达到国际领先水平；研制出基于多芯铁基超导线材的高场内插超导线圈，该铁基超导线圈在24T下仍具有较高的载流性能，为性能更高、制作工艺简单的下一代高场超导磁体技术开创了一条可行的新路径，在未来高场核磁共振、聚变堆和高能加速器应用中潜力巨大；在国际上率先研制成功±30kV/1MW集中型和20kV/500kW串联型的两种光伏直流变换器，实现了光伏中压直流并网，提高了系统效率，降低了系统成本，并作为全球研发案例，获得《创新使命智能电网挑战2019年国家报告》收录和“第四届创新使命倡议部长级会议”报道；研制成功40kV/2kA超导直流限流器，这是国际首台完整的超导直流限流器样机，该限流器可在1毫秒内实现高阻抗限流，从而解决柔性直流电网的短路电流超标问题，以该样机为模块可灵活组合成更高电压和更大容量的限流器；开发出一整套在复杂环境和恶劣工况下抑制环境因素干扰的算法，研制成功新型的高温湿度激光传感器，在260℃的高温下测量高达12万ppmV的湿度，解决了化工、环保行业高温高湿下湿度的测量难题，在多家企业得到成功应用；聚焦“一带一路”沿线东南亚地区，深化雷电监测网领域合作，在柬埔寨、斯里兰卡建设了雷电监测网，填补了当地雷电探测的空白。

2019年，电工所共发表论文535篇。其中EI收录274篇，SCI收录226篇；共申请专利233项，其中美国专利3项，PCT 2项，发明专利203项，实用新型专利24项；获得授权专利111项，其中发明专利106项，实用新型专利5项；专项专利授权共4个；全年软件著作权登记22项。专利转让、专利实施许可、技术转让7项。

2019年，电工所持续推进成果转化。组织各种对接活动30余次，接待地方政府及企业组团来访近20次。新签各类横向合同141份，新签合同总金额达7205万元。

2019 年，电工所出访 184 人次，接待来访 91 人次。主办或承办 3 场国际会议，包括 MI IC1“第五届智能电网创新使命深度研讨会”、第 29 届国际光伏科学与工程大会（PVSEC29）及“中丹智慧能源系统研讨会”。共有 24 人次在国际科技机构任职。

电工所是中国可再生能源学会的挂靠单位，中国电工技术学会理事单位，中国电器工业协会会员单位；主办《电工电能新技术》专业学术期刊。

（撰稿：刘素珍　张和平　审稿：李耀华）

工程热物理研究所

所　　长： 朱俊强

地　　址： 北京市海淀区北四环西路 11 号

邮政编码： 100190

电　　话： 010-62554126

传　　真： 010-82543019

电子信箱： iet@iet.cn

网　　址： http://www.iet.cas.cn

中国科学院工程热物理研究所（以下简称“工程热物理所”），其前身是 1956 年 3 月 1 日成立的中国科学院动力研究室，1980 年正式独立建制，启用现名。

工程热物理所主要从事能源、动力和环境领域的应用基础和高技术研究，内容涉及工程热力学、气动热力学、燃烧学、传热传质学、结构与强度、自动控制等学科。2019 年，工程热物理所稳步实施“一三五”规划，围绕化石能的清洁高效利用、先进轻型动力、分布式供能与储能三个重大突破方向以及太阳能热利用、风能利用、工业燃气轮机、超强换热和先进布局无人机五个重点培育方向积极开展各项工作。2019 年 3 月 22 日，中国科学院正式发文《中国科学院关于批准筹建轻型动力创新研究院的通知》（科发函字〔2019〕101 号），批复依托研究所筹建中国科学院轻型动力创新研究院。2019 年 4 月 19 日，创新研究院成立暨第一届理事会第一次会议召开，创新研究院正式进入筹建期，全面启动体制机制改革工作。2019 年 12 月 19 日，创新研究院专家咨询委成立暨 2019 年度总结会召开，专家咨询委成立并颁发了聘书，自主部署项目创新引导基金完成立项评审。2019 年创新研究院各项工作进展顺利。

工程热物理所设有 10 个科技创新单元：国家能源风电叶片研发（实验）中心、能源动力研究中心、轻型动力实验室、循环流化床实验室、分布式供能与可再生能源实验室、储能研发中心、传热传质研究中心、先进燃气轮机实验室、无人飞行器实验室、新技术实验室（筹）；能源有序转化基础科学中心正式挂牌运行；另有 10 余个与地方、企业共建的研发机构与工程中心。

工程热物理所作为项目法人单位研建的国家重大科技基础设施——“高效低碳燃气轮机试验装置”，初步设计方案获得批复，连云港与上海两地相继开工建设。

截至 2019 年底，工程热物理所共有在职职工 512 人，其中科技人员 472 人，包括中国科学院院士 2 人、研究员及正高级工程技术人员 60 人、副研究员及副高级工程技术人员 122 人。

工程热物理所是 2003 年国务院学位委员会批准的博士、硕士学位授予权单位之一，现设有国家动力工程及工程热物理一级学科博士、硕士学位授予权，环境科学与工程一级学科硕士学位授予权，并设有动力工程及工程热物理一级学科博士后流动站，新增航空宇航一级学科博士点；共有在学研究生 293 人（其中硕士生 145 人、博士生 148 人），在站博士后 17 人。

2019 年，工程热物理所共有在研科研项目 379 项（新增项目 98 项）。其中，承担自然科学基金项目 101 项，承担国家重点研发计划项目及课题 32 项，承担先导专项课题 11 项，承担重点部署项目及课题 4 项，承担弘光专项项目 3 项，承担中国科学院科技服务网络计划（STS 计划）项目 5 项，承担院外非民口项目 63 项，主持（国家自然科学基金委和院）重大仪器研制项目 2 项，承担院级仪器设备研制项目 6 项（新增 1 项，验收 1 项），承担财政部修购专项（仪器设备类）6 项（新增 2 项），承担院仪器设备功能开发项目 6 项（新增 2 项，验收 1 项）。承担横向及地方政府项目共 133 项，承担国际合作项目及国际人才计划项目共 14 项。

2019 年，工程热物理所科研工作进展顺利，到位经费超过10亿元，比2019年增长46.41%，再创新高。全年新争取国家重点研发计划等各类科研项目100余项。自主原创的新原理发动机顺利完成前期调试；潜心研发的小型涡扇发动机配装自研无人机参加竞标，顺利完成飞行比测，性能全面达标；自主研发的全国首台千吨级循环床煤气化装置正式交付用户，将引领煤制工业燃气领域的装备升级与技术变革；“和平天使”太阳能无人机模飞机成功完成中高空球载投放试验，验证了球载投放、新型布局等关键技术；10MW超临界压缩空气储能示范工程已经开工建设；载人航天燃烧柜顺利转段；30MW燃气轮机调试顺利。2019年，工程热物理所共提交国家发明专利申请167项、实用新型专利申请65项，外观设计专利申请3项，PCT专利申请3项；授权发明专利104件、实用新型专利88件、外观设计专利2件、国外专利授权6件、软件著作权登记6项；全年SCI收录论文273篇，EI收录论文313篇。2019年，工程热物理所喜获多项奖励。“循环流化床煤气化技术开发及产业化”获中国科学院科技促进发展奖；“高效费比小型涡喷发动机”获军队科学技术奖一等奖；“极端条件下发动机高稳定性分级分区燃烧技术及应用”获山东省科技进步奖一等奖；“暂冲式短周期涡轮试验技术”获军队科学技术奖二等奖。

2019年，工程热物理所与地方政府及企业间的合作保持良好发展态势，全年新签四技合同45项，合同额约4亿元；以知识产权作价入股，新注册成立2家产业化公司，共吸引社会资本1.32亿元。

2019年，工程热物理所国际合作工作得到中国科学院领导的高度重视与肯定。国际大科学计划培育专项“大规模储能技术研发与示范国际合作计划”取得积极进展。依托该项目成立的国际储能联盟，发展100余位专家学者会员，覆盖20多个国家的多家科研院所。本年度组织召开多次国际学术会议和论坛，2019年5月在北京成功召开首届世界储能技术大会，进一步推动国际合作与交流，扩大联盟影响力。2019年度建立了联盟在线系统。2019年10月，顺利通过项目中期绩效评估检查。

2019年，工程热物理所分别与英国华威大学、乌克兰科学院巴顿焊接研究院、琴希托霍瓦工业大学等10余家国际知名高校和研究所签订合作协议备忘录；争取特别交流计划3项。全年研究所派出国（境）60批138人次，吸引国外科学家、学者来所访问、合作考察及合作研究32批48人次。

工程热物理所是中国工程热物理学会的挂靠单位；主办有学术刊物《工程热物理学报》、《热科学学报》（英文版）。

（撰稿：庞　徽　邓鸿翔　审稿：黄从利）

国家空间科学中心

主　　任：王　赤
地　　址：北京市海淀区中关村南二条一号（中关村园区）；
北京市怀柔区杨雁路京密北二街（怀柔园区）
邮政编码：100190（中关村园区）；
101499（怀柔园区）
电　　话：010-62582756
传　　真：010-62576921
电子信箱：kjzx@nssc.ac.cn
网　　址：http://www.nssc.cas.cn

中国科学院国家空间科学中心（以下简称“空间中心”）前身可追溯至1958年成立的中国科学院581组办公室，是我国空间科学及其卫星项目和月球与深空探测的总体性研究机构，负责组织开展空间科学和月球与深空探测发展规划研究，组织实施中国科学院空间科学先导专项，开展空间科学及相关应用领域的创新性科学与技术研究工作。2014年起，空间中心作为依托单位牵头建设“率先行动”计划首批试点的中国科学院空间科学研究院。2015年，经中央机构编制委员会办公室批复，正式更名为中国科学院国家空间科学中心。

空间中心主要研究领域及学科方向包括：空间等离子体物理基础前沿科学问题，空间天气研究及其预报，天基和地基空间环境监测与探测，空间环境特殊效应及其实验技术研究，复杂航天系统综合电子及其信息技术、空间任务的仿真技术，微波遥感技术与相关应用研究。

空间中心承担具有总体性质的任务管理或联合研究职能的机构主要由空间科学规划论证中心、空间科学工程管理中心、国家空间天气科学中心、中国科学院月球与深空探测总体部（院非法人单元）、中国科学院空间环境研究预报中心（院非法人单元）组成。

在全面支撑和带动空间科学和相关技术发展的核心学科和技术领域方面，空间中心建有国家重点实验室1个（空间天气学国家重点实验室），中国科学院重点实验室3个（微波遥感技术院重点实验室、复杂航天系统电子信息技术院重点实验室、空间环境态势感知技术院重点实验室）和北京市重点实验室1个（天基空间环境探测北京市重点实验室），以及6个野外台站（海南探空部/海南空间天气国家野外科学观测研究站、广州宇宙线观测站、廊坊临近空间环境野外站、北京延庆空间物理观测站，以及正在建设中的内蒙古四子王旗北方基地和四川亚丁空间天气科学中心）。

空间中心积极推进空间科学国家实验室建设。2019年11月15日，由空间中心作为依托单位的中国科学院空间科学研究院举行第一届理事会第一次会议。2019年12月19日，空间中心与北京市共建的北京怀柔综合性国家科学中心空间科学实验室揭牌。空间科学实验室是北京加快建设具有全球影响力的科技创新中心，在怀柔科学城落地的首个新型研发机构。

截至2019年底，空间中心共有在职职工743人。其中中心领导6人，总体机构56人，管理人员86人，科研人员494人，支撑人员76人，分支机构5人，公司13人，其他（含派出人员等）7人。有中国科学院院士2人（王赤研究员于2019年11月22日增选为中国科学院院士），中国工程院院士1人，国际宇航科学院（IAA）院士3人，美国电气与电子工程师学会（IEEE）会士1人。研究员及正高级工程技术人员109人、副研究员及高级工程技术人员313人。

空间中心是1981年国务院学位委员会批准的博士、硕士学位授予权单位之一，设有空间物理学、地球与空间探测技术、电磁场与微波技术、计算机应用技术4个学术型博士研究生培养点，飞行器设计等5个学术型硕士及电子信息专业型硕士研究生培养点，空间物理学和电磁场与微波技术二级学科博士后流动站。截至2019年底，空间中心在读研究生423人（其中硕士生217人，博士生206人），在站博士后17人。

空间中心2019年共有在研项目481项，新增325项。其中，主持空间科学先导专项；主持国家重点研发计划项目1项，参加10项；主持或承担国家自然科学基金项目75项（新增16项），其中重点项目3项（新增1项），面上项目46项（新增11项）；主持或承担国家杰出青年科学基金19项（新增3项）；主持或承担国际合作与交流重点项目1项（新增1项），联合基金4项；主持或承担国家重大科研仪器研制项目2项（主持1项，参加1项）。

2019年8月31日，“空间科学（二期）”先导专项首发星——“太极一号”发射升空，实现我国空间引力波探测实验技术验证的重要突破，迈出了我国空间引力波探测的第一步。“空间科学（一期）”先导专项部署的科学卫星“悟空”、“实践十号”、“墨子号”和“慧眼”持续产出宇宙线质子能谱精确测量等重大原创成果。太阳风-磁层相互作用全景成像卫星（SMILE）、先进天基太阳天文台（ASO-S）和爱因斯坦探针（EP）进入初样阶段，引力波暴高能电磁对应体全天监测器（GECAM）进入正样研制。背景型号项目遴选部署和预先研究按计划实施。

2019年1月3日，嫦娥四号在人类历史上首次实现航天器在月球背面软着陆和巡视勘察。嫦娥五号和火星探测任务有效载荷研制、验收、联试工作进展顺利。空间中心作为中国科学院探月总体部依托单位和有效载荷分系统总体发挥了关键核心作用。

2019年7月29日，国家重大科技基础设施——空间环境地基综合监测网项目（子午工程二期）正式启动。子午工程一期持续为国家重大航天任务提供空间天气保障服务。空间中心作为子午工程项目法人单位发挥了龙头作用。

2019年，空间中心作为多个航天工程型号重要有效载荷的承研承制单位，完成了空间站核心舱和实验舱、“海洋二号”C和D星、“风云三号”（03）批、“北斗三号”F9—F12星等型号的百余台（套）有效载荷初样或正样产品的研制或交付。为“天宫二号”再入大气层提供空间环境保障服务。完成了鸿鹄专项青藏高原飞行试验。“海洋二号”B星在轨交付，中法海洋卫星通过在轨测试，空间中心研制的有效载荷指标达到国际领先水平。

空间中心2019年共发表科技论文320篇，其中SCI收录114篇，EI收录74篇；发明专利申请94项，授权59项；软件著作权登记75项。空间中心获得国家级奖项1项，省部级奖项3项，学会奖项1项。

空间中心2019年共有16个科技成果转化项目，完成11家公司注册，2家公司正在准备注册工作，1个项目评估进行中。对外投资公司15家，其中国有全资（控股）2家，国有参股13家。

空间中心2019年出访团组166批次，347人次；来访境外团组66批次，101人次；执行中国科学院国际人才计划1个；主办国际会议（含双边会议）8个。2019年9月4日至5日，空间中心和国际空间科学研究所-北京（ISSI-BJ）共同举办了空间科学（国家）实验室第二届空间科学国际战略论坛。

空间中心是中国空间科学学会、国家空间科学专家委员会办公室、世界空间科学大会（COSPAR）中国委员会、国家空间天气科学中心、全国宇航技术及其应用标准化技术委员会空间环境分委会、国际空间科学研究所北京分部（ISSI-BJ）等全国或国际性空间科学与技术学术机构的挂靠单位。2019年10月26日，空间中心支持中国空间科学学会举办了第一届中国空间科学大会。主办《空间科学学报》。

（撰稿：曹　松　吴洁雨　审稿：王　赤）

自然科学史研究所

所　　长：张柏春
地　　址：北京市海淀区中关村东路55号
邮政编码：100190
电　　话：010-57552515
传　　真：010-57552567
电子信箱：yangxi@ihns.ac.cn
网　　址：http://www.ihns.cas.cn

中国科学院自然科学史研究所（以下简称“科学史所”）是中国科学院所属的少数兼具自然科学与人文社会科学功能的研究实体之一，是中国唯一的国家级多学科和综合性的科技史专门研究机构。其前身中国科学院自然科学史研究室是在郭沫若、竺可桢等老一辈院领导的关怀下于1957年1月1日成立的，1975年升为所级建制。

科学史所定位于研究科学技术的历史、本质和发展规律，认知科学技术与社会、政治、经济、文化等的复杂关系，为国家文化建设做出贡献；研究科技创新规律，认识科技发展大势，为建设中国科学院和国家的科技智库做出独特贡献。增强中国科技史等方向的核心竞争力，开拓西方科技史研究，探索新研究方法，建设国际一流的科技史综合研究机构。

科学史所与德国马普学会科学史研究所、俄罗斯科学院科技史研究所一起，是世界三大科技史综合研究中心，是国际上最大的研究中国科技史及其与世界文明关系的中心。科学史所被称为我国科技史界的“国家队”，在中国科学技术史及相关研究领域拥有长期的学术积累和优势，在若干研究方向做出了国际上最出色的研究，取得了重大突破和标志性成果。

科学史所主要以中国古代科技史、中国近现代科技史、西方科技史以及科技哲学与科技考古等为学科基础，以文化遗产的科技认知研究、中外科技发展比较研究、科技与社会、科学传播、科技发展战略等为交叉和应用领域，形成基本的方向与科研布局。

科学史所现有中国古代科技史研究室、中国近现代科技史研究室和西方科技史研究室3个科研单元。现有中国科学院文化遗产科技认知研究中心（院非法人单元）、中国科学院学部科学文化研究支撑中心、中外科技发展比较研究中心、科技与社会研究中心和科学传播研究中心5个研究中心。

科学史所建设有科技史专业的“李俨图书馆”和中国科技史综合实验室。图书馆收藏了18万册中外文书刊，其中的中文科技史书刊是国内外最丰富的。实验室是开展科技史与科技文物模拟复原实验、数字仿真研究与成果转化等工作的重要平台。科学史所还与中国科技大学合作创建科技史与科技考古系，并积极参与中国科学院“科教融合教育体系”建设。

截至2019年底，科学史所共有在职职工92人。其中科技人员57人、科技支撑人员17人，包括正高级专业技术人员16人、副高级专业技术人员31人。

科学史所设有科学技术史一级学科硕士、博士研究生培养点，科学史、技术史和科学技术哲学3个二级学科硕士和博士研究生培养点，并设有科学技术史一级学科博士后流动站；共有在学研究生56人（其中硕士生26人、博士生30人），在站博士后3人。

2019年是“十三五”任务的攻坚之年，科学史所研究工作围绕“重大突破”与“重点培育方向”展开，全所新增科研项目39项，其中国家自然基金项目3项，国家社科基金项目2项，北京市社科基金项目1项，横向课题5项。科技知识的创造与传播（第二期）项目新增3个子课题，终止2个子课题，目前已有10部著作书稿基本完成。“中华人民共和国科学技术史纲”项目完成逾100万字书稿。“聚智：20世纪中国科学的回顾与前瞻”项目为建设国家高水平科技智库做贡献，完成研究报告一部。与中国科学院发展规划局、院刊编辑部策划院刊专辑《中国科技70年·道路与经验》。

2019年，科学史所五个重点培育方向均有不同程度进展，取得阶段性研究成果。据不完全统计，重点培育方向项目出版著作1部、文集1部，出版科技典籍整理1部、待出版3部。另有4部专著书稿和1部英文论文集已初步完成。《中国大百科全书》第三版科学技术史卷的绝大多数分支已完成撰稿、审稿并提交出版社编撰平台。国家“十一五”重大文化出版工程成果《中华大典·数学典》正式出版发行。“《中国传统工艺全集》修订与续编预研究”项目完成概论卷、家具制作卷和甲胄卷3部专著样稿，复原制作甲胄4副。

2019年，科学史所科研产出保持良好水平。在职科研人员共发表论文和专著章节107篇；出版专著和其他书籍15部；1件发明专利获得国家知识产权局授权。其中，3篇被SCI收录，1篇被EI收录，3篇被SSCI收录，25篇被CSCD/CSSCI收录，3篇被《新华文摘》转载，1篇被文集收录。研究生发表论文11篇，1篇科普文章获中国科普产学研创新联盟首届科普征文大赛一等奖。

《中国科学技术史》和《中国天文学史大系》两套丛书成功入选“新中国70年百种译介图书推荐目录”。《祖冲之科学著作校释》、《中华大典·生物学典》和《中国古代制陶工程技术史》获第七届中华优秀出版物奖，《中国古代重要科技发明创造》、《中国文化遗产丛书》和《中国三十大发明》获第七届中华优秀出版物图书提名奖。《中国古代重要科技发明创造》精装版入选中华人民共和国成立70周年2019年出版百种科技新书。中国机械工程学会授予华觉明研究员第九届“中国铸造终身成就奖”。

2019年，科学史所继续推进国际化，国际合作活跃，国际互访频繁。2019年度出访63人次，来访56人次。与德国、俄罗斯、美国、英国、法国、韩国和蒙古国等国家的16家机构签署合作协议，并与“一带一路”沿线国家展开深合作研究和交流。据不完全统计，科学史所中青年科研人员目前累计国际组织任职有15人次，国际期刊编委以上任职10人次。

科学史所积极与国内同行开展交流与合，成为全国主要史学研究与教学机构联席会议制的首批主要史学研究与教学机构之一。继续与北京大学文博学院共同开展广西、湖南、湖北等地青铜器研究；与中国社会科学院考古所继续开展殷墟熔铜技术合作研究；与内蒙古师范大学、中国气象局气象干部培训学院签署合作备忘录。

科学史所积极参与中国科学院中长期规划战略研究的编制工作，启动中德俄科技体制改革比较研究国际联合研究项目，出版《科技革命与国家现代化研究丛书》（7卷）。中国科学院学部在科学史所设立科学文化研究支撑中心。

2019年，科学史所加大青年科技引才力度，引进青年科技史人员2名，特别研究助理1名，科学史所专业技术人员总数达到74人。陈朴副研究员获得2019年度院科学传播领域小百人计划择优支持。

科学史所主办或合作主办着我国最重要的科技史期刊，包括《自然科学史研究》、*Chinese Annals of History of Science and Technology*（《中国科学技术史》，英文版）、《中国科技史杂志》

和《科学文化评论》。

（撰稿：杨　曦　张宗鹤　审稿：张柏春）

科技战略咨询研究院

院　　长：潘教峰
地　　址：北京市海淀区中关村北一条 15 号
邮政编码：100190
电　　话：010-59358613
传　　真：010-59358608
电子信箱：ysc@casisd.cn
网　　址：http://www.casisd.cn

科技战略咨询研究院（以下简称“战略咨询院”）是在原科技政策与管理科学研究所基础上更名组建的事业法人，2016 年 10 月获中央机构编制委员会办公室批准。

战略咨询院定位是中国科学院学部发挥国家科学技术方面最高咨询机构作用的研究和支撑机构，是中国科学院率先建成国家高水平科技智库的重要载体和综合集成平台，集成中国科学院院内外以及国内外优势力量建设创新研究院。

战略咨询院实行理事会领导下的院长负责制。中国科学院科技智库理事会是中国科学院科技智库建设工作的领导决策机构，行使战略咨询院理事会职能。

按照综合管理、学部支撑、科学研究、交流传播和科教融合 5 个板块，战略咨询院构建了新型智库组织体系。下设科技发展战略研究所、创新发展政策研究所、可持续发展战略研究所、系统分析与管理研究所、科技战略情报研究所5个研究所；设立学部综合研究支撑中心，由学部工作局和战略咨询院共同领导，下设学部咨询研究支撑中心、学部科学规范与伦理研究支撑中心、学部学科研究支撑中心、学部科普与教育研究支撑中心、第三方评估研究支撑中心 5 个分中心和综合协调部；设置重大任务管理集成部，加强与高端智库和决策部门联络、重大课题管理、成果综合集成和对上报送；设置信息网络与传播中心，策划组织智库品牌活动，全方位传播智库成果，提升智库影响力。

战略咨询院设有 6 个中国科学院级研究中心：中国科学院中国创新战略和政策研究中心、中国科学院战略研究中心、中国科学院创新发展研究中心、中国科学院自然与社会交叉科学研究中心、中国科学院管理创新与评估研究中心、中国科学院知识产权研究与培训中心。

截至 2019 年底，战略咨询院共有在职职工 220 人。其中科技人员 181 人、科技支撑人员 15 人，包括特聘研究员 10 人、研究员及正高级工程技术人员 48 人、副研究员及高级工程技术人员 72 人；进入创新岗位 12 人。

战略咨询院现设管理科学与工程、公共管理 2 个专业一级学科博士研究生培养点；科学技术哲学，人口、资源与环境经济学，技术经济及管理，企业管理，情报学 5 个专业二级学科硕士研究生培养点；并设有管理科学与工程专业一级学科博士后流动站。共有在学研究生 157 人（其中硕士生 53 人、博士生 104 人），在站博士后 44 人。

2019 年，战略咨询院以高度的使命感和责任感开展国家高端智库建设试点工作，紧紧围绕服务中央决策的根本宗旨，深入开展科技战略和对策研究，广泛开展国际交流合作，积极推进体制机制创新，在服务宏观决策、引领创新方向、创新理论方法方面成效显著，智库的决策影响力、学术影响力、公众影响力和国际影响力持续提升。战略咨询院代表中国科学院迎接中央对国家高端智库试点 3 年的综合评估，会同中国科学院机关有关部门对照评估指标，逐条总结试点情况形成评估材料，并参加现场质询答辩，以优异成绩完成综合评估有关工作。

2019 年，战略咨询院恪守高端智库定位，围绕国家重大决策需求，积极承担和主动部署各类科研任务。承担近百项国家高端智库理事会部署和党中央、国务院、中央军委有关部门以及中国科学院委托交办的重大研究任务；前瞻部署一批面向科技前沿、引领未来发展的战略研究任务；争取一批服务地方决策需求的咨询项目。

2019 年，战略咨询院形成系列重大成果，产出丰硕。在服务宏观决策方面，高质量完成国家高端智库理事会部署、党中央国务院有关部门交办、中国科学院党组交办部署的重大决策咨询任务。例如，完成国家高端智库重点课题18项，提交高质量决策咨询报告，一些重要观点被写入国家“十四五”规划思路；组织完成学部重大咨询项目，其研究报告对我国科技布局和战略应对产生了重大影响；对科技体制改革进展开展专项评估，形成专项评估报告报送中央；研究发布《国家科学技术奖励制度实施情况分析评估报告》等。

在引领创新方向方面，开展科技发展战略、科技规划的前期研究、科技前瞻、技术预见研究等，发布《2019研究前沿》和《2019研究前沿热度指数》报告；充分发挥平台作用，支撑学部开展学科发展战略、科学规范与伦理以及科普与教育等相关研究；通过承担地方任务开展研究，引领区域创新发展方向。

在基础理论方法研究方面，承担国家科技计划、社科基金等，在管理科学、可持续发展、创新政策、智库理论方法等研究取得一批重要理论成果。战略咨询院“一三五”规划重点培育项目“高端科技智库DIIS方法与理论体系”取得重大突破，出版《智库DIIS理论方法》专著，得到国家高端智库理事会和智库同行高度评价。

2019年，战略咨询院进一步健全合作体系提升国内外影响力。国内网络化节点不断丰富，有覆盖度、体系化的国际合作网络已基本形成，系列化、品牌化国际活动“全球创新论坛”影响力持续提升，深度参与有重要社会影响力的大型会议策划和组织。与国内有关单位共同举办“2020全球湾区工作论坛”、“粤港澳大湾区发展战略研讨会”等；与地方政府和科技管理部门等在科技战略、创新政策、新动能等方面开展研究合作；合作共建的交叉研究机构积极开展科研工作，发挥了应有的积极作用。

截至2019年底，战略咨询院已与国际上近30个著名科研机构、大学形成战略合作伙伴关系，并创建中俄科技与创新合作研究中心、中德联合创新研究中心、中芬科技与创新合作中心三个机制化合作研究机构，发起成立近40家重要研究机构和著名大学参加的中英创新战略和政策研究网络。2019年，联合美国哈佛大学费正清中国研究中心、新加坡国立大学李光耀公共政策学院共同主办“全球创新论坛：第二届中美新论坛”，与澳大利亚新南威尔士大学、自然科研在北京联合举办第二届“中澳科学未来会议”。此外还举办了“第二届中芬论坛”、“第四届中英创新发展论坛”、第一届“中俄创新论坛”等。

2019年，战略咨询院围绕服务国家重大战略需求，提高成果质量，拓展传播渠道，强化智库品牌传播能力，持续推进高端化、精准化科技智库系列品牌建设，文津圆桌品牌、科学研究品牌、科技论坛品牌、智库传播品牌、智库成果品牌协同发展，服务国家宏观决策，引导创新方向，影响社会公众，品牌效应持续显现。科技论坛品牌建设方面，开展各类科技前瞻、科学普及讲座、论坛30余次，举办“高端科技智库大讲堂”3期，面向全球发起创建的“全球创新论坛”在国内外成功举办6场，举办多类型成果发布会，产生广泛社会影响。智库传播品牌建设方面，协助中央电视台拍摄完成八集系列片《创新的力量》；在新华网、《人民日报》、《光明日报》、《科技日报》、《学习时报》、《中国科学报》等主流媒体发表一批理论和政策解读文章。智库成果品牌建设方面，对上报送《科技智库报告》、《科技决策参考》、《科技前沿动态》，水平和质量不断提升；公开发布月度《科技前沿快报》、《科技政策与咨询快报》，年度《中国创新战略与政策研究》、《研究前沿》、《研究前沿热度指数》、《科学发展报告》、《高技术发展报告》等，以及专题报告《中国先进能源2035技术预见》、《国家高新区创新能力评估报告2019》等，影响不断扩大。

（撰稿：邹　丽　杨少春　审稿：刘　清）

信息工程创新研究院

所　　长：孟　丹
地　　址：北京市海淀区闵庄路甲89号
邮政编码：100093
电　　话：010-82546842
传　　真：010-82546890
电子信箱：general@iie.ac.cn
网　　址：http://www.iie.ac.cn

中国科学院信息工程创新研究院（以下简称“信工院”）的前身为中国科学院信息工程研究所（以下简称“信工所”）。信工所于2011

年4月经中央机构编制机构委员会办公室批准成立，是中国科学院直属科研机构。2014年10月10日，经中国科学院院长办公会议批准，以信工所为主体，启动信工院建设工作。2017年10月27日，中国科学院在北京组织召开信工院建设工作验收会，验收专家组认为信工院面向国家战略需求，定位准确，领域方向布局合理、全面完成筹建期目标。2017年12月21日，中国科学院第13次院长办公会确定信工院验收结果为优秀。自此，信工院进入正式运行阶段。

信工院按照“软硬兼修，矛盾兼容，开合有法，张弛有度”的办院方针，秉承“打造一流平台，集聚一流人才，支撑国家需求，引领学科发展，努力成为国家在信息工程领域的战略科技力量”的组织目标，在信息安全科技领域，开展基础理论与前沿技术研究，开发应用性技术与系统，为国家信息化进程提供核心关键技术支撑与系统解决方案。

信工院的研究方向主要包括：密码理论与安全协议、信息智能处理、大数据安全、通信与电磁技术、网络与系统技术、网络系统评测等。

信工院拥有信息安全国家重点实验室、信息内容安全技术国家工程实验室、信息安全共性技术国家工程研究中心和中国科学院数据与通信保护研究教育中心等一批国家级和省部级的科研创新平台。

信工院始终坚持面向国家战略需求，在国家重大科技任务策划争取、重大成果产出、体制机制改革、人才队伍建设等方面取得突破性进展。2019年，信工院“十三五”时期“一三五”规划的重大突破和重点培育方向任务推进有序、成果显著、总体进展良好。

截至2019年底，信工院共有在职职工826人，其中科技人员721人、科技支撑人员34人，科技管理人员71人；研究员及正高级工程技术人员68人，副研究员及高级工程技术人员151人。

信工院是2011年国务院学位委员会批准的博士、硕士学位授予单位之一，现设有计算机科学与技术、信息与通信工程、网络空间安全3个专业一级学科博士研究生培养点，计算机技术、软件工程2个专业硕士研究生培养点，并设有计算机科学与技术、网络空间安全2个专业一级学科博士后流动站；共有在学研究生1389人（硕士生718人、博士生671人），在站博士后14人。

2019年，信工院共有在研项目1032项（新增414项）。主持（或承担）国家重大专项项目3项（新增1项），重点研发计划牵头项目14项（新增5项），承担重点研发计划课题173项（新增54项）；主持国家自然科学基金项目78项（新增19项）；主持中国科学院战略性先导科技专项1项（新增1项）；承担北京市自然科学基金杰出青年科学基金项目1项；承担国家其他部门科研专项232项（新增115项）及地方其他横向项目530项（新增219项）。

2019年，信工院建立了多维度贡献导向的科研分类评价体系。在科研成果认定上，建立了包括论文、技术标准、专利软著、成果转化、课程、著作、战略研究报告、学术技术竞赛等15个维度科研成果评价体系，对从事基础研究、应用基础研究、技术研发、工程应用、一线支持、运维保障等不同岗位科技人员的贡献实行差异化分类评价，体现不同类型贡献的价值。在项目贡献认定上，强调项目贡献“名实相符”。在跨部门、跨团队协作的重大任务中，顶层项目级可以设置多名负责人，不同团队派往重大任务的项目级领衔专家，拥有同样等级的“项目负责人”贡献；青年科技人员名下即使没有独立项目或课题，只要有突出贡献，被认定为项目实施层面的“核心骨干”，视同相应等级的“负责人”贡献。在科研分类评价体系指导下，切实消除了科技人员团队作战贡献认定的障碍，形成了信工院上百人全身心投入重大项目攻关的局面，有力支持了信工院大科研模式的实施。

2019年，信工院申报知识产权326项，授权发明专利175项，软件著作权登记39件，出版专著3部。以信工院为第一署名单位发表的论文共计333篇，其中期刊论文55篇，会议论文278篇。以信工院为第一完成单位获得省部级一等奖2项，二等奖1项，三等奖1项；以信工院为第二完成单位获得省部级二等奖1项；以信工院为第三完成单位获得省部级二等奖1项。

2019年，信工院因公出访团组155项，213

人次；邀请来访团组 29 项，44 人次。2019 年，举办第五届网络空间安全 workshop，参会总人数超过 300 人，与会专家纷纷表示网络空间安全 workshop 对拓展青年科研骨干国际视野、推动未来科技人才成长起到了积极的作用。

2019 年，信工院科技成果转移转化工作步入快车道，完成了资产管理公司、基金管理公司、项目公司“三位一体”支撑体系建设，初步形成科技成果落地市场价值、市场价值反哺科技创新的自循环造血机制。目前，信工院资产管理公司已实现独立运营，基金管理公司已提交管理备案登记，首个项目公司注册成立。信工院实现了科技成果转让、许可、作价投资三种转化方式的全覆盖，全年推动 9 项科技成果进入转化流程，预计实现收入 6000 万元。

为进一步落实“放、管、服”，信工院优化科技成果转移转化业务：简化了转化审批流程，将流程用时平均缩减 50% 以上；提供收益个税方案等，切实为科技人员提供优质服务；增加技术侵权、低价处置等方面的风险防控措施，实现国有资产的有效监管。

2019 年，信工院共投资一级企业 4 家，包括 1 家全资子公司—中科信工创新技术（北京）有限公司，3 家参股公司：深圳市金城保密技术有限公司、北京华安保信息技术有限公司、中科信息安全共性技术国家工程研究中心有限公司，全年实现投资收益 83.42 万元。

2019 年，信工院主办刊物《信息安全学报》被中国计算机学会推荐为中文科技期刊-B 类（非常优秀期刊）。据知网期刊 2019 年计量指标统计，学科排序为 4/140，期刊综合 JIF 影响因子为 2.163。《信息安全学报》成为网络空间安全领域国内领先期刊。

信工院通过邀稿等多种方式，主动策划，稿件质量及影响力取得重大进展。2019 年，主办刊物 *Cybersecurity* 稿件来源 27 个国家 50 多家科研机构，海外稿件占比 82.2%。在办刊不到两年的时间，稿件下载量近 6 万，篇均下载量近 2000 次，与德国安全类学术期刊 *International Journal of Information Security*（2001 年创刊，SCI 期刊）相比，均篇下载量高出约 2 倍。

（撰稿：薛晓芸　高继承　审稿：吕连清）

空间应用工程与技术中心

主　　任： 高　铭
地　　址： 北京市海淀区邓庄南路 9 号
邮政编码： 100094
电　　话： 010-82178817
传　　真： 010-82703630
电子信箱： csu@csu.ac.cn
网　　址： http://www.csu.cas.cn

1992 年 9 月，中央决策实施载人航天工程，中国科学院作为载人航天工程三大发起部门之一牵头负责空间应用系统。1993 年中国科学院党组研究决定组建中国科学院空间科学与应用总体部（以下简称“总体部”），负责空间应用系统组织管理及总体技术研究。2010 年 11 月，中国科学院党组决定在总体部的基础上成立中国科学院空间应用工程与技术中心。2012 年 8 月，中国科学院空间应用工程与技术中心（以下简称“空间应用中心”）独立法人资格获批。2013 年 1 月中心正式独立运行。

2018 年底，中央军委装备发展部与中国科学院联合成立中国载人航天工程运行与管理支持中心（以下简称“工程支持中心”）。工程支持中心充分发挥中国科学院国家战略科技力量，进一步落实军民融合国家战略，加强对载人航天工程办公室的技术与管理支撑。工程支持中心依托空间应用中心，具体负责载人航天工程应用任务规划、技术抓总、应用成果管理及推广、空间科学与技术研究、科普公益、国际合作和运营管理规划计划等方面的支撑工作。

空间应用中心是载人航天工程空间应用系统的总体单位，代表中国科学院牵头负责载人航天等重大工程空间应用系统方面的总体管理和技术集成，建设目标是建设国内一流、国际著名的空间总体机构。

为不断论证、凝练载人航天应用项目，发展支持技术，探索国家太空实验室管理模式，空间应用中心建立了“太空应用院重点实验室”，以空间站应用任务为牵引，链接院内空间科学和应用资源，搭建起学科交叉平台、技术集成平台、集群创新平台、人才交流平台、资源共享平台，以更好地实现空间站任务目标，推动载人航天应用的发展。

为充分发挥中国科学院在先进材料、精密制造工艺、装备研发和系统集成等的综合优势，空间应用中心牵头组织中国科学院优势力量，建立了“太空制造技术院重点实验室”，系统开展太空智能制造应用模式、太空环境下的材料形成机理、太空制造装备技术和资源就位利用技术等研究，以支持实现太空智能制造关键技术的重大突破，抢占国际战略制高点。同时，空间应用中心与国内外相关研究机构及企业发挥“优势互补”的原则下，合作共建多个联合实验室，联合推进高水平基础研究和高技术研究。

为满足工程任务预研攻关、研制建设和集智创新的需要，同时为任务提供共性或通用化技术支持支撑，空间应用中心设立了系统总体研究室、集成技术中心、有效载荷运控中心、电子信息技术研究室、电磁弹射技术研究室、太空智能制造技术研究室、空间探索研究室、仿真技术研究室、工程数据中心、应用发展中心、软件评测中心、可靠性保障中心等10余个科研及任务支撑部门。

截至2019年底，空间应用中心共有在职职工达343人，包括中国科学院院士1人，国际宇航科学院通讯院士1人。

空间应用中心是国务院学位委员会批准的博士、硕士学位授予权单位之一，设有计算机应用技术、信号与信息处理、材料学、管理科学与工程4个博士研究生培养点，设有计算机应用技术、信号与信息处理、飞行器设计、材料学、管理科学与工程5个硕士研究生培养点，设有计算机技术、电子与通信工程2个工程硕士专业学位培养点，共有在学研究生173人。

2019年，空间应用中心以“三重大”成果产出为导向，奋力拼搏、攻坚克难，扎实推进空间站建造阶段应用任务实施，其中核心舱任务通过了初样研制总结评审，转入正样研制阶段；实验舱Ⅰ、Ⅱ任务通过了方案研制总结评审，转入初样研制阶段；多功能光学设施通过了方案研制总结评审，转入初样研制阶段；地面支持系统通过了总体方案院级评审。

2019年，空间应用中心深入开展空间站运营期等任务实施方案论证，持续培育国家级太空实验室；瞄准未来发展，持续开展战略研究，论证培育新的重大任务；前瞻部署太空智能制造技术、全光信息网络技术、智能仿真及大数据等核心关键技术攻关，引领和支撑中心可持续发展。空间应用中心的成熟技术通过多种方式输出或转化，在主战场发挥作用，获得一定经济效益。

为落实军民融合国家战略，充分发挥中国科学院国家战略科技力量作用，为载人航天工程总体提供全面支撑，2019年载人航天工程运营与管理支持中心挂牌启动运行，按照“界面清晰、资源集约、公开公正”的支持原则，全面开展支持中心建设工作。在空间站运营阶段任务规划、空间站四个应用领域任务抓总、空间站任务地面支持能力建设以及空间站国际合作项目等方面为工程总体提供了有力支撑。

空间应用中心重视科研成果转化与对外投资等产业化工作，着眼于国民经济需求与研究所发展方向，以国有资产保值增值为目标，以中心科研发展与学科建设需要为指导，充分论证思考，对产业化工作进行整体布局。科技发展方向上，构建以空间应用技术为发展主线，以航天周边技术为着眼点，以产业投资基金为推动力的产业化体系，进一步促进航天技术推广应用。对外投资主体结构方面，以全资资产管理公司为投资主体，逐步建立起一级企业着力投资孵化、二级企业实现产业规模化、投资公司提供金融支持、各级企业协同发展的良好投资结构。

2019年，空间应用中心不断强化与欧洲等空间机构间的战略合作关系，在合作研究、学术交流、平台建设等方面继续夯实已有合作基础。与欧空局10项合作项目获得欧空局和载人航天工程办公室立项支持；成为国际大科学计划首批启动论证的6个领域中空间天文领域组组长单位，组织国内相关单位开展战略论证报告编写。

（撰写：杨 吉 审核：孔 健）

北京综合研究中心

主　　任：姜晓明
地　　址：北京市怀柔区雁栖东二路 5 号
邮政编码：101407
电　　话：010-56535412
传　　真：010-56535412
电子信箱：basic@basic.cas.cn
网　　址：http://www.basic.cas.cn

中国科学院北京综合研究中心（以下简称“北京综合中心”）筹建于 2011 年 10 月 9 日，旨在推动落实 2009 年 6 月和 2011 年 3 月中国科学院与北京市政府达成的共建“中国科学院北京怀柔科教产业园”和“北京综合研究中心”的合作协议。2012 年 7 月 26 日，中央机构编制委员会正式批准成立中国科学院北京综合研究中心。2016 年 9 月院市进一步深化合作，共建北京全国创新中心，达成新的院市共建怀柔科学城合作协议。2017 年 11 月，北京综合中心顺利通过中国科学院党组筹建验收。

北京综合中心作为中国科学院与北京市共建的怀柔综合性国家科学中心暨怀柔科学城的支撑保障服务机构，主要负责国家重大科技基础设施及院市共建交叉研究平台的规划建设；物质科学、空间科学、地球科学、大气环境科学、生命与健康科学、信息与智能科学等六个科学中心在怀柔科学城的规划落实；中国科学院京区研究所在怀柔科学城相关工作拓展的综合服务。

截至 2019 年底，北京综合中心共有在职职工 59 人。其中研究员及正高级工程技术人员 3 人、副研究员及高级工程技术人员 6 人。

2019 年，北京综合中心积极参与规划编制，夯实百年科学城发展基础。在北京怀柔综合性国家科学中心理事会的领导下，围绕怀柔科学城的发展定位，结合国内外科学形势发展，组织召开怀柔国家科学中心规划工作研讨会，推动院内形成广泛共识，进一步完善了怀柔综合性国家科学中心科学规划，并积极对接北京市，推动院市科学规划有效衔接，为中国科学院创新资源更好地布局怀柔，取得更大发展空间打下基础。组织对“十四五”拟落地怀柔的重大项目进行了评审，联合遴选出第三批院市交叉研究平台重点项目清单，明确了一批未来拟在怀柔科学城落地建设的重大项目清单。积极配合北京市扎实推进科学城城市专项规划。

2019 年，北京综合中心充分利用院内外相关工作机制，加强院市联合调度，积极推动在怀建设和拟落地项目取得突破性进展。综合极端条件项目已基本完成土建施工，地球系统数值模拟装置项目已完成全部结构施工，首批 5 个院市共建交叉研究平台土建工程基本完工，安装调试工作已全面启动；高能同步辐射光源、多模态跨尺度生物医学成像设施、空间环境地基综合监测网（子午工程二期）均按年度计划实现开工，在怀柔科学城布局的 5 个国家重大科技基础设施项目，全部如期实现开工，得到国家发展改革委和院市领导的充分肯定；牵头负责推动的中国科学院“十三五”科教基础设施怀柔包 11 个平台项目，顺利得到国家发展改革委正式批复，完成所有开工和概算审批手续，具备开工条件；第二批院市共建的 5 个交叉研究平台中，4 个项目都于 2019 年底前开工。由北京综合中心承担的支撑保障条件平台项目顺利通过国家发展改革委评审，得到正式批复，并完成前期报批手续，于 12 月 28 日完成施工登记意见函办理，使支撑保障条件平台项目具备开工条件。

2019 年，北京综合中心深入实施中心“一三五”规划，和北京市科委联合推动物质科学实验室课题培育，取得初步的科研成果，有力地推动了科学中心科研事业发展。顺利完成北京市科委支持的 7 个培育课题的研究工作，4 个课题顺利通过北京市科委组织的验收，顺利结题。7 个课题团队成果丰硕，在各类国际重量级学术期刊上发表论文 30 余篇。同时，2019 年申报的第二批培育课题，顺利通过了北京市科委的评审，得到支持经费 1500 万元。

2019 年，北京综合中心汞污染防治工程技术中心建设取得重大进展，顺利通过验收，正式挂牌成立。汞中心承建的在研科研项目进展顺利，完成了 2014 年国家自然科学基金面上项目“低温等离子体协同处理含汞废气”和“二噁英及活性剂增效机制”（挂靠中国科学院高能物理研究所）的验收工作；新申请发明专利 1 项，获得实用新型专利 1 项；发表及录用论文 11 篇；发布标准 2 项，新牵头编写标准 2 项；《区域性危险废物集中处置设施环境风险控制技术及应用示范》项目获得2019年环境技术进步奖二等奖。由汞中心承担的低温等离子体耦合技术集成及工程化应用项目，成功研制出百纳秒级功率脉冲低温等离子体核心电源，填补了国际空白。

2019年，北京综合中心努力推动科技成果转化，主动服务地方经济社会发展，全力推动建立怀柔科学城成果转化工作机制和服务体系。截至2019年12月，中国科学院各研究所在怀柔科学城注册成立企业达70家，注册资本合计18亿元。配合市科委落实好怀柔科学城科技创新培育专项，怀柔科学城专项2018—2019累计支持中国科学院成果转化项目43项，累计支持财政经费1.9亿元，其中，2019年新立项13项，支持财政经费6392万元。已在怀成立成果转化公司14家，注册资本8600万元。共申请专利31项，研制相关设备或产品样机13台（套），完成设备或产品样机方案设计18台（套）。联合怀柔科学城公司，推动怀柔科学城产业化基金项目工作，为建立科学城产业化项目市场化投资机制进行了有益的探索。共征集到76项中国科学院产业化项目作为基金投资项目储备。积极推进与有关地方和行业的怀柔科学城科技产业合作，互联网域名系统国家地方联合工程研究中心、中国科学院生物物理所医学免疫诊断研究中心创新基地、中国科学院大学（怀柔科学城）创新创业示范基地、中国科学院大学怀柔科学城产业研究院等一批产业创新平台持续落地，为成果转化和产业发展搭建了新的平台。认真做好水环境生态修复研发与推广，成立了湖南中科水环境治理有限公司，市场化推广扎实推进；经过多项示范工程的积累，在水体修复技术、评价方法和工程设备方面申请了多项专利，合作发表SCI论文1篇，2019年申请发明专利4项，实用新型授权1项，初步形成了中心生态修复的技术体系。同时，在广东惠州、湖南澧县、安徽合肥等地实施了3项示范工程，项目效果明显，为后期大型工程实施积累了丰富的工程经验。截至2019年底，北京综合中心以参股形式持有3家企业的股权，对应注册资本1466.91万元。其中，以科技成果（专利权）作价入股方式对外投资设立新企业2家，对应注册资本752.91万元；接受已设立企业赠予的股权1家，对应注册资本714万元，涵盖智慧供应链管理、汞污染治理和水环境生态修复等技术领域。

2019年，北京综合中心努力推进国际合作，提升怀柔综合性国家科学中心国际影响力。2018年10月，北京综合中心联合北京市发展改革委共同承办第三届国际综合性科学中心研讨会。在面临复杂的国际形势下，克服重重困难，在会上成功争取到来自中国、德国、英国、瑞士、西班牙、波兰、荷兰、瑞典8个国家的17名科学中心代表的支持，共同签署了成立协议，国家科学中心国际合作联盟正式成立，为怀柔综合性国家科学中心建设注入了国际化元素。同时，为争取“一带一路”国际科学组织总部落户怀柔，积极配合怀柔科学城管委会，和院国际合作局、ANSO秘书处保持密切沟通，积极争取支持。经过不懈努力，“一带一路”国际科学组织联盟落户揭牌仪式顺利举行，正式落地怀柔科学城。主动跟踪后续发展需要，协调怀柔区落实办公条件，为“一带一路”国际科学组织联盟秘书处实质性落地创造了条件。

（撰稿：孙小平　罗婉婧　审稿：羌滨健）

天津工业生物技术研究所

所　　长：马延和

地　　址：天津市空港经济区西七道32号

邮政编码：300308

电　　话：022-84861997

传　　真：022-84861926

电子信箱：tib_zh@tib.cas.cn

网　　址：http://www.tib.cas.cn

中国科学院天津工业生物技术研究所（简称“天津工生所”）是由中国科学院和天津市人民政府共建、从事生物技术创新推动工业领域生态发展的科研机构，2012年11月29日正式成立。

天津工生所肩负着建立我国工业生物技术创新体系、促进工业绿色升级的历史使命，重点开展工业蛋白质科学与生物催化工程、合成生物学与微生物制造工程、生物系统与生物工艺工程领域的基础研究和应用基础研究，发展新生物学指导下的工业蛋白质科学、工业系统生物学、工业合成生物学、工业发酵科学等学科体系，实行“总体研究部—研究组—平台实验室”三维科研组织模式。现建有工业酶国家工程实验室、中国科学院系统微生物工程重点实验室、天津市工业生物系统与过程工程重点实验室和天津市生物催化技术工程中心，高通量筛选、系统生物技术、发酵过程优化与中试、工业酶研究与合成生物技术等技术支撑平台，以及国家专业化众创空间、国家国际科技合作基地及天津市国际科技合作基地。2019年，建设完成先进工业生物技术实验研发平台（一期），并顺利通过验收。

2019年，由天津工生所牵头建设的国家合成生物技术创新中心取得重要进展。11月8日获科技部正式批复，成为我国生物技术领域第一家技术创新中心；中心核心研发基地正式开工建设；天津市启动“天津市合成生物技术创新能力提升行动”支持中心建设，第一批27个项目已组织实施；曼弗雷德·雷茨、赵国屏、李玉、任南琪等多位院士专家入驻中心成立大师工作室，数十位国内外领军科学家、青年人才加盟中心，初步形成合成生物技术人才集聚高地；与35家国内合成生物技术领域的优势单位签署共建协议，合成生物创新网络不断扩大。

截至2019年底，天津工生所共有在职职工283人，其中科技人员228人、科技支撑人员22人，包括研究员及正高级工程技术人员37人、副研究员及高级工程技术人员45人。

天津工生所现设有生物学、化学工程与技术2个专业一级学科博士研究生培养点，生物学、化学工程与技术2个专业一级学科硕士研究生培养点，生物与医药、材料与化工2个全日制专业学位硕士研究生培养点，在微生物学、生物化学与分子生物学、生物化工、应用化学4个二级学科招收博士、硕士研究生，在生物与医药、材料与化工专业招收全日制专业学位硕士研究生；在学学生共计301人（硕士生220人、博士生63人、实习本科生18人）。设有博士后工作站，在站博士后21人。

2019年，天津工生所共有在研科研项目214项（包括新增项目68项）。其中，主持或承担国家自然科学基金面上项目30项（新增7项）、国家优秀青年科学基金项目2项（新增1项）、国家青年科学基金项目51项（新增7项）、国际合作项目3项（新增1项）；承担或参与国家重点研发计划53项（新增20项），承担或参与国家科技重大专项6项、科技部国际合作司委托任务1项（新增1项）；承担或参与中国科学院先导项目/课题1项（新增1项）、中国科学院重点部署项目/课题3项、STS计划项目/课题8项（新增3项）、前沿科学重点研究项目1项、科研仪器研制项目2项（新增1项）、国际合作项目5项（新增2项）、其他项目9项；承担天津市合成生物技术创新能力提升行动项目19项（新增19项）、天津市重点研发计划6项、天津市“一带一路”科技创新合作项目1项（新增1项）、天津市科技重大专项与工程3项、天津市创新平台专项4项、天津市自然科学基金项目4项（新增3项）、天津市科学技术普及项目1项（新增1项）、天津市滨海新区海智工作站项目1项等。

2019年，天津工生所在DNA合成、酶蛋白理性设计等合成生物底层技术方面取得重要进展，研制的新型DNA合成仪为突破基因合成的国际封锁奠定了重要基础，开发的酶蛋白精准设计方法为工业酶的高效智能设计奠定了理论与工具基础。创制了一批新一代细胞工厂及生物制造工艺，构建了国际先进的体外多酶分子机器转化淀粉及淀粉糖廉价生物质生产阿洛酮糖、塔格糖等健康稀少糖的绿色工艺路线；创制了3-脱氢莽草酸、原儿茶酸和左旋多巴等医药化学品细胞工厂；进一步开发了高版本L-丙氨酸细胞工厂；构建了红景天苷、天麻素等一批植物天然产物微生物重组合成细胞工厂和生产工艺，为推动植化产品生产由种植提取向车间制造形成示范案例。申请专利91件，授权专利52件；发表论文148篇，其中SCI论文133篇。获得省部级科技奖励5项，其中，中国科学院科技促进发展奖科技贡献集体奖1项，中国粮油学会科学技术奖特等奖1项，中国轻工业联合会技术发明奖一等奖1项，天津市自然科学奖二等奖和科学技术进步奖三等奖各1项。

2019年，天津工生所与16个省市32家企业建立合作39项。原儿茶酸、红景天苷、天麻素、阿洛酮糖、3-脱氢莽草酸等技术已与企业签订合同。发酵法红景天苷和天麻素已与陕西量维建立合作，双方在津注册成立公司，重点开展生物合成天然产物的应用研发、中试放大、生产和全球销售。阿洛酮糖生物转化技术拟建设两条千吨级生产线，产值将达亿元以上。原儿茶酸生物发酵关键技术与山东中科生物创新产业园管理有限公司建立合作，共同成立公司推动原儿茶酸技术的产业化，预计两年内实现百吨级原儿茶酸产业化生产。左旋多巴高效绿色生物合成工艺，较化工路线预期成本降低 30%—40%，组织百吨级工业化实施，达产后预计创造利润 6000 万元以上。发酵法生产 L-丙氨酸技术为企业新增销售额 3.6 亿元，占据全球 60% 以上市场，推动百亿规模新型螯合剂市场的形成。

2019 年，天津工生所与比利时弗兰德生物技术研究院、哈萨克斯坦国立大学、COMSATS 大学伊斯兰堡签署合作协议；与巴基斯坦卡拉奇大学国际化学和生物科学中心共建植物天然产物联合中心，开展深度合作。举办 2019 代谢工程国际会议、第 22 届 COMSATS 协调委员会会议等国际会议，面向“一带一路”暨发展中国家科技人员举办工业合成生物技术国际培训班。全年出国学术交流 20 人次，邀请 2018 年诺贝尔化学奖得主 Frances Arnold 教授等国际知名专家 60 人次来所交流。

（撰稿：冯毅飞　牛高华　审稿：马延和）

山西煤炭化学研究所

所　　长：房倚天
地　　址：山西省太原市桃园南路 27 号
邮政编码：030001
电　　话：0351-4041627
传　　真：0351-4041153
电子信箱：dangzb@sxicc.ac.cn
网　　址：http://www.sxicc.cas.cn

中国科学院山西煤炭化学研究所（以下简称“山西煤化所”）的前身是中国科学院煤炭研究室，于 1954 年在大连中国科学院石油研究所（即现在的中国科学院大连化学物理研究所）挂牌成立。1961 年，煤炭研究室扩建为中国科学院煤炭化学研究所并开始向太原搬迁。1978 年 9 月改名为中国科学院山西煤炭化学研究所并沿用至今。

山西煤化所的发展战略是：面向国家能源与国防安全战略需求，面向国民经济主战场，以协调解决能源利用效率与生态环境问题和重点突破制约国家战略性新兴产业发展的先进材料瓶颈为目标，围绕煤炭清洁高效利用、新型炭材料制备与应用和可再生能源转化利用开展定向基础研究、关键核心技术和重大系统集成创新，建设在国际相关领域具有重大影响力的现代化专业研究所。主要研究领域：煤气化、煤炭清洁高效转化利用、污染物资源化转化与利用、精细化学品合成、高性能炭材料制备与利用、氢能、储能等。

山西煤化所拥有太原桃南园区、小店中试基地、扬州碳纤维工程技术中心研发区域（中心）；拥有煤转化国家重点实验室、煤炭间接液化国家工程实验室、碳纤维制备技术国家工程实验室、山西煤化工技术国际研发中心以及与潞安集团共建的国家煤基合成工程技术研究中心等国家级研发单元；中国科学院（山西省）炭材料重点实验室、山西省粉煤气化工程研究中心、山西省生物炼制工程技术研究中心、山西省石墨烯技术工程研究中心、与太钢集团共建的山西省碳纤维及复合材料工程技术研究中心等院、省级研发单元以及应用催化与绿色化工实验室所级研发单元。煤转化国家重点实验室与壳牌合作设立了 ICC-Shell 煤化学联合实验室。

截至 2019 年底，山西煤化所共有在职职工 487 人。其中科技人员 413 人、科技支撑人员 28 人，包括研究员及正高级工程技术人员 74 人、副研究员及高级工程技术人员 128 人。

山西煤化所是 1981 年国务院学位委员会批准的首批博士、硕士学位授予单位之一，现有博士生导师 49 人，硕士生导师 76 人，设有化学、化学工程与技术、材料科学与工程 3 个一级学科博士、硕士研究生培养点，物理化学、材料学、化学工程、化学工艺、工业催化 5 个二级博士、硕士研究生培养点，材料与化学工程 1 个全日制专业硕士授权点，并设有 1 个化学专业一级学科博士后流动站；共有在学研究生390人（其中硕士生175人、博士生215人），在站博士后6人。

2019年，山西煤化所共有在研项目425项（新增项目143项）。其中，主持国家重点研发计划项目1项，国家重点研发计划战略性国际科技创新合作项目1项，国家重点研发计划课题4项，国家重点研发计划子课题12项（新增1项）；主持国家杰出青年科学基金1项，优秀青年科学基金项目1项（新增1项），国家自然科学基金面上项目39项（新增10项），国家青年科学基金项目35项（新增8项），重大研究计划培育项目2项，联合基金项目重点支持项目10项（新增1项）、联合基金培育项目11项（新增1项），国家自然科学基金大科学装置联合基金项目1项（新增1项），国际合作与交流项目1项；中国科学院科技服务网络计划(STS计划)重点部署项目4项(新增2项)，院国际合作局对外合作重点项目和“一带一路”专项各1项；院前沿科学重点研究项目1项，院洁净能源创新研究院项目9项（新增5项），院战略性先导科技专项（A类）课题3项，院战略性先导科技专项（A类）子课题1项。获中国产学研合作创新奖1人；获侯德榜化工科学技术奖1人。共获省部级/全国性学会科学技术奖3项：“高温浆态床费托合成催化剂及其工业应用技术”获中国石油和化学工业联合会技术发明奖一等奖；参与完成的“微型流化床反应测试仪器与分析技术”获中国仪器仪表学会科学技术奖一等奖；“低成本高品质石墨烯批量化制备技术”获中国化工学会技术发明奖二等奖。

2019年，山西煤化所紧抓山西开展能源革命综合改革试点的历史机遇，联合中国科学院大学、太原市人民政府、中北大学，牵头筹建中国科学院大学太原能源材料学院，签署四方共建协议；与长治市潞城区人民政府共建山西能源化工新材料中试基地，即将签署共建协议；与北京分院和太原市科技局共建的太原成果转化中心已初步形成建设方案和共建协议。

2019年，山西煤化所在能源和材料领域取得系列进展。代表性成果包括：铁基浆态床合成油技术百万吨级工业应用持续推广；万吨级温和加氢热解（液化）完成72小时连续运行考核；费托重组分硫化裂解完成催化剂和工艺的实验室定型与中试验证；钴基固定床合成化学品技术的新一代催化剂开发成功，在温和条件下以费托蜡为原料的产物加工技术具备工业中试条件；石油焦高温气流床和秸秆类生物质加压流化床（1.0MPa）气化制燃料气完成中试试验以及千吨级工程示范工艺包开发；合成气制低碳混合醇技术完成新一代催化剂定型并实现长周期运转；甲醇制丙烯催化剂完成百公斤级制备放大，开展模式试验，各项技术指标均优于该装置上评价的催化剂；5万吨/年甲醇与尿素间接制备碳酸二甲酯工业示范装置建设完成。百吨级聚甲氧基二甲醚合成中试装置正在建设；508万立方米/小时烟气多污染物脱除工业装置正在建设，一期300万立方米/小时装置已建成调试；高性能碳纤维制备技术、碳纤维复合材料研究、高模量碳纤维表面处理技术、钍基熔盐堆用核石墨材料大规格工业化生产等方面取得重要进展；高性能石墨密封材料实现自主制造及其在航空/航天发动机中的应用；此外，在原子层沉积、煤/灰化学、甲醇转化机理及催化剂研究、热解与气化耦合、缓释催化、离子交换膜、燃料电池、煤焦油加氢、废水处理、二氧化碳利用、高性能活性炭、石墨烯、碳化硅、聚氨酯、生物质转化、光催化及绿色合成等方面均取得新进展。

2019年，山西煤化所签订合作协议5项，争取企业技术转移转化项目34项；发表论文412篇；授权专利56项。

2019年，山西煤化所共办理出访29团组，56人次；接待外方人员来访44人次，并与壳牌等建立长期稳定的合作关系。与德国弗莱贝格工业大学能源过程工程与化学工程研究所、俄罗斯科学院西伯利亚分院煤炭和煤炭化学研究所、波兰煤化工研究所等签署多项合作备忘录/战略合作协议。

山西煤化所主办有《新型炭材料》和《燃料化学学报》两种学术期刊。

（撰稿：杨芒果　熊志建　审稿：蔡晨曦）

大连化学物理研究所

所　　长：刘中民
地　　址：辽宁省大连市中山路 457 号
邮政编码：116023
电　　话：0411-84379163
传　　真：0411-84691570
电子信箱：bgs@dicp.ac.cn
网　　址：http://www.dicp.cas.cn

中国科学院大连化学物理研究所（以下简称“大连化物所”）创建于 1949 年 3 月，当时定名为“大连大学科学研究所”，后更名为中国科学院工业化学研究所，1961 年，更名为中国科学院化学物理研究所，1970 年正式命名为中国科学院大连化学物理研究所。

大连化物所是一个基础研究与应用研究并重、应用研究和技术转化相结合、以任务带学科为主要特色的综合性研究所。重点学科领域为：催化化学、工程化学、化学激光、分子反应动力学、近代分析化学和生物技术。2019 年，大连化物所顺利完成所“一三五”规划中期动态调整工作；扎实推进洁净能源创新研究院建设，争建洁净能源国家实验室；“大连先进光源”预研项目正式获批；中国科学院大学能源学院建设快速推进中。

大连化物所设有洁净能源国家实验室（筹），共设置燃料电池、生物能源、化石能源与应用催化、节能与环境、低碳催化与工程、太阳能、储能技术、氢能与先进材料、能源基础和战略、能源材料（筹）、能源研究技术平台 10 个研究部和 1 个研究平台；设有催化基础和分子反应动力学两个国家重点实验室；设有仪器分析化学研究室、精细化工研究室、化学激光研究室、航天催化与新材料研究室和生物技术研究部 5 个研究室；设有化学激光、分离分析化学、燃料电池及复合电能源、航天催化材料 4 个中国科学院重点实验室；设有甲醇制烯烃国家工程实验室、国家催化工程技术研究中心、膜技术国家工程研究中心、燃料电池及氢源技术国家工程中心、国家能源低碳催化与工程研发中心等多个国家级科技创新平台。另外，大连化物所还与国外著名大学、公司和研究机构联合设立了中法催化联合实验室、中法可持续能源联合实验室、中德催化纳米技术伙伴小组、DICP-BP 能源创新实验室、DICP-SABIC 先进化学品生产研究中心和中法分子筛联合实验室等十几个国际合作研究机构。

截至 2019 年底，大连化物所共有在职职工 1078 人。其中科技人员 752 人、科技支撑人员 216 人，包括中国科学院院士 10 人、中国工程院院士 4 人、发展中国家科学院院士 4 人、研究员及正高级工程技术人员 221 人、副研究员及高级工程技术人员 493 人。

大连化物所是 1981 年国务院学位委员会批准的博士、硕士学位授予权单位之一，现设有化学、化学工程与技术、物理学、材料科学与工程 4 个一级学科博士研究生和硕士研究生培养点，并设有化学、化学工程与技术 2 个专业一级学科博士后流动站；共有在学研究生 969 人（其中硕士生 374 人、博士生 595 人），在站博士后 217 人。

2019 年，大连化物所共有在研项目 825 项（包括新增项目 340 项）。其中，主持（或承担）国家自然科学基金重点项目 17 项（新增 4 项）、面上项目 185 项（新增 37 项）、国家杰出青年科学基金项目 10 项（新增 3 项）、国家自然科学基金重大研究计划重点 / 集成项目 8 项（新增 1 项）主持或承担国家重点研发计划 52 项（新增 10 项）；主持（或承担）（科技部、国家自然科学基金委、财政部和院）重大仪器研制项目 1 项（基金委）；主持（或承担）中国科学院战略性先导科技专项课题 34 项；主持（或承担）院重点部署项目 7 项。承担重点国际合作项目 8 项（新增 2 项）。承担院地合作项目 603 项（新增 53 项）。

2019 年，大连化物所在阐明代谢小分子抑制肺癌转移的分子机制方面取得重大进展，相关成果发表在 *Nature* 上；在分子反应动力学、限域催化、单原子催化、光 / 电催化转化、光电材料动力学、生物质催化转化、生物分离分析等方面均取得重要进展。合成气直接制低碳烯烃技术完成全球首套千吨级中试试验；合成气直接制高碳醇技术完成了全球首套万吨级工业试验；甲醇制低碳烯烃新型催化剂应用到多套 DMTO 工业装置，DMTO 技术新增许可两套，累计达到26套，投产装置达到14套；世界规模最大的煤制乙醇项目开工建设；我国首台4500米级深海原位荧光传感器工程样机成功完成海试试验；绿色无毒单组元推进剂技术首次实现商业应用；金属/海水电池首次登岛应用于南部海域；毒物现场快速检测装置助力达沃斯会议食品安保工作；化学激光、燃料电池工作均取得新进展。全年共发表SCI论文1117篇，专利申请1539件，授权624件。获各级奖励17项，其中，省部级奖励5项。

2019年，大连化物所与中海油成立“洁净能源创新研究院中海油联合研发中心”。与河南能化集团建立战略合作伙伴关系。开拓与贵州茅台集团、美的集团等行业领军企业的合作。与大庆高新区签署协议，开展石油化工和精细化工领域合作。中国科学院与陕西省人民政府签署战略合作协议，创建榆林国家级能源革命创新示范区。成为全国首家通过《科研组织知识产权管理规范》认证的科研机构。以“生物质制乙二醇技术”、“海藻寡糖制备”两项技术分别设立产业化公司，与盘锦市政府共同设立科技成果转化管理型公司。组织召开第一届钢铁与能源化工行业协调发展研讨会等会议。截至2019年底，大连化物所在册持股企业共30家，其中控股7家，从事科技开发人员395余人。2019年度，该所持股企业营业收入总额共11亿元。

国际合作交流方面，大连化物所成功举办第二届政策对话-储能技术等6次国际学术会议，294人次出访30多个国家参加百余个国际会议，近500人来访进行学术活动。

大连化物所是中国化学会的会员单位；主办并负责编辑出版 *Chinese Journal of Catalysis*（《催化学报》，英文刊）、*Journal of Energy Chemistry*（《能源化学》，英文刊）和《色谱》三种学术期刊。《能源化学》和《催化学报》的SCI影响因子分别为5.162和4.914，在SCI收录中国化学类期刊中名列前茅；《色谱》中信所影响因子1.362，在中国化学类39种核心期刊中居前三名。2019年《能源化学》和《催化学报》双双首次进入中国科学院期刊分区一区，并获中国科技期刊卓越行动计划“重点期刊”项目资助。《能源化学》和《催化学报》被评为“中国最具国际影响力学术期刊”，《色谱》被评为“中国国际影响力优秀学术期刊”。

（撰稿：李振涛　于瀚祥　审稿：毛志远）

金属研究所

所　　长：左　良
地　　址：辽宁省沈阳市沈河区文化路72号
邮政编码：110016
电　　话：024-83978248
传　　真：024-23891320
电子信箱：imr@imr.ac.cn
网　　址：http://www.imr.cas.cn

中国科学院金属研究所（以下简称“金属所”）成立于1953年，是中华人民共和国成立后中国科学院新创建的首批研究所之一。首任所长是我国著名的物理冶金学家李薰先生。1999年5月，根据中国科学院知识创新工程试点工作的统一部署，在“东北高性能材料研究发展基地”建设中，金属所与金属腐蚀与防护研究所整合成立新的“中国科学院金属研究所”。2011年启动实施“创新2020”发展规划。

金属所积极贯彻落实中国科学院“率先行动”计划和研究所“一三五”规划，面向世界科技前沿、面向国家重大需求、面向国民经济主战场，针对高性能金属材料、新型无机非金属材料和先进复合材料研究开展基础研究和应用研究，并注重科技成果的转化和产业化。

金属所“十三五”发展规划定位为：以关键金属结构材料研发为主体，全面发展新材料新技术，建设国际一流的综合型研究所。着力在先进动力系统用高温结构材料、核电材料及其安全性评估、工程金属材料纳米化科学与技术三个重大突破领域和材料设计与过程模拟计算、金属腐蚀防护新技术、材料/构件一体化集成制造技术、材料结构基础与服役性能评价、新型功能材料等五个重点培育方向着力开展科研工作。

2019年，金属所加快综合性科技创新平台建设，稳步推进我国材料领域首个国家研究中心——沈阳材料科学国家研究中心建设，国防科工局和中国科学院共建的“师昌绪先进材料创新中心”正式揭牌，加紧启动沈阳材料创新研究院建设，以深化国家级创新平台建设。金属所还拥有中国科学院核用材料与安全评价重点实验室、中国科学院高温结构材料重点实验室、中国科学院腐蚀控制工程实验室、高性能均质合金国家工程研究中心、国家金属腐蚀控制工程技术研究中心；沈阳先进材料研究发展中心、材料环境腐蚀研究中心、材料疲劳与断裂研究部、金属腐蚀与防护实验室等。

截至2019年底，金属所共有在职职工928人。其中科技人员632人、科技支撑人员191人，包括中国科学院院士2人、中国工程院院士0人、发展中国家科学院院士2人、研究员及正高级工程技术人员178人、副研究员及高级工程技术人员401人。

金属所是国务院学位委员会批准的首批博士、硕士学位授予单位之一，现有材料科学与工程1个一级学科博士研究生培养点、材料科学与工程1个一级学科硕士研究生培养点，包含材料物理与化学、材料学、材料加工工程、腐蚀科学与防护4个二级学科博士、硕士研究生培养点，并设有材料科学与工程1个一级学科博士后流动站。2015年金属所携手中国科技大学共建中国科学技术大学材料科学与工程学院，2019研究生教育工作进一步深入融合。截至2019年9月，金属所有在学研究生1004名，其中博士生626名、硕士生378名，在站博士后63名。

2019年，金属所共有在研项目846项（包括新增项目154项）。其中，主持（或承担）国家自然科学基金重大项目2项（新增0项）、重点项目6项（新增2项）、面上项目129项（新增28项）、杰出青年科学基金项目4项（新增0项）、重大研究计划重点项目2项（新增1项），优秀青年科学基金2项（新增1项），联合基金重点支持项目9项（新增2项）、国家基金重点国际（地区）合作研究项目1项（新增0项）、国家基金组织间合作研究项目5项（新增1项）；主持或承担国家重大科技专项课题或子课题10项（新增1项）；主持或承担国家重点研发计划7项（新增2项）；主持或承担基地和人才专项61项（新增7项）；主持（或承担）中国科学院战略性先导科技专项课题6项（新增0项）；主持（或承担）院重点部署项目（民口）15项（新增3项）；承担重点国际合作项目12项（新增3项）；承担院地合作项目575项（新增103项）。

2019年，金属所科研工作进展顺利。基础研究领域，在 *Science*、*Nature* 及子刊上发表学术论文17篇，如发现固体庞压卡效应、室温电极化斯格明子晶格等；高技术领域突破一批关键核心技术，如世界上空间最大、可搭载人数最多的全海深载人潜水器用钛合金载人舱通过验收，利用构筑成形技术制造出示范快堆用直径15.6米的世界上最大规格的不锈钢环形锻件，300MW级F级重型燃机透平第一级静叶、动叶通过首件鉴定。高温合金、钛合金、特殊钢、铝基复材、非晶、石墨等关键材料，在参加国庆70周年阅兵仪式的30多个型号武器装备上得到应用；粉末冶金钛合金氢泵叶轮、高强镁合金惯组支架、高温合金导管等关键构件，助力“长征五号”运载火箭成功发射。金属所发表SCI论文925篇，专利申请426件，专利授权240件，出版专著0部，软件著作权登记6件。此外，“金属材料的搅拌摩擦焊接与加工基础研究”获辽宁省自然科学奖一等奖，“超高温碳纤维增强碳-陶瓷复合材料研究及其应用”获辽宁省自然科学奖二等奖；“海洋工程重腐蚀防护技术研究与应用团队”获中国科学院科技促进发展奖，李依依院士获辽宁省科技最高奖，韩恩厚研究员获“嫦娥四号任务突出贡献个人”荣誉称号。

2019年，金属所国际交流活跃，年度派出273人次，来访308人次。举办了材料腐蚀科学与技术前沿论坛——世界腐蚀组织会议、国际生物材料及生物技术研讨会等国际学术会议2次，签署国际合作项目3项。有14名科学家在25个国际学术组织任职，25名科学家在49种国际学术期刊担任主编、副主编、编委。

金属所受中国金属学会、中国材料研究学会、国际材料物理中心、国家自然科学基金委员会、中国腐蚀与防护学会等委托，编辑出版《金属学报》（中、英文版）、《材料科学与技术》（英文版）、《材料研究学报》（中文版）、《中国腐蚀与防护学报》、《腐蚀学报》（英文版）6种学术刊物。

（撰稿：关德慧　刘　言　审稿：徐　岩）

沈阳应用生态研究所

所　　长：朱教君
地　　址：辽宁省沈阳市沈河区文化路 72 号
邮政编码：110016
电　　话：024-83970200
传　　真：024-83970300
电子信箱：office@iae.ac.cn
网　　址：http://www.iae.cas.cn

中国科学院沈阳应用生态研究所（以下简称“沈阳生态所”）成立于 1954 年，其前身为中国科学院林业土壤研究所，1987 年更为现名。2001 年成为国家知识创新工程试点单位，2015 年成为中国科学院首批特色研究所建设试点单位，定位“生态文明建设”领域，2018 年通过特色所建设验收，进入正式运行阶段。

沈阳生态所围绕国家“生态文明建设”主题，针对现代农林业可持续发展、生态与环境建设中亟须解决的国家重大科技问题，面向国民经济主战场，瞄准国际应用生态学发展前沿，在森林生态与林业生态工程、土壤生态与农业生态工程、污染生态与环境生态工程领域开展基础性、战略性和前瞻性研究，完善和创新应用生态学研究理论、方法和技术体系；聚焦东北生态文明建设中典型生态系统功能提升、污染环境治理与改善、粮食安全与生态安全等问题，为国家和区域生态安全、粮食安全提供决策依据和技术支撑。

2019 年，沈阳生态所“一三五”规划三个重要突破、五个重点培育方向成果显著。全力实施“集散成聚”、“重培力引”、“导研致用”等特色所改革，组建 10 个特色创新团队，创建合作新模式，建立考核新机制，在学科建设、重大成果凝练、科研组织模式和机制改革、重要任务争取等方面取得显著成绩。

沈阳生态所现有土壤养分管理国家工程实验室（与中国科学院南京土壤研究所共建）、污染土壤生物-物化协同修复技术国家地方联合工程实验室、中国科学院森林生态与管理重点实验室、中国科学院污染生态与环境工程重点实验室、中国科学院绿色肥料工程实验室（新增）等重要科技平台。

沈阳生态所建有 9 个野外台站，分别是吉林长白山森林生态系统国家野外科学观测研究站、辽宁沈阳农田生态系统国家野外科学观测研究站、湖南会同森林生态系统国家野外科学观测研究站（以上为国家站、CERN 站）、中国科学院清原森林生态系统观测研究站（院级站、CERN 站）、乌兰敖都荒漠化试验站（国家林草局荒漠化监测中心之一）、额尔古纳森林草原过渡带生态系统研究站、大青沟沙地生态实验站、吉林长白山西坡森林生态系统定位站（与国家林草局共建）、内蒙古额尔古纳湿地生态系统定位观测研究站（与国家林草局共建）。还设有沈阳树木园、东北生物标本馆、公共技术服务中心等。

截至 2019 年底，沈阳生态所共有在职职工 434 人。其中专业技术人员 389 人，包括正高级专业技术人员 85 人、副高级专业技术人员 99 人。

沈阳生态所是 1981 年国务院学位委员会首次批准的博士学位点，现设有生态学、农业资源与环境 2 个一级学科博士研究生培养点，微生物学、环境科学 2 个二级学科博士研究生培养点，生态学、农业资源与环境 2 个一级学科硕士研究生培养点，微生物学、植物学、森林培育、环境科学 4 个专业二级学科硕士研究生培养点，并设有生态学、农业资源与环境 2 个一级学科博士后流动站；共有在学研究生 353 人（其中博士生 186 人，硕士生 167 人），在站博士后 29 人。

2019 年，沈阳生态所共有在研项目 526 项（包括新增项目 201 项）。其中，主持（或承担）国家自然科学基金重点项目 11 项（新增 3 项）、面上项目 91 项（新增 27 项）、国家优秀青年基金项目 3 项；主持或承担国家重大科技专项 2 项；主持或承担国家重点研发计划项目 4 项、课题 28 项（新增 2 项）、子课题 64 项（新增 6 项）；主持（或承担）中国科学院战略性先导科技专项项目 1 项，承担课题 5 项（新增 2 项），子课题及其他 29 项（新增 12 项）；主持（或承担）院重点部署项目 1 项；主持院前沿重点项目 4 项，主持院卢嘉锡国际团队项目 1 项；主持院从 0 到 1 原创项目 2 项；主持中国科学院科技服务网络计划（STS 计划）项目 2 项。

2019 年，沈阳生态所对标国家“加大生态系统保护力度”政策，针对森林屏障带建设中的退化生态系统功能提升、林农发展等亟待解决的问题，搭建了“政府、科技、企业、合作社”四位一体的科学技术服务体系，提出了林窗透光抚育理论，推广森林资源保育技术180万亩，建立林下参、山野菜等示范基地3万余亩，使5.1万林农脱贫，该成果获得国家科技进步奖二等奖。完成《三北防护林体系建设发展战略研究》，成为三北工程修编、未来30年规划核心依据。作为保护性耕作技术研创单位，胡春华副总理2019年先后两次考察沈阳生态所在吉林和辽宁的保护性耕作基地，研究所科学家受邀参与了“东北黑土保护性耕作国家行动计划”制定与实施。

2019年，沈阳生态所共发表SCI论文307篇（包括I区96篇、II区102篇）；出版专著6部；授权专利24项，其中发明专利9项、PCT 1项、实用新型14项。获得国家科技进步奖二等奖1项，院国际合作奖1项，省自然科学奖二等奖1项、科技进步奖二等奖1项（第二完成单位），农业部神农中华农业科技奖1项（第二完成单位）。

2019年，沈阳生态所落实院地合作项目109项，合同额12 614.76万元，入所横向经费2387.74万元。共建“潍坊现代农业与环境研究院”正式挂牌，获得5000万元/5年的地方资助。与国家供销总社所属单位合作共建“大连中药微生态应用技术研发中心”挂牌，获5000万元（入所300万元）的企业支持。与沈阳市政府签订全面合作框架协议，围绕共建沈阳植物园、科技支撑沈阳城市发展和生态文明建设、推进科技协同创新和加强科技创新保障等方面建立长期稳定合作。与辽宁省农科院、沈阳农业大学等地方高校和科研机构签署全面战略合作协议。中标福州市生态系统价值核算项目（950万元）。所投资公司5个，其中控股1个；从事科技开发人员10人。

2019年，沈阳生态所承办干旱区绿化和生态系统恢复国际研讨会，中蒙森林、草原生态与区域可持续发展研讨会。

沈阳生态所是国际肥料科学中心、辽宁省生态学会、辽宁省土壤学会、辽宁省植物学会、沈阳市植物学会的挂靠单位；主办中文期刊《应用生态学报》、《生态学杂志》，英文期刊*Ecological Processes*成功进入SCIE。

（撰稿：丁玮杭　胡志斌　审稿：方运霆）

沈阳自动化研究所

所　　长：于海斌
地　　址：辽宁省沈阳市沈河区南塔街114号
邮政编码：110016
电　　话：024-23970012
传　　真：024-23970013
电子信箱：sia@sia.cn
网　　址：http://www.sia.cn

中国科学院沈阳自动化研究所（以下简称“沈阳自动化所”）成立于1958年11月。成立之初名称为辽宁电子技术研究所，1960年4月更名为中国科学院辽宁分院自动化研究所，1962—1972年的名称为中国科学院东北工业自动化研究所，1972年起定名为中国科学院沈阳自动化研究所。1999年，沈阳自动化所成为首批进入中国科学院知识创新工程的试点单位之一。2014年，沈阳自动化所积极响应“率先行动”计划，提出建设“中国科学院机器人与智能制造创新研究院”。2015年4月，中国科学院院长办公会批准沈阳自动化所联合院内相关单位，筹建“中国科学院机器人与智能制造创新研究院”。2017年10月，创新研究院顺利通过专家组现场考核。2017年12月，创新研究院经院长办公会评议，顺利通过验收，正式进入运行阶段。2018年10月，创新研究院举行揭牌仪式。

沈阳自动化所主要从事机器人、智能制造、光电信息技术的研究、开发与应用。沈阳自动化所的定位与目标是：面向世界科技前沿、面向国家重大需求、面向国民经济主战场，以实现机器人与智能制造技术跨越发展为目标，重点突破泛在信息化智能制造、智能机器人和光电信息技术领域的前瞻科技问题和核心共性关键技术，研制开发高端智能装备，形成重要行业的智能制造系统解决方案，促进中国机器人产业技术进步，推动国民经济重点产业升级，满足国防安全、海洋科考和资源开发等重大战略需求，培养和造就一支素质优良、结构合理的高水平科技创新队伍，成为具有国际竞争力和影响力的科研机构。

沈阳自动化所是机器人学国家重点实验室、机器人技术国家工程研究中心、网络化控制系统国家地方联合工程研究中心、先进机器人学与机构学国际联合研究中心、工业物联网技术国际联合研究中心、国家机器人质量监督检验中心（辽宁）、国家机器人检测与评定中心（沈阳）、国家机器人标准化总体组秘书处单位、中国科学院光电信息处理重点实验室、中国科学院网络化控制系统重点实验室、辽宁省工业物联网重点实验室、辽宁省雷达系统研究与应用技术重点实验室、辽宁省激光3D打印工艺与装备重点实验室、辽宁省工业网络与控制系统工程技术研究中心、辽宁省基层医疗器械与信息工程研究中心、辽宁省智能无人机技术与系统工程技术研究中心、辽宁省农业装备智能化技术重点实验室、辽宁省机器智能重点实验室、辽宁省微创手术机器人重点实验室的依托单位。沈阳自动化所作为牵头单位，组织建设国家机器人创新中心。沈阳自动化所设有广州中国科学院沈阳自动化研究所分所、中国科学院沈阳自动化研究所义乌中心、中国科学院沈阳自动化研究所扬州工程技术应用与研究中心、中国科学院沈阳自动化所（昆山）智能装备研究院等分支机构。沈阳自动化所投资的高技术公司经营状况良好，现有10余家所投资公司。2019年12月，所投资公司——沈阳芯源微电子设备股份有限公司在上海证券交易所挂牌，成为中国科学院首家登录科创板的企业，也是辽宁省首家科创板上市公司。

沈阳自动化所共有在职职工1250人，其中科研人员920人，科技支撑人员160人，包括中国工程院院士2人、研究员及正高级工程技术人员127人、副研究员及高级工程技术人员345人。

沈阳自动化所设有机械制造及其自动化、机械电子工程、控制理论与控制工程、检测技术与自动化装置、模式识别与智能系统5个博士培养点，机械制造及其自动化、机械电子工程、控制理论与控制工程、检测技术与自动化装置、模式识别与智能系统、计算机应用技术、机械工程、控制工程8个硕士培养点，机械工程、控制科学与工程2个一级学科博士后流动站；沈阳自动化所共有在学研究生600人（包括硕士361人，博士239人），博士后51人。

沈阳自动化所共有在研项目1003项（新增456项），包括主持（或承担）国家重点研发计划（含863计划、科技支撑计划）项目106项（新增20项）；主持（或承担）国家自然科学基金项目76项（新增21项），其中重点基金项目3项、联合基金项目8项（新增1项）、面上项目20项（新增6项）、青年科学基金项目23项（新增11项）；主持（或承担）国家优秀青年科学基金项目1项（新增0项）；主持（或承担）中国科学院战略性先导科技专项课题14项（新增8项），主持（或承担）院科技服务网络项目7项（新增3项），主持（或承担）院重点部署项目1项（新增0项），院前沿科学研究计划项目5项（新增2项）；主持（或承担）国家科技重大专项项目3项(新增1项);主持(或承担）国家高质量发展专项项目11项（新增6项），其中智能制造综合标准化与新模式项目3项（新增0项）、工业互联网创新发展工程项目7项(新增5项)、先进制造业集群项目1项(新增1项）。

沈阳自动化所深入贯彻落实“率先行动”计划和研究所“十三五”发展规划，积极推进中国科学院机器人与智能制造创新研究院建设工作。在自主部署项目方面，组织开展了2017年度立项的5项自主项目的成果汇报及结题验收工作，完成了2018年度立项的3个自主项目的年度考核工作。2019年12月，在北京组织召开创新研究院理事会第二次会议。创新研究院园区一期建设项目已全面投入使用，科研、生产、办公条件大幅提升，为各项工作迈向更高质量发展，全面实施“率先行动”计划奠定了坚实的条件基础。“机器人化智能制造技术研发与验证平台”和“研究生教育设施”两个“十三五”科教基础设施项目获得正式批复。

2019年，沈阳自动化所科研工作取得多项重要成果。水下机器人应用加速拓展，“海翼”、“探索”、“潜龙”系列等智能海洋装备取得阶段性重要进展，为我国深海科学考察和资源勘探等提供强有力的技术保障。WIA-FA产品通过美国联邦通信委员会（FCC）认证并获得证书。“软件定义可重构柔性制造测试床”被中国工业互联网产业联盟评选为明星测试床，作为2019年标志性成果发布。国内首套航天固体发动机装药总装智能制造整体解决方案研发成功。“天帆一号”太阳帆完成我国首次太阳帆在轨关键技术验证，在轨验证了微小卫星两级主被动展开系统、多帆桁同步展开机构等多项技术。

沈阳自动化所多项科研成果获得国家和省部级科学技术奖，包括“海翼”水下滑翔机研究集体获中国科学院杰出科技成就奖；“航天刚柔耦合机构非线性振动控制技术与装备”获辽宁省技术发明奖一等奖；“基于知识的智能检测与管控一体化技术开发与应用”获辽宁省科技进步奖一等奖；“基于多波束前视声呐的自主水下机器人三维实时避碰技术”获辽宁省技术发明奖二等奖；“复杂异常环境下的机器人视觉感知理论及方法”获中国自动化学会自然科学奖一等奖。此外，沈阳自动化所获批国家自然科学基金委杰出青年科学基金项目、优秀青年科学基金项目；微纳操控与类生命机器人团队获批中国科学院交叉创新团队；沈阳自动化所博士生获评中国科学院院长特别奖、中国自动化学会优秀博士论文奖等。沈阳自动化所发表学术论文358篇；申请专利352件，授权专利266件。

沈阳自动化所与中国石油、中国石化、航天科工、航天科技、中航工业、中广核、南方电网、中国兵器、中车集团、中国化工、中船重工、中铝集团、中电科集团、阿里集团、广智集团、沈阳黎明、沈飞集团等一批行业龙头企业，以及辽沈地区、长三角、珠三角地区政府领导和企业家代表团等，开展需求对接活动、洽谈战略合作意向、商讨联合申报国家部委项目。同时，参与辽宁省和山东省百余家企业的调研和升级改造咨询交流工作。2019年，共有3项STS计划项目获得院地合作经费支持，总经费1730万元。

沈阳自动化所积极参与中国科学院与葡萄牙筹建的“中葡星海联合实验室”建设；组织了首次中俄水下机器人国际联合试验；加强与德国弗劳恩霍夫协会多个研究所开展多个领域的科技合作；与国（境）外知名科研机构及大学新签合作备忘录3个。承办大型ICIRA国际会议、中韩水下机器人研讨会，组织首届海内外优秀青年学者论坛，在伦敦大学国王学院、帝国理工大学、谢菲尔德大学、萨里大学、赫尔瓦特大学等英国著名学府举行的海外宣讲活动。全年出访立项238人次，接待44次来访。

沈阳自动化所与中国自动化学会主办《机器人》、《信息与控制》2个科技类中文核心学术期刊；中国自动化学会机器人专业委员会、辽宁省自动化学会挂靠在沈阳自动化所。

（撰稿：田 甜 王明辉 审稿：孙 雷）

海洋研究所

所　　长：王　凡
地　　址：山东省青岛市南海路7号
邮政编码：266071
电　　话：0532-82898611
传　　真：0532-82898612
电子信箱：iocas@qdio.ac.cn
网　　址：http://www.qdio.cas.cn

中国科学院海洋研究所（以下简称“海洋所”）始建于1950年，是新中国成立的第一个专业从事海洋科学研究的多学科、综合性科研机构，70年来在我国海洋基础研究领域做出了许多奠基性和开创性的工作，引领了我国海洋科学事业的发展。

近年来，海洋所认真贯彻落实院党组重大决策部署，聚焦“三重大”成果产出，深入实施“率先行动”计划，以海洋大科学研究中心建设为牵引，深入推进科教融合、两所融合，积极探索使命目标导向、学科领域交叉协同、创新团队高效协同、平台资源开放共享的科研组织模式，各项工作扎实推进。

海洋所现有国家海洋腐蚀与防护工程技术研究中心、海洋生态养殖技术国家地方联合工程实验室、海洋生物制品开发技术国家地方联合工程研究中心、红球藻种质培育与虾青素制品开发国家地方联合工程研究中心（参与建设），牵头组建海洋试点国家实验室的海洋生物学与生物技术、海洋生态与环境科学2个功能实验室。建有实验海洋生物学、海洋生态与环境科学、海洋环流与波动、海洋地质与环境、海洋环境腐蚀与生物污损5个中国科学院重点实验室，以及海洋生物分类与系统演化实验室、深海研究中心等研究机构；设有学会联合办公室、文献信息中心、科考船运行管理中心、公共技术服务中心、海洋大数据中心、海洋观测网络管理中心、海洋生物标本馆7个研究支撑单元。

截至2019年底，海洋所共有在职职工735人，其中专业技术人员665人（包括“两院”院士3人，高级专业技术岗位人员363人），有博士生导师92人（不含兼职），硕士生导师80人，在站博士后135人，在读研究生601人（博士274人，硕士326人）。海洋所是国务院学位委员会首批批准的博士、硕士学位授予单位和中国科学院博士研究生重点培养基地。设有一级学科博士学位授予点3个，二级学科博士学位授予点9个、硕士学位授予点10个和工程硕士学位授予点3个，以及海洋科学、水产2个博士后流动站。

2019年，海洋所新增各类项目（课题）450项。获批国家重点研发计划项目3项，国家自然科学基金项目80项（西太多圈层重大研究计划6项、重点1项、优青1项、联合基金1项、共享航次2项）；中国科学院战略性先导科技专项（B类）“印太交汇区海洋物质能量中心形成演化过程与机制”获批立项；国防科技创新重大项目取得突破；获批山东省重大科技创新工程项目5项。年内获国家技术发明奖二等奖1项、山东省科学技术奖3项、海洋科学技术奖4项。发表第一署名SCI/EI论文555篇，出版专著11部，授权专利78件。

面向世界科技前沿。发现全球变暖将导致大西洋尼诺/尼娜对ENSO影响减弱且具有模式间一致性；研究确认榴辉岩及蓝片岩样品在俯冲过程中经历大量氧化性流体且流体来源于下伏蛇纹石化板片橄榄岩；研究揭示第四纪黄海黄河演化历史及其构造驱动机制；完成凡纳滨对虾基因组测序分析，获得国际首个对虾基因组参考图谱；基于*Hox*基因在笠贝和石鳖早期发育表达模式，提出软体动物身体模式发育演化新机制；首次以全球弧岩浆岩Th/U变化限定地质历史时期两次全球性氧化事件发生时间；首次确定地质历史时期持续性板块俯冲开始于21亿年前；可控制备系列复合金属氧化物纳米材料并发现其具有类氧化物酶和过氧化物酶双功能催化活性。

面向国家重大需求。开展关键核心技术攻关，北斗实时传输西太平洋科学观测网长期安全、自主、可控运行，突破双向通信技术实现观测频率可调；研发系列深海探测取样设备并实现科学应用，8台（套）设备入选中国科学院自主研制科学仪器名录。围绕近海生态文明建设，赤潮应急处置技术在美国、智利、秘鲁等国家推广应用；系统研究并查明黄东海灾害水母暴发内因；开展“健康海洋”联合航次，为近海生态安全和可持续发展研究提供支撑。“中国近海典型海域生态系统健康评估和富营养化评估”典型案例服务第74届联合国大会可持续发展峰会。

面向国民经济主战场。研制系列智能化水产养殖设施装备，建立规模化对虾成套循环水养殖工艺技术和装备及滨海盐碱地渔业高效开发成套技术，形成可复制、可推广的海洋生态牧场模式；杂交海带、裙带菜良种产业化推广创历史新高；水母蜇伤解毒剂研究成果以1050万元成功转化；研发系列海洋工程设施防腐技术，在文昌发射场信号塔、浙江秀山大桥等完成示范应用12 000余平方米；聚焦提升优质蛋白供给和促进清洁能源发展，积极推动海洋牧场与海上风电融合发展。

“科学”、“创新”系列科考船全年累计航程逾5万海里，圆满完成“西太平洋海山多学科综合调查”、“健康海洋”联合航次等重大航次任务，为中国近海及西太平洋科学研究提供坚实保障。

海洋大科学研究中心建设成效显著。成立中国科学院、山东省、青岛市三方共建理事会并签署三方共建协议。成立中心用户委员会，“三会”治理架构日趋完善。以战略科学家领衔，积极参与国家“十四五”和中长期科技发展规划编制；围绕战略研究、前沿交叉、关键技术三大方向进行自主项目部署，首批资助来自10家单位的30个项目；“科学”号高端用户项目择优资助18项。出台中心成果奖励办法，促进重大成果产出。引进由3名两院院士、6名国家杰青和13名研究员组成的创新团队，七大交叉研发集群正式组建。“海洋生态系统模拟实验研究装置”进入中国科学院向国家争取的“十四五”重大科技基础设施项目候选清单；海洋人工智能与大数据平台、水下探测设备研发平台等一批先进科研平台加快建设。获批山东海洋科技成果转移转化中心，推动中国科学院和省外优势资源向山东集聚，打通“政产学研金服用”全链条通道，先后与挪威康斯伯格和安德拉、德国CONTROS、国内中海辉固、上海中车艾森迪等企业建立联合研发中心。在山东沿海地市开展需求对接和成果推介，组织召开中国科学院-山东省科技成果转化对接会，助推科研成果走出象牙高阁挺进国民经济主战场。

青岛科教园建设稳步推进。截至2019年底，科研区和教学区主体建筑全部完成，正在进行内装和配套设施建设；生活区开工建设，预计2020年底完工。中国科学院大学海洋学院教育教学体系基本构建完成，组织召开海洋学院建设研讨会，联合地球与行星科学学院召开教学研讨会，在中国科学院大学雁栖湖校区首次开设海洋科学暑期学校课程3门，为海洋学院在青岛开展集中教学奠定基础。

深入贯彻落实院党组关于海洋所、海岸带所融合发展决策部署，紧密围绕海洋大科学中心建设，在战略规划、项目策划、管理机制、资源整合等方面取得实质性进展，有效推进两所深度融合发展。

构建平台优化政策，推进科研成果转化。全年签订各类“四技”合同6000余万元。与中海油、中能电力、蓝色海洋、深圳中广核等行业龙头或骨干企业建立密切合作关系，初步形成辐射全国沿海区域的科技成果应用转化示范网络。积极推动以知识产权作价投资入股方式实施科技成果转移转化并成功开展应用。启动中科海洋公司盘活事项，优化公司股权结构，加强对经营性国有资产管理。

深入实施国际化推进战略，深化并拓展与“一带一路”沿线国家（地区）在海洋生态牧场、多尺度过程与全球变化等方面的合作研究，推进与“海上丝路”沿线国家的全方位合作。持续深化与发达国家海洋研究机构的战略合作，构建长效合作机制；召开第三届国际咨询委员会会议，为研究所发展把脉问诊。

国家一级学会中国海洋湖沼学会挂靠海洋所；主办的学术期刊有《海洋湖沼学报》（英文版）《海洋与湖沼》、《海洋科学》、《水生生物学报》、《湖泊科学》等。

（撰稿：王　敏　刘　洋　审稿：毕　伟）

青岛生物能源与过程研究所

所　　长： 刘中民
地　　址： 山东省青岛市崂山区松岭路189号
邮政编码： 266101
电　　话： 0532-80662776
传　　真： 0532-80662778
电子信箱： office@qibebt.ac.cn
网　　址： http://www.qibebt.cas.cn

中国科学院青岛生物能源与过程研究所（以下简称“青岛能源所”）是由中国科学院、山东省人民政府、青岛市人民政府三方共建并纳入中国科学院“知识创新工程”管理序列的科研机构。2006年7月开始筹备建设。2009年11月通过共建三方验收。2011年8月中国科学院与青岛市人民政府签署建设研究所“二期”协议。2017年3月青岛能源所与大连化物所融合发展全面启动。2017年10月中国科学院批准依托大连化物所、青岛能源所等单位参与，筹建中国科学院洁净能源创新研究院。借助两所融合发展和筹建洁净能源创新研究院的机遇，积极谋划发展，推动山东省和中国科学院共建山东能源研究院。2019年6月17日，中国科学院、山东省、青岛市签署共建协议，以青岛能源所为依托筹建山东能源研究院，建设方案通过山东省政府常务会议和省委常委会，以及中国科学院院长办公会议审议。

青岛能源所坚持创新驱动与需求牵引相结合、原始创新与集成创新并重，聚焦新能源与先进储能，兼顾新生物和新材料领域，开展战略性、基础性、前瞻性和系统集成重大创新研究，突破领域前沿科学难题和核心关键技术，提供重大创新成果和系统解决方案，在满足国家和区域重大需求方面发挥不可替代作用，不断为国家和区域经济社会发展做出重大贡献。

青岛能源所共建有中国科学院生物燃料重

点实验室、中国科学院生物基材料重点实验室、山东省合成生物技术创新中心、山东省能源生物遗传资源重点实验室等18个省部级平台以及1个国家级技术转移示范机构。

截至2019年底，青岛能源所共有在职职工522人。其中科技人员425人、科技支撑人员59人，包括研究员及正高级工程技术人员53人、副研究员及高级工程技术人员109人。

青岛能源所现设有生物学、材料科学与工程、化学工程与技术3个一级学科博士培养点，生物工程、材料工程、化学工程3个专业学术点在内的9个硕士研究生培养点，并设有生物学、化学工程与技术2个专业一级学科博士后流动站；共有在学研究生211人（其中硕士生89人、博士生122人），在站博士后64人，留学生29人。

2019年，青岛能源所共有在研纵向项目459项（包括新增项目118项）。其中，主持国家重点研发计划项目4项（新增1项），课题5项（新增2项），其他承担或参与科技部项目16项（新增3项）；参加国家自然科学基金重大项目1项、参加国家自然科学基金重点项目3项、面上项目76项（新增15项）、国家杰出青年科学基金项目3项、国家优秀青年科学基金项目3项、国家自然科学基金联合基金重点支持项目2项（新增1项）、国家自然科学基金国际组织间合作研究项目8项；承担国家级青年人才计划1项；新增主持国家自然科学基金委重大科研仪器研制项目1项；主持中国科学院战略性先导科技专项课题1项，承担子课题8项（新增3项）；主持（或承担）院重点部署项目3项、主持（或承担）院前沿科学重点研究项目3项、主持院科研装备研究项目2项（新增1项）、主持（或承担）院固定资产投资项目1项；主持院弘光专项1项、承担中国科学院科技服务网络计划（STS计划）项目9项（新增5项）；承担山东省自然科学基金重大基础研究项目15项；承担山东省自然科学基金重点项目1项；承担山东省自然科学基金杰青项目5项（新增1项）。

2019年，青岛能源所发表科研论文399篇，其中391篇（93%）发表在SCI期刊上，139篇（IF ＞ 5，34.8%）发表在*Nature Communications*、*JACS*、*Angew. Chem. Int. Ed*、*Advanced Materials*等Top10期刊上。申请专利309件，PTC专利10件；授权专利84件（含美国2件，澳大利亚1件）。积极服务地方经济发展，推动1，3-丁二醇、三素综合利用、土曲霉产Monacolin J（降血脂药物）、木塑铅笔等5项项目实现了产业化示范；生物天然气技术在江苏徐州、吉林松原、河南信阳推广示范3项。新增横向经费合同额5139.5万元，推动与鲁抗、兖矿、潍柴、汉河等一批龙头企业开展实质性合作。联合地方政府共建产业育成基地（10万平方米）。

2019年，青岛能源所接受中国科学院党组巡视组巡视，对巡视组指出的31项问题，深入剖析原因、落实目标责任、着眼标本兼治、整改立制并举，全面完成整改并通过院巡视整改台账销账审核会。全院首批（第10家）通过《科研组织知识产权管理规范》（GB/T　33250—2016）国家标准认证。获批山东省典型军民融合企业（单位）。获第四届中国创新挑战赛优胜奖项目1项。

青岛能源所构建了完善的国际合作网络，与波音、宝洁、壳牌、道达尔等世界500强企业及美国可再生能源实验室、牛津大学、慕尼黑工业大学等知名科研机构、大学建立科技合作。2019年发起“电动汽车动力系统合作联盟”并组织“首届中-日新能源车用动力电池论坛”。举办“博鳌亚洲健康论坛-微生物组学国际研讨会”等国际高端学术论坛。开展“樱花计划”培训班、中德生物技术对接会等“走出去”活动。

（撰稿：丁　娜　张瑞东　审稿：冯埃生）

烟台海岸带研究所

所　　长：王　凡

地　　址：山东省烟台市莱山区春晖路17号

邮政编码：264003

电　　话：0535-2109018

传　　真：0535-2109000

电子信箱：yic@yic.ac.cn

网　　址：http://www.yic.cas.cn

中国科学院烟台海岸带研究所（以下简称“烟台海岸带所”）是由中国科学院与山东省、烟台市共同筹建的资源环境领域的国家级研究机构。2006年筹建，筹建期名为中国科学院烟台海岸带可持续发展研究所（筹）。2009年12月通过验收正式成为中国科学院序列的研究所。2017年3月，与中国科学院海洋研究所融合发展。

中国科学院烟台海岸带研究所围绕“海洋强国”、“美丽中国”等国家战略需求，以中国科学院“三个面向”、“四个率先”办院方针为引领，以“认知海岸带规律，支持可持续发展”为使命，按照“陆海统筹、科学与技术统筹、科技与社会发展统筹”的发展思路，聚焦海岸带生态环境安全、资源保育利用与可持续发展管理三大特色领域，构建海岸带综合观测与实验平台和海岸带综合数据中心等综合支撑系统；立足海岸带可持续发展的基础研究和技术研发，致力于海岸带生态环境安全与生物资源可持续利用的理论创新与关键技术的综合交叉与系统集成。

2019年，烟台海岸带所全体职工、研究生在党政领导班子带领下，坚持深入学习贯彻习近平新时代中国特色社会主义思想和党的十九大精神，学习贯彻落实十九届二中、三中、四中全会精神，贯彻落实中国科学院党组重大决策部署，深入开展“不忘初心、牢记使命”主题教育，全面实施研究所“一三五”发展规划，落实与海洋研究所的融合发展，推动海洋大科学研究中心建设，凝心聚力，初步实现科技创新工作的高质量发展。2019年研究所获得山东省“富民兴鲁劳动奖状”和烟台市“十佳驻烟单位”。

烟台海岸带所现有中国科学院海岸带环境过程与生态修复重点实验室、海岸带生物学与生物资源保护实验室、海岸带环境工程技术研究与发展中心、海岸带生物资源高效利用研究与发展中心、海岸带信息集成与战略规划研究中心、山东省海岸带环境过程重点实验室、山东省海岸带环境工程技术研究中心，拥有中国科学院牟平海岸带环境综合试验站、中国科学院黄河三角洲滨海湿地生态试验站、中国科学院烟台产业技术创新与育成中心，拥有500吨级“创新一”科学考察船。研究所为中国海洋工程咨询协会海岸科学与工程分会的依托单位。

截至2019年底，烟台海岸带所共有职工225人。其中科研人员160人，科技支撑人员33人；研究员及正高级工程技术人员31人，副研究员及高级工程技术人员59人。

烟台海岸带所现有环境科学与工程、海洋科学2个一级博士学科培养点，有地理学一级硕士学科培养点，有环境科学、环境工程、海洋化学、海洋生物学4个二级博士学科培养点，有环境工程和生物工程2个专业硕士培养点，形成了较为完整的研究生培养体系；现有在学研究生181人(其中博士生88人，硕士生93人)，留学生2人。2019年度获中国科学院优秀博士学位论文奖1人，院长特别奖1人，院长优秀奖1人，中国科学院大学必和必拓奖学金1人，地奥奖学金1人，刘瑞玉海洋科学奖2人，国家奖学金4人。获中国科学院优秀研究生指导教师奖2人。

2019年，烟台海岸带所新增各类科研项目115项，合同额13 655万元，创历史新高。其中，主持国家重点研发计划“蓝色粮仓科技创新专项”项目1项，“主要经济作物优质高产与产业提质增效科技创新”专项项目1项。承担“蓝色粮仓”专项其他项目中课题2项。新增中国科学院项目25项，包括院战略性先导科技专项（A类）“美丽中国”专项课题1项，科技服务网络计划（STS计划）区域重点项目1项，院装备研制项目1项，院前沿科学研究计划从0到1原始创新项目2项。2019年共发表文章396篇，其中SCI论文286篇，SCI论文篇均被引频次达17.45。

2019年，烟台海岸带所全年共申请专利111项，授权72项，软件著作权登记10项。研究所团队新获省部级、学会级科技奖励6项，其中山东省自然科学奖一等奖1项，海洋工程科学技术奖一等奖1项，海洋科学技术奖一等奖1项，中国产学研合作创新与促进奖1项。

立足科技发展需求，建强野外观测平台。依托研究所建设的中国科学院黄河三角洲滨海湿地生态试验站、中国科学院牟平海岸带环境综合试验站科研支撑能力持续提升，在健康滨海湿地理论与技术模式、近海微塑料污染特征与风险评价等方面取得突出进展，均纳入中国科学院推选国家野外台站申报序列。“创新一”号近海综合科学考察船顺利完成中国科学院海洋大科学研究中心“健康海洋”工程等科研任务。

持续研发建设信息数据和文献情报平台。组织实施海岸带观测监测网和大数据应用，研发构建海岸带观测监测网、科学数据、海洋生物、海洋生态毒理、氨基糖 5 个应用系统；设计和推进海岸带大数据平台，整合科学数据量 8.5TB、8000 万条；组织开展“健康海岸带”等科学普及和期刊出版工作。2019 年在中国科学院信息化评估中排名继续位列 A 类。

积极开拓渠道，推动“人才、成果、需求”精准对接，加快成果落地转化。2019 年，与 80 余家政府部门、高校、科研院所、企业进行有效对接，新承担省市计划及企业合作项目 64 项。其中，申报广东省中山市政府批准项目 1 项；获批山东省、烟台市等各类科技计划项目 16 项。推动黄河三角洲盐碱地生态高效农业研究中心与黄河三角洲农田生态系统观测研究站一体化建设，中国科学院烟台产业技术创新与育成中心完成前期筹备审批工作。承办中国科学院服务烟台经济高质量发展成果发布会，中国科学院系统 11 家研究机构、烟台市 117 家企业代表参会。

烟台海岸带所深入开展国际合作与交流。2019 年，积极推动依托研究所的未来地球海岸（Future Earth Coast）东亚国际项目办公室（IPO）等平台建设，推动与德国亥姆霍兹联合会海岸带研究所（HZG）、俄罗斯科学院应用物理研究所（RAS-IAP）、美国国家环保署（EPA）的项目合作，与德国莱布尼兹波罗的海海洋研究所（IOW）签署合作备忘录。

（撰稿：高丽梅　康凌艳　审稿：王晓斌）

长春光学精密机械与物理研究所

所　　长：**贾　平**

地　　址：**长春市东南湖大路 3888 号**

邮政编码：**130033**

电　　话：**0431-86176812**

传　　真：**0431-85682346**

电子信箱：**ciomp@ciomp.ac.cn**

网　　址：**http://www.ciomp.ac.cn**

中国科学院长春光学精密机械与物理研究所（以下简称“长春光机所”）是由长春光学精密机械研究所（前身为始建于 1952 年的中国科学院仪器馆和始建于 1953 年的中国科学院机电研究所）与长春物理研究所（前身为始建于 1958 年的中国科学院吉林分院技术物理所）于 1999 年整合而成。

长春光机所定位是以“四个率先”为统领，面向国家重大战略需求和国民经济主战场，坚持以科技创新为核心的“研产学并举”发展道路，聚焦光电技术创新，引领精密仪器与装备领域的成果转移转化，辐射带动相关产业发展，培养高级创新人才，成为国际一流的精密仪器与装备创新研究基地。主要研究领域有发光学、应用光学、光学工程、精密机械与仪器四大领域。贯彻落实院“率先行动”计划，积极推进精密仪器与装备创新研究院建设，组建建议获中国科学院深改组同意，通过专家咨询评议；完成“十三五”规划自评估。

长春光机所现有发光学及应用国家重点实验室、应用光学国家重点实验室、激光与物质相互作用国家重点实验室、国家光栅制造与应用工程技术研究中心、国家光学机械质量监督检验中心、小卫星技术国家地方联合工程研究中心、中国科学院光学系统先进制造技术重点实验室、中国科学院空间光学系统在轨制造与集成重点实验室等 10 个国家和中国科学院重点实验室，以及郭春雷中美联合光子实验室和 Bimberg 中德绿色光子学研究中心。

在光电装备装调与检测、应用光学研究及专项光学研究、特种材料加工工艺研究、空间光学研究与检测、光电对抗系统集成测试等研究方向有 9 栋综合实验楼，研发和引进了一批具有国内外先进水平的仪器设备，100 万元以上的仪器设备 475 台（套），价值 16.82 亿元。

截至 2019 年底，长春光机所共有在职职工 2028 人。其中科技人员 1594 人、科技支撑人员 306 人，包括中国科学院院士 3 人、研究员及正高级工程技术人员 327 人、副研究员及高级工程技术人员 739 人。

长春光机所是 1981 年被国务院学位委员会批准的首批具有博士、硕士学位授予权的单位之一，现设有凝聚态物理、光学、光学工程、微电子学与固体电子学、机械电子工程、机械制造及其自动化、电路与系统 7 个博士研究生培养点，凝聚态物理、光学、光学工程、微电子学与固体电子学、机械电子工程、机械制造及其自动化、电路与系统、机械工程、光学工程 9 个硕士研究生培养点，物理学、机械工程、光学工程 3 个专业一级学科博士后流动站；在学研究生 923 人（硕士生 424 人、博士生 499 人），在站博士后 58 人。

2019 年，对外新签科研合同额和到款额均创历史新高，长春光机所共有在研项目 1175 项（包括新增项目 600 项）。其中，主持（或承担）国家自然科学基金重点项目 1 项（新增 0 项）、面上项目 81 项（新增 21 项）、国家杰出青年科学基金项目 3 项（新增 0 项）、国家自然科学基金重大研究计划重点项目 2 项（新增 1 项），主持或承担国家重大科技专项 9 项（新增 2 项），主持或承担国家重点研发计划 19 项（新增 5 项），主持（或承担）（科技部、国家自然科学基金委、财政部和院）重大仪器研制项目 6 项，主持（或承担）中国科学院战略性先导科技专项课题 16 项（新增 6 项）；主持（或承担）院重点部署项目 1 项（新增 0 项），承担重点国际合作项目 8 项（新增 1 项）、承担院地合作项目 15 项（新增 6 项）。

2019 年，长春光机所科研工作取得系列进展。

在前沿科学领域，太极一号圆满完成在轨测试实验，达到国内最高精度空间激光干涉测量（$25pm/Hz^{1/2}$）和加速度测量（$< 10^{-9}m/s^2/Hz^{1/2}$）；多功能光学设施顺利通过方案评审，进入初样研制阶段；1.5 米扫描干涉场曝光系统具备验收状态，成为国际上首台具有制作 1500 毫米 ×500 毫米尺寸光栅能力的系统；自主研制高灵敏激光光谱甲烷检测仪和含氧仪等载荷，检测限达到 2ppb，成功获得 6000 米海拔以下的廓线探测，助力第二次青藏高原科考取得圆满成功；在钙钛矿光敏场效应晶体管方面的研究获得新进展，制备了具有低缺陷密度的 CsPbBr3 薄单晶，为制备高性能光敏场效应晶体管提供了指导策略，揭示了全无机钙钛矿 CsPbBr3 特有的电荷传输机理，将有助于后续的钙钛矿材料的光电特性的研究及器件优化。

在国防科研领域，航天遥感主战场型号项目不断立项，抢占未来领域制高点的航空遥感项目竞标成功，光电对抗装备订货数量稳定增长，某填补空白的重大陆基型号项目完成出所验收、陆基装备中标率达到 80%。

在民用技术领域，三线阵立体航测相机通过预验收评审，成像质量和徕卡 ADS100 相机相当，工作效率为其两倍；具有自主知识产权的 CMOS 获得国家重点支持，多款具有国际先进水平的器件投放市场；单细胞分选仪研制成功，可实现复杂生物样本中单细胞的精准分离；SiC 光学材料制备及光学加工两项核心技术实现成果转化；郭春雷中美联合光子学实验室利用飞秒激光加工金属表面、使其抗腐蚀性能明显增强，已在深海先导专项中进行试验验证；中德绿色光子学研究中心基本完成实验室建设，实现 850 纳米、880 纳米、910 纳米、940 纳米 VCSEL 高速数据传输，通过 CWDM 技术实现 200Gbit/s 数据传输（@IEEE 802.3 标准）。

2019 年，长春光机所获得国家科技进步奖二等奖 2 项，其中空间高性能紫外/真空紫外光谱探测技术及应用项目，填补了我国空间紫外/真空紫外太阳/大气光谱及大气臭氧垂直探测等多项空白，应用于风云三号系列气象卫星任务，具有显著的科学意义和社会效益；大尺寸非对称结构空间相机高质量成像技术项目为专用项目。获得军队科技进步奖一等奖 1 项、中国科学院杰出成就奖 1 项、吉林省科学技术奖 5 项、中国专利优秀奖 1 项。“4 米量级碳化硅反射镜”等多项成果入选建国 70 周年、建院 70 周年等多个大型展览。申请发明专利 759 项、授权 346 项，发表 SCI 论文 Q1 区 126 篇、Q2 区 103 篇。王大珩先生作为成员分别获国家“863 计划”倡导者和“两弹一星”先进群体集体奖；蒋筑英获“最美奋斗者”个人称号；巴音贺希格研究员获“全国民族团结进步模范个人”荣誉称号；董吉洪研究员当选“长春最美奋斗者”。

2019 年，长春光机所与深海科学与工程研究所共建深海光学探测联合实验室，开展深海原位气体检测、生物识别与基因测序等深海工程技术研究，共同推进光学技术与深海科学研究的融合发展。与中国一汽、吉林大学和长春应化所成立长春市红旗产学研创新联盟，成立汽车产学研创新基金，构建产学研协同创新体系。与吉林大学第一医院共建白求恩医学工程与仪器中心设立专项基金，每年两家各出500万元，2019年共支持92个项目1130万元经费，正在与吉大一院共同申请国家级医学光学工程中心。与复旦大学签署合作协议，以长光-复旦合作基金为主，“工程＋基础”模式，强强联合，优势互补；与北京大学人工微结构和介观物理国家重点实验室共建“光学前沿协同创新实验室”，带动科研人员快速成长。截至2019年12月底所投资企业93家，从事科技开发人员1125人，2019年度实现销售收入17.82亿元，利税3.03亿元。

2019年，长春光机所与俄罗斯科学院列别捷夫物理研究所签署共建“中俄空间光学观测联合实验室”合作备忘录，与瑞士达沃斯物理气象观测站/世界辐射中心策划共建“中瑞太阳辐射测量‘一带一路’联合实验室”，牵头建设中白明斯克国际创新中心，已与白科院签署8份合作备忘录。举办首届中白科技研讨会，邀请白俄罗斯国家科学院、金属所等单位及中白巨石工业园等近20名代表出席，与白俄罗斯物理联合会、中白巨石工业园签订三方合作意向性协议，加快了中白国际创新中心建设进程。*Light*入选“中国科技期刊卓越行动计划”最高层次项目——领军期刊类项目。

2019年，长春光机所以*Light*为平台，与中国光学学会共同主办Light Conference 2019国际会议（包括Light Conference主会及11个分会），邀请来自美国、英国、法国、德国等18个国家的300余位专家参会。举办超精密加工国际会议（中德UPM Workshop2019）。

2019年，长春光机所有307人次、107个团组出访美国、德国、日本等23个国家及地区，组织海外专家系列学术报告10次。

长春光机所是中国空间科学学会空间机械专业委员会、中国物理学会发光分会、中国物理学会液晶分会、吉林省光学学会、全国科学院联盟光学与精密机械分会的挂靠单位；现主办5种学术刊物，分别为《光学精密工程》、《发光学报》、《液晶与显示》、《中国光学》、*Light*: *Science & Applications*。*Light*入选“2019中国最具国际影响力学时期刊”，《光学精密工程》、《中国光学》入选“2019中国国际影响力优秀学术期刊”；《光学精密工程》入选“庆祝中华人民共和国成立70周年精品期刊展”。

（撰稿：王书红　闫　锋　审稿：贾　平）

长春应用化学研究所

所　　长：杨小牛
地　　址：吉林省长春市人民大街5625号
邮政编码：130022
电　　话：0431-85687300
传　　真：0431-85685653
电子信箱：ciac@ciac.ac.cn
网　　址：http://www.ciac.cas.cn

中国科学院长春应用化学研究所（以下简称“长春应化所”）始建于1948年12月，是长春解放后在“伪满大陆科学院”的废址上建立起来的，时称“东北工业研究所”，后几经更名和改变归属，1978年12月命名为中国科学院长春应用化学研究所。

长春应化所是集基础研究、应用研究和高技术创新于一体的综合性化学研究所。主要学科方向有高分子化学与物理、无机化学、分析化学、有机化学和物理化学和应用化学，并正拓展生物化工学科。主要研究工作聚焦先进材料、生态环境和生命健康等三大领域。主要目标是以习近平新时代中国特色社会主义思想为指引，以国民经济高质量发展和国家战略安全需求为导向，坚持“三个面向”、“四个率先”战略。依托高分子化学与物理、稀土化学与物理和电分析化学等优势学科，强化基础研究，促进“从0到1”重大原创性科技成果产出；围绕先进材料、资源环境和生命健康等重点领域，全面完成“一三五”规划目标；产出航空轮胎、高端稀土功能材料、特种高分子复合材料等重大战略性技术；实现10万吨级二氧化碳基多元醇及聚氨酯、万吨级一步丙交酯法合成聚乳酸、原位在线监测系统等重大产业化工程；建成广州、青岛等具有特色优势的创新基地；加速形成定位准确、规范有序、协调高效的现代研究所治理体系，率先建成世界一流研究机构。

2019年，长春应化所深入推进落实“率先行动”计划，以“三个面向”和“三重大”成果产出为导向，在稀土交流LED产业化、二氧化碳基聚氨酯产业化、异戊二烯单体产业化方面取得重要成果，为全面完成“十三五”目标任务奠定了基础。研发出更具有针对性的驱动电源，开发出应用于轨道交通、植物照明的交流LED灯具和全光谱、低蓝光护眼球泡灯；实现了交流LED海藻养殖照明产品的示范应用；制备了无VOC排放的水性胶，成为我国环保要求最高的“京张高铁”车厢地板/防火地板布粘接的唯一指定用胶；开发出高效三维多相稀土催化剂，设计并建设了百公斤级催化剂制备中试装置；实现了百吨级烯醛气相一步化学法制备高纯度异戊二烯单体的中试连续稳定运行。

长春应化所建有高分子物理与化学国家重点实验室、电分析化学国家重点实验室、稀土资源利用国家重点实验室、中国科学院生态环境高分子材料重点实验室、中国科学院高性能合成橡胶及其复合材料重点实验室、高分子复合材料工程实验室（中国科学院高分子复合材料工程化研发平台）、国家电化学和光谱研究分析中心、长春质谱中心和化学生物学、绿色化学与过程、先进化学电源等创新基地和科技平台。

截至2019年底，长春应化所共有在职职工831人。其中科技人员560人、科技支撑人员147人，包括中国科学院院士7人、发展中国家科学院院士4人、研究员及正高级工程技术人员147人、副研究员及高级工程技术人员283人。

长春应化所是1981年国务院学位委员会批准的首批博士、硕士学位授予单位之一，拥有无机化学、分析化学、有机化学、物理化学、高分子化学与物理、应用化学的硕士、博士学位培养点，化学工程硕士专业学位培养点，能源与环保博士专业学位培养点，并设有化学学科博士后流动站；共有在学研究生859人（其中硕士生385人、博士生474人），在站博士后10人。

2019年，长春应化所共有在研项目1090项（包括新增项目417项）。其中，主持或承担国家自然科学基金重点项目12项（新增2项）、面上项目165项（新增32项）、国家杰出青年科学基金项目6项（新增2项），承担国家自然科学基金重大研究计划及重大项目2项；主持或承担国家重点研发计划55项（新增15项）；承担国家重大科技专项3项（新增1项），承担基地和人才专项58项（新增20项）；承担（科技部、国家自然科学基金委、财政部和院）重大仪器研制项目7项，承担中国科学院战略性先导科技专项课题5项（新增3项）；主持（或承担）院重点部署项目5项；承担重点国际合作项目30项。

2019年，长春应化所以第一单位获吉林省自然科学奖一等奖2项，分别是“高比能二次电池电极材料设计、合成及性能研究”和“电化学界面结构调控及应用基础研究”成果。“资源生态合成高分子材料”获国家自然科学基金委基础研究中心项目支持；协同利用抗氧化的锂钠合金和柔性固体电解质界面膜，大幅提升了锂-空气电池的循环稳定性；仿生橡胶合成及特种轮胎应用验证项目获院先导专项等支持；囊体材料支撑系列浮空器研发，其中“极目一号”打破同类型同量级浮空器驻空高度的世界纪录，入选中国科学院2019年度科技创新亮点成果。

2019年，长春应化所以第一单位发表SCI论文661篇，授权专利146件。据“2018年中国科技论文统计结果”显示，国际论文被引用篇数和被引用次数位居全国科研机构第1名。

2019年，长春应化所国际合作与交流持续发展，承担国家自然科学基金委、中国科学院和地方等国际合作项目30项。成功主办了第十七届国际电分析化学会议暨第三届国际电化学发光会议、第十五届中韩双边高分子材料研讨会、“一带一路”暨发展中国家现代电分析化学理论与实验培训班。年度出访交流147人次，来访130余人次。

2019年，在所地合作和成果转移转化方面，长春应化所开发出二氧化碳水性胶黏剂，成功应用在高铁地板，被指定为“京张高铁”指定用胶；推进了5万吨/年二氧化碳基可降解塑料生产线建设；与中国最大的轮胎生产企业——中策橡胶集团建立全面战略合作伙伴关系，共同组建“轮胎新材料研发联合实验室”；以粤港澳大湾区国家战略为契机，在广州市建设“中国科学院长春应化所黄埔先进材料研究院”；落实中央的战略部署和中国科学院的重要决策，主动参与了“中国科学院稀土研究院”建设。现有技术及资金入股的企业46家，其中上市公司 2 家（诺德股份和青岛金王），2019 年实现营业收入约为 87 亿元、利润总额 2.3 亿元。

长春应化所是中国化学会分析化学学科委员会和应用化学学科委员会的挂靠单位；编辑出版《分析化学》（月刊）、《应用化学》（月刊）和《化学通讯》（双月刊），《分析化学》和《应用化学》持续被评为“中国科技核心期刊”，《分析化学》是 SCI、EI 双收录期刊。

（撰稿：相 铮 于 洋 审稿：杨小牛）

东北地理与农业生态研究所

所　　长：何兴元

地　　址：吉林省长春市高新技术产业开发区长东北核心区盛北大街 4888 号

邮政编码：130102

电　　话：0431-85542266

传　　真：0431-85542298

电子信箱：iga@iga.ac.cn

网　　址：http:// www.iga.ac.cn

中国科学院东北地理与农业生态研究所（以下简称“东北地理所”）成立于 1958 年 8 月 18 日。其前身是中国科学院长春地理研究所，2002 年 3 月与中国科学院黑龙江农业现代化研究所整合组建成现所，是中国科学院设在东北地区的综合性地理学与农学研究机构。

东北地理所重点面向国家农业转型发展及生态文明建设两大服务工程，开展农业生态、湿地生态、作物育种、遥感与 GIS、环境与区域发展等学科领域研究，建立农业科学、湿地科学、地理信息科学与区域发展等学科紧密交叉与融合的自主创新体系，为保障国家粮食安全、生态环境建设和区域可持续发展提供理论基础和技术支撑，建成国内一流、具有鲜明学科与区域特色、不可替代的地理学与农业生态学综合性研究机构。

2019 年是深入实施“十三五”规划的攻坚之年，是完成中国科学院“率先行动”改革第一阶段任务的关键之年。东北地理所以扎实推进“一三五”规划为核心，积极承担国家和院重大科技任务、实现重大成果产出。苏打盐碱地精准改良综合技术取得突破，创建了盐碱化诊断分级方法；大豆种质资源创新再次刷新全国单产记录；水稻早熟高产分子机制研究方面取得重要进展，成功克隆水稻显性早熟长链非编码基因 *Ef-cd*，揭示了其调控水稻早熟的分子机制，成果发表在 *PNAS* 期刊；阐明了低温锻炼诱导小麦低温抗性机制；提出“三江连通工程”湿地生态补水方案，确定了三江平原南部 11 个自然保护区的湿地生态最小补水总量。

东北地理所设有湿地生态与环境院重点实验室、黑土区农业生态院重点实验室、遥感与地理信息研究中心、东北区域发展研究中心和大豆分子设计院重点实验室 5 个基本创新单元；本年度新增中国科学院辽河源水源地生态农业工程实验室、作物分子设计育种国家地方联合工程中心、国家林业和草原局共建国家湿地研究中心；建有中国科学院湿地生态与环境重点实验室、中国科学院黑土区农业生态重点实验室和中国科学院大豆分子设计育种重点实验室；联合共建黑龙江省黑土生态实验室、吉林省生态恢复与生态系统管理重点实验室、吉林省碱地生态经济工程实验室、吉林省草地畜牧学重点实验室、吉林省长白山湿地与生态联合重点实验室 5 个省级重点实验室，以及大豆分子设计育种、吉林省寒区人工湿地构建与美丽乡村建设省级工程研究中心；建有三江平原沼泽湿地生态系统观测研究站、海伦农田生态系统观测研究站 2 个国家重点野外台站，并以三江平原沼泽湿地生态系统观测研究站为核心，建成了覆盖平原沼泽湿地、滨海湿地、滨湖湿地和森林湿地在内的东北湿地野外台站网络；此外还建有中国科学院长春净月潭遥感试验站、大安碱地生态试验站、长岭草地农牧生态研究站、海伦水土保持监测研究站和长春综合农业试验站；设有所属图书馆和标本馆；主要下属单位：中国科学院东北地理与农业生态研究所农业技术中心。

截至 2019 年底，东北地理所共有在职职工 425 人。其中科技人员 303 人，科技支撑人员 70 人，包括中国工程院院士 1 人、研究员及正高级工程技术人员 83 人、副研究员及高级工程技术人员 79 人。

东北地理所现有环境科学与工程、地理学、

生态学、农业资源与环境4个一级学科博士后流动站；有地理学、环境科学与工程、生态学、农业资源与环境4个一级学科博士培养点和作物学一级学科硕士培养点，有自然地理学、人文地理学、地图学与地理信息系统、环境科学、生态学、土壤学6个博士学位授予专业，自然地理学、人文地理学、地图学与地理信息系统、环境科学、生态学、遗传学、作物栽培学与耕作学、作物遗传育种、土壤学9个硕士学位授予专业及环境工程专业学位授予专业；共有在学研究生217人（其中硕士生77人、博士生140人），在站博士后21人。

2019年，东北地理所新争取到国家重点研发计划项目1项，国家科技基础资源调查项目2项，国家自然科学基金项目31项，其中重点国际合作基金1项，联合基金重点项目1项，优青基金1项；中国科学院战略性先导科技专项课题4项、子课题5项，院“从0到1”项目2项，院科研仪器设备研制项目2项，院科技服务网络计划（STS计划）区域重点项目2项，吉林省科技发展计划项目18项，其中重大专项1项、重点研发2项、中青年领军人才团队2项，吉林省省院合作资金项目4项；黑龙江省科技计划项目8项，其中重点研发3项、重大项目课题1项；其他企业和科研机构委托项目78项。

2019年度，东北地理所共发表SCI论文390篇，CSCD论文91篇，获得国家科技进步奖二等奖2项（第二单位和第四单位），获批省部级科学技术奖励8项，其中吉林省自然科学奖一等奖1项、二等奖1项，吉林省科技进步奖二等奖1项，黑龙江省自然科学奖二等奖1项。申报专利108项，授权专利54项，软件著作权登记41项，作物新品种审定5个。

2019年，东北地理所与长春新区管委会、吉林大学、吉林师范大学签署合作协议，与黑龙江省丰亨生物科技有限公司、东丰县政府和华盛绿能农业科技有限公司签署战略合作协议，通过政府、高校、企业三个层面的紧密合作，共同推动湿地保护与开发、现代农业技术研发等领域工作的开展，进一步完善了协同创新体系和科技服务网络体系。

2019年，东北地理所加强技术集成和示范推广。技术研发与成果转化业绩稳定，新审定作物品种5个，授权专利54项，获批地方标准14项，苏打盐碱地精准改良技术、黑土区高效型作物种植模式、作物新品种等累计推广1430万亩，经济效益近15亿元。培训农民10 000余人次，培训技术人员1200余人次。

2019年，东北地理所在多年推广保护性耕作技术基础上提出了玉米秸秆浅压覆盖条带旋耕绿色高效生产技术，该技术在梨树县取得显著的社会效益和经济效益，研究所已与吉林省农业推广中心、吉林省土壤肥料总站、辽宁省农业中心以及黑龙江省农技站达成合作意向，拟共同开展新技术的推广与配套技术研发。梨树县2020年计划整镇、整村推进保护性耕作技术，将重点推广秸秆覆盖带旋技术，意向采用该技术的种植大户已达35个，共计160万亩。

2019年，东北地理所主办国内重要学术会议3次，包括2019年7月2日至5日，分子植物育种大会；2019年7月27日，全国菌根学术研讨会；2019年8月18日，第一届“中国湿地遥感大会”。2019年因公出国93人次，国外来访96人次。首次获批中国科学院国际人才计划国际杰出学者项目一项，首次获中国科学院国际人才计划国际博士后项目两项，获批中国科学院国际人才计划国际访问学者项目一项。中俄双边合作继续加强，高层互访频繁。以东北地理所为依托单位的“世界黑土联合会”（World Mollisols Association）成功入选“一带一路”国际科学组织联盟专题联盟。

东北地理所是中国科学院湿地研究中心、吉林省地理学会、吉林省遥感学会、吉林省环境科学学会环境地学专业委员会、中国生态学会湿地生态专业委员会、国际湿地科学家学会中国分会的挂靠单位。主办的学术刊物中《地理科学》、*Chinese Geographical Science*、《湿地科学》均为中文核心期刊，中国科学引文数据库（CSCD）核心期刊和中文科技论文与引文数据库核心期刊；《土壤与作物》为中文科技论文与引文数据库核心期刊。*Chinese Geographical Science* 被SCI-E收录；《地理科学》、*Chinese Geographical Science* 入选第四届“中国精品科技期刊”，并分别连续7年被评为“国际影响力优秀学术期刊”和“最具国际影响力学术期刊”。

（撰稿：殷丽娅　邵庆春　审稿：苏　阳）

上海微系统与信息技术研究所

副 所 长：谢晓明（法定代表人）
地　　址：上海市长宁路 865 号
邮政编码：200050
电　　话：021-62511070
传　　真：021-62524192
电子信箱：simit@mail.sim.ac.cn
网　　址：http://www.sim.cas.cn

中国科学院上海微系统与信息技术研究所（以下简称“上海微系统所”）原名中国科学院上海冶金研究所，前身是成立于 1928 年的中央研究院工程研究所，是我国最早的工学研究机构之一。中华人民共和国成立后隶属中国科学院。2001 年 8 月，根据学科领域和科研目标的调整，更为现名。

上海微系统所紧密围绕“三个面向”，为实现“四个率先”做出重要贡献。拓展“材料-器件-系统”创新链，自主核心技术研发，强化电子科学与技术、信息与通信工程学科建设，基础研究与工程应用有机交融，深化“三位一体”协同创新战略，优化科研人才队伍，成为微系统、集成电路、宽带无线通信等优势领域的国家重要战略科技力量。

上海微系统所现有传感技术、信息功能材料、微系统技术 3 个国家级重点实验室，有无线传感网与通信、太赫兹固态技术 2 个中国科学院重点实验室，并依托上海微系统所成立了中国科学院超导电子学卓越创新中心。 设有传感技术实验室、纳米材料与器件实验室、太赫兹固态技术实验室、微系统技术实验室、宽带无线通信实验室、硅基材料与集成器件实验室、超导电子学实验室、仿生视觉系统实验室 8 个实验室。与中国科学技术大学成立超导量子器件与量子信息联合实验室。

截至 2019 年底，上海微系统所有在册正式职工 682 人，其中一线科技和管理人员 643 人，研究员及正高级工程技术人员 105 人，有中国科学院院士 1 人、美国国家科学院外籍院士 1 人。

上海微系统所是国务院学位委员会批准的首批博士、硕士学位授予单位之一，设有电子科学与技术、信息与通信工程 2 个专业一级学科博士 / 硕士研究生培养点和材料物理化学专业二级学科博士 / 硕士研究生培养点，设有电子科学与技术、材料科学与工程 2 个专业一级学科博士后流动站，微电子学与固体电子学专业被列入中国科学院重点学科，与中国科技大学联合创办“吴自良超导英才班”；在学研究生 509 人（其中硕士生 265 人、博士生 244 人），在站博士后 49 人。

截至 2019 年底，上海微系统所牵头承担中国科学院 A 类先导专项、院重点部署项目、上海市“硅光子”和“脑科学与类脑智能”重大专项等多个重大科研项目。全所在研项目留所合同经费 20.2 亿元，新增科研留所合同经费 2.7 亿元。年度到位资金 9.176 亿元，比 2018 年增长 18.79%。智能感知微系统推动军民融合战略，推出林区火险预警监测、反恐监测及作训辅助评估等系统，已在国家森林防火、石油物探及防爆反恐安全保卫等行业实现物联网规模化应用；300 毫米大硅片实现 28 纳米以上技术节点量产，累计出货量超过 100 万片，建成国际领先的 8 英寸硅光子专用工艺平台，建立 XOI 材料体系，形成 4 英寸 POI 产品，研制出新一代抗辐射 SOI“新微芯”卫星通信安全芯片，于 2019 年 11 月 23 日搭载北斗三代 M21/M22 上星；“超导量子器件与电路”高水平持续推进，成功制备国内首个 8 位超导 ALU 芯片，使我国成为继美日之后第三个实现 ALU 芯片的国家。形成超导传感器与探测器系列，性能达到国际一流，并在光量子计算、量子密钥分发等领域实现系列应用突破，持续推动我国量子信息科技进步。宽带无线通信技术在相关行业的规模化应用，孵化出上海瀚讯信息技术股份有限公司，成为上海微系统所历史上第一个上市公司。军用与天地一体共同推进。研制出基于生物蛋白的多功能柔性电子系统。用于中医诊断的柔性传感器实现万只供货并研发成功国内首台高光谱舌诊仪原理样机。研发出高速、低功耗、高热稳定性的 Ta-Sb-Te 新型相变材料与高驱动电流、高开关比的阈值转变选通管材料，成果连续两年在国际电路与系统顶级会议发表。获得中国材料研究学会科学技术奖一等奖，中国新材料产业发展大会“新材料成果转化奖”。

2019 年，上海微系统所申请专利 312 项，获得专利授权 157 项。发表 SCI 论文 505 篇，影响因子 10 以上的论文 48 篇。

2019 年，上海微系统所在科技成果转化、产业化取得历史性重大突破，上海瀚讯信息技术股份有限公司、上海硅产业投资股份有限公司、江苏尚飞光电科技有限公司，分别在创业板、科创板及新三板上市。上海新昇 12 英寸硅片出货已超 100 万片，作为国内唯一 12 英寸硅片正片量产的供应商，实现了“从 0 到 1”的关键突破。超高效硅异质结 SHJ 太阳电池项目一期 200MW 产线顺利投产，首片电池的下线，转换效率达到 22.94%。与江西水投集团共同成立江西中科智慧产业研究股份有限公司，物联网技术相关专利作价 3000 万元入股，创所内科技成果转移历史新高。

2019 年，上海微系统所主办类脑智能研讨会、第六届微系统与纳米工程论坛国际会议、第七届国际 FD-SOI 和 RF-SOI 论坛，国际影响力不断提升。深化与德国于利希研究所合作，在“功能材料与电子学虚拟联合研究所”协议框架下，在超导与生物电子、超导与量子信息技术及光伏 3 个学科方向开展互惠合作。

（撰稿：罗　琦　肖宏广　审核：谢晓明）

上海技术物理研究所

所　　长：丁　雷
地　　址：上海市虹口区玉田路 500 号
邮政编码：200083
电　　话：021-25051000
传　　真：021-63248028
电子信箱：sitp@mail.sitp.ac.cn
网　　址：http://www.sitp.ac.cn

中国科学院上海技术物理研究所（以下简称“上海技物所”）创建于 1958 年 10 月，是集基础研究、工程技术研发和高新技术产业化为一体的综合型研究机构。上海技物所以红外物理与光电技术研究为定位，以红外光电新材料、新器件、新方法等作为主要研究方向，重点发展先进的航空航天有效载荷、红外凝视成像及信号处理、红外焦平面及遥感信息处理等技术。

上海技物所着眼于国家重大战略需求，针对相关技术领域的特点，已形成具有自身特色的、覆盖“基础前沿—核心组部件—系统集成”完整研发体系。设有研究室 13 个，建有红外物理国家重点实验室、传感技术联合国家重点实验室（光传感器专业点）、中国科学院红外成像材料与器件重点实验室、中国科学院红外探测与成像技术重点实验室、中国科学院空间主动光电技术重点实验室、中国科学院智能红外感知重点实验室，以及省部共建现场物证光学探测技术联合实验室。

截至 2019 年底，上海技物所共有在岗职工 1235 人。其中专业技术人员 730 人，包括中国科学院院士 6 人、中国工程院院士 2 人、国际欧亚科学院院士 1 人（兼）、各类国家级专家 80 余人次、研究员及正高级工程技术人员 161 人、副研究员及高级工程技术人员 205 人。

上海技物所是国务院学位委员会批准的首批博士、硕士学位授予单位之一，目前设有物理电子学、微电子学与固体电子学、电路与系统、光学、凝聚态物理、制冷及低温工程 6 个专业学科博士研究生培养点，物理电子学、微电子学与固体电子学、电路与系统、信号与信息处理、光学工程、光学、凝聚态物理、制冷及低温工程 8 个专业学科硕士研究生培养点，电子科学与技术、物理学 2 个博士后科研流动站（新增 1 个）；截至 2019 年底，共有在学研究生 560 人(其中硕士生 165 人、博士生 233 人、留学生 2 人、联合培养研究生 160 人)，在站博士后 21 人。

2019 年底，上海技物所共有在研项目 433 项（工程类 88 项，基础预研类 345 项）。全年参与天绘二号、遥感三十号 05 组、微重力技术实验卫星、5 米光学卫星、云海一号 02 星、高分十号、高分七号、北斗三号工程 M21/M22、高分十二号等 10 次航天发射任务，25 台（套）载荷与单机均工作正常，全部取得成功。云海一号 02 星红外扫描辐射计获取的红外和微光图像清晰，层次分明，微光性能大幅提升，将对大气海洋环境要素探测、防灾减灾和科学试验等领域具有重要意义；5 米光学卫星是上海技物所首次承担资源卫星系列主载荷研制任务，有力推动自然资源和地质矿产调查领域星载高光谱的业务运行；高分七号激光测高仪实现天基主动对地测绘技术重要突破，为中国卫星立体测绘技术迈上新台阶做出重要贡献。

2019年，上海技物所利用单边耗尽/积累联合局域场大幅提升范德华异质结探测器量子效率，实现高性能光电探测；综合利用热释电铁电材料与低维半导体材料多机制耦合及多效应融合，成功制备超宽谱段覆盖的探测功能原型器件，为研发大面积柔性室温宽光谱焦平面器件奠定基础。研制成功国际上首个InAs/GaAsSb无失配超晶格320×256长波红外焦平面；长波640×512超晶格探测器性能达到国内领先水平；成功研制目前国内报道最大规模的短波红外InGaAs探测器，并进一步向大面阵、高光谱、快速向、多模式发展。

面向国家大气监测、海洋与陆地观测、空间天文探测等领域重大需求，在大气二氧化碳监测、大气环境探测、天文光谱探测、高光谱目标背景探测、高轨空间安全等领域落实多项任务。牵头承担“多维感知成像探测技术”项目，为满足未来新型空间光学载荷应用需求建立了新技术体系。积极推动风云五号卫星载荷等多项任务论证，持续拓展航天任务技术领域，努力建设完备的光电仪器装备体系。

2019年，上海技物所累计申请专利285项，获专利授权93项；发表科技论文488篇（期刊论文383篇，会议论文105篇）；出版专著5部。作为牵头完成单位获国家技术发明奖一等奖1项。“月球及行星表面图谱原位探测方法与关键技术”获得上海市技术发明奖一等奖，“航天用长寿命高效低干扰斯特林型制冷装置”获得上海市科技进步奖一等奖。作为第二完成单位，“广域量子通信研究集体”获得中国科学院杰出科技成就奖，“基于轨道飞越的天宫二号伴随卫星全景观测”获得上海市科技进步奖二等奖。第十一次蝉联上海市文明单位称号。

2019年，上海技物所积极响应国家创新驱动发展战略，参与筹建量子信息科学实验室上海分部，承接科技创新2030—重大项目“量子通信与量子计算机”和上海市量子信息技术重大科技专项，为即将组建的上海量子科学研究中心奠定技术和团队基础。嘉定园区“十三五”科教基础设施建设项目启动工程建设。已有11个院（所）地合作中心。

2019年，全球空间交叉定标系统（GSICS）正式接收上海技物所作为首个中国独立科研机构加入合作组织，就面向未来的空间辐射测量基准技术开展协作研究。

上海技物所是中国空间科学学会空间遥感专业委员会、上海红外与遥感学会的挂靠单位；编辑出版《红外与毫米波学报》、《红外》等学术期刊。

（撰稿：虞慧娴　审稿：童卫旗）

上海光学精密机械研究所

所　　长：邵建达
地　　址：上海市嘉定区清河路390号
邮政编码：201800
电　　话：021-69918000
传　　真：021-69918800
电子信箱：siom@mail.shcnc.ac.cn
网　　址：http://www.siom.cas.cn

中国科学院上海光学精密机械研究所（以下简称“上海光机所”）成立于1964年5月。1964年，中国科学院长春光机所、中国科学院电子所相关科研人员迁往上海，联合上海市轻工业局长江光学仪器厂、上海市仪表局竟明仪器厂组成最早的中国科学院光学精密机械研究所上海分所。建所后，上海光机所几度易名。1970年10月定为现名。

上海光机所是中国建立最早、规模最大的激光科学技术专业研究所。经过50余年的发展，已形成以探索现代光学重大基础及应用基础前沿、发展大型激光工程技术并开拓激光与光电子高技术应用为重点的综合性研究所。研究所重点学科领域为：强激光技术、强场物理与强光光学、空间激光与时频技术、信息光学、量子光学、激光与光电子器件、光学材料等。

上海光机所“十三五”期间发展定位为：围绕光电空间、基础前沿交叉、先进材料、信息等领域的国家重大需求，聚焦高功率激光、超强超短激光、空间激光与时频系统技术等战略必争方向，协同中国科学院优势力量，突破激光材料、核心器件、系统集成技术瓶颈，打通研发创新链，为神光高功率激光装置、上海超强超短激光实验装置的建设与发展，以及国家重大专项、载人航天与探月工程、中国科学院战略性先导科技专项（B类）等重大科技任务的实施提供系统性解决方案，成为我国激光科学前沿的开拓者、激光技术进步的领跑者，以及抢占国际激光科技制高点的重要战略创新力量。

上海光机所设有14个研究室，拥有国家重点实验室1个、“中国科学院-中物院”联合实验室1个、中国科学院重点实验室4个、上海市重点实验室1个。

上海光机所建成国内仅有、国际为数不多的兼具大能量短脉冲激光加载和主动探针光功能的“神光II”综合高功率激光装置、超强超短激光系统、新一代超强超短激光综合实验装置、激光原子冷却装置、空间全固态激光器件、激光与光电子功能材料研制平台，达到国际先进水平。

截至2019年底，上海光机所共有在职职工958人。其中科技人员838人、科技支撑人员120人，包括中国科学院院士6人、中国工程院院士1人、发展中国家科学院院士2人、研究员及正高级工程技术人员110人、副研究员及高级工程技术人员297人。

上海光机所是1981年国务院学位委员会批准的博士、硕士学位授予权单位之一，现设有物理学、光学工程、材料科学与工程3个专业一级学科博士研究生培养点，物理学、光学工程、材料科学与工程、科学技术史4个专业一级学科硕士研究生培养点，电子信息1个专业学位硕士培养点，设有物理学、光学工程、材料科学与工程3个专业一级学科博士后流动站；共有在学研究生511人（其中硕士生221人、博士生290人），在站博士后28人。在岗博导共有74名，硕导53名。

2019年，上海光机所共有在研项目501项（包括新增项目226项），其中，承担国家重大科技专项课题40项（新增21项）；主持国家重点研发计划项目1项、承担（或参加）课题21项；主持（或承担）家自然科学基金重大项目2项、重点项目4项、面上项目57项（新增23项）、重大研究计划重点项目1项、国家优秀青年基金项目1项；主持中国科学院战略性先导科技专攻（B类）项目1项、承担课题17项，承担中国科学院重点研究项目13项(新增5项)；主持科技部国际合作项目5项（新增2项），承担中国科学院重点国际合作项目3项；主持国家重大仪器研制项目1项，承担国家自然科学基金委重大仪器研制项目6项（新增1项），承担中国科学院仪器研制项目8项（新增5项），承担上海市科研项目103项（新增38项）。

2019年，上海光机所按照“一三五”规划，尤其是面向世界激光科技前沿和国家重大需求，加快推进重大项目进展与成果产出，科技竞争力持续增强。

在“突破一”聚变点火级激光驱动器关键技术与系统方面，A构型装置系统及分系统级获得验证。“高能皮秒拍瓦激光系统”获颁2018年度上海市科技进步奖一等奖。“大尺寸高性能激光偏振薄膜元件成套制备工艺技术及应用”项目获2018年度国家技术发明奖二等奖。激光反射膜在激光损伤阈值水平国际评比中第四次获得最佳结果。N41连熔钕玻璃片增益性能在线考核结果超出总体设计预期。国际上率先提出KDP/DKDP晶体长籽晶快速生长技术，并成功获得米级尺寸的长籽晶快速生长KDP晶体。

在“突破二”空间激光通信与时频系统技术方面，完成7个航天型号项目，交付正样产品15台（套）。北斗三号工程MEO21/MEO22星间激光链路，高分七号卫星激光器、微重力试验卫星激光器等成功发射。“天宫二号”空间冷原子钟圆满完成全部既定测试任务，团队获“中国载人航天工程突出贡献集体”，项目通过军队科技进步奖一等奖终评。北斗三号工程MEO11/MEO12成功在轨开展4万千米星间双向激光通信试验。测距敏感器激光器和三维成像敏感器光纤激光器助力嫦娥四号探测器成功着陆月球背面。高分专项激光多普勒测风雷达和环境探测技术项目顺利通过验收，并落实军民融合高分航空应用示范项目。

在“突破三”超强超短激光及其重大应用方面，国家重大科技基础设施项目“上海超强超短激光实验装置”（SULF）基本建成。成功研制6台重频100焦耳泵浦激光器，10拍瓦激光放大器重频大幅提升至3分钟一发，具备最高峰值功率达 12.9 拍瓦输出能力，再次刷新世界纪录。国家重大科研仪器研制项目“新一代超强超短激光综合实验装置”顺利通过验收。首次观察到基于激光加速的自由电子激光辐射非线性放大效应，并在激光尾波场电子加速、中红外新波段超强超短激光、激光驱动高次谐波产生等研究中取得了国际领先原创成果。

在“五个重点培育方向”，提出超强超短激光驱动新型光镊操控粒子束的新方案。首次在铌酸锂微腔中实现周期相位匹配的倍频转换。提出产生单个阿秒涡旋脉冲新方案等。以上成果发表在 *Physical Review Letters* 和 *Nature Communications* 等国际重要学术期刊。国际上首次实现分布式光纤声波传感三维定位。80 千米光纤链路时间信号传递精度达到国际领先的亚皮秒量级。落实空间站、天地一体化等高速激光通信终端任务，突破 20Gbps 相干通信技术。在机载高效高精度岛礁测绘方面取得重要进展。基于自研光纤和核心部件，单腔振荡光纤激光器实现 5 千瓦连续激光输出，单链路输出大于 10 千瓦。高功率窄线宽光纤放大器实现 3 千瓦输出（19GHz）和 1.5 千瓦模块批量供货。偏振无关合成光栅实现小批量生产和 40 千瓦光谱合成激光输出。

2019 年，上海光机所共申请专利 276 项（其中发明专利 266 项），获授权专利 165 项（其中发明专利 160 项），并有 1 项专利获得中国专利优秀奖。发表论文总数 643 篇，其中 SCI 论文 490 篇，IF ≥ 3 论文 212 篇。

2019 年，上海光机所继续推进院地合作及科技成果转移转化：启动建设杭州分所，积极把握长三角一体化发展的契机；南京研究院获得江苏省产研院研究所综合绩效考核第一名，上海先进激光创新中心被授予“上海市制造业创新中心”。

在条件建设方面，国家发展改革委“十二五”和上海基地一期等基建项目通过竣工验收；国家发展改革委“十三五”创新平台建设项目开工建设。

在国际合作方面，新增各部委国际合作经费资助 15 项，开展实质性国际合作。促进“一带一路”沿线国家合作，重点与白俄罗斯、俄罗斯、匈牙利、捷克等国家开展实质性合作，与俄罗斯科学院应用物理研究所共建激光联合实验室。2019 年共 3 名“中国科学院国际杰出学者”获奖者来上海光机所合作研究，新获批 2 名国际访问学者和 1 名博士后来所短期合作。

上海光机所是中国光学学会激光专业委员会、中国光学学会光学材料专业委员会、中国硅酸盐协会特种玻璃分会的挂靠单位；主办《中国激光》、《光学学报》、《激光与光电子学进展》、*Photonics Research*、*High Power Laser Science and Engineering*、*Chinese Optics Letters*、*Advanced Photonics* 7 本光学学术期刊。*Photonics Research* 位列 Q1 区（IF：5.522）。2019 年，在“中国科技期刊卓越行动计划”中，*Photonics Research*、*High Power Laser Science and Engineering* 入选重点期刊类项目，*Chinese Optics Letters*、《光学学报》、《中国激光》入选梯队期刊类项目，并获得了高水平学术期刊集群化试点等共 6 个项目。

2019 年，上海光机所在深入开展“不忘初心、牢记使命”主题教育中，党建组织力持续提升。实施“一门通办”，落实机关“首问责任制”。第十二次获评上海市文明单位。获批全国第七家、上海市首家国家科研科普基地。

（撰稿：李沙沙　审稿：薛慧彬）

上海硅酸盐研究所

所　　长： 宋力昕
地　　址： 上海市长宁区定西路 1295 号（长宁园区）；
上海市嘉定区和硕路 585 号（嘉定园区）
邮政编码： 200050；201899
电　　话： 021-52412990；021-69906002
传　　真： 021-52413903；021-69906700
电子信箱： siccas@mail.sic.ac.cn
网　　址： http://www.sic.ac.cn

中国科学院上海硅酸盐研究所（以下简称“上海硅酸盐所”）渊源于 1928 年成立的中央研究院工程研究所。1959 年独立建所，定名为中国科学院硅酸盐化学与工学研究所。1984 年更名为中国科学院上海硅酸盐研究所。

上海硅酸盐所是集材料前沿探索、高技术创新、应用发展研究为一体的无机非金属材料科研机构，形成了“基础研究—应用研究—工程化、产业化研究”有机结合的较为完备的科研体系。学科方向是先进无机材料科学与工程，主要研究领域涵盖高性能结构陶瓷、功能陶瓷、透明陶瓷、陶瓷基复合材料、人工晶体、无机涂层、能源材料、生物材料、古陶瓷及先进无机材料性能检测与表征等，是国内该领域科学研究单位中门类最为齐全的研究所。

上海硅酸盐所全面贯彻落实中国科学院“三个面向”、“四个率先”的新时期办院方针，紧密围绕特色所的定位与目标，聚焦先进制造、能源、信息、环境与健康、国防工业等重点应用领域，开展先进无机与无机基材料、器件与系统的基础性、战略性、前瞻性关键科学问题研究，实现核心材料、关键技术与产品化的重大突破，持续提供重大创新性理论和技术创新成果，力争建设成为国际一流的科研机构。

上海硅酸盐所设有高性能陶瓷和超微结构国家重点实验室、中国科学院特种无机涂层重点实验室、中国科学院透明光功能无机材料重点实验室、中国科学院无机功能材料与器件重点实验室、中国科学院能量转换材料重点实验室、古陶瓷科学研究国家文物局重点科研基地（古陶瓷多元信息提取技术及应用文化部重点实验室），以及结构陶瓷与复合材料工程研究中心、人工晶体研究中心、透明陶瓷研究中心、生物材料与组织工程研究中心、古陶瓷与工业陶瓷研究中心等科研部门；无机材料分析测试中心、信息情报中心等技术支撑部门；中试基地、西卡思新技术总公司、佛山市陶瓷研发中心、湖州新材料创新中心、慈溪生物材料表面工程中心等所办企业与分支机构。

截至2019年底，上海硅酸盐所共有在职职工760人。其中，专业技术人员682人，包括中国科学院院士2人、中国工程院院士3人、发展中国家科学院院士1人、研究员及正高级工程技术人员116人、副研究员及高级工程技术人员221人。

上海硅酸盐所是国内首批国务院学位委员会批准的博士、硕士学位授予权单位之一，现设有材料科学与工程一级学科、物理化学二级学科博士研究生培养点，材料科学与工程、化学、材料与化工3个专业一级学科硕士研究生培养点，并设有材料科学与工程学科博士后流动站；共有在学研究生492人（其中硕士生228人、博士生264人），在站博士后35人。

2019年，上海硅酸盐所共有在研项目425项（包括新增项目115项）。其中，主持（或承担）国家自然科学基金重点项目8项（新增4项）、面上项目74项（新增19项）、国家杰出青年科学基金项目2项；主持或承担国家重大科技专项8项（新增1项）；主持或承担国家重点研发计划31项（新增2项）；主持（或承担）（科技部、国家自然科学基金委、财政部和院）重大仪器研制项目0项；主持（或承担）中国科学院战略性先导科技专项课题14项（新增4项）；主持(或承担)院重点部署项目14项(新增3项)、承担重点国际合作项目6项（新增2项）；承担院地合作项目8项（新增4项）。

2019年，上海硅酸盐所以习近平新时代中国特色社会主义思想为指导，深入学习贯彻党的十九大和十九届二中、三中、四中全会精神，贯彻落实党中央、国务院与中国科学院党组重要决策部署，深入实施“率先行动”计划，紧紧把握上海科创中心建设与长三角一体化发展战略带来的机遇，认真谋划新一轮发展，深入推进各项改革举措，取得一批具有重要影响力的科研成果，各项重点工作圆满完成。

2019年，上海硅酸盐所紧密围绕国家重大战略需求，深入推进“一三五”规划实施，聚焦“三重大”成果产出，在基础与前瞻性研究、高技术研究与产业化等方面取得了一系列重要进展，对国家经济建设和重大战略需求的支撑功能进一步提升。首次开发出基于Ag2S柔性半导体的新型高性能无机柔性热电材料和器件，成果发表在*Energy & Environmental Science*上；设计制备的铜修饰氮化碳材料实现常温常压下甲烷光催化直接转化乙醇，产率高达106μmol/（g·h）（国际报道最优值），成果发表在*Nature Communications*上；发现了比肩商用Pt催化剂活性且具有更优异长期使用稳定性的ZrN纳米颗粒，成果发表在*Nature Materials*上。为中华人民共和国成立70周年阅兵式11项国之重器，提供了12种关键材料和部件，为实现我国重点装备关键材料的自主可控做出重要贡献。研制的轻量化碳化硅光学部件、复合材料支撑构件、热控涂层、陶瓷毛细芯、超高Q值微波介质材料等关键材料和部件，成功应用于高分七号、北斗三号等国家重大工程。建成10吨级连续氧化铝纤维纺丝溶胶制备平台和莫来石连续纤维工程线，实现批量制备。研制的高强、高光学质量透明陶瓷在相关比测中获得第一名。2019年获得省部级以上科技奖励合计6项，其中，“考古现场脆弱性文物临时固型提取及其保护技术”获2019年国家科技进步奖二等奖（第二单位）；“骨植入用钛合金抗菌和成骨性能调控及机制”、“面向高功率储能应用的高性能电极材料的结构设计与性能调控”获2019年上海市自然科学奖一等奖。2019年发表SCI论文（第一单位第一作者）426篇，影响因子IF＞10的73篇；申请专利250件，授权专利167件，其中国外授权专利5件；发布各类标准61项，其中国家标准10项、行业标准6项，地方标准1项。

2019年，上海硅酸盐所总体作价6000万元与浙江能源集团成立科创型企业，建设MWh级锌离子储能电池生产线。与企业签订3000万元YAG透明陶瓷转让协议和5000万元大尺寸、高光学质量尖晶石透明陶瓷合作研发协议。作价2600万元与横店集团合作实现低温共烧陶瓷转化落地。自主设计的100MWh钠镍电池示范产业线实现全线贯通和小批量化连续制造，使我国成为继美国和意大利后第三个掌握该项技术的国家。实现BGO晶体核医学影像市场用量增加和总产值稳定，突破新型BGO-PET晶体阵列研制关键技术。上海硅酸盐所现拥有上海硅酸盐所中试基地、上海西卡思新技术总公司等11家投资公司。

2019年，上海硅酸盐所全年实际因公出访团组130批202人次，接待国际知名科研机构、大学、企业等共166个团组226人次来所访问交流等。分别与白俄罗斯科学院固体与半导体物理所、俄罗斯科学学院乌拉尔分院电物理所新签合作协议28项。召开新型压电材料与声学器件国际研讨会等6次国际会议。获批国际合作项目、国际人才计划等经费合计2127万元。

上海硅酸盐学会、上海硅酸盐工业协会、上海古陶瓷科学技术研究会和中国空间科学学会空间材料专业委员会挂靠在上海硅酸盐所。上海硅酸盐所主办的《无机材料学报》连续多年入选“中国百强科技期刊”、“中国最具国际影响力学术期刊”。与自然出版集团合作出版的*npj Computational Materials*（《npj-计算材料学》）影响因子9.200，在计算材料领域国际排名第一。

（撰稿：毛朝梁　仲　鹤　审稿：杨建华）

上海有机化学研究所

所　　长： 唐　勇
地　　址： 上海市徐汇区零陵路345号
邮政编码： 200032
电　　话： 021-54925000
传　　真： 021-64166128
电子信箱： sioc@mail.sioc.ac.cn
网　　址： http://www.sioc.ac.cn

中国科学院上海有机化学研究所（以下简称“上海有机所”）于1950年5月在“中央研究院化学研究所”（建于1928年）、北平研究院化学研究所与药物研究所的基础上成立，名为中国科学院有机化学研究所。1970年，经中国科学院和上海市革委会批准改为现名。

根据中国科学院新时期“三个面向”、“四个率先”办院方针要求，上海有机所战略定位为：立足基础交叉前沿领域，坚持重大科学问题和国家重大需求导向，发挥有机合成化学的创造性，加强与生命科学、材料科学的交叉与融合；致力于推动我国化学转化方法学、化学生物学、有机新材料创制科学等重点学科领域的发展；在有机化学基础研究、新医药农药和高性能有机材料创制方面实现新的突破；引领有机化学学科前沿的发展，满足国家战略需求，服务国民经济主战场；将上海有机所建设成为国际一流的有机化学研究中心。

上海有机所努力实现三个方面的重大突破，即高性能聚烯烃材料制备的关键科学、技术与应用；化学理念指导的菌种改造和微生态系统构建的集成性研究与应用；高性能有机氟材料的关键科学、技术与应用。在实现三个方面的重大突破的同时，重点培育五个学科发展方向与发展领域：导向绿色合成的新一代催化转化；

导向药物发现的复杂天然产物全合成和系统化学生物学研究；重要医药、农药的核心制备科学、技术与应用；高性能有机功能材料的结构设计、合成与应用；含能及推进剂关键材料的研究与开发。

上海有机所现有2个国家重点实验室、4个中国科学院重点实验室，分别为：生命有机化学国家重点实验室、金属有机化学国家重点实验室、中国科学院有机氟化学重点实验室、中国科学院天然产物有机合成化学重点实验室、中国科学院有机功能分子合成与组装化学重点实验室和中国科学院能量调控材料重点实验室。此外，还有同国内外大学、企业联合共建的多个联合研究中心。

截至2019年底，上海有机所共有在职职工689人。其中科技人员539人、科技支撑人员90人，包括中国科学院院士8人、研究员及正高级工程技术人员89人、副研究员及高级工程技术人员131人。

上海有机所是1981年国务院学位委员会批准的博士、硕士学位授予单位之一，1998年被批准为化学一级学科博士学位授予单位。现化学一级学科下设有机化学、分析化学、高分子化学与物理、化学生物学4个二级学科研究生培养点；1个细胞生物学二级学科博士培养点；化学工程、材料工程、生物工程3个专业硕士领域培养点。并设有1个化学专业一级学科博士后流动站。共有在学研究生653人（其中硕士生359人、博士生294人），在站博士后43人。

2019年，上海有机所共有在研项目447项（包括新增项目125项）。其中，主持（或承担）国家自然科学基金重点项目14项（新增2项）、面上项目88项（新增18项）、国家杰出青年科学基金项目8项（新增2项）；主持或承担国家重大科技专项5项（新增1项）；主持或承担国家重点研发计划21项（新增3项）；主持（或承担）中国科学院战略性先导科技专项课题6项（新增1项）；主持（或承担）院重点部署项目2项（新增1项）、承担重点国际合作项目2项（新增2项）；承担院地合作项目5项（新增5项）。

2019年，上海有机所获国家自然科学奖二等奖1项、国家科技进步奖二等奖（合作）1项、军队科学技术进步奖1项、上海市自然科学奖一等奖2项、上海市自然科学奖二等奖1项、上海市国际科技合作奖1项等多个奖项。基础研究方面：发现了一种低成本、高度可预测性、高通量改造有机分子结构并直接应用于生物活性功能筛选的方法，该研究成果发表在*Nature*上，并被学术同行高度评价，入选*Nature*期刊2019年度世界十大杰出论文（唯一的化学研究工作），被美国化学会《化学和工程新闻》（*Chemical & Engineering News*）称为2019年度全球化学领域三个轰动性（sensational）合成工作之一；如何调控自由基攫氢并控制后续反应的选择性（尤其是相似碳氢键的选择性攫氢）是合成化学中极具挑战性的科学问题之一，上海有机所研究团队揭示了金属调控的自由基选择性攫氢新机制，实现了高区域、高对映体选择性的烯丙位氰化反应，发展了烯烃sp3 C-H键的精准转化，该研究成果在*Nature*上发表，是该研究团队在前期不对称苄位C-H键氰化反应研究基础上的又一重大突破。在应用基础研究（成果转化）方面：研发了第二代拥有完全自主知识产权的催化剂技术，与企业合作成功建成世界首套CO_2合成DMF的千吨级工业示范装置；发展了从乙烯直接聚合制备具有超支化新结构的聚乙烯油的新型高效催化剂体系，活性比现有体系提升1万倍且聚乙烯结构可控，已经完成了3000吨聚乙烯油生产工艺包设计并启动建设，预计2020建成工业示范线；完成了全球首例铜基催化乙炔法合成氯乙烯的万吨级工业试验，对我国履行《水俣公约》具有重大意义；攻克了被称为“最难制备的两个抗肿瘤药物之一”的曲贝替定的高效合成路线，并实现工业化生产。发现多个药物先导化合物，其中两个候选药物分别在欧洲和中国进入一期临床试验。在国防科技创新方面：含氟润滑油、陀螺油、有机温控涂层、高效燃速调节剂等先进材料取得了突破，满足了国家相关需求。

2019年，上海有机所以第一单位共发表214篇SCI论文，影响因子≥10的论文有66篇，其中I区文章（影响因子≥*Angew. Chem. Int. Ed.*，12.257）的论文有53篇，包括*Nature* 2篇、*Nat. Chem.* 2篇、*Chem. Rev.* 和 *Accounts Chem. Res.* 各1篇、*J. Am. Chem. Soc.*18篇，

Angew. Chem. Int. Ed. 24 篇；共申请发明专利 98 项，授权专利上升明显，达到 51 项；软件著作权登记 5 项，累计 78 项。截至目前，维持有效专利 294 项。在 *Nature* 发布的自然指数（Nature Index）排名中，上海有机所连续 7 年位列中国科学院所属研究所第二名，有机化学领域全国排名第一。

上海有机所学术交流持续活跃，保持多年来的良好态势，2019 年出访为 136 人次（含学生出访），来访 130 余人次。共邀请外籍专家学者做学术报告 90 余场次。目前有 7 人在 7 个国际组织担任联合主席、执行委员、咨询委员、理事等职务，4 人在 6 个国际会议中担任国际顾问委员会成员，12 人在 16 种国际学术刊物中担任主编、副主编职务。受中国化学会委托，上海有机所负责编辑出版《有机化学》、《化学学报》和《中国化学》（英文版）。

（撰稿：黄智静　蔡正骏　审稿：胡金波）

上海应用物理研究所

所　　长：戴志敏
地　　址：上海市嘉定区嘉罗公路 2019 号（嘉定园区）
邮政编码：201800（嘉定园区）
电　　话：021-59553998
传　　真：021-59553021
电子信箱：sinap00@sinap.ac.cn
网　　址：http://www.sinap.cas.cn

中国科学院上海应用物理研究所（以下简称“上海应物所”）成立于 1959 年，原名中国科学院上海原子核研究所，2003 年 6 月经国家批准改为现名。拥有上海嘉定、甘肃武威两大园区，嘉定园区（约 400 亩）是先进的核能科技及核技术应用（非核）研究基地，在建的武威园区（1000 亩）将成为先进核能实验基地及低碳新能源示范基地。

上海应物所是综合性核技术科学研究机构，以钍基熔盐堆核能系统、高效能量存储与转换等先进能源科学技术为主要研究方向，同时兼顾核技术在环境、健康、材料领域的若干前沿应用研究，以期将研究所建成引领钍基熔盐堆核能系统研发的国际知名核科学技术研究机构。

上海应物所承担中国科学院战略性先导科技专项“未来先进核裂变能——钍基熔盐堆核能系统（TMSR）”，总体目标是用 20 年左右时间研发第四代的裂变反应堆核能系统以及钍铀循环技术，达到工业应用。上海应物所还承担国家重大科技基础设施项目——X 射线自由电子激光试验装置和用户装置工程，中国科学院“变革性洁净能源”战略性科技先导专项以及基金委重大项目等国家重要科研任务。上海应物所拥有中国科学院微观界面物理与探测重点实验室和上海市低温超导高频腔技术重点实验室。建有核能科学分析测试中心（CNAS 实验室）、辐射安全监测中心（CMA 实验室）、环境与化学实验室（CMA 实验室）、核电仪表辐照实验室（CNAS 实验室）、放射性药物研究开发中心和放射性标记平台（甲级）等第三方检测实验室和研发中心。

截至 2019 年底，上海应物所共有在职职工 609 人。其中科技人员 384 人、科技支撑人员 120 人，包括中国科学院院士 1 人、研究员及正高级工程技术人员 59 人、副研究员及高级工程技术人员 137 人。

上海应物所是 1981 年国务院学位委员会批准的博士、硕士学位授予权单位之一，现设有物理学、核科学与技术 2 个专业一级学科博士研究生培养点及无机化学二级学科博士研究生学位培养点，粒子物理与原子核物理、光学、核能科学与工程、核技术及应用、无机化学、高分子化学与物理、生物物理学、光学工程、信号与信息处理、电磁场与微波技术、能源动力、电子信息、生物与医药 13 个专业二级学科硕士研究生培养点，并设有物理学、核科学与技术 2 个专业一级学科博士后流动站；共有在学研究生 479 人（其中硕士生 195 人、博士生 284 人）。

2019 年，上海应物所共有在研项目 399 项（新增项目 95 项）。其中，主持（或承担）国家自然科学基金重点项目 1 项（新增 1 项）、面上项目 58 项（新增 11 项）；主持或承担国家重点研发计划 26 项（新增 2 项）；主持或承担基地和人才专项 1 项；主持（或承担）科技部、国家自然科学基金委、财政部和院重大仪器研制项目 2 项；主持（或承担）中国科学院战略性先导科技专项课题 4 项。

2019 年是上海应物所建所 60 周年，也是上海光源划转后研究所学科方向重大调整和深化改革的转折之年。新一届领导班子成立后，完成学术委员会和其他所级机构的调整，进一步凝练目标并制订新的“一三五”规划，形成基于“核·能”的熔盐堆、钍铀燃料循环、核能综合利用、核技术应用“3+1 板块”学科布局，确立科研与产业“两条腿走路”、应物所与核创院融合发展的战略，实现上海光源划转后的平稳过渡。

2019 年，上海应物所积极推进钍基熔盐堆核能系统（TMSR）先导专项的实施和先进核能创新研究院的建设，在优化发展战略、突破关键技术、打造核心能力、推进 2MWt 液态燃料钍基熔盐实验堆（TMSR-LF1）工程建设等方面取得扎实进展。TMSR-LF1 按计划推进并取得阶段性成果：装置工程方面，取得国家核安全局对核安全级设备设计和制造的特许，全面启动关键材料和设备加工制造，计划 2020 年中启动堆本体总装，11 月联调；安全审查方面，完成初步安分报告，经过两批审评问题和两批审评工作单、累计 660 余个问题的答复，通过了建造环评技术审查，预计年底获得国家核安全局颁发的实验堆建造许可证；全面启动甘肃武威园区建设工作，主体建筑取得施工许可证并开工（堆厂房基础除外），完成堆厂房基坑和底板钢筋并通过核安全局基坑验槽检查，计划 2020 年 3 月完成实验堆厂房第一罐混凝土浇筑。建成世界首座 TMSR 缩比仿真堆，全面进入调试阶段，成功开展系列 TMSR 相关技术的验证工作。“核能非电综合利用”项目进展顺利，建成了世界上第一台氯盐不锈钢高温熔盐储能装置，完成 100MWh 超高温熔盐储能示范项目和 2MW 高温制氢示范项目设计可研报告的编制，正在深入开展初步设计工作。谋划长远发展，积极建议与争取国家重大科技基础设施“十四五”项目——“钍基熔盐堆研究设施”，为研究所未来发展成为世界一流的核科学技术研究机构奠定坚实基础。

2019 年，上海应物所面向国民经济主战场，积极推进科研成果的产业化与科技企业建设，加强所投资控股企业管理。在 TMSR 实施推进过程中形成一系列可转移转化的知识产权成果，如熔盐储能、高温制氢、放药平台等。2019 年，上海联和日环能源科技有限公司与上海嘉定工业区开发（集团）有限公司成立上海氢程科技有限公司，并设立全资子公司——武威联和日环能源科技有限公司；上海深景医药科技有限公司和青岛中科汉缆高分子材料有限公司进入正常运营发展阶段。首台国产质子治疗示范装置研制工作进展顺利，加速器系统已完成设备安装和软硬件系统联调、加速器主要性能调试，整体性能、主要参数全部达到和好于设计指标，满足治疗系统要求。

2019 年，上海应物所围绕研究所重点工作和中心任务，加强国际科技合作。积极拓展渠道争取资源，提升研究所国际影响力和竞争力。先进核能创新研究院与美国麻省理工学院（MIT）、俄罗斯门捷列夫化工大学、英国曼彻斯特大学、加拿大核科学实验室签订了合作协议；与上海市计量测试技术研究院、罗马尼亚国立低温与同位素技术研究所合作成立了氚碳科技联合实验室。先进核能创新研究院制定的核石墨构件失效评定方法通过了美国机械工程师协会（ASME）委员会的最终审核。推进中国科学院-亥姆霍兹自由电子激光联合实验室建设，是我国在发达国家设立的第一个联合研究单元，具有重大的里程碑意义。

上海应物所是上海市核学会、中国核学会辐射研究与辐射工艺学分会的挂靠单位；主办《核技术》、《核科学与技术》（英文版）、《辐射研究与辐射工艺学报》等学术刊物。

（撰稿：周 桦 蔡 雨 审稿：戴志敏）

上海天文台

台　　长：沈志强

地　　址：上海市徐汇区南丹路 80 号

邮政编码：200030

电　　话：021-64386191

传　　真：021-64384618

电子信箱：shao@shao.ac.cn

网　　址：http://www.shao.ac.cn

中国科学院上海天文台（以下简称“上海天文台”）是中国科学院下属的天文研究机构，成立于1962年。其前身是1872年建立的徐家汇天文台和1900年建立的佘山天文台。现有徐家汇园区和佘山科技园区以及位于上海松江佘山地区的天文观测台站，总部在徐家汇。

上海天文台以天体物理和天文地球动力学为主要学科方向，积极发展现代天文观测技术和时频技术，在面向世界科技前沿方面取得了一系列原创性成果，在导航定位和深空探测等国家战略需求中发挥了重要作用。上海天文台拥有甚长基线干涉测量（VLBI）观测台站（包括佘山25米射电望远镜和65米天马望远镜）、国际VLBI网数据处理中心、1.56米光学望远镜、60厘米卫星激光测距望远镜、全球定位系统等多项现代空间天文观测技术和国际一流的观测基地和资料分析研究中心，是世界上同时拥有这些技术的7个台站之一。上海天文台是中国VLBI网和中国激光测距网的负责单位。

截至2019年底，上海天文台共有在职职工411人。其中科技人员228人、支撑和管理人员54人、博士后11人、科研辅助人员118人，包括中国科学院院士1人、中国工程院院士1人、研究员及正高级工程技术人员67人、副研究员及高级工程技术人员17人。

上海天文台是1981年国务院学位委员会批准的博士、硕士学位授予权单位之一。现设有天文学1个一级学科博士培养点，天体物理、天体测量与天体力学、天文技术与方法3个专业的二级学科博士培养点；现设有天文学1个一级学科硕士培养点，天体物理、天体测量与天体力学、天文技术与方法、仪器仪表工程4个专业的二级学科硕士培养点；并设有天文学1个一级学科博士后流动站，天体物理、天体测量与天体力学、天文技术与方法3个专业的二级学科博士后流动站。截至2019年底，共有在学研究生232人（其中硕士生70人，博士生102人，另有60名联合培养人员）。

截至2019年底，上海天文台在研课题817项（包括新增项目193项）。其中科技部项目新增8项，国家自然科学基金委项目31项，上海市项目21项，军工项目40项，中国科学院项目41项，台部署课题12项，其他课题40项。申请发明专利8项，获得授权发明专利4项。2019年共发表论文共计282篇，包括核心期刊论文252篇（其中SCI/EI期刊论文189/11篇）。被SCI论文独立引用982次。

2019年，上海天文台圆满完成了牵头承担的探月工程嫦娥四号探测器甚长基线干涉测量（VLBI）测轨任务，5位研究员作为参研参试人员代表受到党和国家领导人会见，6名同志获得“探月工程嫦娥四号任务突出贡献者”称号，“上海天文台VLBI测轨分系统团队”获得探月工程嫦娥四号任务突出贡献单位。上海天文台积极承担北斗三号信息处理系统、激光测距分系统和时间频率系统等研制工作，为北斗导航全球组网做出了重要贡献。

2019年，上海天文台通过院市合作主持的“上海65米射电望远镜系统研制”项目获2018年度上海市科技进步奖特等奖。上海天文台牵头组织国内学者参与事件视界望远镜（EHT）国际合作（来自中国大陆的16人中有8位是上海天文台科研人员），获得首张黑洞照片，EHT合作成员获2020年基础物理学突破奖。牵头开展的中国平方千米阵列射电望远镜（SKA）区域中心的筹备工作取得了一系列实质性成果，建成了世界上首台SKA区域中心原型机，出色地承办了2019年SKA上海大会（第六届SKA工程大会）。承担了空间站光学平台精测模块任务，提出了搜寻地球2.0的空间科学卫星计划，在探索宇宙的征途上不断前进。积极融入粤港澳大湾区建设，上海天文台和紫金山天文台联合与澳门科技大学共同支持中国科学院行星科学重点实验室和澳科大月球与行星科学国家重点实验室之间的战略合作，双方于2019年4月2日在澳门科技大学举行战略合作框架协议签订仪式。

上海天文台积极融入上海市科创中心建设，加强院市合作，争取地方支持。SKA区域中心方案建设和上海市空间天文与技术研发平台建议被列入上海市科创中心建设2020年重点工作清单，上海市科委支持重大项目上海天文底片数字化正式启动，上海天文博物馆（佘山天文台）升级改造纳入到上海市科委和松江区政府重大支持项目。

2019年，上海天文台出访330人次，来访

185 人次，举办国际会议 6 次，获得院国际人才项目 10 项，新签国际合作合同 3 项。紧密围绕国际大科学工程SKA的区域中心总体建设目标，开展国际合作。上海天文台参加了 SKA 先导望远镜 MWA 国际组织，已逐步培养出一支针对 SKA 首要科学目标的具有国际竞争力的科学研究和技术队伍。上海天文台和德国马普天体物理研究所共同成立了马普伙伴小组，这是上海天文台第五个马普伙伴小组。

上海天文台是上海市天文学会的挂靠单位；负责主办《天文学进展》期刊。上海天文台是全国科普教育基地、全国青少年科技基地、上海市青少年教育基地和上海市科普教育基地。

（撰稿：朱　洁　张天佩　审稿：沈志强）

分子细胞科学卓越创新中心

主　　任： 刘小龙
地　　址： 上海市岳阳路 320 号
邮政编码： 200031
电　　话： 021-54920000
传　　真： 021-54921011
电子信箱： sibcb@sibcb.ac.cn
网　　址： http://www.sibcb.ac.cn

中国科学院分子细胞科学卓越创新中心（以下简称“分子细胞卓越中心”）成立于 2015 年，是中国科学院实施“率先行动”计划，在分子细胞科学领域设立的卓越创新中心，依托中国科学院原上海生命科学研究院生物化学与细胞生物学研究所（简称“生化与细胞所”）建设及管理。2016 年中国科学院作出院深化上海生命科学研究院改革决策部署，分子细胞科学卓越创新中心 / 生化与细胞所计划单列运行，2019 年中心获批国家事业单位法人。原生化与细胞所成立于 2000 年 5 月，由中国科学院原上海生物化学研究所与中国科学院原上海细胞生物学研究所依据中国科学院“知识创新工程”实施方案整合而成。上海生物化学研究所的前身是 1950 年成立的中国科学院生理生化研究所“生化大组”，后于 1958 年独立建所，名为生物化学研究所。上海细胞生物学研究所的前身是 1950 年成立的中国科学院实验生物研究所“发生生理研究室”，1953 年其他研究室独立建所，发生生理研究室沿用实验生物研究所名，直至 1978 年更名为上海细胞生物学研究所。

分子细胞卓越中心致力于生命科学前沿基础研究，依托分子生物学国家重点实验室、细胞生物学国家重点实验室、中国科学院蛋白质科学研究中心（上海）三大研究集群，主要涵盖基因调控、RNA 与表观遗传学，蛋白质科学，细胞信号转导，细胞与干细胞生物学，癌症和其他重大疾病机理等五大研究领域。

截至 2019 年底，中心拥有在职职工 446 人。其中科技人员 271 人、科技支撑人员 114 人，包括中国科学院院士 10 人、发展中国家科学院院士 5 人、研究员及正高级工程技术人员 72 人、副研究员及高级工程技术人员 61 人。2019 年中心新进职工 62 人。

分子细胞卓越中心现有生物学、基础医学 2 个一级学科培养点和生物工程 1 个二级学科培养点；生物学有生物化学与分子生物学、细胞生物学、发育生物学、生物信息学 4 个博士学位授权点，基础医学有免疫学博士学位授权点；共有在学研究生 662 人（其中硕士生 174 人、博士生 384 人、专业硕士 25 人、与上科大联培生 79 人），在站博士后 91 人，另代管上海科技大学博士后 61 人。

2019 年，分子细胞卓越中心现有在研项目 392 项（包括新增项目 85 项）。其中，主持（或承担）国家自然科学基金重点项目 25 项（新增 6 项）、面上项目 70 项（新增 15 项）、国家杰出青年科学基金项目 9 项（新增 1 项）、国家自然科学基金重大研究计划重点项目 4 项（新增 1 项）；主持或承担国家重大科技专项 3 项（新增 3 项）；主持或承担国家重点研发计划 23 项（新增 7 项）；主持（或承担）国家重大科学研究计划项目 1 项、承担（或参加）课题 3 项；主持（或承担）中国科学院战略性先导科技专项课题 60 项（新增 11 项）；承担重点国际合作项目 6 项（新增 2 项）。

2019 年，分子细胞卓越中心前沿基础研究重大成果不断，在表观遗传调控与功能、细胞谱系建立与细胞命运调控、非编码 RNA 结构与功能、肿瘤代谢和发育生物学等领域取得新突破。揭示环形 RNA 在天然免疫过程中的重要功能，为环形 RNA 代谢和功能研究奠定了重要基础，也为炎症性自身免疫病系统性红斑狼疮的发病机制提出了环形 RNA 参与的新型机制，成果发表于 *Cell*。揭示一种全新的 DNA 修饰 5gmC，以及由维生素 C 介导的一种全新的酶活反应类型，阐述了 CMD1 及其催化产物 5gmC 在光合作用过程中的重要调控功能，丰富了对 DNA 修饰多样性的认识，成果发表于 *Nature*。揭示尿苷二磷酸葡萄糖抑制肺癌转移的新功能，为肺癌转移的监测和阻断提供了新的靶点和生物标志物，成果发表于 *Nature*。小鼠早期胚胎发育过程中全胚层谱系发生的时空转录组图谱问世。此数据库是目前国际上关于小鼠原肠运动时期最全面、最完整的交互性时空转录组数据库，为理解胚层谱系建立及多能干细胞的命运调控机制提供了翔实的数据和崭新的思路，是对经典发育生物学层级谱系理论的重大修正和补充，成果发表于 *Nature*。发现精子发育过程中蛋白质翻译激活重要机制，不仅为解析精子形成过程中“转录-翻译解偶联”谜团提供了新线索，还将有助于解析精子形成障碍的致病机理，并为相关男性不育症的相关诊断治疗提供理论依据和方法技术，成果发表于 *Cell*。

2019 年，分子细胞卓越中心以第一单位 / 通讯作者发表高水平论文 161 篇；IF ≥ 10 的代表性论文 64 篇，其中 *Nature* 5 篇、*Cell* 4 篇、*Nature Genetics* 1 篇、*Cancer Cell* 1 篇、*Circulation* 3 篇、*Immunity* 2 篇、*Cell Stem Cell* 2 篇。“细胞属性转变的基础和应用研究”获上海市自然科学奖一等奖。“小鼠早期胚胎全胚层时空转录组及三胚层细胞谱系建立的分子图谱”入选 2019 年度中国生命科学十大进展。全年申请中国专利 36 项、国外专利 12 项；授权中国专利 14 项、国外专利 4 项。增加 28 项横向项目，其中技术转让项目 11 项、技术开发项目 4 项。签订的四技合同金额 2.46 亿元，其中“一种新的肿瘤免疫治疗方法”独占实施许可协议金额达 1.54 亿元。

2019 年，分子细胞卓越中心积极推进“基因组标签计划（GTP）”，发起和主导的基因组标签计划获得上海市“科创行动”重大项目两期共计 3000 万元支持，已成功制备 700 多个标签细胞系和 160 多个标签小鼠品系，供国内外 89 个研究团队使用，在国内外蛋白质功能研究中被广泛应用。中心与苏州工业园区共建的苏州研究院顺利起航，向上争取纵向竞争经费近 9000 万元。其中技术孵化与转化平台围绕“培育伙伴项目、孵化成功企业”，形成了专业的、全方位的综合孵化中心；技术研发服务平台初具对外服务能力；作为省重大科研设施预研筹建的细胞科学与应用设施预研项目通过申报评审即将启动；苏州研究院建设项目（一期工程）已实质性启动，各项工作稳步推进。

分子细胞卓越中心积极推进国际交流与合作，2019 年新增国际合作项目 1 项，合同经费 210 万元；派遣学术交流 196 人次，来访接待 365 人次。科研人员在国际和国内的学术组织任职人员 14 人次，国内外学术期刊任职 105 人次。

分子细胞卓越中心是中国生物化学与分子生物学会、中国细胞生物学学会、上海生物化学与分子生物学学会、上海细胞生物学学会的挂靠单位；并主办 *Cell Research*、*Cell Discovery*、*Acta Biochimica et Biophysica Sinica*、*Journal of Molecular Cell Biology* 等英文学术期刊和《生命的化学》、《中国细胞生物学学报》等中文期刊。其中 *Cell Research*（《细胞研究》）最新影响因子为 17.848，继续在中国期刊中排名第一，在 SCI 收录的 193 种同领域的国际期刊中位列第 7，入选 2019 年北京国际图书博览会“庆祝中华人民共和国成立 70 周年精品期刊展”。*Cell Research* 等三份期刊连续 8 年入选中国最具国际影响力学术期刊。

（撰稿：钱可扬　陈蓓蓓　审稿：倪福弟）

分子植物科学卓越创新中心

主　　任：韩　斌

地　　址：上海市枫林路 300 号

邮政编码：200032

电　　话：021-54924000

传　　真：021-54924015

电子信箱：sippe@sippe.ac.cn

网　　址：http://www.sippe.ac.cn

中国科学院分子植物科学卓越创新中心（以下简称“分子植物卓越中心”）基于植物生理生

态研究所而新建的实体化运作的四类机构。植物生理生态研究所系由原中国科学院上海植物生理研究所与原中国科学院上海昆虫研究所于1999年5月19日整合而成。

分子植物卓越中心将聚焦植物遗传、发育、生理及其与环境互作的重大基础科学问题及科技前沿，开展原创性、系统性的基础和应用基础研究，建设成为国际一流的植物分子科学研究中心，为现代农业、生态环境和人民健康服务。按照"一体两翼"（以分子植物科学为主体，促进与昆虫科学和合成生物学为两翼的交叉研究）的学科建设模式，全力巩固、发展各自学科优势与特色，推进交叉集成、联合攻关，进一步充实提升已有优势领域，形成更加有效地服务于发展战略定位、核心竞争力更加突出的创新团队。

分子植物卓越中心科研机构设置主要包括：植物分子遗传国家重点实验室、中国科学院合成生物学重点实验室、中国科学院昆虫发育与进化生物学重点实验室、光合作用与环境生物学实验室、中国科学院国家基因研究中心和中国科学院上海植物逆境生物学研究中心等。

在重点保障卓越中心、先导专项、各类重大项目需求，统筹现有仪器设备和新增仪器设备需求的原则下，确定了在不断补充完善现有五大技术平台，即植物细胞成像和超微结构分析平台、蛋白质组学和代谢组学平台、植物基因和功能基因组平台、生物信息学平台、化学生物学平台等技术平台短板的基础上，新建植物营养平台、光合作用机制研究平台和植物-微生物互作平台3个平台，并据此编制了2019—2021年修购专项仪器设备类规划。

分子植物卓越中心辰山园区5000平方米建设用地取得土地证，被国家发展改革委列入中国科学院"十三五"科教设施上海科技创新中心协同创新交叉研究平台和上海市重点建设项目的"分子植物科学前沿及逆境生物学创新平台项目"初步设计方案获批，项目总投资为12 454万元，其中国家发展改革委投资9963万元，自筹资金2491万，项目于2019年9月29日开工建设。

2019年，中国科学院上海昆虫博物馆紧紧围绕"昆虫科学普及"开展各项工作，为上海的科普事业贡献力量，先后获市级及以上集体荣誉7项，个人荣誉5项。

截至2019年底，分子植物卓越中心共有在职职工419人。其中科技人员284人、科技支撑人员52人，包括中国科学院院士8人、美国科学院院士1人、发展中国家科学院院士4人、研究员及正高级工程技术人员89人、副研究员及高级工程技术人员76人。

分子植物卓越中心是国务院学位评定委员会首批批准的硕士、博士学位授予点，设有生物学一级学科博士研究生培养点，共有在学研究生623人（其中硕士生217人、博士生406人）；设有生物学一级学科博士后流动站（原中国科学院上海生科院法人共享），在站博士后103人。

2019年，分子植物卓越中心共有在研项目413项（包括新增项目79项）。其中，主持（或承担）国家自然科学基金重点项目19项（新增2项）、面上项目108项（新增17项）、国家杰出青年科学基金项目8项（新增3项）、国家自然科学基金重大研究计划培育项目6项，重大项目1项；主持或承担国家重大科技专项13项；主持或承担国家重点研发计划51项（新增9项）；主持（或承担）中国科学院战略性先导科技专项课题8项（新增子课题4项）；主持（或承担）院重点部署项目5项、承担重点国际合作项目2项主持（或承担）基础前沿科学研究计划项目10项（新增2项）。

2019年，分子植物卓越中心取得一批令人瞩目的成果，共发表SCI研究论文255篇，包括*Nature*、*Nature Plants*、*Molecular Plant*、*Plant Cell*、*Molecular Cell*、*Cell Rescarch*、*EMBO Journal*、*PNAS*、*Nature Commun*、*PLoS Gene*、*Nucleic Acids Rescarch*、*Metabolic Engineering*等国际重要学术期刊。

在植物非生物胁迫应答的分子机制方面发现新的生长素-TMK1-IAA32/34信号通路，相关研究成果发表在*Nature*；继连续在*Nature Genetics*和*Nature*发表重要进展后，2019年度进一步揭示了植物胚胎"春化记忆"重置路径进而调控植物开花的机制，相关研究成果发表在*Nature Plants*和*Plant Commun*；在水稻广谱抗瘟抗病性的分子机制解析方面持续取得重要进展，继2017年成果发表于*Science*并入选2017年度中国生命科学十大进展后2019年团队又全面揭示水稻广谱抗瘟新基因*Pigm*赋予对稻瘟病真菌广谱抗性的抗病分子机制，相关研究成果发表在*Molecular Cell*。目前，持续的研究成果已被40多家单位应用于抗病分子育种，有多个广谱抗病新品种进行审定和大面积推广，累计推广面积已达2000万亩，具有巨大的应用潜力；开发了一种新的数量性状定位方法，为作物杂种优势育种和品种改良提供了新的策略，相关研究成果发表在*Nature Commun*；聚焦玉米籽粒品质性状发育的重要生物学问题，揭示玉米籽粒中储藏蛋白分配的调控机制，相关研究成果发表在*Plant Cell*，及解析了马达驱动蛋白在玉米胚乳发育中的关键作用，相关研究成果发表在*Plant Cell*；进一步系统地、深入的发展了植物基因编辑技术，为基因功能研究和品种改良提供了技术保障，相关研究成果发表在*Molecular Plant*（1篇）和*Plant Biotechnology Journal*（3篇）；"黄金谷物"藜麦首次成功实现了在喀什地区的规模化试种，品种示范种植效果显著。

2019年，分子植物卓越中心获得谈家桢生命科学成就奖1项，获得中国载人航天工程突出贡献集体奖1项。

2019年，分子植物卓越中心新增专利申请50件，其中国内申请35件，PCT及国际申请15件；新增授权专利20件，其中国内授权6件，国际授权4件。全年签订技术合同共96项。积极响应国家及中国科学院号召，对完成和转化科技成果做出重要贡献的科技人员进行奖励，2019年科技成果转化收入奖励科研人员共55人次，金额165.1614万元；其中科技成果主要完成人获得奖励共12人次，奖励金额115.2807万元。

2019年，分子植物卓越中心积极探索制度改革，修订中心《科技成果转移转化管理办法》，创造性地提出作价入股与技术转让相结合的方式，解决了技术入股成立公司中的国有股权难题，从制度建设上为科技成果转化保驾护航。

2019年，分子植物卓越中心依托中国科学院-英国约翰·英纳斯中心植物和微生物科学联合研究中心（CEPAMS），积极推进国际合作：3月24—26日，由分子植物卓越中心主办的CEPAMS 2019年学术年会暨第十七次理事会在上海成功举行，英国外交和联邦事务部首席科学顾问Carole Mundel教授特邀参加欢迎仪式；3月28—29日，CEPAMS中心第六轮面试评审会在分子植物卓越中心举行；10月，分子植物卓越中心代表团16人赴英国参加JIC学术年会；新增中英合作项目5项。

2019年，分子植物卓越中心因公出访共计194人次；外事来访96个团组153人次，共邀请Cathie Martin等7位国外院士级别的专家做Institute Seminar系列学术报告。获得中国科学院国家人才计划（PIFI）立项9项，包括国际访问学者计划1项，国际博士后计划8项，金额412.4万元。

2019年，中国植物生理与植物分子生物学学会举办学术会议16次，与会人员1万人次；国际植物日科普活动超过50场/次，受众人数约10万人次；颁发学会杰出成就奖、学会杰出青年科学家奖和卫志明青年创新奖；全额捐资成立上海枫林植物科技发展基金会，促进植物科学人才的培养与学科的发展。

《分子植物》（*Molecular Plant*）影响因子为10.812，突破10分大关，在SCI收录的222种植物科学期刊中排名第4，位居植物科学研究类期刊第二。6月，《分子植物》联手细胞出版社（Cell Press）宣布创办《分子植物》姊妹刊《植物通讯》（*Plant Communications*），力争将其成打造一本国际知名的植物科学领域开放获取式高水平期刊，与《分子植物》联袂助力我国植物科学研究的发展、创新和国际化交流。《植物生理学报》创刊于1951年，在2019年中信所公布的报告中《学报》核心影响因子为1.155，继续位居植物学类核心期刊前列。

（撰稿：鞠　泓　杨正行　审稿：郭金华）

脑科学与智能技术卓越创新中心

副 主 任：杜久林（主持工作）
地　　址：上海市岳阳路320号
邮政编码：200031
电　　话：021-54921756
传　　真：021-54921735
电子信箱：guyixi@ion.ac.cn
网　　址：http://www.cebsit.cas.cn

1999年11月27日，作为推动新千年基础科学研究的重要战略步骤和知识创新工程中的一个试点，中国科学院成立了神经科学研究所，后与其他生命科学领域机构组建成为中国科学院上海生命科学研究院。2016年，中国科学院决定深化上海生命科学研究院改革，神经科学研究所依托脑科学与智能技术卓越创新中心，设立中国科学院直属的独立法人科研机构。2019年正式设立中国科学院脑科学与智能技术卓越创新中心（以下简称“脑智卓越中心”），为公益一类事业单位。

脑智卓越中心坚持“面向世界科技前沿，面向国家重大需求，面向国民经济主战场”，致力于脑科学基础研究、临床应用研究及与类脑智能研究的交叉融合，以期产生一系列具有国际影响力、重要科学意义和重大应用价值的创新性成果，造就一批国际领军人才，引领我国乃至国际脑科学研究和基于脑启发的类脑计算模型构建与智能技术开发，造福于人类健康和社会发展，建设成为国际顶尖的脑科学与智能技术研究机构。

脑智卓越中心聚焦脑科学与类脑智能领域重大前沿科学问题，在脑认知功能的神经基础、脑疾病机理、非人灵长类动物模型构建与应用三个核心方向上取得重大突破，实现研究成果和水平由目前的国际“并跑”提升为国际“领跑”；在脑研究新技术研发、全脑神经联接图谱绘制、脑疾病早期诊断指标与干预手段研发、脑启发的类脑计算模型及应用4个前瞻性方向上取得竞争性优势，培育新的有望取得重大突破的增长点，实现研究水平由目前的“跟跑”或“并跑”转向国际“领跑”的新格局。

脑智卓越中心共设有细胞和发育神经生物学、基础认知的环路基础、高级认知的神经基础、神经系统疾病、脑研究新技术5个研究部，共有38个研究组。除研究组外，中心设有公共技术服务中心、实验动物中心、研究型平台及行政管理部门。公共技术服务中心包括光学成像平台、电镜技术平台、分子细胞技术平台、脑影像中心、基因编辑平台、生物信息学平台、神经干细胞平台、小鼠脑图谱平台、脑图谱大数据平台、灵长类生理检测平台等；实验动物中心包括实验鼠房和实验猴房；研究型平台包括非人灵长类研究平台（苏州）、非人灵长类研究平台（九亭）、非人灵长类脑图谱研究平台、非人灵长类认知行为分析平台、全脑介观神经联接图谱绘制平台、动态脑电信息分析平台等；行政管理部门包括综合办公室、人事教育处、科研管理处、重大任务与成果转化处和财务处。

脑智卓越中心有两个神经科学相关重点实验室依托于中心。神经科学国家重点实验室侧重于脑基础认知功能的研究，杜久林研究员任实验室主任，叶玉如院士任学术委员会主任；中国科学院灵长类神经生物学重点实验室侧重于脑高级认知功能的研究，蒲慕明院士任实验室主任，赵继宗院士任学术委员会主任。

脑智卓越中心已启动实施上海市市级科技重大专项“全脑神经联接图谱与克隆猴模型计划”、中国科学院战略性先导科技专项（B类）“脑认知与类脑前沿研究”，布局对接科技创新2030—重大项目“脑科学与类脑研究”和国际大科学计划“全脑介观神经联接图谱”。中心贯彻落实中央、上海市的战略部署，积极参与上海科创中心建设。中心与上海市松江区合作建设G60脑智科创基地，同时成立“中国科学院脑科学与智能技术卓越创新中心（松江）”、“上海脑科学与类脑研究中心（松江基地）”、“国际灵长类脑研究中心”，立足G60松江科创走廊，引领脑科学与智能技术领域产业发展，辐射长三角，服务全国。

截至2019年底，脑智卓越中心共有在职职工373人。其中科技人员225人、科技支撑人员113人，包括中国科学院院士3人、研究员及正高级工程技术人员41人、副研究员及高级工程技术人员50人。

脑智卓越中心是2000年国务院学位委员会批准的博士、硕士学位授予权单位之一，现设有生物学专业一级学科博士研究生培养点，神经生物学、计算生物学、发育生物学和细胞生物学4个专业一级（或二级）学科硕士研究生培养点，并设有生物学专业一级学科博士后流动站；共有在学研究生302人（其中硕士生90人、博士生221人），在站博士后55人。

2019年，脑智卓越中心共有在研项目154项（包括新增项目30项）。其中，主持（或承担）

国家自然科学基金重点项目 1 项（新增 0 项）、面上项目 36 项（新增 1 项）、国家杰出青年科学基金项目 6 项（新增 2 项）、优秀青年项目 3 项（新增 1 项）、国家自然科学基金重大研究计划重点项目 6 项（新增 2 项），主持或承担国家重点研发计划 10 项（新增 0 项）；主持（或承担）（国家自然科学基金委）重大仪器研制项目 1 项；主持（或承担）中国科学院战略性先导科技专项课题 1 项（新增 0 项）；主持或承担基地和人才专项 13 项（新增 7 项）；主持（或承担）院重点部署项目 9 项（新增 3 项）、承担基金委国际合作项目 6 项（新增 1 项）；承担院地合作项目 1 项（新增 0 项）。

2019 年，脑智卓越中心围绕“一三五”规划总体目标，在脑认知神经环路机制、脑疾病机理与非人灵长类模型、基因编辑新技术等方面取得系列重要进展。①脑认知神经环路机制：揭示后顶叶皮层在分类抉择中因果关系的作用机制相关结果发表在 *Nature Neuroscience*；阐明听觉皮层群体神经元编码听觉认知和感知分类神经运算新机制相关结果发表在 *Neuron*；揭示多模态感觉信息整合与决策的神经机制相关结果发表在 *Neuron*。②脑疾病机理与非人灵长类模型：揭示天使综合征的致病机制相关结果发表在 *PNAS*；发现遗传性痉挛性截瘫新亚型和新致病基因相关结果发表在 *Brain*；揭示导致肌萎缩性侧索硬化症（ALS）的新机制，寻找到治疗 ALS 病症的新策略相关结果发表在 *Brain*；创建世界首批节律紊乱体细胞克隆猴相关结果发表在 *NSR*。③基因编辑新技术：建立新一代基因编辑脱靶检测技术相关结果发表在 *Science*；开发出三种更高精度的单碱基编辑工具相关结果发表在 *Nature*。全年以通讯作者单位发表 SCI 论文共 51 篇，其中在神经科学领域重要期刊上发表研究论文 31 篇。申请发明专利 26 项（含 PCT 国际专利 8 件），获得专利授权 6 项，授权专利中发明专利 4 件，实用新型专利 2 件。获得省部级奖励 3 人次。

2019 年，脑智卓越中心共出访 127 人次，来访进行学术交流 108 人次。联合国际脑科学研究组织举办第一届灵长类神经生物学国际暑期学校，举办介观脑联接图谱国际研讨会。

（撰稿：顾一希　曹发华　审稿：王　燕）

上海营养与健康研究所

所　　长：李　林
地　　址：上海市岳阳路 320 号
邮政编码：200031
电　　话：021-54920021
传　　真：021-54920078
电子信箱：sibs@sibs.ac.cn
网　　址：http://www.sinh.cas.cn

中国科学院上海营养与健康研究所（以下简称“营养与健康所”）系于 2016 年底按照中国科学院深化上海地区生命领域科研机构改革部署精神，结合中国科学院“十三五”时期“8+2”重点研究领域 / 平台发展规划，基于上海生命科学研究院人口健康方向所属的健康科学研究所、营养科学研究所、中国科学院-马普学会计算生物学伙伴研究所、中国科学院-二军大转化医学研究院、中国科学院上海生命科学信息中心、中国科学院上海实验动物中心等“三所一院两中心”整合组建。2018 年底营养与健康所顺利进入中国科学院“率先行动计划”特色研究所筹建序列，2019 年 4 月中央机构编制委员会办公室正式批复将上海生命科学研究院更名为上海营养与健康研究所。

营养与健康所围绕“健康中国”战略，定位于打造精准营养与慢病防控研究机构，支撑健康产业发展。研究所立足上海、辐射长三角、服务全国，针对我国符合中国人群的营养健康标准缺失、慢病防控与健康促进的控制技术方法匮乏、生物医学大数据资源流失分散等国家重大需求中的科技创新供给力问题，以任务牵引的生物信息技术（BIT）融合发展、健康保障关口前移为特色学科，以中国人群高发的肿瘤、代谢性疾病（包括糖尿病及肥胖）和心血管疾病等重大慢病为研究对象，按照慢病防控与健康促进、精准营养与食品安全、生物医学大数据与健康智库三大研究方向进行布局，将“慢病干预方案、健康促进手段、营养健康标准”等三重大产出写在祖国大地上，打造国际知名的健康科学与技术机构、科技智库和健康产业促进中心。

2019 年，营养与健康所围绕“健康中国”

战略，聚焦“一三五”规划和特色研究所实施方案，深入组织开展了面向2035年中长期发展规划战略研究。其中，牵头编制的“重大慢病防控与老龄健康促进”重大科技项目建议通过中国科学院上报科技部，重大慢病防控与老龄健康促进（科技战略重点）、环境胁迫与健康促进（前瞻部署方向）被列入中国科学院生命与健康领域中长期发展规划。此外，为加快推进特色研究所筹建工作，研究所提出了打好“重大任务谋划、功能型平台筹建、人才队伍建设、未来家园建设、融入上海科创中心建设”等五大攻坚战及五大行动计划的总体发展战略构想，为切实提升主动健康和老龄化科技应对能力做好谋篇布局。

截至2019年底，营养与健康所共有在职职工434人，其中科研人员276人、科技支撑人员114人，包括中国科学院院士1人，全职研究组长（PI）52人，研究员及正高级工程技术人员71人，副研究员及高级工程技术人员66人。营养与健康所现有生物学、基础医学2个一级学科培养点和生物与医药1个二级学科培养点；生物学设有计算生物学、细胞生物学和生理学3个招生专业，基础医学设有病理学与病理生理学、免疫学两个招生专业；现有博士生导师54人，硕士生导师4人；全日制统招在学研究生505人，其中硕士183人，博士317人，在学博士留学生5人。

2019年，营养与健康所共有在研项目249项（新增项目55项）。其中，主持（或承担）国家自然科学基金重点项目10项、面上项目73项（新增11项）、国家杰出青年科学基金项目8项（新增3项）、国家自然科学基金重大研究计划重点项目5项（新增2项）、国家自然科学基金优秀青年科学基金项目2项（新增1项）；主持或承担国家重点研发计划项目6项（新增2项）、国家重点研发计划课题27项（新增5项）；主持（或承担）国家重大科学研究计划项目1项、承担课题2项；主持（或承担）中国科学院战略性先导科技专项课题4项、新增B类战略性先导科技专项项目2项（准备期）；主持（或承担）中国科学院前沿科学重点研究项目7项、主持（或承担）院重点部署项目2项、新增中国科学院基础前沿科学研究计划从0到1原始创新项目1项、新增院科技服务网络计划（STS计划）区域重点项目3项及STS计划重点项目1项；主持（或承担）上海市项目51项（新增15项）。

2019年，营养与健康所共发表SCI论文267篇，第一作者与通讯作者（含共同通讯作者）共141篇，平均影响因子9.2。2019年，营养与健康所共申请发明专利29项，其中国内专利22项，PCT及国外专利7项；获得中国专利授权12项；获得计算机软件著作权登记10项。

2019年，营养工程实验室获中国科学院批准筹建，国家鼠和兔类实验动物资源库纳入国家科技资源共享服务平台（全国共30个），生物医学大数据基础设施建设II期预研开展顺利、多维组学数据汇交服务平台（NODE）首发数据突破200TB。

2019年，营养与健康所立足合作共赢，与国际组织、国（境）外大学和科研机构及跨国公司等开展优势互补的科技合作，包括与美、英、德、以、意等国合作开展在研国际合作项目14项，合同金额约2329.15万元；举办第17届亚洲生物信息学研讨会、2019年奥托·瓦尔伯格国际暑期学校及研讨会、2019年个人基因组学与国际合作研讨会等国际会议；支持145人次出访21个国家（地区）开展合作交流；接待俄罗斯科学院副院长、辉瑞全球研发新兴科学与创新合作高级副总裁、联合利华上海研发中心副总裁、法国驻华大使科技专家、*Nature Metabolism*期刊编辑等13个国家（地区）112位专家学者来访交流。

2019年，营养与健康所加强党对科技创新工作的全面领导，把开展“不忘初心、牢记使命”主题教育同科技为民初心统一起来，坚持把“问题导向”贯穿主题教育的始终。领导班子成员分别牵头参与“营养工程实验室建设规划”、“人才发展体制机制改革”、“优化阳光采购管理”等主题调研活动。

（撰稿：王文琦　丁建文　审稿：蔡　澎）

上海药物研究所

所　　长：李　佳
地　　址：上海浦东张江祖冲之路 555 号
邮政编码：201203
电　　话：021-50806600
传　　真：021-50807088
电子信箱：suoban@simm.ac.cn
网　　址：http://www.simm.cas.cn

中国科学院上海药物研究所（以下简称“上海药物所”）前身是北平研究院药物研究所，1932 年由北平研究院和北平中法大学合作创建，1933 年迁至上海，1950 年 3 月并入中国科学院有机化学所，为药物化学研究室，1953 年成立中国科学院药物研究所。1970 年改名为上海药物研究所，1978 年更名为中国科学院上海药物研究所。

上海药物所是以创新药物的基础研究、应用基础和应用开发研究为主的综合性研究机构，通过生物学和化学密切合作，阐明生物活性物质的结构、活性及其相互关系；探索药物作用的新机理、新靶点；完成新药临床前综合评价及研究，重点研发治疗肿瘤、心脑血管、神经精神系统、代谢、自身免疫和感染性等重大疾病的新药。

上海药物所设有 5 个国家级研究中心：新药研究国家重点实验室、国家新药筛选中心、中药标准化技术国家工程实验室、国家化合物样品库、国家中药质量第三方检测（南方）中心；13 个研究室及研究中心：中国科学院受体结构与功能重点实验室、药物化学研究室、天然药物化学研究室、药理学第一、二、三研究室、药物发现与设计中心、药物靶标结构及功能研究中心、中药现代化研究中心、化学蛋白质组学研究中心、生物技术药物研发中心、分子影像研究中心；5 个研究技术平台：药效评价研究中心、上海药物代谢研究中心、药物安全评价研究中心、药物制剂研究中心、药物质量控制与固体化学研究中心；2 个国际科学家工作站：神经药理国际科学家工作站和蛋白质折叠国际科学家工作站；4 个支撑服务机构：所级公共技术服务中心（包含质谱、核磁、质控、影像、电镜 5 个技术服务部）、信息中心、实验动物室、期刊联合编辑部。

截至 2019 年底，上海药物所共有在职职工 1028（不含 108 名博后）人。其中科研人员 931 人、管理支撑服务人员 97 人，包括中国科学院院士 4 人、中国工程院院士 3 人、研究员、正高级工程师及正高级实验师 139 人、副研究员、高级工程师及高级实验师 174 人。

上海药物所是国务院学位委员会批准的首批博、硕士学位授予单位，现设有药学博士、硕士培养点，中药学硕士培养点和药学专业学位硕士培养点；在学研究生 640 人（硕士生 334 名，博士生 306 名），联合培养研究生 423 人。设有化学、药学专业一级学科博士后流动站 2 个，在站博士后 108 人。

2019 年，上海药物所共承担在研项目 597 项（包括新增项目 226 项）。其中，承担 / 参与国家自然科学基金项目 214 项（新增 70），包括主持承担重点项目 12 项（新增 1）、面上项目 115 项（新增 34）、创新群体项目 2 项（新增 1）、杰出青年科学基金项目 6 项（新增 2）、优秀青年科学基金项目 1 项、青年基金项目 54 项（新增 21 项）；承担 / 参与“新药创制”国家重大科技专项课题 33 项（新增 13），其中主持承担定向委托课题 1 项；承担 / 参与科技部项目 38 项目（新增 6），其中包括国家重点研发计划 31 项（新增 8）；承担 / 参与改革前 973 计划、863 计划等科技部课题 7 项；承担 / 参与上海市项目 119 项（新增 51）；承担 / 参与中国科学院项目 179 项（新增 82），包括个性化药物先导专项主持子课题。其中个性化药物先导科技专项主持子课题 89 项（新增 62 项）。

2019 年，上海药物所全面推进药物创新研究院建设，同时积极融入上海科创中心建设，响应和谋篇布局长三角一体化、粤港澳大湾区等区域发展国家战略，与地方政府和社会资本共建区域生物医药平台，推进中山药物创新研究院、苏州药物创新研究院、烟台药物研究所、海门长三角药物高等研究院、中国科学院大学杭州高等研究院药物科学与技术学院等分支机构建设，区别定位实现差异化发展，推动“政产学研用资”协同创新。

2019 年，上海药物所治疗轻、中度阿尔茨海默病原创新药 GV-971 获批上市，填补了这一领域 17 年无新药上市的空白。一批新药取得阶段性研究进展，有望实现新的重大突破，其中马来酸蒿乙醚胺、TPN171、雷腾舒、ASK120067 4个新药完成I期临床研究进入II期；4个新药获批临床研究；3个新药申报临床研究（其中2个新药当年获批）。全所现共有29个新药正在开展临床研究，其中9个新药处于II/III期临床研究，20个新药处于I期临床研究。在新药国际注册方面，HH2710和谷美替尼分别在美国和日本获批进入临床研究，GV-971启动在美国注册工作，TPN171、抗丙肝仿制药索菲布韦持续开展在乌兹别克斯坦的注册工作。

2019年，上海药物所取得一批肿瘤、自身免疫性疾病、代谢性疾病和神经精神性疾病潜在药物靶点和新机制、新通路研究成果。其中，获得长效配体LA-PTH与1型人源甲状旁腺激素受体（PTH1R）及Gs蛋白结合的复合物的三维结构，揭示了其长效激活状态下的分子动力学机制，相关成果在*Science*发表；发现GV-971通过重塑肠道菌群平衡，降低外周与中枢炎症，改善认知功能障碍的作用机制，相关成果在*Cell Research*发表；通过合作研究揭示肝癌分子特性，全面解析肝癌的发生和发展机制，相关研究成果在*Cell*发表。2019年共发表SCI论文616篇，其中药物所为通讯作者论文447篇，影响因子总数3386.716，影响因子5以上的通讯作者论文138篇。总被引频次745次。所级公共技术服务中心仪器装备能力不断提升，冷冻电镜技术平台投入使用；分子影像平台拓展动物成像技术，开展新技术、新方法的研究和仪器新功能的开发。

2019年，上海药物所知识产权、成果转化再创佳绩。申请国内专利134项，PCT 43项，国外专利79项，获国内专利授权61项，国外专利授权56项。全年转化科技成果10项，合同总额17.17亿元，合同总额及到款额均创历史新高。签订技术服务合同403项，合同额超2.27亿元，合同数较去年增长20.7%以上，其中为国内企业提供1类新药临床前评价服务54项，曾提供过技术支撑的江苏豪森药业1类新药氟马替尼获准上市。探索与地方政府、社会资本共同成立新药研发基金，已与中山市合作设立总规模为10亿元的基金，完成GP及基金有限合伙企业工商注册。

2019年，上海药物所国际合作纵深发展，发起成立“中国-泛巴尔干地区天然产物与新药发现联盟”，11个国家成员加盟；拓展与中东欧国家合作，与塞尔维亚IBISS研究所、北马其顿圣基里尔和麦托迪大学药学院等签署合作备忘录；持续推进与科研机构、高校及企业的合作交流。组织第十三届天然化合物化学国际研讨会、2019年新药创制高层学术研讨会、第一届国际多糖研讨会等具有国际影响力的国际会议。

2019年，上海药物所深入开展“不忘初心、牢记使命”主题教育，以“精学、研学、深学、实做”为思路，加强党史、新中国史学习，提高政治素养；通过“创新奋进70载、新药梦想迎双庆”系列活动等激发爱国爱院爱所热情；研究所共30人获颁“庆祝中华人民共和国成立70周年”纪念章；王逸平被中宣部追授为“最美奋斗者”。

上海药物所主办学术期刊*Acta Pharmacologica Sinica*（*APS*，《中国药理学报》）、*Asian Journal of Andrology*（《亚洲男性学杂志》），并主办科普杂志《家庭用药》。其中，*APS*影响因子4.01，学术影响力不断提高，入选中国科技期刊卓越行动计划重点期刊项目，并获2019中国最具国际影响力学术期刊称号。

（撰稿：徐晓萍　王肖成　审稿：赵　健）

上海巴斯德研究所

所　　长：唐　宏
地　　址：上海市岳阳路320号生命科学实验大楼（主体园区）
邮政编码：200031
电　　话：021-54923042
传　　真：021-54923044
电子信箱：ips@ips.ac.cn
网　　址：http://www.ips.cas.cn

2004年8月30日，中国科学院、上海市政府和法国巴斯德研究所三方就共建上海巴斯德研究所（以下简称“上海巴斯德所”）正式签署合作协议，上海巴斯德所隶属中国科学院，是中央机构编制委员会办公室批准的独立法人事业单位，实行理事会领导下的所长负责制。2004年10月11日，法国总统希拉克、中国科学院副院长陈竺、上海市副市长唐登杰在上海共同为上海巴斯德所揭牌，研究所选址在上海市重庆南路225号（现为转移转化功能园区）。2016年6月30日，中国科学院与法国巴斯德研究所成功修订合作协议，明确中方所长和法人相统一的新的管理模式。同年，上海巴斯德所正式成为巴斯德国际网络联盟成员，并被推选为联盟亚太区主席单位，所长唐宏被推选为联盟亚太区总协调人。

上海巴斯德所聚焦病原微生物基本生命活动规律、重大传染性疾病的致病机制等关键科学问题，推动病原学、免疫学和疫苗学知识创新与学科发展。以解决病原发现、生物治疗（抗体、疫苗等）共性瓶颈技术问题为着力点，重点为我国面临的传染病与生物安全提供科技支撑和解决方案。以创新国际合作机制为契机，建设提供健康与安全科技支撑与解决方案的国际一流研究机构，成为标杆式的国际化研究所，为"一带一路"倡议推进提供技术支撑与保障。

2019年，上海巴斯德所顺利纳入院直属机构管理序列，持续推进"一三三"发展规划和疫情主动防御特色研究所筹划工作，融合上海科创中心建设提速，进入上海市第五个"新型研发机构"建设序列，学科布局不断优化深化，实施"率先行动"计划取得里程碑进展。

上海巴斯德所内设机构10个，包括办公室、党委办公室、科技发展与合作处、人事教育处、财务与资产处、综合管理处、上海科创中心项目建设推进办公室、公共技术服务平台、中国科学院分子病毒与分子免疫重点实验室和微生物、发育与健康研究中心，是首批"国家级国际联合研究中心"，并搭建上海科创中心功能型平台——传染病免疫诊疗技术协同创新平台、南京麒麟创新研究院、苏州大学巴斯德学院、南通大学医学院转化医学联合研究中心、广州市妇女儿童医疗感染与免疫联合研究中心、中-塞达喀尔流行病防控创新研发中心、中国科学院-云南热带病防治联合研究中心、中乌（拉圭）生物医学研究中心等。

截至2019年12月，上海巴斯德所共有各类人员355人。在职职工129人，博士后27人。其中，研究员及正高级专业技术人员30人，副研究员及副高级专业技术人员17人。外籍职工及外籍博士后合计15人。研究所现设有生物学、基础医学2个专业一级学科博士研究生培养点，细胞生物学、微生物学、免疫学、病原生物学、生物与医药5个专业二级学科硕士研究生培养点，共有各类硕博研究生196人。其中，中国科学院大学研究生153人（其中硕士生63人、博士生90人，留学生共有21人）、联培研究生43人。研究所各类外籍人员占总人数的10%。

2019年，上海巴斯德所在研项目总数为146项，其中当年新增项目总数为27项；其中，主持（或承担）国家自然科学基金重点项目5项、面上项目38项（新增7项）、国家自然科学基金重大研究计划重点项目1项；主持或承担国家重大科技专项12项，主持或承担国家重点研发计划9项；主持（或承担）中国科学院战略性先导科技专项课题7项，主持中国科学院科技服务网络计划（STS计划）项目2项（新增1项）；主持（或承担）院重点部署项目4项（新增"0到1"创新项目1项）、承担重点国际合作项目5项（新增1项）；承担上海市科研项目38项（新增16项）。利用首创的基于CRISPR/dCas9系统的、高效的恶性疟原虫表观遗传基因编辑技术，证实DNA解旋酶PfRecQ1是维持*var*基因家族相互排斥性表达的关键因子；发现新型Tfh细胞在诱导寨卡病毒特异性中和抗体产生中的关键作用；建立应用基于复杂流式细胞技术和多色免疫组化技术的"人类免疫细胞组学"研究平台，提示阻断mTORC1通路是有效清除体内AtMs病理性B细胞的一个重要可行策略；发现介导局部-系统性天然免疫信号传递的代谢小分子，揭示了多元醇在天然免疫通路时空调节中的重要作用等。2019年共发表学术论文111篇（含在线发表），其中第一完成单位发表论文61篇，平均影响因子为6.773（IF＞10的文章11篇，IF5—10的文章13篇）。2019年申请发明专利9项，获得11项国内专利授权。

上海巴斯德所科研支撑创新平台依托"十三五"科教基础设施"传染病免疫治疗技术协同创新平台"建设项目，旨在打造国际领先的传染病防治领域共性技术研发平台和人才高地。2019年已购置大型仪器设备21台（套），设备价值约6933.34万元。依托研究所现有平台，纳入共享管理的仪器设备71台（套），价值5484万元，20万—50万元设备31台（套），

50万元以上仪器设备22台（套），包括冷冻透射电子显微镜、流式细胞分选仪、流式细胞分析仪、激光共聚焦显微镜、活细胞工作站系统、多光谱病理切片扫描系统等一批大型精密仪器与通用仪器，以及部分专业设备等。

2019年，上海巴斯德所与企业深化合作，积极促进科研成果转移转化，通过转让、许可、作价投资及技术服务/开发等方式，新增成果转移转化或科技服务项目31项，新增合同总金额335万元。合计往年签署的在研项目（2项）和2019年新增项目，2019年实际到款经费840万。采用中国科学院上海巴斯德研究所核心技术开发的四价重组诺如病毒疫苗获得国家药品监督管理局批准，作为国家I类预防性生物制品将正式进入临床研究。

2019年，上海巴斯德所国际科技合作更加开放和多元。中国科学院-达喀尔“中非传染病创新研究中心”发展进一步巩固。面向澜湄流域流行病群防群控对科技支撑的重大需求，联合中国科学院和云南省多家优势单位，携手巴斯德梅里埃全球联盟，相关热带病联合研究计划纳入院省共建机制和沪滇合作机制，并启动国际科技组织联盟（ANSO）的第一个传染病研究联盟项目。签署《中国科学院上海巴斯德研究所和蒙得维的亚巴斯德研究所合作谅解备忘录》，密切与南美地区的相关科技合作。注重发展巴斯德国际网络（IPIN）并充分发挥亚太地区协调人单位的作用，积极拓展亚太区域科技合作。

（撰稿：曹亚美　李　明　审稿：江陆斌）

上海高等研究院

院　　长：李儒新
地　　址：上海市浦东新区张江高科技园区海科路99号
邮政编码：201210
电　　话：021-20325000
传　　真：021-20325034
电子信箱：sari@sari.ac.cn
网　　址：http://www.sari.cas.cn

中国科学院上海高等研究院（以下简称“上海高研院”）由中国科学院与上海市人民政府共建，2010年12月26日正式入驻中国科学院上海浦东科技园，2012年11月27日通过验收。2017年3月，院市签署协议，依托上海高研院筹建国家实验室，2017年9月26日张江实验室挂牌成立。2018年1月完成蛋白质设施划转工作，2018年5月14日，上海脑科学与类脑研究中心挂牌，2018年12月完成上海光源划转工作。

围绕建设上海具有全球影响力科技创新中心和张江综合性国家科学中心，上海高研院积极谋改革、谋创新、谋发展，以先进光源大科学装置的研制、建设和运行为核心，开展加速器科学、光子科学、能源科学与信息科学领域的原始创新研究和关键核心技术研发，支撑前沿科学研究，为战略新兴产业提供核心技术和集成技术解决方案。

上海高研院参与共建的中国科学院先进核能创新研究院进展良好；中国科学院重点实验室“中国科学院低碳转化科学与工程重点实验室”取得系列显著科研成果。有院设非法人单元包括中国科学院通用芯片与基础软件研究中心和中国科学院曼谷创新合作中心。

上海高研院深入实施“率先行动”计划的要求，结合新定位和目标，全力建设大科学装置集群，2019年，中国科学院上海大科学中心正式运行，上海光源、国家蛋白质科学研究（上海）设施持续高效稳定运行并向高水平用户开放，在能源、材料、生命、物理、产业应用等领域产生若干重大影响力的突破性成果，在中央级高校和科研院所重大科研基础设施与大型科研仪器开放共享考核评价中获优秀。其中，上海光源全年运行约7000小时，向用户供光超4000小时，用户供光期间开机率达到97.23%，平均两次故障时间间隔（MTBF）108.68小时，平均故障时间（MDT）3.19小时，表征光源运行水平的两大指标均居世界领先水平。十年运行开放，累计为用户提供实验机时超过32万小时，执行用户课题近1.2万个，用户遍布全国549家单位，实验人员超过4.6万人次，超过2.6万人；用户成果累计发表论文5000余篇，包括*Science*、*Nature*、*Cell*等国际顶级刊物论文109篇。2019年，上海光源两项用户成果入选中国科学十大进展，一项用户成果入选中国十大科技进展新闻，两项用户成果入选中国生命科学十大进展，已有 64 家企业利用上海光源进行技术开发。成功助推中国企业自主研发抗癌新药“泽布替尼”首次在美获批上市。截至 2019 年底，国家蛋白质科学研究（上海）设施累计运行超过 60 多万小时，执行用户课题 6000 余个，助力来自全国的 300 余家单位的研究人员开展前沿科学研究，在 *Science*、*Nature*、*Cell* 等刊物发表论文 49 篇。在建工程项目中，上海光源二期线站首批光束线站首轮调束成功、X 射线自由电子激光试验装置首次在软 X 射线 8.8 纳米波长实现大于 10 微焦的脉冲能量输出，标志着我国已经掌握了软 X 射线自由电子激光装置的物理设计、关键技术和集成调试。此外，X 射线自由电子激光用户装置、硬 X 射线自由电子激光装置等也取得阶段性成果。

上海高等研究院于 2013 年（中国科学院大学第三届学位评定委员会第九次会议）、2014 年（中国科学院第四届学位评定委员会第一次会议）获批增列 4 个一级学科博士培养点、5 个一级学科硕士培养点、3 个全日制专业学位硕士培养点。现设有化学、化学工程与技术、电子科学与技术、信息与通信工程 4 个专业一级学科博士及硕士研究生培养点，生物医学工程专业一级学科硕士研究生培养点，以及电子信息、材料与化工、生物与医药 3 个专业学位硕士培养点，并设有信息与通信工程 1 个专业一级学科博士后流动站；共有在学研究生 409 人（其中硕士生 263 人、博士生 146 人），暂无在站博士后人员。

2019 年，上海高研院共有在研项目 474 项（包括新增项目 191 项）。其中，主持（或承担）国家自然科学基金重点项目 2 项（新增 2 项）、面上项目 33 项（新增 12 项）、国家自然科学基金优秀青年科学基金项目 2 项（新增 1 项）、国家自然科学基金重大研究计划培育项目 4 项，国家自然科学基金国际（地区）合作与交流项目 2 项；主持或承担国家重点研发计划项目 4 项（新增 2 项），国家重点研发计划课题 7 项（新增 1 项）；主持（或承担）国家自然科学基金委重大仪器研制项目 1 项；主持（或承担）中国科学院战略性先导科技专项课题 3 项（新增 1 项），子课题 7 项（新增 3 项）；主持（或承担）院重点部署项目 8 项（新增 2 项）、中国科学院前沿科学重点研究项目 1 项；承担横向项目 213 项（新增 77 项）。

2019 年，上海高研院科研工作取得系列进展。中科系列燃气轮机 ZK2000 首台机组在上海前滩分布式能源站项目现场完成示范运行。该机组作为唯一拥有两个示范项目的产品，入选国家能源局 2019 年《第一批燃气轮机创新发展示范项目》。ZK2000 燃气轮机性能处于国际领先水平。国内首套茂金属聚 α-烯烃（mPAO）中试装置建成，正进行投料试车。该装置在国际上首次实现了利用煤基 α-烯烃生产低黏度 mPAO 基础油，填补国内高端合成润滑基础油空白。围绕清洁、高效、低碳发展的国家能源战略需求，开展含碳资源绿色转化及清洁高效利用的科学与工程创新性研究，为国家能源产业可持续发展提供核心技术与解决方案，与潞安集团合作实现 10 万立方米 / 小时 CH_4/CO_2 重整示范装置的稳定运转和优化并形成大规模产业化设计软件包；与中海油共同实施 5000 吨 / 年 CO_2 加氢制甲醇的工业示范，完成装置建设并即将运行；启动建设全球首套合成气直接制高碳线性 α-烯烃 5000 吨 / 年中试装置，填补国内空白，实现煤炭的高附加值利用。“干扰抑制和时延可控的专网无线通信关键技术”项目获 2019 年中国通信学会科学技术奖技术发明类一等奖。依托中国科学院 C 类先导专项，基于自主知识产权 SEANET 技术体系，完成上海科技大学校园试验网 Alpha 版建设；形成了覆盖上海、北京、合肥的 SEANET 跨地域互联示范网络部署方案；搭建了基于 SEANET 的图像重建弹性协同小规模阵列验证系统并面向上海光源开展小规模测试。推出并成功启用“临港新片区一体化信息管理服务平台”。高研院团队及产业化公司采用 AI 流程自动化机器人技术首次实现垂直管理系统间的数据互通；基于原创的政务中台技术，面向政务提供迭代交付的基础平台，为临港政务服务流程再造和营商环境提升提供了加速度。多尺度二氧化碳压裂驱采非常规油气资源机制研究取得进展，相关结果 2019 年 5 月在线发表在 *Cell* 旗下能源旗舰期刊 *Joule*。发展了基于稀疏约束鬼成像的宽场快速超分辨成像显微镜，成果于 2019 年 12 月发表于美国

光学学会期刊 *OPTICA*，并被美国光学学会作为高影响研究工作在发表的同时同步向媒体进行宣传推广。研制形成 SKA 科学大数据异构加速平台样机，获得 IEEE 最佳论文及最佳演示奖项；为解决大科学装置的数据传输、存储、处理关键瓶颈问题，初步构建了面向先进光源 /FAST 的数据处理试验验证系统。

2019 年，上海高研院发表论文 405 篇，其中 SCI 论文 243 篇。

作为上海市首批启动的功能型平台之一，上海低碳技术创新功能型平台正式启动，全面进入平台建设和低碳技术孵化服务阶段。与常德市政府、相关产业合作，参与建设常德中科多源电力融合技术研究院，推进能源动力装备的产业化；与新疆新能源集团签署战略合作协议，搭建转移转化平台，推进能源与信息技术在新疆的产业化落地；与泸天化签署战略合作协议，已开展实质项目合作，推进绿色化学的产业化应用。

2019 年，上海高研院继续拓展与世界各国（地区）伙伴机构合作网络。继与肯尼亚野生生物保护局成功开展反盗猎合作后，进一步向津巴布韦环境、旅游和接待行业部捐赠了由上海高研院打造的集成创新研发反盗猎装备与综合应用系统；深化推进与壳牌公司战略合作并开展 2019 年度壳牌能源研究与创新卓越奖评选；成立中国科学院 - 亥姆霍兹联合会自由电子激光联合实验室（CHILFEL）；中国科学院曼谷创新合作中心积极推进与泰国产业界的合作，与泰国 SCG 集团在泰国总理府签署战略合作协议，双方将在智慧城市、人工智能、高附加值化学品、新能源、环境与可持续发展等方面开展合作。通过国际人才计划，引进来自日本、韩国、英国、澳大利亚、德国外国专家 7 人，另有 38 名外国专家通过高端外国专家引进计划参与上海同步辐射装置、软 X 射线自由电子激光装置及硬 X 射线自由电子激光装置的设计、建设和运行。签署合作协议 6 项，策划并举办“中国（上海）城市大脑技术国际研讨会”、“2019 谱学纳米显微研讨会”、“2019 CCP4 上海国际晶体学讲习班”、“第二届图像、视频处理与人工智能国际会议”、“汉堡-上海校园论坛”等国际会议 10 项。2019 年因公出访 447 人次，接待来访 236 人次。

（撰稿：薛　雷　陈思宁　审稿：李儒新）

微小卫星创新研究院

院　　长： 龚建村
地　　址： 上海市浦东新区海科路 99 号 4、5 号楼
邮政编码： 201203
电　　话： 021-50735060
传　　真： 021-52419902
电子信箱： iamc@microsate.com
网　　址： http://www.microsate.com

上海微小卫星工程中心成立于 2003 年 12 月，是中国科学院与上海市共建的具有独立法人资格的非营利事业单位，其前身是 1999 年 3 月上海冶金所、上海技术物理所联合航天八院和上海邮电管理局等单位组建的小卫星工程部。2014 年 7 月，上海微小卫星工程中心成为中国科学院“率先行动”计划暨研究所分类改革首批五个试点创新研究院之一。2017 年 8 月，中国科学院正式发文成立中国科学院微小卫星创新研究院（以下简称“微小卫星创新研究院”），同年 9 月，微小卫星创新研究院正式揭牌成立。

微小卫星创新研究院致力于成为我国先进卫星科学技术的创新引擎、航天科技成果转化和产业化示范基地、政学研产用紧密结合的桥梁纽带和国际交流合作的开放平台，为国家战略需求和重大科学突破提供有力支撑。

微小卫星创新研究院深入贯彻国家创新驱动发展战略和军民融合发展战略，面向国家重大需求，瞄准国际航天科技前沿，开展微小卫星总体设计与体系研究，学科方向主要涵盖卫星系统与工程、卫星科学与技术。重点开展空间遥感、通信导航定位、空间科学探测、未来技术探索和民用商业航天五大领域研究。

在卫星设计方面，面向国家重大战略任务——遥感三十号星座、北斗三号全球导航星座等，具备“复杂卫星系统”设计能力。面向空间科学先导任务——太极一号卫星、EP 卫星、ASO-S 卫星等，具备“高精尖卫星系统”设计能力。面向民用商业航天任务——向日葵一号

卫星、天智一号卫星、全球多媒体卫星等，具备“高功能低成本卫星系统”设计能力。

在卫星研制方面，拥有高可靠长寿命高轨卫星平台、敏捷卫星平台、超净超稳超精卫星平台和低成本小型化卫星平台四类基础平台；拥有国内首创卫星快速组批智能制造、自动化测试等技术和成熟管理体系，具备不同类型不同轨道卫星的研制能力。

微小卫星创新研究院成立以来，已成功发射包括北斗三号全球导航星座、太极一号卫星、天智一号卫星等54颗卫星，成功率100%，已成为我国科学卫星领域的主力军，军民卫星领域的方面军，达到国内领先、国际先进水平。

2014年7月，微小卫星创新研究院成为中国科学院“率先行动”计划暨研究所分类改革首批五个试点创新研究院之一，2016年12月通过试点改革验收。2017年8月，中国科学院正式发文成立中国科学院微小卫星创新研究院，同年9月，微小卫星创新研究院正式揭牌成立。

微小卫星创新研究院下设中国科学院微小卫星重点实验室，于2010年12月正式挂牌成立。实验室旨在适应国际空间科学技术与应用的发展趋势，坚持科技、体制和机制创新，紧密结合国家需求，以微小卫星、皮纳卫星系统及应用技术为牵引，开展航天创新技术与相关技术研究，带动微系统、新材料及器件、新能源和新型有效载荷等研发，积极开展航天技术国际合作，成为中国科学院在微小卫星、皮纳卫星研制方面的技术平台和创新基地，为我国航天事业的发展做出贡献。

微小卫星创新研究院现有两个园区。浦东张江园区建筑面积2.7万余平方米，包括质量特性试验区、力学试验区、空间环境试验区和卫星总装厂房，装备20吨振动台、KM3空间环境模拟设备、KM4空间环境模拟设备、M7质量特性测试台等多种现代化试验设备，具备研制通信、遥感、导航、微纳和科学试验等多种类型卫星的能力。临港园区（一期）建筑面积9.5万余平方米，包括7个卫星总装大厅，拥有完善的力、热、噪声、微波暗室等环境试验条件，能够同时承担30到50颗吨级卫星的研制，并具备同时承担100颗以上微纳卫星的研制能力。

截至2019年底，微小卫星创新研究院共有在职职工598名，其中科技人员473人、科技支撑人员58人，包括研究员及正高级工程技术人员50人、副研究员及高级工程技术人员96人。

微小卫星创新研究院是2018年国务院学位委员会批准的博士、硕士学位授予权单位之一，现设有信息与通信工程专业1个一级学科博士研究生培养点，计算机科学与技术、航空宇航科学与技术专业2个一级学科硕士研究生培养点；通信与信息系统、信号与信息处理专业2个二级学科博士研究生培养点，计算机应用技术、飞行器设计专业2个二级学科硕士研究生培养点；电子信息1个全日制专业硕士培养点。微小卫星创新研究院现有在学研究生80人（其中硕士生研究生55人、博士生研究生25人），此外与上海科技大学联培生共29人。

2019年，微小卫星创新研究院共有在研项目336项(包括新增项目133项)。其中，主持(或承担）面上项目2项（新增0项）；主持或承担国家重大科技专项1项（新增0项）；主持或承担国家重点研发计划1项（新增0项)；主持（或承担）国家重大科学研究计划项目2项；主持(或承担）中国科学院先导科技专项课题11项（新增2项）；主持（或承担）院重点部署项目4项（新增1项）。

2019年，微小卫星创新研究院成功发射4型8颗卫星，成功率100%。微重力技术实验卫星（太极一号）作为“空间科学（二期）”先导科技专项首发星，在国内首次实现了无拖曳控制在轨验证、高精度干涉测量、毫K级温控精度；在国际上首次实现了微牛级射频离子和双模霍尔推进技术的在轨验证，迈出了我国空间引力波探测的第一步。

北斗三号MEO-21/MEO-22卫星是北斗系统的第五十、五十一颗卫星，也是中国科学院北斗三号组网卫星建设收官之作。该组卫星配置了全球短报文通信载荷、国际搜救载荷、激光终端等增量发展载荷，可在确保导航服务的前提下为全球用户提供北斗特色服务。

遥感三十号05组卫星已完成在轨测试工作，正在开展在轨测试总结与交付准备工作。遥感三十号01—04组卫星在轨正常运行，均已超期服役1.5年，为我国国防和安全领域做出巨大贡献。

KL-阿尔法卫星是微小卫星创新研究院竞标的国际合作商业项目，由两颗技术试验卫星组成，用于开展低轨 Ka 频段对地商业通信关键技术和对 GEO 卫星频率干扰规避技术试验验证。该星采用国内发射、国际测控的深度国际合作形式，后续贝塔、伽马试验卫星获上海市战略新兴专项支持。

2019 年，微小卫星创新研究院共发表论文 54 篇，其中 SCI 8 篇，EI 检索 9 篇，软件著作权申请获批 2 件；申请专利 110 项，取得专利授权 56 项；出版科普书籍《蓝色星球的美丽自拍——卫星与遥感》，获评自然资源部 2019 年自然资源优秀科普图书。获“中国载人航天工程突出贡献集体”、“国家知识产权优势企业”称号。“新一代北斗导航卫星首发星”获上海市科学技术奖一等奖、“暗物质粒子探测卫星总体设计与实现”获上海市科学技术奖二等奖。

微小卫星创新研究院围绕科研发展战略规划，按照“共用研发平台 + 专用研发平台”协同建设思路，着力打造数字化协同设计平台、信息化科研管理平台及智能化生产制造平台，2019 年研制生产能力取得新进展。10 月临港园区（一期）正式启用，具备同时研制生产 30—50 颗吨级卫星的能力；临港园区（二期）开工建设，计划于 2020 年 7 月完成基础施工，建成后将具备同时研制生产 600 颗商业微纳卫星的能力，全面保障科研任务与技术持续创新。

面向商业航天市场，成立产业发展部；面向航天科技前沿研究，成立战略与论证中心。完成专利转让 7 件，获评上海市专利工作示范单位验收优秀，并首次获得上海市浦东新区专项经费支持，开展重大项目知识产权评议。科技成果转化工作正式纳入上海市重点单位名录，被列为“上海市科技成果转化示范机构”。选送人员参加上海市专利工作培训、国际认证技术许可专家（CLP）培训、国际注册技术经理人认证（RTTP）培训，支持科技成果管理工作有效运行。首次推行知识产权分析与转化运营战略研究，完成《专利现状与行业技术发展分析年报（2019）》、《专利宏观分析报告（2019）》，建立微小卫星创新研究院以知识产权为核心的科技成果管理体系。正式启动专利风险、专利维权应对工作。

与上海联合投资有限公司、上海蔓盈投资管理中心（有限合伙）共同出资设立上海中科辰新卫星技术有限公司。主要经营范围：卫星技术、机电科技、光电科技、新材料科技领域内的技术开发、技术转让、技术咨询、技术服务，商务信息咨询，网络科技，系统集成，计算机软件开发，通信设备、电子设备的销售，从事货物及技术进出口业务。

紧密结合中国科学院科研战略布局和重大科技任务，深入实施国际化推进战略，开拓多元化合作渠道。2019 年，中法天文卫星（SVOM）进入初样研制阶段，成功召开中法航天第六次联合指导委员会议。中欧太阳风-磁层相互作用全景成像卫星（SMILE）进入初样研制阶段，成功召开两次中欧联合工程会。爱因斯坦探针卫星（EP）进入初样研制阶段，成功召开中国科学院 / 欧空局 / 马普地外所第一次联合会议。中德双方首次组织开展深空小天体探测领域研讨会。

（撰稿：李 辰 审稿：边 哲）

海西研究院
（福建物质结构研究所）

所　　长：曹　荣
地　　址：福建省福州市杨桥西路 155 号（福州市海西高新技术产业园科技东路 8 号）
邮政编码：350002（350108）
电　　话：0591-63173066
传　　真：0591-63173068
电子信箱：fjirsm@fjirsm.ac.cn
网　　址：http://www.fjirsm.ac.cn

中国科学院福建物质结构研究所创建于 1960 年。1973 年定名为中国科学院福建物质结构研究所（以下简称“福建物构所”）。我国著名科学家、教育家卢嘉锡院士（已故）为该所创始人。2010 年 6 月 8 日，中国科学院与福建省政府、福州市政府签订以福建物构所为依托建设中国科学院海西研究院协议书。2012 年 6 月 8 日，中国科学院海西研究院、厦门市政府、厦门钨业股份有限公司签订共建中国科学院海西研究院稀土材料研究所协议书。2013 年 7 月 4 日，中国科学院海西研究院与泉州市政府签订共建中国科学院海西研究院装备制造研究所合作协议。至此，海西研究院下设海西福建物质结构研究所、海西材料工程研究所、海西先进制造技术集成研究所、海西厦门稀土材料研究所和海西泉州装备制造研究所 5 个研究所和海峡两岸科技合作交流中心。2015 年 5 月 19 日，海西研究院顺利通过综合验收，首期建设圆满收官。2017 年 12 月 7 日，中国科学院第 12 次院长办公会议审议通过创新研究院实施方案、两所融合发展方案和中国科学院大学福建学院建设方案及共建协议，正式确定筹建“海西创新研究院”和中国科学院大学福建学院。2017 年 12 月 20 日，中国科学院、福建省人民政府、福州市人民政府在福州签订共建中国科学院大学福建学院协议书。2018 年 1 月 26 日，中国科学院正式批复筹建中国科学院海西创新研究院。2019 年 11 月 19 日，中国科学院大学、中国科学院海西研究院、泉州市人民政府、晋江市人民政府签署共建中国科学院大学福建学院智能制造学院协议书。2019 年 10 月 15 日，福州市政府、中国科学院福建物构所、福州大学三方签署共建中国福建光电信息科学与技术创新实验室协议，2019 年 12 月 30 日，实验室取得事业单位法人证书，标志着实验室迈入实质性建设阶段。

经过几代人的努力，海西研究院（福建物构所）逐渐发展成为在国际上具有重要影响力的结构化学、新材料和器件集成于应用的综合研究基地。

海西研究院（福建物构所）立足“注重原创基础研究，加强变革创新，促进成果转移转化”，围绕“三个面向”，聚焦世界科技前沿、国家和福建重大战略需求，布局结构化学、催化材料、晶体材料、稀土材料、智能装备材料与技术 5 个研究方向，凝练了“功能材料结构设计与创制”5 个重大突破，建设完善“前沿科学—变革技术—工程化技术及产业示范—同行和用户及市场评价”全链条贯通创新价值链。

海西研究院（福建物构所）建设了高水平科技创新平台，拥有结构化学国家重点实验室等 4 个国家级创新平台，以及中国科学院光电材料化学与物理重点实验室等 23 个省部级创新平台，筹建福建光电信息科学与技术创新实验室。

截至 2019 年底，海西研究院（福建物构所）共有在职职工 870 人。其中科技人员 733 人、科技支撑人员 48 人，包括中国科学院院士 2 人、发展中国家科学院院士 1 人、研究员及正高级工程技术人员 136 人、副研究员及高级工程技术人员 211 人。

海西研究院（福建物构所）是 1978 年国务院学位委员会批准的博士、硕士学位授予权单位之一，现设有化学专业一级学科博士研究生培养点，无机化学、物理化学、有机化学等 6 个专业二级学科博士研究生培养点，无机化学、物理化学、有机化学、材料物理与化学等 9 个专业二级学科硕士研究生培养点，并设有化学、材料科学与工程 2 个专业一级学科博士后流动站；共有在学研究生 1063 人（其中硕士生 802 人、博士生 261 人），在站博士后 88 人。

截至 2019 年底，海西研究院（福建物构所）共有在研项目 904 项（包括新增项目 294 项）。其中，主持（或承担）国家重点基础研究发展计划（973）项目课题 27 项（新增 5 项）、科技部国际合作计划 2 项（新增 1 项）；主持（或承担）国家自然科学基金重点项目 10 项（新增 3 项）、国家自然科学科学基金重大项目课题 1 项、国家自然科学基金创新研究群体 1 项（新增 1 项）、国家自然科学基金仪器研制项目 2 项、国家自然科学基金杰出青年科学基金项目 4 项、国家自然科学基金优秀青年科学基金项目 4 项（新增 2 项）、国家自然科学基金重大研究计划重点项目 2 项、国家自然科学基金国际合作与交流项目 9 项（新增 2 项）、国家自然科学基金联合基金重点支持项目 5 项、国家自然科学基金面上项目 105 项（新增 33 项）、国家自然科学基金青年基金 110 项（新增 24 项）；主持（或承担）中国科学院战略性先导科技专项课题 7 项（新增 1 项），主持（或承担）院重点部署项目 5 项（新增 1 项）、中国科学院科技服务网络计划（STS 计划）行动计划 13 项（新增 2 项）。

2019 年，海西研究院（福建物构所）发表第一单位署名的SCI论文436篇，其中影响因子＞10的高水平研究论文103篇。根据中国科技信息研究所发布的中国科技论文统计结果，2018年度有236篇文章被“中国卓越科技论文”收录，2009—2018年3269篇论文被引用85 940次。在科睿唯安公布的2019年度全球“高被引科学家”名单中，福建物构所袁大强研究员、温珍海研究员分别入选化学领域、跨领域高被引科学家。根据11月15日ESI发布的数据，海西研究院（福建物构所）化学和材料2个学科进入ESI国际排名前1%行列。

2019年，海西研究院（福建物构所）共申请专利282件。其中，发明专利申请242件，实用新型专利申请36件，PCT及国外申请4件；授权专利204件，其中，授权发明专利163件，实用新型专利35件，外国专利6件；新增登记计算机软件著作权8件。“一种复制光栅分离装置”（专利号：ZL201720940879.7）作价入股福建睿创光电科技有限公司，无形资产评估值219.5万元。

2019年，海西研究院（福建物构所）项目成果“羧酸配体构筑的晶态多孔材料及其功能化”荣获2018年度福建省自然科学奖一等奖；“面向工业废水重金属处理的环境纳米技术的研究与应用”荣获2018年度福建省科技进步奖一等奖；“类分子筛功能材料研究”、“高效永磁伺服电机系统”分别荣获2018年度福建省自然科学奖二等奖、福建省科技进步奖三等奖。

2019年度，海西研究院（福建物构所）在院省深化科技合作协议框架下，加快推动各项工作的落实：系统策划、稳步推进，在推动院省共建中国科学院海西（创新）研究院和院省共建中国科学院大学福建学院中，发挥支撑作用；光电产业基地、化工中试基地、海西研究院成果转化基金等产业化支撑平台建设工作进展顺利；以中国科学院科技服务网络计划（STS计划）实施为抓手，推动莆田市和泉州市启动市级STS计划项目试点，新增支持中国科学院科技成果落地项目经费3000万元/年；通过中国·海峡项目成果交易会等对接平台，展示海西创新院带动兄弟院所科技成果落地成效。

2019年，海西研究院（福建物构所）加强组织，多措并举推动产学研合作。全年组织各类技术交流与对接活动130余次。“新一代LED照明——透明荧光陶瓷光源的产业化项目”获得中国科学院科技成果转移转化重点专项（弘光专项）立项；6个产学研合作项目获得中国科学院科技服务网络计划（STS计划）重点项目或区域重点项目支持；31个产学研合作项目获得省市STS计划项目立项。弘光专项“新一代煤制乙二醇技术工业示范”项目通过第一阶段评估，分别与佳木斯市、双鸭山市达成工艺包推广合作意向；合成气制甲酸甲酯全流程工艺单管技术（公斤级催化剂）通过中国化工学会组织的科技成果评价。截至2019年底，海西研究院（福建物构所）（包含通过资产管理公司）控股及参股企业26家。

围绕海西研究院（福建物构所）建设和发展，坚持“引进来”和“走出去”相结合，实施国际化推进和开放办院战略。以项目、人才和平台为合作纽带，不断提升国际科技合作水平，开展人员交流互访，搭建国际科技交流合作的纽带，全年共有69批140人次国（境）外学者来福建物构所短期访问、合作研究等；共有26批30人次出国（境）参加国际会议、合作研究、境外培训等。2019年4月，与奥地利格拉茨医科大学签订合作备忘录。5月31日—6月2日，与IEEE电力电子学会联合主办了第五届IEEE电力电子与电机驱动预测控制专题国际会议。7月9—10日，《中国晶体学报》发展研讨会及中国晶体学会产业分会战略研讨会在福州召开。9月16—17日，承办了2019中澳纳米生物检测联合研究中心——福州论坛。10月26—28日，与中国化学会和苏州大学联合主办了第十二届中日双边金属原子簇化合物研讨会。

2019年，中国化学会和福建物构所联合主办的《结构化学》刊物，影响因子0.695，已成为我国化学研究的重要学术刊物之一。

（撰稿：王雪萍　叶培华　审稿：曹　荣）

宁波材料技术与工程研究所

所　　长：黄政仁
地　　址：浙江省宁波市镇海区中官西路1219号
邮政编码：315201
电　　话：0574-86685115
传　　真：0574-87910728
电子信箱：kingle@nimte.ac.cn
网　　址：http://www.nimte.ac.cn

2004年4月20日中国科学院、浙江省人民政府、宁波市人民政府三方领导共同签署了共建中国科学院宁波材料技术与工程研究所（以下简称“宁波材料所”）协议书。由此，拉开了宁波材料所建设的序幕。2007年11月30日，宁波材料所顺利通过中国科学院、浙江省、宁波市三方组织的验收。2015年4月28日，浙江省政府为宁波材料所授牌“浙江工业技术研究院”，这是浙江省深入实施创新驱动战略，充分发挥宁波材料所作为中国科学院在浙江的桥头堡的作用，更好地为浙江经济社会发展服务的一个重大举措。

宁波材料所始终坚持“料要成材，材要成器，器要好用，把科技转化为生产力”的定位不动摇，经过十余年的发展，紧密结合区域创新驱动发展和产业转型升级需求，面向国家重大需求，面向世界科技前沿，面向国民经济主战场。先后布局了新材料、先进制造、新能源与生物医学工程四大领域，涵盖高分子材料、光伏技术、先进材料制造工艺与装备和先进诊断与筛查等18个方向。

为全面推进“一三五”规划执行，宁波材料所成立了“一三五”规划领导小组和工作小组，负责总体推进；实行“重大突破”和“重点培育”常务办公会成员分工联系制和项目负责人责任制；实行年度评议与动态调整。宁波材料所在特种纤维及复合材料、磁性材料、海洋材料、生物基材料、固态电池、精密驱动和机器人等领域取得了一批有影响力的原创成果，形成了“磁性材料—高性能伺服电机—智能装备”、“碳纤维—复合材料—轻量化部件”和“石墨烯—高容量电极材料—高比能电池”等多条协同创新链，在贯通应用基础—工程化—产业化的创新链条方面取得了较好成效。

2019年，宁波材料所把加强制度建设、不断进行制度创新作为一项带有根本性、全局性、稳定性和长期性的重要战略任务，通过多方借鉴、结合实际、集体决定，让所内各项制度日臻完善，做到有制可循、有章可依；通过整合执行、强化落实，让各项制度落地生根，做到有职必履、有责必尽。强化制度建设，促进规范化管理。为进一步加强制度建设，完善内部管理体制和运行机制，2019年依据管理工作实际情况，针对科研管理、人才培养、研究生教育、经费管理等重点工作，完成修订规章制度21项，新增规章制度9项，先后出台了《科研团队管理条例》、《科技论文管理条例》、《薪酬管理办法》、《管理部门绩效管理办法》、《研究生指导教师条例》、《经费支出实施细则》、《固定资产管理办法》等制度。截至2019年底，宁波材料所现行规章制度201项，已形成全面覆盖科技管理、技术转移与知识产权、人力资源、研究生教育、财务管理等14个方面的科学管理体系。

2019年，宁波材料所努力把发展机遇变为发展优势，继续发力功能高定位、布局高集聚、规划高水平、建设高标准的高能级创新平台体系建设，全力打好杭州湾研究院、中国科学院大学宁波材料学院等重大项目建设攻坚战，在打通“新材料研究—工程化关键技术—示范应用—产业化商品化”链条上创造出新的“材料所速度”。

截至2019年底，宁波材料所共有各类员工1050人，科技、支撑和管理的比例是71.5∶20∶8.5。其中，中国工程院院士1人，中国科学院院士1人；研究员及正高级工程技术人员300人、副研究员及高级工程技术人员168人。

宁波材料所目前拥有材料科学与工程、化学2个一级学科博士、硕士学位授予点，机械制造及其自动化二级学科博士、硕士学位授予点，生物医学工程一级学科硕士学位授予点，材料与化工、机械2个工程硕士专业学位授予点，拥有材料科学与工程、化学2个一级学科博士后科研流动站；共有在学研究生1238人（其中硕士生945人、博士生293人），在站博士后132人。

2019 年，宁波材料所共有在研项目 1192 项（包括新增项目 526 项）。其中，主持（或承担）国家自然科学基金重点项目 3 项（新增 2 项）、面上项目 103 项（新增 25 项）、国家杰出青年科学基金项目 3 项（新增 1 项）；主持或承担国家重大科技专项 2 项；主持或承担国家重点研发计划 47 项（新增 10 项）；主持或承担基地 1 项（新增 1 项）；主持（或承担）（科技部、国家自然科学基金委、财政部和院）重大仪器研制项目 1 项；主持（或承担）中国科学院战略性先导科技专项课题 4 项（新增 1 项）；主持（或承担）院重点部署项目 10 项（新增 4 项）、承担重点国际合作项目 18 项（新增 9 项）；承担院地合作项目 376 项（新增 185 项）。

2019 年，宁波材料所重要科研领域进展良好，其中，国产 M55J 级高强高模碳纤维中央翼主梁结构件成功交付并装机，相关技术通过鉴定；特种塑料 / 碳纤维预浸料制备技术取得突破，解决关键材料和装备难题；超耐温聚酰亚胺稳定制备技术取得突破，多个产品在国庆阅兵中获亮相；突破苛刻环境适应型防护薄膜应用技术，在海洋和航天等领域重要任务获得成功应用；大规模三维虚实动态融合与立体呈现技术突破，实现多场景应用；成功新型低成本催化剂，有望在电催化领域获得应用；机器人关节用力矩电机实现突破，为机器人轻量化关节提供支撑；生物基中间体 5-羟甲基糠醛实现产业化示范；在高效率柔性有机太阳能电池关键制备技术方面获得突破，引领柔性有机光伏技术国际前沿；高弛豫率 MRI T1 对比剂实现突破，为百升规模的中试扩大化生产提供支撑；此外，柔性传感器研究、二维片层结构调控的新型有机 / 无机功能防腐涂料研制与应用和超黑消杂散光材料及涂层成型技术也取得一系列突破。

2019 年，宁波材料所共发表论文 968 篇，其中影响因子大于 3 的有 589 篇、大于 10 的有 104 篇；全年专利申请 550 件（包括 PCT 申请 27 件），授权专利 316 件，注册软件著作权 16 件，授权专利数量在全国科研机构中排名第五，成为浙江省首家通过《科研组织知识产权管理规范》国家标准认证的科研机构，2 项专利获得国家专利奖优秀奖。

2019 年，宁波材料所紧紧抓住长三角一体化发展上升为国家战略的新机遇，协同加快融入浙江省大湾区建设，围绕宁波推进“246”万千亿级产业集群工程，重点打造“一园一院四中心”。从技术链协同产业链角度深挖龙头企业需求，策划重大合作项目；推动知识产权与学科凝练深度融合，强化战略布局；推行知识产权贯标，加强知识产权保护；进一步整合发展资源，统筹推进“一公司、三中心”的管理体系建设，拓展科技合作网络，创新转移转化机制体制，推进高质量专利培育，加强所地所企合作，最大程度释放科技成果产业化的活力，打通科技成果转化的最后“一公里”。宁波材料所全年争取各类横向合作 185 项，新增服务企业 116 家，合同经费 2.06 亿元，到位经费 0.97 亿元，支撑企业实现年新增产值 80 亿元。

2019 年，宁波材料所以推动实现实质性的科研合作为目标，以开拓双边合作关系和争取各级各类科研合作项目为途径，以国家重点研发计划和中国科学院国际伙伴计划等重大项目为抓手，切实推动双边交流，国际合作可持续发展奠定了基础，全年争取各类项目 28 项，其中重大科研合作项目 7 项，国际人才引进项目 10 项，争取合同经费 1700 余万元。宁波材料所从科研需求出发，与国内各级科技主管部门、资助机构以及国际相关研究机构、大学积极沟通、互通有无、协同合作，积极参与各级双、多边交流与合作。通过中国科学院国际合作局，积极带动和参与中国科学院与土耳其科技研究委员会的双边学术交流；主动推动中国科学院与韩国科学技术研究院、日本国立材料研究所、法国国家科学中心的院级合作；积极响应宁波市与德国亚琛友好城市号召，主动寻求和推动与德国亚琛工业大学在碳纤维复合材料领域的交流与合作；与荷兰驻华使馆科技参赞深度交流，促进未来荷兰相关机构与宁波材料所在科研和产业领域的合作；通过对接欧盟项目办公室并参与“中欧科研快车”，积极促进科研人员对欧盟合作项目的认识和了解，提高了科研人员的项目策划和参与能力；积极参与“政府间国际科技创新合作——港澳台科技创新合作”专项，推动双边交流与合作。

（撰稿：王雪珍　孟　丽　审稿：李润伟）

城市环境研究所

所　　长：曹　荣
地　　址：福建省厦门市集美大道 1799 号
邮政编码：361021
电　　话：0592-6190978
传　　真：0592-6190977
电子信箱：xnie@iue.ac.cn
网　　址：http://www.iue.cas.cn

中国科学院城市环境研究所（以下简称“城市环境所”）是中国科学院下属的事业法人单位，是中国科学院资源环境与高技术交叉领域的研究所，是中国科学院区域大气环境研究卓越创新中心（以下简称“大气卓越中心”）的依托单位，是科技部“国际科技合作基地”、“国家级对台科技合作与交流基地”和国际科联“城市健康计划国际项目办公室”落户单位。拥有中国科学院城市环境与健康重点实验室、中国科学院城市污染物转化重点实验室、福建省城市固体废弃物资源化工程技术研究中心、厦门水环境安全与水质保障工程技术研究中心、厦门市危险废物鉴别和处置技术研发公共服务平台、厦门市城市代谢重点实验室、厦门市室内空气与健康重点实验室、厦门市物理环境重点实验室。2019 年新获批浙江省城市环境过程与污染控制重点实验室、中国科学院城市固体废弃物资源化技术工程实验室、福建省流域生态重点实验室、厦门大气环境福建省野外科学观测研究站 4 个科技创新平台。城市环境所的重点研究领域为：城市环境质量演变与生态健康效应、城市环境污染控制与废物资源化、城市规划与环境管理；研究单元设置为城市生态健康与环境安全研究中心、城市环境污染控制与资源化技术研究中心、城市环境工程与循环经济研究中心、城市生态环境规划与管理研究中心、仪器设备实验中心，以及一个科学观测研究站。

2019 年，城市环境所重点研发了基于环境物联网和大数据分析的城市景感生态监测、规划与管理集成技术和智能平台。粤港澳大湾区等国家重要示范区开展了集景感生态规划、生态基础设施建设、资源循环利用、景感生态智能管理于一体的综合示范区。“生态基础设施建设—生态系统修复—环境协同治理—资源循环利用”、“四位一体”总体框架在美丽中国 A 类先导专项工程示范取得良好成效。在污水处理厂尾水中痕量新型污染物的环境效应方面，提出微生物群落和有害微生物物种是指示水生态恶化的新型生物指标，为评估流域生态环境质量变迁提供了重要依据。首次揭示了新型有机污染物对浮游微生物生态网络的干扰效应，提出了新型污染物作用于网络关键物种驱动“微”生态网络演变的新理论。宁波站建设了环境功能材料中试研究平台，开展催化材料智能化生产技术研发，推进柴油车 SCR 催化剂的国产化；研发光致热及光热协同催化降解 VOCs 净化技术，采用 RTO/RCO 技术净化废气中的 VOCs 和有机颗粒物；开发了用于室温氧化甲醛的新型 Pd 炭催化剂和室温分解臭氧的 Mn 基催化剂，研制了用于细颗粒物去除的高效低阻微纳米复合纤维膜，打造了“金砖版”空气净化器。大气卓越中心构建了我国全耦合模式系统，该模式系统用于评估不同减排措施影响并提供攻关中心以支持空气保障工作。自主研制 OH·、HO_2^-·自由基探测系统，实现了多地实际大气氧化性的直接观测研究。自主研制基于固体拉曼频移技术的多波长紫外光源的臭氧激光雷达。自主研制车载臭氧雷达，实现不同复杂环境条件下的臭氧廓线探测。完成了机动车排放超细颗粒物高温采样、数浓度快速测量系统研制，关键技术指标达到国际先进水平。

截至 2019 年底，城市环境所共有在职职工 235 人。其中科技人员 181 人、科技支撑人员 54 人，包括研究员及正高级工程技术人员 34 人、副研究员及高级工程技术人员 44 人。

城市环境所是 2012 年国务院学位委员会批准的博士、硕士学位授予权单位之一，现设有环境科学与工程、生态学 2 个专业一级学科博士研究生培养点，环境科学与工程、生态学 2 个专业一级学科硕士研究生培养点，并设有环境科学与工程专业一级学科博士后流动站；共有在学研究生 310 人（其中硕士生 132 人、博士生 178 人），在读外国留学生共 34 人，在站博士后 14 人。

2019 年，城市环境所共有在研项目 375 项（包括新增项目 146 项）。其中，主持（或承担）国家自然科学基金重点项目 3 项（新增 1 项）、面上项目52项（新增10项）、承担重点国际合作项目5项（新增2项）、国家杰出青年科学基金项目1项（新增0项）、国家自然科学基金重大研究计划重点项目0项（新增0项）、国际（地区）合作与交流项目8项（新增3项）；主持或承担国家重大科技专项0项（新增0项）；主持或承担国家重点研发计划5项（新增2项），承担（或参加）课题、子课题40项（新增3项）；主持或承担技术创新引导专项0项（新增0项）；主持或承担基地和人才专项0项（新增0项）；主持（或承担）国家重大科学研究计划项目0项、承担（或参加）课题0项；主持（或承担）（科技部、国家自然科学基金委、财政部和院）重大仪器研制项目0项；主持（或承担）中国科学院战略性先导科技专项项目2项（新增1项）、课题2项（新增1项）、子课题8项（新增5项）；主持（或承担）院重点部署项目1项、课题2项（新增0项）；承担院地合作项目0项（新增0项）。

2019年，城市环境所获得科研项目146项，到位经费13 924万元。其中，国家自然基金22项；横向项目79项；中国科学院项目2项；省市级科研项目24项。申请专利75件，其中国内发明专利62件，实用新型专利9件，PCT国际专利申请4件；授权专利共25件，其中授权发明专利12件，授权实用新型专利13件；申请软件著作权登记12件。发表论文600余篇，547篇论文被SCI（科学引文索引）收录（第一单位202篇），79篇被CSCD（中国科学引文数据库）收录（第一单位53篇），进入TOP 1%的高被引论文有8篇，国际合作论文占比38.5%。2019年获得江西省自然科学奖一等奖（第二完成单位）。

2019年，在科研成果转化方面，城市环境所与厦门市湖里区政府、河南鹤壁市政府等地签署科技合作战略协议，为地方科技服务。与中国联通公司福建省分公司、中国电建集团华东勘测设计研究院等签订战略合作协议，推进全面技术合作。与企业共建舟山海水资源综合利用产业研究基地、城市固体废弃物治理联合实验室等平台，提升科技创新能力。组织实施厦门市“面向城乡水安全的水处理技术与装备高价值专利组合培育”项目。积极组织成果参加东盟环保展、上海工博会、重庆高交会、厦门国际环保展等活动。设立全资资产管理公司“厦门中科环境科技有限公司”，由公司统一运营监管参股企业。

2019年，在国际交流方面，城市环境所年度出访131人次，出访国家30个，来访267人次，来访国家26个。与克罗地亚路德波斯科维奇研究所、联合国人类住区规划署、利洁时公司、国际城市健康学会签订了合作协议，推进合作纵深化发展。其中与利洁时公司签订的技术合作协议，实现了研究所自主创新技术的国际企业输出。举办了国际科联城市健康与福祉计划第14届科学委员会会议、CAS-CSIRO纳米技术与能源新材料研讨会、国际科联城市健康与福祉计划第十五届科学委员会会议、第十六届国际城市健康会议等一系列国际会议。

大气卓越中心新增承担各类项目36项，累计合同经费0.87亿元，累计发表SCI论文202篇。2019年度获国家自然科学奖二等奖1项，国家科技进步奖二等奖1项。申请了厦门市重大科技项目“室内空气质量保障公共技术服务平台”，获批经费478.8万元。参与中国空气净化行业联盟下达的《空气用化学过滤器》等四项团体标准编制工作。

2019年，仪器设备实验中心新增500万元以上的大型仪器设备1台。截至2019年12月底加入中国科学院大型仪器共享网的63台，加入国家网络管理平台的42台。全年仪器使用机时123 117小时，仪器使用率为122%。为所外单位提供分析测试报告138份。在2019年科技部《中央级高校和科研院所科研仪器开放共享评价考核》的344家单位中，获得优秀第四名。

（撰稿：聂　璇　审稿：陈伟民）

南京地质古生物研究所

所　　长：詹仁斌
地　　址：江苏省南京市北京东路39号
邮政编码：210008
电　　话：025-83282105
传　　真：025-83357026
电子信箱：ngb@nigpas.ac.cn
网　　址：http://www.nigpas.cas.cn

中国科学院南京地质古生物研究所（以下简称“南京古生物所”）成立于1951年5月7日，其前身是“中央研究院地质研究所”及中央地质调查所等机构的古生物室（组）。著名地质古生物学家、中国科学院副院长李四光教授为首任所长。

南京古生物所是国内专门从事古生物学、地层学及相关学科基础研究、应用基础研究、人才培养和科学传播的综合性研究机构。目标是建成并保持一个国际一流的古生物学和地层学研究中心、地层古生物资料信息中心、古生物标本收藏中心、地质古生物学人才培养及科学传播基地。主要研究领域包括地球生命起源与早期演化，进化古生物学，古生物系统分类学，古生态、古地理、古气候，年代地层学，分子古生物学，地球生物学，生物与环境的共演化，应用古生物学与地层学等。1998年成为中国科学院“知识创新工程”首批试点单位之一，2011年在中国科学院“创新2020”择优部署中再次获得首批整体择优支持。2017年，南京古生物所获批作为依托单位之一共同筹建“中国科学院生物演化与环境卓越创新中心”，深入推进研究所改革发展。

南京古生物所下设基础研究部（包括古植物与孢粉学研究室、古无脊椎动物学研究室、微体古生物学研究室）、现代古生物学和地层学国家重点实验室2个研究单元，拥有科学传播中心、实验技术中心、地层古生物咨询中心、地层古生物大数据中心及澄江古生物研究站5个支撑部门。

南京古生物所图书馆建于1953年，经过六十多年的积累，目前收藏古生物学与地层学专业图书期刊约28万册（期），其中外文期刊近2500种，约20万册（期），是亚洲最大的地层古生物学专业图书馆。南京古生物所标本馆是在“中央研究院地质研究所标本室”（建于1928年）的基础上发展起来的，目前馆藏正式发表的模式标本近20万件，不仅是我国最重要的古生物标本馆，是国家第一批甲级古生物化石收藏单位，还是世界上古生物标本收藏的重要机构。南京古生物所技术支撑平台包括扫描电子显微镜及能谱仪、X射线断层成像显微镜、岩芯扫描仪、化石预处理及成像实验室、稳定同位素实验室、有机地球化学实验室、元素地球化学实验室等国际一流的仪器设备和实验装置，拥有GBDB地层古生物数据库，是国际古生物协会、国际地层委员会官方数据库，并与国际沉积学家协会开展正式合作。

南京古生物所目前已成为分支学科齐全、科技力量雄厚、技术条件配套、学术成果丰硕、国际交流频繁的地层古生物综合研究中心，兼具各主要类群无脊椎动物和植物（含孢粉）方面的专家，同时关注海相和陆相地质记录以及两者之间的关联。国外同行将南京古生物所与英国自然历史博物馆和美国斯密逊博物研究院并称为世界三大古生物学研究中心。

截至2019年底，南京古生物所有在职职工176人，包括中国科学院院士3人、研究员及正高级工程技术人员44人、副研究员及高级工程技术人员47人。

南京古生物所是国务院学位委员会首批批准的博士、硕士学位授予权单位之一，现设有古生物学与地层学、地球生物学、地质工程和矿物学、岩石学、矿床学4个专业二级学科硕士研究生培养点，古生物学与地层学、地球生物学和矿物学、岩石学、矿床学3个博士研究生培养点，并设有博士后流动站；截至2019年底共有在学研究生93人（其中硕士生48人、博士生45人），在站博士后17人。

2019年，南京古生物所共有在研项目175项（包括新增项目43项）。其中，承担国家“万人计划”2项，参加其他单位负责的国家科技基础性工作专项课题2个、国家重大科技专项课题3个、国家科技基础条件平台项目1项（新增1项）；主持国家自然科学基金重点项目5项、国际合作项目1项、面上项目34项（新增9项）、重大项目1项、重大研究计划1项、创新研究群体科学基金项目1项（新增1项）、杰出青年科学基金项目1项（新增1项）、优秀青年科学基金项目2项（新增1）、青年科学基金项目36项（新增9项）、联合基金1项，参加外单位基础科学中心课题2项（新增1项）、重大研究计划课题1项（新增1项）、联合基金1项；承担中国科学院战略性先导科技专项子课题32项，院“百人计划”D类入选者项目1项，院率先行动“百人计划”项目2项，院青年创新促进会项目12项（新增3项），院前沿科学重点研究项目2项，院其他项目3项（新增1项）；参加中国地质科学院课题5项（新增4项）；主持江苏省自然科学基金项目10项（新增3项）；承担地方政府委托项目3项（新增2项）；承担大中型企业委托项目10项（新增6项）。

2019年，南京古生物所共发表学术论文400篇，其中SCI论文340篇，含第一作者或通讯作者Nature Index论文15篇国；出版专著15部；授权发明专利2项。在三峡地区约5.5亿年前埃迪卡拉纪地层中，发现了地球上迄今最早的具有运动能力、并且身体分节的两侧对称后生动物化石，相关成果在*Nature*发表，并入选“中国科学院2019年度科技创新亮点成果”。在约5亿年前加拿大布尔吉斯页岩动物群中，发现了迄今已知最古老的螯肢类节肢动物化石，相关成果在*Nature*发表。在白垩纪缅甸琥珀中发现的菊石化石集群，展现了1亿年前的海滨森林生态环境，相关成果在*PNAS*发表。主编《中国综合地层和时间框架》（中英文版）专辑，对半个多世纪以来中国地层学研究进展进行了综合性整理和总结。主持四项成果入选2019年度中国古生物学十大进展。

2019年，南京古生物所获批中国科学院“国际访问学者计划”2项。共有225人次先后出访参加国际学术会议或进行合作研究，接待149人次外宾来访合作或讲学。与英国杜伦大学地科院、俄罗斯科学院西伯利亚分院石油地质与地球物理研究所及泰国玛哈沙拉堪大学正式签订合作协议。主办了“第一届亚洲古生物学大会”等三场国际学术会议，发起成立了亚洲古生物协会，得到近20个亚洲国家的积极响应。目前，南京古生物所共有20余位专家担任40多个国际学术组织的主席、副主席、选举委员等职务。

中国古生物学会、亚洲古生物协会、江苏省古生物学会挂靠在南京古生物所；南京古生物所主办的定期学术期刊有《古生物学报》、《微体古生物学报》、《地层学杂志》、*Palaeoworld*、*Palaeoentomology*，科普期刊《生物进化》，以及不定期系列学术专著《中国古生物志》。

（撰稿：陈孝政　审稿：詹仁斌）

南京土壤研究所

所　　长：沈仁芳

地　　址：江苏省南京市北京东路71号

邮政编码：210008

电　　话：025-86881114

传　　真：025-86881000

电子信箱：iss@issas.ac.cn

网　　址：http://www.issas.ac.cn

中国科学院南京土壤研究所（以下简称“南京土壤所”）成立于1953年，其前身是1930年创立的中央地质调查所土壤研究室，是中国现代土壤科学研究的发源地。

南京土壤所的定位与目标是：面向农业可持续发展和生态环境建设中的国家重大战略需求和国际土壤学前沿，发展以土壤学为核心的特色学科体系，强化现代土壤学理论的研究，提升解决国民经济主战场和区域经济社会可持续发展的科技供给能力，为我国土壤资源合理利用、粮食安全保障和生态环境保护提供理论基础、决策依据和技术支撑，持续引领我国土壤科技事业的发展，建设国际一流的土壤科学研究机构。作为中国科学院“四类机构”改革的首批特色研究所试点单位，南京土壤所瞄准国家粮食安全、藏粮于地、土壤污染防治行动计划等国家重大战略需求，围绕“土壤地力与保育”和“土壤污染与修复”两个特色方向，扎实推动“一三五”规划中三个突破和五个培育方向的系统研究工作，持续深入推进体制机制改革，在加快研究所改革创新发展的进程中取得系列新成绩。

南京土壤所目前拥有土壤与农业可持续发展国家重点实验室、土壤养分管理国家工程实验室、农田土壤污染防控与修复技术国家工程实验室、中国科学院土壤环境与污染修复重点实验室、农业部耕地保育综合性重点实验室等重要研究平台；设有土壤资源与信息、土壤地力与保育、土壤环境与修复、植物营养与肥料、土壤生物与生态5个研究部，以及土壤资源与遥感应用、土壤-植物营养与肥料、土壤化学与环境保护、土壤物理与盐渍土、土壤生物与生化、土壤与环境生物修复、土壤利用与环境变化等研究单元；拥有中国科学院生态系统研究网络土壤分中心，河南封丘、江西鹰潭、江苏常熟 3 个农田生态系统国家野外科学观测研究站，以及中国科学院三峡工程生态环境湖北秭归实验站。拥有联合国粮农组织的特约图书馆和亚洲最大的土壤标本馆。所级公共服务中心拥有国家实验室认可和国家计量认证，2019 年在中央级高校和科研院所等单位重大科研基础设施和大型科研仪器开放共享评价考核中获评优秀。

截至 2019 年底，南京土壤所共有在职职工 273 人。其中科技人员 179 人、科技支撑人员 94 人，包括中国科学院院士 2 人、中国工程院院士 1 人、研究员及正高级工程技术人员 64 人、副研究员及高级工程技术人员 82 人。

南京土壤所是 1981 年国务院学位委员会批准的博士、硕士学位授予权单位之一，现设有农业资源与环境、环境科学与工程、生态学 3 个一级学科博士研究生培养点，土壤学、植物营养学、环境科学等 10 个专业二级学科硕士研究生培养点，并设有农业资源与环境、环境科学与工程、生态学 3 个一级学科博士后流动站；共有在学研究生 374 人（其中硕士生 148 人、博士生 226 人），在站博士后 35 人。

2019 年，南京土壤所共有在研项目 412 项（包括新增项目 122 项）。其中，主持（或承担）国家自然科学基金重点项目 8 项（新增 1 项）、面上项目 81 项(新增 20 项)、青年基金 42 项(新增 13 项）国家杰出青年科学基金项目 3 项、国家自然科学基金重大项目 2 项（新增 2 项），国家自然科学基金重大研究加护项目 2 项（新增 1 项），国家优秀青年基金项目 2 项（新增 1 项），国际合作交流项目 4 项（新增 3 项），地区联合基金重点项目 7 项（新增 4 项）；主持或承担国家重点研发计划项目 10 项（新增 1 项），课题 40 项；主持（或承担）中国科学院战略性先导科技专项 1 项、课题 10 项（新增 2 项）;主持（或承担）院重点部署项目 14 项（新增 2 项）、承担重点国际合作项目 6 项（新增 2 项）；承担江苏省各类项目 46 项（新增 16 项）。

2019 年，南京土壤所坚持基础研究和应用研发并举，取得系列新的进展和成绩，为我国区域农业可持续发展和生态环境建设提供了重要的科技支撑。基础研究方面：建立了不同类型淡水养殖系统温室气体甲烷和氧化亚氮的排放因子，构建了全球不同类型淡水养殖系统和主要国别淡水养殖系统的温室气体排放清单；阐明了土壤纳米颗粒的天然生成机制，为土壤中纳米颗粒的来源提供了重要科学依据；明确了生物硝化抑制剂对土壤氨氧化细菌和氨氧化古菌的双抑制效果；发现了 *ATPase* 基因水平转移是土壤古菌嗜酸的遗传机制；揭示了自然生物膜的环境适应机制及生态功能持续性。应用研究方面：建立了以土壤团聚体形成与养分高效利用协同调控的生物培肥理论、以减酸控酸为核心的土壤酸化防治关键技术、盐碱地生态治理集成技术体系等并大范围推广应用；实施了国内规模最大的防控铬污染地下水的可渗透反应墙技术应用，建立了重金属污染农田土壤植物修复和安全利用集成技术并在多点示范，为“土十条”在不同区域的全面实施提供了有力的科技支撑。全年共发表科研论文 500 余篇，其中 SCI 论文 380 余篇；获授权发明专利 34 项、实用新型专利 16 项，获省级科技进步奖二等奖 2 项，多项技术模式产生了良好的经济和社会效益。

2019 年，南京土壤所认真开展《科研组织知识产权管理规范》（GB/T　33250—2016）贯标工作，通过了国家标准审核认证；同时着力构建知识产权管理与科技成果转移转化相互联动的机制，制定《技术成果孵化基金管理办法》并设立科技成果转化基金，弥补科技成果从实验室与市场间缺失的环节，推动科技成果的落地转化。积极推动与山东德州、江西赣州、贵州铜仁等地区以及企业开展实质性战略合作，组织专家积极参与地方政府组织的科技成果转化活动。

2019 年，南京土壤所新承担国际合作交流项目 3 项，共计出访 99 人次，接待来所交流访问的外国学者达 90 余人次。2019 年，南京土壤所成功主办了第 13 届国际植物钾营养和钾肥大会、面源污染控制与水环境保护国际研讨会。在人才交流方面，以公派留学形式派遣 9 人前往国外知名大学和科研机构深造，邀请多位国外知名教授来华交流，举办了多场规模较大的学术报告会和研讨会，为培养青年科技英才提供了重要平台。

南京土壤研究所是中国土壤学会、江苏省土壤学会和全国土壤质量标准化技术委员会的挂靠单位；主办 *Pedosphere*、《土壤学报》、《土壤》等 3 份学术期刊，其中 *Pedosphere* 是我国唯一的土壤科学英文学术期刊且被收录为SCI源刊。

（撰稿：秦江涛　审稿：吕俊杰）

南京地理与湖泊研究所

所　　长：张甘霖
地　　址：江苏省南京市北京东路73号
邮政编码：210008
电　　话：025-86882010；025-86882020；025-86882030
传　　真：025-57714759
电子信箱：niglas@niglas.ac.cn
网　　址：http://www.niglas.ac.cn

中国科学院南京地理与湖泊研究所（以下简称“南京地理所”）的前身系1940年8月在重庆北碚成立的中国地理研究所，1958年更名为中国科学院南京地理研究所，1987年改为现名。中国科学院院士黄秉维、任美锷、周立三曾先后担任过所长。

南京地理所是全国唯一以湖泊-流域系统过程、格局及其相互作用与调控机理为研究对象的综合研究机构，主导着中国湖泊科学的发展方向，在国际上具有重要影响。南京地理所面向湖泊水环境治理与生态修复、区域可持续发展规划与评估两大应用研究领域；重点发展物理湖泊与水文、湖泊生物与生态、湖泊沉积与环境演化、湖泊环境与工程、湖泊-流域过程与调控、流域资源与生态环境、区域人文经济地理和遥感与地理信息科学8个学科方向；努力实现湖泊生态系统演变与全球变化、浅水湖泊流域水质管理与生态系统调控、水环境及生态系统监测（模拟）技术及应用三个重大突破；重点培育湖泊沉积与气候变化定量重建、湖泊生物群落结构功能与调控、湖泊复合污染的生态效应与防控治理、流域-湖库生态水文过程与模拟、新型城镇化区域的乡村转型及其资源环境的可持续管理。

2019年，南京地理所认真贯彻落实中央和中国科学院党组重大决策部署，深入学习习近平新时代中国特色社会主义思想，扎实开展“不忘初心、牢记使命”主题教育，抓紧抓实党建和党风廉政建设，深入实施“一三五”规划，主动服务国家经济社会发展，积极发挥科研国家队作用。

2019年，南京地理所进一步深化“一三五”规划实施，按中国科学家院党组“内涵式发展，结构性调整”的有关改革要求，开展了湖泊生态系统演化、湖泊环境治理、流域地理与可持续发展3个学科方向的国内学科评估，提出了湖库生态系统功能恢复与调控、湖泊流域系统模拟与管控两个新兴交叉学科；与国家自然科学基金委地球科学部合作组织湖泊流域科学学科发展战略学术研讨会；深入推进创新平台建设和成果转移转化，获批建设中国科学院湖泊环境治理与生态修复工程实验室、江苏省长江岸线生态修复工程研究中心，获批建设新型研发机构南京国兴环保产业研究院有限公司。

2019年，南京地理所推进分配激励制度改革，优化薪酬分配，深化绩效导向，强化绩效工资对科技创新的激励作用，凝聚和稳定优秀人才。截至年底，南京地理所共有在职职工256人；其中科技人员186人，科技支撑人员25人，包括研究员及正高级工程技术人员48人、副研究员及高级工程技术人员78人。

2019年，南京地理所共有在研项目409项（包括新增项目226项）。其中，主持国家自然科学基金委创新研究群体项目1项、国家自然科学基金委重大项目课题1项、国家自然科学基金重点项目7项（新增2项）、国家优秀青年科学基金项目2项（新增2项）、面上项目85项（新增32项）；主持国家重点研发计划项目5项、课题6项（新增国家重点研发计划项目3项、课题3项）；主持国家重大科技专项项目2项、课题5项；在研科技基础资源调查专项1项、课题2项；主持科技支撑计划项目1项、课题2项；主持基础性工作专项1项；新增第二次青藏科考专题1项。

南京地理所是1981年国务院学位委员会批准的自然地理学硕士学位授予权单位之一，现设有地理学、环境科学与工程2个一级学科博士研究生培养点，自然地理学、人文地理学、地图学与地理信息系统、环境科学4个二级学科博士研究生培养点，自然地理学、人文地理学、地图学与地理信息系统和环境科学4个二级学科硕士研究生培养点，以及工程硕士（环境工程、建筑与土木工程）全日制专业学位培养点，并设有地理学一级学科博士后科研流动站；共有在学研究生 233 人，其中硕士 96 人，博士 137 人（含留学生 5 人），在站博士后 23 人。

2019 年，南京地理所主持获得省部级奖励 2 项，省级国际合作奖励 1 项，中国专利优秀奖 1 项。其中，“湖泊生态系统对全球变化的响应过程与机制”获江苏省科学技术奖一等奖；“干旱半干旱区典型湖泊流域生态安全保障关键与应用”获环境保护科学技术奖二等奖；由研究所提名并开展深入合作的 Erik Jeppesen 教授获江苏省国际科技合作奖；“一种利用沉水植被草皮恢复沉水植物群落的方法”荣获第二十一届中国专利优秀奖。南京地理所充分思想智库作用报送政策咨询建议，《推动长三角更高质量一体化发展政策建议》入选 2019 年度江苏智库十佳成果，《科技智库深度参与第三方政策评估》入选 2019 年度江苏智库实践十佳案例。2019 年共发表论文 479 篇，其中 SCI 论文收录 322 篇，一区和二区高质量论文 193 篇，高质量论文同比增长 46%；出版专著 6 部；申请专利 51 件，其中发明专利 43 件；授权专利 54 件，其中发明专利 23 件，实用新型专利 31 件；软件著作权登记 26 项。

南京地理所现设有湖泊与环境国家重点实验室、中国科学院流域地理学重点实验室、所级公共服务中心、湖泊-流域数据集成与模拟中心，以及各类湖泊野外观测站（含太湖湖泊生态系统国家野外观测研究站、鄱阳湖湖泊湿地观测研究站、抚仙湖高原深水湖泊研究站、呼伦湖生态系统定位观测研究站、天目湖流域观测研究站、东非大湖与城市生态研究站）等科研支撑平台。现有 30 万元以上的大型仪器设备 230 余台（套）。图书馆馆藏图书期刊约 10 万册，各种地形图约 3 万幅，航卫片 5 万余张。此外，还馆藏地方志 4262 种 44 000 多册，其中善本近百种，孤本十余种。

2019 年，南京地理所积极提升科研平台支撑能力，通过修购专项及区域中心平台专项完成：流域多尺度气象水文-物质循环高分辨率观测系统平台，湖泊污染物生态效应与控制技术平台，抚仙湖生物样品采集、保藏和分析平台，湖泊流域资源环境关键指标采集与信息处理平台，原位-快速-无损检测生物平台，湖泊挥发性有机污染监测分析瓶体等科研平台的组织实施，合同金额 2425 万元。

南京地理所投资公司 2 个，分别为中科健康产业集团股份有限公司和南京中科水治理有限公司，从事科技开发人员数 82 人，年产值共 4.3 亿元，研究所参股效益 1700 余万元。

2019 年，南京地理所积极开展各项科技合作，不断加强学术交流，参加国际学术会议人员 63 人次，参与学术访问及合作交流 16 人次，接待国外专家学者来访 44 人次。

南京地理所目前是江苏省海洋湖沼学会、江苏省地理学会、江苏省遥感与地理信息系统学会、中国地理学会长江分会、中国地理学会湖泊与湿地分会、中国海洋湖沼学会湖泊分会、中国第四纪科学研究会生态环境演化分会、中国环境科学学会沉积物环境专业委员会挂靠单位；主办《湖泊科学》学术期刊。

（撰稿：孙　昊　审稿：陈亚芬）

紫金山天文台

台　　长： 常　进
地　　址： 江苏省南京市栖霞区元化路 10 号
邮政编码： 210023
电　　话： 025-83332000
传　　真： 025-83332091
电子信箱： pmoo@pmo.ac.cn
网　　址： http://www.pmo.cas.cn

中国科学院紫金山天文台（以下简称“紫金山天文台”）成立于 1950 年 5 月 20 日。前身是 1928 年 2 月成立的中央研究院天文研究所。紫金山天文台是我国创建的第一个现代天文学研究机构，被誉为“中国现代天文学的摇篮”。党和国家领导人毛泽东、朱德、邓小平、江泽民和胡锦涛等都曾到紫金山天文台视察。

紫金山天文台发展定位是：面向天文学的重大科学问题，面向国家战略需求，以构建完整的天文科学与技术创新体系为着力点，将紫金山天文台建设成为我国一流的天文基础和应用研究及战略高技术研究基地、高层次人才培养基地和国际水平的天文研究中心。

紫金山天文台总体发展目标是：以暗物质粒子等前沿空间探测为核心，建成国际先进和国内领先的空间天文探测研究基地；以太赫兹探测技术为支撑，建设面向天文学重大科学问题的南极天文和射电天文研究基地；以人造天体动力学和探测技术为支撑，建设面向国家战略需求的空间目标和碎片观测研究中心；以近地天体及太阳系天体探测研究为基础，建设面向深空探测的行星科学研究中心。

紫金山天文台设有4个研究部：暗物质和空间天文研究部、南极天文和射电天文研究部、应用天体力学和空间目标与碎片研究部、行星科学和深空探测研究部，包含28个研究团组。紫金山天文台建设并运行（含联合）暗物质与空间天文、射电天文、空间目标与碎片观测、行星科学4个中国科学院重点实验室，是中国科学院空间目标与碎片观测研究中心、中国科学院南极天文中心（筹）两个非法人单元的挂靠单位。

2019年，暗物质与空间天文、射电天文、行星科学3个中国科学院重点实验室分别以A、B、C类通过中国科学院的评估。

紫金山天文台设有8个观测台站，分别为南京紫金山科研科普园区、青海观测站、盱眙观测站、赣榆观测站、洪河观测站、姚安观测站、南极冰穹A天文观测站和青岛观象台，运行13.7米毫米波望远镜、1米近地天体望远镜、多台（套）设备组成的空间目标与碎片观测网、Hα太阳精细结构望远镜、太阳射电频谱仪和近红外太阳光谱仪等观测设备。

2019年，紫金山天文台所级公共技术服务中心通过院择优支持；野外台站基础设施和观测设备在院修购专项等支持下得到进一步改善，新购置10台（套）大型科研设备。

截至2019年底，紫金山天文台共有在职职工337人。其中科技人员200人、科技支撑人员99人，包括中国科学院院士3人、研究员及正高级工程技术人员61人、副研究员及高级工程技术人员74人。

紫金山天文台是1978年国务院学位委员会批准的首批硕士学位和1981年博士学位授予权单位之一，现设有1个天文学一级学科博士、硕士研究生培养点，电子信息工程博士、工程硕士全日制专业学位培养点，天体物理、天体测量和天体力学、天文技术与方法3个专业二级学科硕士、博士研究生培养点，并设有天文学博士后流动站；共有在学研究生229人（其中硕士生99人、博士生130人），在站博士后12人。2019年，研究生获中国科学院院长优秀奖2人、中国科学院南京分院院长特别奖1人，中国科学院优秀博士论文奖1篇，江苏省优秀硕士论文奖1篇。

2019年，紫金山天文台共有在研项目348项（包括新增项目114项）。其中，主持国家重点基础研究发展计划（973计划）课题1项；主持国家重点研发计划项目3项和课题10项；主持（或承担）中国高技术研究发展计划（863计划）项目3项；主持（或承担）国家其他项目24项；主持（或承担）国家自然科学基金项目129项（新增34项），其中主持重大项目课题2项、重点项目5项、面上项目48项（新增15项）、杰出青年基金3项，主持（或承担）国家自然科学基金重大科研仪器研制项目1项；承担中国科学院战略先导科技专项课题6项和子课题5项，院前沿科学重点研究项目7项，院基础前沿科学研究计划从0到1原始创新项目2项；承担江苏省自然科学基金20项（新增5项）；横向项目32项（新增20项）。

2019年，紫金山天文台共发表科技论文273篇，其中国外发表256篇、SCI论文228篇，影响因子3.0以上的168篇，第一单位论文篇159篇，第一单位SCI论文115篇。专利授权数9件，其中发明专利8件。

暗物质粒子探测卫星在轨运行与科学研究方面：2019年2月第一批科学成果入选第14届“中国科学十大进展”；9月发布第二批科学成果，给出了40GeV—100TeV能段质子能谱精确测量结果，首次发现质子能谱在约14TeV出现明显的能谱变软结构。

中国南极天文台建设方面：配合有关部门积极推进规划，并持续深入开展太赫兹望远镜系统的关键技术攻关。

空间碎片监测研究系统建设方面：完成MASTA项目的初步设计、望远镜设计方案评审和主干设备招投标等工作，推动基地建设。

先进天基太阳天文台（ASO-S）建设方面：

完成方案阶段的关键技术攻关，进入初样阶段，科学应用系统部分软件已完成并通过评审；开展了日冕物质抛射自动识别、跟踪、参数提取和二维速度分布预研，为星上白光日冕仪数据处理做好准备；在 *RAA* 杂志上发表了 ASO-S 卫星专辑。

发现首例中子星并合引力波事件 GW170817 与明亮短伽马暴有直接联系，并从短伽马暴 GRB 070809 X 历史数据中证认新的引力波事件光学对应体；“银河画卷”计划年度完成巡天约 100 平方度，完成总进度 75%；后续脉泽观测发现银河系边缘有大质量恒星形成活动；从“麦哲伦云”历史巡天数据中发现新的快速射电暴 FRB 010312，这是我国首次发现的快速射电暴，也是国际上迄今已知能量最高的快速射电暴之一；在月球和小行星陨石中分别发现了迄今太阳系范围内最大氯同位素分馏效应和冲击熔融现象，为月球大碰撞理论提供了新证据；主带彗星活动性研究为未来深空探测目标提供预研；此外，还在恒星系统、超新星遗迹和星系等研究领域取得阶段性进展，在超导热电子混频器技术研发中取得若干突破性进展。

2019 年，紫金山天文台常进当选中国科学院院士；史生才获何梁何利基金科学与技术进步奖；李靖当选“中国青年女科学家”；常进当选“科技江苏年度十大科技人物”；史生才获 2018 年度江苏省“有突出贡献的中青年专家”荣誉称号；范一中当选第十三届南京市“十大科技之星”。

紫金山天文台参与投资的南京紫台星河电子有限责任公司，现有职工 97 人，2019 年总产值约 5447 万元，总利润额约 2438 万元。

2019 年，紫金山天文台全年完成出访 167 人次，来访 80 团、142 人次；加入 LHAASO 国际合作组；院行星科学重点实验室和月球与行星科学国家重点实验室建立战略合作伙伴关系。获得中国科学院国际杰出学者项目和中国科学院国际合作重点项目各 1 项、中国科学院特别交流计划2项，国际访问学者项目延续资助1项。组织召开东亚天文台未来科学与仪器国际研讨会、中德彗星科学青年论坛、2019 年星系周介质科学前沿国际研讨会、首届先进天基太阳天文台国际研讨会、国际亚毫米波天文科学研讨会和第二十届东亚地区亚毫米波接收机技术研讨会等国际会议。

2019 年，紫金山天文台国际合作项目取得系列进展。在暗物质粒子探测、ASO-S、行星物理、引力波光学对应体、快速射电暴、原行星盘等领域开展实质性国际合作，取得了一系列科学成果。通过东亚天文台参与管理运行的 JCMT 望远镜在首张黑洞照片联合观测中发挥作用。中澳中心召开第五届中澳天体物理学研讨会，持续推进中澳双方在南极天文、射电天文方面的合作。

紫金山天文台是我国开展天文科学普及的重点单位，是全国科普教育基地、全国重点文物保护单位、首批中国十大科技旅游基地之一。2019 年，以紫金山园区、青岛观象台为主要阵地的场馆开放受众达 26 万人次。围绕科技周与公众科学日、科普日与中国科学院科学节等，举办科普报告、论坛和各类科普与教学活动约 300 场次。联合主办第二届“中国天泉湖天文论坛”。充分利用自媒体平台与社会媒体开展科学传播。微博平台累计阅读量超 1000 万，粉丝数达 62 万；微信公众号原创科普文章 29 篇，累计阅读量超 14 万，总关注数约 1.7 万；获 2019 年“DOU 知短视频科普知识大赛”一等奖、三等奖和优秀制作机构奖；获江苏省科普场馆协会“全国科普日活动先进集体”、江苏“年度十大科学传播人物”等表彰。

紫金山天文台图书馆，现有图书和期刊（合订本和单行本）30 余万册，包含了天文领域多种从创刊开始的出版物，是中国科学院的特色馆藏之一。紫金山天文台仙林新园区建设项目通过中国科学院验收；信息化建设工作连续 10 年荣获院优秀奖，2019 年排名第二；内控、安全、保密和质量体系持续有效。

紫金山天文台是中国天文学会、天文学报的挂靠单位；主办中文刊《天文学报》（双月刊），协办英文刊 *Chinese Astronomy and Astrophysics*（季刊）。

（撰稿：张　笋　任树林　审稿：常　进）

苏州纳米技术与纳米仿生研究所

所　　长：杨　辉
地　　址：江苏省苏州市苏州工业园区若水路 398 号
邮政编码：215123
电　　话：0512-62872509
传　　真：0512-62603079
电子信箱：office@sinano.ac.cn
网　　址：http://www.sinano.cas.cn

中国科学院苏州纳米技术与纳米仿生研究所（以下简称“苏州纳米所”）由中国科学院、江苏省人民政府、苏州市人民政府于 2006 年共同出资筹建，于 2009 年 7 月 22 日获中央机构编制委员会办公室批复正式成立，2009 年 12 月 9 日通过中国科学院、江苏省人民政府、苏州市人民政府组织的筹建工作验收。

苏州纳米所定位于纳米科技的应用基础研究和产业化，在学科布局上坚持“应用需求牵引学科建设，学科建设支撑应用发展”的原则，主要围绕能源、环境、信息、生命与医学等领域开展研发工作；围绕半导体激光器及应用、半导体器件与技术、印刷电子学、胶体化学与界面化学和纳米材料等布局重点学科。

苏州纳米所目前建有 9 个研究部：纳米器件及相关材料研究部、纳米生物医学研究部、纳米仿生研究部、系统集成与 IC 设计研究部、国际实验室、学科交叉综合研究部、印刷电子学研究部、先进材料研究部和工程化平台；4 个公共服务平台：纳米加工平台、测试分析平台、生化平台、喷墨打印公共平台；还建有纳米真空互联实验站。

苏州纳米所建有中国科学院纳米器件与应用重点实验室、中国科学院纳米-生物界面重点实验室、省部共建国家重点实验室培育基地——江苏省纳米器件重点实验室、中国科学院多功能材料与轻巧系统重点实验室 4 个省部级重点实验室。

作为国家“大众创业、万众创新”示范基地，苏州纳米所依托双创平台，与江西南昌小蓝经济技术开发区共同建立中国科学院苏州纳米所南昌研究院，与张家港市政府共同建立中国科学院苏州纳米所张家港研究院，与佛山市政府、南海区政府共建中国科学院苏州纳米所广东（佛山）研究院。

2019 年，苏州纳米所扎实推进“一三五”规划实施，纳米真空互联实验站建设取得重要进展。2019 年 6 月，纳米真空互联实验站完成一期项目总体验收，进入试运行阶段。一期包括 91 米长超高真空管道及 33 台大型真空设备对接，形成了集材料生长、器件加工、测试分析于一体的综合性科研开放平台。二期项目由江苏省、中国科学院、苏州市和苏州工业园区共同出资，总投资 3.68 亿元。二期建设中的“纳米真空互联材料制备及分析测试平台”获批国家发展改革委“十三五”科教基础设施。

截至 2019 年底，苏州纳米所共有在职职工 608 人。其中科技人员 365 人、科技支撑人员 182 人，包括研究员及正高级工程技术人员 77 人、副研究员及高级工程技术人员 118 人；全所进入创新岗位 385 人。

苏州纳米所设有电子科学与技术、化学、生物学 3 个专业一级学科博士研究生培养点，电子科学与技术、化学、生物学 3 个专业一级学科硕士研究生培养点，电子与通信工程、集成电路工程、化学工程、生物工程 4 个专业学位硕士研究生培养点，并设有电子科学与技术、化学 2 个专业一级学科博士后流动站；共有在学研究生 630 人（其中硕士生 456 人、博士生 174 人），在站博士后 74 人。

2019 年，苏州纳米所共有在研项目 643 项（包括新增项目 202 项）。其中，主持（或承担）国家自然科学基金重点项目 10 项（新增 1 项）、面上项目 76 项（新增 13 项）、国家杰出青年科学基金项目 3 项、国家自然科学基金重大研究计划重点项目 2 项（新增 1 项）；主持或承担国家重点研发计划 56 项（新增 2 项）；主持或承担基地和人才专项 18 项（新增 9 项）；主持（或承担）（科技部、国家自然科学基金委、财政部和院）重大仪器研制项目 7 项；主持（或承担）中国科学院战略性先导科技专项课题 2 项；主持（或承担）院重点部署项目 1 项（新增 1 项）、承担重点国际合作项目 9 项（新增 4 项）。

2019 年，苏州纳米所发表 SCI 论文 432 篇，其中影响因子 10 以上的达 82 篇。申请专利共计 245 件，其中国内专利申请 230 件（发明专利 211 件），PCT 申请 15 件；授权专利共计

147 件，其中国内授权专利 141 件（发明专利 130 件），PCT 进入国授权专利 6 件；计算机软件著作权登记 2 件。

在平台服务和成果转化方面，2019 年纳米所公共平台服务机时近 14 万小时，总服务额近 1.1 亿元，培训人员达 3400 余人次，为纳米科研发展和纳米技术相关产业发展提供了强有力的技术支撑。

2019 年，苏州纳米所聚焦重点企业，对接产业应用需求广泛的头部企业，包括华为、瑞声科技、陶氏化学、杜邦等，深度挖掘该类企业与纳米所相关科研应用的合作潜力，完成和华为、强生公司、上汽集团等重点企业合作协议的签订。目前，和部分重点企业已由传统产业端的需求型项目合作上升到平台化的合作。

2019 年，苏州纳米所实现 8 项知识产权投资，价值达 1530 万元，完成中科启迪、苏州镓港、中科凯思 3 家产业化公司的设立，吸引投资总额超过 1.17 亿元。

苏州纳米所坚持开放创新，推动国际交流与合作，2019 年苏州纳米所举办第五届二维材料国际会议，诺贝尔物理学奖获得者安德烈·海姆教授等驰名中外的纳米领域顶级专家做报告；成功举办第一届真空互联技术与应用国际研讨会等国际会议。同时，吸引知名专家学者来研究所进行多种形式的学术交流，包括国际著名物理学家中国科学院外籍院士弗莱明·贝森巴赫教授、科技部“高端外国专家引进计划”获得者日本立命馆大学 Yasushi Nanishi 教授。

2019 年，苏州纳米所办理因公出访 73 团组、98 人次，建立了与国外各知名大学或著名研发机构的合作；接待国外高级专家、学者来访，办理国境外来访团组 22 团组、26 人次，积极促进研究所对外科技合作工作的开展。

（撰稿：李梦影　王　瑗　审稿：王启飞）

苏州生物医学工程技术研究所

所　　长： 唐玉国

地　　址： 江苏省苏州市高新区科技城科灵路 88 号

邮政编码： 215163

电　　话： 0512-69588000

传　　真： 0512-69588088

电子信箱： office@sibet.ac.cn

网　　址： http://www.sibet.cas.cn

中国科学院苏州生物医学工程技术研究所（以下简称“苏州医工所”）是中国科学院唯一以医疗仪器为主要研发方向的研究机构，它由中国科学院、江苏省人民政府、苏州市人民政府三方共同出资建设。2008 年 8 月 1 日，中国科学院委托长春光学精密机械与物理研究所负责苏州医工所的筹建和管理运行。2012 年 11 月 26 日，苏州医工所顺利通过验收正式成为中国科学院序列研究所。

苏州医工所定位于面向生物医学的重大需求，开展先进生物医学仪器、试剂和生物材料等方面的基础性、战略性、前瞻性的研究工作，引领生物医学工程技术的发展，建成医疗仪器科技创新与成果转化平台，成为不可替代的研究机构。重大突破方向包括生物医学超 / 高分辨显微光学技术和先进体外诊断技术。重点培育方向包括人体健康状态辨识与机能增强技术、脑科学仪器技术、生物医学超声成像与治疗技术、医疗健康大数据技术、医疗器械工程化技术和高端专科医学影像技术。

截至 2019 年底，苏州医工所共设有 7 个管理部门和 9 个研究室。7 个管理部门分别为：综合管理处、战略规划处、科技发展部、计划与质量处、产业发展处、人事教育处、资产财务处；9 个研究室分别为：医用光学技术研究室（江苏省医用光学重点实验室）、医学检验技术研究室（中国科学院生物医学检验技术重点实验室）、医学影像技术研究室、医用电子技术研究室、医用声学技术研究室、康复工程技术研究室、光与健康研究中心、工程化研究中心、医疗健康信息中心。科研条件建设方面，基建总建筑面积 7.8 万平方米。研究所科研装备投入已达 2.78 亿元，建成电磁兼容实验平台、先进光学显微成像平台、动物模型实验平台、微纳加工平台、柔性制造研发中心等特色功能型平台。

截至 2019 年底，苏州医工所共有在职职工 399 人。其中科技人员 355 人、管理人员 44 人，研究员及正高级工程技术人员 71 人、副研究员及高级工程技术人员 112 人。

苏州医工所设有生物医学工程一级学科博士研究生培养点，机械、电子信息 2 个工程博士培养点，光学工程、生物医学工程、生物学、机械电子工程 4 个一级（或二级）学科硕士研究生培养点及机械、电子信息、生物与医药 3 个工程硕士培养点；共有在学研究生 312 人（其中硕士生 206 人、博士生 106 人），在站博士后 57 人。

2019 年，苏州医工所共有在研项目 364 项（包括新增项目 81 项）。其中，主持（或承担）国家自然科学基金面上项目 15 项（新增 5 项）、国家自然科学基金青年项目 24 项（新增 12 项）；主持或承担国家重大科技专项 1 项；主持或承担国家重点研发计划 40 项（新增 13 项）；主持或承担基地和人才专项 1 项；主持（或承担）（科技部、国家自然科学基金委、财政部和院）重大仪器研制项目 5 项；主持（或承担）中国科学院战略性先导科技专项课题 7 项（新增 1 项）；承担重点国际合作项目 1 项；承担院地合作项目 15 项（新增 3 项）。申请专利 356 项（其中，发明专利 201 项（PCT 10 项）、实用新型 117 项、外观设计 7 项），申请软件著作权 21 项。新授权专利 173 项（其中，发明专利 63 项、实用新型 86 项、外观设计 3 项）；新登记软件著作权 21 项。发表高水平论文 206 篇，其中 SCI 收录 144 篇。作为牵头单位获江苏省医学科技奖青年奖、中国体视学学会青年科学技术奖各 1 项，全国发明展览会二等奖 1 项，苏州市魅力科技人物奖 1 项。

2019 年，苏州医工所进一步践行和推广新型成果转化模式，取得了一系列突破和进展。苏州国科医疗公司完成集团化变更，更名为苏州国科医工科技发展（集团）有限公司，推行集团化管理。蛟河创新产业园、厦门工程技术研究院、郑州分支机构等三家分支机构相继签约，共争取经费 4.55 亿元、场地 5.9 万平方米。12 项知识产权通过转让、许可和拍卖等形式实现了成果转化，涉及 36 项知识产权，转化金额共计 4421 万元。新设、参股 4 家公司，注册资本 2950 万元，形成经营性资产 1070 万元，4 家项目公司完成融资，金额共计 2850 万元。高能光学疼痛治疗仪、便携式医用光学皮肤镜及相关专利荣获中国发明协会发明创业奖·项目奖银奖。组织参加中科成果创投论坛暨中科成果创投孵化器启动仪式及展览、2019 年江苏省第 31 届科普宣传周活动、第 21 届中国国际光电博览会、中国国际医疗创新论坛暨中国国际医疗创新展览会、2019 中国创新创业成果交易会、第 20 届中国国际工业博览会等。

在国际合作方面，苏州医工所积极对接英国牛津大学、剑桥大学、谢菲尔德大学，德国亥姆霍兹国家研究中心等国际一流高校院所，通过引进、合作等方式部署基础及应用研究，聘请包括英国皇家科学院院士在内的客座研究员 6 名；与牛津大学共建联合研究中心，共同培养博士生并招聘博士后开展相关工作，引进医用拉曼研发团队，与上海氘峰医疗器械有限公司合作并进行产业化。波士顿实验室电镜研发工作进展顺利，计划于 2020 年完成工程样机。全年组织 53 人次的出访交流，接待外国专家 242 人次。

（撰稿：赵　鹏　肖心通　审稿：唐玉国）

合肥物质科学研究院

院　　长： 匡光力
地　　址： 安徽省合肥市蜀山区蜀山湖路 350 号
邮政编码： 230031
电　　话： 0551-65591295
传　　真： 0551-65591270
电子信箱： office@hfcas.ac.cn
网　　址： http://www.hf.cas.cn

中国科学院合肥物质科学研究院（以下简称“合肥研究院”）坐落在合肥市西郊风景秀丽的蜀山湖畔科学岛上，面积约 2.65 平方千米。合肥研究院正式成立于 2003 年 5 月，由科学岛上原有的 4 个研究所（安徽光机所、等离子体所、固体物理所、合肥智能机械所）与原合肥分院合并组成，成立后又陆续建立中国科学院强磁场科学中心、先进制造技术研究所、技术生物与农业工程研究所、医学物理技术中心、中国科学院核能安全技术研究所、应用技术研究所 6 个非法人研究单位，与地方政府共建了安徽循环经济工程院、皖江新兴产业发展中心、淮南新能源中心、中国科学院合肥技术创新工程院、合肥离子医学中心、蚌埠技术转移中心，与安徽省科协共建并负责管理合肥现代科技馆。

合肥研究院的定位是：面向世界科学前沿、面向国家战略需求和我国产业技术发展需要，着力于核聚变、环境监测与治理、强磁场等已具优势基础的研究领域的发展；着力于推进光电空天技术、新型功能材料、现代农业、高端医疗等高新技术创新及其转移转化。建设并依托大科学装置集群，开展基础性研究和高新技术研发，将科学岛建成世界一流的科研机构。

合肥研究院的科研领域涉及能源、环境、生物、材料、信息、国防，主要学科方向有磁约束核聚变科学与技术、先进核能与核安全技术、大气环境探测与监测技术、强磁场科学与技术、特殊环境服役材料、机器人与智能装备、现代农业技术、医学物理与技术及国防战略高技术等。当前，研究院在磁约束核聚变、大气环境监测、强磁场科学与技术等学科方向已跻身国际先进行列，部分方向已处在国际领先方阵。

由合肥研究院和中国科学技术大学联合申请获批的“中国科学院合肥大科学中心”于2016年11月以“优秀”成绩完成筹建。在此基础上，合肥研究院积极推动并主要参与了安徽省、中国科学院联合申报合肥综合性国家科学中心。合肥综合性国家科学中心在2017年1月10日正式获国家发展改革委和科技部联合批复，合肥研究院是中国科学院参与共建的核心单位之一。同时合肥研究院也是国家创新人才培养示范基地、国家示范型国际科技合作基地、国家双创示范基地等。

合肥研究院现拥有20多个国家或省部级重点实验室／研究中心及10多个大型实验平台。承担建设3个国家重大科技基础设施，包括已建成的全超导托卡马克实验置（EAST）和稳态强磁场实验装置，正在建设的聚变堆主机关键系统综合研究设施。谋划建设的大气环境立体探测实验设施、强光磁集成实验设施等新的大科学装置正在预研论证。此外，牵头建立了合肥战略能源和物质科学大型仪器区域分中心。

截至2019年底，共有在职职工2652人。其中专业技术人员2246人，占在职职工84.69%，包括中国科学院院士2人、中国工程院院士4人、研究员及正高级工程技术人员339人、副研究员及高级工程技术人员734人。

自2014年起，合肥研究院的研究生教育由中国科学院大学调整至中国科学技术大学。现设有12个二级学科博士学位授权点；设有14个二级学科硕士学位授权点，并设有5个工程博士专业学位授权点和7个工程硕士专业学位授权点。截至2019年12月底，共有在学研究生2101人，其中博士生979人，硕士生1092人，外国留学生30人，在岗导师513人，其中博导245人，硕导268人。

2019年，合肥研究院主持（或承担）国家自然科学基金559项（包括新增项目102项），其中主持（或承担）国家自然科学基金重点项目11项（新增0项）、面上项目283项（新增49项）、国家杰出青年科学基金项目4项（新增1项）、国家自然科学基金重大研究计划重点项目4项（新增1项），国家自然科学基金联合基金重点项目6项（新增4项），国家重大科研仪器研制项目3项（新增0项），优秀青年基金项目1项（新增1项）；主持或承担国家重点研发计划27项（新增5项）；承担中国科学院院级科研装备研制项目15项（新增2项）；主持（或承担）中国科学院战略性先导科技专项（B类）1项（新增0项）；主持（或承担）院前沿科学重点研究项目10项（新增1项）；主持（或承担）院高技术领域项目114项（新增40项）、承担重点国际合作项目26项（新增11项）。

2019年，合肥研究院大力推动合肥综合性国家科学中心建设，各项重大任务有序推进，重大科研成果不断涌现。全超导托卡马克EAST装置下偏滤器低热负荷区钨靶板首件通过验收；实现了杂草型小幅度边界局域模（Grassy ELM）运行，发展了一种高性能稳态等离子体运行模式；稳态强磁场装置在新一轮实验中磁场强度提升至43.9特斯拉；聚变堆主机关键系统综合研究设施项目正式开建；大气环境立体探测实验研究设施预研取得进展，400米大气环境气象梯度观测塔净空许可获民航相关部门正式批复；强光磁集成实验装置预研建设方案通过专家咨询会；大科学装置集中区基本建设稳步进行；牵头组建的能源研究院和参与组建的人工智能研究院正式启动运行；中国科学院合肥肿瘤医院升级为三级肿瘤专科医院及安徽医科大学临床教学医院；合肥离子医学中心的国产首套超导质子回旋加速器进入整体集成测试阶段；ITER 计划首个大型超导磁体线圈——极向场六号线圈竣工交付 ITER 组织；参加中方联合体，中标 ITER 托卡马克主机最重要的核心设备安装工程；研发了具有自主知识产权的大气细粒子和臭氧时空分布的快速在线监测系统；高分五号卫星三台大气环境探测载荷正式交付；大气环境监测卫星三台载荷和高分五号（02）星大气环境探测四台载荷通过正样设计评审；承担高精度温室气体综合探测卫星（DQ-2 卫星）的两台有效载荷的研制任务；研制成功国际首个无液氦干式超导磁体插杆式扫描隧道显微镜；在国际上首次实现非特定形状纳米样品单体磁化过程的实验测量；依托强磁场装置，在人工斯格明子的规模合成与探测中取得重大进展、成功合成超高电导率材料等；依托可模拟地核的极端温度压力条件，成功合成流体金属氢；缓冲拉杆关键部件成功保障嫦娥四号首次月球背面软着陆，获“探月工程嫦娥四号任务突出贡献单位”称号；正在承担“火星一号”着陆器缓冲元件研制任务；为高分七号卫星提供高性能阻尼器等重要关键部件；基于患者自体细胞的高通量体外药敏技术（HDS）在全球首个肝癌概念性临床回顾式试验中获新突破；急性髓系白血病国家 I 类创新靶向药物临床试验正式启动；司法行政领域首个全国性运动戒毒研究基地落户科学岛；糖尿病无创检测新技术入选“糖尿病防治健联体”唯一指定糖尿病早筛适宜技术；‘辐粳 7 号’通过安徽省水稻品种审定；“第二粮仓”STS 计划重点项目进展顺利，砂姜黑土改良关键技术等研发与示范成效显著。

根据中国科学技术信息研究所最新数据，2018 年度合肥研究院科技论文产出成绩优异，以第一署名机构发表的 SCI 收录论文数位居全国科研机构第 2，EI 收录论文上升至全国科研机构第 1 位；发表 343 篇“卓越国际科技论文”，位居全国科研机构第 8 位；第一作者国际合著论文为 211 篇，在全国科研机构排名连续四年蝉联第 1 位。

2019 年，合肥研究院共申请专利 615 项，其中发明 508 项；授权专利 327 项，其中发明专利 231 项；获得计算机软件著作权登记 94 件。新参股成立 10 家科技型企业，以研究院成果为源头和主营业务的嘉必优生物技术股份有限公司在上交所科创板成功上市。

2019 年，合肥研究院科研成果获国家科技进步奖二等奖 1 项，安徽省科学技术奖 6 项，中国科学院科技奖项 1 项。

2019 年，合肥研究院顺利完成国家双创示范基地的自评估工作，推进省院开展多层次、广领域的科技合作和协同创新，组织参加 40 多场成果交易、项目对接、展览会和专场培训活动；分别与蚌埠市、六安市签订战略合作协议，共建中科蚌埠技术转移中心、工程化研发及科技企业孵化器。被安徽省科技厅确定为技术合同认定点，承担企事业单位委托技术合同将近 300 项，合同金额 2.65 亿元。获得安徽省科技厅 424.50 万元技术合同后补助，位居 2019 年度省内高校院所在皖转化科技成果补助总金额第一名。

2019 年，合肥研究院技术许可转让 9 项，到款金额 2162.83 万；共有 21 项知识产权作价 9490.86 万元。新增持股企业 8 家，新增持股注册资本 1.16 亿元。合肥科学岛控股有限公司累计持股及受托管理企业的总数量超过 70 家（含在办企业），注册资本总额 27.42 亿元，实现营业收入 69 亿元，实现净利润 3.7 亿元，上交税费 1.92 亿元。

2019 年，合肥研究院国际合作交流持续活跃，新增国际合作协议、备忘录 6 项，召开大中型国际会议 10 场，参会人次达 1700 余人次；新增国际合作项目 11 项，获批资助金额 530 余万元；成立中俄大气光学联合研究中心。全年出访 600 余人次，来访 450 余人次。

合肥研究院目前主办 4 种科技期刊，分别为英文期刊 *Plasma Science and Technology*，中文科技期刊《量子电子学报》、《大气与环境光学学报》、《模式识别与人工智能》。

（撰稿：孙 策 审稿：程 艳）

武汉岩土力学研究所

所　　长：薛　强
地　　址：湖北省武汉市武昌小洪山 2 号
邮政编码：430071
电　　话：027-87199251
传　　真：027-87197386
电子信箱：irsm@whrsm.ac.cn
网　　址：http://www.whrsm.ac.cn

中国科学院武汉岩土力学研究所（以下简称“武汉岩土所”）创建于 1958 年，是专门从事岩土力学与工程应用基础研究，致力于重大工程安全与灾害控制、深部资源及能源高效安全开发、废弃物地质处置和资源循环利用方面的基础性、战略性、前瞻性的工作，以工程应用背景为特征的综合性研究机构。经过六十余年的发展，武汉岩土所在计算岩石力学、深部地下工程、边坡灾害防治、特殊土力学、能源地下储存与废弃物处置、海洋岩土力学等方面的研究形成了独特优势。

“十三五”期间，武汉岩土所围绕战略重点布局，以重大科技任务为抓手，在“美丽中国”、“海洋强国”、“长江经济带”和“川藏铁路”等重大战略和国家“一带一路”倡议的推进与实施过程中，面向国家战略需求，系统谋划和推进“十三五”研究所改革创新发展，围绕地下空间工程科学创新研究院立项建设，推进研究所四类机构改革。2019 年，武汉岩土所着力实现“一三五”规划目标，在深部硬岩工程灾害的结构面效应与控制、西部地区软弱岩体与土石混合体边滑坡失稳机制与灾害防治、重大土工构筑物失效破坏的多场耦合机制与安全保障技术、地下空间开发利用与地下工程灾害控制、复杂地质盐岩能源储备与非常规油气开发、CO_2 地质利用与封存稳定性评价与监控、南海岛礁工程稳定性及地下淡水可持续利用评价与控制、岩体工程动力安全性评价与控制等方面均已超额或基本完成“十三五”期间的“一三五”任务目标。

武汉岩土所下设岩土力学与工程国家重点实验室、湖北省环境岩土工程重点实验室、污染泥土科学与工程湖北省重点实验室、能源与废弃物地下储存研究中心、湖北省固体废弃物安全处置与生态高值化利用工程技术研究中心、中国岩土工程研究中心、武汉岩土工程检测中心、岩土力学与工程实验测试中心等研究、开发与支撑平台；拥有 MTS 岩石三轴试验系统、岩石双轴宏细观测量系统、岩石空心圆柱扭剪试验系统、多夹层盐岩储库水溶造腔模拟实验系统、深部巷道 / 隧洞岩爆物理模拟试验系统、静 / 动态空心圆柱扭剪实验系统、土体真三轴实验系统、大型非饱和粗粒土动态三轴试验系统、循环荷载下土体与基础相互作用模型试验装置、微米 CT 扫描仪、填埋场防渗膜渗漏探测系统、岩体破裂精细感知微震监测系统、垂直深钻孔三维地应力测量机器人、三维激光扫描测量系统、地形微变远程监测系统等各类重要科研仪器设备 153 台（套），总价值 1.5 亿元，为开展前沿科学研究与高技术研发提供了设备保障。

截至 2019 年底，武汉岩土所共有在职职工 313 人。其中科技人员 244 人、科技支撑人员 50 人，包括中国工程院院士 1 人、研究员及正高级工程技术人员 48 人、副研究员及高级工程技术人员 112 人。新增中国工程院院士 1 人。

2019 年，武汉岩土所大力加强人才引进和培养力度，积极推进研究生教育。武汉岩土所是国务院学位委员会批准的首批博士、硕士学位授予单位之一，设有工程力学和岩土工程二级学科博士研究生、硕士研究生培养点，防灾减灾工程及防护工程二级学科硕士研究生培养点，建筑与土木工程专业硕士研究生培养点，并设有土木工程一级学科博士后流动站；共有在学研究生 245 人（硕士生 90 人、博士生 155 人）。

2019 年，武汉岩土所在研项目 519 项（新增项目 265 项）。其中，主持国家重点基础研究发展计划（973 计划）项目 1 项；国家重点研发计划课题 7 项；国家科技重大专项任务 3 项；国家自然科学基金创新研究群体项目 1 项、国家杰出青年科学基金项目 2 项、国家优秀青年科学基金项目 1 项（新增 1 项）、重点项目 5 项（新增 2 项）、重大国际（地区）合作与交流项目 1 项、重大科研仪器研制项目 2 项、面上项目 68 项（新增 14 项）、青年项目 31 项（新增 4 项）；中国科学院对外合作国际大科学计划培育专项 1 项、对外合作重点项目 1 项、重点部署项目 1 项（新增 1 项）、战略性先导科技专项课题 2 项、前沿科学重点研究项目 2 项、科技服务网络计划（STS 计划）项目 1 项、基础前沿科学研究计划从 0 到 1 原始创新项目 1 项（新增 1 项）；湖北省自然科学基金创新群体项目 5 项（新增 1 项）、青年杰出人才项目 3 项、技术创新专项重大项目 1 项。新增 100 万级以上重大工程项目 29 项。科研经费到款 16 017 万元，其中纵向课题进款 6706 万元，横向课题进款 9311 万元。本年度新增来自水利、矿山、交通、能源、建筑等领域的百万级以上重大工程项目 29 项，为重大工程设计、建造与安全运营提供了科技支撑作用。

2019 年，武汉岩土所共获得省部、学会 / 协会各级各类科技奖励 12 项，湖北省科技进步奖特等奖 1 项、湖北省科技进步奖一等奖 2 项；中国岩石力学与工程学会科技进步奖特等奖 1 项；国家优质工程金奖 1 项，是研究所获得的首个国家优质工程金奖。在科技成果方面，共发表三大检索论文 398 篇，其中被 SCI 论文收录 281 篇，继续保持 ESI 工程学全球前 1% 机构行列；授权发明专利 75 件、国外专利 1 件，发明专利授权数和专利授权总数均位列湖北省科研单位第一名；主持、参与编写的 9 部标准 / 规范发布实施，出版专著 7 部。

加强国际学术交流，武汉岩土所主办首届“岩土物理化学前沿交叉青年论坛”，承办首届“国际地下空间探测与利用学术大会”（EUUS2019）；经过激烈角逐，获得 2023 年第十四届全国土力学及岩土工程学术大会举办权。申报项目《探索地球深部空间——岩盐地下空间及其利用》获批武汉市科协科普研究类项目资助。2019 年共派出团组 52 个，派出人员 126 人次，其中出国参加本学科领域国际学术会议 71 人次，做大会特邀 / 主题报告 12 人次，16 人次在有关研究机构开展合作研究，共接待来访 / 顺访国际学者 29 人次。

武汉岩土所是中国岩石力学与工程学会挂靠单位之一，也是其下属的地面岩石工程专业委员会、岩石动力学专业委员会、中国力学学会岩土力学专业委员会和中国科学院自然科学期刊编辑研究会武汉分会的挂靠单位；主办或承办 4 种学术期刊，分别为 *Journal of Rock Mechanics and Geotechnical Engineering*、《岩土力学》、《岩石力学与工程学报》和《土工基础》。2019 年，研究所主办和承办的三个期刊入选中国科技期刊卓越行动计划，*Journal of Rock Mechanics and Geotechnical Engineering* 入选领军期刊（资助额度 150 万 / 年，持续支持 5 年），《岩土力学》和《岩石力学与工程学报》入选梯队期刊（资助额度 40 万 / 年，持续支持 5 年）。同时，武汉岩土所主办的 *Journal of Rock Mechanics and Geotechnical Engineering* 被 SCIE 数据库收录，成为我国岩土力学与工程领域第一个 SCI 英文学术期刊。

（撰稿：艾东海　曾妍焱　审稿：薛　强）

精密测量科学与技术创新研究院

院　　长： 罗志强
地　　址： 湖北省武汉市武昌区小洪山西 30 号
邮政编码： 430071
电　　话： 027-87199543
传　　真： 027-87198545
电子信箱： apm@apm.ac.cn
网　　址： http://www.apm.cas.cn

中国科学院精密测量科学与技术创新研究院（以下简称“精密测量院”）是由中国科学院武汉物理与数学研究所（始建于 1958 年）、中国科学院测量与地球物理研究所（始建于 1957 年）整合组建而成，是中国科学院顺应国家科技体制改革要求，实施“率先行动”计划，推进研究所分类改革的具体举措，经中国科学院批准于 2017 年 9 月开始筹建，2019 年 5 月 27 日中央编办正式批准精密测量院成立。

精密测量院立足精密测量科学与技术创新，面向国家的重大战略需求，发挥多学科交叉优势，开展原子频标与精密测量物理、大地测量和地球物理、综合定位导航授时及多学科交叉的数学计算等研究，布局“水下时空精密探测”关键技术与系统、高场多核磁共振成像系统等重点任务。面向人口健康，研发多种新型磁共振成像系统。促进以原子频标、原子干涉、核磁共振、重力测量、地震探测等精密测量技术为核心的学科发展，形成精密原子、精密分子、精密地球三大优势方向，积极创建国际一流的科研机构。

2019 年，精密测量院认真贯彻落实党中央、国务院和科学院党组的重大决策部署，统一思想、深化改革，成立并召开理事会，宣布任命第一届领导班子，选举产生党委纪委。讨论形成了“十四五”的“一三五”规划基本框架。谋划建设深圳分院、长基线原子干涉重大基础设施、武汉未来城新园区等承载平台。创新科研管理、薪酬分配、考核评价等机制。逐步形成促进重大产出和人才聚集的创新体系。

精密测量院现拥有波谱与原子分子物理国家重点实验室、大地测量与地球动力学国家重点实验室、国家大型科学仪器中心·武汉磁共振中心、武汉大地测量国家野外科学观测研究站、国家卫星定位系统工程研究中心导航部、中国二代卫星导航系统重大专项全球连续监测评估系统分析中心、武汉光电国家研究中心（共建单位）等国家级平台，中国科学院原子频标重点实验室、中国科学院生物磁共振分析重点实验室、洪湖湿地生态系统野外科学观测研究站等院级平台，环境与灾害监测评估湖北省重点实验室、波谱探测湖北省工程技术研究中心、空间原子钟湖北省工程技术研究中心、面源污染防治湖北省工程技术研究中心等省级平台。

精密测量院拥有国际先进的 850MHz 超导高分辨核磁共振谱仪、7T/20cm 小动物磁共振成像仪、十米喷泉式高精度原子干涉仪、绝对重力仪、超导重力仪、相对重力仪、人卫激光测距仪、全球定位系统接收机、地基 InSAR、激光跟踪仪、北斗接收机、惯性导航系统、高精度数控中心、宽频带地震观测系统、光纤地震学观测系统、缪子-岩石密度成像系统、便携式地物光谱仪、水质垂直剖面自动监测系统、液相色谱仪等高端科研仪器设备，为开展前沿科学研究与高技术研发提供了装备保障。

截至 2019 年底，精密测量院共有在职职工 555 人，其中科技人员有 403 人，具正高级专技人员 114 人，副高级专业技术人员 184 人。包括中国科学院院士 3 人（新增 1 人）。

精密测量院现设有物理、化学、测绘科学与技术 3 个一级博士、硕士研究生培养点，应用数学、基础数学、固体地球物理学、自然地理学等 12 个二级学科博士、硕士研究生培养点，电子信息、生物与医药、测绘工程 3 个专业硕士培养点，设有数学、物理、测绘科学与技术 3 个一级学科博士后流动站；共有在学研究生 464 人（其中硕士生 209 人、博士生 255 人），在站博士后 54 人。

2019 年，精密测量院共有在研项目 778 项（新增 223 项）。其中，主持或承担国家自然科学基金创新群体项目 2 项（新增 1 项）、重大项目 1 项、国家杰出青年科学基金项目 4 项（新增 1 项）、重点项目 15 项（新增 1 项）、国家自然科学基金重大研究计划重点项目 5 项、联合基金项目 1 项、面上项目 125 项（新增 22 项）；主持或承担国家重点研发计划项目（课题）32 项（新增 7 项）；主持或承担基地和人才专项 110 项（新增 27 项）；承担（或参加）国家重大科学研究计划课题 1 项；主持或承担（科技部、国家自然科学基金委、财政部和科学院）重大仪器研制项目 23 项（新增 5 项）；主持或承担中国科学院战略性先导科技专项课题 18 项（新增 4 项）；主持或承担院重点部署项目 12 项（新增5项）、承担重点国际合作项目 5 项（新增 2 项）；承担院地合作项目 123 项（新增 92 项）。

2019 年，在精密原子研究方向，精密测量院积极承担 B 类先导专项“基于原子的精密测量物理”项目；甚高精度星载铷钟批量装备北斗三号系统。在精密分子研究方向，人体肺部气体磁共振成像系统入选 2019 年李克强总理在中南海主持的杰青 25 周年座谈会上的 12 项代表性展出成果；专题论文“沸石分子筛催化剂的固体核磁共振研究”，作为美国学术期刊 *Accounts of Chemical Research* 封面文章发表。在精密地球研究方向，首次发现了非对称路径 660 千米间断面散射波震相，为地幔对流模式研究提供关键证据，成果发表在 *Science* 上；IGG 系列重力场模型成功被国际重力场模型中心采用；利用遥感及 INSAR 技术观测冰川物质平衡，结合卫星水文数据研究全球变化前沿问题。

2019 年，精密测量院累计发表科技论文 582 篇，其中 SCI 收录论文 453 篇；获授权专利 55 件项，申请专利 82 件，发明专利 72 件；“高精度钙离子光钟”获中国计量测试学会科学技术进步奖一等奖；周欣研究员获得首届“科学探索奖”。

2019 年，精密测量院面向国民经济主战场，围绕精密测量院的优势学科，建设政产学研合作平台。与武汉市人民政府、上海联影集团联合共建的“武汉中科医疗科技工业技术研究院”建设稳步推进，注册资本增资至 3 亿元，精密测量院拟以知识产权作价入股占比 20%。与武昌区人民政府联合共建的“中科天眷科创空间”，获批“武汉市技术转移示范机构”。

2019 年，精密测量院多模式多渠道开展科技成果转移转化，依托精密测量院优势技术，支撑我国在生物医药、北斗、新能源产业方面的高质量发展。全年 12 件专利签署专利实施许可，合同额 930 万元；稳步推进弘光专项“人体肺部气体磁共振成像系统”产业化项目，已完成装备注册检验，获批进入国家药监局创新医疗器械特别审评通道，即将开展临床试验；推动与山东省交通、信息等领域国企共同建设“协同精密定位技术”应用示范工程；推动与昌华电气设备集团有限公司合作建设“退役动力电池的梯级储能技术”应用示范工程。精密测量院面向国民经济主战场共投资科技公司 12 家。下属公司员工 436 人，其中研发人员 168 人，2019 年产值达 18 630 万元。

2019 年，精密测量院共与法国、加拿大、德国等 26 个国家的知名机构开展国际科技合作与学术交流，累计出访 170 人次，来访近 200 余人次。邀请国（境）外专家学者开展了近 60 场次学术交流报告。“基于原子分子的精密测量物理研究国际团队”和“生物波谱分析国际团队”与国外单位合作申请到 3 个国家重点研发计划项目（两项主持、一项课题）和一个院对外重点合作项目。成功主办第十届全球华人导航定位协会（CPGPS）国际学术论坛和第六届神冈低温地下引力波探测实验国际研讨会。“一带一路”项目——“中国-东盟海洋地学研究与防灾减灾倡议”通过整体验收。在老挝、缅甸、柬埔寨等国家布设地震台，结束了柬埔寨内没有宽频带地震观测的历史，填补中南半岛南部的台站空区。

精密测量院是中国物理学会波谱学专业委员会、湖北省天文学会、湖北省晶体学会、湖北省地球物理学会和湖北省自然资源研究会的挂靠单位，其中天文学会骨干会员应《央视新闻》邀约进行“云赏月”直播，对“超级月亮”及观测方法进行科普讲解；主办的《数学物理学报》（中、英文版）、《波谱学杂志》和共同主办的《大地测量与地球动力学》（中、英文版）为我国的核心刊物，其中《数学物理学报》英文版为 SCI 收录期刊，入选“中国最具国际影响力学术期刊”，获中国科技期刊卓越行动计划项目支持，并获第四届中国政府出版奖期刊提名奖，共同主办的《大地测量与地球动力学》（英文版）连续 3 年入选“中国国际影响力优秀学术期刊”并入选中国科技期刊卓越行动计划项目支持。

（撰稿：杨婷婷 审稿：朱 航 冯 灿）

武汉病毒研究所

所　　长： 王延轶
地　　址： 湖北省武汉市武昌区水果湖街小洪山中区 44 号
邮政编码： 430071
电　　话： 027-87199162
传　　真： 027-87198072
电子信箱： office@wh.iov.cn
网　　址： http://www.whiov.ac.cn

中国科学院武汉病毒研究所（以下简称“武汉病毒所”）始建于 1956 年，前身是武汉微生物研究室和湖北省微生物研究所，是专业从事病毒学基础研究及相关技术应用研究的综合性研究机构。

武汉病毒所依托中国科学院高等级生物安全实验室团簇平台，以国家生物安全的战略需求和人口健康、农业可持续发展为目标，重点开展病毒学、新兴生物技术及生物安全等方面的基础和应用基础研究。着力突破新发和烈性传染病病原研究的前沿科学问题，显著提升技术创新、系统集成和技术转化能力，提升新发和突发传染病应急反应的科技支撑能力。产生具有世界影响的原创性成果，建设国家生物安全科技智库，打造具有国际先进水平的病毒学研究、人才培养和科技创新基地，实现研究所科技创新的整体跨越。

2019 年，武汉病毒所深入实施“率先行动”计划，积极推进生物安全大科学研究中心筹建，先后成立中心科技指导委员会、国际顾问委员会、用户委员会和理事会；召开中心第一届理事会第一次会议，通过了筹建期建设方案及工作计划、中心理事会章程和中心章程，中心在设施运行维护、生物安全科技布局、重点攻关项目谋划、人员队伍建设、组织机构建设和体制机制创新等方面取得实质性进展。

武汉病毒所拥有我国首个被国家卫健委批准可开展人间传播四级病原研究的P4实验室，并以之为核心，以2个BSL-3实验室，17个BSL-2实验室为辅助形成了特色的生物安全团簇研究平台；建有国家病毒资源库、国家非洲猪瘟区域实验室、病毒学国家重点实验室（与武汉大学共建）、中国科学院高致病性病原生物学与生物安全重点实验室、国家级国际联合研究中心——新生疾病和病毒与病理学国际研发中心、中-荷-法无脊椎动物病毒学联合开放实验室等科技创新平台。中国病毒标本馆被授予“全国青少年走进科学世界科技活动示范基地”。

截至2019年底，武汉病毒所共有在职职工254人。其中科技人员170人、科技支撑人员53人，包括正高级专业技术人员39人、副高级专业技术人员60人。

武汉病毒所是1978年国务院学位委员会批准的博士、硕士学位授予权单位之一，作为中国科学院大学的研究生培养单位，现设有生物学、基础医学2个专业一级学科博士研究生培养点，生物化学与分子生物学、微生物学、免疫学、病原生物学、生物工程5个专业二级学科硕士研究生培养点，并设有生物学、基础医学2个专业一级学科博士后流动站；共有在学研究生334人（其中硕士生152人、博士生182人），在站博士后12人。

2019年，武汉病毒所共有在研项目210项（包括新增项目71项）。其中，主持（或承担）国家自然科学基金重点项目2项、面上项目54项（新增9项）、国家杰出青年科学基金项目2项（新增1项）、国家自然科学基金重大研究计划重点项目1项；承担国家重大科技专项20项（新增7项）；主持或承担国家重点研发计划19项（新增8项）；主持（或承担）国家自然科学基金委重大仪器研制项目2项，院仪器研制项目1项；主持（或承担）中国科学院战略性先导科技专项课题6项；主持（或承担）院重点部署项目3项（新增2项）、承担重点国际合作项目2项；承担院地合作项目38项（新增23项）。

2019年，武汉病毒所发表SCI收录学术论文196篇，申请专利31件，获授权专利18件。发现并鉴定一株蝙蝠丝状病毒；动态可视分析单颗粒流感病毒感染宿主细胞的脱壳过程；揭示SFTSV入侵宿主细胞的动态过程；揭示艾滋病毒侵染巨噬细胞早期重要分子事件及动态机制、单颗粒艾滋病毒脱壳；阐释拉沙热病毒囊膜糖蛋白*N*-糖基化修饰等（J VIROL）等。发现RNAi抗病毒免疫抵抗寨卡病毒；绘制SFTSV感染宿主蛋白调控图谱；阐释HRTV阻断干扰素信号机制；发现调控核酸聚合酶催化复合物稳定性新机制；阐述炎症调控新机制等。证实钙离子通道抑制剂可抑制SFTSV复制；筛选沙粒病毒入侵抑制剂；发现钠钾泵抑制剂抑制日本乙型脑炎病毒；获得能更好诱导抗体产生的寨卡病毒E蛋白二聚体；制备F-Fc蛋白融合呼吸道合胞病毒疫苗；开发尼巴病毒检测新方法等。

2019年，武汉病毒所与武汉海关、湖北国际旅行卫生保健中心、武汉市疾控中心、武汉市金银潭医院、广州市八医院等签订框架协议，开展合作研究。与上海吉凯公司合作以技术许可形式开展病毒工具产品开发合作，与深圳易瑞公司合作开展非洲猪瘟病毒检测技术研发，与上海药明康德、扬子江药业、石药集团等企业开展药物研发等技术合作。甘蓝夜蛾核型多角体病毒杀虫剂入选农业农村部《草地贪夜蛾应急防治用药推荐名单》。

2019年，武汉病毒所因公出访66人次，接待外宾来访78人次。在肯尼亚组织首届“中肯传染性疾病研讨会”，促进中非在传染病领域的合作。承办由中国外交部和中国科学院联合发起的2019年“生物安全实验室管理与技术国际培训班”，被称为“南南合作”典范。承办了《禁止生物武器公约》2019年专家会议中国边会，为维护全球生物安全发出了中国声音。举办“感染与免疫”国际学术研讨会，参会人数达400人。助力中法围绕新发突发传染病病毒等开展科研合作，推动中巴、中非等科研合作，参与联合国秘书长机制（UNSGM）指定实验室能力测试。

武汉病毒所作为湖北省暨武汉微生物学会和中国免疫学会青年工作委员会的挂靠单位，

继续开展学术交流、科普宣传、科技咨询、科技服务、科技开发、举荐人才、维护科技工作者的合法权益等活动；编辑出版的国际英文期刊 *Virologica Sinica* 2019 年影响因子达 2.467，继 2013 年后，连续第 7 次入选“中国最具国际影响力学术期刊”。

（撰稿：李丽萍　韩照菊　审稿：何长才）

水生生物研究所

所　　长：殷　战
地　　址：湖北省武汉市武昌区东湖南路 7 号
邮政编码：430072
电　　话：027-68780789
传　　真：027-68780123
电子信箱：huangdan@ihb.ac.cn
网　　址：http://www.ihb.ac.cn

中国科学院水生生物研究所（以下简称“水生所”）是从事内陆水体生命过程、生态环境保护与生物资源利用研究的综合性学术研究机构，其前身是 1930 年 1 月在南京成立的中央研究院自然历史博物馆，1934 年 7 月更名为中央研究院动植物研究所，1944 年 5 月又分建成动物研究所和植物研究所。中国科学院成立后，于 1950 年 2 月将“中央研究院动物所”的主体、植物研究所、山东大学的藻类学研究部分以及北平研究院的部分研究人员合并组成了中国科学院水生生物研究所（上海），1954 年 9 月由上海迁至武汉。2001 年水生所进入中国科学院知识创新工程试点序列。2011 年水生所整体进入中国科学院“创新 2020”试点工程。2015 年水生所率先进入特色研究所，2018 年通过验收，正式进入运行阶段。

作为中国科学院特色研究所，2019 年，水生所抓紧实施及落实“十三五”及“一三五”规划，紧密围绕“水、渔、藻”三大特色方向，增强在水环境保护与生态修复、淡水渔业可持续发展和微藻生物技术领域的学科特色和核心竞争力。同时，面向世界科技前沿，国家重大需求和国民经济主战场，围绕研究所“创新 2020”相关目标以及“率先行动”计划，统筹规划，明确定位，凝练研究所发展目标，完善科技布局。

水生所拥有淡水生态与生物技术国家重点实验室、国家淡水渔业工程技术研究中心（武汉）、国家水生生物种质资源库（2019 年新获批）、湖泊水污染治理与生态修复技术国家工程实验室，农业部淡水养殖病害防治重点实验室、农业部鲫鱼遗传育种中心，中国科学院水生生物多样性与保护重点实验室、中国科学院藻类生物学重点实验室，湖北省水体生态工程技术研究中心、湖北省稻田综合养殖工程技术研究中心、湖北省水生植物资源与利用工程技术研究中心，武汉市水环境工程研究中心、武汉市水产集约化养殖工程技术研究中心等国家及省部级重点实验室与研究中心。拥有亚洲最大的淡水鱼类博物馆和淡水藻种库，世界上唯一以鲸类动物保护和研究为目的的水族馆“白鱀豚馆”。拥有东湖湖泊生态系统试验站、三峡水库生态系统试验站等国家野外台站，藻类生物技术与生物能源研发中心、淮安研究中心、扬州水环境与渔业研究分中心等共建机构及分析测试中心平台。有 50 万元以上大型通用仪器设备 133 台（套），总价值 1.69 亿元（截至 2019 年底）。

截至 2019 年底，水生所共有在职职工 340 人。其中科研人员 272 人，中国科学院院士 4 人、发展中国家科学院院士 3 人、研究员及正高职称人员 82 人、副研究员及高级工程技术人员 97 人。

水生所是国务院学位委员会批准的首批博士、硕士学位授予权单位，设有水生生物学、遗传学、环境科学、水产养殖学、海洋生物学 5 个二级学科博士研究生培养点；动物学、水生生物学、遗传学、环境科学、环境工程学、水产养殖 6 个二级学科硕士研究生培养点；生物工程、环境工程 2 个工程硕士研究生培养点，设有生物学、环境科学与工程 2 个专业博士后流动站；在学研究生 563 人（硕士生 254 人，博士生 308 人），在站博士后 72 人。

2019 年，水生所共有在研项目 874 项（包括新增项目 262 项）。其中，主持（或承担）国家杰出青年科学基金项目 1 项、国家自然科学基金创新研究群体项目 1 项、国家优秀青年科学基金项目 1 项（新增），国家自然科学基金重大研究计划 9 项（新增 2 项），国家自然科学基金重点项目7项（新增1项）、联合基金项目3项（新增1项）、面上项目101项（新增18项）、青年项目52项（新增13项）；主持或承担国家重点研发计划项目10项（新增7项），在研的重点研发计划课题有30项（新增12项），主持或承担国家重大科技专项子课题6项；主持或承担中国科学院战略性先导科技专项课题1项（新增1项）；承担重点国际合作项目6项（新增4项）；承担院地合作项目6项（新增2项）。

2019年，水生所共发表论文574篇，其中SCI收录455篇（其中JCR学科分类前15%的论文129篇，占30%）；编写专著2部。申请专利32件，授权49件，含外观设计1件。外观设计专利是水生所首次获得。发布行业标准1项。1项科研成果获2019年湖北省科技进步奖二等奖。成果“水生模式生物的功能蛋白质组学研究”获2019年湖北省自然科学奖二等奖。

2019年，水生所成功通过《科研组织知识产权管理规范》国家标准贯标认证，是湖北省乃至华中地区首家通过认证的科研院所，是中国科学院系统第六家通过认证的单位。成功申报获批国家科技资源共享服务平台——“国家水生生物种质资源库”。

2019年，水生所针对绿藻适应南极环境的早期演化机制这个科学问题展开深入系统的研究并取得突破。首次揭示了绿藻在南极环境下的早期适应机制，初步解答了在酶完成寒冷适应之前细胞如何保持较高酶活力这个问题；此外，这一研究提供了非常罕见的分离时间以百万年计的种内演化例证，也是嗜温微生物转移至南极并适应寒冷环境的第一个实例研究。建立全球首个大规模斑马鱼定向突变体库和“反向遗传学”筛选计划，完成斑马鱼1号染色体全基因敲除计划。首次实现脊椎动物整条染色体的系统性基因敲除，获得学术界经实验验证的最大的有效和无效gRNA库，发现高效gRNA靶位的序列特征，丰富了最近发现的“遗传补偿效应”理论。揭开原生动物形态种演化的奥秘。数以千计且基因结构多样的大核新基因的功能可能与四膜虫摄食不同的细菌有关，进而适应不同的微生态环境，而与其形态无关，解释了10种四膜虫形态高度相似却具有很高的遗传多样性的原因。研究不仅揭示了四膜虫形态种的演化机制，而且为其他真核生物类群的形态种演化研究提供了重要启示。研发出系统发育分析新平台PhyloSuite。与福建农林大学合作开发了一个操作简单的系统发育分析平台——PhyloSuite。针对基于基因组、转录组及细胞器基因组（线粒体基因组、叶绿体基因组等）等的多基因联合分析，进行动物系统发育分析的新型软件平台。其GitHub网页及bioRvix预印版累计引用达35次。

在前期倡议推动“长江禁渔”，促动长江大保护行动的基础上，水生所进一步推动对流域水体生态文明管理的科学理念的树立和普及。作为农业农村部渔业渔政局指定的大水面科技规划组长单位，以及与农业农村部长江渔业渔政管理办公室的长期合作单位，推动制定了全国及长江流域大水面生态渔业发展的科学规程并推广了水域禁渔的科学管理理念。

水生所被生态环境部确定为“国家长江生态环境保护修复联合研究中心”武汉驻点城市的牵头单位。为武汉南湖、东湖、汤逊湖等为代表的160余湖泊的治理工作提供了高质量技术咨询与服务。2019年第七届世界军人运动会期间，紧急受命，承担了梁子湖、东湖赛区的水质提升和保障工作，得到武汉市政府的致函表彰。

受湖北省人大委托，水生所负责组织专家团队对湖北省《中华人民共和国水污染防治法》和《湖北省水污染防治条例》实施成效第三方评估工作，并高质量完成任务。该项活动既服务于执法监督的科学性、客观性，也使水生所专家团队加强了与行政人员的联系沟通，深入了解了地方水环境的实际问题与诉求，增强了研究所服务地方生态文明建设的能力。

面向国家需求，水生所以技术创新平台为抓手，形成技术辐射与示范效应。拥有国家淡水渔业工程技术研究中心、湖泊水污染治理与生态修复技术国家工程实验室、湖北省水体生态工程技术研究中心等技术研发和转移转化平台，着力解决共性关键技术问题。面向地方发展需求，与地方政府建立战略合作，以共建科技成果转化平台为抓手，在淮安市设立淮安研究中心，在武汉市与长江委长江科学研究院联合发起成立长江工研院等平台，支撑地方经济发展与技术创新。面向企业发展需求，以技术服务为重点，与国投公司共建微藻生物技术与生物能源研发中心，与大湖股份、通威股份、中铁环保、华润环保等大型企业建立战略合作，不定期进行技术对接服务，实现企业增收增效数亿元。

2019 年，水生所共承担国际项目 3 项，主办国际会议 7 场。全年出访人员 89 人次，来访人员 143 人次。2019 年获批国家留学基金委项目 3 项。截至 2019 年 12 月底，有在读外籍研究生 12 名，博士 11 人，硕士 1 人。与国外联合发表文章 157 篇。

水生所是中国海洋湖沼（动物）学会鱼类学分会、中国动物学会原生动物学会、中国水产学会鱼病研究会、湖北省海洋湖沼学会、湖北省动物学会、武汉动物学会、中国环境科学学会环境生物学专业委员会 7 个学会和武汉白暨豚保护基金会的挂靠单位；主办的中文核心、中国科技核心期刊《水生生物学报》以水生态环境不断恶化和水质性缺水日趋严重这一我国和世界性重大问题为关注点，主要报道水环境治理和水生生物资源可持续利用研究的成果，为维护和改善内陆水体的生态环境、保护淡水资源、合理发展淡水渔业提供理论依据和技术支撑，为我国的水生态环境保护和渔业可持续发展服务。近年来连续被评为中国精品科技期刊、中国国际影响力优秀学术期刊、RCCSE 中国权威学术期刊、湖北省优秀期刊、湖北省精品期刊。

（撰稿：黄 丹 审稿：胡 炜）

武汉植物园

主 任：张全发
地 址：湖北省武汉市东湖新技术开发区九峰一路 201 号
邮政编码：430074
电 话：027-87700812
传 真：027-87700877
电子信箱：wbgoffice@wbgcas.cn
网 址：http://www.wbgcas.cn

中国科学院武汉植物园（以下简称“武汉植物园”）筹建于 1956 年，成立于 1958 年 11 月，1961 年改名为中国科学院中南分院华南植物所武汉植物园，1972 年划归湖北省后改名为湖北省植物研究所，1978 年回归中国科学院更名为中国科学院武汉植物研究所，2003 年再次更名为中国科学院武汉植物园。

武汉植物园的发展定位：收集保护亚热带和暖温带战略植物资源；拓展资源保护与可持续利用、湿地恢复与大型工程生态安全两大优势领域，引领我国特色农业种质创新与产业发展、水生植物与水环境健康和大型工程区生态修复技术的研究，成为国际同领域具有强大竞争力和重要影响的研究机构；进一步提升科普开放能力，成为世界知名的生物多样性与环境教育基地。服务国家生物产业、生态安全及全民素质教育的战略需求，建成世界一流植物园。

2019 年 1 月 4 日，武汉植物园与西双版纳热带植物园、华南植物园共建的核心植物园特色所实施方案获院批准，正式进入四类机构筹建期。武汉植物园认真落实核心植物园建设实施方案，牵头建设核心植物园“园林园艺”功能领域和“资源植物学”特色学科，遴选功能领域总师和特色学科首席科学家、核心骨干人员。全面推进“一三五”战略重点，三个重大突破进展顺利，加强猕猴桃新品种产业化工作，推广总面积达 50 万亩，年产值 50 亿元以上；确认丹江口库区主要污染物及关键污染区域，研发适合库区特点的生态农业及面源污染综合防控综合控制模式，建立特色生态高值农业及湿地生态系统恢复示范基地，推广 10 万亩以上；在 JKUAT 和 Mwea 建立现代农业示范区，筛选出适合非洲的 5 个水稻品种、4 个玉米品种、2 个甜高粱品种，单产增产 20% —400%。五个重点培育方向有序推进，其中通过挖掘珍稀濒危植物丰富的居群遗传学标记，揭示从核心居群到边缘居群非对称性基因流的物种范围限制新机制；提出脱落酸受体通过激活 ABA 信号通路诱导植物叶片衰老，促进源、库养分再分配抵御干旱的新理论；发现沉水植物对生长在其叶表明的附着藻类有显著的调控作用，揭示了沉水植物无机碳浓缩机制。

武汉植物园现有中国科学院植物种质创新与特色农业重点实验室、中国科学院水生植物与流域生态重点实验室、中国科学院猕猴桃产业技术工程实验室3个院级重点实验室；湖北省湿地演化与生态恢复重点实验室、湖北省猕猴桃工程技术研究中心、湖北省特色资源植物工程技术研究中心3个省级重点实验室（中心）；建有包含1个国家种质资源圃、1个部级生态监测站、1个院级野外台站、4个所级野外台站的网络支撑平台。启动大科学装置“国家作物表型组学（神农）研究设施”预研项目，推动院省联合共建的作物表型组学研究中心揭牌成立。经2019年第2次院长办公会议研究决定成立中国科学院庐山植物园，武汉植物园作为依托单位，管理和支撑庐山植物园发展。

截至2019年底，武汉植物园共有在职职工238人，其中科技人员137人，园艺中心42人，管理职能部门26人，科技支撑中心10人，其他支撑人员23人。其中专业技术系列中正高31人，副高72人。

武汉植物园设有生物学、生态学2个一级学科博士培养点，植物学、生态学、园林植物与观赏园艺、生物与医药4个硕士培养点，设有生物学、生态学2个一级学科博士后流动站；在学研究生218，其中中国学生153人、留学生65人，另有西藏大学联培生33人、江西农业大学联培生6人；导师58人，其中博导24人、硕导34人。积极开展对非人才培养，留学生生源国别涵盖肯尼亚、埃塞俄比亚、埃及、马达加斯加、津巴布韦、尼日利亚、孟加拉国。在站博士后5人，含1名外籍人员。

2019年，武汉植物园共有在研项目291项（包括新增项目83项）。其中，承担国家重大科技专项子课题2项、承担国家重点研发计划课题15项（新增2项）、主持（或承担）国家科技基础性专项1项、承担国家科技平台项目1项、承担国家公益性行业性专项1项、主持农业部948项目1项、主持（或承担）国际合作项目1项、联合申请基金1项、优秀青年科学基金2想（新增1项）、国家基金面上项目等74项（新增16项）、主持（或承担）国务院三建委项目1项、承担国家其他项目2项。承担中国科学院战略性先导科技专项（A类）项目课题2项（新增1项）、中国科学院战略性先导科技专项（B类）项目3项、主持中国科学院重大项目1项、主持中国科学院前沿重点项目1项，主持中国科学院重点部署项目2项、主持中国科学院科技服务网络计划（STS计划）项目3项（新增3项）、主持中国科学院国际杰出学者3项（新增2项），主持中国科学院战略生物资源网络计划项目2项，主持中国科学院海外科教基地项目2项，主持中国科学院青年创新促进会项目7项（新增2项），主持中国科学院人才引进项目2项，主持（或承担）中国科学院其他任务11项。

2019年，武汉植物园共发表科研论文232篇，其中第一作者或最后通讯作者发表SCI收录论文155篇（TOP5%论文18篇，10%论文15篇），获得省部级奖励2项；专利授权15件；主编专著3部；新品种国际登录7个，申请新品种保护4个。

2019年，武汉植物园引种1459号，新增物种243个，新增模式标本4种，标本野外记录与鉴定制作5879份，强化华中本土物种保存能力，明确湖北地区本土野生种子植物共有171科1176属4742种。

2019年武汉植物园积极推进成果转移转化，弘光专项“高端品牌猕猴桃”项目通过第一期验收；中科金果‘东红’猕猴桃入选第七届世界军人运动会果品供应。开展以猕猴桃为代表的特色经济植物产业化和科技扶贫，在湖南花垣、贵州水城、安徽金寨等国家级贫困地区取得显著成效，入选科技部精准扶贫项目。白及和淫羊藿在湖北等主产区省份稳步推广；长花期莲和子莲为代表的莲新品种推广迅速；耐盐碱草坪草在东营、唐山等进行示范推广。2019年度与地方企业签订技术合同29个，合同额665万元。

2019年，中-非联合研究中心影响力持续提升，成功承办“一带一路”国际科学组织联盟主办的“ANSO干旱区与湿地生物多样性国际会议”。完成位于JKUAT的现代农业示范区建设。全国人大常委会副委员长曹建明视察中-非联合研究中心并给予高度赞扬。习近平主席特使、国务委员王勇视察中-非联合研究中心，指出中心已发展成为“中非合作论坛”和“一带一路”倡议的旗帜项目，要坚持“共商、共建、共享”原则，做科研、出成果、出人才。

2019年，武汉植物园共有49批次96人次因公出境，共接待35批次65人次公务来访。

武汉植物园是湖北省暨武汉市植物学会、中国园艺学会猕猴桃分会的挂靠单位；主办的学术期刊《植物科学学报》（原名《武汉植物学研究》）是中国自然科学核心期刊。

（撰稿：班小泉　韩　丽　审稿：尚纳新）

南海海洋研究所

副 所 长：龙丽娟（法定代表人）
地　　址：广东省广州市海珠区新港西路164号
邮政编码：510301
电　　话：020-84452227
传　　真：020-84451672
电子信箱：webmaster@scsio.ac.cn
网　　址：http://www.scsio.cas.cn

中国科学院南海海洋研究所（以下简称“南海海洋所”）1959年1月7日正式在穗成立；1962年改为中国科学院海洋研究所（青岛）南海分所；1966年2月7日定名为中国科学院南海海洋研究所；1969年改名为广东海洋研究所；1978年初恢复中国科学院南海海洋研究所。

南海海洋所以海-陆-气相互作用与环境安全、生态安全与绿色发展、边缘海与大洋板块相互作用和岛礁工程环境保障为战略主题，着力突破海洋领域前沿科学问题和关键核心技术，建成国际水平的热带海洋科学研究、人才培养、成果转移转化三个高地，为保障我国海洋权益做出贡献。主要研究热带海洋环境动力与生态过程、边缘海地质演化与油气资源、热带海洋生物资源可持续利用与生态安全及生态保护和海洋环境观测体系及其关键技术。

南海海洋所拥有热带海洋环境国家重点实验室、中国科学院边缘海与大洋地质重点实验室、中国科学院热带海洋生物资源与生态重点实验室、中国科学院岛礁综合研究中心、中国科学院中国-斯里兰卡联合科教中心。拥有大亚湾海洋生物综合实验站（国家重点野外台站）、海南热带海洋生物实验站（国际重点野外台站）、湛江海洋经济动物实验站、汕头海洋植物实验站、西沙深海海洋环境观测研究站和南沙海洋生态环境实验站。有“实验1”号、“实验2”号和“实验3”号3艘大型海洋科学考察船，正在建造国家发展改革委“十三五”项目“实验6”号新型地球物理综合科学考察船。拥有南海海洋生物标本馆、图书馆等，有海底地震仪、核磁共振仪、流式细胞仪等。

南海海洋所牵头，联合中国科学院广州能源研究所和华南植物园等24家研究所筹建中国科学院南海生态环境工程创新研究院；联合自然资源部广州海洋地质调查局等50家单位筹建南方海洋科学与工程广东省实验室（广州）。南海岛礁国家技术创新中心获准规划，获批建设中国科学院海洋环境保障重点实验室。

截至2019年底，南海海洋所共有在职职工651人。其中科技人员373人、科技支撑人员218人，包括中国工程院院士3人、研究员及正高级工程技术人员105人、副研究员及高级工程技术人员138人。

2019年，南海海洋所共有在研课题789项（新增247项）。其中，主持国家重点基础研究发展计划（973计划）项目1项，国家重点研发计划项目4项、课题19项，国家科技基础资源调查专项项目3项，主持国家自然科学基金重点项目10项，国家自然科学基金创新研究群体项目1项，国家自然科学基金联合资助基金项目4项，国家杰出青年科学基金5项，国家自然科学基金重大项目1项，课题4项，国家自然科学基金重大研究计划项目9项（包括重点项目5项，培育项目4项），国家自然科学基金面上项目138项，国家自然科学基金青年项目74项；主持广东省自然科学杰出青年基金6项；广东省基金研究团队项目2项；主持中国科学院战略性先导科技专项（A类）1项，中国科学院战略先导专项课题2项，中国科学院重点部署项目1项，中国科学院科技服务网络计划（STS计划）2项，中国科学院前沿科学重点研究项目4项，中国科学院百人计划项目5项；中国科学院万人计划6项、中国科学院境外机构建设项目1项，中国科学院王宽城率先人才计划卢嘉锡国际团队项目2项，中国科学院国际合作局国际伙伴计划项目2项。

2019年，南海海洋所“南海珊瑚礁生态修复研究集体”首次系统地揭示了南海珊瑚礁生态系统的稳定维持机制及其应对人为活动的动态变化，为珊瑚礁生态修复与可持续发展提供了关键科学支撑，创建了基于生态系统与关键功能恢复的多维生态修复新模式，开辟了珊瑚礁生态系统修复的新方向；开展“基底修复/再造、功能种群恢复、群落构建、系统养护”等多维生态修复成套技术系统攻关，并集成应用，建成国际上最大的珊瑚礁生态系统修复区，确立了我国在珊瑚礁生态修复领域的引领地位，为国家海洋强国建设和海洋生态文明建设做出了突出贡献。该成果获得2019年度中国科学院杰出科技成就奖集体奖、2019年度广东省科技进步奖一等奖。

2019年，南海海洋所研究团队科研工作取得系列成果。

对极端沿岸厄尔尼诺事件机制研究取得重要突破，丰富了对厄尔尼诺事件多样性的新认识，并为极端厄尔尼诺事件的预报及当地的防灾减灾提供了科学依据。研究结果发表在 *Nature Communications* 上，并入选2019年度中国海洋与湖沼十大科技进展。研究人员在 *Climate Dynamics* 发表论文，系统回顾和总结了三大洋相互作用的形成机理及其对全球和区域气候效应的最新研究进展。为未来气候变化研究提供了指引和新的思路，将有望提升现有短期气候预测和海洋环境预报的水平，并降低目前气候模式和海洋模式预估的不确定性。推动了世界气候组织CLIVAR的洋盆之间相互作用新计划。

首次公布了“地球第四极”的高精度深部成像，揭示了海洋最深处——马里亚纳海沟“挑战者深渊”下地球内部的复杂结构，并意外发现大量地震活动。标志着中国科学家开始引领超深海沟地球动力学的研究，对我国在“地球第四级”主导开展大洋钻探等研究计划具有重要作用。

首次阐明了溴系阻燃剂六溴环十二烷（HBCD）在红树植物中存在选择性富集行为。该研究增进了红树植物对溴系阻燃剂富集机理的认识，为红树植物对溴系阻燃剂污染的修复提供了科学依据。

在国际上首次发现原噬菌体的新功能及海洋细菌生物矿化的新调控方式，研究结果揭示了水平转移过程和基因的点突变在海洋细菌的环境适应和基因组进化中的作用与机制。

“新一代南海海洋环境实时预报系统”获得2018年海洋工程科学技术奖一等奖；“‘海翼’水下滑翔机研制与科学应用”获得2018年海洋科学技术奖二等奖；“亚洲大陆边缘海洋底质调查与研究”获得2018年海洋科学技术奖二等奖。

2019年，南海海洋所科技人员发表论文678篇，专著9部，其中第一作者374篇。SCI461篇，EI38篇，自然期刊35篇。申请中国专利80件，其中发明专利70件；授权中国专利86件，其中发明专利62件；4件专利通过PCT途径提出申请；13件专利获得美国、新西兰、德国、英国和日本等国家授权。完成18件计算机软件著作权登记。

2019年，南海海洋所确定以海水养殖、海洋生物技术、海洋生物活性与功能物质利用、海洋药物研发、海洋装备研制、海洋工程勘察、海洋环境工程咨询等为主攻方向，加强关键技术集成创新和有自主知识产权技术开发，大力促进科技成果转移转化。承担科研院所、企业科技咨询、科技服务等项目110个，合同总额6655万元，专利转让2项，新增推荐福建省科技特派员1名、全国海洋标准化技术委员会委员3名、地方政府海洋和环境领域专家2名，向相关学会和协会新增推荐专家13名。两项成果通过2019年度海洋工程科学技术奖一等奖初审。全资公司广州南科海洋工程中心全年共计承担项目33个，合同总额1695万元。

2019年度，先后派出124批326人次科技人员赴美国、德国、澳大利亚等29个国家(地区)参加国际会议、培训、开展合作研究和组织/参加涉外航次。接待来自美国、德国、英国、法国、澳大利亚等22个国家128批194人次境外专家的来访。

南海海洋所是中国海洋学会热带海洋分会、中国海洋学会海洋物理分会、广东海洋湖沼学会、广东海洋学会的依托单位；主办《热带海洋学报》（核心期刊）学术刊物。

（撰稿：徐晓璐　黄林丛　审核：龙丽娟）

华南植物园

主　　任：任　海
地　　址：广东省广州市天河区兴科路723号
邮政编码：510650
电　　话：020-37252711
传　　真：020-37252831
电子信箱：bgs@scbg.ac.cn
网　　址：http://www.scbg.ac.cn

中国科学院华南植物园（以下简称“华南植物园”）前身为中山大学农林植物研究所，由著名植物学家陈焕镛院士创建于1929年，1954年改隶中国科学院并易名中国科学院华南植物研究所，1956年建立华南植物园以及我国第一个自然保护区——鼎湖山国家级自然保护区，2003年10月更名为中国科学院华南植物园。2018年，华南植物园实现整体进入中国科学院核心植物园特色研究所、部分进入中国科学院南海生态环境工程创新研究院和中国科学院种子创新研究院的“率先行动”计划总体目标。

华南植物园全园由三个园区组成：一是植物迁地保护园区及对外开放园区，位于广州，占地4237亩，建有现代化展览温室群、科普信息中心、“羊城八景”龙洞琪林，以及木兰园、棕榈园、姜园等38个专类园区，迁地保育植物17 500多个分类群；二是科学研究园区，位于广州，占地552亩，拥有植物科学、生态及环境科学、农业及资源植物以及分子生物分析及遗传改良四大研究中心，馆藏标本110余万份的植物标本馆、图书馆、《热带亚热带植物学报》编辑部、计算机信息网络中心、CMA及CNAS双资质认证的公共实验室等支撑系统；三是建于1956年的鼎湖山国家级自然保护区，位于广东省肇庆市，占地面积17 000余亩，是我国第一个自然保护区和中国科学院目前唯一自然保护区，2013年实现中国科学院与国家生态环境部共建，就地保育植物2291种。

华南植物园拥有广东鼎湖山、广东鹤山2个森林生态系统国家野外科学观测研究站和中国科学院级台站小良热带海岸带生态系统定位研究站；拥有植物资源保护与可持续利用、退化生态系统植被恢复与管理、华南农业植物分子分析与遗传改良3个中国科学院重点实验室，以及中国科学院海岛与海岸带生态修复工程实验室；数字植物园、应用植物学2个广东省重点实验室，南海岛礁植被生态系统、热带亚热带海岸带生态系统2个广东省定位观测研究站，广东省特色植物资源开发工程技术研究中心，广东省种质资源库及华南植物鉴定中心等科研平台。华南植物园还是国际植物园保护联盟（BGCI）中国项目办公室、国际植物园协会（IABG）秘书处所在单位。

华南植物园的定位为：立足华南，致力于国家乃至全球同纬度地区的植物保护、科学研究和知识传播。利用五年时间，在植物学、生态学、植物资源保护及其可持续利用等方面发展成为高水平的研究机构，并建成世界一流植物园。

截至2019年底，华南植物园共有在册职工470人（其中63人具正高级职称，88人具副高级职称），博士后48人，研究生430人（其中硕士生256人、博士生174人），离退休319人，其他人员224人，共计1491人。

华南植物园是国务院学位委员会批准的首批硕士学位培养单位之一，现设有博士学位授权点4个（植物学、生物化学与分子生物学、遗传学、生态学）和硕士学位授权点7个（植物学、生物化学与分子生物学、遗传学、生态学、园林植物与观赏园艺、野生动植物保护与利用、生物工程专业学位），并设有2个一级学科（生物学、生态学）博士后流动站。

2019年，华南植物园共有在研项目694项（新增项目255项）。其中，主持国家自然科学基金重点项目5项、面上项目114项（新增26项）、国家杰出青年科学基金项目3项、国家优秀青年科学基金项目2项（新增2项）、国家自然科学基金-广东省联合基金重点项目3项，国家基金国际（地区）合作与交流组织间合作项目3项（新增1项）；主持国家重点研发计划课题7项（新增1项）；主持中国科学院战略性先导科技专项课题2项、重点部署项目3项（新增2项）、重点国际合作项目1项、中国科学院科技服务网络计划（STS计划）项目5项（新增2项）。

2019年，华南植物园新增国家级、国家基金、中国科学院项目数均创历史新高。新增地方科技项目和横向课题104项，占新增项目数的40.78%；合同经费5587.75万元，占新增合同经费的27.54%，均创历史新高。全年新增科研合同经费2.0287亿元，到位科研经费1.8343亿元。获批建设中国科学院工程实验室和广东省野外观测站各1个。

2019年，华南植物园获国家科技进步奖二等奖（第三单位）、神农中华农业科技优秀创新团队奖（第二单位）各1项；培育的2个兜兰新品种获得2019中国北京世界园艺博览会中国省（区、市）室内展品竞赛特等奖；被行业评为2019年度中国最佳植物园。国家野外台站评估获优秀（鼎湖山站）和良好（鹤山站）等级，科技部大型仪器开放共享考核评估获得良好等级。发表SCI论文433篇，其中TOP30%论文245篇，创历史新高；影响因子10以上SCI论文9篇；授权专利49件，创历史新高；出版专著11部；获植物新品种20个；获软件著作权4件。

2019年，华南植物园取得系列重大研究进展。

参与的“中国特色兰科植物保育与种质创新及产业化关键技术”研究成果获2019年度国家科技进步奖二等奖。由福建农林大学牵头、华南植物园作为第三完成单位的研究成果“中国特色兰科植物保育与种质创新及产业化关键技术”，是我国兰花领域的第一个国家科技进步奖。该成果在完成和实施过程中突破了八大关键技术瓶颈，做到了四个创新以及两个突破，有效地破解了兰花保育和产业化发展中的重大技术瓶颈，推动了我国兰花保育和产业化研究进入国际先进行列，大幅提升了我国兰花产业的国际竞争力；率先突破了兰花基因沉默技术瓶颈，解析了花色、花香调控关键基因，为兰花的功能基因验证和分子设计定向育种提供了手段；率先攻克兜兰组织克隆世界性难题，有力推动了兜兰规模化和规范化生产，技术处于世界领先水平。突破二主要由华南植物园完成，同时华南植物园在该成果的四个创新和八大关键技术中也做出了较为突出的贡献。

出版《中国植物园标准体系》，概述了我国植物园发展现状，提出了我国植物园应遵循的界定性标准和管理实践中应做好的业务工作，提出了引种收集、迁地保护、信息记录以及植物资源的使用管理等技术规范，构建了我国植物园绩效评价体系及其认证程序。该书的出版为我国植物园提供了可广泛参照、适用于不同类型植物园的技术标准框架，将推进我国植物园和树木园的规范化管理，促进我国植物园的建设规划、运行管理和服务质量的升级，引导我国植物园迁地保护、科学研究、资源利用、园林园艺以及科普教育和旅游事业的高水平发展，为我国植物园的主流工作和发展提供质量导向与专业导向。

揭示*Boechera stricta*基因组变异的模式和进化机制。遗传分化的产生，导致生殖隔离并最终形成新物种的过程，是进化生物学研究关注的热点问题。随着全基因组测序技术的飞速发展，越来越多的研究发现遗传变异在基因组上的分布不均匀，存在变异很高的“岛屿”区域。但是导致基因组遗传多态性不均匀分布的原因至今尚不清楚。对拟南芥近缘种*Boechera stricta*的500多个体进行全基因组测序，通过对群体内、群体间的遗传多样性分析，结合计算机模拟，揭示了基因组变异产生和维持的机制。该研究系统地解析了多种中性和选择因素在基因组分化过程中的作用，证实了平衡选择是维持基因组变异的重要力量，加深了对适应性分化和物种形成过程的理解。相关研究发表在*Genome Biology*。

揭示植物协调生长-防御平衡的新机制。开展长期观察和研究，通过一系列分子、生化及遗传证据，揭示了DELLA-EDS1模块在植物生长-防御平衡调控中的关键角色，并提出相应的调控模型：在正常生长条件下，由于赤霉素（GA）触发的降解作用，植株内的DELLA蛋白保持低水平以促进生长发育；当病害来袭时，EDS1迅速诱导并促进SA的合成及后续的抗病基因表达，以启动/增强防御反应；同时，显著合成的SA会保护DELLA蛋白免遭降解（依赖EDS1），以此限制生长来完成资源向防御方面的转移，此阶段抗性是优先选项；随着病菌侵害的持续，积累的DELLA蛋白反过来增强与EDS1的互作，从而抑制SA的过量合成及过度的抗性响应，避免给植株造成严重伤害，达到平衡状态。通过该负反馈调控机制，植物可实现对生长-防御平衡的精准控制，避免病菌侵染时产生过度的生长或防御，实现植物抗病响应的“中庸之道”。相关研究结果发表在 *Molecular Plant*。

揭示南亚热带森林植物叶片机械抗性与光合能力间的独立性。探讨植物叶片机械抗性与叶片光合能力之间的关系，有助于深入了解植物对所处生境的适应及其应对环境变化的策略。以鼎湖山常绿阔叶林 57 个优势木本植物为研究对象，根据植物分布生境的特征将其分成耐阴树种或光依赖树种，以植物的叶片机械性能、光合作用速率、叶片寿命等功能性状为切入点，探讨植物叶片机械抗性与光合能力的关系及其可能的影响机制。研究发现植物叶片的机械抗性与光合作用之间相互独立，并不存在显著的相关性或仅存在微弱的相关性，表明植物叶片功能性状具有相当灵活性，且性状之间的协调关系可能比物理或生理上的权衡关系，对植物响应和适应环境变化更重要。论文发表在 *New Phytologist*。

2019 年，华南植物园积极按照中国科学院“促进科技成果转移转化专项行动”要求，修订了《园科技成果转移转化管理办法》、《园对外投资管理办法》等一系列促进科技成果转化的规章制度。瞄准重点区域和方向，聚焦政府需求热点，以市场需求为牵引、问题导向为抓手，整合“科技创新 + 全产业链（资金链、创新链、产业链）”要素资源，充分发挥和利用现有科技、平台等优势，形成“政 + 产 + 学 + 研 + 商（金、用）”多元化合作新模式。先后在贵州省黔西南州、黔东南、黔西北等多个地区全面开展“科技精准扶贫”工作并取得成果。其中，义龙国际中医药生态·健康科技产业园项目初步完成，正进行土地和实验大楼确权等工作；与河南省地方政府合作开展“豫南经济植物联合开发项目”，主要开展豫南道地中草药种植、采收和加工标准化制定等工作，探索优质林果 + 林下经营模式；同时，参与“桐柏县淮河源国家储备林”和“淮河源植物种质资源收集与迁地保育工程”等项目方案论证和规划设计，为项目实施提供技术咨询服务。

2019 年，华南植物园因公出访 61 批次 111 人次，正式来访达 200 人次左右。举办华南植物园 2020—2030 发展战略国际评估；中法联合实验室（LIA MOST）揭牌；与意大利利玛窦网络正式签署合作协议；继续推进南美重大国际合作项目，在副院长张涛见证下，华南植物园分别与厄瓜多尔天主教大学、哥伦比亚 Rosario 大学正式签署合作协议，双方未来五年在科研项目、人才交流、研究生培养、共同举办国际学术研讨、合法交换植物标本等多方面开展合作。全年举办 50 多场学术交流会议。

广东省植物学会、广东省植物生理学会挂靠在华南植物园；据《中国学术期刊综合引证年度报告》统计，华南植物园主办的《热带亚热带植物学报》2019 年度影响因子为 0.787，总被引频次为 1607 次，网上下载达 4.17 万次。

（撰稿：周　飞　郑祥慈　审稿：徐　海）

广州能源研究所

所　　长：马隆龙
地　　址：广东省广州市天河区五山能源路 2 号
邮政编码：510640
电　　话：020-87057639
传　　真：020-87057677
电子信箱：web@ms.giec.ac.cn
网　　址：http://www.giec.cas.cn

中国科学院广州能源研究所（以下简称“广州能源所”）成立于 1978 年，其前身为 1973 年成立的广东省地热研究室。1998 年 4 月原中国科学院广州人造卫星观测站并入广州能源所。2001 年成为中国科学院知识创新工程试点单位之一。2015 年进入中国科学院清洁能源特色研究所培育阶段，2017 年参与筹建中国科学院清洁能源创新研究院和南海生态环境工程创新研究院。

广州能源所定位于新能源与可再生能源领域的应用基础研究与技术开发，围绕国家能源可持续发展战略，服务国家能源结构优化、生态环境保护和新兴产业发展重大需求。广州能源所在“一三五”规划实施过程中，聚焦新能源、可再生能源领域方向，创新科研管理模式和资源配置体系，建立促进重大成果产出的瘦身健体机制，推进科学技术跨越发展；完善拔尖人才培养与高层次人才引进体系，推进国家新能源领域创新人才高地建设；着力突破可再生能源、新能源、节能环保领域的重大科技问题，在发展战略性新兴产业中发挥引领作用。研究所积极推进中国科学院清洁能源创新研究院在全国范围的网格化布局，提出建设中国科学院洁净能源创新研究院（广州）的思路。广州能源所是国家能源生物燃料研发中心、中国科学院可再生能源重点实验室、中国科学院天然气水合物重点实验室、中国科学院广州天然气水合物研究中心和广东省新能源和可再生能源研究开发与应用重点实验室的依托单位，建有国家可再生能源综合技术国际研发中心、国家能源生物燃料研发中心等研发平台，是国家生物质能源产业技术创新战略联盟理事长单位。科研单元包括21个研究室，形成了以生物质能、海洋能、太阳能、地热能、固体废弃物能、天然气水合物和节能与环保为重点方向的学科布局。建有公共仪器分析测试平台，拥有大型仪器设备43台（套）。

截至2019年底，广州能源所共有在职职工361人。其中科技人员276人、科技支撑人员38人，包括中国工程院院士1人、国家杰出青年科学基金获得者1人，研究员及正高级工程技术人员63人、副研究员及高级工程技术人员92人。

广州能源所是1978年国务院学位委员会批准的硕士学位授予单位之一，2004年获得博士学位授予权，现设有工程热物理与动力工程、化学工程与技术2个一级学科博士研究生培养点，环境工程、材料物理与化学、海洋地质3个专业二级学科硕士研究生培养点，并设有动力工程及工程热物理专业、化学工程与技术专业2个一级学科博士后流动站；共有在学研究生197人（其中硕士生117人、博士生80人），在站博士后15人。

2019年，广州能源所共有在研项目651项（新增项目152项）。其中，主持（或承担）国家自然科学基金重点项目2项、面上项目49项（新增13项）；主持或承担国家重点研发计划项目5项（新增1项），课题16项（新增9项）；主持（或承担）中国科学院战略性先导科技专项课题6项（新增2项）；主持（或承担）院重点部署项目3项、承担重点国际合作项目14项（新增1项）。

2019年，广州能源所取得系列科研成果。波浪能技术应用于多在三沙（YX）并网供电，全球首台半潜式波浪能养殖网箱“澎湖号”在珠海投放运行；颠覆性技术干热岩热能超长重力热管开采取得重要突破，在河北唐山安装试运行了世界上首个3000米重力热管，实现了在地下120℃热岩采热，在地面90℃蒸汽收热的系统循环；生物燃料制备技术应用于国民经济主战场，开发了国际上第一个生物质生产烃类燃料联产化学品产业化技术，相关单元技术在多家企业应用。

2019年，广州能源所发表论文513篇，其中SCI论文324篇；申请国内专利200件，PCT12件，获得国内授权专利110件（其中发明专利77件），13件国外专利获得授权；实施专利技术转移14项，金额总计3661万元。“一种秸秆生产交通燃料用油的方法（专利号：ZL201610304296.5）”获第六届广东省专利金奖。“大型半潜式海洋波浪能发电技术与装备”、“高水分有机固废安全处置与土壤高值化利用技术及装备”、“天然气水合物分解机理及调控方法研究”获2019年度广东省科学技术奖一等奖；“多能源互补分布式可再生能源发电微电网技术研究与示范”获2019年度广东省科学技术奖二等奖。12月通过中规（北京）认证有限公司的审核，获得体系认证证书，成为《科研组织知识产权管理规范》国家标准认证的科研机构，为中国科学院首批32家贯标试点研究所之一、广州地区首家。

截至2019年底，广州能源所共有产业化公司29家，其中直接持股26家，通过广州中科环能科技有限公司持股3家，广州能源所拥有的所有者权益共计3824.52万元。

2019年，广州能源所共接待国外来访的专家学者66批143人次，出访60批156人次。4月牵头组织并成功举办创新使命——第二届可持续生物燃料国际会议。11月，广州能源所代表我国科研机构首次在比利时共同主办全球科技创新大会（G-STIC）“能源专场”会议，以视频、海报等方式形象展示中国在可再生能源领域所取得的最新研究成果。

广州能源所是中国可再生能源学会生物质能专业委员会、天然气水合物专业委员会以及广东省太阳能学会的挂靠单位；2019 年双月刊《新能源进展》按计划出版 6 期，被国际大型数据库 EBSCO 收录，月刊《能量转换剪报资料》出版 12 期，半月刊《科技信息》（电子版）出版 24 期、月刊《能源政策快报》（电子版）出版 12 期；广州能源研究所是广东省情报学会常务理事单位、中国图书馆学会专业图书馆分会区域信息服务工作委员会委员单位、中国科学院文献情报系统领域示范情报网先进能源情报网副组长单位。

（撰稿：郑望舒　姜　洋　审核：马隆龙）

广州地球化学研究所

所　　长： 徐义刚

地　　址： 广东省广州市天河区科华街 511 号

邮政编码： 510640

电　　话： 020-85290702

传　　真： 020-85290130

电子信箱： xuwenxin@gig.ac.cn

网　　址： http://www.gig.ac.cn

中国科学院广州地球化学研究所（以下简称“广州地化所”）的前身为中国科学院地球化学研究所广州分部。1987 年，中国科学院地球化学研究所整建制搬迁部分学科、研究室、学术带头人与原中国科学院广州地质新技术研究所合并，成立中国科学院地球化学研究所广州分部。1994 年经中央机构编制委员会办公室批准使用现名。

2002 年，广州地化所与原中国科学院长沙大地构造研究所异地整合，整体进入中国科学院“知识创新”工程二期试点系列，2011 年进入中国科学院“创新 2020”整体择优支持研究所行列。广州地化所坚持“三个面向”，主要研究方向包括：大陆动力学与岩石圈演化、深部地质过程与地球系统变化、成矿规律与油气成藏动力学、海洋地质与边缘海演化、环境污染与控制等。广州地化所致力于推动有机地球化学、元素和同位素地球化学、环境科学与技术、油气与矿产资源等重点学科领域的发展；紧密围绕“资源生态环境”核心领域定位，做出“三性”创新贡献，为解决国家和地方经济社会可持续发展所面临的能源资源和生态环境等重大科技问题提供知识基础与技术支撑。

广州地化所现有有机地球化学、同位素地球化学 2 个国家重点实验室，边缘海与大洋地质、矿物学与成矿学 2 个中国科学院重点实验室，资源环境利用与保护、矿物物理与矿物材料研究开发 2 个广东省重点实验室，国家大型科学仪器中心“广州质谱中心”，中国科学院珠江三角洲环境污染与控制研究中心，与香港大学地球科学系联合建立的化学地球动力学联合实验室，与香港理工大学共建的粤港澳大湾区环境污染研究与控制联合实验室，与英国兰卡斯特大学环境中心和城市环境所联合组建的国际环境研究与创新中心，与澳门科技大学、香港大学共建的粤港澳大湾区地球和行星科学联合研究中心等。此外，还建有地学与资源科普教育基地和图书馆，主办有地学核心刊物《地球化学》、《大地构造与成矿学》和国内 SCI 英文期刊 *Solid Earth Science*。

截至 2019 年底，广州地化所共有在编职工 300 人，其中科技人员 183 人、科技支撑人员 77 人，包括中国科学院院士 2 人、俄罗斯科学院外籍院士 1 人、973 顾问与咨询委员会委员 1 人、正高级专业技术人员 71 人、副高级专业技术人员 100 人。

广州地化所拥有 9 个专业二级学科学术型硕士培养点和 2 个专业工程硕士培养点；2019 年在学研究生 582 人（博士生 356 人、硕士生 226 人）。共 48 人次获“中国科学院优秀博士论文”、“中国科学院院长优秀奖学金”和“优秀学生干部”称号等奖励。设有地质学和环境科学与工程 2 个一级学科博士后流动站，共有在站博士后 78 人。

2019 年，广州地化所共有在研项目 585 项（包括新增项目 209 项）。其中，主持（或承担）国家自然科学基金重点项目 8 项（新增 2 项）、面上项目 108 项（新增 19 项）、国家杰出青年科学基金项目 5 项（新增 1 项），创新研究群体 2 项（新增 1 项）；主持或承担国家重大科技专项课题1项；主持国家重点研发计划3项；主持国家自然科学基金委重大仪器研制项目1项；主持中国科学院战略性先导科技专项1项；主持院重点部署项目2项、主持院科技服务网络计划（STS计划）项目1项、承担重点国际合作项目2项（新增1项）；承担院地合作项目117项，新增广东省基础研究基金重大项目1项；“新型卤代持久性有机污染物的环境地球化学行为与暴露风险”获2019年度广东省自然科学奖一等奖。

2019年，广州地化所取得系列科研进展。揭示湖泊硅藻生物硅是地球的重要“铝汇”，发现硅藻土中的硅藻蛋白石结构本身即含铝且表面具铝铁质薄膜，升级了对硅藻土这一重要工业原料性质的认知；首次揭示西太平洋板块起始俯冲的岩石地球化学记录，修订了西太平洋板块起始俯冲的模型，发现流体驱动深部地幔熔融的板内玄武岩形成机制，相关成果发表*EPSL* 2篇和*Chemical Geology* 1篇；利用正定矩阵因子分解模型（PMF）、16S rRNA高通量测序技术和单体稳定同位素技术（CSIA）等多技术相结合的方法对典型电子垃圾污染地区沉积物中多溴联苯醚类化合物的原位微生物降解过程进行研究，为多溴联苯醚类化合物的原位微生物降解研究提供新的证据。

2019年，广州地化所共发表研究论文777篇，其中国际SCI论文567篇，NI论文85篇。申请专利30件，其中发明专利19件，实用新型专利11件；授权专利24件，其中发明专利15件，实用新型专利9件。软件著作权2件。

2019年，广州中国科学院地球化学研究科技开发有限公司通过挂牌转让持有的广州中科碧疆环保科技有限公司的股权，收益207万元，比2014年股权投资时增值147万元。

广州地化所承担国家“十二五”项目课题“黑恰-大红柳铁铅锌多金属成矿条件与找矿远景预测”期间，在新疆和田县发现一处世界级超大型锂矿——白龙山锂矿，测其氧化锂资源量为373万吨，居世界同类型矿床首位，该项重大成果已通过科技部组织的项目验收。2019年10月，该矿探矿权已由新疆维吾尔自治区自然资源厅以20亿元的价格出让给新疆有色金属工业（集团）有限责任公司。

2019年，广州地化所派出156批240人次赴国（境）外开展学术活动，接待国（境）外来宾119批188人次。在研国际合作项目11项，经费总额1561万元。举办3个国际会议，接待境外参会代表超过60人次。

广州地化所注重与发达国家、“一带一路”沿线国家及港澳地区的合作。2019年结题的国际合作项目中，由英国兰卡斯特大学主持、广州地化所等6家中外单位参与的“SEW-REAP”项目，有力推动了针对全球性的水、环境、食品安全问题的跨学科合作研究；中国科学院“一带一路”专项“南方污染观测与研究计划”已初步构建“21世纪海上丝绸之路”环境污染与健康国际研究合作网络。

（撰稿：邓土连　徐文新　审稿：夏群燕）

广州生物医药与健康研究院

院　　长：陈新文
地　　址：广东省广州市科学城开源大道190号
邮政编码：510530
电　　话：020-32015300
传　　真：020-32015299
电子信箱：huang_bochun@gibh.ac.cn
网　　址：http://www.gibh.cas.cn

中国科学院广州生物医药与健康研究院（以下简称“广州健康院”）是由中国科学院、广东省和广州市人民政府三方共建，从事干细胞与再生医学、化学生物学、感染与免疫、公共健康、科研装备研制等研发的科研机构，于2006年3月获中央机构编制委员会批准正式成立，是中国科学院第一个与地方共建、共管、共有的新型研发机构。

广州健康院面向人类健康与“健康中国”战略，聚焦生命健康领域前沿重大科学问题和重要疾病机理，以建成国际一流的生物医药与健康领域新型研发机构和创新人才培养高地为目标，提供保障人类健康和疾病防控的原创性基础理论、突破性前沿技术与系统性解决方案为使命，优化科技成果快速转化的机制与途径，满足国家战略需求和区域经济社会发展，促进生物医药产业发展，发挥国家战略科技力量的核心作用。

广州健康院的主要研究领域为：干细胞与再生医学研究领域以及疾病机理及综合干预新策略研究领域。在干细胞与再生医学研究领域，布局了细胞命运转变调控机制研究、临床级功能细胞获取及其应用基础研究、人源化动物模型的培育及治疗性细胞获取的新策略及新技术等学科方向。在疾病机理及综合干预新策略研究领域，布局了呼吸系统疾病干预新技术、代谢性疾病新靶标机制研究、炎症相关重大疾病的机理及干预手段的研究及新型疫苗载体研发等学科方向。

广州健康院建有华南干细胞与再生医学研究所、化学生物学研究所、感染与免疫中心、公共健康研究所4个核心研究单元及药物研发中心核心转化单元，设有公用仪器中心、动物实验中心、信息情报中心和超算中心；依托核心研究单元联合建成了呼吸疾病国家重点实验室（与广州呼吸疾病研究所共建）、中国科学院再生生物学重点实验室、广东省干细胞与再生医学重点实验室及广东省生物医药计算重点实验室，为广州再生医学与健康广东省实验室的主要建设依托单位。

广州健康院共有在职职工355人。其中科技人员287人、科技支撑人员21人，包括研究员及正高级工程技术人员37人、副研究员及高级工程技术人员37人。

广州健康院拥有生物学、基础医学一级学科博士点，药物化学二级学科博士培养点，材料与化工、生物与医药2个领域的工程硕士专业学位培养点；与中国科学技术大学、吉林大学、广州医科大学等多所高校开展了共建院系、“卓越人才培养实验班”等覆盖本、硕、博层次的教育合作；接收了来自西班牙、印度、巴基斯坦等国的留学生攻读学位。共有在读学生403名，其中研究生355名。

2019年，广州健康院围绕“一三五”战略规划，在干细胞与再生医学研究领域、疾病机理及综合干预新策略研究领域取得多项原创性成果。“病人特异性功能干细胞获取及致病基因精准修复”获广东省自然科学奖一等奖，“基于转录因子和小分子调控细胞命运转换”和“激素受体相关靶标的发现确证及成药性先导化合物发现研究”获广东省自然科学奖二等奖。

2019年，广州健康院新承担各级各类科技项目136项，新增科研合同经费17 670.37万元。其中，新增2项国家重点研发计划首席项目、3项中国科学院对外合作重点项目、3项中国科学院科技服务网络计划（STS计划）项目、1项中国科学院基础前沿科学研究计划、2项国家自然科学基金杰出青年基金项目、1项广东省自然科学基金杰出青年基金项目、3项广东省重点领域研发计划项目、1项广州市科学研究重点项目、2项广州市对外合作重点项目。

2019年，广州健康院发表论文101篇，刊物所在领域TOP30%的论文占75%。全年新增专利申请31件，其中，中国专利申请24件，PCT申请4件，外国专利申请3件。新增专利授权12件，其中，中国专利授权10件，外国专利授权2件。

2019年，广州健康院再生医学取得系列具有国际影响力的原创成果。揭示小鼠早期胚胎发育过程中全胚层时空分子谱系，对经典发育生物学层级谱系理论进行了重大修正和补充，极大推动早期胚胎发育和干细胞再生医学相关领域的发展；通过特定因子诱导多能干细胞实现T细胞免疫再生，为T细胞免疫疗法提供了一种创新的技术借鉴，有望部分解决传统方法体外制备的T细胞活性和记忆性不足问题；利用单细胞测序解析体细胞重编程路径，更好的实现对生理或病理条件下细胞命运变化理解，实现控制细胞命运变化的目标；揭示染色质高级结构变化调控细胞凋亡的新机制，研究阐明了CTCF短的可变剪接体在调节染色质高级结构动态变化方面具有与经典CTCF不同的特征，揭示了CTCF短的可变剪接体在调控细胞命运决定中的新功能，该研究对理解CTCF介导的染色质动态变化调控基因表达和细胞命运决定具有重要意义；利用单碱基编辑器首次在猪上实现多位点单碱基编辑，该研究首次从细胞、胚胎及动物三个层面探讨了单碱基编辑器对猪多基因进行同时点突变的可行性，并且通过体细胞核移植和胚胎注射两种途径获得两种单位点单碱基突变猪模型和一种三位点单碱基突变猪模型，该成果的应用将加速生物医药相关的大动物猪模型培育和农业精准育种；发现磷脂调控多能干细胞命运的全新“烽燧”模式，该研究揭示了磷脂并非通过膜转运，而是通过信号调控细胞命运的全新工作模式，为研究脂类代谢在多能干细胞干性获得、维持及失去中的功能提供新的视角和理论依据。

2019 年，广州健康院疾病机理及综合干预新策略研究领域取得重要进展。探索功能性治愈艾滋病取得新进展，研究发现在艾滋病毒感染者现有 ART 化疗的基础上联合使用三氧化二砷制剂有可能获得长期控制病毒的效果，该研究有可能提升现有抗艾滋病治疗的效果，对减少抗病毒药物的使用及长期服药的毒副作用以及降低经济负担等具有重大的意义；抗结核药物研究取得新进展，研究揭示了抗结核新药 TB47 的作用机制，初步阐明了其对不同分枝杆菌的作用效果存在较大差异的原因，发现 TB47 有望成为治疗由布鲁利坏死分枝杆菌引起的布鲁利坏死病的特效药；在脑靶向核酸纳米传递系统取得重要进展，该研究开发的纳米配体载体作为一种安全的多功能纳米载体，克服了噬菌体展示肽或细胞穿透肽在表面修饰纳米颗粒主动靶向中的有效性和特异性限制，通过化学修饰赋予多肽配体自组装形成可靶向的纳米载体来实现主动靶向性，为中枢神经疾病药物的脑靶向传递临床转化研究提供新的技术和理论基础。

2019 年，广州健康院加强知识产权管理，成立了研究院第一届知识产权委员会，完善成果转化内部评估机制，制定出台合同管理办法，加强对外合作管控。新增成果转化到账 600 万元，新增横向项目 34 项，合同额 240 万元。完成“白化病模型猪的重构卵及其构建方法和模型猪的构建方法等 4 项技术及相关专利转让”项目、“高亲和力 HBs T 细胞受体”项目等专利评估，评估总价约 720 万元。与此同时，完成了对合肥中科干细胞再生医学有限公司的专利出资，合肥干细胞与再生医学研究院项目奠基开工；积极筹划在三亚设立猪种质资源创新研究院，推动医用大动物模式项目入驻南繁科技城。

2019 年，广州健康院坚持“全面、开放、合作”的工作理念，除与欧盟、新西兰、中国香港等开展合作外，还积极打造高端的国际学术技术交流平台，主办、协办了第七届中国核酸国际论坛、第十二届广州国际干细胞与再生医学论坛、第八届国际家兔生物技术会、2019 年广州国际神经科学研讨会、2019 年度“一带一路”暨发展中国家科技培训班项目等系列国际会议和培训班，吸引了包括诺贝尔奖得主、院士在内众多国际知名科学家、学者参会，累计参会人数近千人。

广州健康院是中国细胞生物学会再生细胞生物学分会的挂靠单位；与 Biomed 出版社合作出版期刊 *Cell Regeneration*。

（撰稿：黄博纯　徐　琼　审稿：段子渊）

深圳先进技术研究院

院　　长：樊建平
地　　址：深圳市南山区学苑大道 1068 号
邮政编码：518055
电　　话：0755-86392288
传　　真：0755-86392299
电子信箱：info@siat.ac.cn
网　　址：http://www.siat.cas.cn

中国科学院深圳先进技术研究院（以下简称“深圳先进院”）由中国科学院、深圳市人民政府及香港中文大学共同建立，旨在提升粤港澳地区及我国先进制造业和现代服务业的自主创新能力，推动我国自主知识产权新工业的建立。2006 年 2 月 24 日，中国科学院、深圳市人民政府及香港中文大学在深圳签署备忘录，成为深圳先进院筹建的起点。2006 年 7 月 17 日，深圳先进院进驻蛇口南山医疗器械产业园，标志进入运营阶段。2006 年 9 月 22 日，中国科学院、深圳市人民政府及香港中文大学在深圳签署共建协议书，深圳先进院西丽新园区奠基仪式也于同日举行。2009 年 7 月 22 日，获中央机构编制委员会办公室批准正式纳入中国科学院序列。同年 12 月 17 日通过共建三方验收。

深圳先进院以成为国际一流的工业研究院为使命，在贯彻“创新 2020”和“率先行动”计划过程中，已初步构建了以科研为主的集科研、教育、产业、资本为一体的微型协同创新生态系统。围绕高端医疗影像、低成本健康、医用机器人与功能康复技术三大突破和城市大数据计算、非人灵长类脑疾病动物模型、先进电子封装材料、肿瘤精准治疗技术、合成生物器件关键技术等重点培育领域进行研发和产业化。

深圳先进院现有8个研究所：中国科学院香港中文大学深圳先进集成技术研究所、生物医学与健康工程研究所、先进计算与数字工程研究所、生物医药与技术研究所、广州中国科学院先进技术研究所、脑认知与脑疾病研究所、合成生物学研究所、先进材料科学与工程研究所（筹），中国科学院大学深圳先进技术学院，多个特色产业育成基地（深圳龙华、平湖及上海嘉定）、多支产业发展基金，在深圳、济宁、天津、珠海、苏州、杭州、武汉、济南等地建设多个具有独立法人资质的新型专业科研机构。

深圳先进院获批牵头建设的脑解析与脑模拟、合成生物研究两大深圳重大科技基础设施于2019年在光明科学城破土动工；牵头建设的深圳先进电子材料国际创新研究院、深圳市合成生物学创新研究院、深港脑科学创新研究院三大基础研究机构均已在2019年正式揭牌成立。依托深圳先进院及中国科学院在粤科研力量建设中国科学院深圳理工大学（暂定名，简称“中国科学院深理工”）筹建联合领导小组第一次会议在2019年12月6日召开，各项筹建工作正在紧密落实。

深圳先进院在国内率先建立起一支以海归为主、国际化程度较高的人才队伍，成为华南地区人才新高地。截至2019年底，深圳先进院人员规模达3364人(含学生)，其中员工1908人、海归人员600余人。累计承担中国科学院、广创团队、孔雀团队共计30支。现有化学、生物学、计算机科学与技术、控制科学与工程4个一级博士学位授予点，信号与信息处理、生物医学工程、材料工程等10个硕士学位授予点，累计培养学生（含国际留学生）7000余人。2019年增列生物工程学位点，生物医学工程学科恢复招生。形成集流动站、工作站为一体的博士后培养体系，培养博士后547人，2019年获批生物学博士后科研流动站，全年招收博士后309人，博士后在站人数达552人，70人获中国博士后科学基金资助。

2019年，深圳先进院新增合同额22.96亿元，现金到账19.25亿元创历史新高，其中新增纵向项目682项，科研项目经费(不含人才项目经费)12.8亿元。获批国自然基金项目102项，其中优秀青年基金4项；牵头获批3项科技部“合成生物学”重点研发计划项目，总经费6858万元，位列全国第三。2019年共申请专利1516件，PCT专利366件，国外专利42件，授权669件。年度发表论文1461篇，其中CNS系列文章14篇，正刊5篇，WFC指数上升至24.54；累计孵化企业968家，持股企业263家；获批广东省科学技术奖一等奖2项、二等奖2项；深圳市科学技术奖8项，其中市长奖1项；吴文俊奖5项、黄家驷生物医学工程奖1项、中国专利银奖1项。获批5项省部级科研载体，其中包括2项中国科学院重点实验室，1项中国科学院工程实验室。

在高端医学影像技术与装备方面，深圳先进院研制出140纳米超分辨3D活体生物光学显微镜，达国际领先水平；“超导磁共振快速成像关键技术与应用”获黄家驷生物医学工程奖（科技进步奖一等奖）和广东省技术发明奖一等奖，“3D打印方法”获第21届中国专利银奖。通过自主研发世界首个大规模平板超声辐射力发生器面阵系统、千通道高精度超声神经调控电子系统和磁共振成像导航定位系统，在超声神经调控领域形成了具有自主知识产权的技术体系，部分超声神经调控专利实现了转移和转化；牵头组建广东省高性能医疗器械制造业创新中心，国家高性能医疗器械制造业创新中心启动论证，与上海联影共同成立深圳联影高端医疗装备创新研究院。

低成本健康方面，深圳先进院研发出新型微流控纳升移液机器人，实现了纳升级液体的自动化高精度分配。开发基于织物材料的新型电极具有柔性可拉伸、可浸水不改变电学特性等优点，在此基础上试制完成可穿戴肌电采集系统，具有良好的可穿戴性与舒适性，将有利促进肌电工程技术融入日常生活。“基于实时统计分析的多导心电分析集成技术”获广东省技术发明奖二等奖，“消化道内镜的人工智能图像技术”获吴文俊人工智能技术奖二等奖。

机器人与人工智能方面，深圳先进院设计具有精确运动控制的消融手术机器人，可依据术前规划执行穿刺消融操作，大大降低消融时间和对正常组织的损伤，使得穿刺消融手术的治疗更精准、微创。针对新型磁性软体微型机器人设计的基于视觉伺服的3D任意路径跟随法，可以使机器人精准跟随用户任意绘制的3D路径，该研究成果获评机器人领域顶级会议IROS 2019最佳应用论文奖（1/2494）。围绕柔性下肢助行外骨骼机器人，开展人机系统协调控制及平衡控制技术、生物与物理信号多模融合技术、机器人自适应步态规划技术、紧耦合仿生机构创成技术、柔性驱动技术、人体运动行为意图识别及理解等关键技术的研究，实现截瘫病患离开轮椅，站立行走。

生物医药方面，深圳先进院自主开发的重大新药“注射用AS1501”获得国家药品监督管理局（NMPA）颁发的临床试验通知书（CXSL1900091），此临床批件的获批标志着世界上第一个TRAIL阻断剂药物成功进入临床开发，是我国创新药物研发历程中的重要里程碑。成功研制出基于CD19靶点的CAR-T细胞治疗新药，目前已完成血液病、实体瘤的CAR-T临床研究病例102例，治疗效果显著，2019年获批广东省免疫细胞治疗工程技术研究中心认定、广东省“新药创制”重点专项的唯一一个CAR-T项目。

脑科学方面，深圳先进院以CRISPR基因编辑技术在国际上首次制备和系统解析了SHANK3突变的自闭症非人灵长类动物模型，作为第一完成单位，研究论文发表于*Nature*、*Neuron*。深圳内尔神经可塑性实验室（诺奖实验室）落地；研发了柔性光遗传和神经环路示踪技术，并持续推动脑科学研究新技术向境内外辐射超过50家，累计超过550家。牵头发起全国范围的“脑认知脑疾病学术与产业联盟”，首批联盟单位超百家。深港脑院“SIAT-UBC院士工作站”揭牌成立。

合成生物学方面，深圳先进院利用迁徙进化实验揭示合成生物学建构原理，为合成生物学研究提供基础理论指导，成果在*Nature*上以长文的形式发表。深度参与国际基因组编写计划GP-write。发起成立亚洲合成生物学协会（ASBA），协会总部挂靠合成所，发起成立全球生物工厂联盟（Global Biofoundry Alliance，GBA），合成所还是中国生物工程学会合成生物学专业委员会挂靠单位以及深圳市合成生物学协会会长单位。

大数据方面，深圳先进院产出利用人工智能思想的处理器芯片设计方法、大数据和云计算程序特征刻画方法、大数据系统性能优化技术等重大研究成果；城市视频分析技术在多个公开学术数据库取得领先的识别率，相关论文累计引用过万次，技术成功应用到商汤的解析服务器、博铭维城市管网检测产品；研发高性能海量生态环境数据库管理信息系统、中亚地区生态环境数据挖掘系统以及中亚地区生态环境决策服务系统，在“一带一路”生态环境监测与评估领域起引领示范作用；灾害天气预报研究获得新突破，填补国内台风引发风雨定量预报的空白。

新能源与新材料方面，深圳先进院超薄芯片加工用晶圆临时键合胶材料替代进口，成功导入华为海思5G基站芯片，将实现商用；微胶囊相变热界面材料进入中试阶段，性能优于国外同类产品；单面蚀刻埋入式电容材料有望实现商品化进入市场；发起成立粤港澳大湾区先进电子材料技术创新联盟；牵头承担的“高性能热界面材料基础研究”国家重点研发计划中期检查获评优秀；注册成立“深圳先进电子材料国际创新研究院”；筹建国家集成电路材料技术创新中心（深圳）。

2019年，深圳先进院与产业界合作项目金额6.95亿元，横向项目到款1.99亿元，其中工业委托合作到款0.82亿元，产学研项目到款1.17亿元；年度专利转让现金到账2956万元，首次实现股权转让收益4.66亿元。2019年度新增孵化企业209家，新增持股企业38家，全年新签订联合实验室26家，与华为年签约超千万元，与商汤科技合作多项成果获奖。建设国家双创示范基地，获国家发展改革委1500万元项目支持，入选全国双创百佳案例；作为深圳市产业集群总促进机构中标工信部集群项目，获批金额4400万元。

国际合作方面，深圳先进院成功获批第三个省级国际合作基地——骨科转化医学研究平台；新增国际合作交流项目43项，国际科技交流与合作国别累计达38个国家（地区）、93家境外机构，累计 81 人在 275 个国际学术期刊/会议担任职务，实现与国际学术前沿的深度结合；在持续加强深港合作模式下，与澳门大学共建人工智能与机器人联合实验室，并联合启动联合培养博士研究生合作；与越南水利大学签署国际化人才培养协议，助力“一带一路”沿线国家建设；主办和承办国际会议及培训班 27 场。

（撰稿：冯 春 审稿：毕亚雷）

亚热带农业生态研究所

所　　长： 谭支良
地　　址： 湖南省长沙市芙蓉区远大二路644号
邮政编码： 410125
电　　话： 0731-84615204
传　　真： 0731-84612685
电子信箱： csiam@isa.ac.cn
网　　址： http://www.isa.ac.cn

中国科学院亚热带农业生态研究所（以下简称“亚热带生态所”）创建于 1978 年，其前身为中国科学院长沙农业现代化研究所，2003 年 10 月改为现名。

亚热带生态所主要学科方向为亚热带复合农业生态系统生态学，下设区域农业生态、畜禽健康养殖、作物耐逆境分子生态三个研究中心，作为依托单位拥有畜禽养殖污染控制与资源化技术国家工程实验室、中国科学院亚热带农业生态过程重点实验室、农业生态工程湖南省重点实验室、湖南省畜禽健康养殖工程技术研究中心和广西石漠化治理工程技术研究中心，建有桃源农业生态系统观测研究站、环江喀斯特生态系统观测研究站、洞庭湖湿地生态系统观测研究站和长沙农业环境观测研究站。

截至 2019 年底，亚热带生态所共有在职职工 224 人，其中科研人员 131 人，科技支撑人员 66 人，包括正高级专业技术人员 42 人、副高级专业技术人员 71 人。

亚热带生态所拥有生态学博士学位授予点，生态学、畜牧学及环境工程学硕士学位授予点，有生态学专业学科博士后流动站，2019 年在学研究生 163 人，其中硕士生 77 人、博士生 86 人（包括 3 名 CAS-TWAS 博士生），在站博士后 13 人。

2019 年，亚热带生态所在研科技项目 541 项，到账科研经费 1.16 亿万元，院外经费占 64%。年内新增科研任务 150 项，合同经费 1.22 亿元。主持的主要在研科研任务包括国家重点研发计划项目 3 项（课题 16 个）；主持 973 课题 1 个；国家自然科学基金重点项目 4 项（新增 2 项），区域创新联合基金重点支持项目 3 项（新增），优秀青年基金项目 2 项（新增 1 项），重点仪器设备研制项目 1 项，国际（地区）合作重点项目 3 项，面上、青年和其他基金项目 93 项（新增 18 项）；中国科学院战略性先导科技专项（A 类）课题 1 个，子课题 6 个（新增），中国科学院前沿科学重点研究项目 2 项，中国科学院科技服务网络计划（STS 计划）项目 9 项（新增重点项目 1 项，区域重点项目 2 项）。此外，接受地方和企业委托项目达 47 项，总经费 1446 万元。

2019 年，亚热带生态所“稻田镉砷污染阻控关键技术与应用”获国家科技进步奖二等奖 1 项（第二完成单位），亚热带稻田土壤养分微生物调控机理方面的研究成果 2019 年在 *Plant and Soil* 发表专刊，分子生态育种论文在 *PNAS* 发表。“十三五”规划重大突破和重点培育成果继续完善或得到规模应用，并继续涌现新的有解决区域重大农业生态环境问题潜力的亮点工作。2019 年发表 SCI 收录论文 266 篇（其中第一单位 144 篇），论文质量也大幅提升，TOP 期刊论文比例达到 44.4%，一二区论文比例达到 73.6%。ESI 进入农业领域全球前 1%，显示了研究所在应用基础研究方面的影响显著提升。受理申请发明专利 26 项，授权发明专利 8 项、软件著作权登记 3 项。

2019 年，亚热带生态所在科技条件平台建设取得新的突破。洞庭湖湿地生态系统观测研究站、长沙农业环境观测研究站分别通过湖南省和中国科学院推荐申报国家野外生态试验站。农业生态过程研究平台和恢复生态过程研究平台（实验楼）工程竣工验收，室内装修工程完成设计并开始招标。畜禽养殖污染控制与资源化技术国家工程实验室完成了臭气处理与废水处理工程，达到环保要求。新建畜禽营养代谢高通量分析平台和野外观测网络亚热带所植物根系与土壤养分观测平台（台站网络）两个平台。

2019 年，亚热带生态所在院地合作工作进一步得到加强，与多省市、多企业开展了多领域、多形式的科技合作，与黄冈市人民政府、国科创新投资（成都）有限责任公司、湖南高岭环保科技有限公司、澳优乳业（中国）有限公司、湖南百舸水利建设股份有限公司和湖北业丰生态农业科技有限责任公司等签订了 10 余项合作协议，在广西、黑龙江和广东 3 个省（区）推进畜禽养殖污染控制与资源化技术国家工程实验室分中心建设，与湖南省和广西科技厅和农业厅等多部门合作，推广应用了在农村污水处理与废弃物资源化利用、生猪健康养殖、湿地生态修复、重金属污染土壤安全利用、优良种质创新等方面的先进方法和技术，取得了良好经济效益、生态效益和社会效益。

2019 年，亚热带生态所在国际合作方面取得进展，邀请和接待了来自美国、英国、尼日利亚和肯尼亚等国家的专家学者 37 人次来所参加学术交流、合作研究和考察访问。派出了科研人员共 35 人次赴意大利、南非、巴西和智利等国家进行学术交流和合作研究。获批 1 项国家高端外国专家项目、1 项发展中国家杰出青年科学家来华项目、2 项中国科学院国际杰出学者计划、2 项中国科学院国际访问学者计划。

亚热带生态所是湖南省生态学会、湖南省土壤学会、湖南省动物营养与生态环境学会挂靠单位；主办有《农业现代化研究》期刊。

（撰稿：陈　冲　叶冬煦　审稿：谭支良）

深海科学与工程研究所

所　　长：丁　抗
地　　址：海南省三亚市吉阳区鹿回头路 28 号
邮政编码：572000
电　　话：0898-88601508
传　　真：0898-88601508
电子信箱：idsse@idsse.ac.cn
网　　址：http://www.idsse.ac.cn

中国科学院深海科学与工程研究所（以下简称“深海所）于 2011 年启动筹建，由中国科学院、海南省和三亚市三方共建，是直属中国科学院的科研事业单位。2016 年 5 月正式成立。2017 年 8 月，获中国科学院批复，筹建中国科学院深海技术创新研究院。

深海所以 6000 米以深的深海为主要的研究对象，致力于构建深海科学研究-工程技术研发-海上作业融合体系，弥补我国在海洋领域科学和工程技术严重隔离的缺陷，发展深海“进入”、“探测”、“开发”的高新技术；立足三亚，打造深海科技研发的共享开放平台，引领中国海洋主力进入深海，挺进全球海斗深渊，填补我国深海战略的地域性空白；创新体制机制，坚持陆海统筹，打破海洋与非海洋领域的专业界限、打破行业与部门的行政隔离，组建适应新时代国家深海事业需要的人才队伍和研发实体。

深海所建有中国科学院重点实验室 1 个（中国科学院深海极端环境模拟重点实验室）；海南省重点实验室 1 个（海南省海底资源与探测技术重点实验室）；海南省、中国科学院双方共建实验室 1 个（海南省深海技术实验室）。其中，海南省深海技术实验室与深海技术创新研究院合署办公，已组建深海力学联合实验室（与力学所共建）、深海材料联合研究中心（与理化所、上海硅酸盐所共建）、深海生命研究院（与华大基因共建）、深海考古联合实验室（与国家文物局共建）、深海光学探测技术联合实验室（与长春光机所共建）、深海装备联合实验室（与招商局共建）、深海信息科学与工程联合实验室（与浙江大学共建）、深海光通信与光学成像技术联合实验室（与西安光机所共建）、深海虚拟现实联合实验室（与诺亦腾公司共建）。

截至 2019 年底，深海所共有在册职工 219 人。其中科技人员 135 人、科技支撑人员 46 人，研究员及正高级工程技术人员 30 人、副研究员及高级工程技术人员 35 人。

深海所现设有海洋科学、机械工程 2 个专业一级学科（二级学科：海洋生物学、物理海洋、海洋地质学、机械电子工程）博士、硕士研究生培养点，并设有海洋科学 1 个一级学科博士后科研流动站；共有在学研究生 116 人（其中硕士生70人、博士生46人），在站博士后4人。

2019年，深海所共有在研项目/课题301项（包括新增项目/课题141项）。其中，主持国家自然科学基金面上项目15项（新增3项），重大研究计划培育项目3项（新增1项）；主持或承担国家重点研发计划项目8项，课题40项；主持或承担院级重大仪器研制项目4项；主持或承担中国科学院战略性先导科技专项项目2项，课题12项；承担院地合作项目124项（新增67项）。2019年10月17日，中共中央政治局常委、中纪委书记赵乐际视察深海所科研创新工作。在上级领导的关心和鼓励下，深海所继续坚持“向深海深渊进军、对科考成果负责”的工作理念，在深海科技创新工作中取得了新成绩。

2019年，深海所组织实施“深海/深渊智能技术及海底原位科学实验站”A类先导专项，取得重要进展：完成万米载人潜水器保障母船上建总段吊装；“深海勇士”号搭载国产二维成像声呐、激光光谱甲烷原位分析仪完成海试；完成3D打印钛合金球壳体、浮力材料等关键技术制备；完成能源基站总体方案设计，镁海水、镁硫电池完成1000米海试；完成深海智能感知、声光学通信设备关键技术方案设计。

2019年，深海所“深海勇士”号载人潜水器圆满完成国家重点专项任务。全年下潜110次，成为仅次于美国“阿尔文”号，具有年度下潜100次能力的潜水器，通过高频次、高强度和复杂海况条件下的下潜，其运维能力已跻身国际先进水平。

2019年，深海所国家重点专项深海仪器装备规范化海试稳步推进。在南海开展深海工程地质原位测试装置、“深海多位点着陆器与漫游者潜水器”、“凤凰”号深海着陆器、“海斗一号”全海深自主遥控潜水器、全海深声学潜标等装备的功能性试验和验证海试，各项装备顺利通过中期考核。

2019年，深海所万米载人/无人深潜研制任务相关工作取得积极进展。按期高效完成万米钛合金载人球壳、固体浮力材等打压测试任务，为国家全海深载人潜水器总装集成奠定了基础。11月28日，经科技部正式发函，深海所成为全海深载人潜水器业主单位。

2019年，深海所新发表论文108篇，作为第一单位发表的期刊论文57篇，其中SCI论文44篇，EI收录论文8篇。其中，深海生物研究室团队在 *Nature* 子刊 *Nature Ecology & Evolution* 杂志上发表重要学术论文，对生活在马里亚纳海沟7000米以下的狮子鱼开展了多方面的深入研究；深海地质与地球化学研究室团队在 *Marine Pollution Bulletin* 发表重要学术论文，首次报道了在南海北部峡谷区发现大规模塑料垃圾堆；深海地质与地球化学研究室团队在 *Geochemical Perspectives Letter* 发表重要学术论文，首次报道了在马里亚纳海沟南部的俯冲板块弯折区发现流体活动证据。

2019年，深海所新增授权发明专利10件，授权实用新型专利11件；软件著作登记8件（全所专利118件）。其中，“深海分体式电视抓斗”技术成果向苏州船用动力系统股份有限公司转让，这也是深海所第一项技术成果转让。

深海所致力于打造国际化的研究所，积极发挥自身优势，推进深海领域国际合作。2019年度因公出国（境）22批138人次（含航次），邀请来访9批28人次，成功承办、协办中俄国际会议、第48届海洋矿产大会、南中国海年会等国际会议，并协助承办第四届涉外海洋科考管理研讨会。

（撰稿：杜 莉 发 强 审稿：阳 宁）

成都生物研究所

所　　长：吴　宁
地　　址：四川省成都市人民南路四段九号
邮政编码：610041
电　　话：028-82890289
传　　真：028-82890288
电子信箱：swsb@cib.ac.cn
网　　址：http://www.cib.cas.cn

中国科学院成都生物研究所（以下简称“成都生物所”）成立于1958年，当时定名为中国科学院四川分院农业生物研究所，1962年9月更名为中国科学院西南生物研究所，1971年1月更名为四川省生物研究所，1978年启用现名。

成都生物所的战略定位与科研目标为：立

足西南、放眼世界，针对生物多样性保育、生态环境建设及生物资源可持续利用，开展基础性、战略性和前瞻性科学研究、技术研发与集成，着力突破一批事关国家生态安全和社会经济发展全局的科学前沿问题和重大技术瓶颈，提升我国相关科技领域的国际竞争力，为国家经济建设、生态文明建设，为乡村振兴战略、“一带一路”倡议、长江上游生态屏障建设，提供科学基础、技术支撑与决策依据，为建设世界科技强国以及富强民主文明和谐美丽中国贡献力量。

成都生物所的主要研究领域及学科方向为天然药物与人口健康、生态保护与环境治理、工业生物技术及现代农业等。设有生物多样性与生态系统服务领域、环境治理与食品安全领域、天然产物研究中心“两领域、一中心”的科研架构，下设15个项目组。成都生物所是国家天然药物工程技术研究中心、中国科学院山地生态恢复与生物资源利用重点实验室、生态保育与生物多样性保护四川重点实验室、中国科学院环境与应用微生物重点实验室、环境微生物四川省重点实验室、中国科学院四川转化医学研究医院的依托单位。

成都生物所两栖爬行动物、植物标本馆是全国青少年科技教育基地、全国青少年走进科学世界科技活动示范基地、四川省及成都市科普教育基地；馆藏两栖爬行动物标本10万余号，模式标本703号，标本的种类、数量、各种文献等居国内领先地位；馆藏植物标本逾30万份。公共实验技术中心拥有600兆赫兹核磁共振波谱仪、流式细胞分选仪等价值约1.3亿元人民币的各类先进科研仪器设备，并对社会开放。知识管理中心图书及期刊馆藏以生物资源和生物技术的研究与开发为主的中外文文献21万册。建有及正在筹建中国科学院茂县山地生态系统定位研究站（中国生态系统定位研究网络站）、成都平原农业生态站、若尔盖高寒湿地生态站和马尔康小麦夏繁基地等8个野外生态站（点）。

截至2019年底，成都生物所拥有在职职工316人，拥有专业技术人员272人，其中专业技术人员近150人，分别有2个工勤系列，2个支撑系列专业技术职务，15个科研系列专业技术职务。

成都生物所是1981年国务院学位委员会第一批批准的动物学硕士学位授予权单位，2000年国务院学位委员会第八批批准的植物学博士学位授予权单位；拥有植物学、动物学、微生物学、生态学、环境科学、药物化学、药理学、病理学与病理生理学8个博士学位、8个学术型硕士学位授予点，制药工程、生物工程2个全日制专业型硕士学位授予点；现有在学研究生381人（其中博士生158人，硕士人206人，留学生17人）。拥有生物学博士后科研流动站，2019年招收博士后研究人员5人。

2019年，成都生物研究所共有在研项目660余项（包括新增项目180余项）。新增主持或承担国家自然科学基金项目16项（其中重点项目1项、面上项目8项）；国家重大科技专项1项；国家重点研发计划4项；中国科学院战略性先导科技专项课题2项。研究所对外争取科研任务合同经费1.5亿元，同比增长1/4，院外竞争性合同经费占总量4/5。全年到所经费1.2亿元，院外到所经费占总量3/5。新增合同经费与到所经费均破亿元，创历年新高。国家重点研发项目获批课题1项，经费987万元，国家重点专项青藏高原二次科考获批专题1项，经费3000万元。四川省重大项目3项，经费300万元。横向项目经费2800余万元。

2019年，成都生物所共发表SCI论文351篇，其中第一（通讯）单位完成217篇，占比61.82%；共发表中文核心期刊论文72篇，其中第一单位完成43篇，占总发文数59.72%。发表351篇SCI论文中，刊物IF ≥ 5.0的71篇，刊物所在领域一区论文60篇，二区论文99篇，一二区论文占比45.30%。截至2019年底，成都生物所共有2个学科进入ESI TOP 1%学科，分别是化学、植物/动物科学。主编专著1部、参编专著6部。为鼓励发明创造，研究所优化知识产权管理办法，引入促进科技成果转移转化激励机制。本年度申请专利82件、授权39件、转化5件，获现金收益219万元，获股权收益199.37万股。“环保生态厕所成套处理技术研发与应用”获四川省科技进步奖三等奖。中克联合实验室外籍负责人安德卡·普连科维奇-莫拉伊教授获2019年四川省对外合作最高奖“天府友谊奖”。生物多样性与生态系统服务领域研究员刘庆获中国生态学会2019年表彰的杰出贡献奖。

2019年，成都生物所围绕促进“三重大”

科技成果产出，全面推进科研体制和考核评价机制改革，不断推进“一三五”规划实施，加强创新培育与机制引导，产出了一系列原创性重大科技成果。响应国家“绿色铁路建设”号召，积极参与第二次青藏高原科学考察研究，系统分析了川藏铁路沿线植被及植物多样性格局，评估了工程建设对植被的影响，提交了生态恢复技术可行性论证报告，撰写湿地选线避让建议和物种跨境保护建议，为川藏铁路建设选址选线和生态恢复提供重要科技支撑。响应国家“厕所革命”号召，研发了达标排放兼顾资源回收的环保生态厕所成套技术体系，在九寨沟、海螺沟等50多处风景区成功应用推广，获得良好的社会效益。在生物资源可持续利用和污染物生物治理方面培育具有完整产业链的项目，菌剂专利实现成果转化获得现金收益、股权收益。“特殊氨氧化菌群包裹体”专利实现成果转化，项目落户成都国际生物城，将形成年产1000吨固体菌剂的生产能力。“高有机负荷中温沼气发酵复合菌剂”专利实现转化，获得股权收益。响应“健康中国”的号召，开展了肿瘤等重大疾病新型治疗和药物研发，发展了高效的活性分子构建技术；获得了针对炎症小体和阿尔茨海默病的新型候选药物；发现核酶TX-2对原核及真核细胞中的目标基因敲降具有较好效果，有望开发为新型基因治疗工具。

2019年，成都生物所积极响应四川省委省政府关于推进建设绿色发展、建设美丽四川、推进四川省乡村振兴与生态文明建设的要求，在生态建设规划、环境治理、作物育种、食品安全、生物农药、精准扶贫等方面开展多方面提供有力科技支撑。积极加强院地合作，与中铁二院、四川剑南春集团、四川能投、江西农科院、四川草科院、西藏高原生物所、中华人民共和国人与生物圈国家委员会等9家大型企业、研究院所、组织签订战略合作协议，在此基础上促进一批合作项目落地实施。履行社会责任，开展精准扶贫，所党委与驻村科技干部深入一线田间地头，帮助群众解决实际困难。开展系列扶贫讲座与培训，进行农业技术指导及咨询服务，接受培训人员达200余人次。在广元引种石斛，经过3年试种，表现良好。

2019年，成都生物所新增国际合作项目31项，合同经费1600万元。高质量服务“一带一路”倡议，致力于建设国际合作实体平台。首批获批科技部“中国-克罗地亚生物多样性和生态系统服务‘一带一路’联合实验室”，该实验室是目前中国科学院唯一的“一带一路”联合实验室，将为在中国-中东欧生物多样性保护合作提供重要平台。围绕“一带一路”倡议，积极开展主场活动。主办第三届中国（三亚）国际水稻论坛“‘一带一路’稻麦国际研讨会暨中国科学院‘一带一路’科技合作专项培训会”，来自18个国家700余人参会。发起成立“一带一路”国际科学组织“稻麦品种技术创新与转移联盟”，该联盟将促进“一带一路”国家农业区域经济一体化协同发展。举办了中国科学院“发展中国家暨‘一带一路’国家科技培训——先进沼气技术培训班”，培训了来自9个“一带一路”沿线国家的学员。与国际山地中心联合主办了兴都库什-喜马拉雅地区旗舰物种及其栖息地保护国际研讨会与喜马拉雅兴都库什生态系统适应性管理国际研讨会，近200名专家学者参会。全年共派出40个团组67人次出访，邀请和接待103人次来所短期交流访问。签署合作研究谅解备忘录5项。国际山地综合发展中心增设1个挂靠成都生物所的中国委员会办公室。新增2名国际组织任职。

2019年，成都生物所围绕“高端科研资源科普化”和科学教育，推进“高端科研资源科普化”计划，全年开展科普活动线下参加人数超过3000人，线上参加人数突破200万人。科学传播与科学教育工作荣获院科普实验大赛一等奖、全院科普启明星机构等5个奖项。参与中国科学院、四川省、成都市科技下乡、科普周、科技月、科技援藏等大型科普活动。

成都生物所是四川省生态学会的挂靠单位；主办的《应用与环境生物学报》是中国精品科技期刊、核心学术期刊和国际影响力优秀学术期刊，名列国内生物学期刊Q1区，主办的英文学报 *Asian Herpetological Research* 是我国两栖爬行动物学SCI英文学术期刊代表，获得“庆祝中华人民共和国成立70周年精品期刊”等荣誉。

（撰稿：朱　丹　毛　萍　审稿：刘　庆）

成都山地灾害与环境研究所

所　　长：文安邦
地　　址：四川省成都市人民南路四段九号
邮政编码：610041
电　　话：028-85228816
传　　真：028-85222258
电子信箱：office@imde.ac.cn
网　　址：http://www.imde.ac.cn

中国科学院、水利部成都山地灾害与环境研究所（以下简称“成都山地所”）由1965年成立的中国科学院地理研究所西南地理研究室发展而来，1966年2月建成中国科学院地理研究所西南分所，1978年更名为中国科学院成都地理研究所，1989年实行中国科学院、水利部双重领导并采用现名，2002年进入中国科学院知识创新工程，2015年进入中国科学院“率先行动”计划特色研究所首批试点，并与2018年8月通过验收正式运行。

成都山地所的基本定位是以“认知山地科学规律，服务国家持续发展”为使命，立足地球表层系统科学前沿，提高创新能力，引领泥石流研究，发展山地灾害学、高山生态学；围绕山区环境灾害与工程安全的科技需求，在山区减灾、山地生态屏障、山区可持续发展研究方面为国家做出重大贡献；在重大山地灾害减灾理论与关键技术、生态保育与屏障建设支撑技术体系、流域水土保持与面源污染防控技术取得突破，提升山区可持续发展战略研究智库作用；加强科技联盟协同机制建设，形成科学-技术-工程-用户紧密关联的科技服务创新链条，成为国家不可替代的山地科学研究骨干引领力量，进入国际一流的山地科学研究机构。

成都山地所设有中国科学院山地灾害与地表过程重点实验室、中国科学院山地表生过程与生态调控重点实验室、山区发展研究中心和数字山地与遥感应用中心4个研究单元，设有四川省山区减灾工程技术研究中心、综合测试与模拟试验中心2个关键支撑平台；建有中国科学院东川泥石流观测研究站、中国科学院贡嘎山高山生态系统观测试验站、中国科学院盐亭紫色土农业生态试验站3个国家重点野外台站和其他6个院所级台站；共建国家工程实验室1个、部级工程技术研究中心1个，建有1个480平方米的科技展馆。

截至2019年底，成都山地所共有在职职工278人。其中科技人员165人、科技支撑人员56人，包括中国科学院院士1人、研究员及正高级工程技术人员47人、副研究员及高级工程技术人员78人。

成都山地所是1981年国务院学位委员会批准的博士、硕士学位授予权单位之一，现设有自然地理学、人文地理学、生态学、土壤学和岩土工程5个二级学科博士研究生培养点，自然地理学、人文地理学、地图学与地理信息系统、生态学、土壤学和岩土工程6个二级学科硕士研究生培养点，资源与环境、土木与水利2个专业学位类别硕士培养点，并设有地理学博士后流动站；共有在学研究生308人（其中硕士生135人、博士生173人），在站博士后24人。

2019年，成都山地所共有在研项目631项（新增245项）。其中，主持国家自然科学基金重大基金1项、重大研究计划项目1项、国家杰出青年科学基金1项（新增1项）、重点项目4项（新增1项）、国际（地区）合作与交流重点项目7项（新增1项）；主持国家重点研发计划项目3项（新增1项）、课题11项（新增2项）、科技部第二次青藏高原综合科学考察研究专题2项（新增2项）、科技部科技基础资源调查专项1项（新增1项），主持973计划项目1项、课题2项；承担中国科学院STS计划项目2项、对外合作重点项目3项（新增2项）、前沿科学重点研究项目5项（新增1项）、重点部署项目2项（新增2项），主持中国科学院战略先导专项项目1项、课题9项（新增2项）、子课题4项（新增1项）；主持四川省科技计划4项（新增1项）、地方和企业委托重点项目9项（新增3项）、院地合作项目238项（新增144项）。

2019年，成都山地所全年发表论文254篇（*Nature Index*期刊2篇），获国际发明专利授权1项、国内发明授权27项、实用新型专利授权18项，软件著作权登记23项；出版科技专著3部、科普专著1部。获省级科技进步奖一等奖

2 项、中国科学院科技促进发展奖 1 项。

2019 年，成都山地所围绕西部山区工程安全与环境保育的科技需求，以学科发展带动技术创新并形成工程示范，积极完善“科学 - 技术 - 工程 - 用户”一体化的科技创新链条，加快促进成果落地转化。一是对标国家重大需求，持续推进与中铁一院、中铁二院、铁科院在川藏铁路山地减灾方面的科技合作与联合攻关；完成的中国-尼泊尔樟木口岸减灾防灾系统方案获国务院批复，《西藏生态文明高地建设规划纲要（2020—2035 年）》大纲顺利编制完成。二是服务区域发展需求，进一步加强与四川、重庆等的科技合作，积极参与长江治理与保护科技创新联盟、长江经济带绿色农业发展联盟建设。三是服务行业企业需求，协同中石油、中石化等完成山区成品油管道新发地质灾害调查处置，研发的植烟坡地土壤保水保肥技术成果在四川烟区累计推广面积 73.9 万亩。四是支撑应急减灾需求，积极响应 6 · 27 阿坝金川特大山洪泥石流、7 · 29 凉山甘洛特大地质灾害、8 · 14 成昆铁路崩塌滑坡泥石流、8 · 20 汶川特大泥石流等应急减灾，举办了重大地质灾害链及其防治技术高级研修班、重大山地灾害防治技术及预警高级研修班。

2019 年，成都生地所牵头组建“中国-巴基斯坦地球科学研究中心”中方理事会和中方管理机构，中心园区建设项目获巴政府原则批准；成功举办了“一带一路”防灾减灾与可持续发展国际学术大会，并发表《北京宣言》，发起成立的“一带一路”国际减灾科学联盟正式成为“一带一路”国际科学组织联盟（ANSO）专题联盟，扩大了研究所国际影响力；持续发挥中国科学院加德满都科教中心山地分中心和国际山地中心中委会的平台纽带作用，国际交流日益频繁。

成都山地所挂靠有中国地理学会山地分会、四川省地理学会、中国水土保持学会泥石流滑坡专业委员会、中国自然资源学会山地资源研究专业委员会、中国生态学学会生态水文专业委员会、中国土壤学会土壤地质分专业委员会、国际数字地球学会中国国家委员会数字山地专业委员会等，设有国际山地综合发展中心中国委员会秘书处、中国地理学会西南代表处；出版的国际学术期刊 *Journal of Mountain Science* 连续 8 年入选“中国最具国际影响力学术期刊”。

（撰稿：代　丹　张　坚　审稿：罗晓梅）

光电技术研究所

所　　长： 罗先刚

地　　址： 四川省成都市人民南路四段 9 号

邮政编码： 610041

电　　话： 028-85100341；028-85100168；028-85100112

传　　真： 028-85100268

电子信箱： ioesb@ioe.ac.cn

网　　址： http://www.ioe.ac.cn

中国科学院光电技术研究所（以下简称“光电所”）筹建于 1969 年，1970 年 6 月起在成都大邑县雾山乡动工兴建，初名中国人民解放军 1019 所。1973 年 4 月长春光机所进行人员分迁，1973 年 7 月正式投入科研试制工作，1975 年 12 月更名为中国科学院光电技术研究所。

光电所是以国家安全和国民经济发展的战略需求为牵引，面向世界光电科技前沿和国民经济建设主战场，开展微纳光学、先进材料、先进制造、自适应光学技术、智能技术研究，系统开展装备研制的研究所。

2019 年，光电所按照“三个面向”、“四个率先”和“三重大”要求，围绕研究所“一三五”规划目标，全所上下齐心，在各自岗位上兢兢业业，使光电所继续保持了稳健的发展局面。

光电所现有 1 个国家重点实验室、3 个院级重点实验室、7 个重点学科研究室，建有精密机械制造、先进光学制造、轻量化镜坯与新材料、光学工程总体装配、计量与检测等 5 个研制中心，并投资创建了以科技成果转移转化与产业化为宗旨的四川科奥达技术有限公司。

2019 年，光电所紧紧围绕重大科研产出和学科建设，在若干领域建设和完善科研技术平台，全所新增 100 万元以上设备 8 台（套）。

截至 2019 年底，光电所共有在职职工 1168 人。其中科技人员 629 人、科技支撑人员 406 人。现有中国工程院院士 1 人、研究员及正高级工程技术人员 88 人、副研究员及高级工程技术人员 400 人。

光电所于 1981 年开始研究生招生培养工作，现设有光学工程、信号与信息处理、测试计量技术及仪器 3 个博士学位培养点，光学工程、精密仪器及机械、测试计量技术及仪器、信号与信息处理、检测技术与自动化装置 5 个学术型硕士学位培养点（涵盖 4 个一级学科），1 个电子信息全日制专业硕士学位培养点，1 个光学工程一级学科博士后流动站；共有在读研究生 407 人，其中硕士生 205 人、博士生 202 人，在站博士后 5 人。

2019 年，光电所共有在研项目 497 项（新增项目 271 项）。其中，主持国家优秀青年科学基金项目 1 项（新增 1 项），面上基金项目 17 项（新增 4 项），承担中国科学院重大仪器项目 1 项（新增 1 项）。主持国家重大科技专项课题 7 项，主持国家重点及研发计划 97 项（新增项目及课题 39 项）。承担科技部、财政部和院重大仪器研制项目 4 项；院先导子课题 1 项，主持院重点部署项目 2 项，承担 4 项课题；承担院地合作 125 项（新增 36 项）。其他各类课题 238 项。

2019 年，光电所作为牵头单位获得国家发明奖二等奖 1 项，作为参与单位获得国家发明奖二等奖 1 项，获得省部级一等奖 3 项。作为中国科学院量子研究参与单位，获美国克利夫兰奖、中国科学院杰出成就奖。

光电所在优势领域取得系列科研进展。完成可用于商业运营的小型化、轻量化多孔径量子通信望远镜的研制。完成同“墨子号”卫星的星地密钥分发测试，取得成功。嫦娥四号地形地貌相机首次实现月球背面区域形貌高清全景彩色成像。超分辨光刻对准套刻技术，采用近场莫尔条纹对准（精对准）实现 5 纳米的对准精度。硅片传输预对准精度：25 微米。搭建了 i 线光刻机整机机台和综合测试平台，实现光刻机单元技术进行综合测试。智能目标检测识别技术：机器自动捕获场景中的感兴趣目标，识别出目标类型，定位目标坐标。发表的方法在公开数据集 Voc2017 上处于国际并跑地位。研制出目前国际上 400 毫米级通光口径谐振频率最高的倾斜镜（一阶谐振频率 583 赫兹）。完成了 241 单元变形次镜关键器件研制和核心装配体组装，正在开展非球面加工。完成我国首套 2 米级太阳望远镜—— 1.8 米太阳望远镜系统研制，并首光成功，成为当前国际上最大口径太阳望远镜。活体成像仪科技部仪器专项于 2019 年 12 月顺利通过了科技部组织的综合验收会总验收。3 米级离轴主镜加工，采用 3 机器人组合加工提升加工效率，后期采用磁流变加工提升面形精度，达到 RMS 15 纳米。建立了 4 米级加工平台，提升了我国大口径高精度光学镜面智能化制造水平，达到国际先进。直径 1.4 米主镜完成研制。实现 1 毫米超薄筋 SiC 镜坯成型，为超轻量化 SiC 镜坯奠定技术基础。提出一种针对红色分量衰减过重的水下图像复原算法，在硬件平台上可实现 1280×810 分辨率视频的实时处理，可用于水下目标检测、海洋地理工程勘探以及海洋资源探索开发等领域。

2019 年，光电所共发表科技论文 319 篇，被 SCI 收录论文 177 篇，论文影响因子 5.0 以上的 26 篇，影响因子 3.0 以上的 89 篇，无学术不端行为；申请发明专利 211 项，授权发明专利 88 项，保护了自主知识产权，为我国科学研究进步做出应有贡献。

2019，光电所重点加强所地“产学研”合作。依托光电所在薄膜光学的技术优势，向四川省发改委申报“某前沿交叉技术平台”，争取经费 3.96 亿元；争取省、市相关重大专项资助及奖励 800 余万元。继续完善成果转化相关管理制度，积极推进科研成果转移转化及光刻机某关键器件等产品的产业化，同时推动相关参控股企业股权清理、四川科奥达公司减资缩股、从成都空天飞行器股份有限公司撤资等工作。光电所目前共有投资公司 6 家，从事科技开发人员 100 余人，实现营收 1.28 亿元。

2019 年，光电所外事来访 22 批 36 人次，出访 17 批 46 人次。其中，参加国际学术会议 9 人次，引进设备预验收 17 人次、科技合作 16 人次，经济贸易 3 人次，培训 1 人次。与新加坡国立大学成立“激光先进制造与应用联合实验室”；与西班牙加纳利天体物理研究所签署合作备忘录；与希腊研究技术基金会电子结构与激光研究所签订合作备忘录，共建联合实验室，推进中国科学院与“一带一路”沿线国家科研机构的合作。

光电所是四川省光学学会、中国光学学会光学制造技术专委会、中国光学学会情报专委会的挂靠单位；光电所主办的中文核心期刊和中文科技核心期刊《光电工程》是中国科学引文数据库来源刊物，为中国光学学会的一级学会刊物，2011 年曾入选第二届中国 300 种精品科技期刊；英文刊《光电进展》（*Opto-Electronic Advances*）是我国光电类第一本自主创办（无国外合作平台）的英文期刊，《光电进展》的 30 位编委来自 14 个国家和地区（其中包括 11 位 SPIE 会士，12 位 OSA 会士），平均 H 因子 40，获中国科协“中国科技期刊国际影响力提升计划”D 类项目支持，主要发表来自全球的高影响力科研团队的原创成果和综述论文。

（撰稿：周鹏浩　冯振宇　审稿：刘恩海）

重庆绿色智能技术研究院

院　　长：袁家虎
地　　址：重庆市北碚区方正大道 266 号
邮政编码：400714
电　　话：023-65935555
传　　真：023-65935000
电子信箱：yzxx@cigit.ac.cn
网　　址：http://www.cigit.cas.cn

2011 年 3 月，中国科学院与重庆市人民政府在北京签署《共建中国科学院重庆绿色智能技术研究院协议》，正式启动中国科学院重庆绿色智能技术研究院（以下简称“重庆研究院”）的筹建工作。2011 年 11 月，国务院三峡办加入共建；2012 年 7 月，重庆研究院获中央机构编制委员会办公室批准正式设立；2013 年 11 月，《中国科学院重庆绿色智能技术研究院中长期发展规划》通过中国科学院院长办公会审议。2014 年 10 月 9 日，正式通过中国科学院、国务院三峡办和重庆市人民政府的三方验收。

重庆研究院设立了战略咨询委员会，旨在发挥国内外著名院士专家在学科建设、人才培养、科学研究、成果转化等方面的参谋咨询作用；设有综合办公室、人事处、科技处、产业处、资产财务处、安全保障处、教务处及综合分析测试中心 8 个职能和支撑部门。

重庆研究院设立电子信息技术研究所、智能制造技术研究所、三峡生态环境研究所、生物医药与健康研究所（筹），下设 23 个研究中心及团队。电子信息技术研究所面向电子信息产业发展需求，以突破智能感知与控制等核心技术为目标，共设立大数据挖掘及应用、自动推理与认知、高性能计算应用、北斗导航工程、智能安全技术、量子信息技术、人工智能 7 个研究中心；智能制造技术研究所面向装备制造业发展重点及技术需求，共设立微纳制造与系统集成、智能工业设计、机器人与 3D 打印技术、太赫兹技术、集成光电技术、精准医疗单分子诊断技术、有机半导体材料、应用物理、手术机器人 9 个研究中心及团队；三峡生态环境研究所面向三峡库区生态环境建设与保护重大需求，共设立水污染过程与防治、大气环境、土壤及固废、生态水文、水资源与水环境、水库生态学、生态毒理学 7 个研究中心。筹建中的生物医药与健康研究所主要围绕抗耐性药物研究，重症医学转化，心血管研究，脑科学研究等方向，组建学科团队开展创新研究，以突破传统科研机构的研发模式、管理模式、运行机制，形成一个开放、动态、创新的主体，为生物医药产业集群发展提供有力的科技支撑。

截至 2019 年底，重庆研究院共有在册员工 337 人。其中，科技人员 267 人、科技支撑人员 30 人，研究员及正高级工程技术人员 43 人，副研究员及高级工程技术人员 85 人，包括中国科学院院士 1 人。

重庆研究院设有环境科学与工程、光学工程、计算机科学与技术、材料科学与工程 4 个一级学科博士学位培养点，环境科学与工程、光学工程、计算机科学与技术、材料科学与工程、生态学 5 个一级学科硕士学位培养点，并设有环境科学与工程一级学科博士后流动站；共有在学研究生 173 人（其中硕士生 97 人、博士生 76 人），在站博士后 1 人。

2019 年，重庆研究院共有在研项目 769 项（新增 199 项），国家自然科学基金面上项目 33 项（新增 2 项）、国家杰出青年科学基金项目 1 项；主持国家重点研发计划项目 1 项（新增 1 项）、主持课题 6 项（新增 2 项）、参与 19 项（新增 3 项）；主持国家自然科学基金委重大仪器研制项目

1 项；主持中国科学院先导专项课题（预先研究）1 项、主持子课题 1 项（新增 1 项）、参与 1 项（新增 1 项）；主持院重点部署课题 1 项、参与 2 项；主持中国科学院 STS 计划项目 5 项（新增 3 项）、参与 3 项（新增 2 项）。全年共发表论文 439 篇，其中 SCI 收录 223 篇；共申请专利 185 项，其中发明专利 127 项。全年授权专利 51 项，其中发明专利 34 件。

2019 年，重庆研究院以“一三五”规划为牵引，多领域获重要研究进展。在三峡库区水华优势种演替模式遥感分析方面，实现完整水文年蓝藻-绿藻水华的时空信息提取，回溯近十年的遥感估测结果，从长时间尺度归纳蓝藻-绿藻演替模式及潜在环境驱动因子。通过卫星遥感、浮空器观测、地面监测 / 采样等手段建立了“天-空-地”立体大气环境综合观测系统。对成都和重庆市区 $PM_{2.5}$ 的浓度水平、化学组分等特征进行了系统分析，相关成果发表在 *Atmospheric Chemistry and Physics* 等环境领域知名刊物上。研制出国内首款金属空间在轨增材制造实验样机（多束环列式激光为能量源）。2019 年 10 月在我国进行首次失重飞行试验，验证金属材料空间在轨增材制造关键技术的可行性。研制了可控的单晶石墨烯和半导体量子点等低维材料，掌握了红外光热探测器的设计、加工、封装和系统集成等关键技术，开展了光子型红外探测器件的基础研究，在国家重大需求的相关应用领域开展了论证和布局。

2019 年，重庆研究院获批国家重点研发计划中澳政府间科技合作重点专项“高载流子迁移率低维光电材料联合研发及应用示范”，该重点专项属国务院总理李克强 2017 年 3 月在访澳期间两国政府提出的合作协议内容，由科技部和澳大利亚工业创新与科技部负责推动。

2019 年，重庆研究院开发出性能全球领先的 3.2V 额定电压双电层超级电容及其核心材料，产品指标均优于同类产品（其中能量密度达到其他同类产品两倍以上）；开发出可用于新能源车、轨道交通等方面性价比卓越的 16V、48V 超容模组。突破了 He^{+} 离子束加工技术在 DNA 测序小尺寸阵列固态纳米孔的技术限制。实现了肺癌蛋白标志物的快速检测，突破了基于纳米孔的体外 HIV 早期诊断技术。开发世界最高效率的高分子太阳能电池。将小分子太阳能电池的转化效率由 9.3% 显著提升到 15.4%，创造小分子太阳能电池效率国际最高效率纪录；将高分子太阳能电池效率由 9.3% 显著提升到 17.5%，与国际最高效率纪录持平。相关研究成果发表在国际权威期刊 *Joule*。开发基于串联干涉腔的并行光学相干层析成像技术（POCT），解决了环境振动产生微米级位移使层析成像系统失效的瓶颈性难题，应用于凝视 3D 层析眼底镜、凝视 3D 内窥镜、层析活检显微镜仪器研制。成功研发全流程“刷脸”安检通关系统并推广应用。成该系统在呼和浩特白塔国际机场全面应用，在北京首都国际机场、上海浦东国际机场等四家的部分通道试用。该系统成为民航局正式批复并试运行的国内唯一全流程“刷脸”安检通关系统。提出增量隐特征分析、非负隐特征分析、非负张量分析、超限张量分析等一系列理论模型，形成对真实复杂应用场景中稀疏高维动态数据进行多尺度建模与智能分析理论的完整框架。研发多个行业领域大数据平台，应用于海绵城市、智慧照明、灾害预警等多个重要领域。

2019 年，重庆研究院持续推行“搭平台、促转化、建实体、培园区、育产业、引集群”的科研和产业化联动新机制，推动设立院属公司 7 家，全年新增院属公司总注册资本 7116.4 万元。推动实施面向 BOD 项目技术等 4 项科技成果转化，科技成果作价总额 1770 万元，吸引投资资金 2579 万元。

2019 年，重庆研究院进一步探索院地合作新模式，推进特色产业园区建设。与重庆市两江新区搭建“重庆国家自主创新示范区科技型中小企业研发共享服务平台人工智能核心硬件微纳制造子平台”；与临沭县共同推进可印刷有机太阳能电池技术中试研发与产业化项目、智慧城市、疏水玻璃等成果转化；与日喀则市政府签署战略协议，共同推进科研、人才培养、成果转化工作。持续推进重庆长寿中科未来城创新产业园、高新区石墨烯产业园、中国科学院重庆研究院江北基地等特色园区建设，累计新培育或引进复杂形状数控刀片项目企业 20 余家。

2019 年，重庆研究院积极推进公共平台建设，创新支撑服务模式，优化完善环境检测平台、智能制造平台、材料性能表征平台和生物医药平台等公共技术平台服务能力。所级中心入网设备达4996万元，设备平均使用机时2119小时，平均使用率132.46%。获评科技部大型科研仪器开放共享评价考核良好。通过国家CMA资质认定评审，获得CMA资质证书。

在国际合作方面，2019年度重庆研究院受邀来访中国科学院的团组总计31人次。来访交流人员来自以色列、澳大利亚、俄罗斯、瑞士、美国、新加坡、法国等10余个国家和地区。2019年因公出国（境）团组总计27个，共34人。其中参加国际会议20次，开展合作研究6次，开展学术访问1次。获得中国科学院“国际人才PIFI”计划资助2人，经费共计100万。

2018年4月，中国科学院与重庆市人民政府签署协议，共建中国科学院大学重庆学院，总投入17亿元，一期校舍建筑面积约17万平方米。截至2019年底，重庆学院校区基建楼栋主体基础已完成约80%，预计2020年7月完工交付。2019年，重庆学院事业单位法人机构获批，组建临床医学院、生命科学学院、材料科学与工程学院、能源学院、机器人与智能制造学院、人工智能学院、资源环境学院7个二级学院，5名国内外院士兼任二级学院院长。获批光学工程、材料科学与工程、计算机科学与技术、环境科学与工程4个重庆市重点学科，完成了人工智能学院等7个学科发展规划。

（撰稿：龙　晖　关媛媛　审稿：陈永波）

昆明动物研究所

所　　长：姚永刚
地　　址：云南省昆明市教场东路32号
邮政编码：650223
电　　话：0871-65130513
传　　真：0871-65130513
电子信箱：zhanggq@mail.kiz.ac.cn
网　　址：http://www.kiz.cas.cn

中国科学院昆明动物研究所（以下简称“昆明动物所”）直属中国科学院，是我国生物多样性演化、保护与可持续利用领域的综合性研究机构。研究所成立于1959年4月，前身为昆虫研究所紫胶站，1963年改名为中国科学院西南动物研究所，1970年划归云南省后改名为云南省动物研究所，1978年重归中国科学院，恢复原所名。

2019年，昆明动物所以“十三五”规划为统揽，以“一体（‘一三五’核心工作）两翼（模式动物表型与遗传研究国家重大科技基础设施、中国科学院动物进化与遗传前沿交叉卓越创新中心）”发展战略为引领，全面推进建设国际著名的动物进化与遗传前沿交叉科学中心和国际知名的灵长类动物研究高地。中国科学院动物进化与遗传前沿交叉卓越创新中心经过两年筹建，在重大成果产出、人才队伍建设、机制体制建设等方面均取得显著进展。模式动物表型与遗传研究国家重大科技基础设施项目正式开工建设。国家昆明高等级生物安全灵长类动物实验中心（P3实验室）完成认可认证投入运行。

昆明动物所有研究团队40个。拥有遗传资源与进化国家重点实验室、中国科学院动物模型与人类疾病机理重点实验室2个主要研究单元，与香港中文大学联合共建生物资源与疾病分子机理联合实验室。建设有云南省动物模型与人类疾病机理重点实验室、云南省活性多肽研究与利用重点实验室等4个省级重点实验室，国家昆明高等级生物安全灵长类动物实验中心（P3实验室）、国家发改委天然活性多肽国家地方联合工程研究中心、国家非人灵长类实验动物资源库、中国科学院昆明灵长类研究中心等8个支撑机构与技术平台，以及云南无量山西黑冠长臂猿监测站和云南大山包黑颈鹤监测站2个野外台站。

昆明动物博物馆是我国西南地区规模最大、收藏量最为丰富的动物专题博物馆，馆藏各类动物标本约90万号。图书馆有中、外文科技藏书3.8万册，中外文科技期刊16万余册。200万以上大型仪器装备总值10 472万元。

截至2019年底，昆明动物所共有在职职工449人。其中科技人员244人、其他专业技术人员112人，包括中国科学院院士2人、发展中国家科学院院士1人、研究员及正高级工程技术人员42人、副研究员及高级技术人员71人。

昆明动物所是1980年国务院学位委员会批准的博士、硕士学位授予权单位之一，现设有基础医学专业一级学科博士研究生培养点，动物学、神经生物学、遗传学、细胞生物学4个二级学科博士研究生培养点，生物化学与分子生物学二级学科硕士研究生培养点，生物与医药专业型硕士学位培养点，并设有生物学专业一级学科博士后流动站；共有在学研究生425人（其中硕士生230人、博士生195人），在站博士后21人。

2019年，昆明动物所共有在研项目689项（新增项目136项）。其中，主持（或承担）国家自然科学基金重点项目3项（新增1项）、面上项目70项（新增14项）、国家杰出青年科学基金项目3项、国家自然科学基金重大研究计划重点项目1项；主持或承担国家重大科技专项6项；主持或承担国家重点研发计划29项（新增3项），主持或承担基地和人才专项11项（新增4项）；主持（或承担）中国科学院战略性先导科技专项课题34项（新增7项）；主持（或承担）院重点部署项目8项（新增3项）、承担重点国际合作项目3项（新增1项）。

2019年，昆明动物所在“一三五”重点突破与培育方向上取得一批重要创新发现。成功破译首个毒蛙基因组和鸭嘴兽热不耐受分子机制；描绘了爬行动物沙蜥属物种卵生和胎生繁殖模式进化的遗传机制；首次构建了携带人类*MCPH1*基因的研究大脑发育进化的转基因猴模型；通过比较不同年龄猴多个脑区的基因表达谱，揭示大脑衰老新的机制；阐明了核受体过氧化物酶体α（PPARA）激动剂吉非罗齐抗阿尔茨海默病分子机制；揭示转铁蛋白调控凝血系统稳态与诱导动脉粥样硬化发病的分子机理；发现*NRXN1*基因、染色体3p21.1区域影响精神疾病风险，完成精神分裂症首个功能基因组学研究；解析了青藏高原家养动物（如藏獒、藏鸡、藏黄牛等）高原适应性的遗传机制；发表dog10K计划白皮书，旨在揭示家犬驯化、品种选育、行为和表型的遗传机制；发现抗菌肽ZY4可望治疗多重耐药超级细菌引起的感染；揭示了动物毒素-受体博弈机制；首次建立了猕猴着床后早期胚胎体外培养体系；阐述了KHDC3L维持人胚胎干细胞基因组稳定性的功能和突变致病机制。全年发表SCI论文317篇，其中以第一作者或通讯作者（含并列）在*Science*（4篇）、*Genome Biology*（2篇）、*Nature Communications*（7篇）等五年影响因子≥9的国际知名期刊发表论文36篇；申请专利23项，授权专利42项；“羊的进化基因组学研究”获云南省自然科学奖一等奖1项。

在新药研发与成果转移转化方面，昆明动物所与中国科学院上海药物研究所合作开发的抗艾滋病化学1.1类新药——塞拉维诺于2019年5月获得国家药监局颁发的临床试验通知书，这是我国首个获批进入临床研究的CCR5受体拮抗剂。“家犬品种的基因检测和鉴定”专有技术以作价入股的方式，合作成立“北京中科昆朋生物技术有限责任公司”（注册资本2000万），占股30.85%。截至2019年底，研究所共有6家参股的对外投资公司。

2019年，昆明动物所结合区域优势和特色定位，进一步拓展与“一带一路”沿线国家的合作，大力推进与东南亚、南亚及非洲的国际合作与交流，新增科技部国家重点研发计划战略性国际科技创新合作重点专项1项，在研的国际合作项目共13项。

昆明动物所是云南省动物学会、云南省细胞与生物学会、云南省免疫学会、云南省实验动物学会的挂靠单位；主办的SCI期刊*Zoological Research*获得首个影响因子，在Zoology领域170种期刊中排名52位，及时影响因子2.5，排名跻身领域期刊前10%。

（撰稿：黄加元　杨　茜　审稿：李心祥）

昆明植物研究所

所　　长：孙　航
地　　址：云南省昆明市蓝黑路132号
邮　　编：650201
电　　话：0871-65223009
传　　真：0871-65223094
电子信箱：kibpub@mail.kib.ac.cn
网　　址：http://www.kib.cas.cn

中国科学院昆明植物研究所（以下简称“昆明植物所”）前身是静生生物调查所和云南省教育厅于1938年7月合作成立的云南农林植物研

究所。1950年4月转属中国科学院，更名为中国科学院植物分类研究所昆明工作站。1953年3月更名为中国科学院植物研究所昆明工作站。1959年4月，经国家科委批准，正式成立中国科学院昆明植物研究所。

昆明植物所以“原本山川　极命草木”为所训，旨在认识植物、利用植物、造福于民。办所方针为立足中国西南，辐射东南亚和喜马拉雅，在植物学、植物化学及植物资源发掘、利用与保育等领域取得重要突破，为我国生态文明建设、生物多样性保护、生物资源的持续利用和产业发展做出重要贡献。

昆明植物所研究系统设置“三室一库”，即植物化学与西部植物资源持续利用国家重点实验室、中国科学院东亚植物多样性与生物地理学重点实验室、云南省野生资源植物研发重点实验室和中国西南野生生物种质资源库。设有昆明植物园和丽江高山植物园，与世界农用林业中心共建山地生态系统研究中心，与浙江省海盐县共建海盐工程技术中心，中国科学院青藏高原研究所昆明部挂靠本所。

昆明植物所设有公共技术服务中心，是中国科学院昆明生物多样性大型仪器区域中心重要组成单元；设有科技信息中心，承担中国科学院超级计算环境昆明分中心和昆明储存分中心的运维工作。植物标本馆（KUN）馆藏标本150余万份，是全国第二大植物标本馆；截至2019年底，已累计采集保存种子总量达10 285种82 746份，种数占中国种子植物总数的35.2%（＞1/3），分属230科2044属。共收集保存包括植物种子、植物离体材料、DNA、动物细胞系、微生物菌株等各类种质资源23 546种248 593份（株/条），是目前世界上两个按国际标准建立的野生生物种质资源库之一。

2019年，昆明植物所全力推进“一三五”、特色研究所和药物创新研究院西南分部建设；深入践行“一带一路”倡议，不断推动与中亚、东南亚、非洲及南美等国家的合作；全力参与推进第二次青藏科考，国家植物博物馆的咨询、研讨与规划，支撑云南筹备《生物多样性共约》第十五次缔约方大会，改革、创新和发展取得了新成绩。

截至2019年底，昆明植物所在册正式职工574人，其中科技人员375人，支撑人员126人，包括中国科学院院士3人，正高级69人、副高级120人。

昆明植物所现有生物学和药学2个一级学科博士培养点，下设植物学、生物化学与分子生物学、药物化学和药理学4个二级博士培养点和对应硕士培养点，并在生物与医药和药学2个专业型硕士培养点招生；在学研究生570人，其中博士生242人（含留学生23人），硕士生328人（含留学生9人），另有云南大学联合培养硕士生62人，陕西师范大学联合培养生20人，西北大学联合培养9人。

2019年，昆明植物所共有在研项目478项（新增160项）。其中，承担国家自然科学基金重大项目1项、重点项目4项（新增1项）、国家杰出青年科学基金项目1项、重点国际合作项目1项、NSFC-云南联合基金重点支持项目11项（新增3项），组织间国际合作研究项目4项（新增1项）、面上项目117项（新增30项）；承担国家第二次青藏高原综合科学考察研究重大专项专题项目1项（新增1项）、国家重点研发计划重点专项项目1项及课题4项（新增1项）、国家科技基础资源调查专项项目1项；作为专项牵头单位承担中国科学院战略性先导科技专项（A类）1项、作为项目承担单位参与中国科学院战略性先导科技专项（B类）1项；承担中国科学院前沿科学重点研究项目3项、承担中国科学院重大科技基础设施开放研究项目1项、承担中国科学院国际合作伙伴计划项目5项（新增1项）、中国科学院基础前沿科学研究计划从0到1原始创新项目2项（新增2项）、中国科学院科技扶贫专项项目1项（新增1项）；承担云南省生物医药重大科技专项2项（新增1项）。

2019年，昆明植物所共申请专利90件（含实用新型专利2项），授权专利44件（含实用新型专利4项）。云南省园艺植物新品种登记新增8项。获国家计算机软件著作权登记证书8件。2019年获各类奖励6项，其中以中国科学院昆明植物研究所作为第一完成单位获云南省科技进步奖一等奖1项，获云南省自然科学奖二等奖2项。以中国科学院昆明植物研究所作为第二完成单位获广西科技进步奖二等奖1项，获贵州科技进步奖一等奖1项。周俊院士获2019年吴征镒植物学奖杰出贡献奖。完成了41件商标的注册申请，注册类别含了药（第5类）、植物（第31类）、科研（42类）。

2019年，昆明植物所共发表SCI论文691篇：IF ≥ 9论文31篇，Top 5%论文58篇（其中IF ≥ 9论文19篇）；第一作者单位发表SCI论文305篇：IF ≥ 9论文16篇，Top 5%论文28篇（其中IF ≥ 9论文9篇）；共发表CSCD论文87篇；出版专著13部。

2019年，昆明植物所围绕国民经济主战场及区域发展科技需求，积极拓展合作模式，深化院地合作，共接待来访企业、院所和政府30余次，接待人数200余人次，包括12家政府部门、36家企业、15家高校院所等。努力推进科技成果转移转化，保障转让项目的顺利实施落地，年度转让到账经费2015.1万元。新增国内横向课题78项，总经费3618.84万元。

2019年，昆明植物所新增国际合作与国际人才项目18项，总经费达1412.5万元。其中，中央财政经费支持的国际合作研究项目总经费1073.4万元，境外来源经费支持的国际合作项目经费38万元，中国科学院国际人才项目经费251.1万元，国家及省外国专家局外国专家项目经费50万元。2019年，昆明植物所共派出临时因公出访176人次，接待境外学术来访221人次。新签署涉外科技合作协议4项。

2019年，昆明植物所主办期刊国际化影响力显著提升。*Fungal Diversity*影响因子达15.596，在Mycology学科领域期刊连续两年位列第一。*Plant Diversity*被SCIE数据库收录，成为研究所第二本被SCI收录的期刊，其2018年Scopus影响因子（CiteScore）为1.68，模拟JCR影响因子（2019年）为2左右。*Natural Products and Bioprospecting*被Scopus收录，模拟JCR影响因子为2.1，引用率和影响力持续提升。围绕植物学研究热点，期刊编辑部组织系列专刊，传播研究所学术积淀和领域最新成果。

（撰稿：李　雪　于富强　审稿：李宏伟）

西双版纳热带植物园

主　　任：陈　进
地　　址：云南省西双版纳州勐腊县勐仑镇
邮政编码：666303
电　　话：0691-8715071
传　　真：0691-8715070
电子信箱：office@xtbg.org.cn
网　　址：http://www.xtbg.ac.cn

中国科学院西双版纳热带植物园（以下简称“版纳植物园”）系我国著名植物学家蔡希陶教授领导下于1959年1月创建，1970年7月更名为云南省热带植物研究所。1978年3月更名为中国科学院云南热带植物研究所。1987年1月中国科学院云南热带植物研究所的植物群落室与中国科学院昆明分院生态室合并成立中国科学院昆明生态研究所，其余部分划归中国科学院昆明植物所所辖的西双版纳热带植物园。1996年9月经中央机构编制委员会办公室批准，中国科学院昆明植物所所辖的西双版纳热带植物园与中国科学院昆明生态研究所合并为独立的研究机构——中国科学院西双版纳热带植物园，沿用现名。2011年7月荣膺国家5A级旅游景区。版纳植物园是中国植物园联盟秘书处所在单位。2015年8月中国科学院东南亚生物多样性研究中心正式成立，版纳植物园作为牵头单位负责中心的组织、建设、运行和管理。2018年12月4日中国科学院2018年第13次院长办公会批准成立核心植物园特色所，版纳植物园作为牵头单位，与华南植物园、武汉植物园一起进入院四类机构序列。版纳植物园的定位是立足中国热带，面向我国西南地区和东南亚国家，开展以森林生态学、资源植物学和保护生物学为主要研究方向的科学研究、物种保存和科普教育，促进生物多样性保护和可持续发展。目前设有热带森林生态学和热带植物资源可持续利用2个院级重点实验室，西双版纳热带雨林生态系统和哀牢山森林生态系统2个国家级野外台站，综合保护中心、元江干热河谷所级野外台站、公共技术服务中心、热带植物标本馆、热带植物种质库，以及作物保护与育种基地等支撑系统。

截至2019年底，版纳植物园共有在岗职工

403 人（含项目聘用人员 51 人）。其中专业技术人员 336 人，正高级 48 人、副高级 94 人、物种保存和科普教育人员 90 人。

版纳植物园设有生态学专业一级学科博士、硕士研究生培养点，植物学专业二级学科博士、硕士研究生培养点以及生物学专业一级学科博士后流动站；共有在学研究生 342 人（博士生 130 人、硕士生 212 人），其中外籍留学生 78 人，在站博士后共计 39 人（含外籍 26 人）。

2019 年，版纳植物园共有在研项目 298 项（包括新增项目 119 项）。其中，主持国家自然科学基金委-云南省联合基金重点项目 8 项（新增 1 项）、面上项目 63 项（新增 12 项）、国家优秀青年科学基金项目 2 项（新增 2 项）、国家自然科学基金国际合作重点项目 1 项、国际合作项目 3 项（新增 1 项）、青年基金 30 项（新增 8 项）、外国青年学者基金 7 项（新增 2 项）；承担国家重点研发计划课题 1 项、子课题 2 项，专项 2 项；承担国家重大科学研究计划课题 1 项；承担中国科学院战略性先导科技专项子课题 5 项（新增 3 项）、主持院基础前沿“0 到 1”项目 1 项（新增）、承担院重点部署项目 1 项；承担院地合作项目 14 项（新增 5 项）。

2019 年，版纳植物园发表 SCI（SSCI）刊物论文 324 篇，其中属于 Q1 的论文有 164 篇，第一作者单位论文 153 篇。全年共发表 28 个植物新种，占全国当年发表新种数量的 10% 以上；“植物化石为青藏高原形成过程提供新证据”入选 2019 年度中国古生物学十大进展。

2019 年，版纳植物园共有 4 项成果获得云南省科学技术奖，其中独立完成的“WRKY 蛋白通过激素途径调控植物抗性建成的分子机制”获得云南省自然科学奖一等奖、“云南植物区系的起源与演化研究”获得云南省自然科学奖三等奖。共有 5 件国家发明专利获得授权，1 项发明专利通过中国科学院知识产权运营管理中心的专利拍卖活动成功转让；1 项实用新型专利与企业签订实施许可合同。1 件软件著作权获得登记，中科西陆 2 号获海南省主要农作物品种审定。

2019 年，版纳植物园组织举办 66 场学术报告会，先后邀请了来自 15 个国家和地区的 66 位国内外著名专家做报告。全年国外来园进行学术交流 135 人次，赴国外参加学术会议、合作研究、引种考察等共 84 批次、169 人次。

2019 年，中国科学院东南亚生物多样性中心先后组织 9 次中缅、中老野外联合科考。截至 2019 年底，共发表动植物新类群 647 个，为东南亚国家培训科技人才近 300 人次，依托东南亚中心平台招收硕士和博士研究生 91 名。

2019 年，中国植物园联盟迁地保护植物大数据平台建设初步完成；《中国植物园标准体系：界定标准、技术规范、绩效评价与认证体系》正式出版；联盟新一届理事会成立，对《章程》和组织架构进行调整；组织开展“3+X”系列培训，累计参加学员 168 人。

2019 年，版纳植物园持续开展植物引种、保育和研究等工作，引种植物科学数据管理规范，年内共引种 2041 种号，植物引种与保育数据库新增数据 39 909 条。通过人工授粉方式首次获得稀有植物寄生花的 38 907 种子，成为中国首个、世界上第二个获得寄生花种子的植物园。

2019 年，版纳植物园借建园 60 周年之机，改造提升园史馆，新建蔡希陶纪念馆，启用环境教育中心。年内先后组织自然之兰、赏莲月等主题植物展和热带雨林文化巡展，以及第四届罗梭江科学教育论坛、第四届西双版纳州青少年自然笔记大赛、第四届青年科学节、科学探究冬夏令营等系列品牌科普活动。面向国内外开展高级生态学及保护生物学野外培训班等各类培训 20 余次。2019 年度科学传播工作在全院综合排名第六，位列中国科学院系统植物园首位，在中国科学院国际科学传播综合得分排名第三。年内荣获“国家生态环境科普基地”荣誉称号，共吸引国内外游客 87.33 万人。

版纳植物园是云南省生态学会挂靠单位。

（撰稿：玉最东　杨　振　审稿：胡华斌）

地球化学研究所

所　　长：冯新斌（副所长，主持工作）
地　　址：贵州省贵阳市观山湖区林城西路 99 号
邮政编码：550081
电　　话：0851-85891217
传　　真：0851-85895095
电子信箱：bgs@vip.gyig.ac.cn
网　　址：http://www.gyig.ac.cn

中国科学院地球化学研究所（以下简称“地化所”）成立于1966年2月，主体由中国科学院地质研究所的相关人员从北京搬迁至贵阳组建。

2019年，地化所继续加强基础研究、注重原始创新、增强竞争力和可持续发展能力；加强应用和集成创新研究，形成“基础研究-技术研发-成果示范”为一体的创新价值链，提升解决国家和地方重大需求问题的能力，围绕“三重大”成果产出布局各项工作。力争在元素超常富集规律与深部资源预测、石漠化和重金属污染机制与治理示范、地球内部物质与月球早期演化3个方面取得重大突破；重点培育地球化学基础理论——方法和技术、下一代战略性矿产资源成矿规律、矿产资源高效清洁利用、环境变化过程与记录、高原河湖库水环境与调控5个方向。实现了以PI制为主体的科研组织形式向以解决资源环境领域重大科技问题为主线的团队科研组织形式的转变；建立了以重大成果产出为目标的科技评价体系。

地化所现有矿床地球化学国家重点实验室、环境地球化学国家重点实验室、中国科学院地球内部物质高温高压重点实验室、月球与行星科学研究中心和矿产资源综合利用工程技术研究中心5个研究机构，拥有中国生态系统研究网络（CERN）普定喀斯特生态系统观测研究站和所级红枫湖湖泊生态系统观测研究站2个野外台站。

截至2019年底，地化所共有在职职工（含项目聘用人员）387人 。其中科技人员178人、科技支撑人员140人，包括中国科学院院士2人、研究员及正高级工程技术人员92人、副研究员及高级工程技术人员128人；全所进入创新研究院101人。

地化所是国务院学位委员会批准的首批博士、硕士学位授予权单位之一，现设有地球物理学、地质学、环境科学与工程3个专业一级学科博士、硕士研究生培养点，以及地质工程、环境工程2个全日制专业学位学科硕士研究生培养点，并设有地质学、环境科学与工程2个博士后流动站；共有在学研究生383人（其中硕士生178人、博士生205人），在站博士后40人（外籍3人）。

2019年，地化所共有在研项目619项（新增项目114项），其中国家基金重大和重点项目11项，院战略先导专项课题2项，中国科学院重点项目2项，扶贫项目2项，重点研发项目1项、课题15项，国家自然科学基金面上项目150项，国际合作项目5项等。新增科研项目除包括创新群体在内的国家自然科学基金项目31项外，还有重点实验室运维2项；中国科学院B类先导专项1项；中国科学院人才项目16项；中国科学院项目10项（其中包括仪器采购3项）；其他科研机构委托23项；横向项目13项；地方政府项目18项，重点研发项目课题1项。

2019年，地化所共发表论文435篇，其中SCI论文250篇，CSCD论文及其他185篇；登记软件著作权4项，获授权发明专利26项，实用新型16项。

2019年，地化所围绕“一三五”规划的重大科技问题集中攻关，取得重要研究进展。元素超常富集规律与找矿预测方面进展如下。① 通过对峨眉山大火成岩省超大规模Fe-Ti-V成矿作用的系统研究，揭示了Fe-Ti-V超常富集的关键因素，提出大火成岩省中的岩浆通道是超大型Fe-Ti-V矿床的勘探目标。② 以水银洞金矿为例，开展了卡林型金矿立体地球化学探测试验示范研究，建立了深部隐伏Au矿体和地表地球化学特征的耦合关系。③ 揭示碳酸岩浆演化是导致白云鄂博稀土矿床稀土巨量富集的内在控制因素；确立了秦岭稀土成矿异常区稀土矿化的时空格架、成矿背景及其成矿属性，为该区稀土成矿潜力评价提供依据。④ 阐明了扬子板块西缘稀散金属超常富集的地球化学背景，新确定了“碳酸盐粘土型锂-镓矿床”新类型，碳酸盐粘土型锂矿找矿取得重大突破。其中，“西南地区三稀金属超常富集理论与应用”获贵州省自然科学奖一等奖，“贵州省贞丰县水银洞金矿外围详查”获国土资源科学技术奖二等奖。

石漠化和重金属污染过程和治理技术方面进展如下。① 在喀斯特石漠化治理领域，发现“生物碳泵”效应，提出了耦合水生光合作用的碳酸盐岩风化碳汇新模式；创建了石漠化三种经典演变方式，改进了适合于喀斯特的土壤侵蚀预报模型，解决了喀斯特侵蚀高估问题；研发了石漠化治理系列技术，创建了不同地貌单元的石漠化治理新范式，在贵州得到推广和应用。② 重金属污染治理领域，以汞同位素新方法开发及应用为基础，系统解析了我国大气汞来源、地气交换和大气汞传输过程以及汞的生物富集机制；以重金属区域全过程迁移行为为目标，从“点”上的重金属微观尺度形态结构转变，到“面”上的复杂土壤条件下金属元素区域性迁移，最后到“效应”的植物吸收转运重金属生理机制，形成土壤重金属区域性行为及其环境效应的系统性成果。研究成果为地表环境重金属污染控制，尤其是西南地区国家土壤污染防治行动计划铜仁先行区建设提供了科技支撑。

地球内部物质和行星科学方面进展如下。① 在不同温度和压力下，获得了地壳与上地幔的一系列重要矿物及岩石的物质传输特性和一系列重要矿物的状态方程，为地球内部物质的组成、结构构造及过程的地球物理和地质地球化学反演提供了重要支撑。② 在不同温度、压力和水流体组成条件下开展了一系列金属硫化物的腐蚀电化学实验研究，所获结果为相关矿产资源的形成机制研究、找矿标志提取、高温湿法冶金工艺设计以及矿山环境污染治理提供了重要约束。③在高温高压下实验获得了铁-磷二元体系相图及磷化铁矿物的电导率，为正确认识磷在类地行星深部铁核的赋存形式、含量及其对铁核的物理化学环境的影响提供了重要证据。④完成 1∶250 万月球地质图初步编制，达国际领先水平。

2019 年，地化所作为中国科学院水城县定点扶贫责任单位，在院科发局和昆明分院领导下，联合中国科学院 11 个研究所和 1 家院属企业，充分发挥综合科技优势，开展了 13 个科技扶贫示范项目，以产业扶贫为重点，解决产业发展关键瓶颈问题，努力提升贫困县的“造血”功能，科技助推精准扶贫展示很好效果，脱贫成效十分突出。水城县于 2020 年 1 月通过第三方评估脱贫摘帽退出贫困县。

加强实验技术平台建设，注重仪器设备的统筹规划和高效利用，提高仪器设备研制和功能开发能力。在已有技术平台的基础上，加强有特色的分析测试和实验模拟平台的建设。完成了“地球科学研究院”筹建阶段的各项既定目标。积极参与国家科创中心中六大科学中心之一的地球科学中心的建设。积极参与第四纪科学与全球变化卓越创新中心、比较行星学卓越创新中心的建设工作。加强普定喀斯特生态系统观测研究站和红枫湖湖泊生态系统观测研究站建设，提升野外台站服务生态文明建设的效率与效益。

2019 年，地化所积极推进国际科技合作与交流，全年因公出访 75 人次，邀请来访 41 人次。举办了“第八届国际医学地质会议”、“低温成矿作用国际学术研讨会”、“国际岩浆有关矿床：新方法与进展”等国际学术会议。

地化所是中国矿物岩石地球化学学会的挂靠单位，主办有 *Chinese Journal of Geochemistry*、《矿物学报》、《矿物岩石地球化学通报》和《地球与环境》4 种学术刊物。

（撰稿：黄万才　陈娟弘　审稿：陈敬安）

西安光学精密机械研究所

副 所 长：马彩文（法人代表）
地　　址：陕西省西安高新区新型工业园信息大道 17 号
邮政编码：710119
电　　话：029-88887711；029-88887717
传　　真：029-88887711
电子信箱：office@opt.ac.cn
网　　址：http://www.opt.ac.cn

中国科学院西安光学精密机械研究所（以下简称“西安光机所”）于 1962 年 3 月由中国科学院所属原子能研究所大部、陕西分院光学研究所、机械研究所、自动化研究所合并组建而成。

西安光机所研究领域包括空间光学、光电工程、基础光学，主要研究方向有高分辨可见光空间信息获取和光学遥感技术研究、干涉光谱成像理论与技术研究、高速光电信息获取与处理技术研究、先进光学仪器与海洋光学、瞬态光学与光子学理论与技术研究。

西安光机所现有瞬态光学与光子技术国

家重点实验室、中国科学院超快诊断技术（国防）重点实验室、中国科学院光谱成像技术重点实验室、中国科学院空间精密测量技术国防科技创新重点实验室（2019 年获批）。分支机构 8 个：高光谱海事遥感联合实验室、海洋光学联合实验室、光谱图像现场勘探技术联合实验室、陕西军民融合创新研究院、陕西光电子集成电路先导技术研究院、威海光电子基地、深圳市协同人工智能和先进制造研究院、陕西省先进光学技术国际联合研究中心，均实质性运行。

2019 年，西安光机所成功申请并召开香山科学会议论证阿秒光源大科学装置，联合多个高校、科研机构筹措资金 8000 万元（西安光机所 4000 万元），核心骨干及团队已到位启动预研，原型装置拟建设在中国科学院西安科学园内。“十三五”国家科教基础设施项目（飞秒激光精密智造装备研究与可靠性分析测试平台）已开工建设。投入近 3 亿元经费大力度扩展 / 夯实科研条件保障能力：启动空天领域元器件储备计划，经费体量 1 亿元；启动大口径光学制造、激光通信载荷装调测试、等离子学科、原子精密制造等平台建设；组建电装中心等。

2019 年，西安光机所顺利完成新一届党委、纪委换届，完成所属党支部设置调整与换届。新一届领导班子通过改革科研体系与科研组织模式、加大人才培育力度、建立系统激励机制等系列创新举措，凝聚力量、增强信心；启动基础领域能力提升计划，投入千万量级经费；组建了核心探测器、中红外光纤材料与器件研究团队，投入专项经费聚焦解决“卡脖子”问题；给予四大研究部更大的人财物职权，管理思路及措施与科研实际结合更加紧密；各研究部为所级学科发展、人才发展规划的全局部署提供决策支撑；优化职称评审流程，突出“代表作”制度，实现了从评“劳模”向评“标兵”的转变；集中出台 20 余项人才人事制度政策。

截至 2019 年底，西安光机所共有在职职工 927 人。其中科技人员 673 人、科技支撑人员 134 人，研究员及正高级工程技术人员 125 人、副研究员及高级工程技术人员 239 人。

西安光机所是 1981 年国务院学位委员会批准的博士、硕士学位授予权单位之一，现设有物理学、光学工程、电子科学与技术，信息与通信工程等 7 个专业一级学科博士研究生培养点，材料物理与化学、控制理论与控制工程、电子信息、材料工程 4 个专业二级学科硕士研究生培养点，并设有物理学、光学工程 2 个专业一级学科博士后流动站；共有在学研究生 537 人（其中硕士生 253 人、博士生 284 人），在站博士后 21 人。

2019 年，西安光机所总收入与科研合同额均创新高。总收入首次突破 10 亿，达到 11.9 亿元；科研合同额 9.7 亿元。在研项目共 902 项（新增 436 项）。其中，主持（或承担）国家自然科学基金重点项目 6 项（新增 1 项）、面上项目 22 项（新增 4 项）、国家杰出青年科学基金项目 2 项（新增 1 项）、国家自然科学基金重大研究计划重点项目 2 项；主持或承担国家重大科技专项 20 项（新增 12 项）；主持或承担国家重点研发计划 29 项（新增 1 项）；主持或承担基地和人才专项 15 项（新增 10 项）；主持（或承担）（科技部、国家自然科学基金委、财政部和中国科学院）重大仪器研制项目 6 项；主持（或承担）中国科学院战略性先导科技专项课题 17 项（新增 5 项）；主持（或承担）中国科学院重点部署项目 5 项（新增 2 项）、主持（或承担）中国科学院“弘光专项”项目 2 项（新增 1 项）；承担中国科学院科技服务网络计划（STS 计划）项目 3 项（新增 3 项）。

2019 年，西安光机所组织“十三五”一三五规划中期自评估，系统梳理了各突破与培育方向进展、预期成果产出等情况，三个突破方向均依托承担的国家重大任务取得重要突破，突破高效能高光谱成像多项技术，完成工程样机及地面验证，为星载工程立项奠定基础；“超快激光微加工装备及应用”成果获中国科学院科技促进成果转化奖，入选国家“改革开放四十周年成果展”。六个培育方向依据科研进展再次加大投入。CE-5 全景相机、CE-5 远摄像机，HJ-2 卫星高光谱成像仪，火星探测巡视器多光谱相机等完成研制并顺利交付；DH 专项参数测量与物理参数诊断系统工程设计取得重要进展；中法合作 SVOM 天文卫星 VT 分系统完成鉴定产品交付，各项指标达到任务书要求；“微纳卫星空天DMB星座技术研究”项目，获国家立项支持，首次成为卫星研制总体单位。全年发表SCI论文366篇（历年最高），ESI高水平论文5篇，热点论文2篇，JCR一区论文143篇，二区论文68篇，*Nature*子刊5篇（首次有非外籍的科研人员论文入选2篇），出版阿秒脉冲测量技术专著。申请专利418件，授权专利225件；软件著作权申请18件，登记19件；国际专利申请2件。获军队自主可控专项奖二等奖、军队前沿创新奖二等奖各一项；获中国光学工程学会科技进步奖一等奖（全海深高清相机）。

西安光机所坚持“西光模式”促进科技成果转化与产业孵化培育，服务国民经济发展。与中国科学院控股有限公司及社会资本联合启动股权多元化改革。与西安高新区签署战略框架协议，推进一体化融合发展。发挥科技智库功能，积极为国家、地方经济发展建言献策，《“研究所+天使基金+创新平台+产业集群”生态体系建设报告》被选为国家首批“军民融合典型案例”（陕西共两例）。累计培育孵化“硬科技”企业328家（2019年新增48家），创造就业岗位过万，上缴税金超2.5亿元。

2019年，西安光机所国际交流出访60人次，来访38人次；承办第八次HERD国际会议；与白俄物理所、信息所、传热传质所签署三项框架协议；与土耳其科学院签署战略合作协议；与土耳其BILGEM中心实验室签署合作备忘录；与日本理化学研究所签署合作协议；成功申请到2020年度留学基金委特别交流计划项目（三年共15个名额）。

西安光机所是中国光学学会所属高速摄影与光子学专业委员会、纤维光学和集成光学专业委员会、陕西省光学学会的挂靠单位；编辑出版国家一级学术期刊《光子学报》；2019年申请创办*Ultrafast Science*英文期刊获得通过，以刊发物质微观体系物理、化学或生物过程等超快变化现象前沿研究成果与进展为主要内容，入选中国科技期刊卓越行动计划“高起点新刊”类项目。

（撰稿：刘明明　张岗峰　审稿：马彩文）

国家授时中心

主　　任： 张首刚

地　　址： 陕西省西安市临潼区书院东路3号

邮政编码： 710600

电　　话： 029-83890326

传　　真： 029-83890196

电子信箱： office@ntsc.ac.cn

网　　址： http://www.ntsc.ac.cn

中国科学院国家授时中心（以下简称“国家授时中心”）成立于1966年，当时命名为中国科学院陕西天文台，2001年3月27日，经中央机构编制委员会办公室批准改为现名。

国家授时中心是开展时间频率科学研究、时频高技术研发、时间服务和卫星导航技术研发的研究所，承担着我国标准时间频率的产生、保持和发播任务。科研工作定位：坚持三个面向，立足时间频率与卫星导航领域，围绕国家PNT（定位、导航与授时）体系建设的重大任务需求和国家授时服务需求，在基础交叉前沿和光电空间两个研发领域，着力开展时间基准保持技术、量子频标、守时理论与方法、时间频率测量与传递、授时方法与技术、卫星精密测定轨、导航定位、用户终端的基础应用研究、技术攻关、系统集成及应用开发与服务，发展成为特色鲜明的先进科研机构。

2019年，国家授时中心紧紧围绕创新型国家和世界科技强国建设目标和院“四个率先”的要求，面向时频和导航科技前沿，发挥技术积累和人才优势，进一步提升“授时中心”品牌影响，推动“一三五”重点目标的实施，在全面总结“十三五”时期经验和问题的基础上，做好“十四五”前期规划。承担的载人航天专项空间站时频系统、国家重大科技基础设施——高精度地基授时系统、国家时间频率体系示范工程、卫星导航重大专项转发式卫星导航试验系统等多项国家重大任务取得阶段性成果；在进行体制机制改革和完善的同时建立战略规划机制，加大人才引进和培养力度，进一步完善“分类考核，绩效激励”制度，完善科研管理体制。国家授时中心西安科学园区以及与多地的地方政府开展的建设与合作取得实质性进展。

国家授时中心是中国科学院时间频率基准重点实验室和精密导航定位与定时技术重点实验室的依托单位。主要研究单元有量子频标研究室、守时理论与方法研究室、高精度时间传递与精密测定轨研究室、时间频率测量与控制研究室、授时方法与技术研究室、时间用户系统研究室、导航与通信研究室、时间频率基准实验室；主要下属单位有中国科学院国家授时中心授时部、西安场区、昊平观测站、商丘低频时码发播台、封开低频时码授时台；国家授时中心与成都天奥电子股份有限公司原子钟联合实验室、与西安电子科技大学安全授时服务联合实验室。

国家授时中心所拥有的长短波授时系统是国家不可或缺的基础性技术工程和社会公益设施，被列为由财政部专项运行维护费支持的国家重大科技基础设施之一。短波授时台（BPM），每天 24 小时连续不断地以 4 个频率交替发播标准时频信号，覆盖半径超过 3000 千米，授时精度毫秒量级；长波授时台（BPL），每天 24 小时发播高精度长波时频信号，覆盖我国中部大部分地区和近海海域，授时精度为微秒量级。

截至 2019 年底，国家授时中心有在职职工 459 人，其中科技人员 315 人、科技支撑人员 101 人，管理人员 43 人，科技人员包括：研究员及正高级工程技术人员 37 人、副研究员及高级工程技术人员 87 人。

国家授时中心是 1982 年国务院学位委员会批准的博士、硕士学位授予权单位之一；现有天体测量与天体力学、测试计量技术及仪器、通信与信息系统 3 个专业二级学科博士研究生培养点，天体测量与天体力学、测试计量技术及仪器、通信与信息系统、精密测量物理、电子与通信工程 5 个专业二级学科硕士研究生培养点，设有 1 个天文学专业一级学科博士后流动站；在学研究生 138 人（其中，硕士生 91 人、博士生 47 人），在站博士后 2 人。

2019 年，授时中心争取和承担的主要项目有 130 余项，其中承担国家自然科学基金 28 项；中国科学院国防创新基金 1 项；中国科学院前沿科学重点研究项目 5 项；陕西省科技计划项目 11 项；西部之光人才项目 37 项（新增 12 项）；大科学装置维修改造项目 3 项；修缮购置专项 2 项；院装备研制 1 项；军口项目 57 项。承担国家自然科学基金委重大科研仪器研制项目“新一代时间频率系统”通过国家自然科学基金委员会信息科学部组织的结题验收。

国家标准时间 UTC（NTSC）继续保持国际先进水平，UTC（NTSC）与协调世界时（UTC）的偏差小于 5 纳秒，是北斗卫星导航系统、长河二号系统等系统的溯源基准；对国际原子时 TAI 计算贡献 7.6% 权重，排在全球守时实验室的第 3 位，是全球最重要的守时单元之一。低频时码授时台全年发播 7537 小时，计算机网络授时服务器访问量每秒 350 余次；时间科学馆作为“中国十大科技旅游基地”全年累计接待万余人次；举办“中国古代导航展”走进联合国。

2019 年，国家授时中心共发表学术论文 148 篇，专著 3 部，申请专利 40 项，授权专利 30 项（其中发明 18 项，实用新型 12 项），软件著作权登记 104 件。

2019 年，国家授时中心大力推进科研成果转移转化，开展与企业的战略合作，成立了西安中科时空科技有限公司、授时中心国有经营性资产监管委员会、中科时空全资资产管理公司。现有控股企业骊天物业发展有限责任公司；参股企业西安爱乐电子科技有限责任公司，西安可信时间认证服务有限公司。

2019 年，国家授时中心积极开展国际学术交流与合作研究，作为国际电信联盟无线电通信研究组第七工作组国内对口组长单位（ITU-R/WP7A），代表我国政府参与国际时间频率协调工作；参加国际原子时计算，与国际权度局建立长期的科技合作关系；与俄罗斯开展多项技术合作研究，共同推进联合实验室建设与 GNSS 时间互操作；搭建北斗“一带一路”高精度位置与时间公共服务平台，促进北斗国际化应用，推动北斗可持续发展；申办 2020 年“第九届冷原子物理国际研讨会”。2019 年参加各类国际学术活动 57 人次，全年出访 98 人次，国外专家来访 234 人次。

国家授时中心是国际电信联盟（ITU）科学业务组 ITU-R7A 国内对口工作组单位、北斗导航国际合作研究中心副主任单位、中国天文学会时间专业委员会负责单位、中国 GPS 技术应用协会授时与时间专业委员会负责单位、陕西省天文学会的挂靠单位、中国卫星导航定位协会常务理事单位；编辑出版刊物有《时间频率学报》、《时间频率公报》。

（撰稿：郐维国 赵海成 审稿：李孝辉）

地球环境研究所

所　　长：刘　禹
地　　址：陕西省西安市雁塔区雁翔路 97 号
邮政编码：710061
电　　话：029-62336270
传　　真：029-62336234
电子信箱：baijie@ieecas.cn
网　　址：http://www.ieecas.cn

中国科学院地球环境研究所（以下简称“地球环境所”）成立于 1999 年，是在 1985 年建立的中国科学院黄土与第四纪地质研究室基础上升格而成的。

地球环境所瞄准国际地学前沿和国家重大需求，以黄土-粉尘-气溶胶为纽带，开展环境变化的过程、规律、机制、趋势与可持续性研究，在国际地球环境科学前沿做出创新性科学贡献，为经济社会可持续发展及生态环境建设提供前瞻性战略建议，将研究所建设成为国际一流的地球环境变化科学研究中心和高水平人才培养基地。

截至 2019 年底，地球环境研究所共有在职职工 118 人。其中科技人员 72 人、科技支撑人员 34 人，包括中国科学院院士 1 人、发展中国家科学院院士 1 人、研究员及正高级工程技术人员 35 人、副研究员及高级工程技术人员 34 人。

地球环境所拥有黄土与第四纪地质国家重点实验室、中国科学院气溶胶化学与物理重点实验室、陕西省加速器质谱技术及应用重点实验室、陕西省大气污染与雾霾防治重点实验室（筹）；有中瑞树轮、中美加速器质谱和中美气溶胶 3 个中外联合研究中心，依托建设了“地球环境国际联合研究中心”国家级国际合作基地；下设“一带一路”气候环境变化研究中心，关中平原生态环境变化与综合治理野外科学观测研究站和黄土高原地球关键带与地表通量野外观测研究站（两站于 2019 年 10 月入选中国科学院院级野外台站）。研究所所级公共技术服务中心继 2018 年后，再次在科技部 2019 年中央级高等学校和科研院所等单位科研设施与仪器开放共享评价考核中获优秀。2019 年入选科技部创新人才推进计划创新人才培养示范基地。

地球环境研究所是 1990 年国务院学位委员会批准硕士学位授予单位、1994 年国务院学位委员会批准博士学位授予单位之一。现设有地质学、环境科学与工程 2 个一级学科博士研究生培养点，同时设有地质学、环境科学与工程 2 个一级学科硕士研究生培养点，以及资源与环境 1 个二级学科专业学位硕士研究生培养点，并设有地质学专业一级学科博士后流动站；共有在学研究生 141 人（其中硕士生 59 人、博士生 82 人），在站博士后 11 人。

2019 年，地球环境所积极参与“率先行动计划”，认真推进“十三五”规划的实施，保障各项改革举措的落实，促进重大成果产出。中国科学院第四纪科学与全球变化卓越创新中心完成中心核心骨干和骨干人员的遴选，并召开卓越中心咨询委员会第一次会议。中国科学院战略性先导科技专项（B 类）亚太多尺度气候环境变化动力学获得预研支持。

2019 年，地球环境所共有在研项目 190 余项（包括新增项目 90 项）。其中，主持国家自然科学基金重大项目 1 项（新增 1 项）、重大项目课题 6 项（新增 4 项）、重点项目 5 项（新增 2 项）、国家杰出青年科学基金项目 3 项（新增 1 项）、重大研究计划重点项目 1 项、联合基金项目 1 项（新增 1 项）、国家优秀青年科学基金 2 项、重点国际合作 4 项；面上和青年基金项目 69 项（新增 11 项）；主持国家重点研发专项项目 3 项（课题 10 项）、国家科技基础性工作专项 1 项；承担环境保护部大气攻关项目 1 项；主持中国科学院先导科技专项（B 类）预研项目 1 项（新增），承担 A 类先导专项课题 1 项、主持院重点部署项目 5 项、前沿科学重点研究项目 6 项、“从 0 到 1”项目 2 项（新增 2 项）、西部之光交叉团队项目 3 项（新增 2 项）和“一带一路”团队项目 1 项（新增）、国际大科学计划项目 1 项、重点国际合作项目 1 项、“一带一路”

科技合作专项1项；积极争取地方项目，主持陕西省基础研究定向委托项目1项（新增1项）、杰青项目2项（新增1项）、重点项目1项（新增1项）、国际合作重点项目1项（新增）、重点产业链项目3项；承担西安市等地方项目5项（新增2项）。

2019年，地球环境所发表研究论文431篇，其中SCI收录358篇（第一著作单位110篇），包括在*Nature*及子刊、*Science*子刊、*PNAS*上发表11篇。授权发明专利2项，实用新型专利2项。

2019年，地球环境所取得系列原创性科学成果。孙有斌研究员团队提出了“中更新世气候转型多样性表现”的新概念，强调了冰盖消长和温室气体浓度变化会改变地球气候系统尤其是低纬水文循环对外部强迫的响应，为理解过去季风变化机理和预测未来气候变化趋势提供了新视角。该项研究成果发表在*Nature Communications*上。安芷生院士领衔的研究团队，在*PNAS*在线发表我国北方重霾形成机制的重要综述论文，从排放源、灰霾形成、发展和消散过程中的化学物理机制，以及与气象和气候的相互作用角度，率先指出人为排放与大气过程之间的相互协同效应是重霾形成和发展的关键，初步厘清了我国北方重霾成因研究思路和今后研究重点，对改善灰霾污染预警预测，制定合理有效的减排政策，提高公众环境保护意识均有重要意义。

2019年，地球环境所全年出访43个团组94人次，来访77个团组151人次（含港澳台）。捷克科学院核物理研究所访问地化所并签署合作备忘录，开展了乌兹别克斯坦科学考察，与乌方地质与地球物理所签署合作协议；成功举办“一带一路”水环境可持续发展国际培训班，组织多次国际学术研讨会和“第十六届海峡两岸气溶胶技术研讨会”。获得2026年第十二届国际气溶胶会议主办权，这是该系列会议首次在中国举办。获评中国科学院因公临时出国(境)管理先进单位称号。安芷生院士获2019年度陕西省最高科学技术奖，周卫健院士获2019年度何梁何利基金科学与技术进步奖，谭亮成研究员获第六届刘东生杰出青年奖。

（撰稿：白　洁　于学峰　审稿：孙有斌）

近代物理研究所

所　　长：徐瑚珊
地　　址：甘肃省兰州市城关区南昌路509号
邮政编码：730000
电　　话：0931-4969220
传　　真：0931-4969800
电子信箱：office@impcas.ac.cn
网　　址：http://www.imp.cas.cn

中国科学院近代物理研究所（以下简称“近代物理所”）是根据1956年周恩来总理指示设立的原子核科学研究基地，前身为1957年成立的中国科学院兰州物理研究室，1962年正式使用现名。

近代物理所是一个依托大科学装置，开展重离子科学与技术、加速器驱动的先进核能系统研究的基地型研究所。战略定位是建成国际一流的重离子科学与技术、加速器驱动的先进核能技术研究基地。主要研究方向有：原子核物理、原子分子物理、放射生物学、核材料与工艺技术、乏燃料后处理技术、核技术相关材料科学、粒子加速器研究等。

近代物理所建有兰州重离子加速器国家实验室、甘肃省同位素实验室、甘肃省重离子束辐射医学应用基础重点实验室、甘肃省空间辐射生物学重点实验室、甘肃省重离子创新中心、中国科学院重离子束辐射生物医学重点实验室、中国科学院高精度核谱学重点实验室、中国科学院离子加速器及质量检验检测工程实验室等，并作为共建单位成立所级公共技术服务中心，纳入兰州资源环境科学大型仪器区域中心管理。除重离子加速器及其配套终端外，还拥有320kV高电荷态综合研究平台、大功率电子加速器等重要科研设施及装置。研究所设置有11个研究中心。

近代物理所是1978年国务院学位委员会批准的博士、硕士学位授予权单位之一。现设有物理学、核科学与技术2个一级学科博士研究生培养点，生物物理学二级学科博士研究生培养点，材料工程、控制工程、核能与核技术工程、生物工程4个专业学位硕士培养点；并设有物理学、核科学与技术 2 个专业一级学科博士后流动站。共有在学研究生 420 人（其中硕士生 167 人、博士生 249 人、留学生 4 人），在站博士后 32 人。

2019 年，近代物理所共有在研项目 532 项（包括新增项目 151 项）。其中，主持国家自然科学基金重点项目 4 项、面上项目 58 项（新增 11 项）、国家杰出青年科学基金项目 2 项、国家优秀青年科学基金项目 1 项，国家重大科学仪器研制项目 1 项，国家自然科学基金重大项目课题 3 项，国家自然科学青年基金 53 项（新增 12 项）；国家自然科学基金大科学装置联合基金项目 23 项（新增 5 项），国际（地区）合作与交流项目 2 项（新增 1 项）；国家自然科学基金专项项目 1 项（新增 1 项）；国家自然科学基金应急项目 2 项（新增 2 项）；主持或承担国家重点研发计划项目 4 项(新增 1 项)、课题 3 项(新增 2 项)，承担中国科学院战略性先导科技专项（B 类）1 项（新增 1 项），A 类先导专项子课题 1 项，B 类先导专项子课题 1 项，主持院“弘光工程”1 项，主持院前沿科学重点研究计划 10 项（新增 3 项），承担重点国际合作项目 8 项（新增 1 项）;承担西部之光项目 43 项（新增 10 项），承担修购项目（仪器设备类）7 项（新增 2 项），科研仪器设备研制项目 5 项（新增 2 项）。甘肃省科技重大专项计划 2 项（新增 1 项）。

2019 年，近代物理所科研工作取得一批重要成果。在重离子科学基础前沿研究方面，主要有：首次观测到新核素 ^{220}Np 并给出了 N = 126 壳效应在 Np 同位素中仍然存在的实验证据；在 Z ≥ 83 的奇 Z 核区，首次将丰质子核素的质子滴线位置扩展到了 Z = 93 的同位素中；在缺中子核素 ^{101}In 中首次观测到同核异能态，首次精确测量了 ^{101}In 中 1/2- 同核异能态和基态的质量；基于基矢光前量子化方法，得到了 π 介子和 K 介子的部分子分布函数，可能是理解介子的夸克成分上的突破。在大科学装置研究方面主要有：深入开展加速器驱动的先进核能系统（ADANES）关键技术研究和原理验证，进一步优化加速器驱动嬗变研究装置（CiADS）的加速器、散裂靶、反应堆设计方案，超导质子直线加速器实现了百小时高功率稳定供束，连续波流强达到 2.3 毫安；强流重离子加速器装置（HIAF）项目正式开工建设。2019 年，兰州重离子加速器（HIRFL）实际运行 7392 小时，供束时间 5312 小时，为各类实验提供 25 种重离子束流，完成 159 项用户实验。国内首台连续波高电荷态强流重离子直线加速器（SSC-Linac）与分离扇回旋加速器（SSC）实现联调供束，首次成功引出了 5.98MeV/u 的 $^{40}Ar^{7+}$ 离子束流，使 HIRFL 进入多注入器供束的新时代。

2019 年，近代物理所共获得 2 项省部级奖励，1 项学会奖励。以第一单位发表论文 280 篇，其中 SCI 文章 225 篇，一区文章 18 篇。2019 年近代物理所有效专利为 245 项，其中发明 188 项；新增申请专利 103 项，其中发明 95 项；新增授权专利 32 项，其中授权发明专利 21 项（包括 2 项 PCT 国外授权专利）。新增软件著作权登记 8 项。

2019 年，近代物理所积极推进重离子辐照和加速器技术的转化工作。医用重离子加速器产业化项目“弘光工程”一期通过阶段评估；武威示范装置圆满完成 46 例受试者临床试验和随访，获批国内首台国产自主知识产权第三类医疗器械产品注册证和配置许可证。获得油葵新品种‘近葵 1 号’登记证书并示范种植 1000 亩；合作获得青蒿新品种‘科蒿 1 号’新品种证书，完成青蒿素规模化绿色生产新工艺研发。位于兰州新区的大科学装置科技创新园和装备制造产业基地已开工建设，建成后可形成加速器装置的专业生产及检测能力。完成了兰州重离子微孔膜产业创新平台建设和惠州市科近离子膜材料研究院的注册成立，满足重离子微孔膜产业化研发需求。2019 年，所控、参股公司实现销售收入 8769.66 万元，约 180 人从事科技开发工作。

2019 年，近代物理所职工出国（境）参加国际会议、访问以及合作研究 406 人次，接待来访和合作外籍专家 332 人次。在研究所进行长、短期科技合作和学术交流工作的外国专家达 163 人次。执行中国科学院“国际人才项目”11 项；执行 3 项高端外国专家项目。分别与欧洲 CERN、俄罗斯 JINR 和 FLN、日本 CNS、白俄罗斯 NAS 签订了合作备忘录。获得中国科学院美国能源部合作项目 1 项，中国科学院 - 台湾工研院合作项目 1 项。

近代物理所是甘肃省物理学会、甘肃省核学会的挂靠单位；编辑出版《原子核物理评论》、《高能物理与核物理》的核物理部分及《中国科学院近代物理研究所和兰州重离子加速器国家实验室年报》（英文版）。

（撰稿：尹经敏　赵晓艳　审稿：徐瑚珊）

兰州化学物理研究所

所　　长：王齐华

地　　址：甘肃省兰州市天水中路 18 号

邮政编码：730000

电　　话：0931-4968009；0931-4968026

传　　真：0931-4968019

电子信箱：office@licp.cas.cn

网　　址：http://www.licp.cas.cn

中国科学院兰州化学物理研究所（以下简称“兰州化物所”）建于 1958 年 6 月，其前身是中国科学院石油研究所兰州分所，1962 年 6 月启用现名。

兰州化物所战略定位是西部资源与能源化学和新材料高技术创新研究基地，主要开展资源与能源、新材料、生态与健康等领域的基础研究、应用研究和战略高技术研究，力争将研究所建成特色鲜明，国际上有重要影响、国内不可替代并具有可持续发展能力的研究机构。

2019 年，兰州化物所认真学习贯彻习近平新时代中国特色社会主义思想、党的十九大和十九届二中、三中、四中全会精神，以“率先行动”计划为统领，深入推进“十三五”发展战略和“一三五”规划，不断优化科研布局，积极参与中国科学院、国防科工局等各部委中长期及“十四五”规划，加强创新平台建设，积极争取承担国家、院重大科技任务，进一步聚焦国家重大需求和国民经济建设中的关键核心技术“卡脖子”问题开展攻坚，积极谋划争取四类机构建设，科技创新能力显著提升。

兰州化物所拥有 2 个国家重点实验室、1 个国家工程中心、1 个国家地方联合工程研究中心、2 个中国科学院重点实验室，2 个甘肃省重点实验室，1 个所级研究单元，分别是：羰基合成与选择氧化国家重点实验室、固体润滑国家重点实验室，精细石油化工中间体国家工程研究中心，特色药物植物资源高值化利用国家地方联合工程研究中心（同时为中国科学院西北特色植物资源化学重点实验室、甘肃省天然药物重点实验室），中国科学院材料磨损与防护科技创新重点实验室（先进润滑与防护材料研究发展中心），甘肃省黏土矿物应用研究重点实验室（环境材料与生态化学研究发展中心），清洁能源化学与材料实验室。此外，兰州化物所还建设了白银中试基地、青岛研发中心、苏州研究院、盱眙凹土应用技术研发中心、义乌市中国科学院兰州化物所功能材料中心和淄博高端合成润滑材料创新中心。

截至 2019 年底，共有在职职工 570 人。其中，科技人员 343 人、科技支撑人员 162 人，包括中国科学院院士、发展中国家科学院院士 1 人，研究员及正高级工程技术人员 98 人（不含项目岗位）、副研究员及高级工程技术人员 143 人（不含项目岗位）。

兰州化物所是 1981 年国务院学位委员会批准的首批硕士学位授予权单位之一，1986 年成为博士学位授予单位。现设有化学、材料科学与工程 2 个一级学科博（硕）士培养点，材料与化工、生物与医药 2 个专业学位硕士培养点，并设有化学博士后流动站；共有在学研究生 336 人（其中博士生 183 人、硕士生 153 人），在站博士后 18 人，研究生导师 118 人，其中博士生导师 72 人、硕士生导师 46 人。

2019 年，兰州化物所共有在研项目 401 项（包括新增项目 122 项）。其中，主持或承担国家自然科学基金重点项目 7 项（新增 2 项）、面上项目 66 项（新增 15 项）、国家杰出青年科学基金项目 1 项（新增 1 项）、国家优秀青年科学基金项目 3 项（新增 0 项），国家青年科学基金项目 55 项（新增 17 项）；承担国家重大科技专项 3 项（新增 0 项）；主持或承担国家重点研发计划 20 项（新增 9 项）；主持或承担基地和人才专项 2 项（新增 0 项）；承担中国科学院战略性先导科技专项课题 1 项（新增 0 项）；主持或承担院重点部署项目及子课题 3 项（新增 1 项）。

2019 年，兰州化物所在高端装备制造先进润滑材料、低碳资源高效催化转化、西部特色资源高值化利用等领域取得新突破。攻克了多项制约高端装备产业升级的核心润滑技术，打破国外垄断；低摩擦碳薄膜技术建立了 50 万套 / 年生产线，集成的高压共轨系统在一汽规模应用；节能抗磨纳米润滑油脂实现2万吨/年批量生产，在轨道交通等领域获得广泛应用，实现了部分高端油脂的国产化替代；完成了甲烷氧化偶联技术经济评估及千吨级中试详细设计，获得了低碳烷烃脱氢技术许可1套；完成异丁烯二聚羰基化催化剂制备工艺、羰基化反应条件优化及产品加氢精制催化剂筛选；编制了异丁烯二聚羰基化制异壬醇羰基化反应工艺流程图，建立了二聚异丁烯脱氢环化多产异辛烷与混合芳烃的催化剂体系；构建了国内首个枸杞物质基础数据库，研制的3个高端枸杞功能产品已建成1.5亿片/年加工能力生产线并运行；获得低品位凹凸棒石“分散-增白-改性”一体化技术，建成2万吨/年霉菌毒素吸附剂生产线并实现产品销售，定型抗菌材料生产工艺，实现批量生产，引领推动了我国凹凸棒石资源高值化利用。

2019年，兰州化物所共发表科技论文797篇，其中国外论文650篇，国内论文147篇。出版（参与出版）专著4部。共申请专利313件，授权专利76件。“低摩擦固体润滑碳薄膜关键技术及产业化应用”获国家科技进步奖二等奖，“高性能节能抗磨纳米润滑油脂关键技术与产业化”作为第二完成单位获国家技术发明奖二等奖，“面向超级电容器应用的碳基纳米材料结构设计与性能调控”获甘肃省自然科学奖一等奖，“极端使役条件下高性能固体润滑涂层关键技术与工程应用”获甘肃省技术发明奖一等奖。刘维民院士获2019年中国机械工程学会科技成就奖。

2019年，兰州化物所加强与政府、企业、科研机构和高校的科技合作，推动科技成果与产业、企业需求有效对接，与企业和政府成立了6个共建实验室平台。为了吸纳地方科技资源，积极孵化成果，建立了4个所地共建成果转化平台。通过成果转化平台，集聚了4万多平方米空间，争取了约2.3亿元地方政府资金支持。2019年完成8件专利作价对外投资，投资设立企业5家，带动企业各方实现投资7000多万元。成立了研究所全资控股资产管理公司——中科凯越科技发展有限公司。

2019年，兰州化物所与多个国外科研院所、企业开展实质性科技合作，目前在研国际合作项目14项，2019年7项。获批甘肃省海智特色示范项目1项、高级访问学者项目1项、甘肃省高端人才1人。主办或承办了多个国际学术会议。所内科技骨干赴国外参加学术交流或合作研究90余人次，近40位国外专家来所访问交流。

兰州化物所是甘肃省化学会、甘肃省材料学会的挂靠单位；负责编辑出版《摩擦学学报》、《分子催化》、《分析测试技术与仪器》3种学术期刊。

（撰稿：段立斌　张慧玲　审稿：王齐华）

西北生态环境资源研究院

院　　长：王　涛
地　　址：甘肃省兰州市东岗西路320号
邮政编码：730000
电　　话：0931-4967003
传　　真：0931-8273894
电子信箱：ztchen@lzb.ac.cn
网　　址：http://www.nieer.cas.cn

为支撑国家西部大开发战略与“一带一路”倡议，中国科学院党组经过充分调研和慎重研究后，于2016年6月24日成立中国科学院西北生态环境资源研究院，（以下简称“西北研究院”），以全面统筹中国科学院西北地区相关优势科研力量。西北研究院实行院长负责制，整合了寒区旱区环境与工程研究所、兰州油气资源研究中心、兰州文献情报中心，以及西北高原生物研究所、青海盐湖研究所，是专门从事高寒干旱地区生态环境、自然资源和重大工程研究的国家级研究机构。西北研究院瞄准21世纪国家发展的战略目标和学科发展的国际前沿，针对国家“一带一路”重大决策和西北地区生态环境建设面临的重大科学问题开展西北地区特殊自然条件下环境与工程的基础性、战略性和前瞻性研究，为国家解决西北地区在资源、环境、重大工程和社会经济等领域的重大问题提供科学依据，为西部地区可持续发展提供技术支撑。西北研究院已顺利通过特色研究所验收。

西北研究院“一三五”规划涵盖“一个定位”、

“五个突破”和“十个重点培育方向”。“一个定位”指西北研究院是我国专门从事西北及高寒干旱地区生态环境、自然资源和重大工程研究的国家级研究机构。“五个突破”指冰冻圈变化及其影响与适应，黑河及内陆河流域水资源安全保障技术集成与应用，干旱半干旱区沙漠化过程及其调控，青藏高原盐湖锂镁绿色分离与特色高值化利用，三江源区生物多样性保育及草地生态系统适应性管理。“十个重点培育方向”指西北地区环境演变与全球变化，“丝绸之路经济带”沿线沙区生态修复的生态-水文学基础，寒区旱区陆面过程及其气候环境效应，寒区旱区重大工程关键技术与示范，寒旱区多源遥感与信息综合集成，钾资源可持续开发、盐湖与关联资源储能材料及精细化学品研发，青藏高原及西伯利亚地区特色生物资源高值利用技术集成与创新，极端环境下物种适应机制及农作物分子育种，非常规油气形成、聚集机理与关键探测技术，资源环境战略研究知识集成与决策咨询。

西北研究院拥有冻土工程国家重点实验室和冰冻圈科学国家重点实验室 2 个国家重点实验室；1 个国家数据中心；中国科学院沙漠与沙漠化重点实验室、中国科学院藏药研究重点实验室、中国科学院盐湖资源综合高效利用重点实验室等 6 个院重点实验室；甘肃省黑河生态水文与流域科学重点实验室、甘肃省油气资源研究重点实验室、青海省青藏高原特色生物资源研究重点实验室等 20 个甘肃青海省级重点实验室 / 工程中心和科技创新主体。共有 24 个野外台站，其中包括 6 个国家站、3 个中国科学院院级站、15 个西北研究院所级及中心级站，已形成以国家、中国科学院和西北研究院重点实验室为主的实验研究分析系统，以野外观测试验研究站为主的观测研究试验系统，以信息共享、计算和网络、信息情报、图书编辑服务为主的信息平台系统构成的科技平台体系。2019 年，西北研究院申报成立的国家冰川冻土沙漠科学数据中心入选首批认定的国家数据中心之一。盐湖盐矿绿色开发工程实验室进入中国科学院工程实验室序列。

西北研究院围绕西部资源、环境、生态、特色与空间生物、寒旱区工程基础前沿科学问题和涉及保障我国西部可持续发展、西部生态安全、西部国防建设的关键科学和工程问题，基于“统一规划、分别建设；突出优势，资源互补；分类整合、协同共享；重视研制，逐步突破”来构建“两地五所”的大型仪器设备资源、多学科交叉技术队伍、核心测试分析能力、自主特色仪器研发能力，形成国内外具有重要影响力的兰州资源环境科学大型仪器区域中心。针对兰州区域中心学科和地域特点，围绕资源环境科学研究核心，基于陆地表层过程、可持续发展、全球气候变化，生态安全、环境安全、国防建设、寒旱区重大工程、寒旱区科学大数据资源、水土资源、盐湖资源、特色生物资源、特色农业、特色植物药物资源、清洁能源利用开发，环保材料、辐射材料、辐射环境防护、辐射生物学、辐射医学等研究，统筹考虑野外定点、定位和移动观测平台、室内分析测试平台、超级计算模拟和数据平台、室内室外仿真试验装置、对地遥感观测等技术支撑体系，凝练有限资源力量，着力构建“战略资源平台”和“生态环境平台”两大平台，形成完善的资源环境科学发展的测试分析支持平台，为资源环境科学研究、西部经济社会可持续发展、西部生态安全和国防建设提供关键技术支持和高质量的测试分析数据。

截至 2019 年底，西北研究院共有在编职工 1220 人，其中科技人员 1053 人，研究员及正高级工程技术人员 191 人。中国科学院院士 5 人。

2019 年，西北研究院共获得国家自然科学基金 76 项，资助直接经费达 3900 万元。其中，优秀青年科学基金 1 项，面上项目 35 项，青年科学基金项目 15 项，国际（地区）交流与合作项目 6 项。成功申报科技部重点研发计划项目 3 项（含 1 项国际科技创新合作重点专项）、课题 4 项，国家科技重大专项课题 1 项，经费共计 0.4 亿元。获得科学院资助项目 94 项，经费 1.93 亿。获得横向项目 261 项，经费 1.75 亿元。

2019 年，西北研究院在研科技部重点研发计划项目：中国北方半干旱荒漠区沙漠化防治关键技术示范、生态系统关键参量监测设备研制与生态物联网示范、西北荒漠-绿洲区稳定性维持与生态系统综合管理技术研发与示范、西北内陆区水资源安全保障技术集成与应用、丝绸之路经济带沿线国家流沙固定及植被恢复关键技术研发与示范、涉水重大基础设施安全保障技术研究与工程示范、高寒内陆盆地水循环全过程高效利用与生态保护技术、应对石羊河流域干旱与荒漠化风险的自然基解决方案进展顺利。国家科技基础资源调查专项：中国荒漠主要植物群落调查、中国积雪特性及分布调查稳步开展。

2019 年，西北研究院申报并主持重点研发项目 3 项。其中由高晓清研究员申报的重点研发计划项目“风电场、光伏电站生态气候效应和环境影响评价研究”获得国家专项经费资助 1046 万元，项目成果将构建我国风电、光伏行业典型产品生命周期评价体系，提出我国气候环境约束下风电光伏产业持续健康发展路线图。由赵文智研究员申报的重点研发计划项目“祁连山自然保护区生态环境评估、预警与监控关键技术研究”获得国家专项经费资助 2065 万元，研究成果将构建保护区监控、评估、预警的技术体系，提出管理办法，为保护区和国家公园管理运行提供技术支撑。由王若愚研究员申报的重点研发计划项目“解淀粉芽孢杆菌促进植物抗逆机理研究及道地药材种植用微生物制剂的研制”获得国家专项经费资助 292 万元，研究成果将解决当前甘肃大宗药材当归、黄芪等种植的重点病害问题，同时阐明微生物诱导植物抗逆的作用机制。

2019 年，西北研究院出版专（译）著 17 部，发表论文 933 篇，其中 SCI 论文 674 篇（其中 *Nature* 子刊 2 篇），EI 23 篇，CSCD 236 篇。

2019 年，西北研究院获得国家及省部级科技奖励 7 项、其他奖励 5 项。其中，李忠勤、王飞腾获中国科学院杰出科技成就奖突出贡献者荣誉称号；冯起团队获得中国产学研合作创新成果奖一等奖；王晓明获 2019 年甘肃省外国专家“敦煌奖”；李宗省获 2019 年度中国科学院青年创新促进会科技成果转化奖贡献奖；冯起（第二完成人）获新疆建设兵团科学技术进步奖一等奖。

2019 年，西北研究院在促进重大成果产出的同时，进一步加强知识产权工作。西北研究院共授权发明专利 94 件，实用新型 43 件，软件著作权 46 件，行业、地方标准共 7 项。

国际交流方面，西北研究院依托中国科学院大学 2018 年度建设高水平大学公派研究生项目，选派研究生 4 名。有 30 多人次研究生到美国、德国、日本、法国、瑞典、澳大利亚等近 10 个国家和我国台湾地区进行短期培训及学术交流。依托中国科学院大学中德合作项目、国家自然科学基金委留学基金项目和导师国际合作项目，有 4 名博士生在法国、德国、美国、澳大利亚等国家学习。

西北研究院注重与国外科研院所的交流与合作，2019 年全年共有 600 多人次的国际出访与来访，获得国际合作项目 11 项，合计经费 245.7 万元。成功举办“气候变暖下的冰冻圈变化”国际研讨会、第 36 届国际溶液化学大会等。主持美国地球物理学年会（AGU）2019 年秋季大会“如何促成土地退化零增长（NLD）”分会等。参加第 13 届国际干旱区开发大会联合国防治荒漠化公约（UNCCD）第 14 届缔约方大会及亚洲大洋洲地球科学学会等国际会议。参与中国科学院战略性先导科技专项（A 类）“泛第三极环境变化与绿色丝绸之路建设”子课题“荒漠化土地植被恢复重建关键技术研发与集成示范”、国家重点研发计划战略性国际科技创新合作重点专项“丝绸之路沿线国家流沙固定及植被恢复关键技术研发与示范”，以及中国科学院“一带一路”科技合作专项“中蒙合作沙漠化防治研究与示范”等。

西北研究院是中国科学院减灾中心西北分中心、中国气象学会大气物理专业委员会雷电物理监测与防护分会、中国地理学会冰川冻土分会、中国地理学会沙漠分会、联合国环境规划署（UNEP）“国际沙漠化治理研究与培训中心”等单位的挂靠单位。西北研究院成立后，原各单位文献情报期刊进行重组，建立了文献情报中心新架构，包括战略情报部、区域发展研究部等在内的 7 个子部门，并着力打造资源环境科技期刊创新集群，拥有《冰川冻土》、《沉积学报》、《地球科学进展》、《高原大气》等 12 种学术期刊。其中，《冰川冻土》、《沉积学报》、《地球科学进展》入选“庆祝中华人民共和国成立 70 周年精品期刊展”，《冰川冻土》、《沉积学报》、《地球科学进展》、《天然气地球科学》SCAR 期刊入选 2019 中国国际影响力优秀学术期刊，《冰川冻土》、《天然气地球科学》入选年度“中国百篇最具影响国内学术论文”，《沉积学报》被美国 EBSCO 数据库全文收录，JNGGS 被 DOAJ 数据库全文收录。《冰川冻土》、《沉积学报》、《地球科学进展》、《天然气地球科学》、《高原气象》SCAR《遥感技术与应用》、《中国沙漠》、《黄金科学技术》入选中国科学引文数据库、中国科技核心期刊数据库及日本科学技术振兴机构。

（撰稿：陈治理　冯　起　审稿：陈作涛）

新疆理化技术研究所

所　　长：蒋同海
地　　址：新疆维吾尔自治区乌鲁木齐市北京南路 40 号附 1 号
邮政编码：830011
电　　话：0991-3837795
传　　真：0991-3838957
电子信箱：linjb@ms.xjb.ac.cn
网　　址：http://www.xjb.ac.cn

中国科学院新疆理化技术研究所（以下简称“新疆理化所”），于 2002 年 3 月 28 日在原中国科学院新疆物理研究所和中国科学院新疆化学研究所（均于 1961 年成立）的基础上整合成立。

新疆理化所定位为：围绕国家“一带一路”倡议，依托丝绸之路经济带核心区优势，面向新疆区域经济发展、中亚科技合作和国家航天与海洋需求，加强维药现代化学科建设，推进维吾尔医药的现代化、标准化、产业化、国际化；加强电子元器件累积辐射效应学科建设，为各类元器件抗累积辐射效应加固和可靠应用提供稳定的服务能力；加强敏感材料与器件学科建设，为我国航天、海洋工程中极端环境探测装备所需的温度传感器提供共性技术支撑，保持优势学科不可替代的地位；加强维哈柯文信息处理学科建设，为新疆长治久安及“一带一路”核心区的信息化建设提供技术支撑。同时，强化中国科学院向西开放“桥头堡”作用，强化与中亚等国家交流与合作，强化院内合作和学科交叉，培育新的增长点，将研究所建成国内特色鲜明和中亚有影响力的研究机构。

截至 2019 年底，新疆理化所共有在职职工 204 人。其中科技人员 147 人、科技支撑人员 27 人，包括中国科学院外籍院士 1 人、研究员及正高级工程技术人员 36 人、副研究员及高级工程技术人员 76 人；全所进入创新岗位 204 人。

新疆理化所设有资源化学、材料物理与化学、多语种信息技术、环境科学与技术、固体辐射物理 5 个研究室。建设了维吾尔药活性筛选技术平台、药用植物组培与生物育种平台、特种热压敏研发平台、光电功能材料研发平台、多语种软件测试平台、微纳米环境功能材料平台、辐射效应评估技术平台，以及大型仪器分析测试中心、软件评测中心、信息情报中心 3 个技术支撑平台。

新疆理化所现有中国科学院干旱区植物资源化学重点实验室、中国科学院特殊环境功能材料与器件重点实验室、民族药关键技术及工艺国家地方联合工程研究中心，省部共建新疆特有药用资源利用国家重点实验室培育基地，以及新疆植物资源化学重点实验室、新疆电子信息材料与器件重点实验室、民族语音语言信息处理实验室、自治区爆炸物安全科学自治区重点实验室 4 个省级重点实验室和新疆精细化工工程技术研究中心、自治区危爆品防控工程技术研究中心、新疆热敏电阻材料及元器件工程技术研究中心、新疆维吾尔自治区民族药创新工程研究中心、新疆温度传感器技术与应用工程研究中心 5 个省级工程中心；作为依托单位与中国科学院有关研究所和中亚地区科教机构共建的中国科学院中亚药物研发中心；与中国科学院微小卫星创新研究院联合共建中国科学院卫星可靠性中心辐射效应实验室，与中国航天集团公司第八研究院八零八研究所联合共建的宇航电子元器件辐射效应评估联合实验室。

新疆理化所是 1987 年国务院学位委员会批准的硕士学位授予权单位之一，2004 年经中国科学院批准增列博士培养点；设有材料物理与化学、计算机应用技术、有机化学、微电子学与固体电子学、物理电子学 5 个专业二级学科博士研究生培养点，材料物理与化学、计算机应用技术、有机化学、微电子学与固体电子学、物理电子学、药物化学、中药学 7 个专业二级学科硕士研究生培养点，材料与化工、电子信息专业2个专业学位培养点，并设有电子科学与技术、化学等2个专业一级学科博士后流动站；共有在学研究生312人（其中硕士生135人、博士生177人），在站博士后30人，流动站自主招收人员20人，联合招收10人。

2019年，新疆理化技术研究所共有在研项目613项（包括新增项目116项）。其中，主持（或承担）国家自然科学基金重点项目2项（新增0项）、面上项目22项（新增4项）、国家杰出青年科学基金项目1项（新增0项）、国家优秀青年科学基金项目3项（新增2项）；主持或承担国家重大科技专项课题1项（新增0项），子课题2项（新增1项）；主持或承担国家重点研发计划项目1项（新增0项），课题9项（新增3项）；重点人才专项28项（新增2项）；主持（或承担）中国科学院战略性先导科技专项子课题2项（新增1项）；主持（或承担）院STS计划项目4项（新增2项）、承担重点国际合作项目3项（新增0项）。

2019年，新疆理化所申请国家专利99项、国际发明专利1项，授权国内发明专利66项、国际发明专利3项；发布地方标准18项；获批软件著作权32项；发表各类科技论文325篇，其中SCI收录296篇。蒋同海研究员获2019年度新疆维吾尔自治区特等奖，“高维复杂数据的特征分析及高效学习方法与应用”获得自治区自然科学奖一等奖、“复杂场景下维吾尔语文本发现与机器翻译关键技术研发与应用”获得自治区科技进步奖一等奖。

2019年，面向社会经济发展需求，新疆理化所加深与企业合作，进一步完善研究所“投前”、“投后”的全链条服务体系，成立“新疆中科理化科技投资有限公司”，加强对参股14家企业的管理服务。21件知识产权完成转化（其中涉及专利17件，软件著作权4件），作价入股金额1010万元；现金转化金额352万，技术服务、委托开发和自主实施的实到经费达到1208万元。所属5家企业实现总收入10 890万元，其中新疆西北星公司实现营业收入8010万元。

2019年，新疆理化所积极搭建对外合作交流平台，巩固和拓展战略合作伙伴关系、引进国外智力和创新人才，进一步推进中国科学院中亚药物研发中心的建设。全年出访66人次，来访39人次，有3名外国专家在所进行中长期的科研工作，3名外国博士后在所从事博士后研究工作。新疆理化所在重庆与哈尔滨工业大学及中国电子集团第24所模拟集成电路国家级重点实验室共同主办“2019年第三届电子器件辐射效应国际会议”；在上海主办“第十三届天然化合物化学国际研讨会”。争取国家外国专家局引智项目及高端外专项目经费90万元；获批自治区区域协同创新专项（上海合作组织科技伙伴计划及国际科技合作计划）项目1项，资助经费70万元。与新疆理化所有着长期合作的乌兹别克斯坦科学院院士、中国科学院外籍院士Shavkat Salikhov先生获中国政府“友谊奖”。

2019年，依托新疆理化所建立的“中国科学院中亚药物研发中心”在海外的建设工作取得显著成果。与乌兹别克斯坦科学院植物化学研究所建成“天然药物提取技术平台”；中心塔什干分部以中乌医药科技城的名称纳入第二届“一带一路”国际科技合作高峰论坛成果清单，随后列入中乌政府间合作委员会科技合作分委会第四次会议纪要中；与哈萨克斯坦阿拉法拉比国立大学共建“中-哈药物研究联合实验室”；通过访问格鲁吉亚、阿塞拜疆和亚美尼亚三国科学院及相关科研机构和高校，与外方机构就共建联合实验室达成共识。

新疆理化所是新疆物理、化学、生理科学、核学会的理事长单位及挂靠单位，是新疆IT三会的副理事长单位。

（撰稿：徐　颖　审　稿：崔旺诚）

新疆生态与地理研究所

所　　长：张元明
地　　址：新疆维吾尔自治区乌鲁木齐市北京南路818号
邮政编码：830011
电　　话：0991-7885307
传　　真：0991-7885300
电子信箱：sds@ms.xjb.ac.cn
网　　址：http://www.egi.ac.cn

中国科学院新疆生态与地理研究所（以下

简称“新疆生态所”）成立于1998年7月7日，由中国科学院新疆生物土壤沙漠研究所（1961年成立）和中国科学院新疆地理研究所（1965年成立）合并而成。

新疆生态所面向国际干旱区生态与环境领域科技前沿，面向国家“丝绸之路经济带”建设重大需求，面向新疆社会稳定与长治久安总目标，围绕干旱区自然资源开发、生态修复、环境治理、生物多样性保育和区域可持续发展等重大问题，重点开展“丝绸之路经济带”生态、环境监测和评估、区域水资源利用与生态安全、新疆及中亚矿产探测与环境治理、干旱区战略生物资源可持续利用、新疆农牧民增收和区域发展等研究，创新干旱区自然地理学、荒漠恢复生态学、绿洲农业生态学的理论和方法体系，在亚洲中部干旱区生态与环境领域发挥不可替代的骨干和引领作用。

新疆生态所“一三五”实施以来，地球科学、环境 / 生态学两个学科进入ESI全球前1%，在干旱区水资源与绿洲科学研究的SCI发文量位居全球第一。干旱区内陆河流域水资源利用与绿洲可持续发展研究获中国科学院杰出科技成就奖，在国际干旱区水资源研究领域处于领先地位；中亚增生成矿和造山带构造格局研究方面取得重大理论突破，首席科学家肖文交研究员当选中国科学院院士；创建了中亚海外研究中心及我国第一个中亚资源环境监测网络和科技信息共享平台，大幅提升了我国在中亚科技合作的影响力，多项咨询报告获国家领导人批示，为我国“丝绸之路经济带”建设提供了重要的科技支撑。

在科研机构设置方面，新疆生态所建有荒漠与绿洲生态国家重点实验室、中国科学院干旱区生物地理与生物资源重点实验室、国家荒漠-绿洲生态建设工程技术研究中心；中国科学院-新疆维吾尔自治区政府共建中国科学院新疆矿产资源研究中心。在国内建有12个野外台站（其中3个为国家站），另有分析测试中心、文献信息中心、标本馆等科研支撑平台。国际科研平台建设方面，建有中国科学院中亚生态与环境研究中心、中美国际干旱区生态研究中心、中日干旱区生态研究中心、中国-比利时地理信息联合实验室、东非自然资源与环境研究中心、中德干旱区生态系统管理与环境变化联合研究中心等。

截至2019年底，新疆生态与地理研究所共有在职职工507人。其中科技人员325人、科技支撑人员138人，包括中国科学院院士1人、研究员及正高级工程技术人员107人、副研究员及高级工程技术人员92人。

新疆生态与地理研究所是1983年国务院学位委员会批准的博士、硕士学位授予权单位之一；现设有地理学、生态学、地质资源与地质工程3个专业一级学科博士研究生培养点，自然地理学、人文地理学、地图学与地理信息系统、植物学、生态学、地球探测与信息技术6个二级学科博士研究生培养点，自然地理学、人文地理学、地图学与地理信息系统、植物学、生态学、环境科学、地球探测与信息技术、资源与环境、生物与医药、水土保持与荒漠化防治10个专业一级（或二级）学科硕士研究生培养点；共有在学研究生445人（其中硕士生221人、博士生224人、留学生59人），在站博士后45人。

在争取和承担科研任务方面，新疆生态所2019年共承担在研项目471项（包括新增项目134项）。其中，承担国家自然科学基金重点项目1项、面上项目47项（新增8项）；承担国家重大科技专项2项；承担国家重点研发计划10项（新增2项）；承担基金委国际合作项目4项（新增1项）；承担中国科学院战略性先导科技专项课题2项；承担中国科学院重点部署项目4项（新增3项）、承担中国科学院重大专项课题2项（新增2项）。

新疆生态所在服务国家战略需求、解决重大科技问题上产出系列成果：首次对新疆荒漠类型和风沙环境进行了系统划分，揭示了蒙古高原草地荒漠化发生机制，创新了生态恢复技术体系；编制了咸海荒漠化防治区划方案；系统阐述了近半个世纪中亚干旱区的干湿变化特征，提出了中亚五国和中国西北地区干湿相反的变化趋势；利用高精度航测数据，总结了东天山卡拉塔格矿集区成矿规律；生态系统保育获重要进展，天山野果林退化趋势得到遏制。

2019年，新疆生态所科研人员发表论文807篇，其中SCI共433篇，出版学术专著11部，受理专利35项，其中发明专利34项，授权专利17项，其中发明专利15项。“西北干旱区水循环与生态水文研究集体”获2019年度中国科学院杰出科技成就奖。

在科技促进发展方面，新疆生态所建设丝路云数据中心，构建了集PC端、移动端APP于一体的“丝绸之路经济带旅游综合信息服务平台”；在成果转移转化方面，授权发明“通过灌水施氮调控粘土地膜下滴灌棉花根系构型方法”通过专利转让的方式实现成果转移转化。研究所面向矿产勘探开发、旅游、环保、生物技术推广等领域，对外投资企业6家，即乌鲁木齐中科帝俊环境技术有限责任公司、新疆丝路畅游信息科技有限公司、新疆中科吉奥地质勘查有限责任公司、新疆福禾鑫盛生物科技有限公司、乌鲁木齐中科瑞森资源与环境工程有限公司、乌鲁木齐新数元科技有限责任公司。

2019年，新疆生态所国际科技合作项目获重要进展：中国科学院国际伙伴计划“一带一路”科技合作行动专项“亚欧大陆干旱带荒漠化研究”取得进展，对于认识亚欧大陆干旱带典型区域风影沙丘发育过程及其控制因素具有重要的意义；国家自然科学基金委重点国际合作项目“气候变化下马可波罗盘羊的生境适宜性评估与跨境迁徙廊道识别”提出了马可波罗盘羊优先保护区域；国家基金委重点国际合作项目“毛里塔尼亚风沙灾害形成机制及治理模式研究”构建了毛里塔尼亚风沙灾害风险评估指标体系，利用不同的方法对非洲绿色长城的范围进行了科学界定。科技部政府间国际科技创新合作重点专项“中蒙草场荒漠化防治技术合作研究与示范”在蒙古国乔伊尔市郊2建立了20公顷[①]的试验示范区，为草场退化防治技术成果的推广应用提供了基础。科技部对发展中国家科技援外项目“非洲绿色长城建设适宜技术合作研究与示范”诊断了重点国家绿色长城建设技术，形成了中-毛“绿色技术公园”展示区建设规划方案。

2019年，新疆生态所推荐的乌兹别克斯坦遗传与植物实验生物学研究所Ahmedov Miraziz院士获2019年度新疆维吾尔自治区外国专家“天山奖”。管开云研究员任国际茶花协会主席。研究所全年国际交流与合作总量为246批556人次，其中出访180批351人次，接待来访66批205人次，中亚出访/来访总量占全年交流总量的61.87%。全年共举办7次国际学术研讨会和1次减灾防灾技术应用培训班。与哈萨克斯坦、乌兹别克斯坦、吉尔吉斯斯坦、蒙古国和埃及等国家的国立科研机构共签署了11个合作协议和备忘录。与乌兹别克斯坦国立大学签署共建“中乌干旱区联合实验室”的合作协议，为绿色丝绸之路发展提供科技支撑。

新疆生态所是新疆土壤肥料学会、新疆地理学会、新疆植物学会、新疆科学探险协会、新疆自然资源学会的挂靠单位；承办刊物有*Journal of Arid Land*、*Regional Sustainability*（英文）、《干旱区研究》、《干旱区地理》。

（撰稿：刘　杰　桂东伟　审稿：张元明）

① 1公顷=10 000平方米。

学校及公共支撑单位

中国科学院大学

校　　长：李树深

地　　址：北京市石景山区玉泉路19号(甲)

邮政编码：100049

电　　话：010-88256030

传　　真：010-88256006

电子信箱：leader@ucas.edu.cn

网　　址：http://www.ucas.edu.cn

中国科学院大学（以下简称“国科大”）是一所以科教融合为办学模式、研究生教育为办学主体、精英化本科教育为办学特色的创新型大学。国科大的研究生教育，发端于中国科学院的人才培养。1950年，中国科学院启动研究实习员的招考和培养工作。1964年，中国科学院在北京试办“中国科学院研究生院”。1977年，中国科学院率先恢复研究生招生，在北京成立了中国科学技术大学研究生院。1978年，首批研究生入学。1982年，研究生院同时使用“中国科学院研究生院”、“中国科学技术大学研究生院”两个名称。2000年，学校更名为中国科学院研究生院。2012年，更名为中国科学院大学，并于2014年开始招收本科生，形成了覆盖本、硕、博三个层次的高等教育体系。

作为中国科学院“率先建成国家创新人才高地”任务的重要承担者和“出成果、出人才、出思想”战略使命的重要依托，国科大的核心使命是通过科教融合平台，遴选中国科学院最优质的教育教学资源，培养造就德才兼备的科技创新创业人才，为国家的创新驱动发展服务。面向未来，国科大将坚持社会主义办学方向，依托怀柔综合性国家科学中心建设，聚集一流师资队伍、建设一流学科体系、产出一流创新成果、培养一流创新人才。到2020年，进入全球有影响力的一流研究型大学行列；到2035年，跻身全球一流研究型大学前列；到2050年，跻身全球顶尖创新型大学之列，为中国高等教育和科技创新探索出一条独具特色、科教融合、协同创新的成熟道路，为中华民族伟大复兴和世界科技进步做出贡献。

国科大以“科教融合、育人为本、协同创新、服务国家”为办学理念，与中国科学院直属研究机构在管理体制、师资队伍、培养体系、科研工作等方面高度融合。2019年，学校由京内4个校区（玉泉路、中关村、奥运村、雁栖湖）、京外5个教育基地（上海、武汉、广州、成都、兰州）和分布在全国的116个培养单位组成。学校有直属教学科研单位58个，其中，京内40个、京外18个。开设本科专业13个。具有一级学科54个；一级学科博士点42个，二级学科博士点1个；一级学科硕士点54个，二级学科硕士点1个；专业学位授权类别16个；博士后科研流动站12个。“双一流”建设学科2个，北京高校高精尖学科3个。

截至2019年年底，国科大有专任教师3000余名，其中中国科学院和中国工程院院士161人。各培养单位研究生导师11 257人，其中博士生导师6786人、硕士生导师4471。外籍教师204人。在校生53 354人，其中研究生51 734人（博士生26 941人、硕士生24 793人）、本科生1620人。留学生毕业349人、招生455人、在校1633人。毕业生10 519人，其中研究生10 212人（博士生5471人、硕士生4741人）、本科生307人。招生16 442人，其中研究生16 040人（博士生6892人、硕士生9148人）、本科生402人。

2019年，学校深入学习贯彻习近平新时代中国特色社会主义思想和党的十九大精神，紧紧围绕立德树人根本任务，坚持以党的政治建设为统领，不断加强党对学校工作的全面领导，扎实推进思想政治工作，以一流大学建设七大工程为抓手，创新和深化科教融合，提升人才培养质量，推动各项事业稳步发展。

落实党委全面从严治党主体责任，加强党对学校工作的全面领导。在全校范围开展“不忘初心、牢记使命”主题教育，受到中央主题教育第11巡回督导组“有高度、有深度、有广度、有温度、有亮度”的积极评价。召开三次领导班子民主生活会，党内政治生活质量不断提高。建立健全党建工作体系，制定党委会议事规则和校长办公会议事规则，进一步完善高校党委领导下的校长负责制；修订中层干部选拔任用和考核管理办法，进一步突出政治标准；制定二级党组织党政联席会议制度，强化在课程建设、教材选用、学术活动、教职工聘用、提职晋级、评奖评优等重大问题上把好政治关；制定《校领导班子成员深入践行群众路线、进一步改进工作作风若干措施》，切实推动班子成员改进工作作风；成立巡察工作领导小组，加强纪检监察力量，积极部署政治巡察，深入开展党风廉政建设。

不折不扣落实习近平总书记重要指示批示精神和党中央决策部署，持续推进思想政治工作。召开全校思想政治工作会议，推动建立校所联动的“大思政”工作体系，推进全员全方位全过程育人。发挥思想政治理论课主阵地作用，国科大党委书记李树深同志带头走上讲台，为本科生讲授思政课。承担中宣部马工程重大课题“习近平新时代党的建设思想研究”。举办首届习近平党建重要论述研究论坛。按照政治可靠、素质优良的标准，组织师生代表参加国庆群众联欢活动，展现科技工作者的爱国情怀和精神风貌。

统筹推进学科建设。召开一流学科建设研讨会，提出学科建设“三步走”的目标、规划和发展举措。材料科学与光电技术、化学与化工2个一流学科群中期自评估取得良好成绩。开展博士硕士学位授权自主审核，获批新增考古学、公共管理2个一级学科博士点；申请增列3个学位授权点：应用经济学一级学科博士点、马克思主义理论一级学科硕士点、材料与化工专业学位授权类别（博士）。数学与应用数学、物理学、计算机科学与技术入选“双万计划”国家级一流本科专业建设点。智能科学与技术、工程科学、地质与地球物理学入选北京高校高精尖学科建设名单。

稳步提升教学质量。进一步规范研究生教学，开展专项教学巡查，进行研究生课程督导和优秀课程建设。深化本科教学改革，设立本科生荣誉课程，成立首个本科生实验班——郭永怀力学实验班。推进教材编写和出版，申请立项136本，通过评审立项81本，出版教材12本。探索创新创业教育模式，开展双创课程教学和培训，举办创新创业大赛。持续引进高层次人才，与京区研究所双向双聘青年人才；开展岗位教师聘期考核，终止岗位教师94人，不断优化专任教师队伍。物理科学学院原子物理教学团队获“北京市优秀本科育人团队”称号，工程科学学院赵亚溥研究员获“全国优秀教师”称号，计算机科学与技术学院张玉军研究员获北京市高等学校青年教学名师奖。

着力推进科学研究。校部科研项目立项561项，到账经费3.7亿元。其中，申报国家自然科学基金212项，立项69项，直接经费6943.5万元（新增立项9项，新增经费2214.5万元）。国家社会科学基金立项3项，总经费60万元（与上一年持平）。国家杰出青年科学基金项目2项，总经费800万元（新增1项，新增经费555万元）；重点类项目6项，总经费2115万元（新增3项、新增经费1207万元）。国家优秀青年科学基金2项，总经费240万元（新增1项、新增经费90万元）。科技部国家重点研发类项目（课题）2项，总经费1050万元。北京市自然科学基金重点专项2项（新增2项、新增经费500万元）。中国科学院基础前沿科学研究计划“从0到1”原始创新项目3项，项目经费800万元；中国科学院科研仪器设备研制项目1项，总经费280万。校部发表SCI-E论文651篇，SSCI论文66篇，EI论文563篇，CPCI-S论文288篇，中国科技论文与引文数据库论文739篇。申请发明专利43件，专利授权18件，软件著作权登记2项。获批高等学校科学研究优秀成果奖（人文社会科学）一等奖1项，二等奖3项，三等奖1项。中国科学院重点实验评估中，真空物理重点实验室获评A类实验室，计算地球动力学重点实验室获评B类实验室。

持续深化合作与交流。积极推进空间引力波探测“太极计划”，参与研制微重力技术实验卫星“太极一号”。成为首批加入中澳一流大学合作机制的高校。与巴黎科学艺术人文大学等11所世界知名大学签订合作协议。举办国际理论物理中心（亚太地区）科学委员会年会暨基础物理前沿国际研讨会等18个国际学术会议。承办中国科学院和德国科学院双边研讨会。留学基金委国家建设高水平大学公派研究生项目派出431人，“国际合作培养计划”选派125人出国留学。全年接待外宾及港澳台人士232批603人次。累计派出532批656人次前往50个国家和地区访问。获得中国科学院“国际人才计划”立项7项，总金额216.3万元。学校推荐的外国专家苏格拉底·西奥多·潘德里底斯（Sokrates Theodore Pantelides）教授获中国科学院2019年度国际科技合作奖。与北京医院共同成立国科大北京临床医学院。与杭州市政府共同成立国科大杭州高等研究院，依托浙江省肿瘤医院建设附属肿瘤医院和杭州临床医学院。与怀柔区政府共同成立怀柔产业研究院。与山东魏桥创业集团、中信信托有限责任公司合作成立魏桥国科研究院。

国科大主办的刊物有《中国科学院大学学报》、《自然辩证法通讯》、《管理评论》、《工程研究——跨学科视野中的工程》。

（撰稿：沈　伟　通拉嘎　审稿：王艳芬）

中国科学技术大学

校　　长： 包信和

地　　址： 安徽省合肥市金寨路96号

邮政编码： 230026

电　　话： 0551-63602184

传　　真： 0551-63631760

电子信箱： dzb@ustc.edu.cn

网　　址： http://www.ustc.edu.cn

中国科学技术大学（以下简称“中国科大”）1958年9月创建于北京，1970年迁至安徽合肥，是中国科学院所属的一所以前沿科学和高新技术为主，兼有医学、特色管理和人文学科的综合性全国重点大学。

中国科大现有23个学院（含6个科教融合共建学院）、33个系，设有研究生院，生命科学与医学部、信息与智能学部，以及苏州研究院、上海研究院、北京研究院、先进技术研究院、中国科大附属第一医院（安徽省立医院）等。现有28个一级学科博士学位授权点，7个一级学科硕士学位授权点，15个专业学位授权点，有数学、物理学、力学、天文学、生物科学、化学共6个国家理科基础科学研究和教学人才培养基地和1个国家生命科学与技术人才培养基地。建有国家同步辐射实验室、合肥微尺度物质科学国家研究中心、火灾科学国家重点实验室、核探测与核电子学国家重点实验室、类脑智能技术与应用国家工程实验室、语音及语言信息处理国家工程实验室、热安全技术国家地方联合工程研究中心、大尺度火灾国际联合研究中心、量子信息与量子科技前沿协同创新中心、国家高性能计算中心（合肥）、安徽蒙城地球物理国家野外科学观测研究站等12个国家级科研机构、4个国家重大科技基础设施和62个院省部级重点科研机构。

截至2019年底，中国科大共有教学与科研人员2244人，其中教授749人（含相当专业技术职务人员）、副教授797人（含相当专业技术职务人员）。现有中国科学院、中国工程院院士62人。

中国科大现有本科生7426人，硕士研究生13 133人，博士研究生6415人。

2019年，中国科大召开第十二次党代会，明确把习近平总书记关于中国科大系列重要指示精神作为学校办学发展的根本指南，将习近平总书记予以肯定的校训精神、优良传统及提出的希望和要求，细化为坚持“全院办校、所系结合”的办学方针，“红专并进、理实交融”的校训精神，“科教报国、追求卓越”的初心使命、“民主办学、学术优先”的治学理念，“潜心立德树人、执着攻关创新”的核心任务等“五个坚持”，提出“三步走”发展目标，围绕“潜心立德树人、执着攻关创新”两大核心任务，统筹推进四大支撑工程，并把党的政治建设摆在首位，全面推进党的建设和学校各项工作。

在人才培养方面，中国科大以立德树人为根本，深化教育教学改革，扎实推进“三全育人”综合改革，深化思想政治理论课改革创新，推动课程思政建设，推进与安徽省委党校共建马克思主义学院，与武汉大学联手加强思政课教师队伍。打造一流人才培养体系，开展“一流本科教育质量提升年”活动，总结建校60多年来的人才培养理念、传统和特色，制定一流本科教育质量提升行动纲领，完善大类教育、专业培养的人才培养体系。深化所系结合工作，加强科教融合学院建设，探索“科教结合、协同育人”的创新人才培养模式。组建创新创业学院，打造富有科大特色的创新创业教育体系。深化共青团和学生会组织改革，加大对全校各级团学组织的工作指导。充分发挥学生社团的育人功能，打造具有科大特色、品牌效应的学生社团。

中国科大大力推进“新医学”、“新工科”、“特色文科”建设，新增临床医学和数据科学与大数据技术2个本科专业。学校14个本科专业获得首批国家级一流专业建设点认定，21个本科专业获得省级一流专业建设点认定。在现有16个校级科技英才班基础上，推进“中法数学英才班”等项目，不断探索和实践创新人才培养模式。学校积极拓展所系结合合作范围，推动学校与中国科学院广州能源研究所、大连化学物理研究所等研究所在人才培养基地方面的合作。

中国科大获批开展全国首批科研经费博士试点。完善本硕博一体化课程体系，启动研究生核心课程建设，首批立项建设26门课程。2019年共计授予博士学位1432人，科学硕士学位975人、专业硕士学位2100人，学士学位1762人，其中包括科教融合单位授予博士学位392人，科学硕士学位153人、专业硕士学位153人。2019届毕业生就业保持较高质量，本科毕业生初次就业率保持在90%以上，国内外深造率达74.2%；硕士、博士毕业生就业率分别为97.2%、93.5%。

2019年，中国科大优化学科布局，强化基础学科建设。设立几何与物理中心、理论物理中心，积极谋划建设国家基础数学中心，稳步推进大视场巡天望远镜、超级陶粲装置预研等项目。布局发展新兴交叉学科，推动“新医学”、“新工科”、“特色文科”发展。稳步推进生命科学与医学部建设，建设中国科学院临床研究医院（合肥），成立信息与智能学部、环境科学与工程系，谋划建设有科大特色的管理人文社科学科。

2019年，中国科大全面参与合肥综合性国家科学中心、国家实验室建设，加快建设中国科学院量子信息与量子科技创新研究院，牵头或参与建设合肥综合性国家科学中心人工智能研究院、能源研究院。积极推进合肥先进光源预研、未来网络试验设施（合肥分中心）、高精度地基授时系统（合肥一级核心站）、子午工程二期等重大科技基础设施建设。成立中国科学院比较行星学卓越创新中心、科学传播研究中心；获批生物相变与细胞动力学教育部重点实验室。

承担国家重大科技任务能力不断增强。各类国家级重大项目和中国科学院先导专项的申请取得突破，获批国家重点研发计划项目15项，科技创新2030——“新一代人工智能”重大项目2项，国防创新特区项目28项，战略性国际科技创新合作和政府间国际科技创新合作专项4项，5个中国科学院先导科技专项已通过实施方案论证（B类先导专项3项和C类先导专项2项）。获批国家基金各类项目401项，面上项目和青年科学基金项目资助率均居全国主要高校前茅，获批重点项目12项、重大科研仪器研制项目3项。

重大原创性科技成果不断涌现。在量子科学、凝聚态物理、天文学、化学合成、催化科学、生命科学与医学等领域产出一系列重大原创性成果。在国际顶尖学术期刊*Nature*、*Science*、*Cell*上，以第一或通讯作者发表12篇成果。中国科大主导的“首次验证远距离双场量子密钥分发”成果、参与的“70倍太阳质量黑洞发现远超理论预言上限”成果入选2019年国内十大科技新闻，“‘界面单位点’新型催化剂结构设计与氢气中微量CO的高效去除”成果拟入选2019年度中国高等学校十大科技进展。各有1项成果获2019年度国家自然科学奖二等奖、技术发明奖二等奖；中国科大主导的广域量子通信研究集体、参与的“大天区面积多目标光纤光谱天文望远镜”（LAMOST）工程研究集体获2019年度中国科学院杰出科技成就奖。

自然指数首次跃居中国高校第1位，在全球高校中位居第4位；13个学科进入ESI前1%，其中化学、物理学、材料科学、工程学4个学科进入ESI前1‰；附属第一医院在复旦版医院排行榜中上升20位，位列进步最快医院前五名。

在服务区域经济社会发展方面，中国科大落实安徽省、中国科学院全面创新合作协议，开展与山西省、福建省、苏州市、湖州市等校地合作，加强与中国科学院工程热物理研究所、力学研究所、大连化学物理研究所、中国空气动力研究与发展中心的所系结合和科教融合，做好与国有企业以及华为、阿里巴巴、腾讯等龙头企业的产学研合作。积极融入长三角区域发展一体化，成立中国科大长三角科技发展战略前沿研究中心，中国科大国际金融研究院入驻，推动中国科大先进技术研究院法定机构建设试点工作，谋划建设苏州高等研究院，建设上海量子科学中心，进一步提升服务国家战略需求和区域经济社会发展能力。

在国际交流方面，中国科大推进国际学院实体化运行，试点新的留学生培养项目，建立留学生录取三级审查制度。2019年，录取留学生219人，现有在籍留学生737人，其中博士生占70.1%、硕士生占27.4%。积极拓展国际交流渠道和海外合作伙伴，与18所国际知名大学和机构达成合作意向。积极引进世界顶级名校项目资源，进一步拓展高水平学生国际交流品牌项目，未来科学家国际夏令营已覆盖物理、化学/生物、人工智能方向，举办斯坦福大学国际高校设计联盟全球启动活动，举办首届日本名校-中国科大科技文化交流夏令营，推进日本樱花科技计划。学生赴海外学习和交流的人数持续增长，超过30%的本科生有至少一次出国交流机会，教师出访与境外专家来访人数稳中有升。充分利用各类引智和国际合作项目，推进国际化师资队伍建设，国际访问教授和长期国际师资人数达437人，附属第一医院南山教授获2019年中国政府“友谊奖”。

（撰稿：何　婧　审稿：马　壮）

计算机网络信息中心

主　　任：廖方宇
地　　址：北京市海淀区中关村南四街4号
邮政编码：100190
电　　话：010-58812280
传　　真：010-58812201
电子信箱：support@cnic.cn
网　　址：http://www.cnic.cas.cn

中国科学院计算机网络信息中心（以下简称“计算机网络信息中心”）成立于1995年3月，是中国科学院科研信息化与管理信息化的设施建设、系统集成、运行管理和服务保障机构，是信息技术和信息化应用技术的研发和示范基地。

2019年，计算机网络信息中心完成“一三五”规划调整，将大科学研究中心作为发展定位。初步建成网络、数据、计算、科学软件等融合一体的中国科技云，在中国科学院2020年度工作会的新闻发布会上，院主管领导亲自发布了中国科技云建设进展与特色；提出并初步建设国内首个融合标准规范、技术系统和服务体系的科学数据中心体系建设方案，软件栈支持EB级科学数据管理与PB级数据在线处理，支撑一批有国际影响力的科学数据库；研发国产亚E级异构计算系统的应用中间件及系列应用软件等；提出涵盖科研业务全流程数据链管理适配国产系统的大型系统解决方案，300万行自主代码、支持移动办公、云化的新一代ARP全院上线；国内率先提出科普融合创作与传播新模式并完成技术实现，建立20个自媒体号和100家合作媒体的全网协同媒体矩阵，年传播量35亿；研发网络安全数据智能分析和动态管控系统，实现基于国产密码的移动安全保障，形成科技网骨干网、接入网和重要系统多级保障体系。

2019年，中国科技云构建了信息化基础设施资源与服务开放汇聚的模式及技术体系。中国科技网国内出口带宽 121G，国际出口带宽 113G，中国科技云平台汇聚集成了 315PE 计算资源和 150PB 存储资源，实现了知识图谱数据管理软件、机器学习平台软件等 400 多款软件的部署与集成服务，研发并发布了中国科技云门户系统 2.0，实现了资源与服务的注册管理与动态发布，已服务于“地球大数据科学工程”、“空间科学”等先导专项，及 FAST、LHAASO 等重大科技基础设施。中心牵头建设国家基础学科公共科学数据中心，形成覆盖八大基础学科、三大区域和部分前沿交叉领域的数据资源体系，系统整合形成了 21 个主题库和专业库，包括 818 个数据集，数据总量达到 700.76TB。自主建设的国内首个遥感数据云服务平台地理空间数据云提供一站式地学数据综合服务，平台在线数据服务量达到 757.9TB，注册用户数达到 36.5 万（2019 年新增 8.3 万人），日均在线数据下载量达到 500GB。

计算机网络信息中心现有 13 个业务部门、5 个职能部门，院级非法人单位中国科学院计算科学应用研究中心和中国科学院科学新闻中心；建有国家发改委大数据分析与计算技术国家地方联合工程实验室、大数据应用服务技术北京市工程实验室、网络空间安全技术与应用中关村开放实验室等。在广州设有分支机构广州中国科学院计算机网络信息中心，专门负责物联网标识管理公共服务平台的建设、运行和服务。

截至 2019 年底，计算机网络信息中心共有在职职工 480 余人，其中各学科领域领军人才 30 余人、高级科技人员 200 余人。

计算机网络信息中心是 2012 年国务院学位委员会批准的博士学位授予权单位之一；设有计算机科学与技术一级学科博士点与硕士点，网络空间安全一级学科硕士点，电子信息专业学位学科点，拥有计算机科学与技术一级学科博士后科研流动站；现有在学研究生 218 人（其中博士生 71 人，硕士生 146 人，博士留学生 1 人）。设立了中国科学院大学并行科技“超级云计算”教育基金。

2019 年，计算机网络信息中心共有各类在研项目 300 余项，共授权专利 24 项，登记软件著作权 52 项，参与编制和发布国际标准 1 项、国家标准 1 项，发表高水平科技论文 40 余篇。

2019 年，计算机网络信息中心共有在研项目 331 项（包括新增项目 117 项）。其中，主持（或承担）国家自然科学基金重点项目 3 项（新增 1 项）、面上项目 9 项（新增 4 项）、国家自然科学基金重大研究计划重点项目 2 项、国家青年科学基金项目 10 项（新增 1 项）、国际（地区）合作与交流项目 2 项、联合资助基金项目 1 项（新增 1 项），参与国家重大科技专项 2 项，主持（或承担）国家重点研发计划 48 项（新增 2 项），主持发改委促进大数据发展重大工程项目 1 项，主持（或承担）工业互联网创新发展工程 3 项（新增 1 项），主持（或承担）国家其他项目 / 课题 25 项（新增 13 项）；主持财政部修购专项项目 1 项（新增 1 项）；主持（或承担）中国科学院战略性先导科技专项 12 项（新增 2 项），主持（或承担）院重点部署项目 6 项（新增 1 项），主持（或承担）院科技服务网络计划（STS 计划）项目 7 项（新增 5 项），主持院基础前沿科学研究计划“从 0 到 1”原始创新项目 2 项（新增 2 项），主持（或承担）中国科学院信息化专项 18 项（新增 6 项），主持（或承担）中国科学院其他项目 60 项（新增 36 项）；主持（或承担）地方政府项目 15 项（新增 5 项）；主持院地合作项目 98 项（新增 36 项），主持（或承担）所级项目 6 项。

2019 年，计算机网络信息中心与 100 多家企事业单位展开交流与合作，合作内容包括共建研究院，成立联合实验室，联合承担国家和院重要科技项目等。

2019 年，承办了第五届中国科研信息化发展研讨会、第六届中国科学数据大会等，发布了中、英文版《中国科研信息化蓝皮书》。主编了《数据与计算发展前沿》和《中国科学数据》（中英文网络版）学术期刊。

计算机网络信息中心下设国有资产管理公司北京中科北龙科技有限责任公司，负责对计算机网络信息中心直接投资的全资、控股、参股企业经营性国有资产行使出资人权利，并承担相应国有资产的保值增值责任。

计算机网络信息中心是国际科学理事会数据委员会 CODATA 中国全国委员会秘书处的依托单位，是中国互联网协会、中国信息协会、中国网络空间安全协会的常务理事单位。2019

年，举办了 CODATA 国际学术年会、开放科学数据政策与实践国际研讨会、理论与高性能计算化学国际会议、科学数据与机器学习培训班等一系列国际会议和培训班，其中开放科学数据政策与实践国际研讨会起草的《科研数据北京宣言》由 CODATA 正式发布。

（撰稿：张玉红　审稿：廖方宇）

文献情报中心

主　　任：刘会洲
地　　址：北京市中关村北四环西路 33 号
邮政编码：100190
电　　话：010-82626684
传　　真：010-82626600
电子信箱：office@mail.las.ac.cn
网　　址：http://www.las.ac.cn

中国科学院文献情报中心（以下简称“文献中心”）成立于 1950 年 4 月，为中国科学院直属事业法人单位，负责全院文献情报服务的组织、管理和协调，负责全院科技文献资源保障体系建设，负责全院公共文献信息服务的建设和管理，下设中国科学院成都文献情报中心和中国科学院武汉文献情报中心 2 个二级事业法人单位，负责相应领域战略情报研究和科技信息服务，协同组织所在区域的科技信息服务工作。

文献中心立足中国科学院、面向全国，主要为自然科学、边缘交叉科学和高技术领域的科技自主创新提供文献信息保障、战略情报研究服务、公共信息服务平台支撑和科学交流与传播服务，同时通过国家科技文献平台和开展共建共享为国家创新体系其他领域的科研机构提供信息服务。

截至 2019 年底，文献中心共有在职职工 348 人。其中科技人员 37 人、科技支撑人员 255 人，包括研究员及正高级工程技术人员 32 人、副研究员及高级工程技术人员 64 人。共有国家技术发明奖二等奖获得者 1 人，中国科学院文献情报领域引进优秀人才择优支持 3 人，中国科学院期刊出版领域引进优秀人才择优支持 1 人。并设有图书情报与档案管理专业一级学科博士后流动站，在站博士后 8 人。

文献中心是目前国内唯一获得国务院学位委员会授权可培养图书馆学、情报学博士研究生和硕士研究生的文献情报机构。现设有图书馆学、情报学 2 个专业一级学科博士研究生培养点，图书馆学、情报学 2 个专业一级学科硕士研究生培养点，并设有图书情报与档案管理一级学科博士后研究流动站；共有在学研究生 187 人（其中硕士生 102 人、博士生 85 人）。

2019 年，文献中心数字资源保障能力稳步提升。全院保障外文电子期刊 2.1 万余种、外文图书工具书 16.7 万卷（册）、中文期刊 1.7 万种，全文内容资源保障总量较去年增长 10%。全院电子资源使用量较 2018 年增加 7%，其中全文数据库使用量达 6500 余万次。长期保存的中文期刊数量达 14 000 种，外文电子期刊 3641 种，外文电子图书 74 622 种，事实型数据产品 462 万条，预印本论文 162.38 万篇。

文献中心基于科技大数据计算基础支撑平台与慧系列知识服务架构升级完善，发布了“慧科研”新一代科研知识服务产品，并在中国科学院研究所、省科院落地应用。建成的中国科学院文献情报“数据湖”，数据体量达到 3.02 亿条，形成院所两级的双向流动的数据服务机制，实现了 24 个特色中心数据的汇聚融合与精准分发。

文献中心面向粤港澳大湾区国际科技创新中心建设需求，以支撑深圳为主阵地的综合型国家科学中心建设为落脚点，提出构建“国际科技信息中心”规划建设方案，有效推进国际科技信息中心暨中国科学院粤港澳大湾区科技知识研究院筹建任务，纳入中国科学院与深圳市签订的战略合作协议框架中第一批合作项目。

围绕国家、中国科学院改革发展的需求和重大问题，文献中心构建“分工负责、长期积累、深度分析、支撑决策”的战略情报研究服务体系，全力支持国家和中国科学院科技发展中长期规划的环境扫描与形势判断、8+2 重大领域的前瞻和预见、体制机制重大改革的探索，承担了第四次工业革命核心技术驱动力、典型国家重点研发类计划科技评估、国家重大科技基础设施战略发展研究等重大科技战略研究与咨询服务，为中央有关部委、国家自然科学基金委员会、中国科协、院党组、区域创新中心、国知局的战略决策及科技创新、区域产业发展提供有力的支撑。

文献中心以“需求驱动、融入一线、支撑科研、服务创新”为理念，持续发挥服务科研创新的前沿阵地作用，推进所级文献情报服务能力进一步提升。以用户需求为导向、信息技术为支撑，信息资源为保障，深化院所协同服务，积极开展前瞻性学科服务设计，开展科研信息素质培训，有效发挥文献中心对中国科学院科研工作的重要支撑与保障作用。

2019 年，文献中心阵地服务围绕图书馆资源、空间、服务核心“三要素”全面展开。立足丰富的馆藏文献资源，秉承“保护与利用并重”原则，挖掘、开发和利用特色资源，取得明显成效。

2019 年，文献中心发挥引领示范作用，推动国家科技信息服务发展。作为核心力量参与国家科技资源战略保障与服务，在 NSTL 的文献资源保障、平台建设、文献服务、情报服务、国际交流与培训方面发挥了重要作用，在面向国家战略保障体系的未来规划和长期保存与开放获取两大方向发挥引领作用。

文献中心主办的期刊有《图书情报工作》、《知识管理论坛》、《数据分析与知识发现》、《化学进展》、《电子政务》、《中国生物工程杂志》、《高科技与产业化》、《科学观察》、《数据与情报科学学报》（英文刊）、《智库理论与实践》、《中国科技期刊研究》、《世界科技研究与发展》、《长江流域资源与环境》、《天然产物研究与开发》和《数据智能》（英文刊）共 15 种。英文刊 *JDIS* 被正式收录于 WOS 数据库（ESCI），成为中国大陆地区情报学领域首份 ESCI 收录期刊。此外，*JDIS* 还获得了“中国科技期刊卓越行动计划”梯队期刊项目资助，这是情报学领域唯一获此殊荣的期刊。《电子政务》被 CSSCI（南京大学核心期刊）收录，中心被核心期刊数据库收录数量创历史新高。期刊研究会承担的全院期刊审读工作将审读领域拓展至七大领域。中国科学院期刊改革项目成果——全院期刊微信公众号集中管理平台开发成功并投入使用。

2019 年，文献中心科学文化传播工作取得长足进展。完成“科技报国七十载 创新支撑强国梦——中国科学院创新成果展”、“伟大历程 辉煌成就——庆祝中华人民共和国成立 70 周年大型成就展”部分科技成果展示，“地球大数据科学工程原型系统”展览、中国科学院科技创新年度巡展、2019 年全国科技活动周北京主场展示、中国科学院院史展等 8 项国家级、院级重要展览的设计实施、年度更新、运维服务等任务，惠及社会公众逾千万。

2019 年，文献中心不断创新科技人文活动的内容与形式，传播高质量的多元科学文化。面向院内研究生开学季开展科研信息技能系列讲座，面向公众举办“公众科学日”系列活动，长期举办的“科学人讲坛”、“视听沙龙系列赏析”和讲座等活动，培养了稳定的用户群体，扩大了品牌影响力。

2019 年，文献中心共有在研项目 279 项（包括新增项目 198 项）。在情报学和图书馆学的基础理论方法研究方面，产出了一系列有影响力的科研成果。在国内外核心期刊共发表论文 86 篇，核心会议论文 11 篇，获得专利 1 项，软件著作权 1 项，有多份研究报告获得省部级以上领导批示。

2019 年，文献中心出国（境）（含成都及武汉 2 个中心与 3 个挂靠单位）执行 57 批次 /96 人次。其中参加国际会议 37 批次 65 人次；赴国外学术交流访问 11 批次 21 人次；“群星计划”专题研究 8 批次 8 人次；执行赴台学术交流项目 1 批次 2 人次。

文献中心以会员身份加入的国际组织包括 IFLA（国际图联）、EIFL（国际电子资源联盟）、COAR（开放获取知识库联盟）、ICSTI（国际科技信息理事会）等，并持续参与国际组织年会，完成国际组织履职。

文献中心是中国科学院档案馆、中国科学院现代化研究中心、全国科学技术名词审定委员会事务中心、知识产权信息服务中心、知识产权运营管理中心的挂靠单位。挂靠学会包括中国图书馆学会专业图书馆分会秘书处和中国科学院自然科学期刊编辑研究会。

（撰稿：刘峻明　汪　维　审稿：刘会洲）

中国科学报社

社　　长：赵　彦
地　　址：北京市海淀区中关村南一条乙3号
邮政编码：100190
电　　话：010-62580899
传　　真：010-62580899
电子信箱：bangongshi@stimes.cn
网　　址：http://www.csd.cas.cn

中国科学报社（以下简称“科学报社”）成立于1959年1月，是中国科学院所属唯一经国家新闻出版广电总局批准的新闻媒体单位，具有主办报纸和期刊的特许出版权和发行权、记者和记者站的管理权、广告经营权和新闻类网站的主办权等。

科学报社现有媒体包括两报（《中国科学报》、《医学科学报》）、两刊（《科学新闻》、《科学新生活》）、一网（科学网），以及微博微信等新媒体。

《中国科学报》前身是1959年1月1日正式出版的《科学报》，1989年更名为《中国科学报》，1999年1月1日更名为《科学时报》，2012年1月1日复名为《中国科学报》。《中国科学报》由中国科学院、中国工程院、国家自然科学基金委员会和中国科学技术协会四家单位共同主办。出版刊期为一周五刊，每周一、三、五出版四版，每周二、四出版八版，彩色印刷，面向全国发行。

截至2019年底，科学报社共有在职职工107人，其中采编人员71人。职工中53人具有研究生及以上学历；32人具有高级职称，34人具有中级职称。科学报社在全国13个省（自治区、直辖市）建有记者站，与国内近百所高校建立了紧密的合作关系。

2019年初，科学报社党政领导班子完成换届后，经过系统调研、深入思考和反复研讨并广泛征求意见，形成《中国科学报社改革发展总体方案（2019—2023）》，明确了“以改革谋媒体转型，以改革促生存发展”的工作思路。

在新闻采编业务和成果方面，紧扣行业媒体定位，报社全年采编工作聚焦科教热点、关注科技前沿、弘扬科学文化，策划了一系列有影响力的专题报道，产出一批有影响力的新闻作品和网络热文。

2019是中华人民共和国成立70周年、中国科学院建院70周年，也是《中国科学报》创刊60周年。报社坚持媒体党性原则，紧扣时代主旋律，提前策划、精心组织，推出一批大体量的专栏、专题、专刊报道。一是开设六大专栏。“壮丽70年、奋斗新时代”、“不忘初心、牢记使命——来自科研一线的报道”、“光荣在院70年”、“不负‘天命’，共谋未来”、“科技报国、薪火相传”等专栏，刊发文章70余篇。二是创办两大专题。“率先改革进行时”专题，近20位骨干记者用9个月时间深入40余家“四类机构”，形成近40篇以可读性、纪实性为特点的系列报道，获得科技界广泛好评，报道汇编成书《率舞潮头 先帆竞发——中国科学院研究所分类改革纪实》正式出版，在中国科学院创新成果展中展出。“寻找新中国科学奠基人”专题，选取在共和国学科奠基中起到重要作用的近30位科学大师，讲述老一辈科学家求真求实、不懈探索、科技报国的感人故事。三是策划特色专刊。全国两会报道特刊、70周年院庆特刊、院公众科学日专版等专刊各富特色，收到积极反馈。其中，院庆特刊报道结合中央文件精神，有针对性挖掘了中国科学院70年来蕴含的科学家精神的丰富内涵。这些专栏专题专刊讲述了共和国科技发展的光辉成就，呈现了中国科学院在国家科技发展历程中的脊梁作用。

2019年，科学报社追踪科技成果报道，推出克隆猴、拓扑物理学、引力波探测、黑洞等一批重要成果或进展报道，及时充分展示中国科学院重大科研产出。对中国科学院2018年度“科技促进发展奖”项目、科技服务网络计划（STS计划）项目、“弘光专项”项目等进行系列报道。转移转化周刊从科学家群体视角审视技术孵化链条，报道思路特色鲜明，有85篇报道被“学习强国”转载。解读热点话题，围绕科技期刊改革、数学基础研究、科研评价完善制度等科教热点话题，及时推出解读、回应、热议等有针对性的新闻报道，传播效果较好；大学周刊评论文章《为何要坚决扭转“SCI至上”局面》获得国家领导人的批示。传播科学文化，开设“两种文化大家谈”栏目，20余位不同领域的知名专家发表了看法，在知识界产生深刻影响。

在建立移动传播矩阵方面渠道齐全、分类合理。科学报社投入专门资源运营微信、抖音、今日头条等第三方主流移动平台账号。全年科学网微信号、头条号粉丝数量增长超过20%；科学网头条号推荐量达到5.1亿，阅读量4100万。

科学报社创新网络传播，初步确立围绕论文新闻和科教热点拍摄特色视频产品的发展路径。科学网及其移动端围绕CEPC、“996”、“送论文”、科研人员亚健康等网络热点展开讨论，收获一批网络热文和10万+文章。与北大团队合作成功开发科学新闻写作机器人“小柯”，报道范围覆盖部分生命科学和医学领域顶级期刊论文，初步形成科学新闻AI生产能力，被列入北京大学科技成果发布会推广项目。建成科学网视频频道 v.sciencenet.cn，全年推出论文视频、新闻视频、微专题片等各类视频150多个，开展视频拍摄制作和直播服务。

组织机构优化方面，科学报社按照“业务导向、产出优先、队伍精干、适度前瞻”原则，优化调整报社机构岗位设置，全新重组设立采访中心、科学传播中心。减少职责交叉，精简部门设置，将原有12个二级机构的设置精简为7个，形成业务优先、协调高效的管理架构。探索建设由中国科学院科学传播局指导，京外分院或研究所为依托，报社聘用工作人员的记者站新体系，与广州分院、长春分院、亚热带农业生态研究所、山西煤炭化学研究所等京外院属机构取得合作建站共识。

人才队伍建设方面，科学报社开展全员竞聘，实现减员增效。以岗位绩效工资改革为抓手，完善以业务产出为导向的评价机制，实施大幅度向网稿倾斜的稿费分配办法，通过薪酬激励鼓励员工树立移动业务优先的意识。

管理机制完善方面，科学报社结合上级要求和报社实际对现行制度进行全面梳理，废改立各类制度50余件，编印《中国科学报社制度汇编》，进一步完善管理清晰、责权明确的制度体系。

举办活动方面，科学报社持续开展“中国科学家与Cell Press”国际合作项目，组织年度论文、年度机构颁奖典礼暨前沿论坛；先后与贵州修文县和北京大学合作，主办第十届创新中国论坛“大健康产业峰会”和第十一届创新中国论坛“新科技革命下的互联网经济”；举办“2019年度科学新闻人物评选”、“两院院士评选中国、世界十大科技进展”品牌活动，活动影响力再上台阶。

在对外合作与市场开拓方面，科学报社与抖音合作共同开展“DOU知”项目，5个月时间取得话题视频播放量5亿次的成绩；与腾讯公司联合举办院士进腾讯暨前沿科技论坛，搭建科学界与企业界的交流平台。从百度公司、中国科协、国家自然科学基金委及中国科学院部分单位争取到传播服务项目或建立了战略合作关系。

（撰稿：潘　希　张　京　审稿：刘峰松）

其他机构

行政管理局

局　　长：顾　全

地　　址：北京市海淀区中关村南三街 15 号

邮政编码：100086

电　　话：010-62582327

传　　真：010-62560929

电子信箱：office@caseab.ac.cn

网　　址：http://www.ab.cas.cn

中国科学院行政管理局（以下简称“行管局”）成立于 1955 年，前身为中国科学院管理局，作为中国科学院机关职能部门之一，负责院机关和京区科研单位后勤保障工作。1991 年，经过院部机构改革，行管局成为直属事业单位，实行差额预算管理。

按照“事企分开、责权明晰、各司其职、高效运营”的原则，行管局设有 13 个机关处室、2 个直属中心，1 个局国有全资资产管理公司统领的五大产业板块。截至 2019 年底，行管局共有在职职工 1042 人。

2019 年，行管局坚持党建引领，强化使命担当，围绕院科技创新发展与改革主旋律，积极争取、多方协调，推进“3H”工程建设，打造平台、汇聚资源，加大科学文化传播，发挥优势、务实笃行，助力院专项扶贫，较好地完成了各项工作任务，重点工作取得新进展。

行管局领导班子坚持以习近平新时代中国特色社会主义思想为指导，扎实开展“不忘初心、牢记使命”主题教育，强化理论学习，开展调查研究，认真检视问题，深刻剖析根源，逐一明确整改措施；认真落实院党组巡视组对行管局反馈的整改意见，逐项对照检查，深挖根源，研究整改措施，并举一反三，确保整改实效；继续推进“开门办党建”，推进与中关村、奥运村和亚运村街道的沟通交流和协调联动机制建设，主动融入地方党建工作，为行管局承担的“3H”工程服务保障的有序推进、健康发展提供了政治保障；坚持以党建带群建，充分发挥群团组织的重要作用，努力为服务科研凝聚力量，举办了庆祝中华人民共和国成立 70 周年和中国科学院建院 70 周年文艺汇演、技能竞赛、知识答题等系列活动，增强全局职工的爱国爱院情怀，进一步弘扬工匠精神，激发起砥砺新征程、奋斗新时代的强大合力，局团委、妇委分别获北京分院 2019 年度共青团工作先进单位、妇女工作先进单位。

2019 年，行管局加强人才队伍建设，首次开展“十佳工匠”评选，严格职员、专业技术系列岗位竞聘，努力提高队伍整体素质。完善选人、用人机制，优化人才结构，有 468 人被评定为各类人才。系统组织干部培训，组织各类专项培训 15 场，人才队伍进一步充实，能力素养进一步提高。

2019 年，行管局继续推进京区“3H”工程建设，相关工作取得新的进展。

Housing 工程：努力筹措增量，争取海淀区保障房的支持，为中国科学院驻区单位提供增量供给，进一步缓解需求矛盾，新增 166 套海淀区北坞半地下保障房，落实 120 套海淀区保障房分配。积极谋划增量，了解北京市和海淀区政府新政策，构建新模式新机制，尝试租售同权的住房增量供给。争取国管局和院专项经费支持，对代院管理的老旧生活小区设施设备和外部环境进行修缮改造，提升了小区品质。利用局自有资金，对行管局服务保障的基础设施设备线路等进行修缮改造，保障安全生产运行。

Home 工程：中国科学院幼儿园继续挖潜与

努力新拓相结合，新接收院内职工幼儿926名，实现入园服务保障率100%。坚持提升内功与外向交流相结合，通过举办大型艺术作品展、首届SEK中国儿童科学教育高峰论坛，以及参加第十三届世界课例大会做报告，彰显示范作用；通过深入打造“名师工作室”，提高教研特色水平，发挥带动作用。在北京市中科启元学校、中国科学院附属实验学校持续健康发展的基础上，进一步鼓励和支持各自的学科特色凝练和综合优势发挥。北京市中科启元学校取得了头脑创新思维（DI）全球总决赛亚军等多项优异成绩。院附属实验学校抓教学核心质量建设，中考成绩优异，获得中学教育教学质量工作优秀校称号，小学部三、六年级统测成绩全面超过区教委直属学校，获得教育教学优秀校称号。

Health工程：科研骨干就诊通道继续完善，2019年共有9911名科研骨干人才报名中关村医院、中日友好医院（西区）科研骨干就诊通道，累计就诊16 400人次。与北大国际医院、北京中西医结合医院签订合作协议，面向京区院所开展中医特色、高端专科诊疗服务，初步构建起围绕京区院所所在地的健康管理服务格局。开展京区科研骨干重疾筛查防治工作，累计筛查394人、753例，重大阳性477例，确诊癌症1例。组织了院士集中康养活动和特色专项服务61人次。继续推进重点科研团队健康保障向西部地区倾斜，累计招募了10支团队、97名科研骨干参加健康管理，试点解决艰苦条件下科研人员面临的就医问诊难题。采取面向团队和面向个人相结合的方式，以急救知识和技能培训为宣教重点，全年共组织急救专项活动1次、急救讲座29场、健康讲座28场、健康知识巡展12场，覆盖京区26个院所，参与人数达到5475人次。

2019年，行管局创新科普方式，精心设计“科学快车”的形式与内涵，打造移动传播平台。一年来，“科学快车”行驶约4.3万千米，走进校园、走进社区、走进边疆、走进文旅会展、走进扶贫点，举办了134场展览，受众近110万人次，进一步讲好科学院故事、传播创新成果、弘扬科学精神。举办第一届行政管理局公众科学日，本次活动到场公众逾1000人，收看直播人数超过5.5万人次。成立了中国科学院科学教育联盟专家委员会，汇聚了院内外科学教育专家资源，进一步指导37家联盟成员单位，开展科学教育实践探索。

行管局积极发挥学前教育、基础教育的优势，助力中国科学院对口扶贫扶智工作提升综合效益。利用“实地面对面、网络一对多”的方式，投入67.5万元，开展科学素养和精品教学，在库伦旗和水城县共开展实地培训5次，远程培训32次，共计247课时。同时，接待库伦旗73名优秀师生来京参加助学助教项目；在水城县开展“科普阅读进校园”活动，受益师生640人。

行管局继续发挥好协会联盟的纽带和骨干作用，召开中国科学院后勤协会2019年度常务理事会，审议了2014至2018年经费使用情况，研究部署了协会2019年重点工作。物业管理联盟举办培训研讨，8个分院44家理事单位60余名代表。专家公寓联盟举行了住宿行业服务规范、标准交流调研。健康管理联盟组织专题交流研讨活动，各理事单位90余人参加。学前教育联盟组织院内各幼儿园园长共40余人，走进南京知名幼儿园进行深度研修。

2019年，行管局围绕重大活动保障，深入推进安全综合治理，营造安全稳定环境。通过推进安全隐患排查、开展应急演练等系列举措，圆满完成国庆安保、科学之夜、院士大会、庆祝建院70周年大会等重大活动的安全保障任务。

2019年，行管局坚持不懈处理历史遗留问题，积极化解群众矛盾，妥善处理居民诉求。大力推进科学园南里七区门禁维修、外电源及配电室低压柜改造等工程，为群众办实事，解决现实困难。

（撰稿：侯秀睿　唐　亮　审稿：胡　伟）

青岛疗养院

院　　长：刘邦武
地　　址：山东省青岛市市南区珠海路1号
邮政编码：266071
电　　话：0532-85967888
传　　真：0532-85967888
电子信箱：bwliu@rose.cashq.ac.cn
网　　址：http://www.zylhotel.com

中国科学院青岛疗养院（以下简称“青岛疗养院”）始建于1956年，原址有青岛栖霞路12号、15号两处院落，中国科学院首任院长郭沫若曾到此休养，时称中国科学院青岛休养所，隶属中国科学院海洋研究所。20世纪六七十年代，海洋研究所将栖霞路12号改由该所同位素实验室及职工宿舍使用，休养所停办。1978年5月，邓小平同志圈阅中国科学院《关于恢复中国科学院青岛疗养所和建立庐山疗养所的请示》（〔78〕科发计字0713号文），遂改为中国科学院直属事业单位。1983年改称中国科学院青岛疗养院。之后，中国科学院批准在青岛选址、征地（辛家庄）扩建新院，但在1988年即将开工建设之际，遭遇国家政策性全面压缩基建项目，暂缓建设。1993年，中国科学院正式批复《关于集资扩建中国科学院青岛疗养院协议书》。1999年5月，青岛疗养院新址康复中心大楼竣工并投入使用。同年，根据中国科学院领导指示，栖霞路15号旧址全部移交中国科学院海洋研究所管理使用。

新建青岛疗养院位于青岛市东部政治、经济、文化、商贸中心地带，园区占地100亩，康复中心楼高15层，建筑面积15 000平方米，绿化面积达19 000平方米；拥有海景山景标准间、商务间、普通套房、豪华套房等277套，客房硬件设施在青岛三星级酒店中名列首位，有会议室、餐厅、无柱多功能厅、商务中心等服务设施，还有能停放百余辆机动车的大型停车场及中心花园和灯光网球场，是一座闹中取静的田园式三星级涉外宾馆。

青岛疗养院与青岛致远楼宾馆为一个单位两块牌子，设八部一室（总经理办公室、人事部、前厅部、客房部、餐饮部、财务部、保安部、工程部、营销部）。截至2019年底，有事业编在职职工2人，合同制员工及劳务75人，其中高级技术工人2人、中级技术工人5人，初级专业人员5人。

青岛疗养院经营方针是“自力更生、艰苦奋斗、创新创业”，既为中国科学院服务，又面向社会大众。青岛疗养院是2019—2020年财政部党政机关会议定点饭店，且获山东省卫生厅颁发的“餐饮业卫生信誉度A级单位”称号及青岛市卫生局卫生监管局颁发的“公共场所卫生信誉度A级单位”称号，每年通过审核保持至今。

2019年，青岛疗养院调整经营思路，完善服务项目，提升服务品质，超额完成年初设定的经营指标，圆满完成各项接待服务任务。其中会议客户收入占总收入的78%，重点接待了青岛市卫生监督执法局会议、互联网工业创新发展会议、2019年（十一届）科技进步论坛暨第八届中国产学研合作创新论坛会议等大中型会议，并在海军节期间圆满完成了对特警部队的服务工作，完成中国科学院系统各类会议及院所疗休养团队接待任务。全年共接待大中型会议169个，旅行团队118个，海内外宾客57 005人次（内宾56 728人次、外宾277人次）；为12余万人次提供用餐服务，会场接待400余场次，VIP会议近50场次。

2019年，青岛疗养院积极配合青岛市及市南市区文旅局、文明办和爱国卫生委员会等各部门工作，严格按照创城标准，在大堂、餐饮等公共区域设置《山东省住宿业服务规范》，张贴有关诚信、文明旅游、光盘行动等宣传标识，设置残疾人厕位和无障碍通道，多次组织全体员工清理院区卫生，积极做好市区、省级和国家级督查组对宾馆的创城检查和迎检工作。青岛疗养院还对前厅总服务台、客房部分卫生间门进行升级改造；院区路面重新铺设沥青、改换人行道地砖；重新划定停车位，申办青岛市经营性停车场登记证。

2019年，青岛疗养院多次召开专题会议就宾馆风险管控和隐患排查治理双重预防体系工作进行统一部署，严格隐患排查治理，全面落实安全管理制度；院领导与各部门经理签订安全生产责任书；邀请市消防局专家对全员进行消防安全培训；两次组织召开全员安全生产双重预防体系建设培训会；开展安全生产“大学习大培训大考试”专项行动；定期组织各部门进行消防应急演练，安全生产应急预案顺利通过区应急管理局评审备案。

2019年，青岛疗养院不定期组织中层管理人员召开专题会议，认真学习贯彻2019年两会精神及党的各项政策方针，并在经营淡季每周组织开展“不忘初心，为打造科技主题酒店砥砺奋进，牢记使命，为创建服务企业标杆攻坚克难”主题教育学习活动，进一步提升全员尤其是管理人员的思想和政治觉悟，转变工作作风，切实将党建工作与疗养院中心工作结合在一起。

2019年9月，青岛疗养院配合中国科学院条件保障与财务局验收小组完成2015年加建自筹工程和2016年基础设施及房屋修缮改造工程的工程验收工作。

截至2019年底，青岛疗养院完成营业收入1655万元，实现净利润168万元，上交国家税金135万元，整体实现跨越式发展。

（撰稿：朱昌镜　李　霞　审稿：刘邦武）

庐山疗养院

院　　长： 张纪文
地　　址： 江西省庐山芦林52号
邮政编码： 332900
电　　话： 0792-8282529；0792-8281940
传　　真： 0792-8281412
电子信箱： hanpokoubinguan@sina.com
网　　址： http://www.hpkbg.com

中国科学院庐山疗养院（以下简称“庐山疗养院”）成立于1978年，是我国著名地质学家李四光创办的我国第一个地质研究所的旧址，当时主要服务于中国科学院长期从事野外、海上考察，常年与毒品、辐射物质接触的科技人员，恢复其身体健康，使其以更大的热情和积极性投身生产和科研。

1986年庐山疗养院扩建两栋疗养楼一栋理疗楼。至此，疗养院已初具规模，建筑面积达8694平方米，拥有180张床位以及报告厅、餐厅、锅炉房等相关设施。

2005年，经中国科学院院长办公会研究决定，将庐山疗养院定位为中国科学院科技骨干疗休养基地及小型学术会议中心。多年来，由于科研任务繁重，科技工作者超负荷工作，再加之城市空气质量恶化，科技工作者身体每况愈下，英年早逝的现象经常发生。党中央国务院高度重视这项工作，1987年7月，党中央邀请全国科技界各领域14位中年科技专家到北戴河休息，首开休假制度先河；2001年经党中央批准，每年暑期邀请各行业、各领域、各层次的人才和专家休假，十几年来从未中断过；中组部已正式建立专家疗养休假制度。

庐山疗养院地理位置优势，环境优美，院内布局独特，为花园式庭院格局，环境典雅、舒适、宁静、空气清新。院内有天然矿泉水，经国家有关部门鉴定，该矿泉水含有10多种对人体有益的微量元素，尤其对心脑血管病人有显著疗效。从1979年3月开始，庐山疗养院接待了大批科研人员，积极保障祖国科学事业发展。

庐山疗养院认真贯彻习近平总书记“四个率先”的要求和中国科学院全面深化改革的“率先行动”计划，深入实施“创新2020”和“一三五”规划，充分利用庐山疗养院的疗休养资源，在中国科学院已开展的巡诊、义诊、讲座的平台上，积极组织身体处于亚健康状态的科技、管理和支撑骨干疗休养，使庐山疗养院在“率先行动”计划和“3H”工程中能够真正发挥更大的作用，这将是庐山疗养院当前和今后一个时期的核心任务。

截至2019年底，庐山疗养院共有在职职工22人，管理岗位9人，技术岗位2人，工人11人；设有办公室、营销部、客房部、餐饮部、后勤部等管理机构。

2019年，庐山疗养院围绕年初制定的工作目标，以市场为导向、细化管理为手段，稳抓经营和管理，克服各种不利因素，顺利地完成任务指标。全年共接待客人8020人次，其中中国科学院客人占总人次的90%，各网站客人占总人次的6%，其他客人占总人次的4%。全年预算收入463.21万元，预算执行率为100%。实现经营收入383.35万元。

庐山疗养院园区面积20 000平方米，有四栋别墅疗养楼，拥有观景套房、豪华标间、豪华单间、普通标间等150套，设有宴会厅、小餐厅、贵宾厅、各式包厢，还配有大、小会议室数间等其他配套设施。

（撰稿：曹俊升　刘　莉　审稿：梅庐溪）

院直接投资的全资及控股企业

中国科学院控股有限公司

董 事 长：索继栓（法定代表人）
副董事长、总经理：杨建华
地　　址：北京市海淀区科学院南路 2 号融科资讯中心 B 座 14 层
邮政编码：100190
电　　话：010-62800118
传　　真：010-62800120
电子信箱：casholdings@rose.cashq.ac.cn
网　　址：http://www.casholdings.com.cn

经国务院批准，中国科学院控股有限公司（以下简称“国科控股”）于 2002 年 4 月 12 日注册成立，代表唯一出资人——中国科学院统一管理院、所两级的经营性国有资产。国科控股统一负责对院属全资、控股、参股企业有关经营性国有资产依法行使出资人权利，承担相应的保值增值责任；根据《中国科学院章程》，对中国科学院所属事业单位占用的经营性国有资产的营运行使监管权。受中国科学院委托，代管中国科学院青岛疗养院、庐山疗养院和科技促进经济基金委员会；负责中国科学院联想学院日常组织管理工作。

国科控股第六届董事会由 7 人组成，索继栓任董事长；第六届监事会由 5 人组成，陈晓峰任监事会主席；经营班子由 4 人组成，杨建华任总经理；中共中国科学院京区企业党委由 15 人组成，设由 7 人组成的常委会，索继栓任党委书记。截至 2019 年底，国科控股本部共有员工 51 人，设有综合管理部、财务管理部、股权管理部、资产监管与成果转化部、科技金融部、企业发展与对外合作部、党委办公室、纪检监督审计部 8 个部门。

截至 2019 年底，国科控股本部注册资本 51 亿元，资产总额 311 亿元，净资产 242 亿元。国科控股持股企业 50 家，其中全资和控股企业 22 家，上市企业 3 家，新三板挂牌 1 家（表 8）。

表 8　国科控股持股企业及股权比例情况（截至 2019 年底）

序号		公司名称	成立日期	股权比例 /%
持股企业及股权比例	1	联想控股股份有限公司（03396.HK）	1984 年 11 月 9 日	29.05
	2	中科实业集团（控股）有限公司	1993 年 6 月 8 日	67.50
	3	东方科仪控股集团有限公司	1983 年 10 月 22 日	48.01
	4	中国科技出版传媒集团有限公司	2005 年 6 月 21 日	100.00
	5	中国科技产业投资管理有限公司	1987 年 10 月 17 日	39.16
	6	国科科仪控股有限公司	2019 年 1 月 30 日	100.00
	7	中国科学院新材料技术有限公司	2018 年 4 月 16 日	100.00
	8	北京中国科学院软件中心有限公司	2001 年 9 月 17 日	65.25
	9	中国科学院建筑设计研究院有限公司	2001 年 10 月 24 日	51.00

续表

序号		公司名称	成立日期	股权比例/%
持股企业及股权比例	10	北京中科资源有限公司	2001年12月7日	45.92
	11	中国科学院沈阳计算技术研究所有限公司	2001年6月25日	60.00
	12	中国科学院广州化学有限公司	2001年12月21日	55.30
	13	中国科学院广州电子技术有限公司	2001年12月30日	87.92
	14	中国科学院成都有机化学有限公司	2001年6月8日	65.00
	15	中国科学院成都信息技术股份有限公司（300678.SZ）	2001年6月26日	35.51
	16	中国科学院科技服务有限公司	2002年12月25日	65.00
	17	上海碧科清洁能源技术有限公司	2009年1月21日	45.33
	18	深圳中国科学院知识产权投资有限公司	2009年2月3日	85.71
	19	国科健康生物科技有限公司	2015年4月2日	34.00
	20	中国科学院创新孵化投资有限责任公司	2015年10月12日	100.00
	21	国科羲裕（上海）投资管理有限公司	2016年4月12日	100.00
	22	国科健康管理股份有限公司	2016年6月23日	33.00
	23	北京科诺伟业科技股份有限公司	2001年1月31日	33.85
	24	国科量子通信网络有限公司	2016年11月29日	36.20
	25	喀斯玛控股有限公司	2016年12月12日	81.96
	26	国科离子医疗科技有限公司	2018年4月26日	43.00
	27	中国科学院创业投资管理有限公司	2017年11月26日	35.00
	28	国科华路航天科技有限公司	2018年10月17日	26.00
	29	北京中科普惠科技发展有限公司	2002年12月2日	25.00
	30	北京东方阳光国梦科技服务有限公司	2002年1月28日	30.00
	31	北京中科创嘉人力资源咨询有限公司	2002年7月3日	30.00
	32	北京中国科学院国际学术交流中心有限公司	2001年12月18日	20.00
	33	北京中科国金工程管理咨询有限公司	2002年6月25日	5.99
	34	中生北京医学检验所有限公司	2006年10月13日	6.00
	35	沈阳高精数控智能技术股份有限公司（新三板代码：836408）	2005年1月28日	21.32
	36	长春国科彩晶光电有限公司	2004年11月1日	35.00
	37	中国技术交易所有限公司	2009年8月8日	10.71
	38	国科嘉和（北京）投资管理有限公司	2011年8月24日	41.00
	39	中国科技出版传媒股份有限公司（601858.SH）	1999年4月15日	0.74
	40	北京中科纳新印刷技术有限公司	2009年11月20日	6.67
	41	海光信息技术有限公司	2014年10月24日	3.45
	42	科大国盾量子技术股份有限公司	2009年5月27日	7.60

续表

序号		公司名称	成立日期	股权比例 /%
持股企业及股权比例	43	苏州中科医疗器械产业发展有限公司	2016 年 2 月 2 日	48.00
	44	中信国科资产管理有限公司	2016 年 2 月 6 日	19.00
	45	渤海粮仓南皮种业有限公司	2016 年 7 月 13 日	20.00
	46	联泓新材料有限公司	2009 年 5 月 21 日	29.50
	47	中恩（天津）医药科技有限公司	2012 年 4 月 20 日	9.16
	48	中科可控信息产业有限公司	2017 年 12 月 27 日	9.8
	49	中国科学院资本管理有限公司	2018 年 4 月 19 日	41.00
	50	上海国际知识产权运营管理有限公司	2018 年 11 月 3 日	3.3

2019 年，国科控股坚持和加强党的全面领导，以“深化改革开放，夯实体系建设，实现创新发展”为主题，纵深推进《“联动创新”纲要》，深入实施“一体两翼”产业体系布局，全力促进院科技成果转化和产业化，积极推动科技创新、实体经济和现代金融间的良性循环，努力开创全院企业高质量发展新局面。

2019 年，全院纳入统计范围的 643 家院所投资企业预计实现营业收入 4920 亿元，同比增长 7.7%；利润总额 182 亿元，同比增长 16.7%；资产总额 8777 亿元，同比增长 14.3%。中国科学院经营性国有资产权益 458 亿元，同比增长 11.2%。其中，国科控股及持股企业实现营业收入 4113 亿元，同比增长 8.9%；利润总额 127 亿元，同比增长 25.7%；资产总额 6846 亿元，同比增长 12.8%；国科控股权益 284 亿元，同比增长 6.0%。

截至 2019 年底，院所投资企业共有 30 家上市公司，新三板挂牌 15 家，按 2019 年 12 月 31 日收盘价计（不含新三板），中国科学院直接或间接持有股份市值约 747.85 亿元。

2019 年，国科控股重点推进以下工作，取得了新进展、新成效。

一、全面加强企业党的建设

（一）以主题教育为契机，扎实推进重难点问题专项整治

企业党委扎实开展“不忘初心、牢记使命”主题教育，深入学习习近平新时代中国特色社会主义思想，先后开展 6 次集中学习研讨和为期 3 天的京区企业领导干部学习研讨班。各企业党组织开展“三个一”调研，形成调研成果 40 余项，组织专题党课 40 余场。统筹并举主题教育与企业发展，重点开展了创新机制和干部人才队伍建设等 5 方面专项整治，出台了针对干部管理、监督检查等方面制度文件。

（二）强化班子自身建设，推进企业组织、制度和文化建设

企业党委常委会认真执行“三重一大”前置研究制度，审议议题 90 余项。重点检查和督导企业在“四会一层”和“三重一大”等方面的组织和制度体系建设。组织开展“企业纪人纪事”文化建设活动，领导成立企业团委，扎实推进企业工青妇工作。

（三）以巡视巡察、党建督查为抓手，推进企业党风廉政建设和基层党组织建设

针对中国科学院巡视的 2 家企业和 2018 年企业党委巡察企业存在的突出问题，开展整改督导。统筹部署开展 3 家企业政治巡察，2 家企业党建督查。督促和指导 3 家新设企业成立党组织。检查企业党的领导作用发挥情况、党的路线方针政策贯彻情况等问题，对发现的党管干部主体责任落实缺失等问题责令整改落实。

二、深入推进“一体两翼”产业体系布局

（一）以企业集团化融合和产业集群化发展为抓手，聚焦发展核心主体产业

组建科学仪器产业集团，完成 4 家科仪类企业股权划转；调研并启动并购院内外高端仪

器企业，聚力发展高端装备产业；积极协调科技部支持，由北京科仪牵头成立集成电路零部件产业技术创新联盟；沈阳科仪真空干泵打破国外企业垄断，成为国内唯一能够替代进口并应用于集成电路领域的真空干泵产品。新材料滕州中试基地揭牌，上虞产业创新基地奠基，新材料产业基金进入投资期。支持中国科传成功全资收购法国第一大科技出版社 EDP Sciences，成为国内出版界首次成功并购海外科技社的项目，中国科技出版传媒股份有限公司首次入围“全球出版 50 强”。

（二）扎实推进重点领域科技成果产业化，积极培育新兴产业

国科量网推动国际电联设立全球首个涵盖量子信息技术多个领域的国际标准研究组——“面向网络的量子信息技术”焦点组。国内首台自主知识产权碳离子治疗系统获批注册上市，国科离子在武汉、长春等多地筹划建设重离子治疗医院。科益虹源突破光刻准分子曝光光源多项关键核心技术，部分指标达到国际较先进水平。海光信息芯片核心技术研发取得新突破，“海光一号”芯片开始量产，“海光二号”芯片成功流片，即将量产。国科控股联合发起设立商业航天产业联盟，国科华路建设完成 3 个任务中心、5 个国内卫星地面站。

三、努力拓展多层次投融资渠道

（一）构建全院企业多层次、广渠道投融资平台

中国科学院上市企业方阵不断扩大，2019 年全院持股企业共有 5 家成功实现上市，其中科创板 2 家，另有 4 家企业科创板已过会。2019 年国科控股发行 25 亿元公司债，实现了低成本融资目标，并置换超短期融资券，优化债务结构，保障公司战略实施。沈阳科仪、国科量网、国科恒泰、国科华路等引进新的战略投资者，获股权融资 20 亿元。

（二）初步形成母子搭配、全链条布局的基金投资生态体系

完成联动创新母基金设立，已设立 2 支母基金，初步形成母子搭配配置。拥有 4 家 GP 管理公司，初步形成全链条基金生态体系。已投基金 45 支，辐射资金总规模超 1500 亿元；已投项目 1158 个，其中上市项目 119 个。2019 年国科控股获清科、投中等机构评选的多项奖项。

四、积极服务院所成果转化

（一）寓监管于服务，积极推动国有资产监管转型

通过服务院所一线，深化所企协同创新，精准服务研究所科技成果转移转化，2019 年通过成果转化新设企业约 130 家，知识产权作价出资 21 亿元，知识产权转让 3.7 亿元。2019 年新增所级资产公司 6 家，总数达 61 家；积极助推长春光机所、工程热物理研究所等一批研究所深化产业布局、优化资产配置，更好促进科技成果转移转化。开展不良企业清理，通过摸排全层级股权投资情况，排查不良企业 46 家，围绕对外投资、对外担保及对外借款三类事项或有损失开展排查；摸底全院“僵尸企业”49 家；推动企业制订清理方案，消除隐患提质增效，保障了国有资产安全，夯实了集中统一监管基础。

（二）深化所企联动机制，有效促进科技成果转化

推动落实院促进科技成果转移转化专项行动年度计划，主办或参与了院成果展及项目路演、全国双创周等活动。持续支持并监管院知识产权专项引导资金项目，服务研究所核心知识产权运营，促进研究所高价值专利转化。与国家空间科学中心等机构联合筹建国科商业航天发射场有限公司，完善商业航天产业链。与动物研究所等机构协商筹建国科生态科技有限公司，推动康乐院士团队具有自主知识产权的新一代真菌杀虫剂技术的产业化。

（三）强化“两链嫁接”联盟研发合作和平台建设，联盟影响力持续提升

深化联盟研发合作，牵头企业实力进一步增强，人工智能联盟牵头企业科大讯飞在 2019 年国际权威人工智能大赛上摘取 8 项世界冠军；先进计算技术联盟牵头企业中科曙光研制的硅立方浸没液冷计算机入选第六届世界互联网大会 15 项世界互联网领先科技成果。强化联盟平台建设，促进产业集聚发展，新材料联盟中试基地和精细化学品联盟技术评价与产业化验证平台相继在山东滕州和广东南雄建成；科技产业化网络联盟重庆科创中心落成，为地方招商

引智和产业升级奠定了基础。

（四）加强创新创业培训，增强科技产业软实力

持续将联想学院打造为有竞争力的中国科学院创新创业培训品牌，全年共举办培训22期，培训1122人次，并落地合肥宇视物联网等5个学员项目。积极组织中国科学院“联动创新”系列论坛、大健康产业投资沙龙、创业引导沙龙以及相关国际人才培训等，加强国内外互动，进一步扩大影响力。

（撰稿：王文杰　王桢楠　审稿：谭　遂）

联想控股股份有限公司

董 事 长： 宁　旻
首席执行官： 李　蓬
地　　址： 北京市海淀区融科咨询中心B座18层
邮政编码： 100086
电　　话： 010-62509088
传　　真： 010-62509168
电子信箱： qiantai@legendholdings.com.cn
网　　址： http://www.legendholdings.com.cn

联想控股股份有限公司（以下简称“联想控股”）于1984年由中国科学院计算技术研究所投资，柳传志等11名科研人员创办。联想控股以产业报国为己任，从单一IT行业起步，致力于成为一家值得信赖并受人尊重，在多个行业拥有领先企业，在世界范围内具有影响力的国际化投资控股公司。经过30多年的发展，构建起“投资＋实业”的创新商业模式，现已成为中国最大的多元化投资控股公司之一。

2019年，联想控股深入开展“不忘初心、牢记使命”主题教育。把学习教育、调查研究、检视问题和整改落实相结合，重在发现和解决企业发展中的实际问题。党委班子通过自学、集中学、研讨、讲党课等方式深入学习习近平新时代中国特色社会主义思想和关于“不忘初心、牢记使命”的重要论述，以及党章党规等，进一步深化了思想认识。

2019年3月，因年龄和身体原因，柳传志同志卸任党委书记，宁旻同志接任。

2019年，联想控股加速推进智能化转型并取得积极成果，实现较好业绩。2019年10月至12月，联想控股营收达993亿人民币，连续10个季度增长；税前利润实现27.5亿人民币，同比增长超过11%。个人电脑销售1790万台，全球市场份额达到24.8%，销量创历史新高。

2019年，联想控股金融板块持续夯实和做好存量业务，推动资产组合优化，推进增量牌照型业务的投资。存量业务方面，卢森堡国际银行实现主营业务收入5.5亿欧元，同比增长6.6%；主营业务利润1.36亿欧元，同比增长达20%，实现净利润1.13亿欧元，在欧洲银行业处在负利率的困难环境下，卢森堡银行取得主营业务收入和利润双增长的靓丽业绩实属不易。拉卡拉支付成功上市，成为首家IPO登陆A股的第三方支付企业。上市以来，公司业绩增速良好，作为行业龙头企业被调入创业板指样本股。正奇金融继续践行投贷联动策略，股权投资带动债权业务规模同比增长13%，同时已投项目中有多家拟在国内及海外上市。君创租赁业务总体实现稳健增长，其中零售融资租赁业务增速达到140%以上。考拉科技继续加快对持牌金融机构输出全生命周期信贷科技产品和服务，金融科技业务收入同比增长155.33%。汉口银行实现净利润23.44亿元，同比增长24%，资产质量持续改善。增量业务方面，卢森堡国际银行设立北京代表处，落地中国。现代财险项目成功签约，等待银保监会审批。联信证券获得证监会正式反馈。

2019年，联想控股先进制造与专业服务板块聚焦未来全球急需的材料、技术与服务，力争在相关领域打造出世界领先的企业。联泓新材料、东航物流两家公司分别向中国证监会递交了上市申请并获受理；联泓集团产品结构持续优化、能耗指标不断降低，公司利润同比增长111%，为全面投产以来历史最高。同时，积极向价值链上下游延伸布局，向上收购原料甲醇供应商新能凤凰，向下收购下游减水剂企业江苏超力。两次投资并购，有力提升了联泓抵御原料波动风险的能力，提高了公司客户黏性与盈利能力。

2019年，联想控股创新消费与服务板块中

消费、教育、医疗业务均保持稳健发展。神州租车重点专注核心业务、加强先进技术应用，自助服务技术与智能助理系统的广泛应用显现回报，在提供更好客户体验的同时，提高了效率并降低单位运营成本。三育教育业务规模持续增长，服务区域已遍布全国16个省份39个城市，在园学生超过3.4万名，尽管政策环境发生系列变化，但三育教育后续将继续积极响应国家学前教育改革发展的政策号召，主动探索多层次办园，努力为幼儿提供更加优质的学前教育。德济医院以学科建设带动医疗服务，不断提升医疗技术、引进医疗人才，长期以来重学科、重技术、重服务的初步显现效果，提高了自身竞争力。

农业与食品领域，2019年，佳沃集团持续推进“全球资源+中国消费”的总体战略路线，业务布局得到进一步完善，形成了水果和动物蛋白两大支柱业务、生鲜半成品和农业食品智能科技两大协同业务，初步确立了“两纵两横”的业务战略布局，进一步夯实了长远发展的根基和资源优势。佳沃股份联合丝路基金，成功并购智利领先的三文鱼企业——Australis，成为中国首个拥有海外三文鱼上游资源的企业，加速了“全球资源+中国消费”战略落地。

2019年，联想控股在中美贸易摩擦、中国经济增速放缓等不确定性不断增加的情况下，财务投资业务取得较好业绩，业务投入21.3亿元，回流现金50.7亿元，贡献利润近10亿元。截至2019年底，君联资本、弘毅投资、联想之星3家基金管理的基金规模超过1200亿元。联想之星完成四期人民币及四期美元基金的首次交割。投资境内外项目近30个，涵盖人工智能、生物技术、医疗新服务、新消费等细分方向，在管项目有近60个发生下轮融资，近20个项目实现退出。君联资本全年募集基金总额93.91亿元。完成29项新项目投资，涵盖TMT及创新消费、医疗健康、企业服务、智能制造等行业内的创新及成长期企业。全部或部分退出项目40个，在管企业内有10家在国内外资本市场完成首次公开上市。盛跃网络被浙江世纪华通集团重组收购。弘毅投资文化产业基金等完成交割，弘毅远方发行4只新基金。各业务板块新投项目及原有项目追加投资有序推进，一些在管企业实现上市，项目退出较为活跃，为联想控股贡献了持续稳定的现金回款。财务投资部门通过一、二级市场对少数股权进行直接投资，也取得良好的现金回报。

（撰稿：李 昊 审稿：居劲松）

中科实业集团（控股）有限公司

董 事 长： 张国宏
总 经 理： 方建华
地　　址： 北京海淀区苏州街3号大恒科技大厦南座15层
邮政编码： 100080
电　　话： 010-82569888
传　　真： 010-82569875
电子信箱： yangll@csh.com.cn
网　　址： http://www.csh.com.cn

中科实业集团（控股）有限公司（以下简称“中科集团”）原名中科实业集团公司，成立于1993年，由中国科学院将30余家院管企业资产及院投7500万元现金整合创办，是中国科学院“一院两制”办院方针指导下设立的大型高科技企业集团。1997年底，中科实业集团公司更名为中科实业集团（控股）公司。2008年6月6日，中科实业集团（控股）公司完成改制，更名为中科实业集团（控股）有限公司，成立了首届股东会、董事会、监事会。在新材料、环保、光通信等领域拥有十余家具有相当规模的大型高技术企业。

2019年，中科集团坚持“产业投资集团公司”的发展定位，以“围绕主业、聚焦主业、做强主业”为发展思路，新材料业务和光通讯业务保持健康持续的发展态势；以固废处置为核心的环保业务正在全力冲刺资本市场。着力建立生态体系，构建“一体两翼”格局，开拓科技金融业务，推动实现产融结合、双轮驱动发展；落实“联动创新”纲要，牵头做好中国科学院绿色城市产业联盟（以下简称“绿盟”）的工作，打造院地合作新平台，探索科技服务模式。公司整体经营有序、业绩良好，实现高质量发展。截至2019年底，中科集团合并报表企业范围内共有员工6065人。

2019年，中科集团完成营业收入49.83亿元，实现净利润3.82亿元，实现归属母公司净利润1.34亿元，国有资产保值增值率为104.22%。

2019年，中科集团新材料板块做优做强。北京三环控股有限公司（以下简称“三环控股”）以做强做优稀土永磁材料为核心，积极探索资本运营、产业投资的新思路及新模式；努力完善内控管理、财务管理，确保在激烈的市场竞争中健康发展。2019年三环控股下属上市公司北京中科三环高技术股份有限公司（证券代码000970）产品在新能源汽车、节能家电、消费电子等新兴高端应用领域及传统高技术应用领域中的应用量持续扩大。

2019年，中科集团环保板块筹备上市。2019年北京中科润宇环保科技股份有限公司（以下简称“中科环保”）积极推动IPO工作计划，在企业改制、工商变更、引战增资方面均取得关键性进展，IPO现场尽调已完成财务、同业竞争、关联方核查与相关走访工作，力争2020年完成上市申报工作。中科环保在股权激励、主业拓展、项目运营、项目建设等方面也取得较好成绩。

2019年，中科集团光通讯板块平稳发展。上海中科股份有限公司（以下简称“上海中科”）克服了中美贸易争端带来的困难，整体经营平稳。2019年上半年度建立O/E band生产流水线，形成量产并承接订单；研发的mini型隔离器、小型化波分复用器、小型化波分复用模块已批量生产投入市场。

2019年，中科集团持股企业经营良好。深圳科技工业园有限公司、成都地奥集团、中国大恒（集团）有限公司、北京中科用通科技股份有限公司、上海尼赛拉传感器有限公司、北京中科工程管理总公司等持控股公司经营情况正常。

2019年，中科集团财务性投资及金融管理收益较好。一是建立融资保障体系，保证公司整体资金平衡。维持债券注册额度，在原有合作银行的基础上积极发展新的授信银行，寻求低成本资金；二是财务性投资工作进展顺利。三是推进基金管理稳步发展。中科光荣一期基金深度挖掘环保节能行业细分领域，2019年共完成项目投资3个，涉及节能环保装备制造、蓝藻水华治理等领域。结合一期基金投资进度，围绕中科集团产业布局领域，完成中科光荣二期基金设立的方案。

中科集团依托中国科学院研发实力与院地合作优势，大力推动环保产业发展，努力为生态文明建设做出贡献。投资、建设、运营以生活垃圾焚烧发电厂为核心的循环经济产业园；引进丹麦先进炉排技术对现有电厂升级改造，极大减轻固体垃圾二次污染，提升环保达标排放能力；建立了固废无害化处理及资源化利用研发基地，搭建研发体系；继续加强市场开拓力度，推动危废投运平台建设；加快推进中科环保IPO，力争尽快进入资本市场。

2019年，中科集团绿盟在组织政企对接活动、促成成员单位项目落地方面发挥了重要作用。与玉溪、绵阳、青岛等地政企对接活动20余次，为成员单位提供项目合作机会12个，促成签约项目11个，合同金额累计4亿余元。绿盟除发挥核心功能作用外，还积极探索商业模式创新，2019年通过设立玉溪联络办事处，打造院地合作新窗口；通过为地方政府提供公关服务、联合组织办会等模式，争取地方政府咨询服务费，拓宽盈利渠道。

2019年，中科环保在市场开拓方面，除了持续开发生活垃圾焚烧发电项目、销售炉排炉产品、承接沼气净化与利用工程项目等，还积极拓展工业危险废物处理处置业务，设立北京中科华治环保科技有限公司作为危险废物处理处置业务投资和运营平台，并签约投资建设和运营平遥环保循环经济产业园（危险废物处置中心）项目。在管理方面，持续完善工程建设、运行管理、物资采购、人力资源等信息管理系统，积极探索提高智慧管理水平。在商业模式创新方面，将技术、产品和资本相结合，形成了以固体废物处理项目投资-建设-运营、环保设备供应、环保服务三大业务板块，为客户提供最佳适宜技术（BAT）和最佳环境实践（BEP）解决方案。

2019年，中科集团审计部完善了内部审计体系，与下属公司审计部门密切配合，对集团全级次26家公司开展常规审计20余次，各类专项审计、检查11项，做到了内部审计全覆盖。结合发展战略，贯彻并完善人才发展规划，以中科学院为抓手，建立起“5+2”人才培养与发展体系，多层次、多形式开展人才培养系列工作，提高员工职业生涯管理水平，促进人才梯队建设；通过“标准化人才甄选项目”的设计开发与推广应用，实现人才甄选工作的标准化、科学化和规范化，把好人才入口关，为公司发展提供坚实的人力资源保障。捐资设立环保发展基金及环保奖学金每年奖励优秀研究生；每年开展“吾心为爱”、“益路同行”捐赠活动。运营的各个电厂，在取得经济效益的同时，主动承担社会责任，积极投身当地党建群建、脱贫攻坚、科普宣教、灾害防抗等工作。积极发展创新文化服务中国科学院70周年院庆。

2019年，中科集团搭建起管控体系，明确对成员企业的管控模式，遵循上市公司法人治理规则，按照管理和业务运作流程重新划分权限，建立集团总部与控股企业的权责边界，确保程序合规、管理适度、提升决策效率，着重防范风险。重点对产品已不适应市场发展、未来可能出现亏损的佳联特公司，和经营已出现亏损，可能导致股东连带责任的企业中科慧康进行清理，完成股权转让及退出等相关工作。

由于历史原因，中科集团参与投资的部分企业被吊销后未进行清算（根据当时的法律，中科集团由于持股比例较小，无法单独提起清算），导致中科集团在新公司法及司法解释实施后作为股东被迫卷入系列诉讼。中科集团一直不懈地向各相关机构反映情况，2019年终于取得此类案件的首例胜诉判决。

（撰稿：刘　嘉　杨亮亮　审稿：张国宏）

东方科仪控股集团有限公司

董 事 长：王　戈
总　　裁：魏　伟
地　　址：北京市海淀区西三环北路甲2号院科技园6号楼12层
邮政编码：100081
电　　话：010-68290600
传　　真：010-68290530
电子信箱：osic@osic.com.cn
网　　址：http://www.osic.com.cn

东方科仪控股集团有限公司（以下简称“东方科仪”）成立于1980年，是中国科学院控股的大型专业科技综合服务集团企业。经过近40年的发展，东方科仪控股已由一家从事国际贸易及相关服务的公司发展成集科技服务、电子信息、医疗健康、科技金投四大业务板块为一体的大型综合性科技服务集团企业。截至2019年底，共计控股、参股企业23家，员工1619人。

2019年，围绕“管控提升、战略落地、梯队建设、文化融合”的年度工作主线，东方科仪各项经营指标继续取得良好增长趋势，完成集团2019—2021年的三年战略规划的各项指标。截至2019年底，东方科仪总资产113亿元，营业额89亿元，各项经营指标均达到历史最高水平。

2019年，经过京区企业党委和中国科学院控股有限公司考核，东方科仪按照法定程序推荐产生新一届公司董事会和监事会，并由董事会聘任了公司新一届领导班子成员；同期，以差额选举方式产生第九届党委和纪委，顺利完成换届工作。

东方科仪积极响应国家“一带一路”倡议，在国科控股的召集下发起成立中国科学院“一带一路”产业联盟，并继续推动“一带一路”联盟开展相关工作。2019年，中国科学院“一带一路”产业联盟正式成为“一带一路”国际科学组织联盟（ANSO）的子联盟，为联盟成员及院内研究院所提供更好的服务；企旗下成员企业大连东方借助中国科学院“一带一路”产业联盟向泰国出口超临界设备，为把国内先进仪器设备出口到“一带一路”沿线国家积累了经验。旗下成员企业中科租赁积极与国科系企业开展业务合作，提供以科技租赁为主的定制化融资服务，一方面帮助院内企业缓解了“融资难、融资贵、融资慢”的经营困难，另一方面通过“以租代购”方式促进院内企业产品的对外销售。2019年，中科租赁累计投放金额人民币上亿元，有力支持了院所企业科研成果的转移转化，为企业的健康发展提供资金保障。

在管理创新方面，东方科仪结合自身发展需求，借鉴先进的丹纳赫DBS管理体系，在旗下成员企业东方中科（股票代码：002819）和国科恒泰进行率先试点推广，强化落实，及时总结，积累经验。并根据东方科仪实际情况，在控股集团架构下逐步形成适合自身发展的业务管理系统（OBS），提高自身管理效力和管理水平。

在商业模式创新方面，旗下成员企业国科恒泰利用信息化平台的搭建，探索和建立适应国家集采集配管理要求的多种商业模式，并逐步更新迭代，满足客户多元需求。

在战略发展方面，东方科仪制定并通过了2019—2021年战略规划。同时，为加强控股架构下各职能部门的纵向管理，首次开展了各职能部门的2019—2021年战略规划编制，并通过了人力资源战略与信息化战略；在控股企业战略管理方面，完成了各控股企业2016—2018年战略执行报告，推进了各控股企业新三年战略规划的制定与实施。

在提升管理能力方面，东方科仪通过优化组织架构，建立健全"一横八纵"垂直管控体系，进一步强化对控股企业的垂直管理，完成了《控股企业财务负责人管理办法》等27项经营管理制度的制订和修订，并完善了相关管理办法。

在科技服务领域，东方科仪立足中国科学院，认真做好科研的服务与支撑工作，充分发挥近40年来积累的专业优势和良好的市场商誉，有效地提升了主营业务的服务效率和管理水平，提高了客户满意度。2019年，集团公司牵头组织多加成员企业作为培训专家参与了中国科学院条财局2019年度举办的三期政府采购培训班，并做了关于政府采购与国际贸易知识等方面的培训；旗下成员企业东方国科、上海东方等在巩固原有的市场同时，围绕国家四大科创中心积极开拓布局，做好科研项目的服务支撑与保障。2019年，集团进出口总额再创历史新高。

在电子信息领域，旗下成员企业东方中科在做好其传统科技服务的同时，开发新应用、新产品，有效洞察和把握市场机遇，在5G通信、新能源汽车、高压输电领域取得积极进展。进一步加强了与全球供应商合作基础，与技术市场领导者建立强合作关系，布局5G头部客户测试需求，为5G测试市场的建立奠定基础。

在医疗健康领域，旗下成员企业国科恒泰成功完成了C轮融资，整体融资规模达11亿元。同时，通过创新业务模式，整合产业链资源，提高了医疗器械物流平台业务产业链的运营效率，通过运用"互联网+"思维建立了线上业务信息化平台，进一步整合了供应链信息。

在科技金投领域，旗下成员企业拉萨东仪在当前严峻的募资环境下，安龙一期基金投资的22个项目中有13个项目获得了后续投资目前已实现退出，另有一个项目已在美国证券市场挂牌上市，安龙二期完成资金募集并已封闭。

在企业文化建设方面，通过员工座谈会、控股企业实地调研、发放企业文化调查问卷、控股企业换届干部考核谈话等方式，深入了解企业文化现状以及员工对企业文化的理解和认知。并结合实际，从企业文化方面提升公司的软实力，助力集团发展，推进"应时应势动态升级"的企业文化体系建设。

在人才队伍建设方面，东方科仪加大人力资源专业人才引进力度，更好地发挥了人力资源管理职能，从人才招聘、培训和薪酬绩效等方面加强了集团人力资源的管理与建设，提升了对各控股企业的纵向管理水平。2019年，各控股企业共提拔和引进中层以上管理人员38名。

在党建工作方面，东方科仪党委进一步提高政治站位，牢固树立"四个意识"，坚定"四个自信"，做到"两个维护"，自觉在思想上政治上行动上同以习近平同志为核心的党中央保持高度一致；同时，加强思想政治教育，积极组织党员深入学习贯彻习近平新时代中国特色社会主义思想和党的十九大精神，帮助党员深刻理解、准确把握习近平新时代中国特色社会主义思想的科学内涵和精神实质，增强党员政治意识，提高党员政治理论水平；积极探索完善"四会一层"公司法人治理结构的有效途径和方式，坚持加强党的领导和完善公司治理相统一，充分发挥党委"把方向、管大局、保落实"的核心领导作用；进一步加强党建制度建设，2019年，共计修订及新建各类党建制度13项；2019年12月起，东方科仪各党支部在党委的领导下，按期开展换届工作。为进一步坚持和加强党对国有企业的全面领导，推进支部标准化、规范化建设，落实党建督查整改要求，东方科仪党委批准成立中科租赁党支部和东方国科党支部，进一步加强基层党组织建设，为更好地教育党员、管理党员、监督党员提供组织保障。

为进一步贯彻落实“党管干部、党管人才”原则，切实加强东方科仪后备干部队伍建设，推动后备干部的选拔、培养、管理、任用程序制度化、规范化，东方科仪党委制定了《后备干部管理办法（试行）》，为保证人才梯队建设的持续性、稳定性、有效性、科学性提供了制度依据；为充分发挥东方科仪垂直管控体系职能，建立和完善控股企业干部考核评价机制，东方科仪党委首次制定了《控股企业换届考核管理办法（试行）》。在党委的统一领导下，相关职能部门组成换届考核工作组，对7家控股企业进行了换届考核，为东方科仪党政领导班子对控股企业相关工作的评价，以及选人用人提供了依据。

在党风廉政建设方面，东方科仪党委深入推进全面从严治党，认真落实“两个责任”，严格贯彻执行中央八项规定及其实施细则，进一步严肃政治纪律和政治规矩，持续加强作风建设，有效运用监督执纪“四种形态”，深入开展党风廉政建设和反腐败工作。2019年，根据不同岗位责任人的职责，重新修订了个性化的《党风廉政建设责任书》及《反腐倡廉建设责任书》，并逐层逐级开展签订工作，共签订责任书40余份。纪委书记与中层及以上领导干部开展任前廉政谈话，加强廉政教育；成立由党委委员、纪委委员组成的党风廉政建设领导小组，为贯彻党风廉政建设责任制提供了组织保障。同时，整合纪委、内控、法务等各方面力量，建立大监督体系，通过集团全层级内部审计、内控体系知识培训、控股企业换届考核等，助力反腐倡廉工作的深入开展，取得良好的工作效果。

在群团工作方面，东方科仪进一步加强对集团工会、妇委会及团委的指导与支持，引导广大群众和团员青年学习贯彻党中央各项方针与精神，并围绕集团中心工作，开展了形式多样的学习与实践活动。2019年，东方科仪认真履行社会责任，连续20年坚持开展义务植树活动；创建学习型文化企业，依托东方读书会组织开展了艺术讲堂进东方等文化活动、依托团委组织了面向京区各控股企业的第二届“东方杯”演讲比赛及演讲技巧培训；围绕纪念五四运动100周年和庆祝中华人民共和国成立70周年等活动，团委组织开展了“东方青年心向党，五四精神永飞扬”和“我与祖国共奋进”等系列主题团日活动。通过各项群团工作的有效开展，进一步加强了集团企业文化建设。

（撰稿：张　洪　金长琳　审稿：王　戈）

中国科技出版传媒集团有限公司

全　　称：中国科技出版传媒集团有限公司
董 事 长：杨建华
总　　裁：林　鹏
地　　址：北京市东城区东黄城根北街16号
邮　　编：100717
电　　话：010-64002238
传　　真：010-64002238
电子信箱：cspmg@mail.sciencep.com
网　　址：http://www.cspmg.cn

中国科技出版传媒集团有限公司（以下简称“集团”）是我国最大的综合性科技出版机构，经国务院批准于2011年7月19日正式成立，是国家三大出版传媒集团之一。集团依托原中国科学出版集团组建而成，旗下拥有科学出版社、龙门书局、中国科学、国家科学评论、科学世界等著名出版品牌。集团的主要业务包括组织所属单位出版物的出版、发行、印刷、复制、进出口相关业务；经营、管理所属单位的经营性国有资产（含国有股权）；文艺创作与表演；从事文化经济业务；广播电视节目制作；影视节目策划；组织文化艺术交流活动；承办展览展示；会议服务；礼仪服务；电影摄制；演出经纪。集团成员单位包括中国科技出版传媒股份有限公司（简称：中国科传，股票代码：601858）、北京中科印刷有限公司、科传文化发展有限责任公司、北京中科希望软件股份有限公司、国科科传（北京）创业投资管理有限公司等。截至2019年底，集团本部及所属企业在职员工总人数2400余人。

一、经营业绩稳健增长

2019年，集团整体资产运行情况良好，收入利润再创新高，连续多年实现增长。截至2019年末，集团合并总资产为66.3亿元，同比增长12.2%；归属于母公司的所有者权益33.23亿元，同比增长10.1%；营业收入28.43亿元，同比增长13.6%；净利润4.86亿元，同比增长9.2%；归属于母公司的净利润3.51亿元，同比增长10.1%。主要经营指标继续保持接近两位数增长。

二、社会效益与品牌影响力持续提升

国际影响持续升温：股份公司首次入围“2019年全球出版50强”，成功完成收购法国EDP出版社，实现了从“造船出海”到“买船出海”的跨域发展，国际化步伐不断加快。连续三年入选“中国图书海外馆藏影响力出版100强”并始终位列前三。3种图书荣获第十八届输出版、引进版优秀图书。全年实现图书版权输出171种，期刊11种。4种图书获得“经典中国国际出版工程”资助，3种图书获得“丝路书香工程”资助，1种图书获得“中国图书对外推广计划”资助，3种图书获得“中华学术外译项目”资助。

行业示范地位稳固：股份公司被商务部、中宣部、财政部、文化部、广电总局联合授予“2019—2020年度国家文化出口重点企业”称号。被东城区人民政府授予首批“文菁计划”行业领军企业称号。中科印刷被中国印刷技术协会授予了“新中国70周年印刷业时代先锋”荣誉称号。

各类奖项成绩斐然：3种图书荣获第五届郭沫若中国历史学奖。《中国科学》、《科学通报》创刊，《中国植物志》出版入选“中华人民共和国成立70年科技十件大事”；近300册图书参展“书影中的70年·新中国图书版本展”。3种图书荣获2019年中科院优秀科普图书。

期刊发展大步向前：“两刊”《中国科学》、《科学通报》等科技期刊SCI影响因子再创历史新高，有16种刊物位居国际同领域期刊排名的Q1区。《国家科学评论》最新影响因子达到13.222，位居全球综合性学术期刊第三，仅次于*Science*和*Nature*；《科学通报》（英文）最新影响因子为6.277，位列全球综合性学术期刊第八位。12种期刊入选“中国科技期刊卓越行动计划”，其中3种入选领军期刊，3种入选重点期刊，6种入选梯队期刊。中国科技期刊卓越行动计划集群化试点项目成功入选。

重大项目收获颇丰：《新时代马克思主义经典文献精学导读丛书》（第一批）入选2019年主题出版重点出版物选题。《水经注》校笺图释（汾水涑水流域诸篇）项目获得国家古籍整理出版基金支持。《马藏》（第一辑）等9个项目入选2019国家出版基金项目。“十三五”国家图书重点出版规划项目增补6种，累计70个项目入选，入选数量在全国出版社中位列第一。“中国生物志库”入选“国家新闻出版署数字出版精品遴选推荐计划2019年度入围项目”。119个项目获得科技部2019年度的科学技术学术著作出版基金资助，占入选总数一半以上。

三、创新措施相继落地，业务结构进一步优化

转型支撑基础构建：股份公司数字资产管理暂行办法以及相关标准规范制定发布，为数字资产管理奠定了制度基础。投资1亿元设立了中科传媒科技有限责任公司，形成了50人左右的团队，加速建设第二中心，推动创新业务快速发展。中科印刷对设备进行改造升级。进一步提高生产设备信息化、智能化水平，极大地提高了生产效率和生产总值。

创新产品设计支持加大：股份公司“安徽信息技术教学辅助平台”等8个项目第一批立项支持的数字产品类重大项目并已陆续启动建设，部分项目已经实现销售。

转型产品市场稳步提升：“科学文库”、“科学智库”、“中国生物志库”等专业数据库及定制库产品新增机构用户22家，新签订合同销售额为357.2万元，进入投标流程和列入采购预算金额为289万元。“中科云教育”新开发并上线医药卫生数字图书馆，目前已建设完成380多门课程，发展教师用户220余人、学生用户4万多人。“爱一课”互动教学平台目前已上线课程130门。“状元共享课堂”、“龙门作业宝”实现销售收入近200万元。“状元口算”、“智慧书

苑”也已完成了上线或升级。“中科医库”获取新资源近6620例，累计资源达15 000多例，建立形成以康复医学云平台为主线，儿科、康复、肿瘤为重点的28个医学数字化系列产品。“电子商务平台”B2C业务实现回款1259万元，较上年增长25%，为销售业务转型提供有力支撑。

四、加强管理服务，努力提升精细化水平

支持中科印刷发展，发挥集团作为国有第一大股东的作用，督导中科印刷做好“三重一大”事项法人治理决策及执行工作，指导和支持中科印刷做好推进产业转型、厂区疏解及土地开发等工作；指导健全内容质量把控体系，强化质量优先意识，指导高质量选题建设；积极与公司大股东的沟通协调，跟进厘清了嘉田公司业务债务、人员劳资纠纷等情况，做好风险防控，已经正式进入公司关闭流程。

五、深化人才队伍建设

2019年，集团除了继续加强“质量大讲堂”等传统特色培训板块，更着重突出了培训的创新：设立的“创新论坛”系列讲座，为公司业务创新转型提供强力支撑；目前，集团具有正高级职称的有56人，具有副高级职称的有203人，具有中级职称的有539人。

集团进一步认真贯彻执行党的干部路线方针政策，落实全面从严治党，落实国有文化出版企业党管干部的要求，结合集团及所属企业实际情况，不断探索建立科学规范的企业干部选拔任用制度，着力建设一支政治过硬、信念坚定、敢于担当、清正廉洁的高素质专业化干部队伍，力求干部梯队建设工作更加科学、规范，为企业转型升级战略实施打下了良好的人才基础。

（撰稿：王佳家　审稿：杨建华）

中国科技产业投资管理有限公司

董 事 长：孙　华
总 经 理：刘千宏
地　　址：北京市海淀区北四环西路58号理想国际大厦1601室
邮政编码：100080
电　　话：010-82607629
传　　真：010-62137930
电子信箱：casim@casim.cn
网　　址：http://www.casim.cn

中国科技产业投资管理有限公司（以下简称“国科投资”）的前身是1987年设立的国家经济委员会、中国科学院科技促进经济发展基金会，1993年名称变更为中国科技促进经济投资公司，2006年1月改制为有限责任公司，并更名为中国科技产业投资管理有限公司。中国科学院控股有限公司是国科投资第一大股东，国务院国有资产监督管理委员会机关服务中心、星星集团有限公司、北京国科才俊咨询有限公司、共青城中实科技产业投资有限公司和北京国科启航咨询中心（有限合伙）为参股股东。经过十几年的再创业，国科投资已经发展成为一家股权多元化、运作专业化的私募股权基金管理机构，在高科技投资领域享有良好的声誉和丰富的资源。国科投资设置智能装备组、TMT组、集成电路组、医疗组、投资分析部、投后管理部、投资者关系部、法务部、财务尽调部、证券投资部等业务部门，以及财务部、综合部2个支持部门。

截至2019年底，国科投资在册员工45人，其中具有博士学位4人、硕士学位25人；高级专业技术职称10人，中级专业技术职称8人；员工平均年龄35岁。

国科投资主要从事私募股权基金管理业务，目前管理了国科瑞华、国科瑞祺、国科瑞孚、国科瑞华二期人民币基金和国科瑞华二期美元基金、国科瑞华三期人民币基金等六支私募股权投资基金，并受托管理了中国科学院大学教育基金会部分资产。

2019，国科投资年投资项目退出工作取得历史最好成绩，实现了年度投资企业IPO数量新高。容百科技、新光光电、力合科技、芯源微成功实现IPO，到2019年底，基金所持股份市值合计达到9.9亿元。同时，2019年公司的募资工作也遭遇困境，公司克服困难，国科瑞华三期人民币基金完成首轮45亿元关账、工商注册和基金业协会备案，成为自2019年下半

年以来国内最大的市场化基金之一。公司其他重点工作均有条不紊地按计划开展并完成，获2019年度中国股权投资十年成就奖、2019年度中国最佳回报创业投资机构TOP10、2019年度中国最佳募资创业投资机构TOP10和2019年度中国最佳创业投资机构TOP30。

国科投资通过不断引进优秀人才逐步优化公司人力资源结构。经过长期积累，公司建立并完善了独特的业务培训系统。

（撰稿：王红姝　审稿：刘千宏）

北京中科科仪股份有限公司

董 事 长：张永明
总 经 理：陈　静
地　　址：北京市海淀区中关村北二条13号
邮政编码：100190
电　　话：010-82548182
传　　真：010-62564613
电子信箱：zcb@kyky.com.cn
网　　址：http://www.kyky.com.cn

北京中科科仪股份有限公司（以下简称“中科科仪”），始建于1958年，其前身为中国科学院北京科学仪器研制中心（原中国科学院科学仪器厂）。在电子光学、离子光学、真空物理及精密加工等技术工程领域，承担过多项重要科研支撑及攻关项目，多次获国家、科学院等相关部门奖励，成功研制出我国第一台扫描电子显微镜、第一台涡轮分子泵、第一台氦质谱检漏仪等，是国家首批通过的国家级高新技术企业。2000年12月28日，原北京科学仪器研制中心实现整体转改制，成立北京中科科仪技术发展有限责任公司，成为一家集科学仪器研制、开发、生产和经营为一体的综合性高新技术企业。2011年12月16日，完成股份制改造，整体变更为北京中科科仪股份有限公司，以公司治理结构完善、主营业务突出的现代高科技企业形象，进入了全新的历史发展时期。近年来，中科科仪加快技术创新步伐，研制成功国内首台磁悬浮分子泵、首台场发射枪扫描电子显微镜，均达到国际一流水平。凭借雄厚的技术创新实力，被评为国家级企业技术中心，也是中国科学院首家获得此项认证的转改制企业。控股成都中科唯实仪器有限责任公司和北京中科科美科技股份有限公司，2019年设立全资子公司苏州中科科仪技术发展有限公司和四川中科科技术发展有限责任公司，整体运营良好。截至2019年12月31日，员工总数589人。

2019年，中科科仪各项经营管理工作取得了新进展。实现合并营业收入4.27亿元，同比上年增长8%；净利润6518万元，同比上年增长22%；国有资产保值增值率118.21%。其中，净资产收益率、销售利润率、成本费用利润率、资产现金回收率、现金流动负债比、技术投入比、经济增加值率均高于行业优秀值。

2019年，中科科仪在技术进步和产品创新及产业化方面取得了重大进展。

国家科技重大专项“磁悬浮分子泵系列产品开发与产业化”项目围绕进一步完善设计、提升量产品质和规模产业化能力等方面加快推进磁悬浮分子泵产业化工作。① 优化磁浮泵产品设计，解决了磁浮泵涡轮材料问题，实现控制软件重大升级，实现在高端镀膜设备上的批量应用。② 对标半导体行业对合格供应商要求，加强生产关键工艺的过程质量管控，完善各类工艺标准和检验规范，产品交付合格率显著提升。③ 为加快生产制造产业布局的战略升级，实现生产制造的主动转移，降低首都功能定位调整带来的经营风险，公司经过对京津冀、长三角、中西部、大湾区等重点经济圈的考察调研，从产业链优势及配套能力、领先的区位优势及营商环境、人力资源优势和地方招商引资优惠政策等多方面因素考虑，选址苏州高新区开展磁悬浮分子泵规模产业化工作。完成设立苏州科仪全资子公司，并与苏州市高新区签订“高端科学仪器及装备研发及产业化”投资协议，同步开展一期用地审批和周转厂房装修工作。

国家重大科学仪器设备开发专项“场发射枪扫描电子显微镜开发和应用”项目进展：场发射枪扫描电子显微镜以其分辨率高（≤1纳米）、亮度高、成像质量高、立体感强、寿命长、无须维护、样品制备简单、操作方便等特点，被称为“科学仪器皇冠上的明珠”，于2013年入选科技部国家重大科学仪器设备开发专项。

中科科仪于1975年研制成功我国第一台扫描电镜，是国内唯一的电子显微镜研发及产业化企业，具备完善的研产销服技术团队，深厚的技术积累与产业化应用经验，掌握扫描电镜的核心技术如电子光学仿真、核心零部件材料与工艺、总体装配与调试工艺。2013年承担“场发射枪扫描电子显微镜开发和应用”重大专项，项目攻克多项关键技术，于2017年顺利结题，实现了最佳分辨率优于1纳米的技术指标，填补了国内场发射扫描电镜的空白，达到发达国家如德国、日本等世界知名品牌的场发射电镜的主流水平，形成了两款产品，销售额突破2000万元，实现了核心技术自主掌握，在生命科学、材料制备、新能源、国防工业等领域得到应用。2019年12月6日，该项目顺利通过科技部组织的综合验收，获评优秀（91.9分）。该项目的顺利实施，为我国的高端电子光学仪器产业奠定了基础，如半导体检测用的专用型扫描电镜、晶圆检测用到的CD-SEM、制作量子器件、掩膜版用的电子束曝光机（EBL）、芯片流片过程中修改电路需要用到的聚焦离子束（FIB）等，生命科学领域用到的冷冻透射电镜（Cryo-TEM）、地矿领域需要的电子探针（EMPA）等，都是基于场发射扫描电镜的技术基础。自主掌握场发射枪扫描电镜技术，也为我国进军上述高端电子光学设备做好铺垫，推动实现高端电子光学仪器领域核心技术自主可控。

广东省重大科技专项“量子科学与工程”——“电子束曝光机研制”项目进展：中科科仪承担核心部分——电子光学系统的开发。该项目2019年初启动，周期5年，目的是掌握50kV电子束曝光机核心技术，打破对该级别国外电子束曝光技术的依赖，促进我国微纳加工、量子科学等前沿科技的发展，满足重点领域核心关键技术自主研发的国家战略需求。该项目经过2019年的实施，实现了用于30kV电子束曝光机的电子光学系统设计、加工及装调，加速电压达到30kV，并与扫描发生器联调，实现了电子束曝光功能验证，获得多幅电子束曝光图样，提前完成任务书中要求的部分中期考核指标和预期成果。于2019年9月6日通过了广东省科技厅组织的项目中期执行情况评估。目前正在进行30kV、50kV专业级EBL设备的研制工作。计划在2020年6月份完成30kV专业级EBL的电子光学系统与激光干涉样品台、EBL样品室等整体系统的落装及调试，形成第一台功能样机。同时，计划在今年年底突破50kV电子光学系统的关键技术，并完成核心部件的工程设计及加工。

成都唯实大型磁控溅射卷绕镀膜设备项目，与上海硅酸盐研究所合作研制，该设备属于国内首创，各项技术指标、镀膜工艺、综合性能均满足技术要求，总体技术达到国际先进水平，获得授权发明专利3个、实用新型专利4个，已列入四川省首台套首版次推广应用指导目录、中国科学院自主研制科学仪器产品名录。

中科科美开发国家重大科技项目高能同步辐射光（HEPS）研发的高端仪器装备——劳埃透镜镀膜装置：该设备属于国内首台，用于制备硬X射线纳米聚焦的劳埃透镜膜层。所需的多项关键技术，如多达上万层膜的纳米多层膜制备技术，粗糙度0.5纳米以下的离子束抛光技术，平面、2D、3D曲面均匀沉积技术等均为国内行业技术空白。该装备研制成功后将可以完成国家重大科技项目中的各类同步辐射光源，散列中子源等高能物理研究科学装置中聚焦镜、单色镜、劳埃镜等的制备。高能同步辐射光源（HEPS），是我国“十三五”期间建设的、为国家重大战略需求和前沿基础科学研究提供技术支撑平台的国家重大科技基础设施，是中国科学院和北京市立足于推动落实国家“创新驱动战略”共建怀柔科学城的核心装置，也是北京怀柔综合性国家科学中心最重要的重大科技基础设施。建成后的HEPS，将是我国第一台高能同步辐射光源，也是世界上亮度最高的第四代同步辐射光源之一。

2019年，根据中国科学院“率先行动”计划和国科控股“联动创新”纲要，聚焦公司高质量发展，明确规模产业化发展思路和实施路径，结合公司实际，中科科仪梳理2020—2022年整体发展思路，制订新的“一三五”战略，即一个核心“高质量发展”、三个关键“需求牵引，自主可控，规模产业化”、五项战略要点。在战略目标推动实施上，苏州产业化落地项目取得阶段性进展，成都科学仪器产业园筹建工作稳步推进，为公司下阶段发挥产业规模优势、产业链协同创新优势、实现高质量发展关键一步。

2019年，中科科仪深入学习贯彻习近平新时代中国特色社会主义思想，增强“四个意识”，坚定“四个自信”，做到“两个维护”，深入贯彻全面从严治党要求。一是扎实做好“不忘初心、牢记使命”主题教育。认真学习领会精神，牢牢把握“守初心、担使命，找差距、抓落实”的总要求，紧密结合工作实际，把学习教育、调查研究、检视问题、整改落实贯穿全过程。班子成员形成调研成果7项，完成问题整改13项，在推进人才建设、科技创新成果产业化等各个方面，取得良好成效。二是聚焦公司战略需求，加强后备人才队伍建设，完善管理干部任用考核机制，着力打造一支忠诚、干净、担当的人才队伍。成立人才队伍建设工作领导小组，修订《中科科仪骨干人才培养与人才梯队建设管理办法》，明确关键岗位和重点岗位要求与选拔标准，人员招聘数量同比增长57%，重点岗位引进19人；完善了《中科科仪部门负责人年度经营业绩考核暂行办法》，加强过程管控，业务部门考核管理成效显著。三是以党的政治建设为统领，推动从严治党向纵深发展。坚决把党中央重大决策部署落到实处，公司党委共组织中心组集体学习6次，充分发挥示范引领作用。严格执行“四会一层”组织体系和“三重一大”决策制度，共召开党委会14次，研究、审议议题89项，充分发挥党委把方向、管大局、保落实作用。四是切实抓好党风廉政建设，营造风清气正的良好环境。贯彻落实中央八项规定精神实施细则，引导党员管理干部切实增强法纪意识、廉洁意识、责任意识，筑牢拒腐防线。深入学习贯彻习近平总书记关于纠正“四风”、加强作风建设方面重要指示精神，严格按照《廉洁从业风险防控清单》，督促提醒管理干部切实提高认识，做到令行禁止。全面落实党风廉政责任制，签订个性化责任书119份，开展廉政谈话26次，增强“一岗双责”意识，促进廉洁自律。

（撰稿：郭晓玲　黄燕军　审稿：陈　静）

北京中科院软件中心有限公司

董 事 长：奉旭辉

地　　址：北京市海淀区中关村南四街四号4号楼南楼

邮政编码：100190

电　　话：010-62587492

传　　真：010-62649248

电子信箱：office@sec.ac.cn

网　　址：http://www.sec.ac.cn

北京中国科学院软件中心有限公司（以下简称“软件中心”）成立于1986年，前身中国科学院北京软件工程研制中心，是国内最早引入软件工程的机构之一。2001年9月在中国科学院知识创新工程中作为应用型研究机构成为首批转制单位。

软件中心是中国软件行业协会副理事长单位、中国软件行业协会军民融合分会主任委员单位、北京市信息化协会副会长单位、国家高新技术企业。公司主要业务涉及政府和行业信息化、系统集成、IT运维服务、嵌入式软件、互联网和移动互联网的应用服务等领域，科技成果和软件产品已广泛运用于科技创新服务、智慧城市、军民融合、数字文化、医疗健康、工业互联网、互联网基础服务、智能制造等众多行业及领域。公司下设系统集成部、IT服务部、信息工程部、市场发展部、政府行业事业部等业务部门，另设有综合部、财务部、物业经营服务部等管理和支撑部门，旗下拥有国科元科技（北京）有限公司、北京中科三方网络技术有限公司、北京凯思昊鹏软件工程技术有限公司等控股公司。

软件中心长期承担国家科技重大专项、国家高技术研究发展计划（863计划）、国家科技支撑计划、国家重点研发计划等多项国家级科研课题，拥有一大批自主知识产权和专利，获得十余项国家和省部级科技进步奖，在市场及业务拓展、人才储备、产品及项目资源等多个层面拥有深厚的积淀。

2019年，软件中心全体员工以实现高质量发展为目标，牢牢把握“战略实施、业务聚焦、强化内控、持续创新”的经营工作总体思路，通过软件、技术与行业的深度融合，推动互联网＋政务、智慧城市和军民融合等三大主营业务的聚焦，并重点培育数字出版和工业互联网等业务的创新发展。公司加速提升运行质量，推动治理水平不断提高和各项工作措施得以落实。

2019 年，软件中心深入行业积极跟踪重点项目，优化资源配置，充分发挥协同作用，通过解决方案推广和项目示范应用不断推进业务发展。软件中心积极参与到科技创新服务、智慧城市和相关行业的信息化建设中，承担的科技部“全国科技型中小企业信息服务平台项目”通过专家验收，平台整合了全国科技型中小企业信息资源，建成了全国科技型中小企业评价体系和创新服务体系，完善了科技型中小企业数据标准和数据交换标准，加强了科技型中小企业评价及信息服务工作；研发的“AI+ 热成像联动无感知测温预警疫情防控系统”，采用 AI 热成像＋人脸识别＋物联网技术，只需 0.1 秒锁定高热人员、4 秒完成通关，有效保障了首都国际机场、大兴国际机场、西客站及湛江机场的快速防疫及快速通关，成为高科技抗疫情的一道智慧防线；为首都机场研发的“首都机场用能计量与收费智能化管理系统”上线运行，通过对水、电、天然气、制冷、供暖等信息数据的统计分析为首都机场用能智能化管理提供技术支持；为北京朝批股份有限公司的完成“互联网＋智能物流平台系统”，每天处理票据 2.5 万至 3 万张，平均每天进出资金流 3500 万元，确保了该公司与物美、京客隆、华联、永辉等客户间采购、销售、物流供货和财务结算等业务的正常进行，为保障北京市人民基本生活物资供应做出了积极的努力；中标并建设完成中国石油和化学工业联合会（原化工部）新农人种植融合媒体云平台，平台现已上线试运行，实现了培训视频远程录制制作直播点播、图片在线直播浏览和小视频录制点播、农技专家在线指导互动等全部功能，通过对农技科普知识的多媒体、多形式传播，加速传统农业转型升级，为新农村建设打好基础，为“三农”发展做出了贡献；承担的中国中医科学院“数字中医古籍知识加工与集成利用一体化云平台”项目完成研发进入试运行，为中国中医科学院提供了云计算虚拟化服务、云计算存储系统、知识挖掘与服务系统、集成发布检索与应用系统及资源管理系统，为中医古籍保护和深度知识挖掘起到重要的支撑作用。

软件中心拥有国家高新技术企业资质、ISO 质量管理体系和信息安全管理体系认证、“双软”企业认证；已登记 267 项软件著作权、20 项注册商标，拥有 2 项授权发明专利，本年度申请 3 项发明专利。2019 年，软件中心持续加大平台建设，进一步发挥技术创新在企业发展中的重要作用。知识管理工作得到有效推进，实现公司项目资源的共享和复用。软件中心逐步形成了如知识资源管理微服务平台、知识体系管理工具、期刊服务平台、数字化图书出版、数字内容收缴工具、POD 智能生产平台、大数据挖掘分析可视化工具等十数项数字出版行业产品和服务系统。自主研发的 eac 平台，迁移了部分城市地铁 OA 流程和指挥处理系统地图的内容，大大降低了开发任务难度，人员和时间成本得到较大幅度地缩减。软件中心不断加大研发力度，积极探索行业相关技术，软件中心牵头的国家标准《系统与软件工程系统与软件质量要求和评价（SQuaRE）第一部分：SQuaRE 指南》正制定和起草过程中。此外，子公司北京凯思昊鹏软件工程技术有限公司 Hopen 嵌入式操作系统和操作系统虚拟机产品列入工委会第四季度发布的技术图谱中；子公司北京中科三方网络技术有限公司不断提升网络安全技术，作为重点安保单位及重保单位技术支撑单位圆满完成了两会、国庆 70 周年庆祝等国家重要活动的保障值守。

2019 年，软件中心在做好聚焦业务谋发展的同时，严格按照公司规范完善公司治理，注重公司内部挖潜，深入推进目标责任管理和绩效考核，不断完善公司管理制度，加强对子公司的监督和管理，提高公司的总体管理水平，全力推进公司发展战略的落地实施。

截至 2019 年底，软件中心职工总数 264 人，硕士、博士占比 41% 以上，公司强化人力资源管理，积极引进高端人才，优化现有人才队伍，建立骨干人才梯队，畅通内部培养外部引进相结合的人才渠道，形成公开、公平、培养、选拔的用人机制和人才内部适度竞争的格局。

2019年，软件中心党委以习近平新时代中国特色社会主义思想为指导，全面贯彻党的十九大和十九届二中、三中、四中全会精神，增强“四个意识”、坚定“四个自信”、做到“两个维护”，扎实开展“不忘初心、牢记使命”主题教育，召开专题党课，认真检视问题、整改落实。软件中心党委积极发挥领导核心和政治核心作用，结合工作实际，对干部选聘、股权转让等重大事项进行认真审议，充分发表意见，在公司治理中发挥了积极的作用。2019年，软件中心深入推进全面从严治党，坚持纪严于法、纪在法前，持续深化作风建设，强化监督执纪问责职能，党风廉政建设和反腐败工作得到进一步提升。通过节日邮件提醒，下发学习资料，组织集体参观法制宣教中心，观看系列警示教育片等多种形式加强警示教育，通过各项教育工作增强了公司全体党员和干部“两个维护”的思想自觉、政治自觉、行动自觉和反腐倡廉的自觉性，为公司的中长期战略规划的顺利实施，提供坚强的政治保证和组织保证。公司始终坚持积极推进企业文化建设，搭建交流与沟通的平台，积极开展丰富多彩的文体活动。

（撰稿：李　静　张文卉　审稿：奉旭辉）

中科院建筑设计研究院有限公司

董 事 长： 王全新
总 经 理： 王冬松
地　　址： 北京市海淀区北三环西路45号院
邮政编码： 100086
电　　话： 010-62565107
传　　真： 010-83427288
电子信箱： office@adcas.cn
网　　址： http://www.adcas.cn

中科院建筑设计研究院有限公司（以下简称“中科设计”）成立于1951年，是直属于中国科学院的唯一一家建筑设计与研究机构。2001年整体转制，更名为“中科建筑设计研究院有限责任公司”，2008年2月启用现名，是中国科学院控股有限公司的控股企业。

中科设计在北京总部设有建筑、结构、机电、热力、照明、规划等27个设计所，并在广东、浙江、江苏、河南、上海、天津等12个省市设有分公司。截至2019年底，拥有全国工程勘察设计大师1人，高级以上职称130人，各专业国家一级注册人员81人，北京市评标专家库和国家发改委项目评审中心专家库入库专家近20人。中科设计拥有建筑行业建筑工程甲级、市政公用行业（热力）甲级、城乡规划编制乙级资质、工程咨询预乙级资质以及对外承包工程资格，致力于提供建筑行业全专业设计总承包业务，能够实现全过程、全专业的设计服务，包括城乡规划、建筑设计、市政热力设计、室内设计、光环境设计、景观设计、BIM信息化设计、视觉艺术设计、工程咨询、水环境研究咨询、标准化研究咨询等。

作为国内最权威的科研及实验室建筑设计研究机构，中科设计是国家《科研建筑设计规范》、《科学实验室建筑设计规范》、《科研建筑工程规划面积指标》的主编单位，并主编国家建筑标准设计图集《实验室建筑设备》及《建筑设计资料集》的科研建筑部分。中科设计是国家高新技术企业、北京市设计创新中心，被中国勘察设计协会评为首批“全国建筑设计行业诚信单位”，被中国建筑学会评为“当代中国建筑设计百家名院”，被住建部中国建筑文化中心评为“中国最具影响力建筑设计机构”，被地产界评为“北京地产十佳建筑设计机构”，获得万科集团最佳设计合作伙伴奖，并已经通过ISO9001质量管理体系、ISO14001环境管理体系和OHSAS18001职业健康安全管理体系认证。

中科设计擅长大型科研、教育、文化、居住、办公、医疗、体育类建筑设计，完成了多项国家级大型项目的建筑设计工作，创作设计了一批具有社会影响力的建筑精品。其中，科研、教育类作品，如中国科学院大学怀柔校区、中国科学院大学青岛海洋学院、中国国家科学图书馆（中国科学院文献情报中心）、北京正负电子对撞机工程、国家天文台LAMOST天文望远镜项目、北京林业大学学研中心、新材料与产业技术北京研究院、中国科学院上海光机所杭州分所、武钢高新技术产业园—电子产业园，以及脑认知功能图谱与类脑智能、深部资源探测技术装备研发、环境污染物识别与控制协同创新北京怀柔综合性国家科学中心协同创新交叉平台等；文化类作品，如泰国曼谷中国文化中心、神木新村艺术大厦、北京基督教丰台教堂和朝阳教堂、广州市亚运城岭南水乡民俗主体建筑工程、北京市门头沟区70周年国庆夜景照明工程等；办公类作品，如国家开发银行北京总部、京东商城北京总部基地、天津于家堡金融区、中国驻巴西圣保罗总领事馆、河南省能源大数据应用中心等；居住类作品，如郑州航空港河东九大安置区、中关村人才苑、上海万科城市花园、万科环渤海地区住宅项目、陕西航空城·蘭园项目等；规划类作品，如中国科学院大学南京学院园区规划、中国科学院大学杭州学院园区规划、中国科学院大学重庆学院园区规划、大邑县东湖新区总体规划、湖南常德安乡体育运动休闲特色小镇总体规划、云南个旧市大屯特色制造小镇规划、湖南省龙山县乌龙山大峡谷旅游项目策划、江西婺源瑶湾景区概念性总体规划、陕西定边马莲滩国家沙漠公园规划设计等。

中科设计建筑创作作品曾先后获得国家及省部级奖励百余项。近5年主要获奖项目有：曼谷中国文化中心项目获2015年度全国优秀工程勘察设计行业奖公共建筑一等奖、北京市第十八届优秀工程设计奖公共建筑一等奖、2016年中国建筑学会建筑创作奖金奖；国家开发银行项目获2015年度全国优秀工程勘察设计行业奖公共建筑奖一等奖、北京市第十八届优秀工程设计奖公共建筑奖一等奖；北京林业大学学研中心项目获2015年北京市第十八届优秀工程设计奖公共建筑奖二等奖；CM三维高强复合地基处理新技术获2015年度中国建筑学会科技进步奖二等奖；大连东方水城等照明工程项目获2015年中国照明协会第九届中照照明奖照明工程设计三等奖；中国科学院研究生院新园区建设工程项目获2016—2017年度国家优质工程奖；神木少年宫（新村艺术大厦）项目获2017年陕西省第十九次优秀工程设计奖；上海市古北SOHO建筑景观、室内照明工程项目获2018年度中国景观照明奖一等奖及第十四届中照照明工程设计奖（室内照明）三等奖；重庆市万州区一江两岸夜景照明工程项目获第十四届中照照明工程设计奖二等奖；北京市望京中航资本大厦夜景照明工程项目获第十四届中照照明工程设计奖二等奖及2018年度中国景观照明奖三等奖；北京市中关村步行街（食宝街）夜景照明工程项目获2018年中国照明协会第十三届中照照明奖照明工程设计奖三等奖及2018年度中国景观照明奖二等奖；大连市东方水城（二期）夜景照明工程获2018年中国照明协会第十三届中照照明奖照明工程设计三等奖及2018年度中国景观照明奖三等奖；中国照明协会2018年上合组织青岛峰会照明建设杰出贡献奖；神木行政中心项目获中国勘察设计协会2019年度行业优秀勘察设计奖优秀（公共）建筑设计三等奖；神木文化中心、神木产业服务中心、电气科学研究及测试平台、中国科学院地球化学研究所科研新平台等4个项目获2019年度北京市优秀勘察设计奖公共建筑综合奖三等奖。

中科设计注重学术交流与合作，依托中国科学院的专业科研院所，先后与中国科学院重庆绿色智能技术研究院、中国科学院昆明分院、中国供销农产品批发市场控股有限公司、江西省婺源瑶湾景区、中房城市能源科技有限公司、安徽蓝海建设集团有限公司、中国科学院大学双创学院、中国科学院上海高等研究院、河北晨阳工贸集团有限公司、中航建设集团有限公司、美国科万尼国际集团、日本太平洋咨询株式会社、日本株式会社安井建筑设计事务所等单位签订战略合作协议。

2011年起，中科设计累计捐款125万元，在中国科学院大学教育基金会设立了“中科设计志愿者基金”，倡导“奉献、友爱、互助、进步”的青年志愿者精神，支持高校志愿者活动。

（撰稿：刘晨光　审稿：周　湧）

北京中科资源有限公司

董 事 长：赵晓军
总 经 理：冯桂强
地　　址：北京市海淀区中关村南三街6号
邮政编码：100190
电　　话：010-82648208
传　　真：010-62545879
电子信箱：zkziyuan@zkzy.com.cn
网　　址：http://www.zkzy.com.cn

北京中科资源有限公司（以下简称“中科资源”）由原中国科学院科技物资中心于2001年12月整体转制设立，是中国科学院所属13个整体转制单位之一。公司注册资金9200万元，其中，中国科学院控股有限公司（以下简称“国科控股”）持股45.92%，北京市海淀区裕龙农工商公司持股43.97%，76名转制前职工持股10.11%。截至2019年12月31日，中科资源经审计后的所有者权益为2.6亿元，国有资产得到较好增值保值。

中科资源前身一直承担着中国科学院所属机构的科研、生产、开发、基建所需的各类物资材料器材和进口物资设备的归口管理及采购、仓储、供应业务，为中国科技事业的发展做出过重要贡献。转制后，中科资源按照法人治理要求，面对市场，自主经营，自负盈亏，承担国有资产增值保值义务，主要业务为科技服务和基于电子商务、电视购物、社交平台的现代商贸。

截至2019年底，中科资源共有全资和参股企业6家：中科资源（天津）贸易有限公司（全资）、北京中科康诺德科技有限公司、北京恒源小额贷款有限公司、新疆中科传感有限公司、南京中科电机有限公司和北京中科新视界数字科技有限公司。中科资源共有在岗人员77人，另有离休干部3人，退休职工93人。在岗人员中，大学本科及以上人员占比61%，平均年龄38岁。

2019年，中科资源落实《北京中科资源有限公司发展规划（2019—2020）》，实施集约化管理体系。公司设有综合管理部（党群办公室）、资产财务部两个职能部门，科创服务中心一个支撑服务部门，电子商务事业部、6号项目部两个经营部门。

2019年，中科资源基本化解系统经营风险，渐入良性发展趋势。通过启用全新的ERP系统、实施业务财务库房“三条线”集约化管理、加强库存商品动态监管、建立和完善6类44个规章制度和工作流程、优化和完善薪酬体系等一系列举措，集约化管理水平和精细化经营效果逐渐呈现。全年实现营业收入14 992.83万元，完成预算的98.86%；实现净利润584.11万元，完成预算的143.7%。

中科资源共有两个业务板块，每个业务板块有三个业务单元。

现代商贸板块。设有电子商务、电视购物和自主孵化培育业务三个业务单元。现代商贸板块2019年实现营业收入10 881.26万元。电子商务单元以全资子企业天津公司为平台，以韩国惠人、美国康宁、UKK等品牌的厨房用品为主品线，主要销售渠道是天猫、京东等第三方销售渠道；电视购物单元以持股企业中科康诺德为平台，以康诺德、新西兰ELLIS、韩国前进生物等品牌的大健康产品为主品线，主要销售渠道是拥有广电部牌照的全国30余个家庭购物电视频道；自主孵化培育业务单元以6号项目部为孵化新业务平台，以消费级基因检测项目为主品线，已完成9款系列产品开发和公众号后台开发，累计实现销售基因检测产品近300份。

科技服务板块。设有科创孵化器、科技养老（筹）、资产运营三个业务单元。科技服务板块2019年实现营业收入3983.68万元。科创孵化器单元以在中关村核心地区自有的近5万平方米的中科资源大厦为基础，开展面向中国科学院所属单位、科研人员创办的科技企业孵化业务，现有国科创新、国科新材料等企业入孵；科技养老单元以在八达岭长城脚下开发建设占地26万余平方米的面向中国科学院系统科技人员的高端医养结合园区；资产运营单元以经营公司自有的除中科资源大厦以外的部分固定资产。

2019年，中科资源领导班子以高度的政治责任感，积极推进大厦巡视整改工作，按期完成巡视整改目标。通过对大厦建设项目相关的各个关键节点和重要事项进行大量的资料梳理、调研访谈、法律咨询、政策研究，以问题为导向，明确整改内容。聚焦整改内容，制定切实可行的整改方案，全力推进巡视整改工作的落实，巡视整改销账通过审核，实现大厦巡视整改的目标。

2019年，中科资源持续坚持“四会一层”，完善公司治理。修订了《“三重一大”决策管理办法》，制定了《“三重一大”事项清单》，对需要党总支前置审议的“三重一大”事项严格把关，充分发挥了党总支在公司“三重一大”事项决策中“把方向、管大局、保落实”的作用。同时，认真落实一岗双责，认真履行党风廉政建设主体责任。

2019年，中科资源深化体制机制改革，积极推进全资的天津子公司善后和改制工作。为电子商务业务持续稳定更好发展，制定持续发展工作方案，积极与社会意向战略合作企业沟通协商，确定战略投资人和明确投资意向，同时形成5套改革方案提交办公会审议，并向国科控股股权部、财务部领导专题汇报。最终形成《天津公司股权改革方案》及《员工出资入股方案》，提交公司党总支、职代会、董事会、股东会审议并获通过，通过中国科学院企业党委常委会审议通过。

2019年，中科资源提出“用最先进的科研成果为科学家养老服务”的理念，打造具有中国科学院特色的“医、养、康、护、住、学术交流”六位一体综合养老机构，在延庆八达岭园区建设中国科学院“老有所医、老有所为、老有所学、老有所乐”科技工作者之家的设想。先后到院离退休干部局、条财局、院士工作局、人事局、老科协、地理所等单位开展养老需求调研，实地调研京津冀地区有代表性的泰康之家·燕园，并广泛搜集深入了解国内外成熟的医养结合模式，起草《关于建立中国科学院科技工作者养老服务中心的建议书》。

（撰稿：秦　瑶　崔　颖　审稿：赵晓军）

中国科学院沈阳计算技术研究所有限公司

董 事 长：郭锐锋
总 经 理：马　跃
地　　址：沈阳市浑南新区南屏东路16号
邮政编码：110168
电　　话：024-24696180
传　　真：024-24696179
电子信箱：nielin@sict.ac.cn
网　　址：http://www.sict.ac.cn

中国科学院沈阳计算技术研究所有限公司（以下简称“沈阳计算”）始建于1958年8月，原为中国科学院沈阳计算技术研究所，2001年6月整体转制为高新技术企业。公司以数字化、信息化和智能化技术为主要研发方向，以技术、产品和服务创新及规模产业化为发展目标，重点面向能源行业、智能制造产业和智慧城市建设，提供综合解决方案及专业化服务。

沈阳计算拥有3个国家级创新平台（高档数控国家工程研究中心、数控控制总线技术国家地方联合工程实验室、开放式数控系统支撑技术创新平台）；5个省级研究中心（IP通信工程技术研究中心、环境污染监控信息工程技术研究中心、智能电网云计算专业技术创新平台、辽宁省智能装配与检测技术工程研究中心等）；并与中国科学技术大学共建联合网络与通信实验室，与新西兰奥克兰大学工程学院共建智能制造与工业互联网联合实验室。沈阳计算是全国机械电气系统标准化技术委员会安全控制系统分技术委员会、中国科学院数控技术创新联盟、《小型微型计算机系统》核心期刊、辽宁省计算机学会等机构的依托单位，中国科学院大学的博士、硕士培养单位，设有国家级博士后工作站。

截至2019年底，公司本部在职员工305人，其中研发及工程技术人员266人。设有系统与软件事业部、智能控制与装备事业部、系统集成事业部等业务部门。

2019年，沈阳计算深入实施“聚焦方向，融合联动，固本求新，行稳致远”发展战略，紧紧围绕“2+N业务群：能源信息化业务＋智能制造业务＋创新业务”发展方向，不断提升产品化和市场化水平及两化深度融合专业服务能力。2019年，公司本部营业收入再创新高，较上年增长30%。

能源信息化业务方面，持续专注精进，坚决贯彻执行“新市场、新业务、新产品”三新战略，充分利用成熟的市场、稳定的客户资源、良好的品牌口碑和优质的合作伙伴，实现业务规模和经营利润的爆发式增长，同比增长53%。落实国家光伏精准扶贫政策，完成扶贫电站重点工程，首次成为电力二次系统总集成商。有序开展调度全业务数据管理平台建设工作，率先提出电力调度数据搜索引擎概念，实现了电网调度级数据融通。在工控安全与物联感知方面，面向制造、能源行业，提供从安全终端到整个网络环境的安全防护解决方案，开发了智能物联锁、网络泄漏检测、安全监测探针软件（Agent）、态势感知采集终端等系列产品，利用工控安全、大数据、物联网、人工智能等技术积极构建“点线面”立体安全防护体系。

智能制造业务方面，实施融合联动战略，面向航空航天、汽车制造、装备制造等行业，打造数控装置、制造单元、产线、数字车间、智能工厂的系统解决方案。针对航空发动机密封件石墨环制造和测试卡脖子工程，完成航空发动机检测专用设备的设计与安装调试，填补该项技术国内空白。与高精子公司联合实施“04专项”国产数控系统换脑工程，实现自主知识产权GJ系列数控系统在航空航天领域批量化应用，形成有效创新联动机制。自主研发泵阀检测系统市场推广成果显著，实现在行业龙头企业应用部署。

创新业务方面，基于大数据、人工智能、移动互联、可视化等成果开展创新业务，以信息化为抓手，加速智慧城市相关应用解决方案的产品化和产业化，成为推动智慧城市建设与管理服务的重要力量。辽宁离退休干部信息化服务管理平台聚焦公司创新业务方向，采用互联网+、云计算、大数据等先进技术手段，构建辽宁智慧政务新模式。远程医疗大数据分析平台为中国医科大学附属医院等多家医疗机构的远程医疗和分级诊疗提供技术支撑。“税信达”信息推送云平台，首次实现采用云平台+购买服务的创新经营模式，展现“看得见”的税务工作。仪器设备共享管理平台辐射全国近30个省市自治区，覆盖中国科学院内115个科研院所近万台终端，共计超30万用户在线，助力中国科学院在2019年科技部全国科研仪器开放共享考核中取得整体领先成绩。

2019年，沈阳计算承担的中国科学院、省市7个重点项目通过结题验收，科技项目新立项12项。申请专利29件，授权28件，软件著作权20项。获“数控机床电气设备及系统安全国际标准”2019年度中国机械工业科学技术奖一等奖;“微小型环境空气智慧监测系统”和“二次供水智能管理系统”获第二十一届深圳高交会优秀产品奖。

2019年，沈阳计算党委以习近平新时代中国特色社会主义思想为指引，扎实开展“不忘初心、牢记使命”主题教育，深入学习贯彻党的十九届四中全会精神，牢固树立“四个意识”，坚决做到“两个维护”，严格执行《中国科学院沈阳计算技术研究所有限公司党风廉政建设责任制实施细则》，积极落实廉政建设的主体责任和监督责任。修订了《公司党委工作规则》、《党支部工作细则》。充分发挥公司党委在公司改革和发展中的领导核心作用，与董事会共同修订沈阳计算新的发展战略及规划。

（撰稿：聂　林　李　清　审稿：郭锐锋）

中国科学院沈阳科学仪器股份有限公司

董 事 长： 雷震霖
总 经 理： 李昌龙
地　　址： 辽宁省沈阳市浑南新区新源街1号
邮政编码： 110179
电　　话： 024-23826801
传　　真： 024-23826800
电子信箱： sales@sky.ac.cn
网　　址： http://www.sky.ac.cn

中国科学院沈阳科学仪器股份有限公司（以下简称“沈阳科仪”）创建于1958年，前身为中国科学院沈阳科学仪器研制中心，2001年4月整体转制为“沈阳中科仪技术发展有限责任公司”，2002年12月更名为“中国科学院沈阳科学仪器研制中心有限公司”，2011年12月更名为“中国科学院沈阳科学仪器股份有限公司”。2014年7月，公司在全国中小企业股份转让系统正式挂牌。

沈阳科仪面向工业与科研领域，以真空干泵、真空仪器设备为主要产品和业务，是我国集成电路装备和高档科学仪器的研制、生产基地。设立有1个全资子公司——上海上凯仪真空技术有限公司，1个分公司——中国科学院沈阳科学仪器股份有限公司上海分公司，2个参股公司——成都瑞拓科技股份有限公司和沈阳拓荆科技有限公司。截至2019年底，沈阳科仪在职员工总数413人。

2019年，沈阳科仪企业经营状况良好。

经营方面，真空仪器板块产品贯彻以标准化、模块化和一次投入、多次收益的理念搭建设计平台，最大限度的实现非标设备的标准化设计、生产，PVD500高端产品完成定型，同时完成三项部件的升级工作。真空干泵板块逐步扩大工艺应用范围：M泵实现在半导体氧刻蚀上的应用；1800C产品实现在长江存储etch strip中段氢气氧气同时流气的新制程上的应用；1000D产品实现在电池片PECVD工艺上批量应用。9种在研产品顺利进入研发的下一阶段，实现装配产能22台/天，重点客户达成7×24小时随叫随到，2小时解决问题承诺。

联动创新方面，积极参与北京科创中心、上海科创中心、合肥综合科学中心的项目建设，共承担项目61项。实现苏纳所真空互联平台全部验收，同时与合肥国家同步辐射实验室签订战略合作协议。

市场开拓方面，2019年新签合同额13 637万元。核心部件离子泵销售创历史新高，开发了新的干泵重点大客户，实现半导体厂商上海积塔、广州粤芯，光伏厂商隆基集团、内蒙中环等销售。

定增融资方面，2019年公司引进了包括国家集成电路产业投资基金股份有限公司在内的4家机构投资者及公司22位自然人股东，融资3亿元人民币，2019年12月27日完成验资及工商变更。

2019年，沈阳科仪获得国家部委及省市立项6项，申报了1项国家重大科技专项项目。

内部管理方面，OA系统高效运行，承载80%的办公和管理流程，日均在线120余人，常用流程70余个。ERP系统平稳运行，不断优化，在研发项目成本核算、物流管理效率提升上做了进一步改善。全年修订完善了《招聘制度》、《分公司管理办法》、《公务用车及燃油补贴管理办法》、《通讯补贴管理办法》、《派驻人员薪酬管理办法》等管理制度，为公司价值观落地提供必要的制度保证。新编《招标投标管理办法》、《外协加工管理办法》等体系文件21份；顺利通过ISO9001：2015质量管理体系监督审核。组织外协供应商签订《质量目标承诺书》，不断提高外协产品质量。

人才的“选育用留”方面，持续将价值观符合作为必要条件，不断强化公司价值观践行。通过增设驻外津贴、提高健康体检标准、新员工入职午餐等个性化福利政策，充分体现了将“员工”放在第一位的公司愿景。

2019年，沈阳科仪“三重一大”决策制度得到有效执行。全年召开党委会9次，研究讨论议题15项，其中“三重一大”事项决策6项，党的领导在公司经营活动中的作用得到了有效发挥。推动开展“不忘初心、牢记使命”主题教育和“回头看”主题教育，组织和发动相关党支部及所属党员，重点解决长期困扰公司经营中心任务的“项目拖期问题”、“应收账款过高问题”，以及近年来出现的影响公司发展的“干泵产品质量不稳定问题”和涉及关键领域核心技术的“波荡器关键零部件工程化问题”，取得显著成效。

（撰稿：刘月鹏　杜若兰　审稿：李昌龙）

中科院广州化学有限公司

董 事 长：胡美龙

总 经 理：薛　炜

地　　址：广东省广州市天河区兴科路368号

邮政编码：510650

电　　话：020-85231230

传　　真：020-85231119

电子信箱：bgs@gic.ac.cn

网　　址：http://www.gic.ac.cn

中科院广州化学有限公司（以下简称“广州化学”），前身为中国科学院广州化学研究所，成立于1958年10月，于2001年12月整体转制为由中国科学院直接控股的有限责任公司。

经过转制10多年的发展，广州化学已经成为集科研、研究生教育、化工新材料产品生产与销售、检验检测认证（权威的第三方检测服务）及化工行业高新技术服务于一体的国家高新技术企业，为国家知识产权试点单位，形成三大业务板块：化工产品板块、化灌工程板块、检测检验及认证板块，以及创新支撑板块：技术创新与技术服务板块；拥有5家控股子公司：

广州中科检测技术服务有限公司（国家高新技术企业，以下简称“中科检测”）、中国科学院广州化灌工程有限公司（国家高新技术企业，以下简称“化灌公司”）、海南中科翔新材料科技有限公司、南雄中国科学院孵化器运营有限公司、国科广化（南雄）新材料研究院有限公司。

广州化学的主要业务领域涉及：建材化学品、胶粘剂、电子化学品、有机新材料，以及化学灌浆和防水材料等产品的研发、生产和销售；建筑、水利、交通、矿山、电力、地质灾害治理、文物保护等领域的化灌工程施工；以及成分分析、工业消费品检测、危废鉴别、土壤检测和调查，环境监测、可靠性测试、食品及农产品检测、再生资源鉴定、消毒检测、空气净化检测、公共卫生评价、净水检测、化妆品检测等测试技术服务及咨询服务等。

广州化学本部位于广州市天河区，毗邻华南植物园，园区面积为27万平方米（400亩），在广东省韶关南雄精细化工园投资建设了材料生产基地，面积为6.67万平方米（100亩）。广州化学设有综合办公室、人力资源部、财务管理部、物资物业保障部、南雄材料生产基地、营销中心、技术服务部、科技发展部、研发技术部。现有院士工作站、博士后科研工作站、省市级重点实验室和工程中心等研发机构，是中国科学院新型特种精细化学品技术创新与产业化联盟（以下简称“联盟”）牵头单位，研发领域涉及电子信息材料、建材领域精细化学品、触显化学品、陶瓷领域精细化学品、胶黏剂和有机新材料等。

截至2019年底，广州化学共有员工740人，其中研究员18人，副研究员及高级工程师22人。作为国家化学学科的高级人才培养基地，广州化学有博士生导师9人，硕士生导师15人，现有2个博士生招生专业（有机化学、高分子化学与物理）和5个硕士生招生专业（有机化学、高分子化学与物理、应用化学、化学工程、材料工程），共有在读研究生99名，其中硕士生65名，博士生34名。2019年，共招收博士生11名，硕士生23名，培养毕业研究生24名。2019年度获中国科学院院长优秀奖1人、国家奖学金2人，中国科学院大学校级奖励17人次，其中三好学生标兵1人、优秀学生干部1人、优秀毕业生1人、三好学生14人，1位导师获得2019年中国科学院朱李月华优秀教师奖。广州化学主编的专业学术期刊《广州化学》和《纤维素科学与技术》在国内外公开发行。

2019年，广州化学实现营业收入5.06亿元，利润总额7005万元，净利润6118万元，净利润较上年增长62.33%。

2019年，广州化学党委获“2018年度广州分院优秀党委”称号。化灌党支部获广东省直机关工委“先进基层党组织”称号。化灌团支部获2018—2019年度“广东省五四红旗团支部”称号。中科检测团支部获“中国科学院五四红旗团支部”称号。

2019年，广州化学获国科控股2018年度联动创新贡献奖创新发展奖第一名。承建中国科学院第一个面向转制单位的中国科学院新型特种精细化学品工程实验室。与南雄市委市政府共建的“中国科学院新型特种精细化学品技术创新与产业化联盟中试与产业化验证平台”建成揭牌投入使用。

2019年，广州化学全面学习宣传贯彻习近平新时代中国特色社会主义思想、党的十九大和十九届二中、三中、四中全会精神，深入开展“不忘初心、牢记使命”主题教育，把学习教育、调查研究、检视问题、整改落实贯穿主题教育全过程。持续贯彻落实“两学一做”学习教育常态化、制度化，严格按照要求指导党支部开展“三会一课”。充分党委发挥把方向、管大局、保落实的领导核心和政治核心作用，将党建工作融入公司的经营发展工作中，取得良好成效。始终坚持“以人为本、追求卓越”的价值观，不断提高员工的福利待遇；加大园区基础设施建设的投入，不断改善员工的工作、生活和娱乐环境，通过各种方式开展形式多样的职工文体娱乐活动，不断推动企业和谐文化的建设工作。

2019年，广州化学继续贯彻“新时代、新征程、新台阶、新领域、新蓝海”的战略思路，按照“强质量、重人才、保增长、促发展”的年度目标重点安排各项工作，把“强质量”作为根本原则，打造好广州化学的品牌建设。做好重点岗位重点人才的引进和年轻人才的培养工作，不断优化干部队伍年龄结构，做好各项风险防控工作的前提下，实现广州化学的年度增长目标。

2019 年，广州化学各业务板块不断深化推进各项改革措施，并通过统一规划、协调配备资源，全面建设并提升了各业务板块的技术创新能力、市场营销能力、创收及盈利能力。化工产品板块创新新产品营销模式，精准定位细分领域，通过差异化竞争，打造销售团队，建立销售渠道，快速拓展战略产品市场。借助“一带一路”倡议东风，打开东南亚销售渠道，成功实现高端产品的出口。同时，借助联盟平台作用，与产品上下游构建战略合作关系，聚焦细分领域产品，打造工艺 + 材料 + 设备的系统解决推广方案，尝试探索 B2C 模式切入终端市场，加速化工产品板块的市场布局与拓展。化灌工程板块，坚持“开门办公司”的战略思维，进一步优化业务结构，深耕优质客户，开发潜质客户；完成了董事会、经营班子成员的调整，强化了人才团队的梯队建设；通过加强与行业大型集团企业的战略合作，加强融资平台建设，加强经营风险防控工作，积极应对严峻的市场环境，顺利完成了各项工作目标。检验检测及认证板块，继续保持了健康快速发展的迅猛势头。通过积极调整优化业务布局，紧抓行业发展机遇，着力加强土壤检测、场地调查领域的技术团队和业务团队建设，同时在食品检测、工业消费品检测、可靠性检测、健康检测、产品质量鉴定等领域不断探索新的商业模式，建立与业务特点相适应的创新运营模式。加大实验室建设的软硬件投入，聚力人才团队建设，启动 IPO 准备工作，为中科检测的上市迈出坚实的一步，为企业的健康快速发展奠定了坚实的基础。技术创新与技术服务板块，通过整合内部资源、借助联盟平台，联合院内外优势单位，增强了技术创新服务能力。并通过加强对研发体系的人才梯队规划与建设，提高了科研人才队伍稳定性，提升了为国家和地方的科技服务的能力。

2019 年，广州化学承担在研纵向项目 53 项，其中新增 11 项，到位经费 814.89 万元。发表科技论文 43 篇。申请中国发明专利 33 项，获得授权中国发明专利 28 项。横向到款 1065.54 万元。广州化学继续深化院地合作，推进与广东省、浙江省和重庆市等地科技合作。

（撰稿：申智慧　臧　丹　审稿：胡美龙）

中科院广州电子技术有限公司

董 事 长：徐庆峰
总 经 理：陈　斌
地　　址：广东省广州市先烈中路 100 号大院 23 栋
邮政编码：510070
电　　话：020-87682806
传　　真：020-87683247
电子信箱：zhbgs@giet.ac.cn
网　　址：http://www.giet.ac.cn

中科院广州电子技术有限公司（以下简称“广州电子”）创建于 1970 年，前身为广东省 701 研究所，1978 年划归中国科学院，更名为中国科学院广州电子技术研究所，2001 年 12 月整体改制为有限责任公司，更为现名。

广州电子是国有控股公司，中国科学院控股有限公司持股比例为 87.92%。广州电子设有智慧城市业务部、公共安全业务部、科教与智能制造业务部、文博业务部、智能物业部、企业发展部、研发中心、资产财务部、综合办公室和人力资源部。主要产品和业务有 3D 打印机及服务、多媒体核心版、分子泵电源、光纤感温传感系统、人脸图像识别系统、机器视觉检测设备、信息系统集成等。截至 2019 年年底，广州电子共有在职职工 269 人（含子公司），其中科技人员 172 人，包括研究员 5 人、高级工程师 25 人。

广州电子是广东省 3D 打印产业创新联盟理事长单位，拥有两个省级科研平台，即广东省 3D 打印技术及装备工程研究中心和广东省增材制造工程实验室。广州电子通过了 ISO9001 质量体系认证和知识产权管理认证，现拥有《广东省安全技术防范系统设计、施工、维修资格证书》、《信用等级 AAA 证书》、《“守合同重信用”证书》等。2019 年获得专利授权 34 项，其中发明专利授权 15 项。

广州电子现有投资企业 3 个，其中持股企业 1 个、控股企业 2 个。其中广州晶体科技有限公司成立于 2001 年 7 月，广州电子持股比例为 49%，主要从事人造金刚石工具开发及生产，产品有锯片、磨轮、钻头、树脂砂轮四个系列，广泛用于石材、陶瓷、玻璃、宝玉石、硬质合金加工；中科智诚（广州）科技有限公司成立于 1998 年，广州电子全资控股，主要从事计算机网络信息系统工程监理、技术设计咨询、技术服务业务；潍坊中科工业设计研究院有限公司成立于 2016 年 11 月，广州电子持股比例为 85%，主要从事工业设计、产品验证等业务。

广州电子 2019 年业务发展稳中有升。在文博行业方面，2019 年公司先后承担了中国陶瓷琉璃馆——儿童陶瓷琉璃体验厅多媒体项目、中国（海南）南海博物馆——渔家文化航海展多媒体项目、中国海南省博物馆——黎族风俗多媒体项目、淄博陶瓷创新谷展陈多媒体项目等多个项目，呈现了较好的增长趋势；在 3D 打印和扫描仪方面，在 3D 打印机的整体销售呈下降趋势的情况下，公司加大了三维扫描仪的销售力度，开拓销售模式，2019 年的销售成功突围，同时，结合三维扫描仪的销售和服务，积极探索将三维检测业务与人工智能算法结合起来，进一步拓展三维检测的行业应用，为后续发展奠定了良好的基础；在感温光纤业务方面，公司分布式光纤测温产品 2019 年新签合同同比上年增长 156%，该业务发展势头良好，产品已经覆盖全国 20 多个省市，在城市管廊、电力行业、轨道行业都实现了由点到线的应用，可以持续为公司贡献利润；在专用电源业务方面，分子泵电源产品经过多年市场使用检验，产品性能已十分成熟稳定，2019 年实现销售收入实现增长。电磁炉在线老化测试设备目前正在积极向电磁炉生产企业推广，市场推广也取得突破性的进展。

广州电子 2019 年在原有业务领域的基础上，开拓应急防务领域，过程中吸引高层次人才，主要是行业专家和客户经理两类。下半年与衢州市政府合作共建中科广电衢州研究院有限公司，衢州政府提供 3 年 1000 万元运营经费补贴和 5 年 500 万元科研经费支撑，公司定位面向长三角地区的区域公司和为应急防务领域提供综合解决方案的行业公司。

（撰稿：马晶华　周冠花　审稿：徐庆峰）

中国科学院成都有机化学有限公司

董 事 长：刘荣光
总 经 理：曾凡琼
地　　址：四川省成都市人民南路四段 9 号
邮政编码：610041
电　　话：028-85222143
传　　真：028-85223978
电子信箱：bgs@cioc.ac.cn
网　　址：http://www.cioc.ac.cn

中国科学院成都有机化学有限公司（以下简称“成都有机”）是由成立于 1958 年的中国科学院成都有机化学研究所，于 2001 年整体转制为中国科学院控股的企业。公司致力于精细化工和新材料行业的成果转化及规模产业化，并提供有特色的产品和技术服务，目前已发展成为集研究开发、工程化验证、产品生产经营等为一体的综合性高新技术企业。

成都有机拥有手性药物国家工程研究中心、挥发性有机物污染控制与技术国家工程实验室（成都）、国家高技术研究发展计划（863 计划）成果产业化基地、四川省节能及清洁生产催化工程技术研究中心、不对称合成与手性技术四川省重点实验室、四川省企业技术中心、中国科学院成都分院分析测试中心等国家和省部级技术研发和服务平台，具有较强的技术创新和成果产业化能力。

成都有机现设有大邑分成都有机、运营管理部、研发管理中心、财务资产部、人力资源部、HSE 部、综合管理部、有机中间体产品事业部、绿色化工事业部、生物医学材料事业部、分析测试事业部 11 个部门。成都有机拥有 4 家全资或控股高新技术企业（成都丽凯手性技术有限成都有机、成都中科普瑞净化设备有限成都有机、成都中科凯特科技有限成都有机、成都中科时代纳能科技有限成都有机）。

截至 2019 年底，成都有机有员工 229 人，其中高级职称人员 77 人，硕士以上学位 82 人，获国务院政府特殊津贴 40 余人，四川省学术技术带头人 5 人，四川省突出贡献优秀专家 3 人，四川省青年科技创新研究团队 2 个。

2019 年，成都有机全年营业收入 16 553 万元，归属母公司净利润同比增加 319 万元；经营性净现金流同比增长 186.3%。完成三年（2020—2022）产业发展规划，未来三年将依托公司的技术创新能力和优势，形成新材料、医药中间体、分析检测、专有设备四大业务板块，并以精细化催化剂产品和工艺、纳米碳材料、可生物降解医用材料、水性树脂、熊去氧胆酸化学品、手性化学品、气体净化设备、实验室非标设备等为主要产品方向，进行资源要素整合，实现创新链-资金链-产业链的联动融合，做大做强核心业务和拳头产品，实现公司产业的跨越式发展。

2019 年，成都有机深化研发体系改革，完成了剩余课题组的管理模式和核算模式的改革，撤并所有课题组并纳入公司研发管理中心统一管理。研发团队采取模拟事业部模式进行核算，在研发团队实行全面预算管理，并配套进行了研发体系的岗位重新设置、薪酬结构调整等，有效促进研发与产业融合，推动公司产业可持续高质量发展。

2019 年，成都有机董事会与公司党委、经营层将年轻干部的考察任用作为公司未来可持续发展和人才梯队建设的重点工作进行推进。经过前期考察、综合竞聘、征求意见等干部考察任用环节，聘任多名骨干到公司中层管理岗位，其中绝大多数都是 80 后。同时，也有一批 80 后年轻骨干进入公司产品事业部或控股企业管理层。

成都有机承担了多项国家及地方重大科技项目，并通过与地方政府和企业开展院地合作，推动技术成果转化，促进地方经济发展。2019 年获得科技部项目 3 项，四川省科技厅、四川省经信委、成都市科技局等各类地方项目 6 项，申请专利 28 件，获得授权专利 9 件。

2019 年，成都有机严格落实国有企业党建工作总体要求，切实发挥公司党委在企业法人治理和创新发展中的领导作用，持续加强和改进公司“四会一层”法人治理体系建设和“三重一大”事项决策制度建设。公司党委按照中央和中国科学院党组的统一部署，切实推进“不忘初心、牢记使命”主题教育，通过开展专项整治，着力落实整改工作中存在的重点、难点问题和群众反映强烈的突出问题。公司领导班子成员对标习近平总书记和党中央对科技领域和中国科学院的要求，对标实现“三个面向”、“四个率先”要求和国家科技创新重要部署、中国科学院重要战略举措，确定了加强公司及控股企业规范化管理、制定公司未来三年产业发展规划、加快公司新产业园区选址三个调研问题，形成调研方案，并组织实施。

公司于 2016 年启动了兴隆湖新园区建设，新园区选址成都天府新区科学城，占地约 52.86 亩，一期建设工作用房 37 318.74 平方米。截至 2019 年底已完成基础、主体工程，外立面完成（施工电梯位置除外），装饰装修完成 95%，机电安装完成 95%，室外总平绿化、铺装完成 98%。完成总建设工程的 96%。

（撰稿：黄可居　李顺芬　审稿：王公应）

中科院成都信息技术股份有限公司

董 事 长：史志明
总 经 理：史志明
注册地址：四川省成都高新区天晖路 360 号晶科 1 号大厦
办公地址：四川省成都市人民南路四段 9 号
邮政编码：610041
电　　话：028-85135151
传　　真：028-85229357
电子信箱：bgs@casit.com.cn
网　　址：http://www.casit.com.cn

中科院成都信息技术股份有限公司（以下简称“成都信息”）是由创立于 1958 年的中国科学院成都计算机研究所于 2001 年 6 月整体转制而来，是由中国科学院控股有限公司直接控股的高科技公司。1958 年成立时命名为中国科学院四川分院数学所；1960 年更名为中国科学院四川分院计算所；1962 年更名为西南电子所计算站；1968 年更名为总字 821 部队西南计算站；

1971 年更名为四川省计算站；1978 年更名为中国科学院成都计算站；1981 年更名为中国科学院成都计算机应用研究所；2001 年 6 月，整体转制为四川中国科学院信息技术有限公司；2005 年 1 月更名为中国科学院成都信息技术有限公司；2013 年 4 月整体变更为中国科学院成都信息技术股份有限公司，并于 2017 年 7 月 28 日在深圳证券交易所创业板挂牌上市。

成都信息是中国软件行业协会理事单位、四川省计算机学会理事长单位、中国科学院智慧城市产业联盟副理事长单位、中国科学院人工智能产学研创新联盟理事单位和中国科学院上市企业联盟执行理事单位。公司以高速机器视觉、智能分析技术为核心，为政府、烟草、油气、特种印刷等行业提供信息化整体解决方案、智能化工程和相关产品与技术服务。在计算机软件工程、办公自动化、工业计算机应用等领域具有较高的创新水平和突出的应用特色。

截至 2019 年底，成都信息共有员工 488 人，其中博士学位员工占比 1.6%，硕士学位员工占 16.19%，本科学位员工占比 71.11%，平均年龄 33.81 岁。公司下设工业信息化事业部、工业视觉事业部、政务信息化事业部、应用软件事业部、油气信息化事业部、电子工程事业部等业务部门，另设有公司办公室（保密办公室）、人力资源部、市场部、企业管理部、财务管理部、审计部、研发中心、自动推理实验室、物业管理中心等管理与支撑部门，拥有 1 家分公司、2 家全资子公司和 1 家控股子公司。拥有计算机软件与理论博士学位授予点，计算机软件与理论、计算机应用技术、计算机技术、软件工程硕士学位授予点和计算机科学与技术博士后科研流动站。

截至 2019 年底，成都信息主要经营指标顺利完成，营收规模稳步提升，新签合同再创历史新高，经营状况良好，为公司“二次创业”奠定坚实基础。公司还圆满完成十三届全国人大二次会议、全国政协十三届二次会议，以及全年 8 次全国人大常委会会议的现场技术保障和服务任务，赢得了中央领导同志、与会代表、委员的广泛好评。公司在四大行业深耕细作成效明显，数字会议系统业务持续深耕发展，现已形成选举、表决、信息化三大核心业务，计票通新兴业务，安全可控种子业务的全面发展态势。电子表决系统业务取得重大进展，市场份额已达全国省级市场的 1/3。基于“计票通”的基层选举业务持续扩大，安可业务构建共享生态成绩斐然。烟草行业信息化业务整体发展态势良好，在四川、浙江等区域市场拓展取得重要成果，油气信息化市场占有率稳步提升，争取到自进入油气行业以来的最大金额项目——塔里木盆地喀什北区块阿克莫木气田总体开发工程。印钞检测设备领域再创佳绩，新技术新产品快速产出，着力开拓了防伪线机检系统的新阵地，西班牙、捷克、印度等海外市场已陆续实现卡清分机销售“零的突破”。

2019 年，成都信息在烟草、油气、医疗等领域多项创新成果得到转化和应用，“医疗装备物联网项目”在四川大学华西医院设备科、医务科、总值班室全面部署，并推广到多家医院，烟用胶囊缺陷检测系统已面向市场推广，油气田人员行为识别项目目前已完成大部分功能研发工作，全年获获授权专利 17 项，软件著作权 13 件。纵向项目争取和实施成绩突出，完成科学院 1 项重大专项和四川省科技厅 3 个项目的验收，两人入选 2019 年度中国科学院“西部之光”人才培训计划。

2019 年，成都信息顺利完成新一届党委、董事会、监事会、经营层和中层干部的换届改选（聘任）工作，一次性通过中国质量认证中心 QES 三标管理体系审核认证。

（撰稿：陈　渝　审稿：尹邦明）

中科院科技服务有限公司

董 事 长：赵红岩
总 经 理：刘云葆
地　　址：北京市西城区三里河路 52 号
邮政编码：100864
电　　话：010-62578609；010-68597915
传　　真：010-62578665
电子信箱：sunying@cashq.ac.cn
网　　址：http://www.zkfw.com.cn

为响应中央国家机关后勤体制改革的号召，

进一步推动支撑服务系统社会化、市场化、专业化，更好地适应中国科学院知识创新工程的需要，经中国科学院党组研究决定，中国科学院机关服务中心（局）于2002年12月实施整体转制，在国家工商总局注册成立中国科学院科技服务有限公司（以下简称“中科服务”），注册资本2252.23万元，其中中国科学院控股有限公司持有65%的股权，中科服务公司职工持有35%的股权。中科服务主营业务包括中国科学院机关后勤保障服务、餐饮服务、物业管理、房屋租赁、住宿及宾馆接待等。

中科服务按照“四会一层”治理结构开展运营管理，下设综合部、财务部、企业管理部3个职能部门和机关服务事业部、餐饮分公司、物业分公司3个业务单元。此外，中科服务还有持有北京博思园客座公寓有限公司64.5%的股权，履行控股股东的职责。截至2019年底，中科服务公司员工总数为525人（其中内部安置职工18人），退休职工87人。

2019年，中科服务紧密围绕“依法整改，规范经营，队伍建设，考核激励”的工作思路，按照“抓重点、补短板、谋创新、求发展”的工作原则，全力推动历史遗留问题的解决，积极开拓市场、加强内部管理，较好地完成年度各项工作目标。机关服务事业部较好完成院机关日常后勤保障及重大院务活动服务保障工作。餐饮分公司努力稳定存量业务，在院机关、卫健委、声学所等食堂项目成功续签的基础上，积极拓展增量业务，顺利中标进驻中国红十字会食堂项目；定期举办美食节、美食周等特色活动及创意互动体验。物业分公司较好完成院自管住宅物业管理与服务工作，收到业主赠送的表扬信、感谢信、锦旗等，自管住宅943小区业主年度服务满意率达到98.4%。

中科服务严格落实安全管理责任，筑牢安全防线，2019年度未发生安全、保密责任事故；按程序完成领导班子换届，有效发挥“四会一层”治理结构作用，严格执行“三重一大”决策程序，注重加强企务公开；积极采取有效措施，全力推进研发大楼依法强制执行收回工作，并较好完成了网络舆情应对处置及供应商维稳工作；通过“内部培养加外部引进”的方式，加强人才选拔与引进，组织开展职业技能培训，优化考核激励机制，人才队伍建设取得一定成效；严格落实内控管理体系，新建和修订了多项制度，加强职能部门日常巡检及专项自查，开展内控体系建设自评估；全面落实质量管理体系，进一步扩大质量体系覆盖范围，加强三级培训和内审自查，以标准化管理为抓手促进公司服务质量的持续提升；加强党建和基层党组织建设、加强党风廉政和反腐倡廉建设，积极发挥工会组织的桥梁纽带作用，组织丰富多彩的集体活动，积极构建和谐向上的企业文化氛围。

（撰稿：董晓刚　审稿：邓　月）

上海碧科清洁能源技术有限公司

董 事 长：吴乐斌
总 经 理：张小莽
地　　址：上海市虹口区峨嵋路315号712室
邮政编码：200080
电　　话：021-66830080
电子信箱：contact@cecc-tech.com
网　　址：http://www.cecc-tech.com

上海碧科清洁能源技术有限公司（以下简称“上海碧科”）是一家成立于2009年1月的合资公司，注册资本1.62亿元；于2015年8月13日完成增资后，注册资本增加为1.82亿元。控股股东中国科学院控股有限公司（以下简称“国科控股”）目前持有公司45.33%的股权。上海碧科是一家专注于清洁能源产业链开发、具有自主知识产权创新技术和工程化能力的技术商业化公司。

上海碧科设有工程开发、业务拓展与项目开发等部门和内控与财务、人事行政管理等支持部门，实施项目驱动式矩阵型管理机制。截至2019年底，上海碧科员工总数为15人，其中，退休返聘2人，即劳动合同制职工13人。60%以上的全日制员工司龄在5年以上。平均年龄40周岁。男女性别比例1.1：1。从学历结构来看，硕士及以上学历员工占较大比重。

上海碧科专注于“液态阳光经济”中作为未来清洁能源载体——甲醇相关产业链的开发工作。公司与天然气供应与管道运输、供电与传输、项目融资、甲醇承销等方面积极与相关商业合作伙伴建立合作关系，按计划稳步推进相关工作。产业链的上游天然气制甲醇和下游甲醇制烯烃项目，以及相关的甲醇承购和投融资运作有效实现了创新链、产业链、资本链的联动。

2019 年，上海碧科通过其在美国的全资子公司泛太平洋能源公司所开发的位于华盛顿州的卡拉马天然气制甲醇项目，在过往一年的甲醇船运战略开发上取得实质性进展。卡拉马项目于 2019 年 10 月获得国际知名航运公司战略投资，项目环评许可申请工作获得除岸线开发许可之外的所有环评许可，项目开发工作正在有序、平稳推进中。

（撰稿：潘承汉　审稿：张小莽）

国科健康生物科技有限公司

董 事 长：吴乐斌
总 经 理：段安安
地　　址：北京市海淀区闵庄路 3 号玉泉慧谷二期四号楼
邮　　编：100195
电　　话：010-62800330
传　　真：010-62800336
电子信箱：office@gk-jk.com
网　　址：http://www.gk-jk.com

国科健康生物科技有限公司（以下简称“国科健康”）是在响应国家发展绿色经济、积极开展“双创”的号召前提下，根据中国科学院“率先行动”计划，落实联动创新战略，在中国科学院控股有限公司（以下简称“国科控股”）的统一部署下成立的大型集团公司。

国科健康的发展战略是：依托中国科学院、立足大健康产业，打造高科技产品与技术的转化与应用平台，借助业务与资本一体化的双轮驱动发展模式，打造公司核心竞争力。

截至 2019 年底，国科健康及下属公司员工总人数约 270 人（持股企业人员口径）。

2019 年，国科健康以总部为平台，开展四大板块业务，分别是成果转化平台、医疗管理平台、基金管理平台、健康产业园平台。

成果转化平台方面，在中国科学院、国科控股与各地战略合作框架下，以子公司北京国科康仪生物科技有限公司（以下简称“国科康仪”）为主体，依托资本市场的力量建立“新概念 + 新模式 + 新技术”融合发展价值体系，改革创新整合资源，通过投资并购，在全国 6 个省已设立了合资公司，力图提供覆盖全国的 IVD（体外诊断试剂）销售渠道网络，同时打通从研发、生产、临床的产业链并向下游医疗服务发展，打造大健康生态圈，搭建起覆盖全国的高科技产品与技术的转化及应用平台，着力打造平台的核心竞争力与核心价值体系。国科康仪在 2019 年收入为 53 765 万元，利润 8273 万元。

医疗管理服务平台方面，国科健康医疗管理服务平台作为中国科学院生命健康科技产业联盟成员之一，力图吸纳健康医疗领域专家型人才，发挥健康医疗管理服务团队及医师联创平台专家的作用，与航天部空间技术研究院（以下简称“航天五院”）、西安航天恒星科技实业（集团）有限公司、中科曙光易通科技公司、抚州市中科慧康健康管理有限公司、苏州唯善生物科技有限公司、河北省广宗县医院、抚州市人民医院等多家企事业单位以多种形式展开有关健康医疗服务的合作，创建国科健康院 3 家，利用线上线下、物联网互联网及远程技术，探索大型企事业单位、社区居民健康管理、慢病管理和病后管理等院外医疗健康服务模式。自 2018 年初与航天五院签署门诊部共管、共建线上慢病管理和互联网门诊部服务协议以来，项目运营顺利。国科健康为门诊部建立了标准化建设方案，收到良好的管理成效，为门诊部派驻了国科医师联创平台儿科专家、眼科专家和慢病管理专家，开设儿科、眼科、慢病专家门诊及线上慢病管理管理服务，受到广大居民的好评和欢迎，极大地提升了门诊诊疗水平。作为西安航天恒星科技实业（集团）有限公司智慧养老服务系统开发与应用计划的试验性项目——航天五院离退休人员智慧养老服务中心的健康医疗服务与运营单位，公司利用自身医疗健康管理与服务能力强、资源丰富等优势，很好地履行了五院离退休人员的健康管理、慢病管理、病后管理服务，服务质量与服务成效收到来自管理方和客户方的高度赞扬，在健康管理过程中，及时发现6例离退休老人健康指标“危急预警值”，提醒并指导客户及时就医，起到挽救生命或促进健康的作用，得到客户及老人家属的感激与爱戴，受到航天部领导的高度赞扬。该项目已通过试运营评价与审核，正式成为航天部持续推广的智慧养老服务项目。国科健康还与中国健康签订了共同开发机构/社区人群健康管理、慢病管理和病后管理院外服务项目开发协议，与广宗县医院和抚州市人民医院签订了有关慢病管理设立专家工作站并进行技术帮扶的协议，在广宗县医院设立了北京专家工作站，在抚州市人民医院设立耳鼻喉科知名专家孙建军工作站；与抚州中科慧康健康管理有限公司签订了共同建立远程健康医学咨询合作协议，实现了让偏远、贫困地区人群享受到了北京专家的医疗技术服务，得到江西省领导、抚州市政府和广大群众的赞许和欢迎，反响强烈。与中科曙光易通合作，利用互联网物联网技术进行心搏、睡眠、呼吸、精神的线上监测与管理，作为国科健康院的特色服务；与苏州唯善公司合作进行肠癌的早筛实践，为国科健康院的客户进行筛查，发现多发息肉癌前病变3例。为进一步拓展打下基础。

基金管理平台打造方面，自2017年4月国科健康董事会审议同意设立国科健康基金后，公司迅速组建相关团队，并在国家金融“去杠杆严监管”的不利环境下不断努力，已完成备案工作，首只产业基金已完成注册——泰州国科顺达投资管理有限公司（简称“国科顺达”），基金总规模3.8亿元，首期25%资金已到位。2019年，国科顺达为布局大健康及医疗产业，已向上海祥闰医疗科技有限公司投资300万元、向北京国科康仪生物科技有限公司投资3000万元。

健康产业园平台打造方面，国科健康在拓展健康产业的同时，通过对大健康业态的未来发展趋势分析和专业能力的持续打造，于2018年与抚州市东乡区政府合作建立了国科健康东乡产业园（以下简称“产业园”），总占地250亩，建筑面积约20万平方米。产业园包括孵化区、研发区、生产制造区、科技平台区，以“打造医疗健康小型产业链”为发展战略，以再生医学、细胞治疗、药物提纯、药物研发、第三方检测等为主要发展方向，打造健康服务、精准医学和再生医学的产业园区。该项目由国科健康牵头成立产业园运营公司，负责产业园运营。作为抚州市重点建设项目，得到了地方政府的大力支持。

（撰稿：张凌宇　童　岱　审稿：段安安）

中科院创新孵化投资有限责任公司

董 事 长： 陈晓峰
总 经 理： 蒋　磊
地　　址： 北京市海淀区中关村南三街6号中科资源大厦7层
邮政编码： 010-100190
电　　话： 010-82169107
电子信箱： gkcx@casii.ac.cn
网　　址： http://www.casii.ac.cn

中科院创新孵化投资有限责任公司（以下简称“国科创新”）的成立基于新时期中国科学院积极响应国家深入实施创新驱动发展战略和“一带一路”科技创新行动计划的重大部署，以及“大众创业、万众创新”的新形势。公司注册时间为2015年10月，注册资本1亿元。国科创新作为中国科学院促进科技成果转移转化和产业化的重要举措，以中国科学院“三个面向”、“四个率先”办院方针为指导，积极践行国科控股“联动创新”纲要，统筹和激活中国科学院创新资源要素，与科研院所、地方政府、企业集团等机构合力打造特色“双创平台”，营造良好“创新生态”，促进中国科学院科技成果转移转化和产业化工作。

国科创新以面向国民经济主战场、运用市场机制促进中国科学院科技成果转化和产业化为企业使命，以建设集技术、人才、市场和资本四位一体的科技孵化体系，打造中国科学院特色的全球化科技孵化生态圈，形成国科创新集群为发展目标，致力于成为一流的科技创新资源整合和科技孵化全链条运营商。

截至2019年底，国科创新下设综合管理部、财务管理部、股权管理部、孵化运营部、创新服务部。已投资设立持股企业26家。主要分布于产业培育、基金投资、科技服务三大业务领域。

截至2019年底，国科创新本部共有在职员工30人（含高管）。

2019年，国科创新紧紧围绕“促进中国科学院科技成果转化”的核心使命，以平台建设为载体，不断完善主营业务架构，持续优化平台分级管理格局，发挥基地网络化联动效应，实现基地基金协同发展，不断丰富科技服务体系内涵，“基地＋基金”双轮驱动发展模式不断深化巩固，有力支撑了中国科学院科技成果转移转化工作。

2019年，国科创新以“面向市场、服务中国科学院”为目标，稳健推进新平台建设，孵化平台网络不断完善。积极开展孵化器“升级版”改造提升工作，积聚力量打造标杆平台。全年本部及重点平台服务中国科学院科研项目转移转化78项，项目涉及院属研究所20余家。

持续完善平台布局。按照分级管理格局和平台建设网络的思路，扎实推进平台建设，旗下吉林平台、江西平台、淮北平台、济南平台先后投入运营，各平台为支持地方创新发展起到良好成效。其中吉林平台填补了国科创新在东三省战略布局的空白，被评为2019年吉林省技术转移示范机构，获得省市级申报立项5项，有力支撑了长吉图国家科技成果转移转化示范区建设；成都平台获成都市十大菁蓉创孵之星、成都双创载体发展标杆奖优秀载体奖等；江西国科医工研究院被评为国家双创示范基地支撑平台和中国轻工业重点实验室依托单位；淮北智能制造研究院引进世界最大化工厂之一德国巴斯夫公司的1个中试项目落户当地煤化工基地。积极探索以科技成果展示交易中心为途径促进成果转化模式，展示中心既是中国科学院项目展示、对接、推广、落地中心，也是投资人的体验中心。通过无锡项目展厅已推动5项中国科学院项目在当地签约。

强化项目资源输出。一是加强项目库建设。对体系内的科技成果转移转化项目进行全面摸底，收集孵化和服务的项目超700个，2019年新增项目130余个。其中院内项目约占90%，海外、高校、社会企业等项目约占10%。同时，梳理完善项目库，加强资源信息共享，为提升项目转移转化效率奠定基础。二是加强资源输出。2019年，深度挖掘研究所项目渠道，先后向成都、江西、南京健康院、淮北产研院等平台推送和对接项目40余个，为加强中国科学院与地方合作发挥了积极作用。

2019年，国科创新加强基金业务探索，加强孵化平台和创投基金协同，推动项目交流和合作，积极构建孵化与投资协同发展格局。一是国科创新积极支持持股企业中科健康通过设立基金收购新里程医院管理集团，并成为其第一大股东，打造生命科学、健康科技等领域产学研合作平台。二是稳步推进现有基金业务发展。国科绿色发展产业基金作为国科绿色发展国际实验室的配套投资平台，自筹备以来已建立了院内、院外项目储备渠道，并积极拓展了海外项目的搜寻与接洽工作。实施绿色发展产业基金项目征集活动，收集项目达100余个，领域涵盖大健康、信息技术、节能环保、先进制造和新材料等。积极开展对接中投国际（香港）、招商局集团等LP资源，推动基金募资工作。积极推进智慧城市、大数据等院内项目与香港对接，服务推动中国科学院优秀技术和产品走出去。三是江西、南京、国科金服等平台结合自身实际和发展需求，积极开拓建立相应的创投体系，解决项目融资难等问题。四是积极探索新业务，推进产城融合基金、军民融合基金、国科硬科技创投基金筹备等相关工作。

2019年，国科创新不断提升科技服务能力和水平，为孵化平台和创投基金营造软环境，提供软实力，全力支撑业务发展。

开展科技智库建设。一是建立了近400名由两院院士、国家杰出青年等组成的高级专家技术人才库。二是深化巩固地方智库平台业务。赣州智库为当地引荐了13个项目，协助赣州科协举办了第三届“全国科技工作者日”活动，协助地方招商考评项目20余个。垦利智库为垦利鑫茂航旅小镇项目提供智库咨询和指导，促成项目落地开工。与垦利区政府和垦利职业院校开展航天双创大赛项目、航天工程教育和产教融合、民参军服务等为内容的航天科普教育基地建设，协助地方招商考评项目10余个。同时，为青岛广电新旧动能转换提供咨询服务，助力地方经济发展。

完善“双创”服务体系建设。一是在南昌举办“中国科学院联动创新系列论坛——生物医药及装备产业发展论坛”，在北京举办加强区域协同创新、助力科技成果转化研讨会等活动，进一步加强政产学研各界与中国科学院院属机构和企业之间的联系，服务地方双创发展。二是以国科创新学院为载体，依托国科创新体系合作项目开展创新营，与地方政府共建人才创新基地，与山东等高校共建大数据与人工智能学院等。目前，培训课程已开发培训模块4个，课程近20门，共计课时112个。举办国科创新学院淮北营，第一、第二期创新创业培训课已完成，服务15家科技型企业。

（撰稿：王　坚　审稿：蒋　磊）

喀斯玛控股有限公司

董 事 长： 张　平
总　　裁： 张　平
地　　址： 北京市海淀区中关村南三街6号
邮政编码： 100190
电　　话： 010-82648395
电子信箱： hr@casmh.com.cn
网　　址： http://www.casmh.com.cn

喀斯玛控股有限公司（以下简称“喀斯玛控股”）系中国科学院控股的国有企业，直属于中国科学院控股有限公司（以下简称“国科控股”），于2016年12月12日注册成立，注册资金5000万元，国科控股持股81.96%，自然人股东持股18.04%。

喀斯玛控股是从北京中科资源有限公司（以下简称“中科资源”）分立出来的控股公司，中科资源是中国科学院控股的国有企业，前身为中国科学院器材局、物资局、技术条件局、科技物资中心，曾为“两弹一星”特殊材料设备提供保障。

喀斯玛控股成立以来，承接了中科资源原有的一些创新业务，并实现了与中科资源在人、财、物、业务、党组织关系的完全切分。喀斯玛控股现主营业务以科研采购、科技成果转移转化、科技产品销售服务三大板块为主。经过调整后的喀斯玛控股拥有喀斯玛（北京）科技有限公司、北京中科喀斯玛科技孵化器有限公司、国科融易（北京）科技有限公司、云南中科本草科技有限公司、喀斯玛汇智（北京）科技有限公司和2019年新成立的喀斯玛乐园科技有限公司6家控股子公司。公司设有综合管理（党群办公室合署办公）和运行管控2个管理中心，产业化中心及团购直营事业部两个业务部门。截至2019年底，喀斯玛控股共有员工266人，平均年龄33岁。

喀斯玛是“CASMART”的音译，“CAS”是中国科学院的英文简称，“MART”代表市场。喀斯玛控股充分依托中国科学院丰厚的科技资源，坚持面向市场，持续开拓新的业务领域，打造公司核心竞争力，积极推动科技服务产业化、科技成果商品化、科技产品市场化，逐步形成了集科技产品开发与科技服务于一体、创新链与产业链有效衔接、线上线下互补共享的科技服务体系。

2019年，喀斯玛控股实现营业收入1.17亿元，净利润577万元，下属6个业务板块中的喀斯玛科技、喀斯玛汇智、喀斯玛孵化器、中科本草以及直营事业部（礼品部）5个业务板块均实现盈利。喀斯玛控股通过转让持有的喀斯玛科技6%的股权，以4.5亿元估值获得市场认可，实现投资收益约2500万元，喀斯玛控股归母净利润指标实现正向突破，净利润指标超额完成年度预算。

喀斯玛商城2019年净交易额32亿元，营业收入7488万元，净利润1617万元。商城交易量呈几何级数逐年增长，全网交易量达32亿元；商城订单量呈快速增长趋势，达到63万单。喀斯玛商城3.0系统成功升级上线，运用当前先进的技术和安全的服务器运维体系，是喀斯玛自己建造的平台，技术架构升级到分布式、微服务，建成技术上成熟、业务上扩展性强、安全级别高的科研电商平台。

2019年，喀斯玛控股科技成果转移转化成效突显，喀斯玛汇智全年实现收入962万元，净利润159万元，完成预算指标。在探索商业模式、打造核心竞争力及队伍建设上重点投入，迅速扩大市场规模，2019年与若干战略合作伙伴积极推进在珠三角、长三角、京津冀等区域的业务布局，与中建八局、首创、广州盛誉等开展的深入合作为喀斯玛的战略布局奠定了坚实基础。设立重庆分公司，持续建设和完善专家库、成果库及内部资源库。

2019年，喀斯玛控股以转让所持有的喀斯玛科技及喀斯玛孵化器的部分股权获得收益。喀斯玛汇智成功引进社会资源，通过增资扩股完成了A轮融资，评估值达5000万元，实现公司股东权益大幅增值。国科融易通过增资扩股方式引入战略投资合作方，较好地实现与外部资源共享，优势互补。

2019年，喀斯玛控股夯实运营管控基础，信息化系统全面推进，持续推动ERP的深入实施。"喀斯玛商城"业务系统与ERP管理系统全面对接，实现业务财务一体化。喀斯玛系所属各子公司全部纳入ERP系统，喀斯玛控股及各子公司10个法人单元的整体业务全部上线，信息化建设形成一定规模。同时，构建起基于业务分析及监控的信息化系统建设，确保经营数据的一致性、准确性。优化控股本部及各子公司的查询功能，提升数据分析速度，为集团管控和经营层决策提供有效的数据来源和参考。

2019年，喀斯玛商城及中国科学院科技产业化联盟分别联合开展系列主题活动、项目路演、宣展活动；喀斯玛科技主动参与及组织系列活动。

2019年，喀斯玛控股重新调整业务布局，加速推进战略落地。重新规划科技产品销售业务：对国科融易进行了战略调整，将原有业务收拢聚焦；积极寻求外部合作，重新业务布局，科教业务与外部资源合作成立控股子公司——喀斯玛乐园科技有限公司；普洱公司经过一年的努力，做出了止损减亏、转让股权、引进合作方盘活资产的决定，精简了部分人员，处置了部分可变现资产，转手了老挝基地，持续不断接洽意向投资方，力争引入战略合作伙伴。

2019年，喀斯玛控股党建工作不断与经营管理实现有机融合。持续加强企业"四会一层"法人治理体系和"三重一大"事项决策；开展"不忘初心、牢记使命"主题教育；深入开展师徒制和导师制，扎实推动党建管理。

（撰稿：曹方郁　审稿：张　平）

成都中科唯实仪器有限责任公司

董 事 长： 陈　静
总 经 理： 张海军
地　　址： 四川省成都市高新区科园南一路7号
邮政编码： 610041
电　　话： 028-85121820
传　　真： 028-85121830
电子信箱： zjlbgs@cdzkws.com
网　　址： http://www.cdzkws.com

成都中科唯实仪器有限责任公司（以下简称"成都唯实"）成立于2001年10月16日。其前身是中国科学院成都科学仪器研制中心，始创于1959年9月。

成都唯实位于成都市高新区科园南一路七号，占地50亩，是一个以科研试制、技术开发、生产经营为一体的高新技术企业。成都唯实致力于提供优质的真空控制、检测仪器、非标真空设备、光机电一体化设备，以卓越的产品和服务为客户创造价值。公司以技术创新为手段，以产品专业化、规模化生产为基础，努力发展成为国内仪器设备，特别是在真空领域具有竞争力的技术创新型企业。

成都唯实设有综合办公室、财务管理部、物业管理部、质量管理部、技术开发部、真空设备事业部、真空标品事业部、光电设备事业部、机加事业部共9个部门。截至2019年底，共有在岗职工128人，中高层20人，工程技术人员22人，工人51人。

2019年，成都唯实董事会领导经营班子，重点在加强战略管理、市场拓展、技术创新、对外合作、人才队伍建设、内控体系建设、子公司管理等各方面取得新进展。公司年度合并营业收入同比2018年增长22%；合并净利润同比2018年增长37%，较好地完成了股东会年初制定的经营目标和管理目标。

2019年，成都唯实研发费用投入持续增长，研发费用占主营业务收入比例近10%。完成了多种新产品的研发，申请并受理1项发明专利、

3 项实用新型专利；取得授权 3 项发明专利、9 项实用新型专利。积极探索转制企业与院内研究所产学研用深度融合、联动创新，完成了与上海硅酸盐研究所合作研制的某大型设备的顺利交付。该套设备属于国内首创，取得四川省科学技术成果登记证书，进入了《中国科学院自主研制科学仪器产品名录》。

成都唯实始终将人才视作发展的决定性因素，重点做好高素质、专业、领军型人才的引进和培养，2019 年员工人均销售收入同比 2018 年增长 8.3%。

成都唯实坚持深化持股公司管理，切实做好股权管理及经营过程动态监控，加强持股公司管控制度的落实执行。2019 年，瑞拓科技公司实现由烟草行业单一的检测设备供应商向烟草生产设备、检测设备同时供应的转型，敲开了多年来发展受限的天花板，发展超预期；中科智成在大客户较大幅度降价的情况下，加强精益管理、狠抓降本，价降利润不减，在激烈的市场竞争中保持了行业第二的市场占有率；模具公司在市场竞争日趋激烈、行业工艺技术快速进步的艰难环境下，调整产品结构，狠抓生产管理，确保 2019 年持续盈利。

2019 年，成都唯实党委以习近平新时代中国特色社会主义思想和党的十九大精神为指导，以全面从严治党为主线，以政治建设为统领，以坚定理想信念宗旨为根基，按照省直机关工委、成都分院分党组和京区企业党委的要求，进一步推进了党建工作和生产经营管理的有效结合，充分发挥了公司党委在战略规划实施和年度经营目标完成中把方向、管大局、保落实的重要作用，开展了“不忘初心、牢记使命”主题教育，不划阶段、不分环节，把学习教育、调查研究、检视问题、整改落实贯穿其全过程，坚持边学边查边改，确保主题教育取得实实在在的成效。

（撰稿：葛 莹 杨文晴 审稿：张海军）

北京中科印刷有限公司

董 事 长：沈幸华
总 经 理：曾新桥
地 址：北京市通州区宋区工业区一号楼 101 号
邮政编码：101118
电 话：010-69590320
传 真：010-69597200
电子信箱：zhanglong5369@163.com
网 址：http://www.zkprint.com.cn

北京中科印刷有限公司（以下简称“中科印刷”，原中国科学院印刷厂）成立于 1957 年 10 月，位于通州区宋庄工业区，占地 200 亩，建筑面积 60 000 多平方米，注册资本 1.97 亿元，总资产近 6.2 亿元。

截至 2019 年底，中科印刷共有在职员工 1000 多人。

中科印刷现有海德堡、小森等国内外知名品牌平张及轮转印刷机 60 余台，从单色到多色、单面到双面满足各种印刷需求；有马天尼、柯尔布斯等国际知名品牌装订设备 100 余台，实现骑马钉、胶订、精装、无线精装各种装帧方式要求。随着“数字时代”的到来，公司引进 Insite 远程打样、GMG 色彩管理系统、方正 ERP 等数字化生产流程，购置网屏 Jet520EX 连续纸喷墨数码印刷机、圣德可变数据喷码系统、马天尼全自动数码胶订机等数字印刷设备。

中科印刷现具备年生产平台彩色印刷 30 万纸令，八色轮转彩色印刷 70 万纸令；平台单、双色印刷 90 万纸令，单、双色轮转印刷 50 万纸令；骑马钉 30 万纸令，胶钉 90 万纸令，精装 40 万纸令的生产能力，年加工产值近 4 亿元。既能承担大量的书刊、期刊印装任务，又能完成精美画册、商标印刷、豪华装帧的制作，生产能力和技术水平已位居国内书刊、期刊、画册印刷行业前列。

中科印刷注重加强现代化管理，先后通过国家秘密载体复制许可、高新技术企业、进出口许可、中央（市）两级政府采购资格；通过绿色印刷、SEDEX、ISO9001、ISO14001、ISO27001、FSC 森林体系认证、GB/T28001 等体系认证（证书）等。

在产品质量方面，中科印刷连续多年多品种获得国家新闻出版总署全国书刊印刷质量优等品、质量管理十佳企业、印刷知名企业、连续多年获得多家出版社图书印装质量金奖等。与多家出版社、杂志社、出版公司及企业用户建立良好的合作关系。

中科印刷注重企业文化建设，经过多年的积累、沉淀、融合，形成积极进取，开拓创新的企业氛围。

（撰稿：张　龙　审稿：沈幸华）

中科院新材料技术有限公司

董 事 长：索继栓
总 经 理：张　伟
地　　址：北京市海淀区中关村南3街6号中科资源大厦南楼8层
邮政编码：100190
电　　话：010-61943291
电子信箱：rlxzb@casam.com.cn
网　　址：http://www.casam.com.cn

中科院新材料技术有限公司（以下简称“中科新材料”）成立于2018年4月，是中国科学院控股有限公司（以下简称“国科控股”）为落实国家创新驱动发展战略和中国科学院“率先行动”计划，为实现以“创新联盟、产业基金投资、科技成果产业化”三位一体的方式打造中国科学院化工新材料产业集群的战略布局而投资组建的全资子公司，注册资金1亿元。公司设置投资策略部、联络合作部、财务资产部、人力行政部4个部门。

截至2019年底，公司总资产1.1亿元，员工总数34人，公司控股企业2家，其中中国科学院新材料技术（滕州）有限公司于2018年7月成立；中国科学院新材料技术（浙江）有限公司于2018年11月成立。

中科新材料的主要业务是，利用中国科学院在新材料领域的研发资源及创新能力，通过建设新材料行业科技创新成果产业化的中试放大平台，实现中国科学院化工新材料领域关键与核心科技成果的工程化、产业化，为打造化工新材料产业重点领域的领先企业以及产业集群提供技术支持，在若干重要产业中培育行业细分领域的“隐形冠军企业”，以及由若干中小科技企业组成的创新型企业集群，同时带来显著的经济效益和社会效益。

中国科学院化工新材料技术创新与产业化联盟于2018年1月10日成立，2019年联盟理事单位增加至22家。创新联盟坚持协同创新、合作开发的方式，以开放与合作的态度，不断吸纳联盟单位研发力量和创新资源，丰富研发项目和增加储备。中科新材料作为联盟的办事机构，负责联盟的日常业务。

2019年，中科新材料对中国科学院多家院所近20个课题组及行业知名企业进行走访交流，共开展项目交流29个，完成项目分析报告12个，筛选出重点推进项目10个。特种异氰酸酯XDI项目于2019年12月份签订设计合同，召开设计开工会，项目建设正式启动。硝基丙烷及衍生物项目基本完成反应系统工艺数据包并启动中试工艺包设计。浙江公司创新研究院于2019年11月份正式揭牌、创新基地完成奠基，8个首批项目完成签约。

2019年，中科新材料建立起控股公司型股权管理架构，制度体系逐步完善，新发布制度11，完成“中国科学院新材料”品牌建设，公司官网正式上线。

（撰稿：钟　奕　审核：王宜飞）

北京中科创嘉人力资源咨询有限公司

董 事 长：周建伟
总 经 理：陈　彬
地　　址：北京市海淀区北四环西路25-1号
电　　话：010-82610731；010-82610732
传　　真：010-62572691
电子信箱：rlxzb@casam.com.cn
网　　址：http://www.casjob.com

北京中科创嘉人力资源咨询有限公司（以下简称“中科创嘉”）成立于2002年7月，在北京市工商局注册并领取了企业法人营业执照，后在北京市人社局取得“人才中介服务许可证”，并获得“劳务派遣经营许可证”。

中科创嘉的成立，是为配合中国科学院知识创新工程，开发现代人力资源业务。公司以市场需求为导向，以人力资源为基础，以中高级人才为重点，以搞活人才管理为宗旨，以用户满意为目标，核心价值观是“登人才开发高峰，望人才事业远景，创全面业务先进，争管理服务优秀”。

中科创嘉经营范围包括：为用户提供人事代理外包服务；人事政策咨询；人力资源信息的收集、分析与发布；中高级人才寻访服务；开展人才派遣服务；开展人才测评、心理咨询、职位分析、薪酬设计等服务；开展职业技能和管理专项的培训服务；开展与智力流动相关的科技开发、技术咨询和信息服务等。

2019年，中科创嘉积极应对市场挑战，不断开拓新的业务领域，努力扩大经营业绩。在人事外包方面，服务客户约1700多家科研院所及高新技术企业，制定了便民利民服务措施，为客户提供更便捷的服务；加强部门间合作，为客户量身定制人力资源服务组合套餐，打造令客户满意的一站式服务，使服务效率、客户体验都得到进一步提升。在人才派遣方面，2019年共服务于126家用工单位，年底在册派遣员工7311人。公司以线上线下一体化的服务模式，提高服务的专业化水平；坚持为客户提供上门服务、政策宣讲、退休审档、代办申报积分落户等多项增值服务，走进客户，贴近员工；针对2019年新出台的个税新政、社保新政，及时做好政策的解释与指导工作。在人才招聘方面，联合北京四达人才服务中心共同举办2019年春季国展人才招聘会，吸引京内外200多家用人单位参会，到场求职人员8000余人；继续发挥中国科学院品牌优势，中国科学院知识创新高级人才洽谈会连续举办4年，较好满足了用人单位对高层次人才的需求；春秋两季校园招聘，涵括京内外30余所高校，深受用人单位欢迎；在北京、上海、武汉、广州4地举办5场中国科学院大学2019届和2020届硕士博士毕业生及博士后双选会，102家用人单位参会；联合教育部新职业网举办“中国科学院系统面向2019届高校毕业生网上招聘会”和“中国科学院系统面向2020届高校毕业生网上招聘会”，236家院属单位参加，累计发布岗位3119个；中国科学院招聘网全年累计发布岗位5413个，新开通人才测评功能。全流程招考实现了质和量的飞跃。积累建立了一定规模的试题库、注册命题专家、面试考官等资源，承接机关、企事业单位考录、竞争上岗等各类命题、笔试、面试、阅卷任务，提供社会化考试服务。

在人才培训方面，2019年，中科创嘉HR管理俱乐部和中高级专题研修班的公开课数量达到24场，培训人次达到2000多人；公司与地方政府和行业协会开展合作，“走进中国科学院”培训项目日臻成熟，培训内容既聚焦大数据、云计算、人工智能、大低温制冷等顶尖技术领域，也涵盖高层次人才培养、旅游文化、环境保护等人文科学领域；为客户量身定制各种内训，全年内训场次达到40余场。对外合作培训势头良好，举办“全国双创导师”高级研修班、“项目管理与产品创新”人才国际化座谈会和产品经理（NPDP）国际认证班；与河北省科技厅共同举办“中国科学院专家河北行”活动，首次以“走出去”的形式将中国科学院创新成果及科技人才推向地方。

在人才评价方面，中科创嘉认真贯彻落实人社部2019年新颁布的《职称评审管理暂行规定》相关精神，进一步完善工作机制，改进工作方法；根据人社部新公布的140项国家职业资格目录，对现有的参评专业进行进一步的细化归类，提高评审质量，全年职称评审量3863人。

2019年，中科创嘉为国科控股等10家单位开展背景调查工作，绝大多数为企业高管和部门负责人的候选人。人才测评新增干部综合能力、管理风格和自我评估测评工具。为贵阳市党政干部县处级58人、科级313人、国企干部1215人次出具个人测评报告和总体测评报告。开展微咨询“战略管理与经营决策”沙盘模拟，为济南市轨道管片公司做薪酬体系搭建的咨询服务。

截至2019年底，中科创嘉党委下辖1个党总支，47个支部，管理3564名党员。围绕开展“不忘初心、牢记使命”主题教育、庆祝中华人民共和国成立70周年、贯彻落实党的十九届四中全会精神等重点任务，做好支部建设、学习教育、服务管理、骨干队伍建设及活动开展。

2019年，中科创嘉进一步加强员工队伍建设，继续推进岗位竞聘机制；继续开展核心组培训计划，全面提升骨干员工综合素质；加大全员培训力度，鼓励员工积极报名参加公司各类公开课的培训，将参加培训情况与考核挂钩。进一步加强信息化建设，针对人事档案信息管理系统更新换代进行了深入调研。派遣通系统、人才简历库系统、职称评审线上申报系统运行平稳，较好地提升了工作效率。进一步加强组织文化建设。围绕建国和建院70周年的主题，组织丰富多彩的职工文体活动。

（撰稿：舒　扬　审稿：周建伟）

截至2019年底院级非法人单元列表

序号	院级非法人单元名称	依托单位	主管部门
1	中国科学院档案馆	文献情报中心	办公厅
2	中国科学院计算科学应用研究中心	文献情报中心	办公厅
3	中国科学院中国创新战略和政策研究中心	科技战略咨询研究院	学部工作局
4	中国科学院青藏高原地球科学卓越创新中心	青藏高原研究所	前沿科学与教育局
5	中国科学院脑科学与智能技术卓越创新中心	脑科学与智能技术卓越创新中心	前沿科学与教育局
6	中国科学院大科学装置理论物理研究中心	高能物理研究所	前沿科学与教育局
7	中国科学院上海临床研究中心	上海营养与健康研究所	前沿科学与教育局
8	中国科学院上海植物逆境生物学研究中心	分子植物科学卓越创新中心	前沿科学与教育局
9	中国科学院广州天然气水合物研究中心	广州能源研究所	前沿科学与教育局
10	中国科学院中国人民解放军第二军医大学转化医学研究院	上海营养与健康研究所	前沿科学与教育局
11	中国科学院气候变化研究中心	大气物理研究所	前沿科学与教育局
12	中国科学院分子科学中心	化学研究所	前沿科学与教育局
13	中国科学院北京生命科学研究院	动物研究所	前沿科学与教育局
14	中国科学院北京转化医学研究院	生物物理研究所	前沿科学与教育局
15	中国科学院四川转化医学研究医院	成都生物研究所	前沿科学与教育局
16	中国科学院生物与化学交叉研究中心	上海有机化学研究所；上海药物研究所	前沿科学与教育局
17	中国科学院先进轨道交通力学研究中心	力学研究所	前沿科学与教育局
18	中国科学院国家数学与交叉科学中心	数学与系统科学研究院	前沿科学与教育局
19	中国科学院政府行政管理系统分析研究中心	数学与系统科学研究院	前沿科学与教育局

续表

序号	院级非法人单元名称	依托单位	主管部门
20	中国科学院珠江三角洲环境污染与控制研究中心	广州地球化学研究所	前沿科学与教育局
21	中国科学院资源环境科学数据中心	地理科学与资源研究所	前沿科学与教育局
22	中国科学院预测科学研究中心	数学与系统科学研究院	前沿科学与教育局
23	中国科学院虚拟经济与数据科学研究中心	中国科学院大学	前沿科学与教育局
24	中国科学院晨兴数学中心	数学与系统科学研究院	前沿科学与教育局
25	中国科学院减灾中心	大气物理研究所	前沿科学与教育局
26	中国科学院蛋白质科学中心	北京中心依托生物物理研究所；上海中心依托分子细胞科学卓越创新中心	前沿科学与教育局
27	中国科学院湿地研究中心	东北地理与农业生态研究所	前沿科学与教育局
28	中国科学院强磁场科学中心	合肥物质科学研究院	前沿科学与教育局
29	中国科学院新疆矿产资源研究中心	新疆生态与地理研究所	前沿科学与教育局
30	中国科学院磁约束等离子体物理理论研究中心	合肥物质科学研究院	前沿科学与教育局
31	中国科学院北京纳米能源与系统研究所	中国科学院大学	前沿科学与教育局
32	中国科学院流感研究与预警中心	微生物研究所	前沿科学与教育局
33	中国科学院纳米科学卓越创新中心	国家纳米科学中心	前沿科学与教育局
34	中国科学院分子植物科学卓越创新中心	分子植物科学卓越创新中心	前沿科学与教育局
35	中国科学院分子细胞科学卓越创新中心	分子细胞科学卓越创新中心	前沿科学与教育局
36	中国科学院区域大气环境研究卓越创新中心	城市环境研究所	前沿科学与教育局
37	中国科学院超导电子学卓越创新中心	上海微系统与信息技术研究所	前沿科学与教育局
38	中国科学院半导体材料与光电子器件科教融合卓越创新中心	半导体研究所	前沿科学与教育局
39	中国科学院生态环境科学科教融合卓越创新中心	生态环境研究中心	前沿科学与教育局
40	中国科学院生物大分子科教融合卓越创新中心	生物物理研究所	前沿科学与教育局
41	中国科学院分子科学科教融合卓越创新中心	化学研究所	前沿科学与教育局

续表

序号	院级非法人单元名称	依托单位	主管部门
42	中国科学院凝聚态物理科教融合卓越创新中心	物理研究所	前沿科学与教育局
43	中国科学院数学科学科教融合卓越创新中心	数学与系统科学研究院	前沿科学与教育局
44	中国科学院青岛科教园发展中心	海洋研究所	前沿科学与教育局
45	中国科学院肿瘤与基础医学研究所	中国科学院大学	前沿科学与教育局
46	中国科学院量子技术与应用研究中心	中国科学技术大学	重大科技任务局
47	中国科学院粒子物理前沿卓越创新中心	高能物理研究所	重大科技任务局
48	中国科学院02专项光刻机关键部件研发任务管理办公室	空天信息创新研究院	重大科技任务局
49	中国科学院月球与深空探测总体部	国家空间科学中心	重大科技任务局
50	中国科学院北方粳稻分子育种联合研究中心	遗传与发育生物学研究所	重大科技任务局
51	中国科学院钍基熔盐核能系统研究中心	上海应用物理研究所	重大科技任务局
52	中国科学院空间目标与碎片观测研究中心	紫金山天文台	重大科技任务局
53	中国科学院空间环境研究预报中心	国家空间科学中心	重大科技任务局
54	中国科学院空间科学与应用总体部（中国载人航天工程运行与管理支持中心）	空间应用工程与技术中心	重大科技任务局
55	中国科学院核能安全技术研究所	合肥物质科学研究院	重大科技任务局
56	中国科学院浮空器系统研究发展中心	空天信息创新研究院	重大科技任务局
57	中国科学院通用芯片与基础软件研究中心	上海高等研究院	重大科技任务局
58	中国科学院阿里巴巴量子计算实验室	中国科学技术大学	重大科技任务局
59	中国科学院量子信息与量子科技创新研究院	中国科学技术大学	重大科技任务局
60	中国科学院上海技术转移中心	上海分院	科技促进发展局
61	中国科学院上海辰山植物科学研究中心	分子植物科学卓越创新中心	科技促进发展局
62	中国科学院上海浦东科技园	上海分院	科技促进发展局
63	中国科学院山东综合技术转化中心	沈阳分院	科技促进发展局
64	中国科学院广州产业技术创新与育成中心	广州分院	科技促进发展局
65	中国科学院广州技术转移中心	广州分院	科技促进发展局

续表

序号	院级非法人单元名称	依托单位	主管部门
66	中国科学院天津产业技术创新与育成中心	天津工业生物技术研究所	科技促进发展局
67	中国科学院云计算产业技术创新与育成中心	广州分院	科技促进发展局
68	中国科学院内蒙古草业研究中心	植物研究所	科技促进发展局
69	中国科学院长春技术转移中心	长春分院	科技促进发展局
70	中国科学院北京技术转移中心	科技创新发展中心	科技促进发展局
71	中国科学院电子设计自动化软件中心	微电子研究所	科技促进发展局
72	中国科学院电动汽车研发中心	深圳先进技术研究院	科技促进发展局
73	中国科学院半导体照明研发中心	半导体研究所	科技促进发展局
74	中国科学院宁波产业技术创新与育成中心	宁波材料技术与工程研究所	科技促进发展局
75	中国科学院台州应用技术研发与产业化中心	上海分院	科技促进发展局
76	中国科学院扬州应用技术研发与产业化中心	南京分院	科技促进发展局
77	中国科学院成都技术转移中心	成都分院	科技促进发展局
78	中国科学院苏州产业技术创新与育成中心	苏州纳米技术与纳米仿生研究所	科技促进发展局
79	中国科学院佛山产业技术创新与育成中心	广州分院	科技促进发展局
80	中国科学院沈阳技术转移中心	沈阳分院	科技促进发展局
81	中国科学院青岛产业技术创新与育成中心	青岛生物能源与过程研究所	科技促进发展局
82	中国科学院昆明灵长类研究中心	昆明动物研究所	科技促进发展局
83	中国科学院知识产权研究与培训中心	科技战略咨询研究院	科技促进发展局
84	中国科学院知识产权信息服务中心	文献情报中心	科技促进发展局
85	中国科学院物联网研究发展中心	微电子研究所	科技促进发展局
86	中国科学院河南产业技术创新与育成中心	合肥物质科学研究院	科技促进发展局
87	中国科学院南京高新技术研发及产业化中心	南京分院	科技促进发展局
88	中国科学院贵州现代资源技术研究与成果转化中心	昆明分院	科技促进发展局

续表

序号	院级非法人单元名称	依托单位	主管部门
89	中国科学院哈尔滨产业技术创新与育成中心	长春分院	科技促进发展局
90	中国科学院重庆产业技术创新与育成中心	重庆绿色智能技术研究院	科技促进发展局
91	中国科学院泰州应用技术研发及产业化中心	南京分院	科技促进发展局
92	中国科学院烟台产业技术创新与育成中心	烟台海岸带研究所	科技促进发展局
93	中国科学院海西育成中心	福建物质结构研究所	科技促进发展局
94	中国科学院常州先进制造技术研发与产业化中心	南京分院	科技促进发展局
95	中国科学院银川科技创新与产业育成中心	西安分院	科技促进发展局
96	中国科学院厦门产业技术创新与育成中心	城市环境研究所	科技促进发展局
97	中国科学院湖北产业技术创新与育成中心	武汉分院	科技促进发展局
98	中国科学院湖州应用技术研究与产业化中心	上海分院	科技促进发展局
99	中国科学院湖南技术转移中心	武汉分院	科技促进发展局
100	中国科学院新农村信息化研究中心	合肥物质科学研究院	科技促进发展局
101	中国科学院嘉兴应用技术研究与转化中心	上海分院	科技促进发展局
102	中国科学院合肥技术创新工程院	合肥物质科学研究院	科技促进发展局
103	中国科学院知识产权运营管理中心	文献情报中心	科技促进发展局
104	中国科学院无人机应用与管控研究中心	地理科学与资源研究所	科技促进发展局
105	中国科学院包头稀土研发中心	科技创新发展中心	科技促进发展局
106	中国科学院江西产业技术创新与育成中心	南京分院	科技促进发展局
107	中国科学院庐山植物园	武汉植物园	科技促进发展局
108	中国科学院上海交叉学科研究中心	上海分院	发展规划局
109	中国科学院中国现代化研究中心	文献情报中心	发展规划局
110	中国科学院文化遗产科技认知研究中心	自然科学史研究所	发展规划局
111	中国科学院自然与社会交叉科学研究中心	科技战略咨询研究院	发展规划局

续表

序号	院级非法人单元名称	依托单位	主管部门
112	中国科学院创新发展研究中心	科技战略咨询研究院	发展规划局
113	中国科学院战略研究中心	科技战略咨询研究院	发展规划局
114	中国科学院管理创新与评估研究中心	科技战略咨询研究院	发展规划局
115	中国科学院水资源研究中心	地理科学与资源研究所	发展规划局
116	中国科学院可持续发展研究中心	地理科学与资源研究所	发展规划局
117	中国科学院农业政策研究中心	地理科学与资源研究所	发展规划局
118	中国科学院精准扶贫评估研究中心	地理科学与资源研究所	发展规划局
119	中国科学院合肥大科学中心	合肥物质科学研究院	条件保障与财务局
120	中国科学院上海大科学中心	上海应用物理研究所	条件保障与财务局
121	中国科学院天文大科学研究中心	国家天文台	条件保障与财务局
122	中国科学院科学新闻中心	计算机网络信息中心	科学传播局
123	中国科学院科学传播研究中心	中国科学技术大学	科学传播局

注：另有 6 个非法人单元不宜公开

G-4605.01

ISBN 978-7-03-067502-6

9 787030 675026 >